盆地深层–超深层沉积成岩作用
与油气储层形成分布

李 忠等 著

科学出版社
北 京

内 容 简 介

本书以我国主要含油气沉积盆地为例，针对深层–超深层震旦系—奥陶系碳酸盐岩、古生界—中生界碎屑岩，基于沉积作用和岩石组构认识重点分析储层发育的构造–流体–成岩动力环境，论述碳酸盐岩、碎屑岩储层的改造和保存过程，构建深层–超深层规模储层的形成演化模式，认识总结深层–超深层成储规律及主控因素。在此基础上，结合国内外油气盆地的共性对比，论述深层–超深层储层演变的专属性和特色机制，集成相关分析、预测技术，并对塔里木、四川等重点盆地的深层–超深层重点层位提出了油气勘探预测依据。

本书适用于从事沉积学、成岩学、盆地动力学、油气地质–地球化学及地球物理学的研究人员与师生阅读，也可供从事油气勘探开发的相关企业工作者参考。

图书在版编目（CIP）数据

盆地深层–超深层沉积成岩作用与油气储层形成分布 / 李忠等著. —北京：科学出版社，2022.5
ISBN 978-7-03-071947-8

Ⅰ. ①盆… Ⅱ. ①李… Ⅲ. ①沉积岩–成岩作用–研究②油气藏形成–研究
Ⅳ. ①P588.2②P618.130.2

中国版本图书馆 CIP 数据核字（2022）第 050407 号

责任编辑：焦 健 韩 鹏 李亚佩 / 责任校对：何艳萍
责任印制：吴兆东 / 封面设计：北京图阅盛世

科 学 出 版 社 出版

北京东黄城根北街 16 号
邮政编码：100717
http://www.sciencep.com

北京建宏印刷有限公司 印刷

科学出版社发行 各地新华书店经销

*

2022 年 5 月第 一 版 开本：787×1092 1/16
2022 年 5 月第一次印刷 印张：35 3/4
字数：848 000

定价：478.00 元
（如有印装质量问题，我社负责调换）

主要作者简介

李忠，中国科学院地质与地球物理研究所研究员、中国科学院大学教授（兼），主要从事沉积-成岩学与盆地动力学研究。

（以下按姓氏拼音排序，不分先后）

蔡春芳，中国科学院地质与地球物理研究所研究员，主要从事盆地有机-无机相互作用研究。

陈键，中国科学院广州地球化学研究所副研究员，主要从事油田水与有机酸演化研究。

董艳辉，中国科学院地质与地球物理研究所副研究员，主要从事渗流与反应溶质运移研究。

韩登林，长江大学教授，主要从事碎屑岩储层演化及数字表征研究。

刘嘉庆，中国科学院地质与地球物理所高级工程师，主要从事碳酸盐岩成岩及测试技术研究。

吕修祥，中国石油大学（北京）教授，主要从事石油天然气地质及资源评价研究。

于靖波，河北地质大学副教授，主要从事地震反演与盆地构造解析研究。

序

　　深层–超深层盆地是当今与未来石油、天然气勘探的主战场。而储层是油气勘探的目的层，是最受勘探家重视的含油气系统单元，其质量与分布预测水平的提高直接影响着深部油气探测的风险与效益。

　　我国沉积盆地深层–超深层蕴藏着丰富的油气资源，但其储层形成分布特殊而复杂，认识程度较低。因此，自 21 世纪初期开始，我国陆续设立了相关研究项目，特别是自2007 年起，受国家科技重大专项"大型油气田及煤层气开发"资助，连续开展了三轮深层–超深层油气藏形成分布规律项目研究，其中储层是课题级的研究任务，由李忠教授负责。近 15 年的研究，取得了丰硕的研究成果。以这些成果为基础，结合作者多年的相关研究积累，总结、凝练出这部深层–超深层碳酸盐岩和碎屑岩储层学术专著。该书内容丰富、特点鲜明，主要表现如下。

　　(1) 针对深层–超深层储层演变专属性机制与预测技术这一探索性极强的领域，开展了地质、地球化学、地球物理等多学科研究，强调基础理论研究与实例解析、多尺度观测和模拟技术研究、有机和无机演变的系统结合，取得了诸多原创性成果。

　　(2) 研究构建了温压流与水岩反应耦合多场模型，建立了新的数模方法用于准确模拟深层温压变化下的储层流体流动特征；通过系列模拟实验，建立了含油气盆地中有机酸在烃源岩和储层中生成演化的两类模式，明确了有机酸改造深埋储层的有利地质条件。

　　(3) 基于沉积/层序、岩溶–古地貌、成岩和构造解析，重点揭示了塔里木盆地深层碳酸盐岩的构造–流体–成岩动力环境，提出深层–超深层持续、多期次压扭–张扭构造转换、深埋浅抬、含烃热流体上涌交换，是深层古老碳酸盐岩储层建设性规模改造和保持发育的重要条件，认识了不同构造–沉积单元岩溶储层类型和发育主控因素的差异性。

　　(4) 针对深层古老白云岩储层，综合解析并建立了台缘大气水改造凝块石白云岩、台缘颗粒滩粗旋回早成岩溶蚀–后期改造白云岩、台缘热流体/TSR/有机酸溶蚀礁滩白云岩、含膏盐白云岩、与灰岩互层的白云岩等五类规模储层成因模式，提出了相关地质–地球化学识别、预测指标。

　　(5) 对比解析了克拉通、山前挠曲盆地的储层沉积、构造与埋藏温压因素，提出偏刚性组构的碎屑岩岩相、早中期浅埋–晚期低地温快速深埋、中深埋藏期持续发育与油气充注有关的异常高压，是深层–超深层碎屑岩储层规模保持和发育的先决条件；而侧向构造应变和微裂缝系统使得张性段—过渡段—压性段穿层演变，显著改变了深层碎屑岩储层非均质性格架。

　　(6) 针对深层–超深层储层探测瓶颈，研发了基于柱面拟合三维地震数据体的断裂检测、储层跨尺度数字井筒连续性建模、储层流体活动数值模拟等新的技术方法；集成了深层储层微孔–缝体系数字表征、碳酸盐岩储层孔–缝–洞多尺度表征、储层古流体环境分析和重建等系列方法。本书还介绍了新的流体–岩石相互作用研究方法，如镁同位素、簇同位素、^{129}I 等，展示了新技术在储层研究中的广阔前景。

阅读该书，我们可以明显感受到作者对深层–超深层储层发育、保持和预测问题有高度的敏锐性，以及对内容丰富、多学科研究结果有高超的综合与提炼能力。这是一部基础研究深入、理论与实践密切结合的学术专著，是目前针对深层–超深层沉积储层形成分布研究的全面总结。相关研究成果不仅为深层成储–成藏提供了重要理论基础，而且为油气勘探提供了预测模型。在"十四五"国家油气科技重大专项即将立项之际，该书的出版恰逢其时，对未来储层研究和油气勘探具有重要指导意义。

中国科学院院士

2021 年 9 月 28 日

前　言

自 2010 年以来，深层、深水、非常规已成为油气勘探的三大新领域，由此带来的是含油气盆地勘探面临新一轮的理论和技术挑战。在深层-超深层油气领域，近年来世界范围内愈来愈多的发现展现出了很好的资源勘探潜力，而中国的勘探成绩表现得尤其不俗。然而，一方面勘探技术和勘探成果日新月异，另一方面则是深层油气形成分布认识的局限，勘探风险加剧，即理论认识远远滞后于勘探技术，这是极不协调的现象。换句话说，深层油气形成分布的理论认识问题已经成为进一步扩展深层勘探的瓶颈。

储层不仅是油气成藏规律研究的关键内容之一，更是油气勘探的直接目的层，因此储层分布的认识及预测技术的提高直接影响着油气探测的风险与效益，这在深层-超深层尤其如此。中国西部叠合盆地深层下古生界及震旦系海相碳酸盐岩、山前带深层中生界碎屑岩中蕴藏着丰富的油气资源，但其储层形成分布特殊而复杂，认识程度低，直接制约了深层油气勘探的成效。

2008～2020 年，受国家科技重大专项"大型油气田及煤层气开发"立项项目"深层油气成藏规律、关键技术及目标预测"和"深层-超深层油气藏地质特征、分布规律及目标评价"先后资助，我们依次执行了"十一五"期间的"深层有效储集体形成、分布规律与预测技术"（编号：2008ZX05008-003）、"十二五"期间的"深层有效储集体形成、分布规律与预测技术"（编号：2011ZX05008-003）、"十三五"期间的"深层油气储层（碳酸盐岩、碎屑岩）形成机理与分布规律"（编号：2017ZX05008-003）等三轮课题研究。

"十一五""十二五"期间，课题主要针对中国西北部典型深层油气藏储层储集空间类型多样、几何形态不规则、非均质性强等问题，探索了地质-地球化学-地球物理表征方法及技术，研究了储层的深埋成岩-成储迹象，初步认识了主要成因类型及分布特点。

"十三五"课题在深度上主要聚焦不同构造-流体演化体制下深层沉积岩的成岩-成储以及成储-成藏规律，在广度上主要开展了与国内外相关盆地对比分析。课题研究试图厘定和梳理中国西部深层-超深层沉积储层发育的共性和个性，基本形成规模储层形成分布的理论及预测方法，并突破相关技术难点。课题主要针对塔里木盆地以及四川盆地震旦系—奥陶系碳酸盐岩、古生界—中生界碎屑岩，重点分析深层储层发育的构造-流体-成岩动力环境分析，研究深层碳酸盐岩、碎屑岩储层的改造和保存过程，构建规模储层的层次结构，建立深层储层的形成演化模式，基本认识成储规律及主控因素。研究试图为深层-超深层油气藏地质特征、分布规律与目标评价等项目提供储层方面的重要理论及技术支撑。

经过多年的科技攻关，课题在露头-岩心观测、室内分析测试、实验和数值模拟等方面获取了大量第一手资料，期间发表了一系列中间成果（论文、专利和软件产品）。至此"十三五"课题结题之际，我们以"十三五"最新科技成果论述为重点，结合"十一五"

和"十二五"部分认识，以及国家重点基础研究发展计划（973 计划）"中国西部典型叠合盆地有效储集体形成演化与主控因素"课题（编号：2006CB202304）少部分成果，针对碳酸盐岩、碎屑岩储层，分别就典型实例特征及其与全球的共性对比、深层-超深层储层演变的专属性、特色机制与技术及其对储层分布预测的指南意义等方面，总结、凝练出这部学术专著。本书主要研究内容和成果特色如下。

（1）基于深层-超深层油气储层产出的基本特征和研究现状综述，分析了深层流体属性与流体-岩石作用、深层储层改造机制、规模成储建模等基本问题，思考和凝练出深层-超深层油气储层的专属性前沿问题及研究思路（参见第 1 章）。针对探索性极强的领域，组织开展了地质、地球化学、地球物理等多学科研究，实施了多尺度、多方法的联合攻关。

（2）在深层规模储层发育的构造-流体动力环境方面（参见第 2 章），针对盆地演化类型，评述了深层温压下的岩石蠕变特征和构造成岩效应认识，进一步明确了深层储层演变的岩石物理专属性机制。考虑流体密度、动力黏滞系数的影响，构建了温压流与水岩反应耦合多场模型 THMC，并准确模拟了深层温压变化条件下的不同流动特征。通过创建适用于深层孔-缝复杂介质的反应溶质运移与演化数模方法，认识了深埋条件下孔缝组构对储层非均质性的影响。

（3）通过系列实验模拟（参见第 3 章），建立含油气盆地中有机酸在烃源岩和储层中生成演化的两类模式；通过溶蚀实验，证实了不同储层在有机酸溶蚀过程中表现出特征的溶蚀和孔隙发展规律。在此基础上，进一步揭示了深层-超深层有机和无机演变的系统关系，明确了有机酸对深埋储层发育（保持、改造）的有利地质和地球化学条件。

（4）在深层碳酸盐岩规模储层的形成机理及主控因素方面（参见第 4 章），基于沉积/层序、岩溶-古地貌、成岩、构造作用研究，重点揭示了塔里木盆地深层碳酸盐岩构造-流体作用效应，认识了不同构造-沉积单元岩溶储层类型和发育主控因素的差异性。依据构造-流体作用效应提出了四类有利于岩溶规模储层发育的构造样式，发展了已有的单一张扭改造模型。

（5）通过深层震旦系—寒武系典型白云岩储层研究（参见第 5 章），阐明了白云岩储层改造-溶蚀机制对孔隙演变的影响，综合提出了台缘大气水改造凝块石白云岩、台缘颗粒滩粗旋回早成岩溶蚀-后期改造白云岩、台缘热流体/TSR/有机酸溶蚀礁滩白云岩、含膏盐白云岩、与灰岩互层的白云岩等五类规模储层成因机制及相关地质-地球化学识别指标（模式）。

（6）在（山前）挠曲盆地深层碎屑岩规模储层的形成机理及主控因素方面（参见第 7 章），以塔里木盆地库车拗陷白垩系及侏罗系碎屑岩为例，结合数值模拟，重点解析不同尺度的构造-岩石组构-流体作用效应，认识差异应变条件下的储层储集物性和非均质性演化，揭示深层-超深层有效裂缝保存/改造的物理-化学机制，提出圈闭和区域不同尺度的储层形成分布模式及主控因素。

（7）针对克拉通深层碎屑岩规模储层，对比解析稳定热流-深埋型、低热流深埋型、中高热流深埋型、高热流深埋型储层的沉积、成岩作用效应（参见第 7 章），阐明弱构造应变条件下有利于深层-超深层碎屑岩规模储层形成机制。在此基础上，综合提出了岩相、埋藏热历史、中深层有机-无机成岩组合、构造应变等深层-超深层碎屑岩储层发育模式的分类依据。

（8）在深层-超深层油气储层研究中，针对性研发或集成了一系列技术、方法（参见第8章），涉及深层储层古流体环境分析、深层储层数字岩心分析、深层储层流体活动数值模拟、深层缝洞型碳酸盐岩储层测井表征、深层储层地震分析等方面，取得了良好的应用效果。

全书由李忠负责策划并组织，主体内容共分9章，约80万字。各章节初稿执笔人分工如下：前言、第1章、2.1节、4.1节、6.1节、7.1节、第9章由李忠执笔；2.2节、2.3节和8.3节由董艳辉、段瑞琪、张倩执笔；第3章、8.1.5节由陈键、孙震宇、徐杰执笔；4.2节、4.3节、4.4节、4.5节、4.6.4节由刘嘉庆、李忠、于靖波执笔，4.6.1节、4.6.2节、4.6.3节由吕修祥、陈坤执笔；第5章、8.1.2节、8.1.3节由蔡春芳、扈永杰、刘大卫执笔；6.2节、6.3.1节、6.3.2节、8.2.1节由韩登林、王晨晨、袁瑞执笔，6.3.3节由吕修祥、王钊、韩登林执笔，6.3.4节由李忠、吕修祥执笔；7.2节、7.3节由李忠、寿建峰、林畅松、窦文超执笔；8.1.1节、8.1.4节、8.4节由刘嘉庆、李忠、杨柳执笔，8.2.2节由许承武、崔利凯、姚东华执笔，8.5节由于靖波执笔。在初稿基础上，全书由李忠负责统稿。

先后参与研究及文图素材工作的成员（含研究生和博士后）还有来自中国科学院地质与地球物理研究所的韩银学、李佳薇、程丽娟、魏天瑗、蒋子文、王礼恒、罗威、曾冰艳、梁裳姿、周圆全、宋一帆等，中国石油大学的李峰、欧阳思琪、薛楠等，中国科学院广州地球化学研究所的王素素等，长江大学的林伟、常立诚等。在此一并表示感谢！

研究过程中，刘光鼎院士、贾承造院士、彭平安院士、李阳院士、朱日祥院士、李思田教授、高瑞琪教授级高工、顾家裕教授级高工、宋岩教授、常旭研究员、杨长春研究员、王清晨研究员、罗晓容研究员、寿建峰教授级高工、林畅松教授等诸多专家学者曾给予大力支持和学术建议，特此致谢！

中国科学院彭平安院士百忙之中欣然为本书作序，特此致谢！

感谢"大型油气田及煤层气开发"国家科技重大专项实施管理办公室、原中国科学院资源环境科学与技术局、中国科学院重大科技任务局、中国科学院地质与地球物理研究所等相关职能部门的关心和支持！感谢中国石油塔里木油田分公司勘探开发研究院、四川盆地研究中心、中国石油化工股份有限公司石油勘探开发研究院、中国石油化工股份有限公司西北油田分公司给予资料方面的大力协助！感谢宋文杰、王清华、买光荣、杨海军、李勇、张丽娟、潘文庆、黄太柱、钱一雄等教授级高工在不同时期给予的现场帮助！感谢科学出版社编辑人员的辛勤工作！

本书力求深层-超深层油气储层典型实例解剖与区域对比研究的结合，地质-地球化学-地球物理学科研究的结合，基础理论与实践的结合，观测和模拟技术方法的结合。然而，正如前面提及的，盆地深层-超深层油气储层形成机制与分布规律研究涉及面广，且认识远远滞后于勘探技术，很多基础研究才刚刚开始……我们试图开拓一片天地，但也深知我们只是攻关接力中的一小棒，加之书稿磨合时间有限，因此本书仍存诸多缺陷，这里敬请读者指正并不吝赐教！

目　　录

序

前言

第1章　盆地深层–超深层油气储层研究现状与前沿问题 ……………………………… 1

1.1　深层–超深层油气储层产出的基本特征 ……………………………………… 1

1.2　深层–超深层油气勘探研究概况 ……………………………………………… 6

1.3　深层–超深层油气储层的研究现状 …………………………………………… 7

1.4　深层–超深层油气储层的专属性前沿问题及研究思路 ……………………… 12

第2章　深层–超深层油气储层发育的温压流环境及演化 …………………………… 16

2.1　深层–超深层油气储层的埋藏与构造演化 ………………………………… 16

2.2　深层–超深层油气储层发育的水文地质模型与流体动力特征 …………… 26

2.3　深层–超深层储层的流体演化与改造数值模拟 …………………………… 40

第3章　深层–超深层有机酸形成分布及成储效应实验模拟 ……………………… 67

3.1　关键问题与研究方案 ………………………………………………………… 67

3.2　深层储层发育的有机酸及其流体化学环境 ……………………………… 68

3.3　深层储层改造及保持的烃水岩实验模拟 ………………………………… 102

3.4　重点盆地深层–超深层有机酸生成与成储效应 ………………………… 122

第4章　深层–超深层碳酸盐岩岩溶储层形成分布 ………………………………… 130

4.1　深层–超深层岩溶储层基本特征与存在问题 …………………………… 130

4.2　塔里木盆地奥陶系深层–超深层岩溶储层多尺度表征 ………………… 133

4.3　塔里木盆地奥陶系深层–超深层岩溶储层沉积基础 …………………… 161

4.4　塔里木盆地奥陶系深层–超深层岩溶储层流体–岩石作用 …………… 180

4.5　碳酸盐岩岩溶深层保持型储层形成模式及主控因素 ………………… 203

4.6　深层构造–流体改造型岩溶储层形成环境及主控因素 ……………… 213

第5章　深层–超深层白云岩储层形成机制及分布规律 ………………………… 241

5.1　深层–超深层白云岩储层基本特征与存在的问题 …………………… 241

5.2　塔里木盆地深层–超深层白云岩储层 ………………………………… 243

5.3　四川盆地深层–超深层白云岩储层 …………………………………… 263

5.4　深层–超深层白云岩储层形成主控因素与分布规律 ………………… 303

第6章　山前冲断带深层–超深层碎屑岩储层形成机制及分布规律 ………… 324

6.1　山前冲断带深层–超深层碎屑岩储层与油气 ……………………… 324

6.2　库车冲断带深层–超深层碎屑岩储层表征 ………………………… 328

6.3　库车冲断带深层–超深层碎屑岩储层形成模式及主控因素 ……… 363

第7章　克拉通深层-超深层碎屑岩储层形成机制及分布规律 ······································ 411

　　7.1　克拉通深层-超深层碎屑岩储层动力演化特征 ··································· 411

　　7.2　塔里木克拉通深层碎屑岩储层形成分布（低热流深埋型） ············ 413

　　7.3　华北克拉通深层碎屑岩储层形成分布（中高热流深埋型） ·············· 427

第8章　深层-超深层油气储层分析技术及应用 ·· 449

　　8.1　深层储层古流体环境分析技术及应用 ·· 449

　　8.2　深层储层数字岩心分析技术及应用 ··· 465

　　8.3　深层储层流体活动数值模拟技术及应用 ·· 484

　　8.4　深层缝洞型碳酸盐岩储层测井表征技术及应用 ································ 496

　　8.5　深层储层地震分析技术及应用 ·· 505

第9章　结束语 ··· 525

参考文献 ·· 528

Sedimentary Diagenesis and Formation Distribution of Oil-Gas Reservoirs in
Deeply to Ultra Deeply Buried Basins, China（Abstract） ······················ 556

第1章　盆地深层–超深层油气 储层研究现状与前沿问题

储层是油气勘探的直接目的层，从理论方面考虑，油气勘探的深度在很大程度上取决于对储层的认知。深层–超深层油气勘探面临诸多理论和技术问题，而储层问题不仅首当其冲，且最为直接。

1.1　深层–超深层油气储层产出的基本特征

深层–超深层油气储层产出的最基本特征包括其发育的盆地类型、地层时代、岩石类型、储集类型等方面。

1.1.1　深层–超深层油气储层的基本定义

对于含油气盆地而言，广义的储层是指具备一定储集空间的岩层，而狭义的储层是指具备一定量级烃类储集空间且具有商业开采价值的岩层。从油气地质学角度，储层类型可以有多种划分原则，包括储集物性、储集组构、岩石类型、产出深度、储层成因等。

从岩石类型看，沉积岩、火成岩和变质岩三大岩类都可以作为储层，但以沉积岩为主。从埋藏深度看，储层可以发育在从地表到浅层、中深层、深层、超深层的广大范围，但储集性差异显著（参见图 1-1）。当今油气勘探已经进入深层–超深层时代。

目前有关含油气盆地"深层"的概念基本是以深度标定的。一方面这是对油气勘探成本的直接反映，另一方面也间接或粗略反映了地下温度、压力、流体环境的变化，这对于勘探规范和勘探家来说无可非议。按照行业规范，在我国中西部地温梯度较低的油气盆地中，深层对应深度为 4500~6000m，超深层对应深度为大于 6000m；而在地温梯度较高的东部油气盆地中，深层对应深度为 3500~4500m，超深层对应深度为大于 4500m。

鉴于盆地热流和地温梯度差别较大，上述两方案是比较笼统的。根据全球盆地热流及相关研究（图 1-2），建议使用三档划分深层和超深层，即低、中、高地温盆地的深度标定体系（表 1-1）。事实上，同一个盆地不同二级构造单元、不同深度的地温梯度也存在明显差别，尤其是伸展型盆地，因此表 1-1 的划分仍然是框架性的。

显然，盆地"深层–超深层"的概念应该是动态的，是随着探测技术发展和认知程度加深而更变的。因为油气勘探的认识下限在不断下延、拓展，根据地球物理探测资料，相当一部分沉积盆地的现存最大埋藏深度可以超过 12000m，乃至 18000m，深层勘探领域前景仍然广阔。

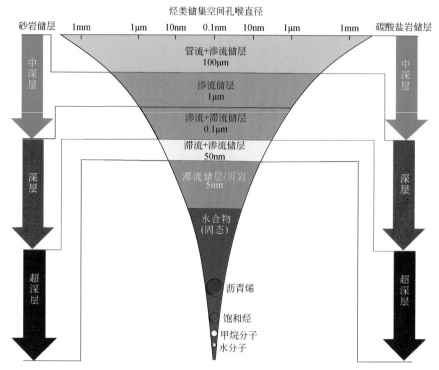

图 1-1　烃类储集孔喉直径［据邹才能等（2012）修订］与储层埋深的关系示意图

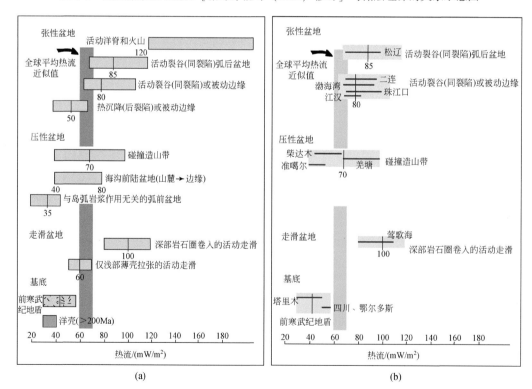

图 1-2　全球（a）［据 Allen 和 Allen（2013）修订］与我国（b）主要油气盆地热流分布范围
图（b）中塔里木等复合、叠合盆地的归类仅供参考

表 1-1　盆地深层、超深层界线划分

盆地热演化类型	低地温盆地	中高地温盆地	高地温盆地
平均热流/(mW/m²)	≤50（35～50）	50～65	≥65（65～100）
平均地温梯度/(℃/100m)	≤2.5（1.5～2.5）	2.5～4.0	≥4.0（4.0～6.0）
中深层上限平均深度/m	3000	2000	1500
深层上限平均深度/m	4500	3500	2500
超深层上限平均深度/m	6000	5000	3500
盆地实例	塔里木盆地、准噶尔盆地	鄂尔多斯盆地、四川盆地	松辽盆地、珠江口盆地

　　参考油气勘探中常用的深度及相关盆地的大量温压背景资料，表明狭义的深层地温多大于120℃，静岩压力大于90MPa；狭义的超深层地温一般大于160℃（可达300℃），静岩压力大于120MPa（可达280 MPa）；地层流体压力虽然变化较大，但由于深层流体对静岩压力的（部分）承载，因而可达50～100MPa，甚至更高。从地质条件特别是对岩浆-变质作用条件分析，盆地深层"高温-高压"条件并不值得惊奇，但对于大多在表生条件下建立起来的沉积岩石学而言，上述温压条件下的流体-岩石作用机制我们确实知之甚少。

1.1.2　深层-超深层油气储层产出的盆地类型和地层时代

　　统计表明（Evenick，2021），全球最具油气勘探潜力的盆地，其对应充填厚度一般较大，这些盆地类型主要为被动陆缘、前陆/前陆冲断带，挠曲和冲断带、克拉通（叠合）（参见图1-3），而这几类盆地也恰恰是目前认知的深层-超深层油气储层产出的主要盆地类型（表1-2）。当然，裂谷/裂陷、走滑等盆地也有深层-超深层油气储层产出。

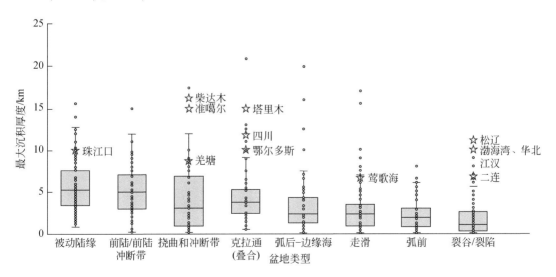

图 1-3　全球盆地类型［底图据 Evenick（2021）修订］与我国主要油气盆地最大沉积厚度分布
我国复合、叠合盆地发育，图中归类仅供参考，并无严格对比意义

表1-2　深层–超深层油气储层产出的盆地类型

盆地类型	盆地/区块	储集层	储层埋深/m	典型油气田
克拉通（叠合）	阿拉伯台盆区	泥盆系砂岩气藏	4900	加瓦尔油田
	阿拉伯台盆区	侏罗系碳酸盐岩	4570～4920	Umm Niqa 气田
	阿姆河	盐下侏罗系礁灰岩	4295～4795	Yashlar 气田
	滨里海	盐下石炭系灰岩	3900～4600	卡沙干油田
	二叠	志留系碳酸盐岩	4785～5715	Vermejo 气田
	塔里木台盆区	寒武系—奥陶系碳酸盐岩	4500～8500	塔中、顺北油田
	四川中部	震旦—寒武系碳酸盐岩	4500～6000	安岳气田
被动陆缘	墨西哥苏雷斯特	侏罗系—白垩系碳酸盐岩	3900～4720	Bermudez 油田
	墨西哥湾深海	古近系深海砂岩	～8000	Tiber 油田
	克里希纳-戈达瓦里	白垩系浊积砂岩	4205～5061	Deen Dayal 气田
	布劳斯	中侏罗统砂岩	～5012	Poseidon 1
	巴西桑托斯	盐下白垩系介壳灰岩	～4900	Lula 油田
	珠江口深水	古近系砂岩	3500～4800	白云油气田
裂谷/裂陷	北海盆地中部	侏罗系砂岩	5350～5630	Elgin-Franklin
	渤海湾	古近系砂岩	3500～4900	渤中油气田、东濮油气田
前陆/前陆冲断带	扎格罗斯褶皱带	中生界碳酸盐岩	4500～5200	Ramin、Marun 气田
	阿纳达科	志留系—泥盆系碳酸盐岩	5395～6001	Mills Ranch 气田
	东委内瑞拉	白垩系砂岩	>4650	Santa Babara 油田
	查科	泥盆系砂岩	4410～5037	San Alberta 气田
	南里海深水	上新统砂岩	5600～6265	Shah Deniz 气田
陆内挠曲和冲断带	库车	白垩系砂岩	4500～7900	克深、大北气田

总体上看，深层–超深层油气储层产出的盆地类型和地层时代具有如下特征。

（1）新元古界等古老层系的深层–超深层储层，主要产出于克拉通（叠合）盆地中，极少见产出于前陆盆地、裂谷/裂陷盆地、走滑盆地、被动陆缘盆地。

（2）古生界深层–超深层储层，主要产出于克拉通（叠合）盆地及前陆盆地中，极少见产出于裂谷/裂陷盆地、走滑盆地、被动陆缘盆地。

（3）中–新生代的深层–超深层储层，主要产出于前陆冲断带、被动陆缘，以及裂谷/裂陷和走滑盆地，极少见产出于克拉通（叠合）盆地。

1.1.3　深层–超深层油气储层的岩石和储集空间基本结构类型

碳酸盐岩、碎屑岩是深层–超深层油气储层的主要岩石类型（大类），但实际组构或成因类型要复杂得多。对全球储集空间类型的半定量统计表明，碳酸盐岩孔、洞、缝等多介质储集结构类型发育，而碎屑岩（砂岩为主）相对单一（图1-4）。

相比较中浅层，深层–超深层储集空间结构类型存在特殊性。总体上，随深度增大，大孔、洞呈现明显衰减，而与裂缝（含扩溶）有关的储集结构类型增多，尤以岩溶型碳酸盐岩最为典型［图1-4（a）］。非岩溶型碳酸盐岩储层的储集结构类型相对单一，其深埋演化与砂岩类似，只是在成因上次生溶蚀孔、裂缝及扩容孔隙的占比可能略高［参见图1-4（b）］，其压溶–蠕变相关的成岩产物丰度较高。

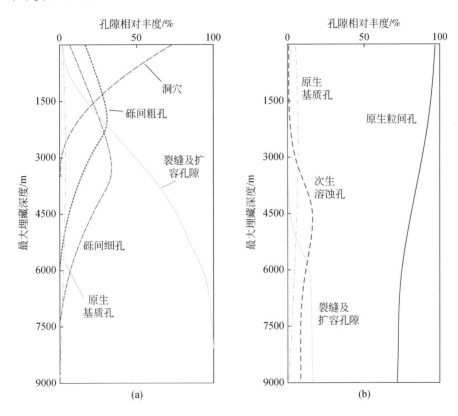

图1-4　岩溶型碳酸盐岩（a）与非岩溶型碳酸盐岩、砂岩
（b）储层孔隙类型的深度演化示意图
以低地温盆地为例，砾间粗孔与细孔的分界线定为6cm（Loucks，1999）

虽然大多数深层–超深层碎屑岩始终以粒间孔为主，但与裂缝（含扩溶）有关的储集结构类型显然不容小觑［图1-4（b）］，尤其在超深层，这类储集结构类型对岩石渗透性的作用至关重要。需要说明的是，图1-4给出的孔隙相对丰度是一个半定量的、综合性的岩石大类评估，不针对特定地区的储层岩石类型（亚类或种类）。

对于不同时代的盆地而言，深层–超深层储层产出的岩石和储集空间基本类型具有如下特征。

（1）新元古代等古老层系的深层–超深层储层，以碳酸盐岩为主，孔、洞、缝多介质储集类型组合发育，极少见碎屑岩类型。

（2）古生代的深层–超深层储层，碳酸盐岩、碎屑岩（砂岩为主）兼有，前者多介质储集类型组合发育；但碎屑岩主要产出于克拉通（叠合）盆地及前陆盆地中，孔隙型储集类型发育。

（3）中–新生代（特别是晚中生代—新生代）的深层–超深层储层，碳酸盐岩、碎屑岩（砂岩为主）兼有，前者多介质储集类型组合发育，局部克拉通、伸展盆地中可发育孔隙型储集类型；但前陆冲断带、裂谷/裂陷以及走滑盆地的深层–超深层多以碎屑岩储层居多，缝孔型、孔隙型储集类型发育。

1.2 深层–超深层油气勘探研究概况

20 世纪 80 年代以前，世界上深层油气探井主要分布于北美、墨西哥湾、东欧、西伯利亚等油气区（Максимов и лр., 1984），除墨西哥湾外大多位于稳定克拉通区，其深层大致以 4000m 为界限。20 世纪 80 年代以后，全球深层油气探井逐步向大陆边缘和深水区发展，而相应的深层油气集中–分布层系即勘探层位以中–新生界（特别是白垩系和古近系、新近系）为主。

反观我国，20 世纪 80 年代以前，虽有零星深层探井，但基本没有工业油气发现。20 世纪 80 年代中后期，随着我国东部油气勘探进入中后期，特别是 1984 年沙参 2 井在井深 5391m 的奥陶系白云岩中获高产油气流，开启了我国西部深层油气勘探的新阶段。在经历十余年的转型摸索后，我国深层油气勘探于 20 世纪 90 年代末期进入规模发展阶段，尤以塔里木盆地、四川盆地成绩最为突出，至 21 世纪 10 年代相继发现了塔河、哈拉哈塘、克拉 2、龙岗、普光、元坝、克深、安岳、顺南、顺北、满深等大中型深层油气田，并引导和带动了中东部、陆缘海域向深层勘探进军的步伐。

当今国际油气勘探的主要方向是深层、深水、非常规等三大领域，比较而言我国在深层领域无论是勘探投入还是勘探成效都占据举足轻重的地位。尽管如此，根据 2015 年全国油气资源构成评价（图 1-5），我国深层常规油气资源约 671 亿 t（油气当量），占油气资源总量的 34%，但探明率仅 13%（油）、10%（气）。

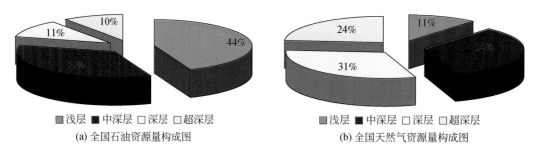

(a) 全国石油资源量构成图　　(b) 全国天然气资源量构成图

图 1-5　2015 年我国常规油气资源构成评价（据 2015 年全国油气资源动态评价资料）

20 世纪 80 年代至 21 世纪 00 年代，全球深层油气发现主要分布在 4500～6000m 埋深；而近年来 6000～8000m 的新发现愈来愈多，其中以我国的表现尤为突出。据不完全统计，2016～2020 年（"十三五"期间）塔里木盆地、四川盆地的探井 90% 以上钻至深层和超深层，塔里木盆地钻至超深层的比例甚至达到 75% 以上。而根据国家科技重大专项项目"深层–超深层油气藏地质特征、分布规律及目标评价"2021 年新的评价结果，深层油气资源占比增大，其中常规石油、天然气深层地质资源量占比分别超24%和68%（图1-6），待探明程度更高，油气勘探与研究任重道远！

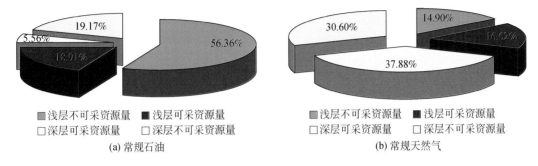

	19.17%	56.36%		14.90%	16.62%
5.56%			30.60%		
18.91%				37.88%	

■浅层不可采资源量　■浅层可采资源量
□深层可采资源量　　□深层不可采资源量
(a) 常规石油

■浅层不可采资源量　■浅层可采资源量
□深层可采资源量　　□深层不可采资源量
(b) 常规天然气

图 1-6　我国深层常规油气资源构成 2021 年评价结果

显然，盆地"深层–超深层"的概念应该是动态的，是随着探测技术的发展而更变的。目前 6000～8000m 的超深层界线未来一定会被打破，因为油气勘探的认识下限在不断延伸、拓展。而根据地球物理探测资料，相当一部分沉积盆地的现存最大埋藏深度可以超过 12000m，部分可达 18000m，因此，即便不考虑火成岩和变质岩油气藏，沉积盆地的深层勘探领域仍然广阔。

事实上，由于盆地类型和油气地质条件的差异，加之研究目标的不一，以深度标定的盆地深层概念很难统一。那么探索"深层"油气形成分布的学术意义何在呢？在从地表到深埋过程中环境条件始终在不断变化，沉积物（岩）及其共生的流体介质（无机–有机化学体系）为了适应这种环境变化而调整，其中包含的物理–化学过程的总和就是"成岩作用"，也称"成岩–后生作用"或"成岩–变生作用"。这一过程造就或衍生出了丰富多彩的无机矿物和岩石、有机集合体（地质聚合物）和有机岩。显然，温度、压力和流体相态/属性，即深层流体–岩石作用的环境条件，是探究"深层"科学含义必须澄清的问题。

1.3　深层–超深层油气储层的研究现状

在深层–超深层油气领域，近年来世界范围内越来越多的发现展现出了很好的资源勘探潜力（Meyer et al.，2005；McDonnell et al.，2008；Mancini et al.，2008；Ehrenberg et al.，2009；Ehrenberg and Nadeau，2005），而我国的勘探成绩表现得尤其不俗（马永生等，2011，2020；孙龙德等，2013；赵文智等，2014；李阳等，2020）。然而，一方面勘探技术和勘探深度日新月异，另一方面则是深层油气形成分布认识的局限，勘探风险的加剧，即理论认识远远滞后于勘探技术，这是极不协调的现象。换句话说，深层油气形成分布的理论认识问题已经成为进一步扩展深层勘探的瓶颈。以下从三个方面展示深层–超深层油气储层的研究现状及其面临的主要问题。

1.3.1　深层流体属性与流体–岩石作用

深层储层演变的根本原因是流体–岩石作用及其差异演变，其对成储–成藏产生重大影响。流体不仅是流体–岩石作用的参与组分，还是流体–岩石作用中物质、能量的输运载体（李忠等，2006a，2009），因此它是流体–岩石作用系统的最活跃控制因素与主要研究内容之一（图1-7）。

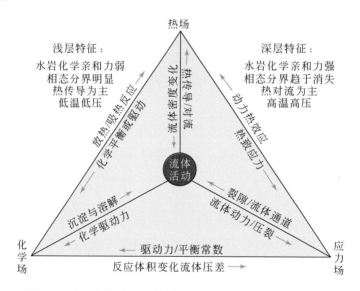

图1-7　盆地流体活动与成岩作用场［据李忠（2016）修订］

根据以往大量研究资料，深层流体主要来源可以归结为如下三类。

（1）大气水或沉积水，进一步可分为三种亚类。其一，沉积水经深埋蒸发作用而成，一般产出于构造比较稳定的、封闭较好的克拉通盆地深层；其二，大气水深循环产物，在紧邻造山带的构造盆地深部较发育，包括深循环到结晶基底再进入盆地内部；其三，压实水，即由于深埋压实而排出的自由水及部分束缚水，或由于穿层断裂输导自目的层之下的盆地深层水（又称盆地热流体）。这类流体的典型特征就是其大气水示踪属性。

（2）结晶水或化学转化流体，包括在深埋温压条件下矿物转变而排出的结构水，无机/有机物转化而形成的流体，如深层黏土矿物转化排出水，深层地质聚合物转化形成的含烃流体、有机酸等，硫酸盐热化学还原反应（thermochemical sulfate reduction，TSR）、原油裂解等形成的相关流体或气体；这类流体的典型特征就是其无机–有机组分的复杂性。

（3）岩浆或变质流体，源于岩浆或变质作用，如在基底或盆地内发生的岩浆分异、气化作用、接触变质作用等都会形成影响盆地深层的流体产物，也有直接通过深大断裂而来的地幔流体。

流体来源受控于盆地充填物（流体–化学体系）及其演变的构造背景，而流体活动除受物性和温压等物理条件制约外，还与流体的相态、化学亲和力与介质的润湿性（亲水性/亲油性）密切关联。在深层流体中，结晶水或化学转化流体、岩浆或变质流体组分明显增加；而深层裂隙体系发育、流体（含超临界流体）化学亲和力的增大（Максимов и др.，1984；Balitsky et al.，2011）无疑将抵消或部分抵消物性变差对流体活动性的不利影响。因此，深层流体活动不可忽视，以往根据浅层现象对深层的简单推演可能大大低估了深层流体活动的规模和效应（图1-8）。这也隐含了从流体属性、活动方式等参量定义浅层、深层、超深层的界限无疑是具有科学含义的。

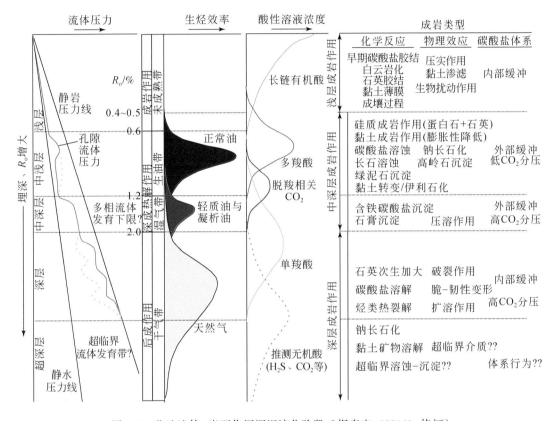

图1-8　盆地流体–岩石作用深埋演化阶段［据李忠（2016）修订］

储层在各种地质应力作用下压实（或垮塌）、变形，而其中抗压实（保持）和破裂（扩溶）则是深层储层孔缝形成的重要机制，也是油气地质关注的储层应变机制及效应的内涵。储层演变是盆地沉积–热–构造–流体动力综合作用的效果，而不只是上覆岩石简单地机械压实（寿建峰等，2006，2007）。目前对相关岩石储集物性（孔渗性）的构造地质基础研究已取得进展（Gibson，1998；Heynekamp et al.，1999；Taylor and Pollard，2000；Lothe et al.，2002；Sample et al.，2006；Gale et al.，2014；Bisdom et al.，2016；Jamison，2016）；但将构造应变与流体–岩石作用及油气储层有效性结合的研究则尚属起步阶段（Fossen and Bale，2007；李忠等，2009；Laubach et al.，2010；Vandeginste et al.，2012），还处于构造样式和孔–缝成岩表征阶段，构造–流体活动匹配和定量化较差，如针对不同古热史及热作用方式引起的应力–应变机制及效应、叠加构造与不同性质流体介入后的应变效应等来认识储层孔隙或孔缝变化规律的关键问题，目前研究的系统性、动态演变和深度仍然有限。

另外，近10年来由构造–热流体作用形成的深层白云岩（白云石化）储层在国内外被大量报道。这是因为热流体的大规模运移及由此引起的一系列地质作用都与断裂作用有关，并且对一些特殊的构造背景有一定的偏好，这些有利的构造背景包括伸展断层（上盘）、张扭断层、断层交汇处（Davies and Smith, 2006）。由断层拆离造成的地层下沉作用，在岩层顶部往往会出现条带状凹陷（sag）。而岩层内部由于破裂以及随后可能因热卤水流体充注而引起的水力压裂，形成碳酸盐岩层内丰富的裂缝和角砾，并发生灰质的溶蚀作用和广泛的白云石化作用，引起白云岩孔隙度的增加，成为潜在的优质储层。需要指出，流体地球化学研究为探讨碳酸盐岩成岩作用和规模储层形成，提供了定量、可靠的证据（Bachu, 1997；Gregg and Shelton, 1989；Kendrick et al., 2002；Worden et al., 1996, 2016）。

应该指出，深层温压体制并非均一，其中水平分应力与垂直分应力的比值一般介于0.2~0.9，构造稳定的台盆区该比值相对低，这也是深层大规模流体活动可能存在的重要驱动机制之一。在非均匀压缩即构造应变体制状态下，岩石物性的压实效应明显低于均匀压缩状态，因此以往对盆地深层沉积岩物性的趋势估计可能过分悲观了。而由于不同岩石物理性质（如泊松比）的差别，压实效应的非均质性将更加显著，这或许是碳酸盐岩孔渗物性较砂岩分异大的原因之一。但目前相关精细实验和实例分析还比较缺乏。

1.3.2　深层储层改造机制

以往研究表明（Scholle and Halley, 1985；Moore, 2001；Loucks, 2007），当沉积物的埋深超过大约3000m（高热流区）或4500m（低热流区）时，多数宏观（毫米级以上）原生孔隙（洞）将显著减少（图1-9）；而一般超过6000m后大部分中观（毫米级）孔隙将消失殆尽，而代之以微米级乃至纳米级孔隙为主。尽管例外情况在油气盆地时有发生。另外，随着埋深增大，次生改造将可能形成一定数量的孔隙叠加在原生孔隙之上。

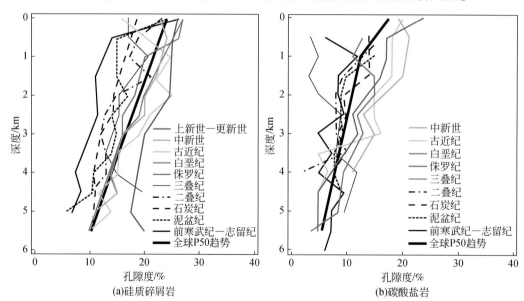

图1-9　盆地不同时代硅质碎屑岩与碳酸盐岩储层平均孔隙度的深度演变

[据 Ehrenberg 等（2009）修订]

因此，深层储层的形成分布，总体而言无非是原生保存、次生改造两个方面。在原生保存方面，储层超压被认为是孔隙得以保存的最主要因素（Feazel and Schatzinger，1983；Maliva and Dickson，1992），而烃类对储层孔隙的早期侵位可阻止化学压实作用的进行，也有利于孔隙的保存（Heasley et al.，2000）。除此以外，低地温（Seiver，1979；李忠等，2009）、早期颗粒黏土膜发育（Ajdukiewicz and Larese，2012）等也被认为是深埋储层发育的重要"保存"机制。相比之下，对深层储层流体溶蚀、破裂扩溶等次生改造机制及其效应的争议较大。

深埋背景下，次生孔隙的发育与石油形成、运移过程中产生的二氧化碳和有机酸（Surdam et al.，1989，1993），以及原油裂解、运移过程（因热化学硫酸盐还原作用）产生的二氧化碳和硫化氢（Sassen and Moore，1988；Machel et al.，1995）有关。对碳酸盐以及硅酸盐矿物的溶解可形成次生孔隙，溶解产生的 $CaCO_3$ 将在新的适宜环境形成胶结物（Heydari，1997；Moore，2001）。但对上述机制的效应一些学者持有明显不同的看法（Bjørlykke，1984；Lundegard et al.，1984；Loucks，2007），其最主要的论据就是对深层充足的有机酸、大规模流体活动和搬运效应的质疑。此外，深层碱性溶蚀机制也在部分研究中被提及，但其规模效应仍然存在巨大质疑。

除上述构造控制的碳酸盐岩热流体作用模式外（Davies and Smith，2006），高温高压条件下破裂支撑机制（Laubach et al.，2010）、二氧化碳以及超临界流体溶解机制（Максимов и лр.，1984；Alexandrov et al.，2011；Miller et al.，2014）也已得到模拟证实，但缺乏宏观解析和实例验证。

深层烃类–矿物反应产有机酸（Seewald，2001a）、热化学硫酸盐还原作用产出的硫化氢溶蚀机制（Machel et al.，1995；Cai et al.，2015a），也成为理论探索和实验模拟的热点，但其规模效应还难以获得质量平衡计算方面的支持。

综上，目前的主要存在问题是，一方面是对不同流体–岩石作用实验的边界条件约束较弱；另一方面是储层流体–岩石作用机制及效应缺乏空间尺度的系统分析，导致对储层流体–岩石作用控制机制及效应的认识出现片面化甚至是误区。而对于盆地深部，不仅系统的流体–岩石作用实例解析很少，更重要的是缺乏基础的模拟深部条件的实验研究。

还值得一提的是，地层时代（时间）也是影响深层储层"保存"的重要因素，如图 1-9 所示，同等深度条件下，古生代、前寒武纪等岩石较中–新生代岩石孔隙显著衰减，碎屑岩尤其如此。针对这方面迹象，前人尚缺乏具体驱动机制研究，定量化认识较差。

1.3.3　规模成储建模

对于规模成储建模，一方面深层储层的研究需要综合考虑沉积、成岩和构造作用因素叠加；另一方面这种叠加效应的定量解析又倍加困难。

对油气储层（非均质性）的时空界定已经提出了越来越高的精度要求，该领域的国际前沿研究在 20 世纪 90 年代以来，特别是近 10 年来得到了极大推进（Morad et al.，2000，2010；Moore，2001；Davies and Smith，2006；Worden et al.，2016）。但迄今为止，该领域的成熟认识仍然来自沉积非均质性方面，换句话说，也就是对中浅层储层（非均质性）的时空界定比较有效；而对成岩、构造改造非均质性较强的深层来说，规模成储建模的精度较低，预测指导性有限。

深层沉积岩规模成储建模是预测技术研究的基础，而深层成储建模的关键是对沉积期后构造–成岩改造过程与效应的认识程度。换言之，应细化、完善多层系岩溶发育及其深埋转换构造–流体改造与差异保存储层模型、交代和自调节白云石化及其深部构造–热流体差异改造储层模型、碎屑岩有效改造与储层保存模型。储层建模必须基于沉积（层序）、构造、流体作用等宏观尺度演变框架和综合效应的研究（李忠等，2009）。另外，发展多尺度建模技术是提高规模储层表征和预测精度的重要途径，这不仅需要典型实例解析方面付出不懈的努力，更需要开拓新的技术思路，如大数据采集、数字岩心、智能处理等！

1.4　深层–超深层油气储层的专属性前沿问题及研究思路

1.4.1　深层油气储层的专属性问题

如前所述，埋藏–热演化、构造应变、介质物理化学属性是决定盆地充填物演变流体动力环境的基本要素（图1-7）。然而，深层–超深层沉积岩经历了相对高温高压环境的洗礼，其与浅层相对低温低压环境的流体–岩石作用有何根本不同——质变，即有无专属性基础问题呢？显然，这完全取决于深层环境条件下的流体、岩石/岩矿的演变行为是否存在特殊性。

1. 深层流体相态问题

含油气盆地深层存在多种流体来源，有机–无机成因叠加，因此在"油气窗"范围内的多组分、多相态或多介质流体问题，一直是学界热议的话题。然而，由于其复杂性和流体复原技术的瓶颈，认识的局限性突出，争议不断。

目前的实验研究迹象显示，盆地深层多相流体化学亲和力增大（Максимов и др.，1984；Balitsky et al.，2011）、界面张力减小，均一相可能发育，这无疑将抵消或部分抵消物性变差对流体活动性的不利影响。换句话说，由于深层油–气–水混溶、黏度降低，将可能改变深层油气的运聚形式。

显然，流体作用贯穿于成储–成藏全过程，盆地深层演化时期长，不同尺度的流体活动样式复杂（Shanley and Cluff，2015），而我们对深部流体相态、属性与作用类型知之甚少，极大制约了对深层规模高效储层改造机制与形成分布的认识。因此，相关前沿基础研究值得重视。

2. 岩石物理属性演变问题

沉积岩的岩石物理属性（弹性、塑性、黏性等），特别是应力–应变或流变学行为显然会受到温压流等环境因素的影响。但以往相当长的研究中，这种影响在盆地尺度并未获得重视，或者说在此尺度上的环境因素效应（特别是温压方面）多认为是可以忽略不计的。

　　然而，目前相关领域的一些认识仍然值得关注。Connolly 和 Podladchikov（2000）结合实例对温度相关的黏弹性压实开展了数值模拟研究，认为大多数沉积盆地的近地表压实状态以静水流体压力为特征，因此完全由沉积物基质流变学决定。在这种情况下，压实最初由黏弹性流变模型很好地描述。随着深度的增加，沉淀–溶解过程则将导致热激活的黏性变形的发育（图 1-10）；在潘诺尼亚（Pannonian）盆地的应用表明，页岩和砂岩的孔隙度分别低于 10% 和 25% 时，黏性压实就可能起主导作用。

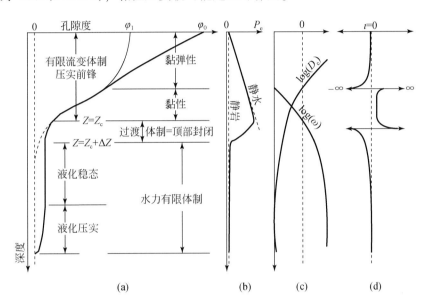

图 1-10　沉积岩孔隙度 φ（a）、有效压力 P_e（b）、局域 Deborah 数 D_e 和水力参数 ω（c）、

e 倍黏性长度 ι（d）的深度剖面示意图（Connolly and Podladchikov, 2000）

p_e 是负载压力与流体压力之差；D_e 是黏性和黏弹性机制对压实相对影响的测度，当 $D_e \approx 1$ 时两个分量相

当，而 $D_e \to 0$ 和 $D_e \to \infty$ 分别指示黏性和黏弹性极限；$\omega \ll 1$ 对应正常静水压力梯度；ι 的有限正值增加了

黏性剖面的曲率，$\iota > 0$ 表示黏性压实

　　在盆地尺度，流体超压对岩石应力–应变行为的影响近年来已受到关注，这得益于 Suppe（2014）的工作。研究表明，流体超压可以大大降低岩石脆性破裂强度，并显著延缓岩石地层深埋过程中的脆–塑性转变（图 1-11）。

　　换言之，从中浅层到深层–超深层沉积盆地，由于温压流变化，特别是热激活效应、超压环境的出现，深层–超深层储层岩石流变行为与物性演变可能存在明显差异。但问题在于，这种热激活效应与岩石非均质性、流体活动密切相关，其机制远未认识；而超压环境本身成因机制复杂，且活动多变，其形成分布更是受岩石非均质性制约，因此岩石应力–应变行为与埋藏深度之间并非简单的对应关系。

　　3. 流体–岩石作用类型与效应问题

　　除化学体系、封闭性等因素外，由于上述流体相态、岩石物理属性的演变，同一流体–岩石体系的成岩行为，从中浅层到深层–超深层可能存在明显分异（图 1-12）。

　　关于深层–超深层温压流态下的流体–岩石作用行为，即成岩反应类型、速率和效应

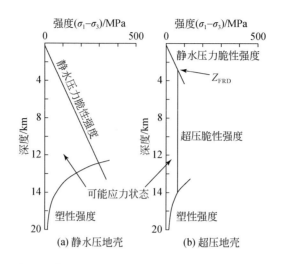

图 1-11　静水压和超压地壳破裂强度–深度曲线对比［据 Suppe（2014）修订］

（a）经典的强度–深度图显示了静水孔隙压力条件下线性增加的脆性强度；（b）基于钻孔资料、
地球物理和岩石学证据，建立了细粒岩石中超压和低强度地壳对应模型，Z_{FRD} 指流体滞流深度

等，坦率说现有的认知是比较贫乏的。一些迹象显示，快速胶结–溶蚀反应可能在深层–超深层比较发育（Chen et al., 1990；Tigert and Al-Shaieb, 1990；李忠等, 2003；Olson et al., 2009；Laubach et al., 2010）。但是，相反的认识也有提出，其基本依据比较多地提及了深层–超深层致密层发育，它们对流体活动速度和效率具有严重阻碍作用。

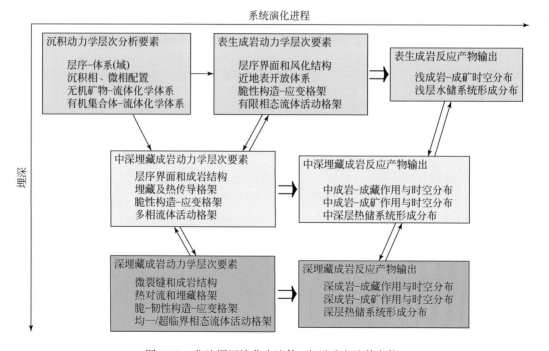

图 1-12　盆地深埋演化中流体–岩石反应及其产物

综上，深层–超深层油气储层演变存在专属性机制，这是毋庸置疑的，但是什么样的机制则知之甚少。采用新技术，通过典型表征，解析客观记录，探究深层–超深层储层演变的专属性机制，这是现阶段乃至未来相当长时期内储层地质学研究的重要任务。

1.4.2　本书研究目标与思路

基于多年研究积累，本书在深度上将聚焦不同构造–流体演化体制下沉积岩的成岩–成储以及成储–成藏规律研究，在广度上将开展与国内外相关盆地对比分析，厘定和梳理中国西部深层–超深层沉积储层发育的共性和个性，形成规模储层形成分布的理论、预测方法及技术。具体主要针对塔里木、四川等盆地震旦系—奥陶系碳酸盐岩、中生界—古生界碎屑岩，重点分析深层储层发育的构造–流体动力环境分析，研究深层碳酸盐岩、碎屑岩储层的改造和保存过程，构建规模储层的层次结构，建立深层储层的形成演化模式，基本认识成储规律及主控因素。

本书主要研究内容如下。

(1) 开展系统性的构造活动及其有关的流体–岩石相互作用研究，深入认识深层沉积–成岩的系统演变行为，从盆地动力学角度对塔里木盆地及四川盆地的沉积储层分布和演化进行更准确的构造–流体及温压背景分析。

(2) 针对塔里木盆地等深层–超深层碳酸盐岩、碎屑岩储层形成机制，深化研究深层–超深层碳酸盐岩深埋岩溶与白云石化、碎屑岩储层的构造–成岩以及成岩–成藏相互作用机制，完善对不同尺度孔–缝–洞分布规律的认识，建立更为客观的基于构造、沉积（层序）、流体活动的地质模式。

(3) 在深层–超深层储层分布预测方面，针对塔里木盆地（对比四川盆地及其他典型盆地）典型油气区带及油气藏，开展不同沉积岩类储层结构、成储–成藏综合地质–地球物理解析，结合全球调研及知识库基础地质框架，形成与我国西部典型叠合盆地油气勘探相适应的规模储层形成分布理论及预测技术。

在研究思路方面，基于构造演变与沉积层序及组构（矿物–化学体系）分析，结合露头分析，多学科攻关，重塑盆地构造–流体演化，解析深层–超深层规模成储的烃–水–岩演化和渗流改造过程及有利动力环境；系统研究重点层位碳酸盐岩、碎屑岩的构造–流体–岩石相互作用过程与溶蚀效应，解析构造–（热）流体活动对孔–缝–洞发育和储层物性的改造机理；综合提炼规模储层的形成模式及主控因素，认识成储及其分布规律，构建地质–地球物理预测模型，并开展重点目标预测。研究特别关注以下几点。

(1) 加强国际研究的"模型化"和"数值化"调研。这不仅是提炼模型、构建知识库基础框架的需要，也是典型实例研究的重点或切入点选择的前提。

(2) 加强综合集成研究。一方面强调基于"十一五""十二五""十三五"的工作，加强成果集成；另一方面强调不同学科、不同尺度、不同技术途径（包括实验、实例）研究的综合。

(3) 加强深层规模储层勘探规律研究。一方面强调对"深层"专属性的提炼，另一方面强调勘探预测实效及验证，综合集成"规模"储层储集空间分布规律。

第 2 章　深层–超深层油气储层发育的温压流环境及演化

深层–超深层油气储层演变的环境演化，根本上取决于盆地类型。不同的盆地类型显示了各自特征构造演化和埋藏历史，以及温压流环境及演化进程，由此形成了丰富多彩的储层物性及时空展布。

2.1　深层–超深层油气储层的埋藏与构造演化

2.1.1　盆地埋藏类型与温压演化

埋藏–隆升过程是盆地构造演化的重要表现之一，而埋藏历史可以直观展示特定岩层的温压演化，因此，构建埋藏历史是解析深层–超深层储层演变的重要基础。这一点在前人的储层研究中已给予了很大关注。值得一提的是，深层–超深层储层往往发育于具有多期构造旋回制约的"叠合盆地"中，因此能否客观、定量考查多个"原型盆地"的叠合埋藏效应就显得尤其重要。

1. 盆地深埋与温压演化类型

1）埋藏–热演化特征

前已述及，被动陆缘、前陆/挠曲、克拉通盆地是三类深层–超深层储层产出的主要原型盆地类型。相同寿命的原型盆地比较，主要考虑埋藏深度/温度和时间效应 [低时间温度指数 (time temperature index, TTI)]，早期浅埋、晚期快速深埋的前陆/挠曲盆地，加之这类盆地的地温梯度一般介于 $20 \sim 25 \, ℃/km$，是最有利的深层–超深层储层发育的原型盆地；而具有早期高热流深埋特征的裂陷盆地 (Allen and Allen, 2013) 一般不利于深层–超深层储层发育。

叠合盆地是深层–超深层储层发育的主要场所。勘探研究显示，上叠低地温（梯度）快速深埋盆地是深层发育规模储层的前提，其中尤以克拉通上叠挠曲盆地、克拉通上叠克拉通盆地等叠合类型最为有利；而上叠裂谷盆地将导致高 TTI，热演化和蠕变压实显著，往往不利于下伏深层储层的保持（参见第 4 章—第 7 章）。

深层–超深层含油气系统在我国叠合盆地中颇具显示度。塔里木盆地和四川盆地的地温场研究都始于 20 世纪 80 年代，通过大量的岩石热物理分析以及温度测试数据，综合运用镜质组反射率 (R_o)、磷灰石裂变径迹、磷灰石 (U-Th)/He 年龄等多种古温标，基本认识了盆地热演化及现今热状态（图 2-1）。四川盆地在早古生代热状态较为稳定，盆地基底古热流值始终在 $52 \sim 59 \, mW/m^2$，受区域岩石圈拉张和峨眉山玄武岩活动的影响，在二叠纪盆地热流急剧升高，对成烃–成储环境影响显著；三叠纪至今四川盆地热流维持平稳

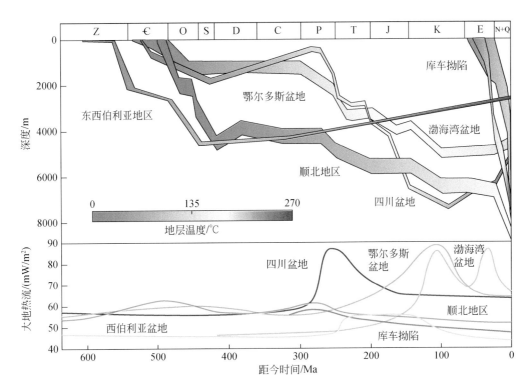

图 2-1　典型盆地深埋藏与热流演化［据任战利等（2020）修订］

或略有降低。

塔里木盆地的平均热流值为 44mW/m²（王良书等，2005），比中国东部中–新生代拉张盆地低，属低热流冷盆。这是由盆地性质、构造和热演化过程决定的。盆地北部库车拗陷的地温梯度为 18~28℃/km，略高于塔里木盆地的平均地温梯度 18~20℃/km。库车拗陷地温梯度随深度的增加而降低，1000m 以上的平均地温梯度在 25~35℃/km，至 4000~5000m 平均为 18~25℃/km。

即便是低热流，盆地内部不同构造单元的地温场也存在明显分异，这与盆地基底形态和地层充填特征有关。利用 BasinMod 1D 软件，采用 Easy%R_o 模拟埋藏热历史，图 2-2 显示了塔里木盆地典型次级（二级）构造单元塔北、塔中的埋藏热历史分异。

而对于塔中北斜坡内部的西、中、东三个次级（三级）单元，如图 2-3 所示，其志留纪抬升前鹰山组温度基本维持在 80~100℃，剥蚀强度自东南向西北减弱，西部平台区温度保持在 80℃以上，东部和中部的温度降至 80℃左右，且东部地区的剥蚀降温时间长，泥盆系大多缺失（李忠等，2016）。塔里木盆地晚石炭世末期—二叠纪或二叠纪高温活动主要影响盆地西北部地区，中、东部较弱，该时期地温梯度较高，达到 4℃/100m 以上。塔中各区块侏罗系—白垩系均有不同程度的缺失，总体处于隆起剥蚀的状态，中、东部构造活动较强。新近纪至今沉积埋藏 1000 余米，基本上持续埋深，致使西、东部地区鹰山组现今温度可达 160℃以上，中部地区约为 140℃。

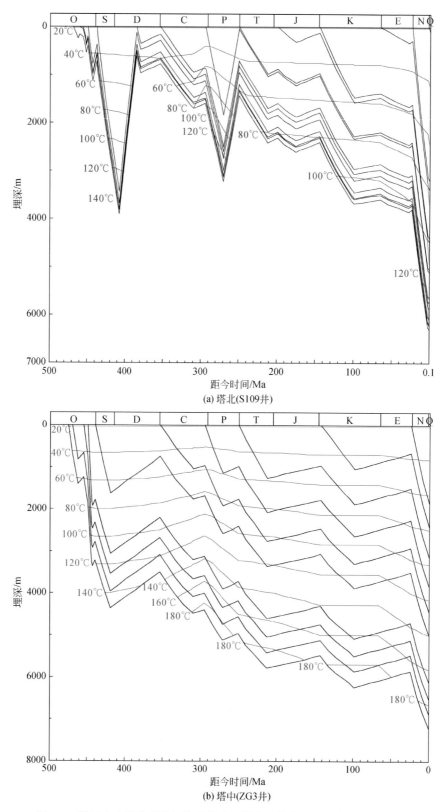

图 2-2　塔里木盆地典型次级构造单元（塔北、塔中）的埋藏热历史分异

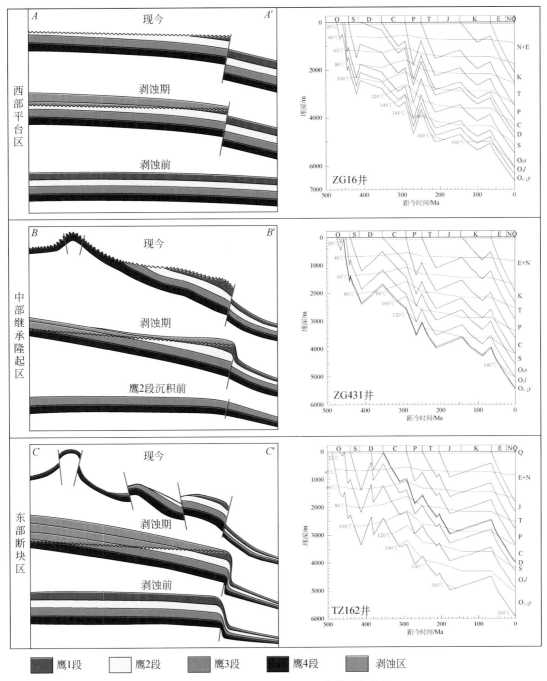

图 2-3　塔中次级构造单元的埋藏热历史分异

O_3s 为桑塔木组，O_3l 为良里塔格组，$O_{1-2}y$ 为鹰山组

　　塔里木盆地库车拗陷也存在类似三级单元埋藏分异。山前构造带热流值相对高（如大宛齐、克拉等地区均在 45mW/m² 以上），中央拗陷部位较低（均低于 45mW/m²），前缘隆起带较高（如塔北的提尔根、牙哈等地区热流值也在 45mW/m² 左右）。可见热流分布特征

与构造有显著相关性。南部的热流值东高西低，如牙哈地区的热流值均高于 $45mW/m^2$，而西部的羊塔克、英买力地区的热流值低于 $40mW/m^2$（王良书等，2005）。相应地，库车拗陷北缘山前的挤压背斜带，包括克拉苏、依奇克里克、大宛齐等构造带，地温梯度最高，为 $25 \sim 28℃/km$；拜城–阳霞凹陷次之，为 $22 \sim 24℃/km$；秋里塔格构造带和南部平缓背斜带较低，为 $19 \sim 23℃/km$；前缘隆起带最低，为 $18 \sim 20℃/km$。另外，库车拗陷南部大致以羊塔克库都克为界，西部羊塔克、喀拉玉尔滚、英买力等构造区的地温梯度较低，基本上低于 $20℃/km$；而东部的地温梯度较高，为 $20 \sim 25℃/km$。

2）地层流体压力演化特征

塔里木盆地和四川盆地深层表现出压力的特征差别较大。四川盆地是一个典型的超压发育盆地，在盆地不同构造单元的多套地层都发现了异常高压。中古隆起震旦系—下古生界在其西南部威远构造带为正常的静水压力，在磨溪–高石梯地区寒武系则发育异常高压。欠压实、构造挤压以及生烃作用被认为是四川盆地主要的超压机制。

根据勘探资料统计，塔里木盆地库车拗陷克拉苏–依奇克里克构造带、秋里塔格构造带以及阳霞凹陷和拜城凹陷的新近系、古近系及白垩系中普遍发育异常超压（压力系数多在 $1.6 \sim 2.2$），不同区域超压的发育层位、分布和结构特征具有显著的差异性，而超压的成因机理复杂。库车拗陷北部冲断背斜带储层广泛发育超压，在克拉地区压力系数一般在 1.8 以上，最大压力系数可超过 2.1；大北地区储层压力系数均在 1.4 以上，一般在 $1.6 \sim 1.7$。在依南和迪那地区超压也比较发育，依南地区压力系数分布范围比较广，在浅层一般为常压，深层一般为超压，最大压力系数在 1.7 以上；迪那地区发育强超压，压力系数一般在 1.8 以上，最大压力系数可超过 2.1。垂向上，超压主要发育在膏盐岩内部以及膏盐岩以下。膏盐岩以下钻井实测压力平面分布特征显示异常高压主要发育在前陆冲断带，中部克拉苏–东秋–迪那构造带的地层压力系数在 2.0 以上。总体上，从南向北逐渐递减，具有南北分带的特征。

塔中隆起深层现今超压不发育，奥陶系压力系数整体为 $0.9 \sim 1.2$，属于正常压力。根据前人对流体包裹体热动力学模型计算的古压力，塔中隆起奥陶系在 3 次主要的油气成藏期都没有明显的超压。

对于经历过深埋作用的储层，沉积相对油气的控制作用减弱，次生孔隙的控制作用增强。在埋藏成岩环境下，高温高压都可能导致侵蚀性流体的形成。温压场对储层流体的演化有着重要的影响，而流体性质又控制着储层成岩演化。深层构造–流体环境相互作用及叠加效应对于增强储层储集性和渗透性具有重要意义，其研究是揭示深埋碎屑岩规模储层成因机制和分布规律的关键。

2. 深层温压下的岩石蠕变特征

沉积物（岩）对于构造应变的响应，按应变方式可以分为脆性和韧性；按动力机制则可以分为破裂和蠕变两个端元。如图 2-2 所示，随着温度和压力增大，沉积物（岩）的应变由脆性变韧性，由溶蚀–沉淀蠕变/碎裂向扩散/位错蠕变演化。大量模拟实验表明，盆地深层–超深层温压流环境下的储层演变，其蠕变效应不可轻视。

1）脆性和黏性场中的变形机制

脆性过程包括裂纹的成核和扩展，其涉及原子键的断裂和最终导致摩擦滑动面的形成。脆性变形伴随着扩容的内在需要，因为新的裂缝打开，单个碎片才能彼此在围压下滑动。

温度激活的黏性过程涉及晶格中原子无序的运动以及流体相中的物质传输（图2-4）。在地壳条件下，黏性变形表现出稳态应力对应变率和温度的强烈依赖性，并且在很大程度上与地壳条件下的围压无关。变形是体积守恒的，并且依赖于原子的迁移率，因此也依赖于温度和时间。在低应力条件下，扩散蠕变通常是岩石的主要变形机制；应力与应变率呈线性关系，并进一步取决于粒度（即扩散距离）；扩散蠕变的一种特殊情况是溶解–沉淀蠕变，其中原子通量由颗粒边界的液相介导（Gratier et al., 2013；Klinge et al., 2015）。在较高的应力下，岩石在幂律蠕变状态下通过位错机制变形；应变率与应力成正比，应力指数为3~5，与粒度无关。若施加更高应力，在离开滑动面的位错攀移忽略不计的情况下（dislocation glide with negligible climb out of the slip planes），通过位错滑移可调节低温塑性区的应变（Reber and Pec, 2018）。

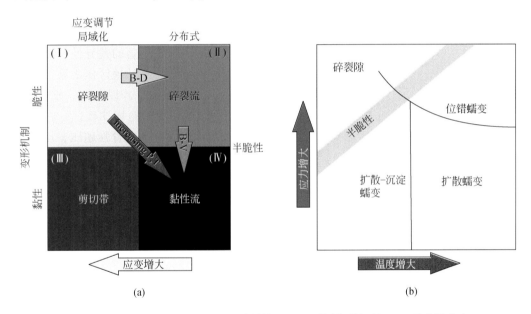

图2-4　岩石变形中可能发生的方式转换(a) 和不同变形机制 (b) 及其温度和
应力条件示意图 ［据 Reber 和 Pec（2018）修订］
B-D 代表脆性–韧性转变；B-V 代表脆性–黏性转变

2）半脆性场中的变形机制

半脆性流动发生时，黏性和脆性变形机制共同和显著地贡献了变形过程中的应变调节。因此，在微观上，半脆性变形由于膨胀而表现出压力依赖性，以及由于缺陷和原子的温度激活运动而表现出温度和应变速率依赖性。脆性过程和黏性过程可以是连续的，也可以是同时发生的。例如，连续半脆性变形是指压裂产生细晶粒尺寸，然后通过流体辅助扩散蠕变（脆性>黏性）变形。与半脆性变形相似的一个例子是，一个相因破裂而变形，而另一个相因多相岩石中的黏性流动而变形。脆性变形和黏性变形可以在单一矿物相中同时发生。

　　为了研究岩石中的脆–黏性流动，前人（Reber and Pec，2018）比较了湿石英岩脆性、位错和溶解–沉淀蠕变流动规律。假设所有的变形机制都是独立的、平行的，并且对总应变率有贡献。计算的应变速率图显示了不同变形机制在不同应力和温度空间中的预期分布。为比较方便，将流动规律外推到等效围压，观察到脆性蠕变随围压的增加而逐渐减小（图2-5）。

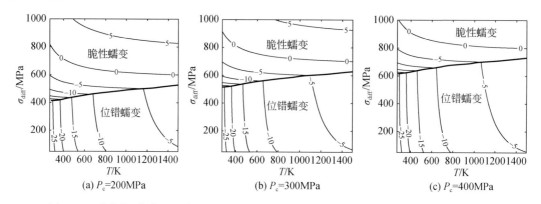

图2-5　不同围压条件下温度（T）和差异应力场（σ_{diff}）中基于脆性蠕变和位错蠕变的
应变速率对数（lgε）等值线图［据 Reber 和 Pec（2018）修订］

　　溶解–沉淀蠕变中的晶粒/颗粒大小和脆性蠕变中的初始破裂长度显著影响它们与位错蠕变的共存（图2-5、图2-6）。这种转变的范围可以从突变到覆盖几百兆帕的差异应力和数百开（热力学温度）的温度范围。考虑到现有的实验数据收集突出了填充高温、低应力和低温、高应力变形实验之间存在空缺的重要性，从而可以导出低温塑性和高温脆性蠕变的定量流动规律。多个变形机制对总应变速率的贡献超过10%的过渡区仅限于相对狭窄的应力和温度差条件，它们的有限变化就能落入完全不同的单一变形机制区，并控制应变速率（Reber and Pec，2018）。

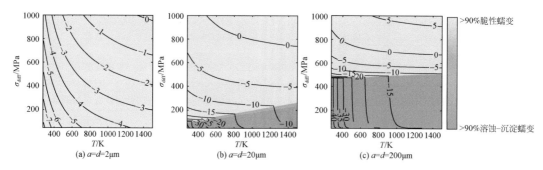

图2-6　温度和差异应力场中脆性蠕变和溶解–沉淀蠕变的应变速率对数（lgε）等值线图
［据 Reber 和 Pec（2018）修订］
围压 P_c=300MPa；粒径介于 2~200μm；对于脆性蠕变，晶粒尺寸=初始破裂长度。黄色和绿色区域显示了以脆
性蠕变和溶解–沉淀蠕变为主的温度和差异应力条件

　　这些研究结果表明，半脆性流动在多矿物岩石中更为重要，即一种矿物破裂而另一种则流动蠕变。类似认识也见于 Macente 等（2019）的实验模拟研究。因此，原始组构不同

是制约储层深埋显示差异孔隙保持的重要因素。

2.1.2　盆地构造应变与储层演变效应

研究认识到，大多数浅层流体活动以大气水循环、限制性层内循环为特征，重力、差异压实是其主要驱动机制（Galloway，1984；Bjørlykke et al.，1988；Allen and Allen，2013）；而深层主要以区域性垂向、幕式活动为特征，热盐对流驱动、构造诱发驱动可能成为主要机制（Максимов и лр.，1984；Goncalvesn et al.，2004；李忠等，2006b；Andreychouk et al.，2009）。换言之，非重力负载相关的构造应变和成岩效应已成为深层–超深层储层演变的关注领域。

1. 概念与基本模型

21 世纪 00 年代中后期以来，对构造驱动的流体活动即构造–流体活动的研究有了明显加强。随着观测数据和解剖实例的积累，特别是大批量原位组构观测、流体示踪以及模拟技术的发展，有关不同尺度的构造应变与流体–岩石作用关系的研究（Fossen and Bale，2007；Manzocchi et al.，2010；Vandeginste et al.，2012；Mangenot et al.，2018a），使认识古流体活动的盆地构造体制的关系正在成为可能。由此导致了构造成岩作用（structural diagenesis）的提出（Laubach et al.，2010），以及相关构造–流体–岩石作用研究的兴起（李忠等，2009，2016）。

关于构造–流体–岩石作用或构造成岩作用的定义，目前国内学术界有混淆趋势，主要体现在将其含义扩大化，将一些非构造驱动的流体–岩石作用也纳入其中。这显然背离了这一概念提出的初衷，也使得相关研究缺乏针对性和显示度。本书主张构造–流体–岩石作用，该作用是指岩石（或沉积体）由于发生构造应变而驱动的流体–岩石作用，其流体活动主要是构造应变的响应，与无应变的岩石（或沉积体）中单纯的重力、差异压实驱动的流体活动不同。

显然，构造–流体–岩石作用的研究正在改变我们以往对盆地动力学研究内容的认识（李忠，2013，2016），换句话说，针对构造–流体–岩石作用记录的动力学研究正在成为新的研究前沿。科学的理论模型和工作模式以及有效的研究方法，是一个新的研究领域能否持续深入的关键或前提。为此，根据以往研究，就此做进一步梳理和提炼。

对盆地构造–流体–岩石作用的研究，基于已有研究进展，其理论模型建议按三级划分（表 2-1）。划分原则如下。

表 2-1　盆地构造–流体–岩石作用研究的基本分类

理论模型			定义	类型划分及支撑依据	文献实例
大类	亚类	种类			
强应变构造	一级	伸展型 挠曲型 冲断型 走滑型	盆地尺度构造–流体活动；穿层流体影响二级以上层序	按盆地构造类型划分：主要依据数值模拟；实际地质记录支撑较弱或缺乏	Garven（1995）；Allen 和 Allen（2013）

理论模型			定义	类型划分及支撑依据	文献实例
大类	亚类	种类			
强应变构造	二级	（多种组合）	盆地区带尺度构造-流体活动：一系列成因相近的构造组成	按盆地区带构造组合类型划分：主要依据实际地质记录支撑，但支撑较弱	Davies 和 Smith（2006）
	三级	背斜 向斜 正断裂 逆断裂	圈闭尺度构造-流体活动：单一构造及配套要素组成	按单一构造类型划分：主要依据实际岩石-矿物-地化等地质记录支撑，流体证据丰富	Davies 和 Smith（2006）
弱应变构造	一级	扩张 剪切 压实	构造单元边界断裂不活动，内部岩层总体无显著应变，变形条带、隐形裂缝发育；流体穿层活动弱	按一级（盆地）构造地质类型和应变属性划分：目前认识依据较弱	Fossen 等（2007）；Schultz 和 Fossen（2008）
	二级	扩张 剪切 压实		按二级（区带）构造地质类型和应变属性划分：目前认识依据较弱	
	三级	扩张 剪切 压实		按三级（圈闭）构造应变属性划分：岩石-矿物-地化和流体证据丰富	

（1）按应变强弱划分大类：强应变构造、弱应变构造。前者以发生显著位移的破裂和应变为标志，后者仅发育变形条带（deformation band）迹象。

（2）按构造尺度划分亚类：一级构造单元、二级（区带）构造单元、三级（圈闭）构造单元。

（3）按应变属性和（或）几何形态划分种类：对于强应变构造大类的种类，如伸展型、挠曲型、冲断型、走滑型，或背斜、向斜、正断裂、逆断裂的划分；对于弱应变构造大类的种类，依据国际现行认识，其基本应变单元可从运动学和动力学角度加以分类，前者包括三种端元类型（扩张条带、剪切条带、压实条带）和两种过渡类型（扩张剪切条带、压实剪切条带）（Schultz and Fossen，2008），后者分为解聚（disaggregation）或颗粒流（granular flow）条带、层状硅酸盐涂抹条带、碎裂（cataclastic）条带、溶蚀-胶结条带等四类（Fossen et al.，2007）。

2. 孔隙性岩石的构造成岩与储层效应

与刚性、致密岩石的应变不同，对于孔隙性砂岩应变作用的特殊性早已有研究关注。孔隙性砂岩应变最初并不以张性破裂或滑移面的发育来调整，而是首先发生应变局域化（localization），并形成所谓变形条带（deformation band）。变形条带大多丛生或成带产出，单条肉眼多难于辨认，它们进一步破裂后将发育形成高位移的断层。

变形条带是孔隙性砂岩和沉积物最普遍的和独特的应变特征,其概念应用最早由 Aydin 及其合作者(Aydin,1978;Aydin and Johnson,1978)从材料科学中引入。根据 Fossen 等(2007)的总结,变形条带的特征可以归纳如下。

(1)变形条带主要发育于砂和砂岩等孔隙性的具有颗粒结构的介质中,其形成过程主要卷入了颗粒的旋转和转换,而具备一定数量的孔隙是必要的,它也决定了颗粒调整过程是否经历压碎变形或仅仅是旋转和沿颗粒边界的摩擦滑动。显然,如果孔隙度太低就将导致张性裂隙、反裂隙(anticrack)(如缝合线)或断裂滑动面的优先形成(图 2-7)。

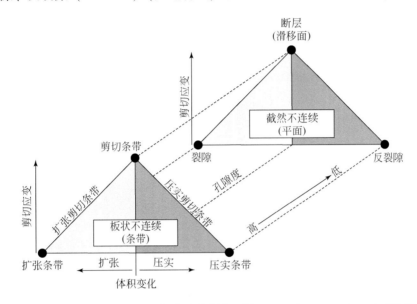

图 2-7　与岩石孔隙度有关的构造破裂分类［据 Schultz 和 Fossen(2008)修订］

(2)变形条带以单一条带(individual bands)、丛生条带(zones of bands)或与滑动面组合的条带(又称断裂变形条带,faulted deformation bands)等形式从低级到高级演化,分级产出。对于单一变形条带来说,即便自身延长 100m,其位移量一般也很少大于几厘米。

(3)变形条带不代表滑动面,但是滑动面可以在变形条带演化的成熟阶段于变形条带(常常为丛生)中或沿着这些条带发育形成。在孔隙性岩石中,局域高位移的断裂作用通常是由沿滑动面分布的先存丛生变形条带的进一步破裂而形成。

(4)变形条带与其他破裂对渗透率的影响相差很大。对于 10 条(实际丛生的变形条带数量要大得多)1mm 厚度的变形条带,它与基质渗透率的比值可以达到 10^{-6}。

(5)变形条带多产出于上地壳构造体制,但也可以发育于非构造体制(冰川、软沉积物重力变形)。

变形条带可以分别从运动学和动力学角度加以分类。图 2-7 左下角三角图表示了变形条带的运动学分类,即三种端元类型(扩张条带、剪切条带、压实条带)和两种过渡类型(扩张剪切条带、压实剪切条带)。而从动力学或主变形机理角度,变形条带可以划分为解聚或颗粒流条带、层状硅酸盐涂抹条带、碎裂条带、溶蚀−胶结条带等四类(Fossen et al.,2007)。

事实上，高孔隙的碳酸盐岩也存在类似的变形条带演化（Kaminskaite et al., 2019），仍然受控于两个最重要参数：主岩成分/结构、变形过程中的应力条件。

主岩成分对变形机制和影响变形条带岩石物理性质的过程具有重要的控制作用。例如，生物碎屑粒状灰岩含有相当大比例的软似球粒体，在变形条带形成期间以韧性方式分解和变形，填充更有效组分之间的孔隙空间。分解的似球粒体也作为泥晶碳酸盐岩的来源，用于加积新生作用，从而进一步降低孔隙度和渗透率。相反，白垩经历了有孔虫内部宏观孔隙的坍塌，这对渗透率没有显著影响。

膨胀/张性带倾向于经历增强的胶结作用，从而显著降低孔隙度和渗透率。孔隙性碳酸盐岩胶结作用增强的确切原因仍不清楚，但可能反映出它们在动力学上是方解石胶结作用更有利的部位。选择性颗粒溶解可增加运动后的孔隙度。大多数类型的变形条带对渗透率有负面影响，与母岩相比，渗透率降低了 6.5 个数量级（Kaminskaite et al., 2019）。然而，变形条带非常不均匀，这导致样品之间的渗透率范围很广，反映出一定程度的胶结作用（膨胀带）、碎裂作用（压实剪切带）和/或成岩作用（所有类型的条带）。

显然，除了沉积非均质性和成岩（流体-岩石相互作用）非均质性外，构造应变对砂岩物性的改造不容忽视。为此，作者提出沉积储层非均质性的三大成因类型（图2-8），其中构造非均质性是指由于构造应变作用所形成的一系列构造不连续性，以及相关构造-流体叠加改造而导致的岩石物性的非均质特征，换句话说，构造不连续性的类型、组合与分布直接决定了构造非均质性。沉积作用、成岩作用和构造作用既是独立机制，又可以相互叠加，形成沉积储层非均质性的完整含义；沉积非均质性、成岩非均质性和构造非均质性，构成了沉积储层非均质性的三大基本内容或研究领域。

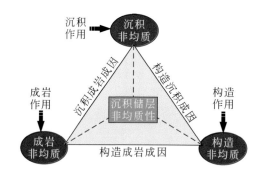

图2-8　沉积储层非均质性的成因类型与参数表征内容

2.2　深层-超深层油气储层发育的水文 地质模型与流体动力特征

通过地质-地球化学分析手段可以定性判断改造流体的来源和性质，但仅根据数量有限的深层岩心薄片或流体样品无法对流体规模、动力条件、影响范围等进行定量分析，对深层储层发育的空间分布规律也无法进行有效的预测和评价。本节以深层碳酸盐岩储层为例，通过构建适用于深层流体改造作用的数值模拟方法，探究高温高压环境中矿物非均质性与孔缝结构非均质性对孔缝改造与保存的影响机制；通过对深层孔缝改造模式的孔隙尺度研究，阐明反应溶质运移模型在储层演化定量研究中的关键作用与应用前景。通过上述研究深化对深层碳酸盐岩储层形成及保持机制的认识，揭示有利的流体、温压环境，从而为规模储层识别提供科学支撑。

2.2.1　研究关键问题

碳酸盐岩溶解–沉淀过程受到动力学反应和热力学平衡的共同控制，同时，反应体系中的温压条件和流体组分又直接影响着碳酸盐岩改造模式及程度。因此，综合考虑流体流动、溶质运移、化学反应的相互作用及反馈机制是定量解析流体改造效应的关键。此外，深层–超深层油气储层发育与改造过程往往涉及复杂的地质环境演化历史，如应力场、温度场的时空变化，因此考虑温度（thermal）、水流（hydraulic）、压力（mechanical）与水岩反应（chemical）的 THMC 耦合数值模拟方法至关重要。然而，对于非均质性显著的地质介质，实现多场紧密耦合的数值模拟方法挑战巨大，准确识别碳酸盐岩演化过程中的主控因素并提炼合理的概念模型是构建反应溶质运移模型的关键。基于不同的研究背景与应用需求，本节对比了常用数值模拟软件的适用性，并着重介绍了反应溶质运移数值模拟方法中对于裂隙–孔隙多重介质刻画、应力场–温度场耦合的实现方式。

目前，国内外学者通过大量实验和数值模拟归纳建立了较为完整的矿物溶解/沉淀的热力学和反应动力学数据库，并开发了包括 TOUGHREACT、CrunchFlow、PHREEQC、EQ3/6、Geochemist's Workbench 等多种地球化学数值模拟软件，能够覆盖绝大多数常用的岩石矿物。反应溶质运移数值模拟软件均是基于质量和能量守恒将水岩过程中的物质和能量转化为可用数学形式表达计算的数值方法，在处理不同的水岩作用过程中各个软件也是各有优劣。表 2-2 对比了各个软件的特点，如 PHREEQC 被广泛用于处理流体混合和矿物平衡问题，也可用于模拟一维反应溶质运移过程；EQ3/6 常用于水文地球化学反应路径和水岩反应的动力学过程；TOUGHREACT 可用于模拟饱和–非饱和地下水中非等温水岩相互作用的地质过程，还可模拟多相流的反应溶质运移过程，由于软件本身耦合了地下水渗流、溶质运移、化学反应和温度传导过程，近年来在碎屑岩和碳酸盐岩的成岩改造模拟中得到广泛应用。

表 2-2　常用反应溶质运移模拟软件及功能

软件	PHREEQC	EQ3/6	CrunchFlow	TOUGHREACT	OpenGeoSys	PFLOTRAN
化学反应	√	√	√	√	√	√
孔渗演化	×	×	√	√	√	√
温度场	×	×	√	√	√	√
多相	√	×	√	√	√	√
应力场	×	×	×	×	√	√
是否开源	√	×	×	×	√	√

现有的针对碳酸盐岩成岩演化过程的数值模拟研究主要集中在白云石化过程和酸性流体与碳酸盐岩的水岩反应过程。Cantrell 等（2004）认为 Arab–D 油气储层 Baroque 层白云岩为热流体改造成因，并通过数值模拟分析了白云岩储层与断裂的关系：断层/裂缝体系在水平方向和垂直方向上都是有限的，因此热流体白云岩呈斑点状分布。Xiao 等（2013）利用 TOUGHREACT 建立了二维和三维情况下的数值模型，讨论了热流体白云岩沿断层的分布和变化，模拟发现硬石膏等次生矿物的溶解/沉淀和孔隙演化与岩石矿物的初始组分和热流体注入时间密切相关。西班牙东部 Maestrat 盆地的 Benicassim 露头发育的大规模层状白云岩是构造热流体白云石化的典型案例。Martín-Martín 等（2015）通过岩石地球化学分析对 Benicassim 露头白云岩的热流体可能的来源、持续时间和运移途径进行了定性分析和判断，认为白垩纪海水/卤水在盆地基底与二叠系—三叠系红层之间的流体循环过程中被加热导致温度和压力升高，超压白云石化流体通过断层–裂缝向上运移，沿层状高渗地层形成层控白云岩。在此基础上，Gomez-Rivas 等（2014）评估了白云石化流体的白云石化能力，根据白云岩露头确定了所需的和可用的富镁流体，讨论了可能的白云石化模型，并通过建立二维模型研究了热流体白云石化的主要控制因素。Abarca 等（2019）利用反应溶质运移模型评估了热流体白云石化的可行性，虽然模拟结果表明热流体交代形成的孔隙空间有限，但它为结合钻孔、地震数据和反应溶质运移方法来量化白云石化空间展布进行了有益的探索。总体而言，针对深部碳酸盐岩热流体白云石化过程和流体改造规模效应分析的研究工作十分有限，这主要受限于无法精确获知白云岩在地下的空间展布情况（Xiao et al., 2018）；针对酸性流体对碳酸盐岩的流体改造效应的数值模拟研究则更加深入和成熟，这主要得益于二氧化碳地质封存研究的开展为水岩作用过程提供了相对完善和深入的认识（Bachu, 2015；Pan et al., 2016；Rochelle et al., 2004；Tang et al., 2014）。

在地质系统中，复杂的介质结构非均质性以及地质环境演化过程会影响反应溶质运移模式，并衍生出复杂的行为效应。碳酸盐岩中的岩溶过程往往会发育孔隙、裂隙、断裂、溶洞甚至暗河等多种介质共同组成的复杂系统，常用的连续介质模型难以准确刻画包含节理、裂隙等结构面的多孔介质水动力特征，且难以突显上述结构的优先流动效应。早在 20 世纪 90 年代，Dreybrodt 和 Buhmann（1991）、Groves 和 Howard（1994）、Kaufmann 和 Braun（2000）就开展了一维单裂隙扩溶过程的数值模拟研究。Kaufmann（2003）、Gabrovšek 和 Dreybrodt（2010）、薛亮和于青春（2009）、Kaufmann（2009）和王云（2011）等基于裂隙扩溶在二维平面开展了饱水带和包气带中岩溶的裂隙系统演化过程研究，发现降水补给条件对裂隙系统的演化模式影响显著，在潜水面和高渗裂隙附近裂隙扩溶更加明显。Kaufmann 开发了用于描述岩溶含水层演化的数值模拟程序 KARST（Karst Aquifer Simulation Tool），并模拟了包括位于德国西南部的非饱和带和潜水含水层在内的岩溶水系统演化和溶洞管道形成过程，这也是首次将演化模拟结果应用于岩溶水文过程分析。2010 年 Gabrovsek 将水平剖面概化成 1m 厚的平板，即“简化的三维模型”，Kaufmann 等（2010）将这个可以模拟岩溶三重介质的地表和地下岩溶地貌演化、地下水径流途径及水位的模型称作 KARSTAQUIFER。Hiller 利用这个模型模拟了假定条件下一个水库下伏含水层岩溶管道演化及发生渗漏的可能性，并将其模拟结果与上述一维、二维数值模拟的结果进行对比，发现三维模型中地形对岩溶水系统演化的影响很难通过一维和二维模型实现。

2012 年 Hiller 结合大量野外调查数据和水文分析，在已有二维演化研究的基础上，将该三维模型应用于瑞士 Birs 水库坝址下的下伏含水层石膏溶解演化研究，结果表明研究区河床下方发育有岩溶化管道。

近年来，更加符合地质实际的岩溶三维模拟逐渐受到重视，考虑孔隙、裂隙、溶洞、暗河等多种介质体的非均质模型也成为岩溶模拟的发展方向，但研究相对还不够成熟（Kaufmann，2009）。有学者从流体力学角度出发，针对不同介质体中流动特性在数学表达上的差异性，在暗河、断裂带等区域利用 Navier-Stokes（N-S）方程描述了自由流动，并与多孔介质渗流数学表达联合对岩石孔隙进行描述，如 Darcy-Stokes 耦合模型和 Stokes-Brinkman 耦合模型。Darcy-Stokes 耦合模型在多孔介质区利用 Darcy 公式求解，在自由流动区利用 Stokes 方程求解，在二者交界面设置满足流速、动量连续性的边界条件。Stokes-Brinkman 耦合模型则通过参数化处理使得 Brinkman 方程能够描述流态过渡区与渗流区，无须对流态交界面附近连续性问题做额外的边界处理，更具实用价值（徐勇，2014）。综上，现有研究针对复杂介质中的流体流动问题已经有相对成熟的理论和应用，但基于复杂介质体的反应溶质运移场研究还十分缺乏。

同时，碳酸盐岩地层在地质成岩过程中不仅受到化学场的影响，而且温度的变化会影响反应速率和离子–矿物的平衡状态，同时会对流体和岩土体介质施加温度载荷发生热膨胀或收缩；随着构造运动和埋深的不断变化，流体和岩土体直接承受的上覆地层自重载荷和构造应力附加载荷也会引起骨架的变形，进而影响孔隙度和渗透率的演化。因此，考虑温度场、渗流场、应力场和化学场的 THMC 多物理场耦合是深入了解地质历史时期碳酸盐岩孔隙度和渗透率演化过程主控因素和空间分布规律的重要手段。目前国内外常用的耦合方式有以下三种。

（1）单向耦合法。该方法通过对每个物理场建立独自的数学方程，并将其中某个（些）物理场的计算结果单向反馈给其他物理场，常用于包括渗流场和应力场的流固耦合中。

（2）全耦合法。该方法利用一组大型的非线性偏微分方程组描述多个物理场中的所有变量和参数，求解过程中各个变量间的相互影响可及时反馈，直到求解结果满足精度或迭代要求。全耦合法更加贴近实际地质过程，但所用的偏微分方程组往往高度非线性，求解相对困难，容易出现不收敛，降低了该方法的可操作性和实用性。

（3）松弛耦合法。该方法主要是为了克服全耦合法在求解上的困难，在求解过程中将多物理场简化为两个相对独立的方程组互相传递参数并进行迭代计算，能够在计算精度上尽可能地接近全耦合法，常用于两个成熟软件间的耦合过程。

近年来，众多学者在多物理场耦合数值模拟方面做出探索。针对二氧化碳地质储存、增强型地热系统等地质科学中的多场耦合问题，利用 FISH + FORTRAN90-95 语言将 TOUGHREACT 与 FLAC3D 进行搭接，对二氧化碳地质封存过程中的渗流场、温度场和应力应变等进行了模拟分析（于子望，2013）；在 TOUGHREACT-FLAC 的基础上，增加了考虑压溶作用的模块（刘玉梅等，2018），通过建立一维实验室尺度理论模型和石灰岩与二氧化碳水岩作用的 THMC 耦合模型，对二氧化碳参与的灰岩压溶过程进行定量刻画。其模拟结果揭示了二氧化碳对压溶效果的促进作用，量化了压溶作用导致的孔隙度变化在总变化量中的占比。Nardi 等（2014）通过编写 JAVA 代码实现了 COMSOL 和 PHREEQC 软件的耦合,利用 COMSOL 计算温度场、渗流场、应力场和溶质运移过程,利用 PHREEQC 计算化学反应,具备相对良好的实用性。Heredia(2017)利用 MATLAB 实现了 COMSOL 和 PHREEQC 的耦合,实现了多孔介质中矿物溶蚀过程的模拟。Yasuhara 团队(Ogata et al.,2020;Yasuhara,2004)基于该算法分别实现了压溶作用、裂隙扩溶和介质体变形破坏的数值模拟,大大拓展了多物理场耦合的适用情景。显然,多物理场耦合是一个前景广阔但亟待深入的研究方向。

古老碳酸盐岩岩溶经历了从雏形到发育、再到改造并最终定型的多个阶段,所涉及的地质过程繁多复杂,完整的岩溶发育和演化过程需基于古岩溶的表生阶段的发育和分布,同时加入埋藏期岩溶的流体作用,综合考虑多个地质过程叠加效应的影响,而这也是现有研究中十分缺乏的。综上,深层–超深层储层发育的盆地流体环境及改造模拟方面,存在以下关键问题。

(1)深层储层孔隙保存机制尚不清晰。以深层–超深层碳酸盐岩储层为例,现有研究主要是对孔缝保存的单一影响因素分析。而实际上,不同地质条件下各控制因素在各阶段可能相互独立但又相互联系,既相互制约又相互促进,最终的深层优质储层往往是多因素时空耦合的结果。因此,采用数值模拟方法定量认识储层组构非均质性影响时空耦合作用具有重要意义。

(2)对深层环境下的流体改造特性认识不足。深层储层演化过程经历了常温常压到高温高压环境的转变,无论是流体改造或孔隙保存均与成岩作用发生的温压背景密切相关。地层埋深增加导致的高温和高压环境如何影响流体改造特征对于认识储层演化具有重要意义,如深层是否存在大规模流体活动、深层环境中的改造作用与浅层是否具有重大差异?这些问题亟待解决。

(3)缺少专门针对深层储层改造的数值模拟方法。深层储层演化的复杂性决定了其定量研究需要动力学、热力学、水文地球化学等多学科的耦合,目前还缺少专门针对深层储层特殊性问题的数值模型。该数值模型方法需针对深层储层环境与复杂介质条件,考虑断裂–裂隙–孔隙不同介质与尺度的共存,考虑达西–非达西渗流与反应溶质运移,实现压实/压溶、溶解/沉淀等地质作用的三维数值模拟。

2.2.2　典型深层油气储层发育的盆地流体环境与动力特征

深层储层具有演化过程历时长、发育位置埋藏深的特点,其演化过程经历了常温常压到高温高压环境的转变,无论是流体改造或孔隙保存均与成岩作用发生的温压背景密切相关(Zhu et al.,2018)。研究针对不同类型储层埋深史剖析流体在不同温压下的流动特征演变规律,可为流体改造作用研究提供基础。

1. 深埋温压演化下的储层流体渗流特性

1)塔中鹰山组碳酸盐岩储层

根据前人在区域构造和成岩演化上的研究成果,塔中地区奥陶系鹰山组碳酸盐岩储层水文地质演化可划分为五个阶段(表 2-3),即同生岩溶作用、表生岩溶作用、浅埋藏岩溶作用、中–深埋藏热流体岩溶作用、深埋藏岩溶作用。

表 2-3　奥陶系鹰山组水文地质演化阶段

时期	年代	距今时间	主要构造演化	补-径-排分析	温压场	主控地质过程	流体类型
同生期	O_1	554.5~463.6Ma	鹰山组沉积	—	近地表	溶蚀-沉淀共存	海水、大气水
表生期	O_{2-3}	463.6~436.4Ma	地层抬升形成塔中隆起，Ⅰ号断裂带形成。鹰山组抬升至地表接受风化侵蚀	平面上，塔中隆起中部、南东部为岩溶高地，接受大气水补给，顺层向北东方向径流	埋深小于数十米	溶蚀-沉淀共存，空间分带；构造（风化）破裂	大气水、沉积地层水（海水）
浅埋藏期	$S_3—D_3$	436.4~300.9Ma	进一步隆升，塔中东部大幅抬升，"东高西低"格局形成，并形成多条 NE-SW 走向断层。鹰山组先深埋后抬升	平面上，地下水由塔中Ⅰ号坡折带向中央隆起方向流动。中央隆起部位由于埋深较浅，因此可能在断裂或构造破碎带部位垂向接受大气水淋滤作用	<50℃，埋深数十米至600m	压实（溶）作用；方解石胶结/充填；构造破裂	地层水、大气水
中-深埋藏期	$P_2—J$	300.9~130Ma	石炭系—侏罗系沉积，鹰山组经历数次短暂隆升-持续沉降过程	深部热流体通过断裂向上运移，途中淋滤寒武纪岩层后进入奥陶系鹰山组。热流体注入点主要分布在塔中Ⅰ号断裂带与 NE 向断层交汇处，并沿鹰山组向隆起方向运移	50~120℃，600~4500m	压实（溶）作用；方解石胶结/充填；热流体溶蚀作用（硅化、白云石化）	深部热流体
深埋藏期	K—Q	130Ma至今	鹰山组埋深持续增加	平面上，地下水由塔中Ⅰ号坡折带向中央隆起方向流动。由于走滑断层的影响，东南部地层水环境相对更加封闭，而西北地区地层水相对开放	>120℃，>4500m	重结晶作用；压实（溶）作用；溶蚀作用	地层水

　　鹰山组在不同时期的地温梯度和地层压力系数也略有差异，在二叠纪之前地温梯度为 31~33℃/km，进入三叠纪后地温梯度降为 20~23℃/km。奥陶纪末，塔中鹰山组温度处于 100℃左右；二叠纪末时地层温度在 100~120℃；古近纪末达到约 160℃，现今鹰山组顶面地层温度可达约 200℃（万旸璐等，2017）。鹰山组在奥陶世末到志留纪期间持续快速埋藏，埋深迅速由近地表变为埋深 1500m 左右；志留纪到二叠纪期间深埋速度略微减缓，至二叠纪早期埋深至 3000~3500m；在二叠纪发生构造抬升，地层埋深减小约 400m；自三叠纪末至整个白垩纪，鹰山组均处于缓慢抬升过程，地层埋深由 4200m 抬升至 3800m；之后地层开始第二个快速埋藏阶段。

　　由于烃类充注和油气成藏活动，塔中地区出现过两次弱超压现象（邱楠生等，2018），分别出现在晚古生代晚期（距今 280~230Ma）和喜马拉雅期（距今 30~5Ma），所对应的地层压力系数分别为 1.3 和 1.1，但现今地层压力基本属于正常压力系统。依据钻井资料，鹰山组的地层压力随埋深的变化情况如图 2-9 所示。

　　随地层埋深增加，环境温压不断上升，地质流体本身的物理属性发生变化。以鹰山组地层埋深过程中的温压变化为例，水在温度和压力不断增大且共同影响的环境条件下，始终保

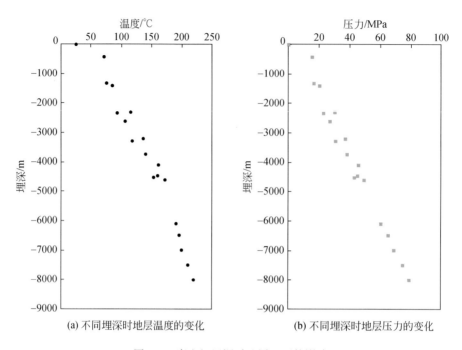

(a) 不同埋深时地层温度的变化　　　　　　　　(b) 不同埋深时地层压力的变化

图 2-9　鹰山组埋深对地层温压的影响

持为液态而无相态变化，但密度和水动力黏度显著减小［如图 2-10（a）和（b）所示］。其中，密度受温度升高体积膨胀的效应主控，由地表状态的约 1000kg/m³ 近乎线性降至埋深8000m 时的不到 900kg/m³。而水动力黏滞系数的变化较为复杂，近地表状态动力黏滞系数为 0.0009 ~ 0.001Pa·s，在埋深约 400m 时动力黏滞系数已陡降为 0.0004Pa·s，此后随埋深增大动力黏滞系数减小趋势逐渐变缓，埋深至 8000m 时动力黏滞系数仅为 0.0001Pa·s，约为近地表状态的 1/10。流体密度和动力黏滞系数的降低必然引起水的运动黏滞系数的变化，如图 2-10（c）所示，随着埋深增加水的黏性变小，在深部地层环境中流体运动所需克服的黏滞力大大降低，可能"更易流动"。

深埋中温压增大会导致地层骨架被压缩，渗透率发生显著降低，从而影响地质介质水力特性。根据 Zhou 等（2011）和 Ghabezloo 等（2009）总结的应力影响下碳酸盐岩渗透率的经验公式，可将碳酸盐岩渗透率随埋深增大的变化过程概化为"快速衰减"和"慢速衰减"两种模式［如图 2-11（a）所示］。Ghabezloo 等（2009）总结的经验公式为快速衰减模式，其渗透率受应力影响更加显著。在接近地表时渗透率为 1.65×10^{-14} m²，当地层埋深至 500m 时渗透率已陡然降至 6.27×10^{-16} m²，此后渗透率开始缓慢降低，至埋深 8000m 时渗透率仅为 2.16×10^{-16} m²，表明在地层不断深埋过程中，碳酸盐岩介质更趋致密，渗透性能大大降低。Zhou 等（2011）总结的经验公式为慢速衰减模式，其渗透率在应力作用下的减小相对较小。在近地表环境下渗透率约为 1.68×10^{-14} m²，埋深小于 400m 时渗透率对应力的敏感性较强，埋深 400m 时渗透率约为 6.29×10^{-15} m²，此后埋深进一步增大时渗透率缓慢减小，至埋深 8000m 时渗透率仅为 2.86×10^{-15} m²。

基于深埋温压演化中的两方面效应，综合流体属性与介质特征分析不同埋藏阶段的储

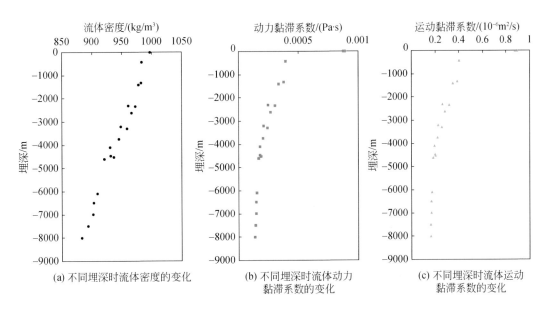

图 2-10　鹰山组埋深对流体物理性质的影响

层流体渗流特性。结合不同温压条件下的流体密度、动力黏滞系数和地层渗透率，研究设置约 3‰ 的水力梯度，计算不同埋深条件下地层中流体流动能力（图 2-11）。当渗透率采用 Ghabezloo 等（2009）的经验公式时，等效渗透系数在埋深不超过 200m 的近地表急剧

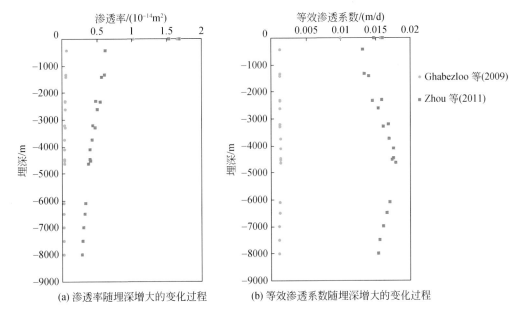

图 2-11　鹰山组渗透率与等效渗透系数随地层埋深增大的变化过程

渗透率快速衰减公式参考 Ghabezloo 等（2009）经验公式：$k = 3.37 \times 10^{-15} \sigma^{-0.65}$，其中 k 单位为 m^2，σ 单位为 MPa；渗透率慢速衰减公式参考 Zhou 等（2011）经验公式：$k = 21.452 - 2.0963 \times \ln \sigma$，其中 k 单位为 mD，σ 单位为 psi；$1D = 0.986923 \times 10^{-12} m^2$，$1psi = 6.89476 \times 10^3 Pa$

降低，由 1.6×10^{-2} m/d 骤降至 2×10^{-3} m/d；埋深进一步增大后等效渗透系数逐步降低，至埋深 8000m 时约 1.6×10^{-3} m/d。这表明尽管流体流动所需克服的黏滞力大大减小，但由于地层介质本身的渗透性很低，因此深部地层中地下流体的流动性仍弱于浅部地层。当渗透率采用 Zhou 等（2011）的经验公式时，等效渗透系数随埋深的变化规律更显复杂，在埋深不超过 150m 范围内流速急剧减小（由 1.6×10^{-2} m/d 降为 1.4×10^{-2} m/d）。此后等效渗透系数反而随埋深增加不断增大，埋深至 3500m 时流速已超过地表附近的渗流速度。这表明在深层中流体渗流并非一定弱于浅部地层，地层深埋后渗透率不低于 1×10^{-15} m^2 时，流体渗流反而可能由于运动黏滞系数的减小变得更加"容易"。

2）四川灯影组碳酸盐岩储层

震旦系灯影组属于四川盆地沉积的第一套以碳酸盐台地建造沉积为主的盖层和第一套含气系统（震旦系—下古生界含气系统），与上覆麦地坪组灰岩或筇竹寺组泥页岩不整合接触，与其下伏陡山沱组整合接触，是目前川中地区油气勘探开发的主力产层之一。按岩性、电性等特征将灯影组分为四段，灯影组三段以沉积海相泥页岩夹石英砂岩为特征，其余层段均为白云岩，灯影组四段岩性为富藻环境下发育的藻凝块白云岩夹藻纹。根据对研究区典型井埋藏史及热史的恢复，灯影组自晚二叠世快速沉降，至早白垩世末期埋深最大可达 7200～8500m。伴随地层温度也迅速升高，早–中侏罗世达到 160℃，到早白垩世末期灯影组最高温度大于 230℃。根据川南气田区实测地层压力表明，震旦系灯影组的地层压力系数为 1.03～1.10，地层压力普遍为静水压力。灯影组地层压力随埋深的变化情况如图 2-12 所示。

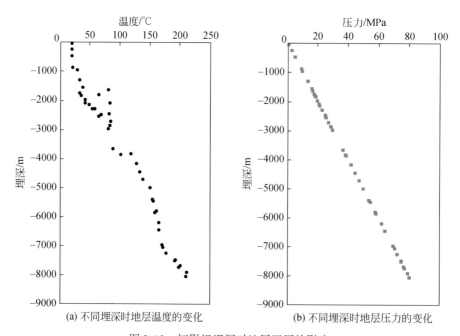

图 2-12　灯影组埋深对地层温压的影响

受温压条件影响，水的流动性质也发生相应改变，其密度和水动力黏度随埋藏深度的增加呈减小趋势［如图 2-13（a）和（b）所示］，密度由地表状态的约 1000kg/m^3 近乎线性下降至埋深 8000m 时的小于 900kg/m³。相应的水动力黏滞系数以及运动黏滞系数显著衰减，且变化速率在埋深 2000m 处出现明显的减缓趋势，后又快速下降。该变化趋势也直接影响了不同埋深下的流体流动状态。

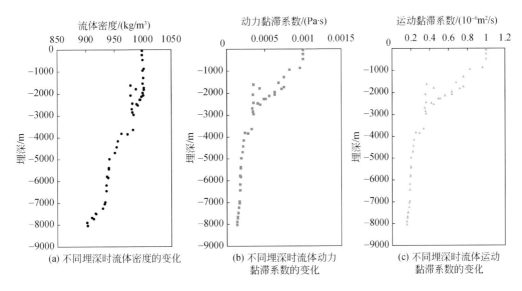

图 2-13　灯影组埋深对流体物理性质的影响

基于应力影响下碳酸盐岩渗透率变化的经验公式（Zhou et al.，2011；Ghabezloo et al.，2009）反映了相似的渗透率随埋深衰减规律（图 2-14）。Ghabezloo 等（2009）总结的经验公式中渗透率受应力影响更加显著，尤其在接近地表时渗透率迅速下降，受此影响流速相较 Zhou 等（2011）总结的经验公式小两个数量级。结合不同埋深所对应温压条件下流体密度、动力黏滞系数和地层渗透率的变化，渗透系数随埋深增加呈现先减小后小幅增加的趋势，并在埋深 1000m 处出现拐点。

3）塔里木碎屑岩储层

克拉苏构造带位于塔里木盆地库车拗陷北部，面积约 5500 km²。中生代以来，受南天山造山带多次复合隆升和挤压冲断作用影响，巴什基奇克组埋藏深度大，是深层–超深层油气勘探的重要区域（Lai et al.，2017；曾庆鲁等，2020）。巴什基奇克组储层由北向南埋藏深度从 3500m 逐渐增加至 8000 m 以深，其中 7000m 以深超深层现已发现多个大中型油气藏。巴什基奇克组沉积之后，主要经历了燕山晚期的抬升剥蚀、喜马拉雅早期的持续深埋和喜马拉雅晚期的短暂抬升及后期沉降等三个埋藏阶段，现今埋深超过 7600m，为历史最大埋深。成岩早期（距今 125～20Ma），储层长期处于浅埋藏状态，埋深始终小于 3000m，垂向压实作用较弱，有利于粒间孔隙的大量保存；成岩中期（距今 20～5Ma），储层上覆古近系沉积了一套巨厚膏盐岩地层（厚度超过 1500m），埋深仍小于 5000m，膏盐岩的塑性流动可抵消部分重力，进一步延缓垂向压实作用；成岩晚期（距今 5～0Ma），新近系巨厚砾岩沉积后，储层进入快速深埋阶段，但持续时间较短。

库车拗陷整体属于低温冷盆，不同构造单元平均地温梯度介于 18～28℃/km，巴什基奇克组地层温度仅为 156℃，折算地温梯度为 17.5℃/km。前人的研究成果表明，库车拗

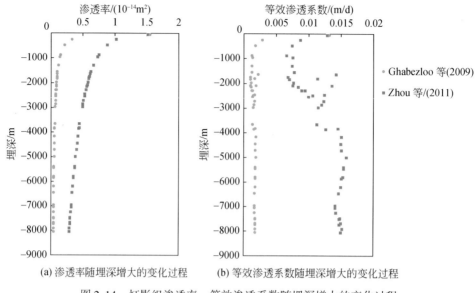

(a) 渗透率随埋深增大的变化过程　　　(b) 等效渗透系数随埋深增大的变化过程

图 2-14　灯影组渗透率、等效渗透系数随埋深增大的变化过程

陷古近系膏盐岩和盐上地层在挤压变形过程中逐步形成了多种类型的顶蓬构造，其中褶皱型顶蓬构造能够引起盐上地层大幅度上拱进而抵消部分上覆静岩压力和挤压应力。巨厚膏盐岩封闭能力强，盐下储层流体表现为异常高压特征，压力系数高达 1.88，进而延缓岩石的压实作用，加之较低的地温梯度，使孔隙得到较好的保存。巴什基奇克组地层压力随埋深的变化情况如图 2-15 所示。

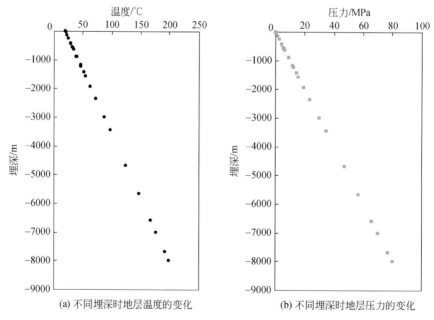

(a) 不同埋深时地层温度的变化　　　(b) 不同埋深时地层压力的变化

图 2-15　巴什基奇克组埋深对地层温压的影响

随着埋深增加，流体密度逐步减小，从而动力黏滞系数与运动黏滞系数衰减，埋深 8000m 左右的数值约为地表数据的 1/5。衰减速率随着埋深增加而逐步减缓（图 2-16）。

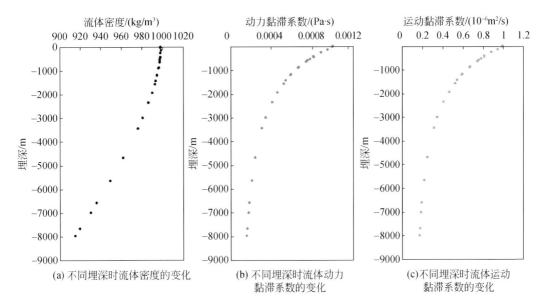

图 2-16　巴什基奇克组埋深对流体物理性质的影响

巴什基奇克组的岩石类型以岩屑长石砂岩为主，博孜 9 井储层石英颗粒含量介于 40% ~ 55%（包括燧石等硅质碎屑）；长石颗粒含量介于 25% ~ 35%，以钾长石为主，其次为斜长石；岩屑颗粒含量介于 10% ~ 35%，主要是变质岩和火山岩岩屑，含少量沉积岩岩屑。参照 Jones 和 Owens（1980）提出的渗透率随地层压力的变化公式，得到随着埋深增加的渗透率衰减曲线（图 2-17）。在温压变化的影响下，砂岩渗透率在地表 500m 内快速衰减，流速整体呈现随埋深增加而减小的趋势。但在 3500 ~ 5000m 范围内，流速衰减速率减缓，并于 5000m 处出现拐点，随后流速小幅增加。在流体性质与渗透率的综合影响下，渗透系数的变化趋势很好地反映了其中复杂的变化过程，随着埋深增加，渗透系数呈现先减小后增加，继而又减小的多阶段变化规律。该现象体现出多地质因素影响下流动特性复杂的变化规律。

2. 深埋温压演变下的储层流体反应特性

不同埋深条件对水岩作用的影响主要表现为温度和压力对反应过程的促进或抑制，对于方解石和白云石的溶解–沉淀平衡反应，其过程可表述为

$$CaCO_3 + H^+ \longrightarrow Ca^{2+} + HCO_3^{2-} \tag{2-1}$$

$$CaMg(CO_3)_2 + 2H^+ \longrightarrow Ca^{2+} + Mg^{2+} + 2HCO_3^- \tag{2-2}$$

其中，压力控制着二氧化碳气体的溶解或逸出，从而影响着二氧化碳的水解和电离平衡以及碳酸盐岩的溶解–沉淀反应。由于气体浓度（在理想条件下显示为分压）随着压力增加而不断被压缩，根据亨利定律，二氧化碳分压（P_{CO_2}）（或气体逸度）与溶液中游离活度关系正相关：

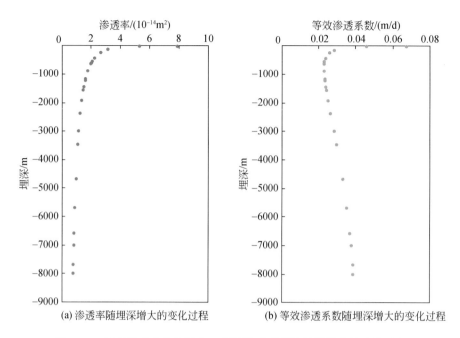

(a) 渗透率随埋深增大的变化过程　　　　　　　(b) 等效渗透系数随埋深增大的变化过程

图 2-17　巴什基奇克组渗透率、等效渗透系数随埋深增大的变化过程

运用 Jones 和 Owens（1980）经验公式：$\left(\dfrac{k}{k_0}\right)^{\frac{1}{3}}=1-S*\lg\left(\dfrac{\sigma}{1000}\right)$，其中 S 为围压效应因子，k 单位为 m^2，σ 单位为 MPa

$$(CO_2{}^{aq})=K_H \cdot P_{CO_2} \qquad (2\text{-}3)$$

溶液中游离的二氧化碳则会产生碳酸分子，并进一步解离产生 HCO_3^-，从而影响矿物的溶解/沉淀过程：

$$H_2O+CO_2{}^{aq}\longrightarrow H_2CO_3 \qquad (2\text{-}4)$$

$$H_2CO_3\longrightarrow H^+ + HCO_3^- \qquad (2\text{-}5)$$

当压力增加时，溶液中游离浓度（活度）增加，导致溶液中的 HCO_3^- 增加，有利于矿物的溶解过程向右推进；但伴随着 HCO_3^- 增多的还有 H^+，因此限制了溶蚀反应持续向右进行的程度。

在不涉及气相的反应中，压力的影响不太明显，但对于深层储层而言压力在整个地质过程中不断变化，从表生期到深埋期伴随着间歇性构造抬升和深埋导致的压力变化，相应地方解石等碳酸盐矿物的溶解–沉淀过程也不断变化。压力变化引起矿物溶解–平衡过程，进而改变了矿物的溶解度，对孔渗演化产生影响。如压力降低时导致二氧化碳和其他气体从高盐度地层水中逸出产生脱气现象，pH 升高，方解石溶解度降低，饱和溶液则会产生方解石沉淀。

与压力相比，温度对化学反应的影响更加显著。如图 2-18 所示，在压力为 100MPa 并维持不变的情况下，温度升高 200℃时平衡常数对数形式（$\lg K$）可由 3 变为 0；温度升至 400℃时，平衡常数的对数值可减小至 -3。此外，温度还直接影响着矿物或气体等组分在地质流体中的溶解度，温度的变化必然破坏反应的现有平衡，并驱动矿物溶蚀或沉淀直至达到另一平衡状态。以碳酸钙为例，矿物达到溶解平衡时溶解度常数（K_{sp}）与钙离子（$[Ca^{2+}]$）和碳酸根离子活度（$[CO_3^{2-}]$）的关系满足：

$$K_{sp}=[Ca^{2+}][CO_3^{2-}] \tag{2-6}$$

但由于 CO_3^{2-} 会发生水解，因此碳酸钙的溶蚀导致溶液中的碳酸根离子以两种形式（$[CO_3^{2-}]$ 和 $[HCO_3^-]$）存在：

$$S=[Ca^{2+}]=[CO_3^{2-}]+[HCO_3^-] \tag{2-7}$$

根据 $[CO_3^{2-}]$ 的水解平衡关系，$[HCO_3^-]=[H^+][CO_3^{2-}]/K_2$，其中 K_2 为 $[CO_3^{2-}]$ 的水解平衡常数。因此，Ca^{2+} 的平衡浓度可表示为

$$[Ca^{2+}]=[CO_3^{2-}]+\frac{[H^+][CO_3^{2-}]}{K_2}=[CO_3^{2-}]\left(1+\frac{[H^+]}{K_2}\right) \tag{2-8}$$

由于 $K_{sp}=[Ca^{2+}][CO_3^{2-}]$，将式（2-8）等号两侧同乘 $[Ca^{2+}]$，简化后的表达式反映了氢离子浓度（$[H^+]$）对钙离子的平衡浓度（$[Ca^{2+}]$）的主控作用：

$$[Ca^{2+}]^2=[Ca^{2+}][CO_3^{2-}]\left(1+\frac{[H^+]}{K_2}\right)=K_{sp}\left(1+\frac{[H^+]}{K_2}\right) \tag{2-9}$$

$$[Ca^{2+}]=\sqrt{K_{sp}\left(1+\frac{[H^+]}{K_2}\right)} \tag{2-10}$$

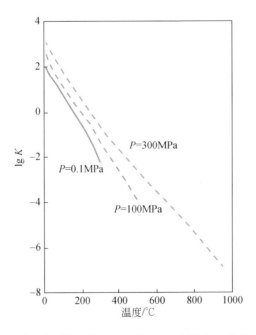

图 2-18　方解石溶解–沉淀反应平衡常数（K）随温度、压力的变化关系（Xiao et al., 2018）

对于深层碳酸盐岩储层而言，在漫长的地质演化过程中，外来流体对储层储集空间的改造作用十分显著。以塔中鹰山组为例，浅埋藏期大气水、深埋期热流体可能通过断裂–裂隙等快速通道运移至鹰山组中。浅部来源的流体温度较鹰山组地层温度较低，当该流体为碳酸钙饱和状态时，在流体向下运移过程中，升高的温度使得钙离子平衡浓度降低，从

而导致碳酸钙沉淀析出。但当该流体远离饱和状态时，即使温度升高，流体仍具备对碳酸钙的溶蚀能力，此时外来流体的注入会导致孔隙度的增加。而深部来源的流体温度较地层要高，即使该流体为碳酸钙饱和状态，在流体上移过程中仍具备一定的侵蚀性。本书综合考虑了鹰山组不同埋深对应的地层温压条件对钙离子平衡浓度的影响，并探讨了不同 pH 流体的储层改造能力。如图 2-19 所示，随着埋深增加，钙离子平衡浓度在 1000m 内呈指数衰减，而在 1000 ~ 6000m 范围内减小程度有限。通过对比不同 pH 流体的钙离子平衡浓度曲线发现在埋深不超过 400m 情况下，不同 pH 流体的钙离子平衡浓度差异较大，但随着埋深增大，不同 pH 流体的钙离子平衡浓度差异较小。

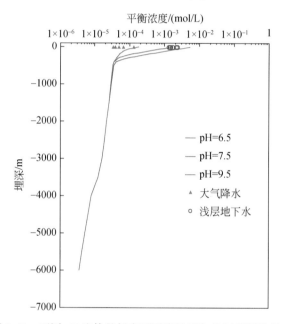

图 2-19　不同 pH 流体的钙离子平衡浓度与地层埋深的关系

2.3　深层–超深层储层的流体演化与改造数值模拟

2.3.1　深层碳酸盐岩储层流体与孔渗演化机制

1. 组构非均质性对流体改造及孔渗特征的影响机制

1）孔隙结构非均质性的影响机制

本节以塔中 ZG203 井的岩石薄片为例讨论分析矿物溶蚀与沉淀作用在不同初始孔隙度条件下对其演化的影响程度。针对不同初始孔隙度（孔隙大小）条件下溶蚀作用导致的孔隙度变化的模拟分析，以 ZG203 井的岩石薄片为依据 [图 2-20（a）]，设置了三种不同的初始孔隙分布情景。即将图 2-20（a）中白色区域的孔隙度分别设置为 90%、50% 和 20%，分别代表大孔、中孔和小孔，三种条件下整个模型范围内的平均孔隙度分别为

8.0%、3.3%和1.7%。图2-20（b）展示了初始中孔情景下整个模型范围内的孔隙度分布，其中渗透率采用立方定律求取。

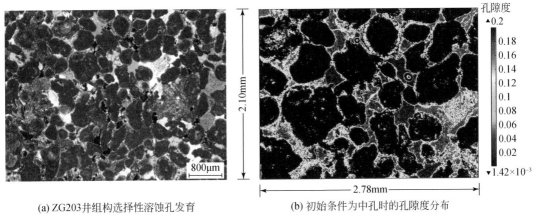

(a) ZG203井组构造选择性溶蚀孔发育　　　　　(b) 初始条件为中孔时的孔隙度分布

图2-20　不同孔隙度设置依据和中孔条件下孔隙度分布示意图

　　模型左侧以定流速注入低浓度钙离子流体（$0.001C_{eq}$），右侧则为定压力边界，溶质则设置为自由流出边界，顶部和底部边界为流体和溶质的零通量边界。模拟时间为1000a。

　　从整个模型范围内统计反应前后不同初始条件下平均孔隙度随时间的变化（图2-21）可知：初始高孔情景下，平均孔隙度由初始状态的8.0%增加至最终状态的31.5%；初始中孔和低孔的平均孔隙度分别由2.2%和1.1%增加至4.8%和1.8%；三种情景的孔隙度分别增加了2.9倍、0.45倍和0.06倍。可见初始高孔的溶蚀速度明显快于其他两种情景，这主要体现了在高孔隙度或大孔相对发育的区域，在大气水或埋藏流体溶蚀作用下碳酸盐岩的孔渗性会发生显著的改善和提高，在烃类或油气充注时也是更加优势的集中汇集位置；而相对致密段孔隙不甚发育时，地质流体对碳酸盐岩的改造效果十分有限，难以形成优质储层。

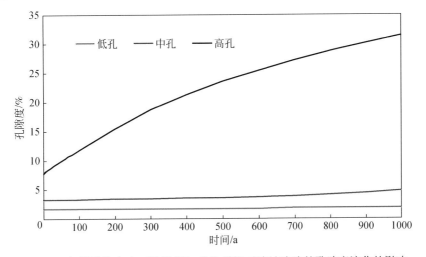

图2-21　初始孔隙大小（孔隙度）非均质性对溶蚀改造的孔隙度演化的影响

　　从空间分布差异上看（图2-22），在大孔发育较多（初始平均孔隙度较高）时，溶蚀作用主要沿大孔向基质矿物颗粒中扩展。在经历长达1000a的溶蚀后，初始时孔隙度较高的位置（初始孔隙度为30%～40%）同时也发生了显著的溶蚀 [图2-22（a）]，整个模型范围内孔隙连通性发生极大改善。初始条件为中孔的情景主要考虑孔隙发生一定程度的堵塞导致孔隙所在位置孔隙度远低于100%（30%～50%）。对比模拟初始状态和最终状态的孔隙度分布 [图2-22（b）] 可知，溶蚀作用主要发生在初始孔隙度较高的区域，其孔隙度由初始的30%～50%增大为40%～80%，而基质矿物颗粒区域基本未发生显著的溶蚀。当在初始条件下孔隙发生比较严重的堵塞时，其孔隙度仅为20%～30%，在历时1000a的溶蚀作用下，孔隙和基质矿物均未发生显著的溶蚀，因此整个模型范围内的平均孔隙度也未发生显著增加 [图2-22（c）]。

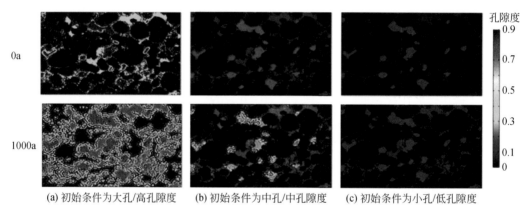

(a) 初始条件为大孔/高孔隙度　　(b) 初始条件为中孔/中孔隙度　　(c) 初始条件为小孔/低孔隙度

图2-22　不同初始条件下初始时刻（0a）与模拟结束时刻（1000a）的孔隙度分布

　　采用同样的方法进行不同初始孔隙度在沉淀胶结过程中对其演化的影响数值模拟。三种孔隙度条件下整个模型范围内的平均孔隙度分别设置为9.0%、3.3%和1.7%。

　　模拟结果（图2-23）表明，初始高孔情景下，平均孔隙度由初始状态的8.0%减小至最终状态的1.9%；初始中孔和低孔的平均孔隙度分别由3.3%和1.7%减小至1.5%和1.1%。事实上，初始孔隙大小的影响主要体现在胶结沉淀的早期阶段。例如，高孔情景中整个模型范围内的平均孔隙度在前100a即发生剧烈降低，约从8%降至3.5%，之后的孔隙度损失速率逐渐趋于平缓；经过长达1000a的胶结沉淀作用后，三种情景的孔隙度均降至2%以下。在实际地质过程中，初始孔隙大小对短历时的胶结沉淀作用更加敏感，更容易加剧碳酸盐岩地层孔渗分布的空间非均质性；当地层经历大规模、长历时的胶结作用时，不同初始孔隙度的情景最后都将演化成孔渗较低的非储层段。

　　对比三种不同初始孔隙度情景（图2-24）发现，在大孔发育较多（初始平均孔隙度较高）情况下，胶结作用优先在大孔中发生；高孔情景下400a时间里最大孔隙度区域值可从90%下降至20%左右，而初始为较低孔隙度的区域则维持相对不变，表明这些位置并未发生显著堵塞 [图2-24（a）]。整体而言，由于大孔发生较为显著的堵塞现象，不仅导致多孔介质整体的孔隙度降低，且对孔隙间连通性和渗透率具有显著的破坏作用。相比之下，初始中孔（中等孔隙度）和小孔（低孔隙度）在胶结作用的影响下也会发生孔隙

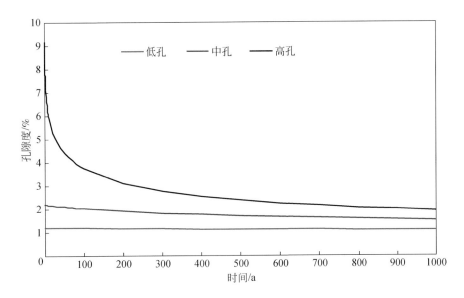

图 2-23　初始孔隙大小（孔隙度）非均质性对沉淀胶结导致的孔隙度演化的影响

度的降低，但即使经历了长达 1000a 的胶结作用，孔隙度的减少量相比初始大孔（高孔隙度）稍显微弱。综合来看，沉淀作用在不同孔隙大小（孔隙度）中的差异性行为提供了一种可能的孔隙保存机制：当碳酸盐岩中同时发育有尺寸不同的孔隙时，胶结作用在大孔（高孔隙度）情况下更加显著，能够有效消耗流体中的过饱和物质，从而减小小孔（低孔隙度）位置被胶结堵塞的可能性，有利于相对小孔的保存。

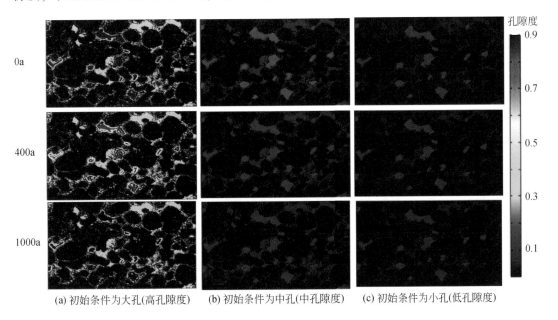

(a) 初始条件为大孔(高孔隙度)　　(b) 初始条件为中孔(中孔隙度)　　(c) 初始条件为小孔(低孔隙度)

图 2-24　不同初始条件下不同时间的孔隙度分布

2）矿物组构非均质性的影响机制

碳酸盐岩主要的组成矿物是方解石和白云石，在不同温度–压力组合条件下白云石和方解石的溶蚀速率具有显著差异（崔振昂等，2007；蒋小琼等，2008；杨俊杰等，1995）。在温度不超过200℃、压力不超过50 MPa时，方解石溶蚀速率高于白云石；但随着温压条件的升高，白云石的溶蚀速率增量显著大于方解石。因此地层从浅部逐渐演化为近万米埋深时，温压环境的不断变化必然引起矿物的差异性溶蚀。同时，方解石与白云石的抗压实能力又具有明显差异导致其对化学反应过程和压力的响应也不相同。因此，矿物的非均质分布会对孔隙、裂隙的孔渗性演化产生很大影响。

本节利用矿物形态数据库生成方解石和其他相对难溶矿物组成的矿物随机结构（韩振华等，2019；周剑等，2013；童少青，2018）。其中，图2-25黑色区域代表方解石矿物，其余区域代表难溶矿物（如白云石）。前5组矿物分布图中方解石含量分别为10%～90%，最后一组考虑方解石矿物呈条带状分布，与x轴夹角约30°，方解石含量约75%。根据所构建的矿物分布随机模型，分析矿物不同占比和矿物空间分布非均质性对碳酸盐岩流体改造过程和孔缝保存机制的影响。

以图2-25中方解石含量为25%和75%两种矿物非均质分布为依据，建立长度为80mm、宽度为50mm的二维裂隙面模型，用以对比矿物含量和非均质分布对裂隙隙宽演化的影响。模型中左侧和右侧为定压力边界，二者压力差为200Pa；左侧为溶质运移场定浓度边界，右侧为溶质自由流出边界，顶部和底部为水流、溶质的零通量边界。应力沿垂直纸面方向施加在整个模型范围内，应力作用的结果主要使裂隙面发生压溶导致隙宽减小。

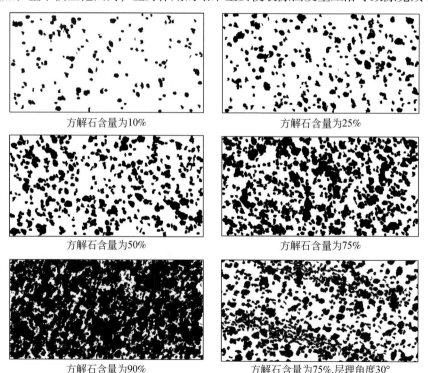

方解石含量为10%　　　　　　方解石含量为25%

方解石含量为50%　　　　　　方解石含量为75%

方解石含量为90%　　　　　方解石含量为75%，层理角度30°

图2-25　矿物组构非均质随机模型图（黑色为方解石，白色为其他矿物）

为了了解矿物非均质性在矿物溶蚀和压力压溶作用下隙宽的变化情况设置两种不同情景：第一种情景中矿物的溶蚀作用占据主导，应力导致的压溶作用十分微弱，可忽略不计，模拟持续 18000a；第二种情景溶蚀作用微弱，应力导致的压溶作用为主，模拟持续 20000a。模型中所采用的主要参数及其取值见表 2-4。

表 2-4　矿物非均质分布模型主要参数（田晓丹和姜晓桢，2015）

参数名	数值	参数名	数值
固体密度/(kg/m³)	2660	扩散系数 (D)/(m²/s)	1.34×10^{-9}
方解石摩尔质量/(kg/mol)	0.1	白云石摩尔质量/(kg/mol)	0.184
扩散速率 (D_d)/(m/s)	1.2×10^{-7}	压溶反应速率 (k_+)/[mol/(m²·s)]	1.59
沉淀速率 (k_-)/(1/s)	0.196	平衡浓度 (C_{eq})/(mol/L)	0.068
情景1注入浓度 (C_{0_1})/(mol/L)	$0.01C_{eq}$	情景2注入浓度 (C_{0_2})/(mol/L)	$0.8C_{eq}$
方解石临界能量/(J/mol)	8.54×10^3	白云石临界能量/(J/mol)	5.43×10^4
方解石临界温度/K	1115	白云石临界温度/K	2012

通过对比溶蚀作用持续 18000a 时矿物比例（方解石与白云石比例，Cal∶Dol）分别为 0.25∶0.75 和 0.75∶0.25 两种模拟情景对应的隙宽分布（图 2-26），由于方解石溶蚀更快，方解石所在位置隙宽明显增大（增量最大 0.25mm），而非方解石所在区域隙宽增量介于 0～0.05mm。矿物非均质分布引起的差异性溶蚀必然导致高方解石含量的岩石更易在溶蚀作用下形成较大的扩溶孔和扩溶缝。然而，方解石矿物虽有利于溶蚀作用的进行，但在压力压溶作用下方解石所在位置的隙宽也难以保存，当发生持续性压溶作用时，前期方解石溶蚀形成的隙宽增量被破坏殆尽，相应位置的接触面积比（R_c）几乎达到 100%；而白云石虽然早期溶蚀量较少，隙宽增量较小，但因其抗压实能力更强，反而能够保存部分早期溶蚀形成的隙宽增量。

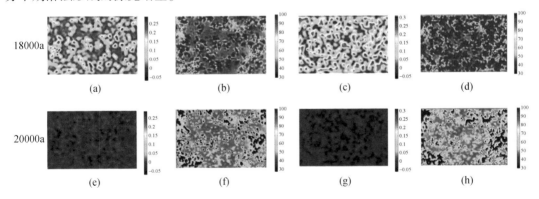

图 2-26　不同矿物比例与分布对隙宽增量和接触面积比的影响

(a)、(e) 分别为方解石与白云石比例为 0.25∶0.75 时不同溶蚀作用持续时间下的隙宽增量（mm）；(b)、(f) 分别为方解石与白云石比例为 0.25∶0.75 时不同溶蚀作用持续时间下的接触面积比；(c)、(g) 分别为方解石与白云石比例为 0.75∶0.25 时不同溶蚀作用持续时间下的隙宽增量（mm）；(d)、(h) 分别为方解石与白云石比例为 0.75∶0.25 时不同溶蚀作用持续时间下的接触面积比

2. 塔中深层鹰山组储层类型与流体演化模拟

控制碳酸盐岩孔隙发育的影响因素有很多，如高能沉积环境（如礁滩相）、表生溶蚀作用、热流体活动和断裂活动等。白云岩有效储层则在细晶自形白云岩中最为常见，且在大气水溶蚀以及热流体改造作用下可能发育更为可观的储集空间。综合前人对储集空间的划分认识，为叙述方便，这里将塔中地区鹰山组碳酸盐岩划分为三大类、四小类（表2-5）。

表2-5 塔中地区鹰山组深层碳酸盐岩孔缝成因分类

类型	主控因素	典型钻孔
灰岩	表生期溶蚀主控	TZ83、ZG203、ZG106-1H
	埋藏期热流体活动主控	ZG7、ZG9、ZG111
过渡岩	矿物非均质主控	TZ201C
白云岩	岩石结构主控	ZG46-3H

其中灰岩主要受控于地层沉积后的成岩流体改造作用的影响，按照改造流体的差异划分为表生期大气水溶蚀主控和埋藏期热流体活动主控两个小类；而过渡岩类指鹰山组灰岩段和白云岩段的过渡区间，以灰质白云岩或白云质灰岩为特征，其孔缝空间的形成和演化主要与矿物非均质性导致的差异性溶蚀和压实/压溶作用有关；针对白云岩类，前人研究已经发现白云岩的基质孔隙度普遍优于灰岩，尤其是细晶自形白云岩，因此白云岩类地层的孔隙发育和保存受到岩石结构的控制，同时受到后期成岩改造作用的影响。

以不同成因类型岩石的二维结构图为依据，采用适于不同地质过程的数值模拟方法分析孔隙演化过程，从定性和定量角度分析鹰山组碳酸盐岩储集空间的流体改造和保存机制。针对矿物非均质主控型，分别采用非均质矿物随机分布场和TZ201C钻孔岩心的扫描电子显微镜（scanning electron microscope，SEM）图作为参数赋值的依据，对从表生期到深埋期矿物溶蚀/沉淀和压溶作用影响下的孔缝演化和保存开展模拟分析；针对早期溶蚀-保持型，以ZG203钻孔岩心薄片为依据，通过设置差异性溶蚀/沉淀速率、溶蚀-胶结期次和持续时间、应力压实作用等条件开展多情景数值模拟，分析选择性溶蚀、地层超压、胶结作用和溶蚀-胶结顺序对孔隙结构差异性改造和保存的影响；针对埋藏改造型，主要考虑地层深埋后可能产生的裂隙-孔隙非均质渗流和反应溶质运移介质体和多孔介质在水岩流体改造和孔缝保存中的差异。

1）矿物非均质主控型

以TZ201C钻孔岩心的SEM图为依据，通过图像分析手段识别出方解石、白云石和孔隙的阈值范围，通过调整阈值设置五种矿物非均质分布（方解石占比A-10%、B-25%、C-50%、D-75%和E-90%）。通过构建二维裂隙面模型以对比矿物含量和非均质分布对裂隙隙宽演化的影响，并定量分析不同方解石含量对裂隙体积和渗透率的影响。

模型长度为80mm，宽度为50mm，左侧和右侧为定压力边界，二者压力差为200Pa；左侧为溶质运移场定浓度边界，右侧为溶质自由流出边界，顶部和底部为水流、溶质的零通量边界。温度场中左侧边界设置为定温度线边界，温度为随时间变化的插值函数，右侧为热量自由流出边界，顶部和底部为热绝缘边界。应力沿垂直纸面方向施加在整个模型范围内，应力的大小随地层埋藏史的应力演化而变化，应力作用的结果主要使裂隙面发生压溶导致隙宽减小。初始条件下，模型的温度和压力为地表条件下的常温常压（25℃，0.1MPa），溶质浓度为该温压条件下的平衡浓度 C_{eq}。

　　模型分为五个应力期，分别对应水文地质演化的四个时期（图 2-27）。应力和温度随埋深时间延长整体呈增大趋势，在浅埋藏期发生过短时间地层抬升，因此应力和温度也整体呈增大趋势，但在不同时间段温压的变化趋势略有不同。其中，表生期以非饱和流体强烈溶蚀作用为主；随着埋藏深度增大，流体越来越接近平衡浓度，溶蚀作用强度减弱，压溶作用则随应力增加而愈加显著。

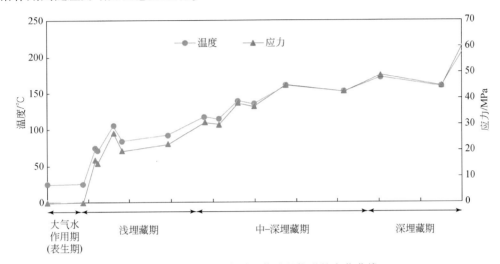

图 2-27　温度和压力随埋藏过程推进的变化曲线

　　通过对比裂隙隙宽随地层埋深的演化过程，不同矿物含量情景下，裂隙隙宽也先后经历了先增大后减小的过程。表生期–浅埋藏期的裂隙不断被溶蚀扩大，而中–深埋藏期上覆地层应力不断增大，压溶作用持续增强，破坏甚至抵消了表生期至浅埋藏期的溶蚀成果。而随着白云石含量的不断增加，溶蚀作用和压溶作用共同影响着裂隙演化趋于复杂，由于白云石具有较慢的反应速率，白云石溶解导致的隙宽增加量较小，当初始隙宽较小时，则在后续压溶作用下更快发生闭合，从而导致隙宽分布和演化的复杂性，这也能从压力水头和流线的分布和演化图中看出。从接触面积比（R_c）的演化过程可以看出，在裂隙闭合点的周围往往存在较"暗"的深蓝色环带，表明溶蚀作用导致的裂缝隙宽增加得到了相对完好的保存（图 2-28）。

　　通过比较不同矿物比例情景下的裂隙体积可知，虽然不同模型的方解石含量有所差异，但裂隙隙宽和体积均经历了先增加后减小的演化历程。区别在于方解石含量较高时，表生期和浅埋藏期的溶蚀作用会导致体积具有更明显的增加。这主要是由于模型中方解石矿物的溶蚀速率较快，当方解石含量高时意味着有更多的裂隙面积比例对裂隙体积的增加具有积极作用。同时，当地层进入埋藏期后，高方解石含量的矿物体积损失量也更加严重，在这五种模拟情景中，矿物比例 A 和 B（方解石含量分别约为 90% 和 75%）最终的裂隙体积均小于初始状态，矿物比例 C 和 D 略小于初始状态，而矿物比例 E 基本与初始状态裂隙体积持平。方解石占比 B-25%、C-50% 及 D-75% 的模拟结果如图 2-28 所示。

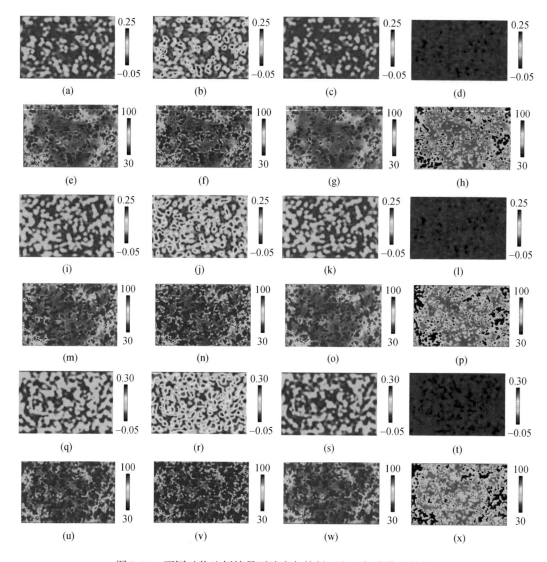

图 2-28　不同矿物比例情景下隙宽与接触面积比部分模拟结果

（a）～（d）分别为当方解石与白云石比例为 0.25∶0.75 时的表生期、浅埋藏期、中–深埋藏期及深埋藏期的隙宽变化（mm）；（e）～（h）分别为当方解石与白云石比例为 0.25∶0.75 时的表生期、浅埋藏期、中–深埋藏期及深埋藏期的接触面积比；（i）～（l）分别为当方解石与白云石比例为 0.5∶0.5 时的表生期、浅埋藏期、中–深埋藏期及深埋藏期的隙宽变化（mm）；（m）～（p）分别为当方解石与白云石比例为 0.5∶0.5 时的表生期、浅埋藏期、中–深埋藏期及深埋藏期的接触面积比；（q）～（t）分别为当方解石与白云石比例为 0.75∶0.25 时的表生期、浅埋藏期、中–深埋藏期及深埋藏期的隙宽变化（mm）；（u）～（x）分别为当方解石与白云石比例为 0.75∶0.25 时的表生期、浅埋藏期、中–深埋藏期及深埋藏期的接触面积比

　　这显示出相较于方解石矿物在抗压实压溶能力上与白云石的差异，当白云石含量更高时，有更大范围内的裂隙面能够抵抗压溶作用对裂隙体积的破坏作用，在矿物交界处更易形成孔隙保存。

　　通过比较不同阶段地质作用（表生溶蚀–沉淀、埋藏溶蚀–沉淀和压实压溶）对裂隙体积的贡献与所占比例可以发现，表生溶蚀和埋藏溶蚀有利于裂隙体积增加，而压实压溶和沉淀作用会破坏裂隙体积。表生溶蚀和埋藏溶蚀作用对裂隙体积的影响相当，这主要是由于表生溶蚀的持续时间长于埋藏溶蚀，埋藏溶蚀的发生则是基于表生期改造的结果，且埋藏期有更加强烈的压实压溶过程对裂隙体积的保存和演化具有破坏性作用，限制了埋藏期溶蚀对裂隙体积的建设性改造作用。相比之下，压实压溶作用贡献了绝大多数的体积减小量，沉淀作用的贡献量几乎可以忽略不计，这主要是受限于对裂隙面发生沉淀作用的刻画是基于整个裂隙面范围内的，而在真实地质过程中沉淀作用更倾向于在隙宽较小处发生沉淀堵塞，进而对裂隙面的孔渗性产生影响。

在利用沉淀速率公式描述裂隙面的沉淀过程时，假定沉淀物将会平均分配到整个裂隙体积空间中，这导致沉淀作用引起的隙宽减小量大大弱化。此外，在本模型中主要考虑裂隙面的表面溶蚀和压溶过程，溶质可以相对顺利快速地流出系统，因此沉淀作用被触发的时间和位置十分有限。

2）早期溶蚀-保持型

颗粒灰岩是塔中地区鹰山组重要的储层类型之一，颗粒灰岩中大量发育并保存至今的粒间溶孔是最为常见的储集空间之一，颗粒灰岩粒间溶孔的形成与发育主要受到成岩过程中埋藏岩溶的改造作用的控制。根据流体包裹体温度和盐度测试数据显示，塔中地区的埋藏岩溶主要有三期，分别发生在早古生代晚期到晚古生代早期（距今 400~350Ma，温度 70~100℃，盐度 2%~5%）、晚古生代晚期（距今 270~250Ma，温度 90~130℃，盐度 5%~8%）以及喜马拉雅期（距今 22~10Ma，温度 115~155℃，盐度 8%~11%），这三期的埋藏岩溶作用与油气充注时间也大致吻合。其中，第一期埋藏岩溶作用较弱，其溶蚀/沉淀改造作用对孔隙度的影响不超过 3%，且多被第二期埋藏岩溶作用破坏殆尽；第三期喜马拉雅期埋藏岩溶的活动范围十分有限，在塔中地区不具有普遍性；因此第二期晚古生代晚期的流体活动是塔中地区埋藏岩溶的主控因素。晚古生代晚期发生的埋藏岩溶可能与岩浆活动后期热流体和地层水的补径排过程相关，这些流体的驱动力主要源于塔中Ⅰ号坡折带北部的中奥陶世烃源岩的排烃过程引起的下部热流体和地层水渗流场的再平衡，渗流通道主要是 NE-SW 向断裂与 NW-SE 向走滑断裂（郑剑等，2015）。根据地下水由补给区到排泄区水化学组分的变化特征可以判断，在靠近补给区的断裂附近的地层主要遭受热流体的溶蚀作用，孔隙度增加；而随着径流路径的增加和水岩相互作用时间的延长，流体愈加趋向于饱和甚至过饱和，溶蚀能力逐渐丧失，甚至出现沉淀。

本节选取 ZG203 井孔隙发育段的光学显微镜薄片图像（图 2-20）为依据，模拟碳酸盐岩先后经历表生期大气水溶蚀、埋藏期热流体溶蚀作用及压力压实作用下孔隙度和渗透率的演化过程。

图 2-20（a）中有明显透光性区域代表现今孔隙分布位置，白色区域表示局部被充填孔隙，灰绿色颗粒状则为方解石矿物颗粒及其连接而成的岩石骨架。模型初始孔隙度分布如图 2-20（b）所示。

模型主要考虑两个期次的流体注入导致的孔隙扩溶过程，第一期为表生期大气水对矿物的选择性溶蚀作用，该期溶蚀主要有两个作用，其一为基于原始孔隙发育进行扩溶，其二为对矿物颗粒间的充填物进行有效溶蚀；第二期流体为晚古生代晚期热流体溶蚀，该期溶蚀作用以对矿物孔隙扩溶为主。

　　由于模型未考虑裂隙等优先通道的存在，故选用达西流描述流场；两个期次的流体均从左侧边界流入，从右侧边界流出，模型的顶部和底部均为零通量边界；温度场演化用多孔介质传热过程描述，左侧简化为定温度边界，温度通过埋藏史曲线获得，右侧为温度自由排泄边界，顶部和底部均为热绝缘边界。溶质运移和化学反应场利用多孔介质中的反应溶质运移进行描述，溶质随流体自左侧流入模型，自右侧流出模型，左侧简化为定浓度边界，浓度设置参照不同时期外来流体相对饱和指数，模型顶部和底部为溶质零通量边界。压实作用利用固体力学模块进行表征，假定模型底部为固定约束，不产生位移和形变，模型左侧和右侧边界为滑动约束边界，单元格只可产生垂向位移和变形，水平方向上的位移和变形为0，模型顶部施加外部荷载，根据埋藏史曲线将地层埋深处的上覆地层压力施加在上边界，模型以垂向位移和变形为主。模型中的主要参数见表2-6

表2-6　模型中主要参数统计表（Tao et al., 2019；武亚遵等，2016）

参数	值	参数	值
密度/(kg/m^3)	2600	固体热导率/[W/(m·K)]	0.836
体积模量/Pa	1×10^7	流体热导率/[W/(m·K)]	0.6
溶蚀速率常数 (k_1)/[mol/(cm^2·s)]	4×10^{-11}	固体比热容/[J/(kg·K)]	167.2
溶蚀速率常数 (k_2)/[mol/(cm^2·s)]	4×10^{-8}	流体比热容/[J/(kg·K)]	4200
热膨胀系数/(1/K)	3×10^{-7}	泊松比	0.4

　　地下流体对碳酸盐岩矿物的溶蚀和胶结作用往往是紧密相连的，根据地下水由补给区到排泄区水化学组分的变化特征可以判断，在靠近补给区的断裂附近的地层主要遭受热流体的溶蚀作用，孔隙度增加；而随着径流路径的增加和水岩相互作用时间的延长，流体愈加趋向于饱和甚至过饱和，溶蚀能力逐渐丧失，甚至出现沉淀。根据区域埋藏成岩史分析结果可知，塔中地区碳酸盐岩孔缝空间的破坏性作用可能由以下三个时期的流体胶结作用产生：①表生期大气水渗流带发生胶结作用；②浅埋藏期发生胶结作用；③中–深埋藏期发生胶结作用。流体胶结作用数值模拟情景设置见表2-7。

表2-7　流体胶结作用数值模拟情景设置

情景名称	发生时间	注入流体浓度（C/C_s）
1.1	大气水胶结	2
1.2	浅埋藏期胶结	2
1.3	中–深埋藏期胶结	2
1.4	大气水胶结（初始中孔）	2
1.5	大气水胶结（初始高孔）	2

　　从模拟结果看（图2-29），进入表生期后由于大气水的溶蚀作用导致矿物选择性溶蚀。颗粒间孔隙相对发育处发生显著溶蚀，孔隙度迅速增加，由10%～20%增加至20%～60%。矿物颗粒的溶蚀不够明显，在矿物颗粒边缘存在一定程度的溶蚀作用，导致渗透率

提高了大约 1 个数量级（$1×10^{-16}$ m^2 变为 $1×10^{-15}$ m^2）。由于孔隙度和渗透率空间分布非均质化特征显著，因此流场分布也发生了一定的改变。在模型左上角区域多为矿物颗粒分布，溶蚀作用较弱，因此形成相对低渗透区，进而导致左上角形成压力等值线的高值区。

(a) 初始基质孔隙度

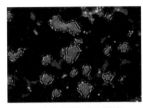
(b) 表生期基质孔隙度

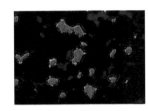
(c) 埋藏期基质孔隙度

孔隙度
0.8

0

图 2-29　基质中溶质浓度及孔渗物性随时间演化过程

经过埋藏期溶蚀后，孔隙发育区主要发生扩溶作用。而由于地层埋深和压力的显著增加，压实作用对孔渗演化的作用显现出来，加剧了流场分布的非均质化程度，压力等值线更加曲折。自左上角到左下角孔渗性变好，因此等值线自左上角向左下角递减。而在中部形成了相邻的大溶孔，使得孔渗性大大增加，因此压力等值线发生向右侧的显著弯曲，反映了孔渗性动态演化对水动力场的显著影响。基于表生期的溶蚀成果，压实作用使得孔隙受到压缩，但由于骨架颗粒的支撑，因此孔隙得到了较大程度的保存，矿物颗粒间的局部高孔渗区的孔隙度和渗透率分别增加至 30% ～80% 和 $1×10^{-15}$ ～$1×10^{-13}$ m^2。值得注意的是，与表生期溶蚀后相比，矿物边缘形成的溶蚀孔经过埋藏期后几乎被压实殆尽，矿物颗粒间的较大孔隙贡献了绝大部分的储集空间（图 2-30）。

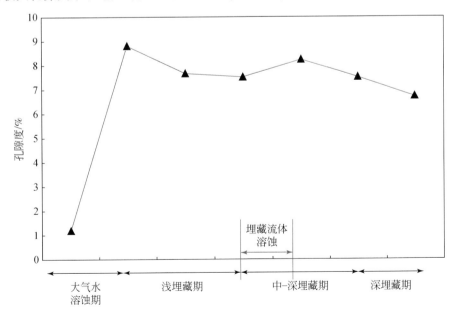

图 2-30　基质平均孔隙度演化过程

沉淀胶结作用对孔隙保存的破坏作用数据总结见图 2-31。具体可通过四种情景（情景 1 和情景 1.1 ~ 1.3、图 2-32）的模拟结果分析。情景 1.1 在模拟初期即发生胶结作用，但由于初始孔隙度较低，且表生期持续时间较短，因此在经历大气水溶蚀期的胶结沉淀作用后，模型的平均孔隙度由初始的 1.7% 下降至约 0.5%。此后在应力压实作用下孔隙度发生一定程度的减小，但在中-深埋藏期可能存在埋藏流体的溶蚀改造作用，使得基质的孔隙度增加至约 3%，最终可有接近 2.4% 的孔隙得以保存。

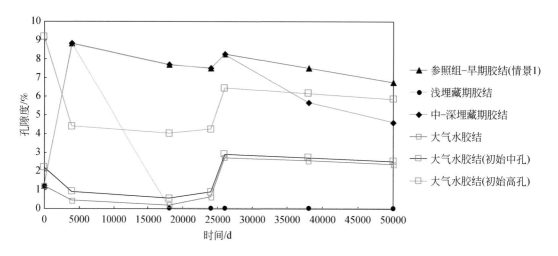

图 2-31　早期溶蚀-保持型储层多期次地质过程多情景模拟结果

　　情景 1.2 和情景 1.3 均经历了大气水的溶蚀改造，两种情景对应的孔隙度在大气水溶蚀期结束时均达到各自演化过程中的最大值（约 8.8%）。但情景 1.2 在之后的浅埋藏期发生历时较长的沉淀胶结作用，在浅埋藏期结束时平均孔隙度下降至不足 0.2%。由于整个模型范围内几乎没有有效的连通孔隙发育，因此后续中-深埋藏期的流体溶蚀作用也十分微弱，最终演化为非储层。情景 1.3 则先后经历了大气水溶蚀和埋藏流体溶蚀两期溶蚀改造作用，在埋藏流体溶蚀改造后，胶结沉淀作用导致孔隙被堵塞，但该期胶结沉淀作用持续的时间短于浅埋藏期，因此孔隙并未降至极低值。在胶结沉淀作用和后续应力压实作用下，最终只有少数孔隙能够得以保存，平均孔隙度约为 4.6%。

　　情景 1.4 和情景 1.5 中，胶结作用主要发生在大气水溶蚀期，这两种可同情景 1.1 相互对比，主要考虑不同初始孔隙大小/孔隙度的影响。通过对比这三种情景的孔隙度演化历时曲线可以发现，不同初始孔隙度对应的孔隙演化走向大致相同。在大气水溶蚀期发生沉淀导致平均孔隙度降低，随后在埋藏流体溶蚀作用下升高，经历后续压力压实作用后仍能够保留一部分孔隙。不同的是，对于初始高孔隙度的情景 1.5，胶结作用对其影响更大，相应孔隙损失量更多，但最终平均孔隙度（约 5.9%）仍高于情景 1.1 和情景 1.4（孔隙度分别为 2.36% 和 2.51%）。情景 1.4 与情景 1.1 演化趋势更加接近，在大气水胶结作用下，情景 1.4 的孔隙损失更多，导致两种情景的平均孔隙度差异大大减小。在经历埋藏流体溶蚀后，二者的孔隙度几乎相同，因此最终保存下来的孔隙度也基本一致。

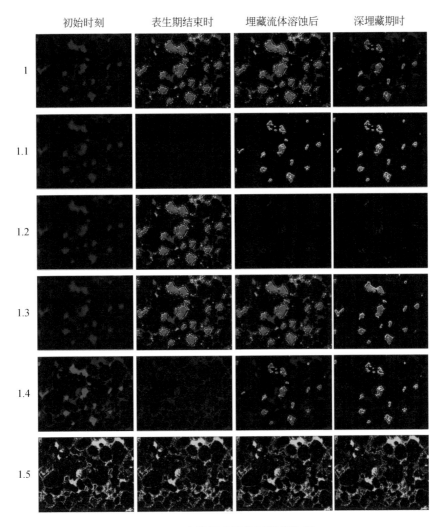

图 2-32　多情景胶结作用模拟结果

3）埋藏改造型

断裂−裂隙组成的网络系统是影响碳酸盐岩渗透性能的重要因素。由断裂−裂隙系统作为优势通道引起的渗流特征的空间非均质性决定了岩溶发育和演化过程。这里主要考虑在水岩作用过程中裂隙优先流对基质矿物溶蚀和孔隙度演化的影响。

选取 ZG111 井孔隙发育段岩心 SEM 图片（图 2-33），模拟碳酸盐岩先后经历表生期大气水溶蚀、埋藏期热流体溶蚀作用及压力压实作用下孔隙度和渗透率的演化过程。初始孔隙度与渗透率的取值基于图片灰度值的方法取求。

考虑到现今孔隙度分布特点，孔隙空间呈条带状集中分布在近似四边形的区域，有可能是在地质演化过程中产生了裂隙，流体沿裂隙快速渗流的同时对基质产生溶蚀改造作用。为了佐证这种可能性，本节设置了多孔介质和裂隙−基质耦合两种情景，并通过数值模拟对比分析孔隙度演化过程的差异，通过将两种情景的孔隙度模拟结果与现今孔隙度对

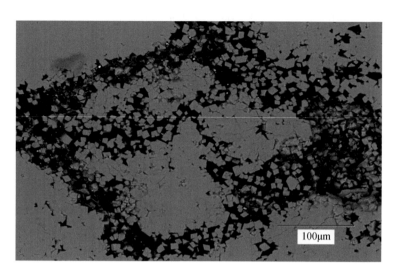

图 2-33　ZG111 井孔隙发育段岩心 SEM 图片

照，讨论埋藏过程中裂隙发育导致的渗流系统的非均质性对孔渗演化的影响。

情景 1 将数值模拟分为两个阶段进行：第一阶段主要考虑大气水的溶蚀作用，此时裂隙带不发育，整个模型服从达西流，只是孔隙度和渗透率呈非均质分布。大气水从模型左侧线边界流入，从右侧边界流出，模型的顶部和底部均为零通量边界；第二阶段主要考虑深部热流体的溶蚀/沉淀改造作用，此时裂隙产生，流体主要通过模型左侧的裂隙端点流入，并沿裂隙发生优先流动，从右侧流出模型，裂隙与基质间存在物质和能量的交换，在此过程中考虑裂隙扩溶作用引起的基质孔隙度和渗透率的变化。

对于水流运动方程而言，在第一阶段模型左侧为线流入边界，右侧为定压力边界，压力值根据埋藏史曲线获得，顶部和底部为零通量边界；在第二阶段模型左侧为点流入边界，其余条件与第一阶段相同。对于反应溶质运移方程而言，在第一阶段模型左侧为线状定浓度边界，浓度是时间的函数，右侧为线状流出边界，顶部和底部为零通量边界，整个模型范围内均为反应相的作用域；在第二阶段模型左侧为点状定浓度边界，浓度是时间的函数，其余条件与第一阶段相同。对于温度场，模型左侧为温度边界，温度是时间的函数，右侧为自由流出边界。对于应力场，模型底部边界为固定约束，左侧和右侧边界则为辊支承边界，可发生垂向位移变形，顶部承受边界载荷，应力根据埋藏史曲线获得。

情景 2 不考虑地层进入埋藏期后产生裂隙导致的孔渗非均质性对流体改造和孔隙演化的影响，并假设流体渗流和反应溶质运移均始终在多孔介质中进行。大气水和埋藏流体从模型左侧流入，右侧为定压力边界，压力根据埋藏史曲线获得，顶部和底部均为零通量边界。溶质随水流自左侧线边界流入，浓度设为时间的函数，经与基质接触反应后在模型右侧边界自由流出。温度场和应力场的设置与情景 1 相同。

图 2-34 展示了离子饱和指数、基质孔隙度和渗透率随时间的演化过程。初始状态下离子饱和指数为 1，代表溶液与矿物之间达到相平衡，不发生溶解或沉淀反应。进入表生期后，离子饱和指数迅速减小，表明流体对矿物具有较强的侵蚀性，矿物会发生溶蚀导致孔隙度降低。同时流体中的离子浓度升高趋向于恢复至平衡状态。由于模型左侧为定浓度

边界，因此靠近左侧边界的区域浓度较低，而模型右侧范围由于矿物溶解使得溶质浓度升高。由于本节所用的模型长度不足 1mm，且此时不考虑裂隙的影响，因此整个模型范围内浓度差异不大，且离子饱和指数的等值线基本仍为平直状态。进入埋藏期后模型产生裂隙，热流体通过裂隙注入模型中并对裂隙和基质产生改造作用，此时，由于断裂优先流的作用，离子饱和指数的等值线在裂隙两侧发生弯曲，尤其在靠近注入点的裂隙附近这种变化更加明显，整个模型范围内同样为"左低右高"的分布规律。

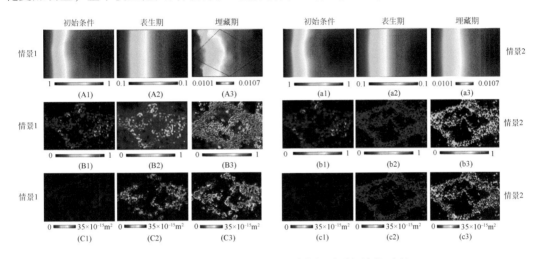

图 2-34　基质中溶质浓度及孔渗物性随时间演化过程

大写字母 A、B、C 代表情景 1 的模拟结果，小写字母 a、b、c 代表情景 2 的模拟结果

（A1）初始离子饱和指数；（A2）表生期离子饱和指数；（A3）埋藏期离子饱和指数；（a1）初始离子饱和指数；（a2）表生期离子饱和指数；（a3）埋藏期离子饱和指数；（B1）初始基质孔隙度；（B2）表生期基质孔隙度；（B3）埋藏期基质孔隙度；（b1）初始基质孔隙度；（b2）表生期基质孔隙度；（b3）埋藏期基质孔隙度；（C1）初始基质渗透率；（C2）表生期基质渗透率；（C3）埋藏期基质渗透率；（c1）初始基质渗透率；（c2）表生期基质渗透率；（c3）埋藏期基质渗透率

　　初始状态下不同位置的孔隙度略有差异，基质中大部分区域孔隙度分布在 0.1% ~ 0.3%。SEM 图片中孔隙较为发育的区域初始孔隙度较大，最大值可达 40%，但分布范围十分有限，整个模型在初始状态下的平均孔隙度为 3.4%。进入表生期后，模型大部分区域均发生较为显著的溶蚀作用。但由于初始孔隙度较低的基质部分渗流性较差，流体溶蚀作用较弱，因此孔隙度增大较慢（0.1% ~ 0.3% 增至 0.9% ~ 10%）。而高孔高渗区域流体更新较快，溶蚀效果较好，因此孔隙度增大更加明显（10% ~ 40% 增至 25% ~ 55%），平均孔隙度增大至 10%。大气水溶蚀期后地层水与围岩矿物间逐渐趋于动态平衡，在此期间矿物仍有轻微溶蚀。在热流体注入模型前，模型的平均孔隙度增大至 12%。热流体（假定为极低离子饱和指数液体）通过裂隙注入模型中，并由裂隙的快速流向基质扩散，对矿物进行溶蚀。由于裂隙周围孔渗性较高，因此经热流体改造后其孔隙度迅速增大，高孔渗带也基于裂隙向基质中显著扩散。至热流体改造期结束时，裂隙周围已形成显著的高孔渗带，孔隙度高达 60% ~ 80%。而高孔渗带的存在加剧了裂隙周围与远离裂隙的基质之间的孔渗演化的差异性，高孔渗带贡献了绝大部分的孔隙增量。在热流体改造结束时，模

型的平均孔隙度升至27%。热流体改造期结束后，地层水再次趋向于达到新的水岩平衡状态，使得孔隙度仍旧发生轻微增大。由于模型考虑了压实作用的影响，随着地层埋深的不断加大，在应力场作用下基质孔隙度发生一定程度的降低。因此，模型的平均孔隙度最终达到约21%，这与SEM图片分析得到的孔隙度24%的结果保持一致。

渗透率的演化与孔隙度的演化过程大致对应。模型的初始渗透率不超过2mD，经历大气水溶蚀后，渗透率发生显著增加的区域主要分布在初始孔渗性较好的区域，渗透率增大5～10倍。而初始渗透率较差的基质部分经溶蚀改造后渗透率改善十分有限，这反映出渗透率更加能够体现流体渗流场分布规律。类似地，由于裂隙分布位置与表生期后的高孔渗带基本重合，因此在经历热流体的溶蚀改造作用后，沿裂隙分布的带状高孔渗带的形态更加明显。高孔渗带渗透率增加至10～40mD，而基质的渗透率分布差异性更加显著，渗透率最低至0.0001mD，靠近高孔渗带的部分可达0.1mD，但高孔渗带成为模型主要的渗流通道。

4）储层成因对比

早期溶蚀-保持型（ZG203井）主要受控于早期的大气水流体溶蚀改造，矿物颗粒间稳定性较差的矿物优先发生溶解，孔隙度发生大幅增大（孔隙增量可多达6倍），在埋藏阶段由于孔隙骨架抗压实性较好，因此有利于孔隙的保存，最终约有7%的孔隙可以得以保存。胶结作用对孔隙度的破坏作用不足以将孔隙完全堵塞时，埋藏期有机酸或其他酸性流体的溶蚀作用可对储集空间产生较好的改造作用。但长历时的胶结可能导致早期存在的孔隙被消耗殆尽，此时即使埋藏期发生溶蚀作用，但溶蚀形成的次生孔隙也十分有限，最终保存下来的孔隙也最差。胶结作用与溶蚀作用发生的时间顺序和持续的时间长短对孔隙的流体改造和孔隙保存的影响有所差异。当溶蚀与沉淀胶结的时间长度相当时，第一期与最后一期为溶蚀的成岩顺序更有利于孔隙保存。某期胶结作用导致孔隙几乎完全堵塞时，最终保存的孔隙性最差，其孔隙性需要相当长时间的持续溶蚀才会发生显著改善。

矿物非均质类型的模拟是以裂隙面为基础展开的，因此裂隙隙宽和体积的增加量较小。不同矿物比例的隙宽演化呈现相似的规律，即表生期和浅埋藏期以溶蚀作用为主，进入中-深埋藏期后，裂隙体积剧烈压缩，并随着深埋藏期上覆地层压力的不断增加、埋藏时间的不断延长，储集空间不断被侵蚀。TZ201C井的矿物-孔隙结构SEM图片中方解石含量较低，当模拟期结束时裂隙的体积略大于初始状态。整体来说，方解石含量较高的裂隙对压溶作用更加敏感，最终的裂隙体积远小于初始状态。白云石含量较高时，最终的裂隙体积略大于初始状态。

埋藏改造型（ZG111井）在早期溶蚀的基础上又在埋藏期发生热流体的改造作用，且埋藏期的流体改造作用对孔隙度的增加意义更大，表生期孔隙度增加了近2倍。浅埋藏期孔隙度降低，而热流体的溶蚀改造作用则使孔隙度增加了约6倍。经历了中、深埋藏期的压实作用后，最终孔隙度仍可达原始状态的5倍。进入埋藏期后，当有裂隙存在时裂隙优先流能够更迅速地将流体向基质中传递，溶蚀范围和效果均好于只有多孔介质的情况，二者最终的孔隙度相差近1倍。相比之下，矿物非均质性对孔隙度的保存更依赖于初始状态和难溶矿物的相对比例，早期溶蚀-保持型和埋藏改造型的孔隙增量更大，但其孔隙保存依赖于矿物-孔隙结构的抗压实性。

3.封闭与开放体系中破裂开启时间对孔渗演化的影响

不同埋藏过程使得储层具有差异性的成岩环境,即在不同温压背景与作用时期影响下,储层的结构特征与孔渗特性对于热流体、地应力等地质因素的改造作用表现出不同的响应–反馈机制。

对于流体改造作用,封闭与开放体系具有不同的主控因素与作用机理,并会对可能的构造破坏过程产生不同的响应。例如开放体系,流体注入会影响储层中的物理化学特性,从而改变着后续的多场耦合机制与孔渗演化特性。本节基于塔中鹰山组的埋藏史背景,假设不同数值模拟情形以揭示外源流体、次生破裂对储层演化过程的控制作用。多情景模拟以二维裂隙面模型为基准,在无、有外源流体的前提下分别设置构造破裂发生和埋藏至浅层、深层、超深层三种情形,连同无流体、无破裂的对照情景,共计七个算例。

模型中基本参数设置与 2.3.1 节 2. 小节相同,并考虑了不同温压条件下孔隙抗压能力的响应特性,以实现应力场–渗流场–化学场的多场耦合模拟。图 2-35 展示了研究区的埋藏过程与温度恢复曲线。其在浅层埋藏阶段以及深层埋藏阶段后期出现较快速的沉降,表现为埋深较快增加,地层温度随之升高。根据埋藏深度 1000m、4500m 及 8000m 分别划分浅层、深层、超深层埋藏阶段。多情景模拟中将不同阶段起始深度相对应的埋藏时间作为模拟中流体注入或次生破裂的起始时间,其中破裂发生后孔隙度瞬时增幅为 50%。

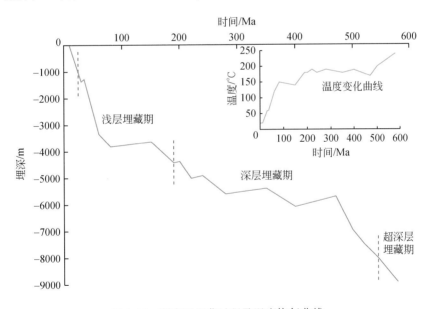

图 2-35　研究区埋藏过程及温度恢复曲线

多情景模拟与对比分析结果如图 2-36 所示,可以直观反映不同埋藏期破裂后有无流体注入对孔隙度演化过程的影响。若无流体注入及次生破裂的发生,储层孔隙度随着不同埋藏阶段逐步减小,且在快速沉降期孔隙度减小速率较快,情景 1 中孔隙度从初始的 30%下降至超深层埋藏期的 4.5%,其作为对照组与后续算例进行对比分析。对于无流体注入的模拟情景,即情景 2—情景 4,当储层发生次生破裂后,孔隙度迅速升高,但无酸性流体的后续改造,孔隙度在埋藏过程中快速减小并与对照组具有相似的演化特征。不同破裂发生时期会直接影响后续演化进程，整体表现为破裂发生时期越后期，其被沉淀胶结或压实改造的时间越有限，因此孔隙能够更好地被保留。

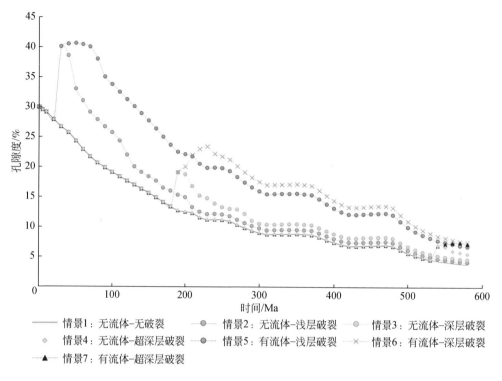

图2-36　多情景模拟孔隙度演化特征对比图

　　而当存在有流体注入的情形，酸性流体会促进孔隙化学溶蚀过程并改变化学平衡，一定程度上抑制埋藏过程中的沉淀行为及压实进程，从而更有利于孔隙度保持。进一步地，对比相同时期破裂的算例（图2-36），即情景2与情景5、情景3与情景6、情景4与情景7，外源流体的注入会使孔隙度小幅增加并更长期地维持，也使最终孔隙度明显提升。由此可知：①长期的埋藏过程中水文地球化学反应为平衡反应，封闭系统条件下储层孔隙度演化受温压变化控制，若无外源流体进入，孔隙度会在破裂发生后快速降低，并随着埋藏过程持续减小；②对于开放体系，外源酸性流体的注入会打破化学平衡状态，有利于孔隙溶蚀与后期保持，伴随着次生破裂的发生能在一定程度上提升储层孔隙度；③较为后期的次生破裂能够显著提高储层孔隙度，较少受胶结、压实等孔隙改造作用的影响，有助于孔隙保留。

2.3.2　深层白云石化储层改造效应定量评估与规模储层发育

　　本节以塔里木盆地塔中北斜坡典型区块构造热流体白云石化作用为研究对象，利用反应溶质运移模拟方法对白云石化过程进行模拟分析，并通过多情景模拟分析热流体白云石化的空间分布规律及其对储层物性的影响。

1. 塔中热流体白云岩的流体改造模式

塔中地区中–下奥陶统碳酸盐岩储层中均发现大量热流体改造的痕迹，如塔中地区的中 4 井、中 12 井、塔中 12 井等都见到了与热流体有关的中–粗晶白云岩（赵闯等，2012）。

对于热流体来源，前人提出了三种模式来概括热流体来源及其运移过程（图 2-37）。第一种模式与二叠纪岩浆活动有关，塔中地区一些井位的流体包裹体温度数据、方解石矿物与围岩的同位素数据佐证了这种模式的存在（张兴阳等，2006）。第二种模式主要强调喜马拉雅期热流体活动的影响。来源于塔中北斜坡下伏寒武系膏盐地层的深部卤水和满加尔坳陷奥陶系地层水经埋藏过程的压实作用和溶滤作用形成富集多种金属离子的成矿流体，在构造作用下沿塔中 I 号断裂带和 NE-SW 向走滑断裂运移至塔中北斜坡奥陶系碳酸盐岩中。这种模式也得到碳酸盐矿物电子自旋共振（electron spin resonance，ESR）测试结果的支持（张兴阳等，2006）。然而，大多数学者认为，发生在二叠纪的构造热流体活动的重要性远大于喜马拉雅期。但是，有证据显示，二叠纪火山热流体本身并非富镁流体，无法形成大规模的鞍状热流体白云岩。因此，第三种模式被广泛认可：二叠纪岩浆热流体向上迁移时向上覆寒武系中注入部分成矿组分，同时其自身携带的大量热能打破原有地下

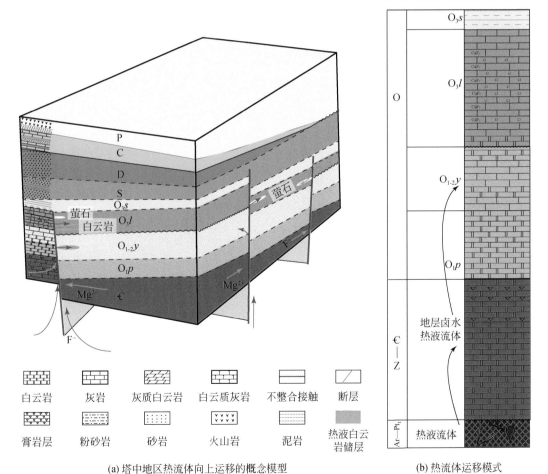

(a) 塔中地区热流体向上运移的概念模型　　　　(b) 热流体运移模式

图 2-37　塔中地区热流体改造模式及概念模型

$O_1 p$ 为蓬莱坝组

流体的热平衡,温度和压力的升高迫使寒武系释水并沿断裂向上覆奥陶系排泄。这一假说为鞍状白云石总是出现在自形和半自形白云石胶结物之后的现象提供了理论解释。

因此,可能的热流体来源主要包含以下几种:①寒武系或前寒武纪地层的卤水,由于寒武系多以白云岩为主,因此其地层水与围岩经过充分的水岩平衡后往往表现为相对富镁;②来自盆地基底的火山热流体可能含有成矿流体组分(如氟)与酸性组分,且往往具有高温特征;③来自上奥陶统灰岩或黏土矿物地层中的地层水;④来源不明的深部卤水或浓缩海水。

一般与火山有关的热流体镁含量十分有限,而上奥陶统的地层水在进入中–下奥陶统前需与良里塔格组灰岩充分接触,即使其相对富镁,在经过沿途水岩作用消耗后进入鹰山组时,其白云石化能力也大大降低。因此寒武系或前寒武纪地层卤水和深部卤水是更有可能的热流体来源。由于地质历史时期热流体的具体水化学组分和含量难以准确获知,而通过分析可知,这两种来源均可视作海水的演化产物。因此,本节选取不同浓缩程度的海水模拟热流体,对热流体的改造能力、规模白云石化所需热流体体积以及可供白云石化的热流体体积的地质约束进行定量分析。

选取 TZ12 井区作为典型的构造控制热流体研究区。TZ12 井区奥陶系鹰山组为典型的热流体建设性改造储层。根据钻孔柱状图,鹰山组存在明显的灰岩(埋深 5185~5235m)向白云岩(埋深 5270~5300m)过渡的岩性变化特征。在埋深为 5250m 附近,岩心上可见明显的热流体白云石化痕迹。

通过将 TZ12 井与其周围钻孔(西侧 ZG51 井、西北方向 ZG4 井、东北方向 ZG7 和 ZG511 井、东部 TZ80 井以及西南方向 ZG42 井)的地层柱状图进行对比,发现其周围的几口钻孔在所揭露的鹰山组内未发现明显的热流体白云石化现象,其中位于 TZ12 井西侧的 ZG51 井与其距离不过 760m,表明热流体白云石化主要集中在 TZ12 井附近(图 2-38)。

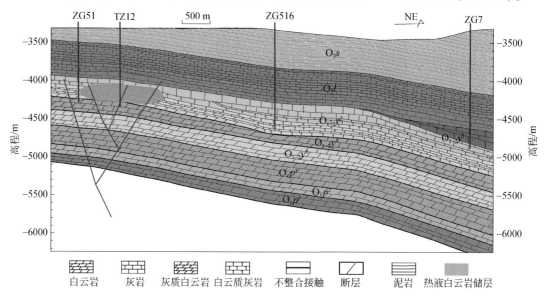

图 2-38　TZ12 及其附近钻孔的地质剖面图 [据沈安江等(2016)]

2. 热流体白云石化储层改造效应与评估

1）数值模型构建与校正

依据 ZG42—ZG51—TZ12—ZG516 钻孔剖面建立二维模型，模型长度约为 18.5km，高度约为 2436m。模型剖分为 20 层，从下向上依次为蓬莱坝组、鹰山组、良里塔格组和桑塔木组。蓬莱坝组和鹰山组底部以白云岩为主，鹰山组中上部—良里塔格组为灰岩与白云质灰岩互层，相应地层的网格剖分高度也略有不同（从 10m 到 120m 变化）。最顶部桑塔木组以泥岩为主，将其剖分为 2 层，顶部厚度约 20m 的单元格作为模型顶部边界条件的设置区域。在横向上模型共剖分为 97 列，为了反映断裂带与基质渗透性的差异，在 TZ12—ZG51 井区的断裂带附近对网格进行加密（网格宽度约 20m），整个模型共包含约 2813 个单元格（图 2-39）。

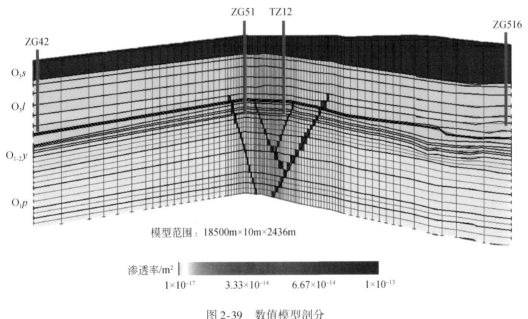

图 2-39　数值模型剖分

边界条件：模型顶部为定压力边界，底部在断裂位置设置为热流体的流入边界，本节采用 2 倍浓缩海水作为热流体的组分代表。

初始条件：初始压力场由静水压力控制，根据 1MPa/100m 的水力梯度计算初始压力场分布；根据前人的认识大致采用 3.0℃/100m 的地温梯度计算初始温度场。

水文地质参数：针对塔中地区钻孔的岩心物性参数进行统计，作为模型水文地质参数的取值依据。根据前人的研究结果，断裂的渗透率一般比基质渗透率高 1～2 个数量级（图 2-40）。

模型校正：校正依据主要有两方面，一为热流体的白云岩分布范围，即热流体白云石化范围不应出现在 ZG51 井鹰山组中下段，但 TZ12 井鹰山组中下段则应当发育热流体白云岩；二为整个热流体改造的时间应与二叠纪热事件的持续时间相匹配。根据上述水文地质模型建立基础模型，通过调整注入量和水文地质参数对模型结果进行校验，以确保模型基

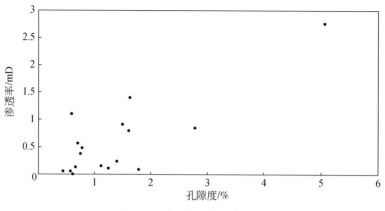

图 2-40　孔隙度-渗透率关系

本符合地质假设。

如图 2-41 所示，选取模拟时长为 10Ma 和 16Ma 的孔隙度、方解石和白云石空间分布图，发现由于断裂优先流的存在，热流体白云石化作用主要沿断裂展布；当模拟时间为 16Ma 时，白云石在 TZ12 井底部发育，但在 ZG51 井附近则只发生轻微白云石化现象，模拟结果符合现有地质事实，因此模型概化和条件设置可用于对 TZ12 井区热流体白云石化过程进行模拟和表征。

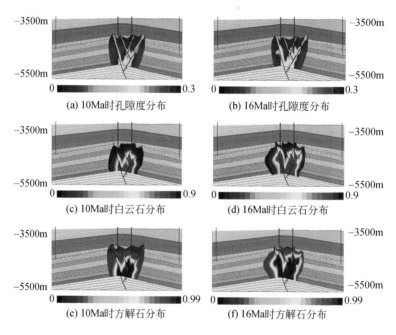

(a) 10Ma时孔隙度分布　　　　　(b) 16Ma时孔隙度分布

(c) 10Ma时白云石分布　　　　　(d) 16Ma时白云石分布

(e) 10Ma时方解石分布　　　　　(f) 16Ma时方解石分布

图 2-41　基础模型（Case Ⅰ）模拟结果

2）热流体改造能力评估

为了比较渗透率差异是否会对热流体的改造能力（即水岩比）产生影响，基于基础模型（Case Ⅰ），分别将基质的渗透率提高 1 个数量级（Case Ⅱ）和降低 1 个数量级（Case

Ⅲ)，具体参数设置见表2-8。

表2-8　反应溶质运移模型矿物组成及水文地质参数

地层	岩石类型	矿物含量 （方解石：白云石）	Case Ⅰ		Case Ⅱ		Case Ⅲ	
			$k_x = k_y$	k_z	$k_x = k_y$	k_z	$k_x = k_y$	k_z
O_3s	泥岩	—	1×10^{-17}	1×10^{-17}	1×10^{-17}	1×10^{-17}	1×10^{-17}	1×10^{-17}
O_3l	泥晶灰岩	0.99：0.01	1×10^{-15}	1×10^{-15}	1×10^{-14}	1×10^{-14}	1×10^{-16}	1×10^{-16}
$O_{1-2}y^1$	砂屑灰岩	0.99：0.01	2×10^{-15}	1×10^{-15}	2×10^{-14}	1×10^{-14}	2×10^{-16}	1×10^{-16}
$O_{1-2}y^2$	白云质灰岩	0.9：0.1	4×10^{-15}	1×10^{-15}	4×10^{-14}	1×10^{-14}	4×10^{-16}	1×10^{-16}
$O_{1-2}y^3$	灰质白云岩	0.92：0.05	7×10^{-15}	1×10^{-15}	7×10^{-14}	1×10^{-14}	7×10^{-16}	1×10^{-16}
$O_{1-2}y^4$	白云岩	0.92：0.06	8×10^{-15}	1×10^{-15}	8×10^{-14}	1×10^{-14}	8×10^{-16}	1×10^{-16}
断层		0.92：0.01	1×10^{-12}	1×10^{-12}	1×10^{-12}	1×10^{-12}	1×10^{-12}	1×10^{-12}

注：渗透率单位为 m^2。

模拟结果见表2-9。在基质渗透率不同的情况下，模型的水岩比差异不大，均分布在 151.6 ~ 151.9 之间，这一数量级与水文地球化学静态模拟结果类似。但反应溶质运移模型发生白云石化所需的热流体体积远远小于水文地球化学静态模拟的估算结果（相差 1 ~ 2 个数量级），这主要是由于后者的估算过程中，对热流体白云岩的空间分布范围进行了简化，导致白云岩体积远远大于实际，因此，基于地质约束的反应溶质运移方法的估算结果更加接近地质实际。

表2-9　不同水文地质参数情景下反应溶质运移模拟结果（m^3）

情景	ΔV_{pore}	$\Delta V_{dolomite}$	$\Delta V_{calcite}$	$\Delta V_{anhydrite}$	V_{Fluid}	水岩比
Case Ⅰ	3.93×10^5	8.43×10^6	-9.66×10^6	8.29×10^5	1.28×10^9	151.8
Case Ⅱ	3.91×10^5	8.38×10^6	-9.59×10^6	8.23×10^5	1.27×10^9	151.6
Case Ⅲ	3.96×10^5	8.49×10^6	-9.73×10^6	8.35×10^5	1.29×10^9	151.9

注：ΔV_{pore} 为孔隙体积变化量；$\Delta V_{dolomite}$ 为白云石体积变化量；$\Delta V_{calcite}$ 为方解石体积变化量；$\Delta V_{anhydrite}$ 为无水石膏体积变化量；V_{Fluid} 为流体体积。

3）热流体白云石化模式可行性分析

如前所述，通过水文地球化学静态模拟和反应溶质运移模拟两种方法，对热流体的改造能力和白云石化所需热流体体积进行了定量计算。但真实的地质体是否能够提供如此庞大的热流体向上运移至鹰山组中发生白云石化呢？将 Staude 等（2009）、Weisheit 等（2013）和 Gomez-Rivas 等（2014）的方法用于 TZ12 井区，通过比较白云石化所需热流体体积和地层可提供的热流体体积，对热流体白云石化过程进行定量约束。

考虑到热流体和白云岩分布的不确定性，结合反应溶质运移的模拟结果，本节认为热流体向上运移以垂向流动为主，影响范围集中在断层附近相对高渗带，因此，将模型简化为：下部地层由于温压变化发生释水，导致热流体垂向上涌，沿断裂等通道注入鹰山组中发生白云石化（图2-42）。前述研究中已经对地层中的热流体白云岩及其白云石化所需镁进行了定量计算，利用白云石化所需镁量和热流体体积，反推所需的下部释水地层体积（厚度或地层面积)。当计算所需释水地层厚度时，假定整个 TZ12 井区的圆柱状寒武系均发生释水；当计算所需释水地层面积时，则以塔中地区寒武系厚度（2700m）全部发生释水为前提。

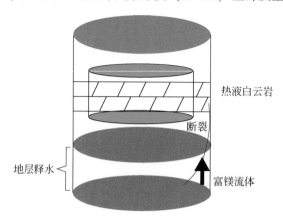

图 2-42　地层释水提供热流体概念模式图

二叠纪，塔中地区寒武系—奥陶系的埋深为 3 ~ 4km，宏观背景温度为 90 ~ 120℃，而流体包裹体的温度分布为 122 ~ 280℃。因此，取 $\Delta T = 100℃$ 和 200℃，$\Delta P = 10MPa$ 和 20MPa，分别进行不同 ΔP 和 ΔT 组合下的计算和讨论（表 2-10 和表 2-11）。

表 2-10　所需释水地层厚度估算

流体类型	白云石化所需热流体体积/m³	所需释水地层厚度/m		
		情景 A	情景 B	情景 C
情景 I：只有鹰山组白云岩为热流体成因				
2 倍浓缩海水	9.7×10^{10}	2.03×10^5	2.02×10^5	1.97×10^5
4 倍浓缩海水	4.9×10^{10}	1.02×10^5	1.01×10^5	9.90×10^5
8 倍浓缩海水	2.4×10^{10}	5.12×10^4	5.09×10^4	4.97×10^4
寒武系地层水	2.3×10^{11}	4.86×10^5	4.84×10^5	4.72×10^5
情景 II：鹰山组和蓬莱坝组白云岩均为热流体成因				
2 倍浓缩海水	2.3×10^{11}	4.89×10^5	4.87×10^5	4.75×10^5
4 倍浓缩海水	1.2×10^{11}	2.45×10^5	2.44×10^5	2.38×10^5
8 倍浓缩海水	5.9×10^{10}	1.23×10^5	1.22×10^5	1.2×10^5
寒武系地层水	5.6×10^{11}	1.17×10^6	1.16×10^6	1.14×10^5

表 2-11　所需释水地层面积估算

流体类型	白云石化所需热流体体积/m³	所需释水地层面积/m²		
		情景 A	情景 B	情景 C
情景 I：只有鹰山组白云岩为热流体成因				
2 倍浓缩海水	9.7×10^{10}	1.16×10^8	1.15×10^8	1.13×10^8
4 倍浓缩海水	4.9×10^{10}	5.81×10^7	5.78×10^7	5.65×10^7
8 倍浓缩海水	2.4×10^{10}	2.92×10^7	2.90×10^7	2.83×10^7
寒武系地层水	2.3×10^{11}	2.77×10^8	2.76×10^8	2.69×10^8

续表

流体类型	白云石化所需热流体体积/m³	所需释水地层面积/m²		
		情景 A	情景 B	情景 C
情景 Ⅱ: 鹰山组和蓬莱坝组白云岩均为热流体成因				
2 倍浓缩海水	2.3×10^{11}	2.79×10^{8}	2.77×10^{8}	2.71×10^{8}
4 倍浓缩海水	1.2×10^{11}	1.40×10^{8}	1.39×10^{8}	1.36×10^{8}
8 倍浓缩海水	5.9×10^{10}	7.02×10^{7}	6.98×10^{7}	6.82×10^{7}
寒武系地层水	5.6×10^{11}	6.67×10^{8}	6.64×10^{8}	6.48×10^{8}

计算结果表明，TZ12 井区热流体白云石化所需的热流体体积，需要下伏厚度达 10^{4} ~ 10^{6} m 的地层进行释水才可形成现今规模的热流体白云岩，这一数量级远大于寒武系厚度 (约 2700m)。若考虑圆柱体之外地层释水进行侧向补给，则即使假定整个寒武系 (2700m) 均参与释水，所需释水地层面积不少于 3×10^{7} m²，这一数字约为热流体白云岩分布面积的 60 倍。这也意味着热流体需能够从距离断裂 4.5km 的位置侧向径流至断裂处并上涌至鹰山组中，这远远超出了类似 TZ12 井附近的局部断层可能的影响范围 (Mitchell and Faulkner, 2012)。因此，在这种情形下，单纯依靠温度和压力变化引起的热流体体积难以在 TZ12 井区形成大规模的热流体白云岩。

值得注意的是，上述计算的前提假设为鹰山组和蓬莱坝组在初始状态均为灰岩，而其白云岩均为热流体成因。事实上，在二叠纪热流体改造发生之前，下奥陶统可能已经发生部分白云石化，因此后续热流体白云岩的形成所需的镁量则会大大减少。

4) 白云石化储层规模及其影响因素

热流体白云石化作用对储层孔隙度和渗透率影响显著。为评估其规模性，选取两条横穿断裂带的水平剖面 (图 2-43)，通过比较不同模拟时间节点时孔隙度和渗透率的分布来评估构造断裂控制下的热流体白云石化作用的影响距离。

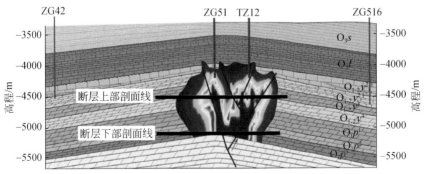

(a) 沿断层选取的两个剖面线所在位置

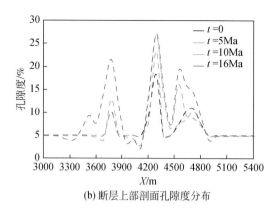
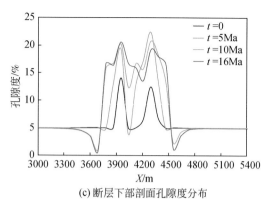

(b) 断层上部剖面孔隙度分布　　　　　　　　(c) 断层下部剖面孔隙度分布

图 2-43　孔隙度沿断层水平方向变化

从图 2-43 的孔隙度变化曲线可以看出，断层两侧区域的基质孔隙度呈现轻微下降—显著增加—逐渐减小至初始值的变化趋势，孔隙度显著增加区域得益于白云石化，随着远离断层，热流体难以在相对低渗的基质中持续运移，因此孔隙度变化不大，仍为初始值。

通过对比初始时刻和最终时刻的渗透率，断层两侧 200m 范围内基质的渗透率均有显著改善。由于深层储层基质渗透率较低（图 2-44），因此热流体沿断裂向两侧运移的影响范围十分有限，难以发生大规模的层状热流体白云石化。

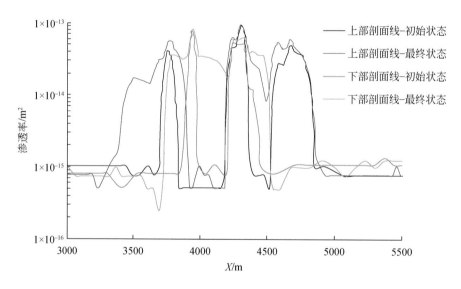

图 2-44　渗透率沿剖面方向分布

断控型热流体白云岩主要受控于断裂的空间分布，但同时与基质的非均质性密切相关。当断裂两侧存在层状高渗带时热流体自断裂向基质流动，导致距离断裂数公里远的白云石化区域形成规模性的储层。而当模型存在局部的相对低渗区域时，热流体白云岩的形态可呈现"斑状"，但其规模性则相当有限。

第3章 深层–超深层有机酸形成分布及成储效应实验模拟

对深层储层的研究表明,无论是碎屑岩还是碳酸盐岩,储层矿物均具有较强的蚀变特征,这说明深层储层的发育不仅与储层形成时的沉积环境有关,而且与后期流体的化学改造作用密切相关。在这些后期流体中有机酸是最受关注也是最有可能性的一种。有机酸广泛存在储层油田水中,其母源为有机质,形成受控于各类烃水岩反应,且溶于水中影响矿物稳定性,因此有机酸流体在很大程度上控制了储层保持–改造的流体化学环境,但其在深层–超深层的形成方式、存在形式和在储层改造中的作用仍然认识薄弱。

3.1 关键问题与研究方案

20世纪80年代以来,地质学家已注意到油田水中普遍存在小分子的有机酸(Carothers and Kharaka,1978;Hanor and Workman,1986;Lundegard and Kharaka,1990)。这些有机酸的来源和形成过程引起了学者的注意。基于大量的模拟实验,学者证实了干酪根或烃源岩受热时会形成小分子有机酸,这些有机酸以乙酸为主,非常类似油田水中实测的有机酸组成(Cooles et al.,1987;Knauss et al.,1997)。因此,烃源岩中干酪根被认为是储层油田水中有机酸的主要母源,干酪根受热脱羧基是有机酸形成的主要方式。但是也有一些模拟实验证实了在高温条件下,烃类与矿物在水介质中会发生强烈化学反应,也能生成一定量的有机酸。典型的反应如烃类与砂岩中含铁氧化物的反应,该反应能将烃类氧化成小分子有机酸(Borgund and Barth,1994)。深埋阶段,TSR也是其中的一种。通过还原水中硫酸盐、氧化烃类的系列复杂反应,改造了原油和天然气,产生大量的H_2S和CO_2。理论研究认为有机酸是该反应的中间产物(Xia et al.,2014)。此外,深层储层内还存在另一类反应——水解歧化反应。该反应利用水作为电子接受体,在高温环境下缓慢氧化烃类产生有机酸。该反应持续进行,并与有机酸破坏/热降解达到平衡,使得深层储层内有机酸产量会维持一定水平(Seewald,2001a,2001b)。因此,沉积盆地中有机酸的形成方式是多种多样的。有机酸的分布范围理应很广,浅层和深层储层中都可能存在。

有机酸流体作为一种与烃类密切相关的流体,它对储层的改造作用格外受到重视。但是,它们在储层改造中的作用存在很多争论。实验模拟、理论计算和部分野外观察证实有机酸有能力溶蚀改造储层,形成大量次生孔隙(Surdam et al.,1984,1993)。然而,也有学者认为有机酸在储层改造中没有太大作用。他们认为这些酸主要产生在烃源岩中,改造烃源岩而不是储层,即使有机酸曾参与储层改造,但持续受热有机酸会脱羧基形成CO_2,再次沉淀矿物从而恶化储层物性(Ehrenberg et al.,2012;Taylor et al.,2010)。有机酸溶蚀的模拟实验也不能解决这个争论。偏化学的学者利用纯矿物的溶蚀反应,计算矿物在有机酸溶液中的溶蚀速率、溶蚀动力学参数和溶蚀特征(Blake and Walter,1996;Cama and

Ganor，2006）。偏应用的学者则通过实验参数的调整，调查控制有机酸溶蚀岩石的环境因素（如 pH、温度和水岩比等）（Yang et al.，2015；佘敏等，2012）。

有机酸形成与烃类密切相关，其产生后又溶于水中，参与储层物性的改造。因此，可以将含油气盆地中有机酸形成和改造储层的全过程，统称为烃水岩反应体系。目前看来，前人对该体系的研究存在较大缺陷。在有机酸来源方面，虽然有大量模拟实验证实干酪根脱羧基能形成有机酸，但是不同类型有机质的有机酸产量、种类和主要生成阶段都不清楚，这些问题关系到这些酸能在多大程度上运移到储层中。其他的有机酸来源方式虽然发生在储层中，但具体的形成和演化过程还没有详细研究过。在储层改造方面，没有模拟实验专门比较不同结构、不同矿物组成的储层岩石被有机酸溶蚀的差异性特征。理论上，这些岩石会表现出不同的溶蚀特征和孔隙特点，而这些特征可以帮助地质学家预测有机酸流体的改造效果。

综上，烃水岩环境及其相互作用演变是深层–超深层储层保持和改造的重要科学问题之一。对此，本章通过：①油田水的地球化学分析区分储层流体的来源和成因，厘定参与改造储层的主要流体来源和类型；②实验模拟不同烃水岩环境下有机酸的形成及演化特征，建立深层有机酸形成演化模式，解释储层有机酸的来源和分布特征；③实验模拟热卤水和有机酸流体对储层的改造效应，通过比较评估有机酸流体在不同类型储层改造中的作用；④建立有利于烃源岩中有机酸生成的关键指标，通过模型计算塔里木盆地和四川盆地主力烃源岩的生酸能力，评估有机酸的主要来源层位。

3.2 深层储层发育的有机酸及其流体化学环境

3.2.1 深层储层发育的流体化学环境

本节以塔里木盆地台盆区塔中和轮南地区奥陶系储层油田水为例，通过对油田水中无机离子和同位素的分析，明确储层主要流体的来源和演化历史，阐明深层储层中的流体，特别是跟烃类有关的流体来源，划分了不同流体的期次；通过对油田水中有机酸含量和分布的分析，探讨有机酸的来源和形成过程。

1. 轮南油田奥陶系油田水来源和演化历史

轮南油田，又称为轮南低凸起，位于塔里木盆地塔北隆起的中部 [图 3-1（a）]。它是塔里木盆地中一个主要的油气产区，原油产出类型多样，包括重质油、凝析油、蜡质油和天然气等。轮南油田的沉积环境可以依时代分为海相、海陆交互相和陆相三种。古生代地层主要由海相碳酸盐岩组成。石炭纪和二叠纪地层由海陆交互相层序组成，三叠纪之后都是陆相沉积。层状蒸发盐岩在该地并不发育，仅在石炭纪和古近纪地层发现少量膏岩。在晚古生代早期和晚期两次构造运动中，奥陶纪地层暴露地表，在构造高部位的鹰山组上部 200 ~ 300m 内发育了较好的溶蚀带，形成了良好的储集空间 [图 3-1（b）]。

1）油田水基本化学性质

油田水的无机化学分析结果总结于表 3-1 中。大部分水样的总溶解固体（total

dissolved solids，TDS）含量在 129～259g/L，气井 LN634-1 除外，其 TDS 含量为 9.82g/L。根据盐度分类方案，大部分水样属于卤水，LN634-1 属于微咸水。LN634-1 气井水样明显的低盐度是由凝析水稀释造成的。另一个气井样品 LN631-1 的盐度正常（141g/L），这可能是由于其气水比相对较小（7170m³/m³），凝析水比例有限。总体上，西部地区的样品 TDS 含量明显高于东部地区［图 3-1（b）］。

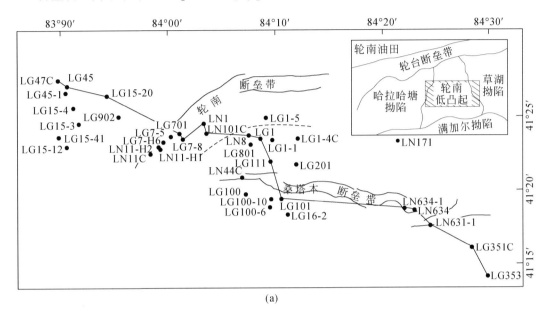

(a)

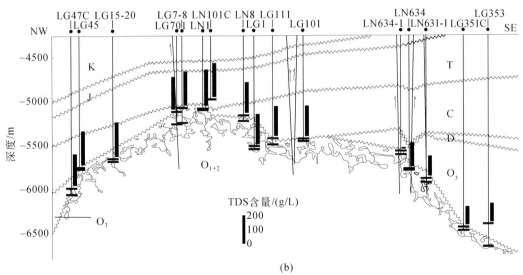

(b)

图 3-1　塔里木盆地轮南油田位置和采样井位图（a）和从 LG47C 到 LG353 井的连井剖面图（b）

水样最主要的阴阳离子是 Cl⁻ 和 Na⁺。按 Piper 原理分类，所有水样属于 Cl-Na 类型，并且 LN634-1 和 LN631-1 含有较高的 Ca^{2+}。其他阴离子（Br^-、SO_4^{2-} 和 HCO_3^-）浓度比 Cl⁻ 低几个数量级。Ca^{2+} 是水中仅次于 Na⁺ 的第二多阳离子，离子浓度在 17300～13700mg/L

表 3-1 塔里木盆地轮南油田水的化学与同位素组成

井号	组	时代	pH	TDS含量/(g/L)	碱度/(mg/L)	Cl⁻/(mg/L)	Br⁻/(mg/L)	I⁻/(mg/L)	SO₄²⁻/(mg/L)	Na⁺/(mg/L)	Ca²⁺/(mg/L)	Mg²⁺/(mg/L)	K⁺/(mg/L)	Sr²⁺/(mg/L)	电荷平衡/%	$\delta^{18}O$/‰(V-SMOW)	δD/‰(V-SMOW)	^{129}I/(atom/μL)
LG47C	2	O_{1-2}	6.67	220	175	124500	185	n. m.	525.0	69000	11500	842	1460	436	2.35	0.35	56.0	n. m.
LG45	2	O_{1-2}	6.52	240	n. m.	136500	210	n. m.	532.0	78900	11400	951	1990	526	3.58	1.42	−57.5	n. m.
LG45-1	2	O_{1-2}	6.39	236	104	138500	212	n. m.	291.0	73600	10700	894	2070	461	−0.49	2.17	−58.1	n. m.
LG15-4	2	O_{1-2}	n. m.	234	n. m.	135400	270	n. m.	307.0	72600	11400	907	1790	485	0.39	1.72	−54.1	n. m.
LG15-41	2	O_{1-2}	6.23	245	n. m.	137100	242	n. m.	312.0	69800	11200	926	1420	484	−2.06	0.98	−48.5	n. m.
LG15-12	2	O_{1-2}	6.07	252	n. m.	142900	225	n. m.	744.0	76300	12000	940	2020	494	0.17	0.54	−59.6	n. m.
LG15-3	2	O_{1-2}	6.36	259	n. m.	145900	219	n. m.	254.0	81100	12100	924	1980	487	1.85	1.63	−58.9	n. m.
LG15-20	2	O_{1-2}	n. m.	244	n. m.	140400	263	n. m.	297.0	75200	11200	852	1710	489	−0.12	1.45	−50.5	n. m.
LG902	2	O_{1-2}	6.33	253	91.4	153100	211	n. m.	282.0	78600	11700	940	1890	501	−2.16	1.89	−53.3	n. m.
LN11C	2	O_{1-2}	6.42	251	n. m.	144000	253	n. m.	312.0	79500	11800	991	1790	496	1.44	1.86	−53.0	21.9
LN11-H2	2	O_{1-2}	6.96	241	88.5	138000	190	7.98	462.0	74800	12000	1080	1230	603	1.10	0.45	−57.5	n. m.
LN11-H1	2	O_{1-2}	6.39	244	n. m.	151200	235	n. m.	420.0	76600	11700	1030	1270	572	−2.72	0.96	−51.6	n. m.
LG7-H6	2	O_{1-2}	6.53	243	n. m.	134900	171	n. m.	291.0	73500	12000	1090	1210	626	1.62	−0.28	−57.9	n. m.
LG7-5	2	O_{1-2}	6.17	248	76.3	133700	223	n. m.	201.0	73500	11400	974	1720	500	1.70	1.32	52.0	n. m.
LG701	2	O_{1-2}	6.87	230	86.7	132300	198	8.95	211.0	74100	11300	1000	1560	556	2.41	1.03	−57.6	24.6
LG7-8	2	O_{1-2}	6.76	240	n. m.	138000	159	n. m.	264.0	76400	12400	1110	1150	646	2.30	−0.47	−57.4	n. m.
LN1	2	O_{1-2}	6.18	255	n. m.	133900	171	11.0	333.0	74800	11800	1020	1260	546	2.51	0.45	−57.5	23.0
LN101C	2	T	6.09	239	n. m.	134500	117	3.70	338.0	74200	11900	900	1060	300	1.73	−2.49	−57.9	15.5
LG1-5	2	O_{1-2}	6.34	226	54.9	132200	191	n. m.	233.0	72700	11400	1080	1260	498	1.75	1.32	−51.9	n. m.
LN8	1	O_{1-2}	6.43	217	114	119200	321	n. m.	104.0	60600	11700	1020	1560	520	−0.15	2.50	−49.5	n. m.

续表

井号	组	时代	pH	TDS含量/(g/L)	碱度/(mg/L)	Cl⁻/(mg/L)	Br⁻/(mg/L)	I⁻/(mg/L)	SO_4^{2-}/(mg/L)	Na^+/(mg/L)	Ca^{2+}/(mg/L)	Mg^{2+}/(mg/L)	K^+/(mg/L)	Sr^{2+}/(mg/L)	电荷平衡/‰	$\delta^{18}O$/‰ (V-SMOW)	δD/‰ (V-SMOW)	^{129}I/(atom/μL)
LG801	1	O_{1-2}—∈	6.03	228	68.8	121600	310	n. m.	81.0	63300	11800	1020	1660	526	0.68	2.48	-49.5	n. m.
LG1	1	O_{1-2}	6.66	212	69.4	123000	274	14.4	35.0	67200	12000	1040	1980	542	2.86	1.61	-48.2	19.6
LG1-1	1	O_{1-2}	6.42	210	110	126900	326	n. m.	165.0	58600	12100	1050	1440	569	-4.21	2.55	-43.4	n. m.
LG1-4C	1	O_{1-2}	6.26	180	97.7	100800	245	n. m.	57.8	47000	13700	1040	1260	642	0.30	0.66	-46.5	n. m.
LG111	1	O_{1-2}	6.65	209	69.4	120800	273	21.6	17.6	65200	12300	1070	2160	535	2.86	2.19	-46.5	36.1
LG201	1	O_{1-2}—∈	6.26	207	72.3	118100	337	n. m.	81.8	55700	12800	1030	1670	567	-1.98	2.75	-47.5	n. m.
LN44C	1	O_{1-2}	3.50	232	n. m.	126100	331	n. m.	132.0	62000	11000	1030	2020	503	-2.38	2.58	-43.3	n. m.
LG100	1	O_{1-2}	6.26	230	78.7	118000	340	n. m.	78.0	63400	12000	983	1940	521	2.53	2.61	-42.5	n. m.
LG100-10	1	O_{1-2}	6.35	244	66.5	131800	339	n. m.	157.0	68800	11600	964	2280	461	0.01	3.05	-52.3	n. m.
LG100-6	1	O_{1-2}	6.90	219	66.5	121600	268	26.3	102.0	63700	11800	1010	2100	487	1.10	1.74	-53.0	38.9
LG101	1	O_{1-2}	6.31	215	91.4	121700	255	n. m.	80.4	65900	11800	973	1880	480	2.26	1.42	-53.5	n. m.
LG16-2	1	O_{1-2}	6.93	223	61.9	126400	268	16.4	99.3	67100	11100	941	2230	438	0.75	1.46	-53.5	45.0
LN171	1	O_{1-2}	6.17	222	n. m.	113500	295	n. m.	139.0	55500	11700	1010	1700	517	-1.06	1.64	-46.6	n. m.
LN634-1	1	O_{1-2}	5.96	9.82	n. m.	3786	3.20	n. m.	169.0	1370	994	47.3	57.5	8.10	2.14	-5.25	-58.6	n. m.
LN634	1	O_{1-2}	6.62	167	120	94840	261	n. m.	5.8	50400	7870	701	2670	343	0.82	4.70	-41.4	n. m.
LN631-1	1	O_{1-2}	6.85	141	n. m.	72640	114	n. m.	1.1	25000	17300	838	1380	192	-0.24	-1.41	-53.1	n. m.
LG351C	1	O_{1-2}	6.71	129	232	75070	205	31.2	83.0	41200	5590	481	2120	289	1.26	5.52	-38.0	27.5
LG353	1	O_{1-3}	6.30	131	150.	74350	222	29.4	35.0	39000	6.040	493	2320	294	0.17	5.99	-42.7	37.1

注：电荷平衡 $=(\sum Z \times m_c - \sum Z \times m_a)/(\sum Z \times m_c + \sum Z \times m_a) \cdot 100\%$，$Z$ 为离子电荷，m_c 和 m_a 为阳离子和阴离子的摩尔浓度；n. m. 表示未检测。

（LN634-1 除外）。若考虑地质历史上海水成分演化的因素，可以因 $mCa^{2+}/(mSO_4^{2-}+1/2mHCO_3^-)>1$ 而将所有水样归为 Na-Ca-Cl 型。其他的阳离子（K^+、Mg^{2+}、Sr^{2+}、Ba^{2+} 等）在油田水中都很常见。

　　2）氢氧同位素特征

　　氢氧同位素关系如图 3-2 所示，所有数据点都远离海水蒸发曲线（seawater evaporation trajectory，SET）和大气水线（meteoric water line，MWL），这表明轮南油田水具有混合成因，即由海水和大气水混合而成。混合成因的油田水在世界各地的含油气盆地中很常见（Kharaka and Thordsen，1992；Kharaka and Hanor，2003）。以外，水样还有一个显著特征就是 $\delta^{18}O$ 较重。一般认为，盆地内部高温条件会导致水与围岩矿物发生强烈的氧同位素交换，从而引起水的 $\delta^{18}O$ 正漂移，而此过程中 δD 保持不变（Kharaka and Thordsen，1992）。轮南油田中下奥陶统储层位于 5000m 的地下，地层温度较高（>118℃），所以流体与岩石之间的氧同位素交换很容易发生。

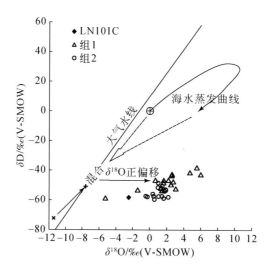

图 3-2　轮南油田水的氢氧同位素关系图解

符号 × 是当地孔雀河水（$\delta D=-72‰$，$\delta^{18}O=-11.5‰$），引用自 Cai 等（2001a）

　　根据氢氧同位素值和采样位置，水样可分为两组（组 1 和组 2）。组 1 位于东部地区，具有较深的采样位置（5167～6667m）。这些样品（LN634-1 和 LN631-1 除外）具有较高的 $\delta^{18}O$ 和 δD 值。高 δD 值（$-53.5‰\sim-38.0‰$）指示组 1 混合了更多比例的海水，而高 $\delta^{18}O$ 值（$0.66‰\sim5.99‰$）指示了更为强烈的氧同位素交换。组 2 位于西部地区，采样位置较浅（5038～5871m），$\delta^{18}O$（$-0.47\%\sim2.17‰$）和 δD（$-59.6‰\sim-48.5‰$）值较低，指示其含有较高比例的大气水，以及经历较少的水岩作用。来自三叠系的 LN101C 和奥陶系的 LG7-8 具有较浅的埋深位置和最小的 $\delta^{18}O$ 和 δD 值（LN101C，4984～4984.5m，$\delta^{18}O=-2.49‰$，$\delta D=-58.0‰$；LG7-8，5078.5～5250 m，$\delta^{18}O=-0.47‰$，$\delta D=-57.4‰$；LN634-1 和 LN631-1 不计）。因此，大气水应该是从 LG7-8 附近向下运移进入奥陶系储层的。根据地质历史，当塔中地区结束海相地层沉积转入海陆交互相沉积时，大气水最容易渗入地层中，即大气水应当是石炭纪之后侵入的。

3）主量离子含量特征

水样的 Cl-Br 关系图解如图 3-3 所示。数据显示水样数据落于海水蒸发曲线的左侧，这说明除了海水蒸发外，Cl 还来自石盐的溶解。石盐沉淀时只有极少量的 Br 会以类质同象方式加入石盐晶格中。石盐溶解过程若没有重结晶发生，则会使得水体的 Cl/Br 值升高。因此，在 Cl-Br 关系图解中，蒸发海水的数据只能落在海水蒸发曲线上，而石盐溶解使得数据落于海水蒸发曲线左上方。很明显，这两个过程都影响了轮南油田的水样。用 $\delta^{18}O$-δD 区分出的两组水样也显示出不同的 Cl/Br 值。LN634-1 和 LN631-1 具有异常高的 Cl/Br 值（摩尔比分别为 1183 和 637）。若这两口井不计，组 1 样品都平行于海水蒸发曲线，说明蒸发海水贡献较大，而石盐溶解贡献较少。组 2（Cl/Br=501～871）远离海水蒸发曲线，反映除了蒸发海水，石盐溶解也起了较大贡献。不计 LN634-1 和 LN631-1，在奥陶系样品中 LG7-8 有着最高的 Cl/Br 值（871），而三叠系 LN101C 则是所有样品中 Cl/Br 值最高的（1150）。考虑到 LG7-8 和 LN101C 的较浅埋深位置，以及它们最小的 $\delta^{18}O$ 和 δD 值，溶解石盐的水很可能是大气水，而且是从 LG7-8 井进入奥陶系储层，然后再流到其他井位的。

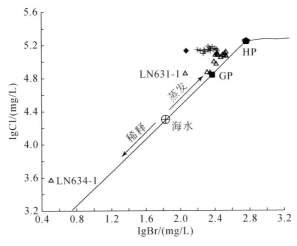

图 3-3 轮南油田水的 Cl-Br 关系图解

GP 为石膏沉淀；HP 为石盐沉淀

然而，轮南油田地层中蒸发盐岩并不丰富。在下石炭统中卡拉沙依组发现有较少的石膏。卡拉沙依组泥岩沉积于潟湖相中。很可能大气水溶解了卡拉沙依组中的石盐而剩下了少量石膏。另一个可能是蒸发盐岩来源于古近纪地层中夹着的湖相膏岩层。此外，钻井数据显示塔里木盆地部分地区寒武纪地层包含相当数量的蒸发盐岩。如果溶解石盐的流体从深部的寒武纪地层向上运移，那么位于断层附近或是井位最深的样品会显示最高的 Cl/Br 值。但事实是，最高的 Cl/Br 值是在埋深最浅的 LN101C 和 LG7-8 中发现的，因此深部来源石盐的可能性较小。

另一个端元组分——蒸发海水明显不可能是奥陶纪沉积时的原生海水。根据地质历史，在晚古生代早期和晚期、中生代早期，奥陶纪地层被抬升并暴露在地表，原生海水早已被其他流体驱替。因此，蒸发海水应该是在三叠纪之后持续的埋深过程中从其他地层中侵入的。位于东部深处地层的组 1 水样主要是蒸发海水构成的，所以蒸发海水很可能来自东部草湖拗陷的寒武系—下奥陶统海相地层。

4）碘离子含量、分布和来源

水样的碘离子浓度在 3.70~31.2mg/L（表 3-1），这基本与 Worden（1996）总结的盆地卤水和 Fehn（2012）总结的油田水碘含量范围一致。轮南水样的碘含量相对于海水富集 10~30 倍，都落在海水蒸发曲线上方 [图 3-4（a）]。碘的富集不能被归结于海水的蒸发或盆地内的任何一种水岩作用，只能因碘的生物富集特性归结于有机物来源（Fehn，2012）。位于东部、深处地层的 LG351C 具有最高的碘含量（31.2mg/L），而位于西部、浅处地层的 LN101C 的碘含量最低（3.70mg/L）。东部样品的高碘含量指示碘来自东部草湖拗陷地层深处的蒸发海水。在有机质成熟成烃的过程中，碘从干酪根中断裂被排出到流体中。在原油运移之前或是同时，富碘流体进入储层中。西部样品的低碘含量是大气水严重稀释造成的。

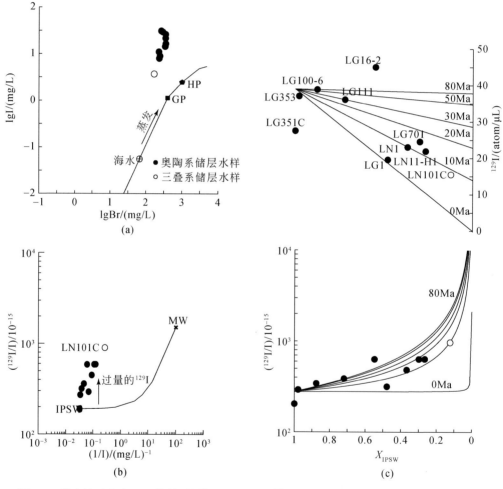

图 3-4　轮南油田水中 I-Br 的关系图解（a）、1/I-^{129}I/I 的关系图解（b）和混合模式图（c）

图（a）中 GP 指石膏沉淀，HP 指石盐沉淀；图（b）中的混合假定发生在富碘蒸发海水（iodine-enriched paleoseawater，IPSW，将 LG351C 设定为端元点）和大气水之间；图（c）中混合发生在不同比例的、已达到动态平衡的富碘蒸发海水与不同时代侵入的古大气水之间；X_{IPSW} 为富碘蒸发海水的比例

　　^{129}I 有两个自然成因模式——大气层顶部氙元素被宇宙射线轰击生成的^{129}I 和岩石中铀裂变形成的^{129}I。轮南水样的^{129}I/I 值在 $1.89 \times 10^{-13} \sim 8.97 \times 10^{-13}$。奥陶纪或是奥陶纪之前（>443Ma）的海相地层中"古老"宇宙射线成因的^{129}I 可以因为衰变严重忽略不计。仅考虑大气水和蒸发海水（假设 LG351C 为蒸发海水端元）的混合，也不能产生如此高的^{129}I/I 值［图 3-4（b）］。落在混合曲线上方的数据说明必须有"过量的^{129}I"加入到水体中。应当考虑三种可能的裂变来源：①大气水溶滤上覆富铀泥岩和砂岩时获得的铀裂变来源的^{129}I；②下伏富铀烃源岩中铀裂变来源的^{129}I；③储层中铀裂变产生的^{129}I。

　　如果"过量的^{129}I"是大气水带来的，那么具有混合大气水最多的样品应该具有最高的"过量的^{129}I"。实际上，大气水比例最高的 LN101C 却有较低的"过量的^{129}I"（12.4atom/μL）。从碘离子数据得知，蒸发海水被认为早于原油运移或是同时运移而来的。草湖拗陷寒武系—下奥陶统烃源岩是在早古生代生烃的，而中上奥陶统烃源岩是在白垩纪—古近纪生烃的（事实上>100Ma）。即使蒸发海水在烃源岩中获得了铀裂变形成的^{129}I，这些"过量的^{129}I"应该也已经衰变严重。所以，前两个可能性可以排除，只有储层中铀裂变最有可能。典型碳酸盐岩含有 $1 \sim 2$mg/kg 的铀，即 $2.5 \times 10^{18} \sim 5.0 \times 10^{18}$ atom/kg 的铀。长期平衡后（90Ma 之后）流体中^{129}I 含量可以达到 $39 \sim 78$atom/μL，涵盖轮南油田所有样品的数据，因此完全可以认为储层中铀裂变产生该水样的^{129}I。

　　蒸发海水在 100Ma 前进入奥陶系储层。三个具有高蒸发海水比例的样品（LG353、LG100-6 和 LG111）具有相似的^{129}I 值（分别为 37.1mg/L、38.9mg/L 和 36.1mg/μL），所以可以认为这三个样品接受储层铀裂变已达到长期平衡（平衡值假设为 39atom/μL）。基于上述考虑，可以以大气水进入储层的时间为变量建立模型计算混合的效果。该模型以大气水和蒸发海水为两个端元组分，并考虑储层中^{129}I 生成和衰变的平衡过程。如图 3-4（c）所示，模型结果表明大气水应该是在大约 10Ma，即中新世时侵入储层的。

　　5）有机酸含量和分布

　　轮南油田水共检测出四种有机酸阴离子。其中，乙酸最多，在 $10.5 \sim 185.71$mg/L，其他有机酸相对很少，甲酸在 $0 \sim 18.80$mg/L、丙酸在 $1.01 \sim 10.19$mg/L、草酸在 $0.48 \sim 11.34$mg/L。在单羧基酸中，36 个样品中有 33 个乙酸比例大于 80%［图 3-5（a）］，当将草酸也计算在内，36 个样品中有 32 个乙酸比例大于 74%。与 Carothers 和 Kharaka（1978）的分布类似，在此储层温度（$118 \sim 149$℃）下，乙酸是所有有机酸阴离子的主要成分。除个别井外，东部地区有机酸含量明显比西部低。这也可从图 3-5（b）中看出，轮古西井区平均有机酸含量最高（83.3mg/L），其次是轮古 7 井区（51.1mg/L）、桑南西井区（35.9mg/L）和轮古东井区（34.9mg/L，不算 LN634-1 和 LN631-1），最后是轮古 2 井区（28.4mg/L）。

　　考虑到研究区油田水是由古大气水和蒸发海水混合而成的，水中的有机酸阴离子也可能是混合成因的，或者至少是受混合作用（比如稀释）影响的。轮南油田水有机酸阴离子与代表有机来源的碘离子几乎是负相关关系，这也说明有机酸阴离子至少有两个来源。轮古东井区水样的有机酸最可能是由烃源岩中干酪根的热成熟作用产生的。而被古大气水稀释最严重的样品，即轮古 7 井区相对较高的有机酸浓度（LN101C，61.0mg/L），可能与原油的生物降解有关。轮南油田的高部位，即轮古 7 井区奥陶纪地层的原油在晚古生代早期被严重生物降解，高浓度的有机酸阴离子有可能是那时微生物降解原油产生的。

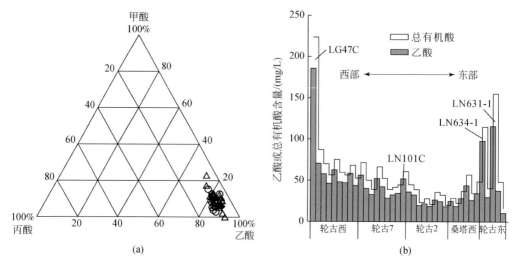

图 3-5　轮南油田水中单羧基有机酸阴离子的三角分布图（a）和有机酸阴离子在不同井区的分布（b）

6）油田水的来源演化历史和水域划分

分析结果表明，奥陶系储层的油田水是由成岩改造过的大气水和蒸发海水混合而成的。大气水是从轮南低凸起顶部下渗，从 LG7-8 井附近侵入奥陶系储层的；蒸发海水则来自东部草湖拗陷下奥陶统。油田水因此可以分为主要由蒸发海水组成、混有较小比例大气水的组 1（东部水样）和由蒸发海水和大气水混合而成的组 2（西部水样）两组，即东西两个水域。

进一步的研究证实，该储层的油田水富集碘离子。碘的生物富集特性和东部水样的高碘含量指示碘应该是在白垩纪草湖拗陷烃源岩干酪根生烃过程中排放出来的，后被下奥陶统中蒸发海水捕获再运移至现在的储层中的［图 3-6（a）］。运用 ^{129}I 的混合模型，确认另一个端元组分——大气水具有 10Ma（中新世）的年龄［图 3-6（b）］。

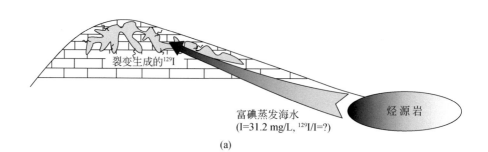

（a）

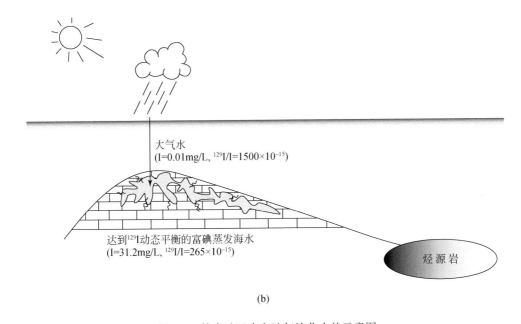

(b)

图 3-6　轮南油田水和油气演化史的示意图

（a）白垩纪时，富碘蒸发海水与原油一起从烃源岩运移到储层中；（b）中新世时，大气水向下运移至储层，并与已达到^{129}I 动态平衡的富碘蒸发海水部分混合

2. 塔中油田奥陶系油田水来源和演化历史

塔中油田位于塔中低凸起，是塔里木盆地中央隆起构造带的二级结构单元（图 3-7）。该地寒武纪地层由潮间、台地和台缘相的灰岩、白云岩和层状膏岩层组成。奥陶纪地层主要由开放台地相的生物碎屑岩和白云质灰岩组成；在上奥陶统顶部有礁滩相的泥岩和砂岩互层。志留纪—泥盆纪地层包括滨海相的互层状砂岩和泥岩。石炭纪和二叠纪地层由海相–陆相碎屑岩地层组成。油气主要储集于石炭系砂岩和生物碎屑灰岩，志留系砂岩和奥陶系灰岩储层中。在奥陶系储层中，油气主要分布在良里塔格组和鹰山组的岩溶不整合面、良里塔格组礁滩体和潜山的缝洞结构中。志留纪—泥盆纪和古近纪是油气成藏的关键时期。前者是原油成藏期，后者是干气气侵部分储层以及已有油藏的再调整期。从分布上看，油气主要呈现"下气上油、北气南油、西气东油"的特点（杨海军等，2007）。

1）油田水基本化学性质

水样阴阳离子、同位素和相关生产数据见表 3-2。TDS 含量在 78.8 ~ 219g/L，是海水（35g/L）的 2.25 ~ 6.26 倍。根据盐度分类方案，所有水样均为卤水（TDS 含量>35g/L）。来自奥陶系储层的水样 TDS 含量（117 ~ 219g/L）高于志留纪—石炭纪地层（78.8 ~ 134g/L）。

对于大多数样品，主要的阴离子和阳离子分别是 Cl^- 和 Na^+。水样 TZ622-H1 是个例外，其 Ca^{2+} 含量（27500mg/L）比 Na^+ 含量（24800mg/L）高。其他水样的 Ca^{2+} 是仅次于 Na^+ 的主要阳离子。其他主要阳离子为 K^+（649 ~ 4420mg/L）、Mg^{2+}（257 ~ 1030mg/L）、Sr^{2+}（254 ~ 938mg/L）和 Ba^{2+}（2.63 ~ 365mg/L）。阴离子中，Br^-（115 ~ 457mg/L）、SO_4^{2-}

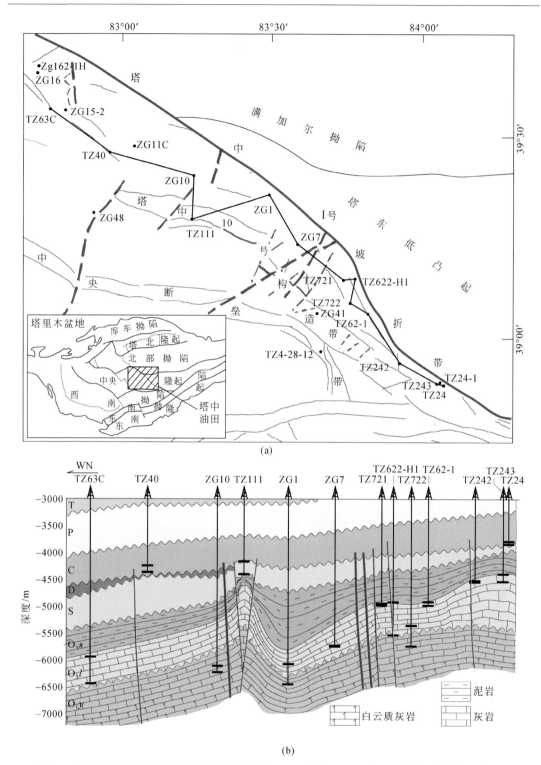

图 3-7 塔里木盆地塔中油田位置和采样井位图 (a) 和从 TZ63C 到 TZ24 井的连井剖面图 (b)

表 3-2　塔里木盆地塔中油田水的化学、同位素组成和油田生产相关数据

井号	时代	井深 /m	井口温度 /℃	pH	TDS含量 /(g/L)	碱度 /(mg/L)	Cl⁻ /(mg/L)	Br⁻ /(mg/L)	SO₄²⁻ /(mg/L)	I⁻ /(mg/L)	Na⁺ /(mg/L)	K⁺ /(mg/L)	Ca²⁺ /(mg/L)	Mg²⁺ /(mg/L)	Sr²⁺ /(mg/L)	电荷平衡 /%
ZG16	O_1	6230~6269	20	7.27	125	104	61600	155	158	15.3	31300	1930	5310	278	261	1.15
ZG10	O_1	6198~6310	40	6.91	213	84.2	113000	456	39.2	17.4	53200	4420	11700	759	867	1.63
ZG1	O_{1+3}	5798~5830	n.m.	7.29	196	224	109000	457	536	n.m.	54900	4410	11300	778	938	-0.77
TZ722	O_{1+3}	5357~5750	37	6.90	162	209	84000	236	279	32.1	42700	2510	7530	502	372	0.70
ZG162-1H	O_3	6094~6780	23	7.14	153	162	80100	213	295	n.m.	43600	2500	4760	372	330	0.77
ZG11C	O_1	6165~6631	19	n.m.	219	n.m.	64600	205	96.9	23.6	38700	2340	3760	313	333	-3.61
TZ63C	O_3	5948~6444	27	7.11	123	231	64700	178	203	24.0	35200	1890	3510	365	322	1.22
ZG15-2	O_3	5919~6155	34	7.11	142	116	77800	225	160	20.7	42100	2310	4810	485	443	0.53
ZG7	O_{1+3}	5714~5728	50	7.16	191	105	104000	260	23.0	31.7	55200	3370	6810	494	653	0.75
TZ721	O_3	4946~4961	10	6.80	146	135	75900	233	567	39.8	38700	1340	7850	554	341	-0.15
TZ622-H1	O_3	4906~5587	26	6.19	179	587	88000	125	575	19.5	24800	833	27500	1030	279	-1.16
TZ62-1	O_3	4892~4974	39	6.99	141	87.8	72100	241	463	54.6	39600	1240	4370	397	328	0.83
TZ242	O_3	4517~4547	10	7.45	122	139	65200	215	327	n.m.	34400	1390	5300	410	208	0.51
TZ243	O_3	4392~4539	18	6.83	145	106	77700	234	490	44.2	42300	1980	6220	434	269	-0.77
ZG48	O_3	5498~5532	20	6.85	117	160	92600	338	317	5.65	46400	3080	7420	692	503	1.74
TZ111	S	4362~4964	30	6.81	128	281	61900	216	430	10.0	32100	736	5390	495	363	0.86
TZ24-1	C	3934~4217	39	7.61	131	190	66900	219	579	n.m.	35300	1330	5580	506	320	0.14
TZ24	C	3802~3806	36	7.35	134	144	67500	226	549	n.m.	35100	1330	5630	509	318	0.78
TZ4-28-12	C	3684~3697	46	7.34	103	140	58900	197	360	7.45	31500	1040	4820	471	305	-0.20
TZ40	C	4334~4340	24	7.41	78.8	92.7	40600	115	193	6.85	23600	649	1840	257	254	-0.40

续表

井号	δD/‰ (V-SMOW)	δ^{18}O/‰ (V-SMOW)	^{87}Sr/^{86}Sr	(^{129}I/I) /10^{-15}	^{129}I /(atom/μL)	天然气 相对密度	干燥系数	气油比 /(m³/t)	气水比 /(m³/m³)
ZG16	−31.1	5.63	0.710318	412 ± 52	29.4	0.702	0.861	620	331
ZG10	−49.0	4.31	0.709705	3100 ± 469	251	0.646	0.959	1443	1443
ZG1	−27.7	5.71	0.709770	n. m.	n. m.	n. m.	n. m.	n. m.	n. m.
TZ722	−30.2	5.81	0.710665	216 ± 29	32.4	0.728	0.912	222	38.8
ZG162-1H	−56.8	3.64	n. m.	n. m.	n. m.	0.684	0.905	577	2414
ZG11C	−53.4	4.25	n. m.	122 ± 10	13.5	0.677	0.917	1653	900
TZ63C	−35.1	7.24	0.710311	394 ± 38	44.2	0.808	0.808	456	226
ZG15-2	−31.0	5.97	0.709942	121 ± 21	11.8	0.734	0.828	664	1751
ZG7	−33.6	8.39	0.709785	722 ± 50	107	0.683	0.957	1135	2765
TZ721	−37.3	2.58	0.713361	2640 ± 797	491	0.611	0.988	1787	2251
TZ622-H1	−49.8	−0.65	0.712884	4270 ± 116	389	0.627	0.979	4780	2795
TZ62-1	−26.2	3.62	0.712858	415 ± 69	106	0.615	0.977	2320	236
TZ242	−37.0	0.49	0.712942	n. m.	n. m.	0.613	0.974	733	13850
TZ243	−42.5	3.80	0.711345	1060 ± 156	219	0.655	0.958	1612	5060
ZG48	−43.9	3.49	0.710408	1780 ± 294	47.0	0.682	0.944	6612	1550
TZ111	−44.1	0.73	0.712111	830 ± 47	38.9	0.723	0.851	38.3	48.5
TZ24-1	−37.4	0.07	0.711129	n. m.	n. m.	0.856	0.849	17.3	3.88
TZ24	−37.6	−0.18	0.711109	n. m.	n. m.	1.028	0.745	0	0
TZ4-28-12	−43.9	1.19	0.710657	856 ± 102	29.8	n. m.	n. m.	912	106
TZ40	−38.6	−0.60	0.711441	553 ± 92	17.7	1.054	0.227	3.59	11.4

注：电荷平衡 ＝ $(\Sigma Z \times m_c - \Sigma Z \times m_a)/(\Sigma Z \times m_c + \Sigma Z \times m_a) \times 100\%$；$Z$ 为离子电荷；m_c 和 m_a 为阳离子和阴离子的摩尔浓度；n. m. 表示未检测。

（23.0～579mg/L）和 HCO_3^-（84.2～587mg/L）的浓度比 Cl^- 至少低两个数量级。I^- 的浓度更低，含量在 5.65～54.6mg/L。这些油田水的离子组成与前人报道的油田水数据类似（Worden，1996）。按 Piper 原理分类，大多数水样被定义为 Cl-Na 型，而 TZ622-H1 水样为 Cl-Ca 型。卤水由于其 Ca^{2+} 富集（$m_{Ca^{2+}}/\sum[m_{SO_4^{2-}}+m_{CO_3^{2-}}+1/2m_{HCO_3^-}]>1$）也常被地质学家归为 Na-Ca-Cl 型，该类型是沉积盆地深层卤水的主要类型。

2）氢氧同位素特征

油田水的 δD-$\delta^{18}O$ 数据如图 3-8 所示。与轮南油田水类似，所有水样的数据点均落在海水蒸发曲线下方，大气水线右侧的区域。这表明，这些油田水是大气水和蒸发海水（即卤水）混合的结果。此外，油田水的高离子含量也证实了蒸发海水的存在。根据地质历史，古生代可能发生了古老大气水的渗入。这一时期发生了三大构造运动，每个沉积单元的上部都不同程度地暴露于地表接受大气水淋滤。当时的大气水可能已经渗入奥陶系、志留系—石炭系储层。此外，在古生代产生或重新活跃的断层系统也可为大气水提供通道。在志留系储层中广泛存在的油砂具有明显的生物降解特征（Jia et al.，2010），也支持了大气水在志留纪之后渗入这一观点。

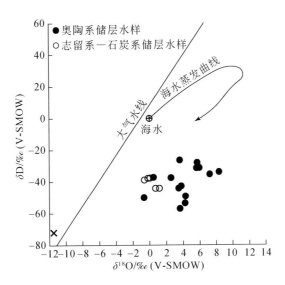

图 3-8　塔中油田水的氢氧同位素图解

符号×是当地孔雀河水（$\delta D=-72‰$，$\delta^{18}O=-11.5‰$），引用自 Cai 等（2001a）

另一个改变这些油田水同位素组成的过程是油田水和围岩（特别是碳酸盐岩）之间的氧同位素交换反应（Kharaka and Thordsen，1992；Kharaka and Hanor，2003）。当地奥陶系储层温度在 90～139℃，高温将会促进水岩之间的氧同位素交换。与志留系和石炭系的水样相比（-0.60‰～1.19‰），大部分奥陶系样品具有更高的 $\delta^{18}O$ 值（0.49‰～8.39‰），这可能与奥陶系样品埋藏较深有关。$\delta^{18}O$ 值更低的大气水对志留系—石炭系油田水具有较大贡献，这也与它们较浅的埋深（3684～4964m）和较低的 TDS 含量相一致（表 3-2）。根据 δD 和 $\delta^{18}O$ 数据，奥陶系油田水可能是古蒸发海水与少量在志留纪—石炭纪渗入的大气水的混合物。$^{87}Sr/^{86}Sr$ 值在 0.709705～0.713361，均高于任何地质时期的海水的比值

（<0.7091）。因此，可以肯定有非海洋来源的放射成因 Sr 的贡献。

3）主量离子含量特征

图 3-9（a）是 Cl-Br 的关系图解，大多数样品的数据落在海水蒸发曲线上。这表明这些样品是海水在经历了一定程度的蒸发后浓缩形成的。蒸发程度是在石膏沉淀之后，但岩盐仍未沉淀之时。志留系—石炭系样品 Cl 和 Br 相对较低，大气水贡献较大。相比之下，大气水对所有奥陶系样品的影响似乎都不大。然而，TZ622-H1 的数据落在海水蒸发曲线的左侧，与其他奥陶系水样相距较远。鉴于 Br 的保留性，必须考虑其他来源 Cl 的贡献，比如蒸发岩（岩盐或钾盐）的溶解作用。然而，尽管有报道称在寒武系吾松格尔组中普遍存在膏岩层，但塔中油田未发现岩盐和钾盐。因此，我们推测吾松格尔组的膏岩可能是流体溶解了地层中的岩盐，留下了残余膏岩的缘故。值得注意的是，TZ622-H1 位于塔中 I 号坡折带上，而该坡折带断裂系统活跃，贯穿寒武纪—二叠纪地层。部分溶解寒武系盐岩的蒸发海水可能沿塔中 I 号坡折带向上运移至 TZ622-H1 井。

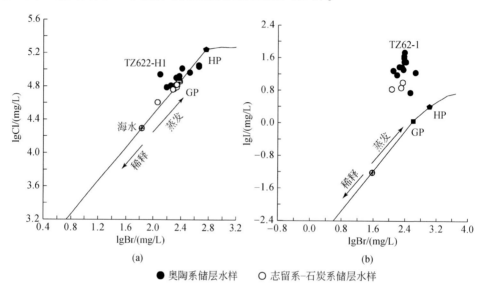

图 3-9 塔中油田水的 Cl-Br 关系图解（a）和 I-Br 关系图解（b）

与蒸发海水相比，所有奥陶纪样品的 SO_4^{2-} 含量都很低。前人提出了两种水岩作用来解释 SO_4^{2-} 的低含量。一种是石膏沉积，通常与灰岩的白云石化有关。在此过程中，Ca^{2+} 浓度显著增加，促进石膏沉淀。考虑到下奥陶统蓬莱坝组底部以及整个寒武纪地层存在层厚 >1500m 的大量白云岩，该反应可能发生在更深部的白云岩地层中。水岩作用的另一种类型是 TSR。在 TSR 中有机分子将水中的 SO_4^{2-} 还原为 H_2S。在塔中油田，原油硫同位素分析和岩石学观察都说明，TSR 广泛存在于下寒武统靠近膏岩的白云岩储层中（Cai et al.，2001a，2016）。这两种机制都强调了蒸发海水是从更深的地层向上运移的。

由图 3-9（b）的 I-Br 关系图可以看出，所有奥陶系样品的数据图均在海水蒸发曲线之上，与海水蒸发曲线相比，I 含量富集了 13～18 倍。鉴于碘的亲生物特性，这种富集应归因于烃源岩成熟过程中降解有机质的贡献（Fehn，2012）。塔中 I 号坡折带东南部的奥陶系样品中碘的含量最高（TZ62-1 为 54.6mg/L；TZ243 为 44.2mg/L；TZ721 为 39.8mg/L），而志留系—石炭系水样（TZ40 为 6.85mg/L；TZ4-28-12 为 7.45mg/L；TZ111 为 10.0mg/L）、远离Ⅰ号坡折带的奥陶系水样（ZG48 为 5.65mg/L）含量最低。这表明富碘的蒸发海水是从塔中Ⅰ号坡折带东南部地区侵入奥陶系储层，并与已存在的贫碘蒸发海水进行了不同程度的混合。在塔里木盆地，寒武系泥岩（玉尔吐斯组$\epsilon_1 y$）沉积于塔中油田东部满加尔拗陷和塔东低凸起。这些烃源岩在志留纪和泥盆纪生成原油。因此，富碘蒸发海水可能与原油一起从寒武系烃源岩排出，并在志留纪和泥盆纪时进入奥陶系储层。相对于富有机质烃源岩，寒武系—奥陶系碳酸盐岩碘含量较低（0~7.65mg/kg），碘不可能来自这些岩石。

4）^{129}I 数据

所有水样的 $^{129}I/I$ 值在 121×10^{-15} ~ 4270×10^{-15}。这些比值明显低于人类核活动后地表环境的相关数值（$>10000 \times 10^{-15}$）（Fehn，2012）。由于这些井在采样前 6 个月内都没有注水开采，而且取样方案避免了地表水的污染，所以这些样品中人为来源的 ^{129}I 可以忽略不计。某些样品的 $^{129}I/I$ 值高于已报道的油田水数据（104×10^{-15} ~ 1305×10^{-15}）（Moran et al.，1995），但与深部地壳的热流体类似（1700×10^{-15} ~ 4100×10^{-15}）（Fehn and Snyder，2005）。这说明高含量的 ^{129}I 可能来源于近期高含量铀的裂变。

根据 ^{129}I 与 I 的关系可将水样可以分为两组。一组由 6 个奥陶系样品（TZ721、TZ622-H1、ZG10、ZG7、TZ243、TZ62-1）组成，^{129}I（106~491atom/μL）和 I 的含量都较高（17.4~54.6mg/L），而另一组是其他的 14 个奥陶系、志留系和石炭系水样，^{129}I 含量（11.8~47.0atom/μL）和 I 的含量都较低（5.65~32.1mg/L）。在两个自然成因的 ^{129}I 来源中，古生代宇宙射线成因是不可能的，因为这样古老成因的 ^{129}I 已严重衰变到微乎其微。同样，志留纪—石炭纪大气水渗入的宇宙射线成因 ^{129}I 也是微不足道的。

考虑已确定的油田水来源，应该考虑三个潜在的铀裂变来源：①现今奥陶系灰岩储层铀原位裂变产生的 ^{129}I；②下伏白云岩中铀裂变生成的 ^{129}I；③寒武系烃源岩中铀裂变产生的 ^{129}I。

塔里木盆地奥陶系灰岩中铀含量介于 0.66~2.43mg/kg。在这些铀裂变生成的 ^{129}I 含量为 26~95atom/μL。该值低于第一组样品的 ^{129}I 含量（>100atom/μL），这意味着第一组样品还有其他 ^{129}I 的来源。但是对于第二组样品（^{129}I 含量较低，11.8~47.0atom/μL），计算出的 ^{129}I 含量与实测值相当。这表明第二组样品的 ^{129}I 有可能是灰岩储层中铀裂变形成的。来源于寒武系烃源岩的原油携带富碘的蒸发海水在志留纪—泥盆纪运移到奥陶系储层中。大气水可能发生在晚志留世—石炭纪。石炭纪之后，灰岩储层铀裂变的 ^{129}I 逐步替代烃源岩铀裂变的 ^{129}I。轮南油田东部奥陶系储层油田水中 ^{129}I 也是灰岩储层铀裂变形成的，^{129}I 含量与塔中油田相同。因此，低 ^{129}I 含量的 14 个样品具有储层内原位铀裂变来源。样品中 ^{129}I 含量之间的差异可能是灰岩储层非均质性的结果。

具有较高 ^{129}I 含量的 6 个奥陶系水样需要另一种解释。高 ^{129}I 通常来自岩石中高含量铀的裂变。在蒸发海水流经的白云岩地层中，下奥陶统白云岩的铀含量较低（<2mg/kg）。这些数量的铀裂变产生的平衡 ^{129}I 值小于 79atom/μL。因此，渗滤白云岩不可能产生较高的 ^{129}I 含量。而玉尔吐斯组中，泥质烃源岩铀含量较高（20.3~194.9mg/kg），计算出的 ^{129}I 含量可高达 792~7601atom/μL，高于所有水样的 ^{129}I 含量。因此，近期来自烃源岩的，携带高 ^{129}I 的孔隙水侵入是最有可能的。

由于原油通常贫碘，因此前人假设在原油生成过程中碘被释放到孔隙水中。当富含碘的孔隙水随着原油运移到储层时，烃源岩铀裂变形成的^{129}I已经衰变，并逐渐被储层中铀产生裂变的^{129}I所取代。这是大多数样品^{129}I含量都很低的情况（<100atom/μL）。后来，天然气从过成熟的烃源岩中生成和排出时，剩余的孔隙水也会运移。如果这种运移发生了距今<90Ma，那么一些高^{129}I特征将被保留下来。地质资料显示，晚新生代寒武系烃源岩埋深加大，达到过成熟阶段，开始生成干气，干气向上运移到部分奥陶系储层中（Zhang S C et al., 2011）。因此，很可能是干气和孔隙水的共同运移导致了6个奥陶系样品^{129}I含量较高。将^{129}I含量和油田日常生产数据以及气体的物理化学性质进行比较，结果显示高^{129}I含量的6口奥陶系生产井气油比（1135~4780m³/t）和气水比（1443~5060m³/m³）较高，气体干燥系数（0.957~0.996）较高，气体相对密度（0.611~0.683）较低（表3-2，图3-10），这些参数是干气侵入的典型特征。虽然如此，由于油、气和水的运移和聚集过程非常复杂，目前尚不清楚原油、天然气和水在迁移过程中是如何混合的。不同的混合程度可能是造成图3-10（a）和（b）中数据相关性较差的原因。

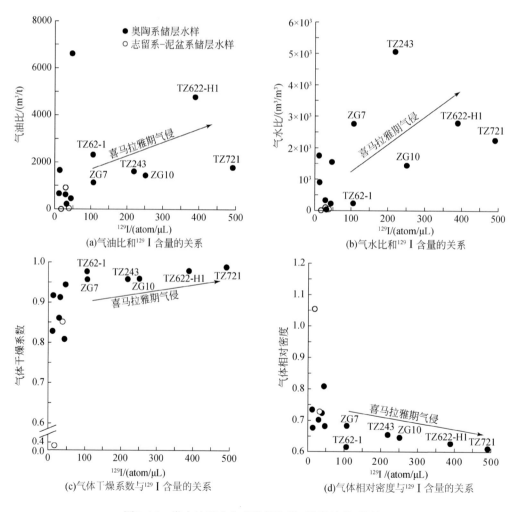

图3-10　塔中油田水生产数据与^{129}I数据的关系图解

综上所述，根据^{129}I 和 I 的资料，烃源岩来源的蒸发海水反映了两次流体充注事件。一种是随原油一起运移的蒸发海水，发生在志留纪—泥盆纪。蒸发海水具有较高的 I 含量（> 30mg/L）和可能高的^{129}I，最终在灰岩储层内表现出恒定的低^{129}I 含量（<100atom/μL）。第二种蒸发海水具有极高的^{129}I 水平（>100atom/μL），但 I 含量较低，该蒸发海水在晚新生代随干气向上运移进入储层。

5）有机酸含量和分布

塔中油田水仅检测出三种有机酸阴离子，其中乙酸最多，在 23.17~529.68mg/L，甲酸和草酸相对较少，甲酸在 0~53.02mg/L，草酸在 0~4.86mg/L，没有检出丙酸。与轮南油田水类似，在单羧基酸阴离子中，乙酸比例大于 80%，即乙酸是所有有机酸的主要成分 [图 3-11（a）]。大部分井位油田水的有机酸含量低于 200mg/L。有机酸离子在平面上或是剖面上都没显示明显的区域或是层位差异。这些有机酸与 I 含量不相关，显示它们不是原油从烃源岩中带出来的有机酸。两个有机酸含量较高的井位（TZ622-H1 和 TZ721），其^{129}I 含量也较高，表明这些高含量的有机酸与喜马拉雅期气侵带来的孔隙水有关 [图 3-11（b）]。考虑到有机酸受热降解的特性及 3.2.2 节的研究成果，高-过成熟的烃源岩中不太可能有大量的有机酸存在。因此，TZ622-H1 和 TZ721 的高有机酸应当是流体流经其他地层时携带而来的。比较可能的层位是膏岩附近的白云岩层，已有研究证实 TSR 在此层位发生（Cai et al., 2001a），而 TSR 能产生一定量的有机酸。

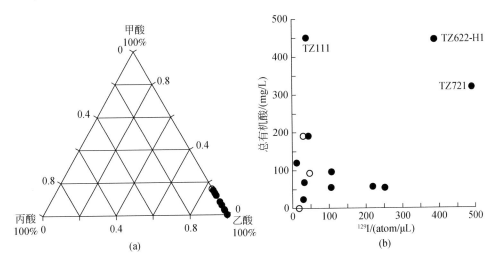

图 3-11　塔中油田单羧基有机酸阴离子组成分布三角图（a）和总有机酸-^{129}I 的关系图解（b）

6）油田水的起源与演化

这些油田水主要含有三种类型的蒸发海水，古大气水的贡献较小。最早的蒸发海水来自寒武系—下奥陶统的贫有机质白云岩。前人普遍认为在油气成藏后水体的大规模驱替是比较困难的。考虑到早期油气成藏发生在志留系—泥盆纪（Cai et al., 2016；Zhang S C et al., 2011），该蒸发海水的向上运移应该发生在晚奥陶世 [图 3-12（a）]。

志留纪—泥盆纪，在塔中油田东南的塔东低凸起，第二期蒸发海水是随着寒武系泥质烃源岩中原油的生成而排出的。这些流体流经寒武系—下奥陶统白云岩后，沿塔中 I 号坡

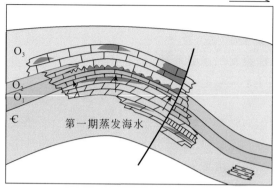

(a) 晚奥陶世

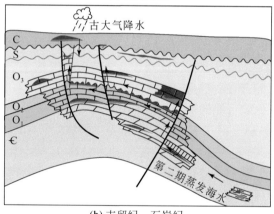

(b) 志留纪—石炭纪

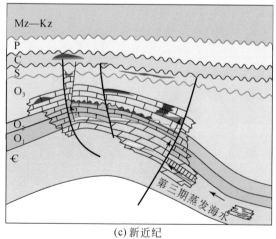

(c) 新近纪

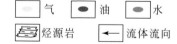

图 3-12　塔中油田水的演化模式图

折带向上运移，至奥陶系储层东南部与早期蒸发海水混合。在志留纪—石炭纪，当地构造抬升频繁，不整合面大量发育，古大气水可能在这一段时间内向下渗透进入奥陶系储层[图 3-12（b）]。

最后一期的蒸发海水也来源于塔东低凸起的寒武系泥质烃源岩，随着过成熟干酪根生成的干气一起运移[图 3-12（c）]。这些蒸发海水和干气与第二期蒸发海水遵循同样的运移路线。由于此次运移时间较晚（晚新生代），受影响的井不多，主要分布在塔中 I 号坡折带附近。

7）油田水对油气充注和运移的限制

鉴于油田水的高 I 含量和高 ^{129}I 含量分别反映了原油和干气的运移，从 ^{129}I 和 I 数据可以推断出原油和干气的运移路径。在志留纪—泥盆纪，原油和孔隙水从东南部沿塔中 I 号坡折带侵入奥陶系储层，侧向运移至其他奥陶系储层，向上运移至志留系和石炭系储层[图 3-13（a）]。晚新生代，过成熟干酪根生成的干气携带孔隙水排出，在东南地区多个充注点进入奥陶系储层[图 3-13（b）]。塔中 I 号坡折带是主要的天然气运移通道，而 ZG10 的干气可能来自其他断裂系统，比如 NW 向或 WE 向走滑断层。在塔中 I 号坡折带，TZ721、TZ62-1、TZ243 和 ZG7 由于 I 含量高（31.7～54.6mg/L）且 ^{129}I 含量高（107～

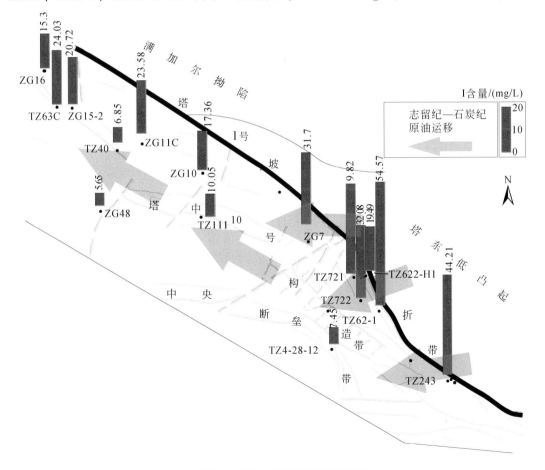

(a) I 含量与志留纪—石炭纪原油运移关系图

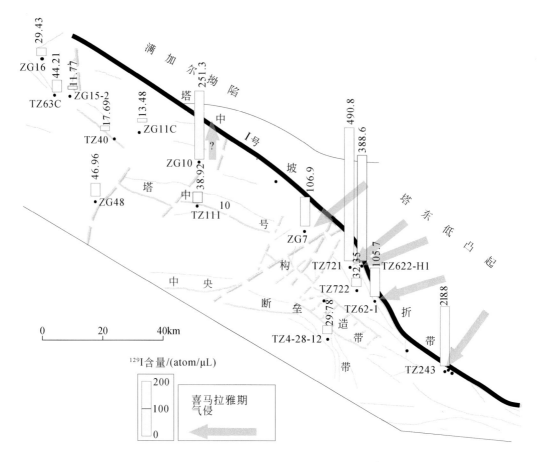

(b) ^{129}I含量分布与喜马拉雅期气侵关系图

图3-13　塔中油田 I 和^{129}I 的平面分布图

491atom/μL），认为是原油和天然气的共同充注点。TZ722 样品的 I 含量高（32.1mg/L），^{129}I 含量低（32.4atom/μL），说明该井位仅受原油充注的影响。样品 TZ622-H1 的 I 含量较低（19.5mg/L）但^{129}I 值较高（389atom/μL），说明受近期干气侵入的影响更大，而其异常的水化学（Cl-Ca 型水、偏负的 δ^{18}O 和高 Cl 含量）反映了干气及其携带的孔隙水进入储层前的运移路径特殊。总之，塔中 I 号坡折带是原油和干气运移的主要通道。

3. 深层储层发育的流体化学环境

从上述研究可以看出，深层储层油田水主要是由多期次来源的古蒸发海水和一定比例的古大气水组成的。古大气水对储层的改造作用主要发生在储层被抬升暴露在地表时。当油气充注完成之后，即使有古大气水的侵入，其对储层的改造也是有限的。已有大量研究能在碳酸盐岩储层内识别出与大气水溶蚀有关的溶蚀特征。当储层埋深后，与储层岩石密切接触的主要是各类型的蒸发海水。不考虑来源，仅从化学组成看，蒸发海水只是高离子浓度的卤水。此外，储层油田水中也普遍存在有机酸。虽然这些有机酸的来源、形成和演化模式还不清楚，但有机酸对水化学环境和矿物稳定性的影响早已证实。因此，卤水和有机酸流体是控制深层储层流体化学环境的两种潜在流体类型。它们参与深层储层改造的效果需要进一步评估。

3.2.2　不同烃水岩环境下有机酸生成的实验模拟

本节首先利用黄金管反应体系，模拟烃源岩热演化过程中有机酸的生成和演化过程，进而限定该过程中有机酸的主要生成阶段，并明确它们与烃类生成和排烃的关系。之后，利用黄金管反应体系模拟两类模式化合物的 TSR 过程，通过对反应产物的检测，探讨有机酸的生成过程和机制。最后，总结前人文献中已有的有机酸生成方式，建立含油气盆地中有机酸的综合生成模式，并对储层内有机酸的分布规律做详细解释。

1. 与成烃作用有关的有机酸生成方式

利用黄金管反应体系模拟了不同有机质组成的低成熟烃源岩在热演化过程中生成的有机酸组成、含量和主生成阶段。研究中利用离子色谱分析了产物水中小分子有机酸的组成和产量。同时，也收集了所有生成的气体和有机产物，包括 CO_2、气态烃（C_1—C_5）、轻烃（C_6—C_{13}）和液态烃（C_{14+}），用以划定烃类生成演化阶段。

1）样品性质和实验过程

烃源岩样品分别是茂名盆地始新统油柑窝组页岩（Ⅰ型有机质，$E_{2-3}y$，简称 YGW），鄂尔多斯盆地上三叠统延长组页岩（Ⅱ型有机质，T_3y，简称 YC）和库车拗陷中侏罗统克孜勒努尔组煤样（Ⅲ型有机质，J_2k，简称 KZLNR）。YGW 有机质氢碳原子比（H/C）最高，为 1.52，YC 有机质 H/C 其次，为 1.23，而 KZLNR 有机质最差，H/C 为 0.64 [图 3-14（a）]。但是从氧元素含量看，KZLNR 有机质氧碳原子比（O/C）最高，为 0.24，远高于 YGW 和 YC 有机质（0.10～0.11）。这三类烃源岩总有机碳（total organic carbon，TOC）含量较高，在 11.01%～39.31%，裂解烃 S_2 产量大于 60mg HC/g rock，都属于优质烃源岩 [图 3-14（b）]。从图 3-14（c）可以看出，YGW 样品是优质的油源，YC 样品是较好的油源，而 KZLNR 样品是气源。在热演化程度上，它们都属于低成熟阶段（$R_o<0.5\%$）。

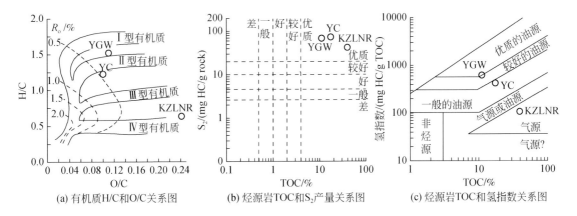

图 3-14　烃源岩样品的基本地球化学性质图示

所有岩石在模拟实验前均粉碎至74μm以下并冷冻干燥。将岩石粉末样品和去离子水密封在金管中，在50MPa的密闭压力下加热至220～360℃，持续72～240h。每个温度点使用三根金管：一根100mm长的金管仅收集反应后的水溶液，用于有机酸的定量分析；另外两根60mm长的金管分别用于轻烃、气态和液态烃的收集和分析。实验温度和时长转换为Easy R_o数值，即等效镜质组反射率。

2）烃类产量和分布

I型有机质产生的液态烃产量最高（534mg/g TOC，340℃和72h时），而III型有机质产生的产量最低，为12mg/g TOC［360℃和240h时，图3-15（a）］。II型有机质的产量为202mg/g TOC（340℃和72h时）。轻烃产量，YGW样品最高，为160mg/g TOC（360℃和168h时），YC样品其次，为144mg/g TOC（360℃和168h时），KZLNR样品最低，为26mg/g TOC［360℃和240h时，图3-15（b）］。气态烃产量则按YC（208mg/g TOC）＞YGW（157mg/g TOC）＞KZ（34mg/g TOC）的顺序减少。在实验温度范围内，三个样品的气态烃（包括甲烷）产量都随温度增加而增加，是在360℃/240h时达到最大［图3-15（c）、（d）］。

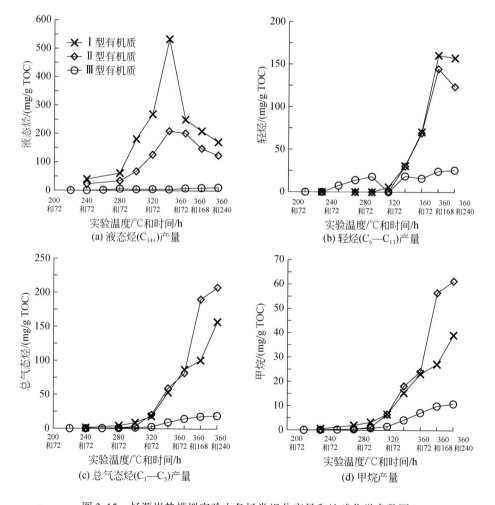

图3-15　烃源岩热模拟实验中各烃类组分产量和地球化学参数图

整体上看，不同烃类组分生成阶段明显不同。液态烃生成最早，轻烃其次，而气态烃尚没达到主要生成阶段。YGW 和 YC 样品在 340℃和 72h 时都达到了液态烃生成高峰，在 360℃和 168h 时达到轻烃生成高峰，气态烃产率随温度和时间增加持续升高。KZLNR 样品随着温度和时间增加，液态烃产率呈现持续增加的趋势，在实验时间最长时即 360℃和 240h 时仍未达到最高值。

3）有机酸产量和分布

反应仅产生四种水溶性有机酸（甲酸、乙酸、丙酸和草酸），其中乙酸是最主要的有机酸类型，占单羧酸产量的 83% 以上，其次是丙酸、甲酸［图 3-16（a）］。单羧酸产量又远高于草酸。从产量上看，不同有机质产生总有机酸的量有较大差别，YGW 样品（Ⅰ型有

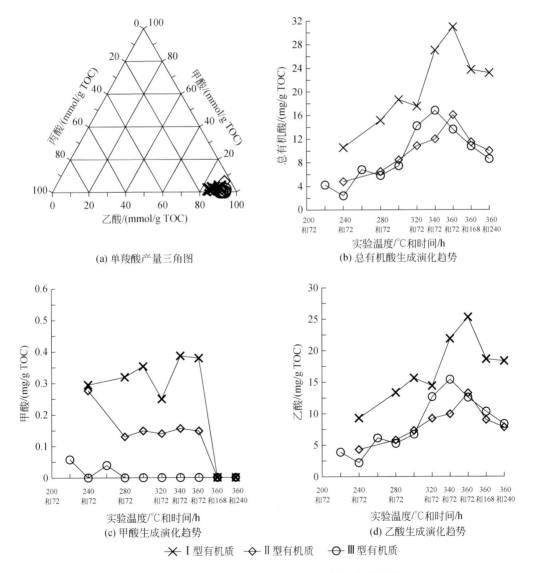

(a) 单羧酸产量三角图　　(b) 总有机酸生成演化趋势

(c) 甲酸生成演化趋势　　(d) 乙酸生成演化趋势

—×— Ⅰ型有机质　—◇— Ⅱ型有机质　—○— Ⅲ型有机质

图 3-16　烃源岩热模拟实验中小分子有机酸产量图

机质）产量最高，为 30.95mg/g TOC，YC 和 KZLNR 样品（Ⅱ 型和 Ⅲ 型有机质）产量较低，在 13.25 ~ 15.40mg/g TOC ［图 3-16 （b）］。YGW 和 YC 样品在 360℃ 和 72h 时产量最高，而 KZLNR 样品在 340℃ 和 72h 时产量最高。所有样品的乙酸和丙酸产量随温度变化规律与总有机酸产量类似 ［图 3-16 （d）］，但甲酸和草酸的规律不同 ［图 3-16 （c）］。三类样品在 220℃ 和 72h ~ 360℃ 和 72h 阶段产生了较多的甲酸，当模拟实验时间延长到 168h 后，甲酸就很难检测到了，这可能与甲酸热稳定性较差，长时间高温环境导致甲酸被分解有关。草酸产量极低，仅在几个实验温度点检出 <0.03mg/g TOC 的产量。

4）有机酸的生成阶段限定

将实验温度和时长转换为 $EasyR_o$ 数值，即等效镜质组反射率，将所有烃类、CO_2 和有机酸数据作于图 3-17。结果显示，含 Ⅰ 型和 Ⅱ 型有机质的烃源岩液态烃生成高峰在 $EasyR_o =$ 0.95%，轻烃生成高峰在 $EasyR_o = 1.34\%$，气体生成高峰在实验范围内没能达到。根据 Tissot 和 Welte （1984）的成熟阶段分类方案和我们的数据，可将成熟阶段分为生油窗（0.6% < $EasyR_o < 1.3\%$）和凝析–湿气（$EasyR_o \geqslant 1.3\%$）阶段。对有机酸来说，含 Ⅰ 型和 Ⅱ 型有机质的烃源岩有机酸生成高峰发生在 $EasyR_o = 1.16\%$，即在生油窗晚期，早于轻烃生成阶段。含 Ⅲ 型有机质的烃源岩有机酸生成高峰在 $EasyR_o = 0.95\%$，即早于煤系地层的气体生成阶段。

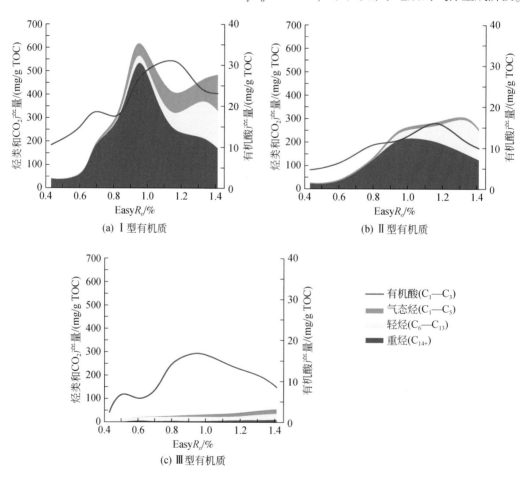

(a) Ⅰ 型有机质

(b) Ⅱ 型有机质

(c) Ⅲ 型有机质

有机酸(C_1—C_3)
气态烃(C_1—C_5)
轻烃(C_6—C_{13})
重烃(C_{14+})

图 3-17　烃源岩热演化过程中有机酸的生成模式图

目前，国际上并没有建立可信的、与烃源岩生烃关联的有机酸生成模式。早期的学者认为油田水里普遍存在的有机酸来自烃源岩干酪根含氧官能团的断裂。Surdam 等（1984）当时观察到两个地质现象。一个是干酪根在进入生油窗之前 H/C 不变，而 O/C 会迅速减少。另一个是核磁共振结果显示干酪根上的羧基数量随埋深迅速减少，当埋深到 2800m 时干酪根已没有羧基官能团了。所以，他们推测干酪根的含氧官能团在生油窗之前已断裂下来并形成有机酸了，即有机酸的生成发生在烃源岩进入生油窗之前。虽然之后 Mazzullo（2004）提出了有机酸生成在生油窗之内、与烃类生成一致的看法，但他没有做出任何实际数据以支持他的结论。

自 20 世纪 80 年代以来，虽然有大量学者做了有机酸生成的模拟实验，但是大多数研究主要关注不同有机质的生酸能力、酸的类型演化等，没能分析同时生成的烃类组分，因此没能将有机酸与烃类生成阶段关联起来。现将前人的模拟实验数据汇总，将他们实验的温度和时间转化为 $EasyR_o$ 数值，连同自有数据画于图 3-18 中。结果显示，除去 II 型有机质的一个样品外，I 型和 II 型有机质生成有机酸的高峰阶段不晚于 $EasyR_o=1.3\%$，大部分在 $0.95\%\sim1.3\%$。而 III 型有机质生成有机酸的高峰阶段更早，$EasyR_o$ 介于 $0.7\%\sim1.1\%$。这与本节的结果完全一致。

5）有机酸产生机制

与前人数据相比，YGW 样品（I 型有机质）产生的有机酸产量高于前人的样品（$9.3\sim14.2$mg/g TOC），YC 和 KZLNR 样品（II 和 III 型有机质）产量在前人数据范围内（分别为 $5.0\sim22.6$mg/g TOC 和 $13.1\sim67.7$mg/g TOC；图 3-18）。其中，KZLNR 样品产率接近以前研究的最大产率的下限。I 型有机质数据偏高的原因之一，可能在于前人数据太少，仅有绿河（Green River）页岩两组数据。

对三类有机质核磁共振的结果显示，KZLNR 样品具有最高的羧基—羰基官能团（4.5%），而 YGW 和 YC 有机质羧基—羰基官能团比例低，仅 2.4%。但有机酸的最高产量并不是由氧元素含量（O/C＝0.24）或羧基—羰基官能团比例最高的 KZLNR 样品生成的。将前人烃源岩/有机质实验样品的基本地球化学性质汇总，与有机酸产量作图于

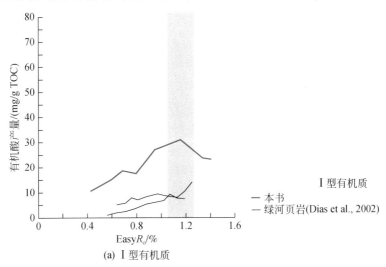

(a) I 型有机质

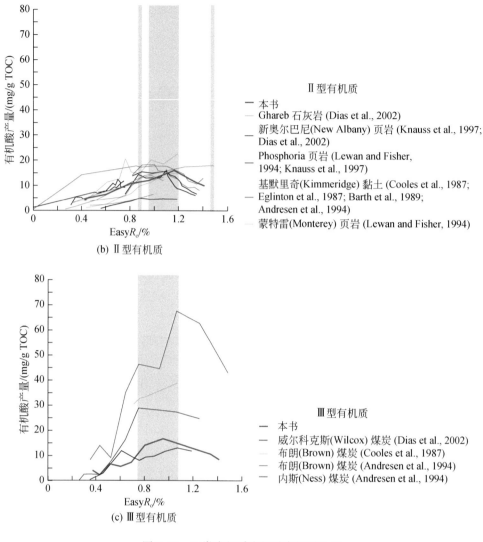

图 3-18　三类有机质有机酸产量对比图

图 3-19 中。结果显示，III 型有机质的有机酸最大产量随 TOC 和氧指数的增加而增加 [图 3-19（a）、（c）]，随热演化程度（T_{max}）的增加而减少 [图 3-19（b）]，与氢指数没有明显的关联 [图 3-19（d）]。II 型有机质的有机酸最大产量随氧指数的增加而增加，但增加幅度与 III 型有机质不一样。I 型有机质数据太少，没有任何明显规律。综上，有机质类型是决定有机酸产量的重要因素，含氧官能团是有机酸的最主要来源，但是这些官能团类型需要进一步细分。此外，大部分模拟实验都是用烃源岩作为反应物，而有机酸的热稳定性明显受控于围岩介质，因此有必要对烃源岩矿物组成、有机酸在矿物介质条件下的稳定性做进一步研究。

2. 硫酸盐热化学还原反应中的有机酸生成方式

TSR 是指含油气盆地深层储层中烃类与硫酸盐发生的一类强烈氧化还原反应。该反应

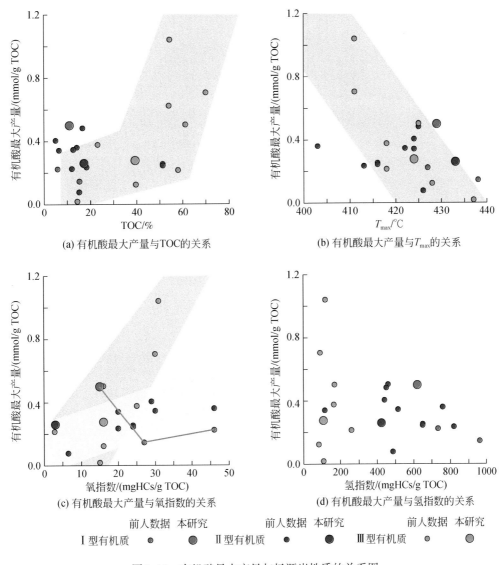

(a) 有机酸最大产量与TOC的关系　　　　　　(b) 有机酸最大产量与T_{max}的关系

(c) 有机酸最大产量与氧指数的关系　　　　　(d) 有机酸最大产量与氢指数的关系

前人数据　本研究　　　　　前人数据　本研究　　　　　前人数据　本研究

Ⅰ型有机质　　　　　Ⅱ型有机质　　　　　Ⅲ型有机质

图 3-19　有机酸最大产量与烃源岩性质的关系图

通过还原水中的硫酸盐、氧化烃类的系列复杂过程，改造原油和天然气，并可以形成固体沥青和黄铁矿、碳酸盐等胶结物。已有报道认为 TSR 中会生成酮、醇、羧酸类等含氧中间产物（Xia et al.，2014）。在深层储层中，这类含氧中间产物可能起到调解 TSR 进程、破坏烃类稳定性、影响水体 pH 进而改善储层质量的作用。目前，这类含氧中间产物在 TSR 中的形成和破坏机制并不清楚。本节通过黄金管反应体系模拟两类模式化合物的 TSR 过程，以 H_2S 产率为 TSR 发生的主要依据，通过对气体、液态烃和水溶液产物中各类主要产物的定性定量分析，确定生成的有机酸种类和含量特征，探讨有机酸形成和破坏的各种过程，建立有机酸形成演化的典型模式及其相关的有利条件。

1）样品性质和实验过程

模式化合物是常用的模拟实验反应物。选择模式化合物的优势是：反应体系简单，反应产物较为单一,有利于后续对反应物和产物的定性定量分析,有利于建立化合物的反应过程。所以,本节选取具有代表性的两类模式化合物,即正十八烷和正十二烷基苯开展TSR热模拟实验。

采用黄金管反应体系,选择高 $MgSO_4/H_2O$ 的反应环境, $MgSO_4/H_2O$ 的摩尔比例设置在 3.0。该反应环境能在实验温压条件下维持水体酸性环境,有利于水中 HSO_4^- 形成和 TSR 持续进行。反应温度为恒温 350℃,时间选择 6h、12h、24h、48h、72h 五个时间点。反应后,黄金管直接在真空状态下刺破,释放的气体(C_1—C_5、CO_2、H_2S 和 H_2)进入气相色谱,烃类和非烃气体分别用氢火焰离子化检测器(FID)和热导检测器(TCD)检测,外标法定量。黄金管剪破后加入去离子水,定容至 2mL,取 1mL 上清液稀释为 10mL,过两根 Ba 柱,在离子色谱上用外标法分析水中的小分子羧酸组成和含量。

2)气体产量和分布特征

气体(C_1—C_5、CO_2 和 H_2S)产量如图 3-20(a)和(b)所示,可以看出气体成分中 H_2S 占有相当大的比例, CO_2 所占的比例较少,并且两种模式化合物在同一时间点产生的 H_2S 和 CO_2 量相差不大,但 C_1—C_5 气态烃产量相差较大。正十八烷产生的气态烃整体随反应时间逐渐升高,但生成速度慢,72h 时产生的气态烃最高,但仍然没有超过 40mL/g。正十二烷基苯产生的气态烃也随反应时间逐渐升高,但速度快,72h 时产生的气态烃最高达到 80mL/g 左右。上述结果表明黄金管中都产生了较多 H_2S,的确发生了活跃的 TSR,但不同的模式化合物被改造的程度不同,相同质量的正十二烷基苯产生的气态烃较多。

整体上,气体的干燥系数 [C_1/(C_1—C_5)] 和酸度系数 {H_2S/[H_2S+(C_1—C_5)]}具有相同的变化规律 [图 3-20(c)、(d)]。在反应时间为 6h 时,气体的干燥系数和酸度系数偏低;在 12h 之后,气体的干燥系数和酸度系数都趋于稳定或者仅在较小的范围内波动。由于气态烃中甲烷比例类似,所以两种模式化合物的干燥系数相当,但因气态烃产量差异明显,所以正十二烷基苯的酸度系数整体偏低。

3)有机酸产量和分布特征

水中的小分子有机酸组成和含量如图 3-20(e)和(f)所示,从整体来看,正十八烷和正十二烷基苯产生的有机酸含量随反应时间变化较小,并且都呈现以乙酸为主,甲酸、丙酸较少的特征。此外,正十八烷 TSR 中有草酸生成,而正十二烷基苯没有。两种模式化合物的产量也明显不同,正十八烷产生的乙酸在 8mg/g HC 左右,正十二烷基苯产生的乙酸在 3mg/g HC 左右。正十八烷和正十二烷基苯产生的甲酸和丙酸含量都较少,低于 0.5mg/g HC。

综上,TSR 模拟实验产生的有机酸以乙酸为主,且烃类组成是控制有机酸生成的一个重要因素,高饱和烃的原油有利于有机酸的生成。有机酸在 TSR 中含量维持稳定,说明有机酸生成和降解已达到动态平衡阶段,因此 TSR 中的有机酸可以通过酸化水体,控制 HSO_4^- 强度,因而控制 TSR 进程。作为深层储层中典型的化学反应类型,TSR 生成的有机酸能在深层条件下影响储层矿物的稳定性,持续参与储层改造。

3. 储层中有机酸生成的其他方式

早期学者认为,在烃源岩成熟过程中,干酪根中含氧官能团断裂是小分子有机酸的主要来源。这种裂解与烃源岩中烃类的生成和排烃作用有关。这意味着这些有机酸最多仅能在油气成藏时参与对储层的改造。在正常地温梯度下,油气成藏发生在 <4 km 的深度。然

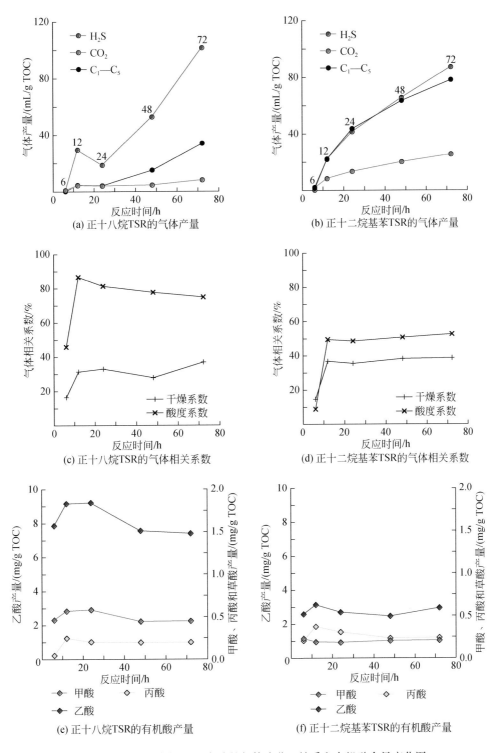

图 3-20　模式化合物 TSR 实验的气体成分、性质和有机酸含量变化图

而，油气成藏后受构造抬升或持续深埋，储层内烃水岩反应仍有若干种生成有机酸的方式，比如上述提到的 TSR。此外还有氧化性矿物氧化烃类、生物降解作用和水解歧化反应等。下面将简述储层内有机酸生成的三种方式。

1）储层矿物氧化烃类

石油地质学家很早就在野外观察到了被烃类充注的红色砂岩会褪色，呈现白色或绿色（Chan et al.，2000）。探究原因发现，这是由于砂岩中普遍存在的氧化性矿物（如赤铁矿、磁铁矿）与充注原油反应，矿物中 Fe^{3+} 被还原成 Fe^{2+}。Surdam 等（1993）考虑到砂岩矿物组成不同，建立了该反应的三个基本方程式：

$$C_9H_{20}+0.5Fe_2O_3+2S^0+4.25CO_2+3.25H_2O =\!=\!= 6.625CH_3COOH+FeS_2$$

$$C_9H_{20}+0.25Fe_2O_3+CaSO_4+1.125H_2O+3.125CO_2 =\!=\!= 4.0625CH_3COOH+0.5FeS_2+Ca^{2+}+2CH_3COO^-$$

$$C_9H_{20}+0.5Fe_2O_3+0.5Al_4Si_4O_{10}(OH)_8+4.75CO_2+6.75H_2O+Mg^{2+} =\!=\!= 6.875CH_3COOH$$
$$+0.5Fe_2Mg_2AlSi_2O_{10}(OH)_8+H_4SiO_4+2H^+$$

2）生物降解作用

20 世纪 90 年代以前，石油地质学者普遍认为石油被生物降解主要发生在地表或浅地表处，降解由喜氧细菌主导。此时，被生物降解的原油普遍酸度系数增加，生物标志化合物如植烷、藿烷等会被改造成植烷酸和藿烷酸等。改造持续进行会导致更小分子的有机酸（甲酸、乙酸、苯甲酸等）生成，并溶于储层孔隙水中。当储层埋深到一定深度（>80℃）时，喜氧细菌无法生存，生物降解作用趋于停止。

20 世纪 90 年代之后，卡尔加里大学 Larter 课题组持续关注厌氧细菌（如硫酸盐还原菌）在深层储层对烃类的改造作用。他们在深层储层中发现了厌氧细菌代谢产物普遍存在。之后通过模拟实验，建立了厌氧生物降解石油的反应路径（Aitken et al.，2004）。该反应最终结果是将烃类转化成 CO_2，但中间产物——有机酸会持续生成。虽然厌氧细菌改造效率没有喜氧细菌高，但是从地质时间尺度上考虑，这些有机酸产量仍相当可观。

3）烃类水解歧化反应

当储层埋深>5000m 时，储层内部温度普遍大于 180℃。此时，烃、水和岩的物理化学性质都会因高温而变化。比如，水的介电系数和密度随温度增加而减少，而电离系数增加。这就使得水中 H^+ 和 OH^- 活度增加，因此涉及水的化学反应速率会加快。Seewald（2001a）在含铁矿物介质条件下模拟了不同有机物和水在高温下的反应过程。实验结果表明，烃类都遭到了不同程度的降解，生成了一定量的含氧有机物、小分子有机酸和大量 CO_2。其中，小分子有机酸的产量较低，这与有机酸是中间产物，反应会进一步将其破坏有关。同时，也可能是与小分子有机酸热稳定性较差有关，高温促使了有机酸的热降解。

研究表明，深层储层内理论上都存在水解歧化反应。该反应利用水作为电子接受体，可以在高温环境下产生一定量的有机酸。该反应持续进行，并与有机酸破坏/热降解达到平衡，使得深层储层内有机酸产量会维持一定量水平。该研究同时表明，有机酸的生成和平衡浓度受到储层矿物组成的控制。含铁、硫元素矿物的存在使得有机酸产量会略多。

此外，烃类完全有可能在这些反应中自身被改造，富集含氧官能团，从而具有有机酸生成潜力。因此，在随后地质过程中富氧的烃类可继续生成小分子的有机酸（图3-21）。这一机理尚没得到足够的重视。总之，以上各类反应虽然被先后提出，但定量化的实验研究较少，生成有机酸的种类、数量和控制条件尚没有得到很好的解释，因此只能做出概念化的定性描述。

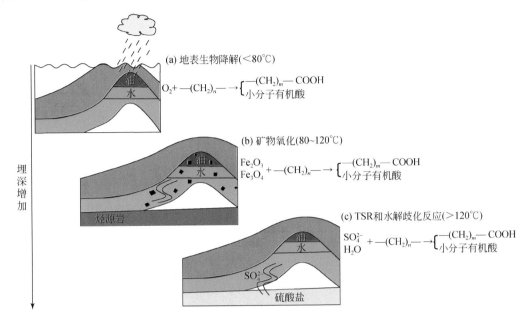

图 3-21 盆地中小分子有机酸生成和烃类富集氧的若干种方式图

4. 深层有机酸形成演化模式

基于翔实的实验数据，并结合前人已有的研究成果，本节建立了一种有机酸生成和分布的综合模式。该模式包含了烃源岩内成烃作用和储层内烃水岩作用两种有机酸生成类型。在烃源岩内，明确了不同有机质生成有机酸的产量类型和主要生成阶段，已做到了定量化表征的水平。在储层内，区分了不同烃水岩作用生成有机酸的范围和相对效果，较前人成果有一定进步，但仅能概念化表征产量和生成阶段等信息。

1）与成烃作用有关的有机酸生成模式

对于烃源岩中有机酸的生成模式，前人有两种不同看法。本节将他们的观点汇总于图 3-22 中。Surdam 等（1984）认为干酪根在进入生油窗之前，会大量脱落键合的含氧官能团，此时是有机酸生成的主要阶段。Mazzullo（2004）参考前人实验结果，认为有机酸生成可能与烃类生成过程同步。不过，这两位学者都是关注储层发育的石油地质学家，他们没有做任何定量化的、关于烃源岩中有机酸生成的模拟实验，因此没有实际数据支持，只能提出概念化的有机酸生成模型。

本节提出的定量化模型如图 3-23（a）和（b）所示。该模型考虑了三类生烃有机质的分子结构差异，首先以不同烃类组分产量为基准，划分了烃源岩热演化的不同阶段。在此基础上，明确了产出有机酸的种类和数量，划分了不同有机质热演化生成有机酸的主要阶段。研究结果表明，I 型有机质生成有机酸总量是 II 型和 III 型有机质生成量的两倍。I 型和 II 型有机质生成有机酸高峰在生油窗晚期、凝析气–湿气生成阶段之前。III 型有机质生成有机酸时间略早，远早于生气高峰。相对于 Surdam 等（1984）和 Mazzullo（2004）

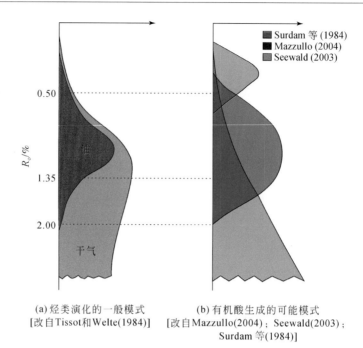

(a) 烃类演化的一般模式
[改自Tissot和Welte(1984)]

(b) 有机酸生成的可能模式
[改自Mazzullo(2004)；Seewald(2003)；
Surdam 等(1984)]

图 3-22 前人建立的有机酸生成模式

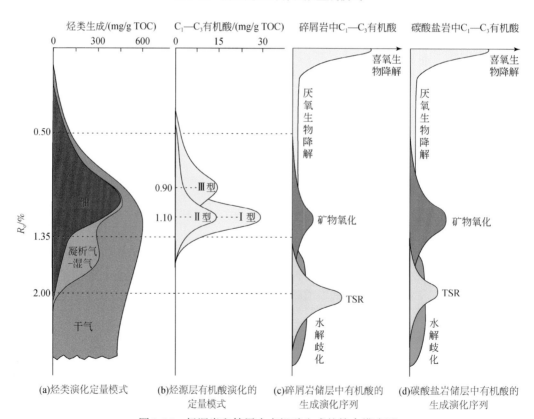

(a)烃类演化定量模式

(b)烃源层有机酸演化的
定量模式

(c)碎屑岩储层中有机酸的
生成演化序列

(d)碳酸盐岩储层中有机酸的
生成演化序列

图 3-23 烃源岩和储层内有机酸生成的综合模式图

提出的概念模型，本节实测数据更加真实可靠，与前人实验结果吻合程度高。

　　2）储层内有机酸生成模式

　　基于水解歧化的模拟实验，Seewald（2003）提出有机酸可以在深层条件下持续生成，并且产量有可能随温度升高而增加（图 3-22）。除此以外，储层内其他有机酸的生成方式没有被系统总结过。考虑到碳酸盐岩和碎屑岩储层的矿物组成和结构特征差异显著，本节将烃水岩反应生成有机酸的若干模式分别绘制成两个序列［图 3-23（c）、（d）］。当储层抬升暴露地表时，喜氧细菌是控制有机酸生成的主要因素，此时烃类被大量降解成有机酸。随着储层埋深增加，厌氧细菌开始发挥作用，但整体而言厌氧细菌对烃类的改造效果较弱。这两种方式在碳酸盐岩储层和碎屑岩储层中理应没有大的差异。在中等–深层储层，各类烃水岩反应，包括矿物氧化、TSR 和水解歧化反应主导了有机酸的生成。显然，充注原油和储层矿物的氧化还原反应主要发生在氧化性矿物丰富的砂岩储层中，TSR 主要发生在靠近膏岩层位的碳酸盐岩储层中。而水解歧化反应从模拟实验的结果来看，反应速率受制于围岩中含铁矿物的组成和含量，预计其产生的有机酸在砂岩储层中会较高。

　　图 3-23 展示的有机酸生成综合模式是目前较全面的。利用该综合模式可以对储层油田水的有机酸来源演化过程做出科学解释。将前人油田水中有机酸数据汇总于图 3-24（a），结合前述成果可将有机酸形成和分布划成三阶段：<80℃是生物降解主导阶段，80～120℃是干酪根生烃主导阶段，120～200℃是高温反应主导阶段［图 3-24（b）］。在 80～100℃，可见有机酸浓度有一个明显的高峰值，接近 10000mg/L，该值代表了来自烃源岩的高有机酸孔隙水与储层内极少量流体混合后的结果。检测出该值的井位应当在原油刚进入储层的充注位置附近。随着原油及携带的孔隙水向储层内持续运移和/或成藏后有

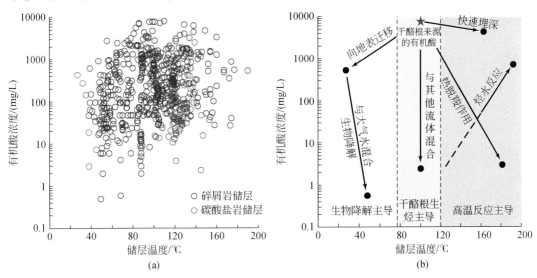

图 3-24　储层内有机酸分布图（a）和有机酸分布机制说明图解（b）

图（a）数据来源：Barth 和 Riss（1992）；Carothers 和 Kharaka（1978）；Connolly 等（1990）；Dickey 等（1972）；Fisher（1987）；Fisher 和 Boles（1990）；Hanor 和 Workman（1986）；Kharaka 等（1986，1987）；Means 和 Hubbard（1987）；蔡春芳等（1997）

其他地质流体的侵入，有机酸浓度会被明显稀释。若是充注原油遇到氧化性矿物，则可能有新的有机酸生成。

当储层抬升或油田水向上运移时，油田水与大气水或浅部地下水混合，其中的有机酸会被微生物降解，虽然生物降解原油能生成一定量的有机酸，但整体上有机酸浓度仍会显著下降。当储层持续埋深时，油田水中的有机酸会持续受热脱羧基生成 CO_2，因此深层储层内大量样品的有机酸含量明显减少。但是，也有部分样品的有机酸浓度仍然可观，短时快速埋深是其中一个可能的原因。此外，高温条件下储层内持续的烃水岩反应也是一个重要因素。目前碳酸盐岩储层内的油田水数据偏少，不同储层类型对烃水岩反应及有机酸浓度的影响仍难以看出。

3.3 深层储层改造及保持的烃水岩实验模拟

对储层中主要流体来源的判断和有机酸生成机制的研究表明，高离子浓度的卤水和有机酸流体是参与储层改造的两大类潜在流体。为此，本节设计了两类溶蚀储层岩石的模拟实验，分别以 0.1mol/L 的氯化钠溶液和 0.1mol/L 的乙酸溶液做反应流体，在封闭体系中模拟它们对三大类典型储层岩石（灰岩、白云岩和砂岩）的溶蚀改造效果。研究结果为评估和预测深层储层改造的有利位置提供指导。

使用 0.1mol/L 的有机酸流体，有机酸与岩石的比例设为 5∶1（mmol∶g）。有机酸浓度主要依据 3.2 节有机酸生成实验结果设定。在具有 5% 孔隙度的烃源岩中，若含 1% 的 I 型有机质，则在孔隙水中最高有机酸含量为 0.26mol/L；若含 1% 的 II 型有机质，则为 0.13mol/L；若含 20% 的 III 型有机质，则为 2.6mol/L。在储层油水界面处（油水体积比以 1∶1 计），TSR 生成的有机酸在水中的含量将介于 0.08～0.17mol/L。因此，溶蚀实验的乙酸浓度设为 0.1mol/L 是合理的。而作为对照组，卤水也选择了 0.1mol/L 的氯化钠溶液。此外，为保证在有限反应时间内获得可观察到的实验结果，人为设计了部分实验参数。比如，岩石都选用 0.125～0.25μm 的颗粒，以增大反应接触面；水岩比例设置为 50∶1，以加快溶蚀反应效果。因此，虽然实验是在封闭体系内完成的，但研究结果反映的是在开放、流动的水动力条件下流体与岩石的作用过程。

3.3.1 热卤水的实验改造效果

本模拟实验使用了三种岩石类型：塔里木盆地 LN34 井奥陶系鹰山组（$O_{1-2}y$）泥晶灰岩；四川盆地何家梁剖面二叠系栖霞组（P_1q）粗晶白云岩；塔里木盆地库车拗陷索罕村露头的白垩系巴什基奇克组（K_1bs）岩屑长石砂岩。实验中将岩石样品破碎成 0.125～0.25μm 的颗粒，与 0.1mol/L 的氯化钠溶液混合，在 50～200℃ 范围内反应 48～72h。研究对初始和溶蚀后样品的矿物和元素组成、孔隙分布、表观溶蚀特征以及水化学成分进行全面的分析。

1. 水化学成分和岩石质量

0.1mol/L 氯化钠的 pH 最初为 6.9。模拟实验后，矿物溶解释放的阳离子和碳酸根将水体变为弱碱性，最终溶液的 pH 上升到 7.84～9.70（表 3-3）。当反应时间相同时，pH

表3-3　卤水溶蚀岩石模拟实验的水化学数据

岩石类型	样品号	温度和时间	pH实验前	pH实验后	岩样质量损失比例/%	Na⁺/(mg/L)	K⁺/(mg/L)	Mg²⁺/(mg/L)	Ca²⁺/(mg/L)	Si²⁺/(mg/L)	Al³⁺/(mg/L)	Cl⁻/(mg/L)	钙镁摩尔比(Ca/Mg)
灰岩	L0	原岩											
	L1	50℃和48h	6.90	9.59	2.15	2442.23	1.42	1.59	20.28	0.95	0.10	3296.03	7.65
	L2	100℃和48h	6.90	9.44	1.86	2802.01	2.44	2.62	21.93	2.15	0.23	3619.84	5.02
	L3	200℃和48h	6.90	7.89	3.05	2467.08	3.81	1.79	45.63	30.17	0.05	3206.15	15.34
	L4	200℃和72h	6.90	7.95	3.30	1902.20	3.04	1.35	41.61	16.79	0.04	2715.28	18.48
白云岩	D0	原岩											
	D1	50℃和48h	6.90	9.70	1.46	2252.03	1.37	6.08	12.11	0.92	0.04	3603.54	1.19
	D2	100℃和48h	6.90	9.55	1.30	2241.94	1.31	5.56	13.15	1.94	0.06	3542.84	1.42
	D3	200℃和48h	6.90	7.84	1.39	2843.71	2.90	4.52	24.72	5.46	0.38	3752.53	3.28
	D4	200℃和72h	6.90	8.39	1.35	n. m.	n. m.	n. m.	n. m.	n. m.	n. m.	n. m.	n. m.
砂岩	S0	原岩											
	S1	50℃和48h	6.90	9.51	2.80	1530.86	2.65	1.33	21.47	3.91	0.40	2581.10	9.69
	S2	100℃和48h	6.90	9.26	1.88	2086.50	3.74	0.58	24.05	10.02	0.37	3062.08	25.09
	S3	200℃和48h	6.90	8.55	2.69	1951.18	7.78	0.17	34.56	113.80	0.69	3382.69	122.84
	S4	200℃和72h	6.90	8.57	2.66	2002.13	4.15	2.09	23.90	49.42	0.19	2937.19	6.87

注：n. m. 表示未检测。

随实验温度升高而略微降低。

　　模拟实验后水中阳离子的成分和浓度在各系列中差异较大，但呈现有规律的变化。反应后水中阳离子仍然以 Na^+ 为主，浓度在 $1530.86 \sim 2843.71mg/L$（图 3-25）。其他阳离子还包括 K^+（$1.31 \sim 7.78mg/L$）、Mg^{2+}（$0.17 \sim 6.08mg/L$）、Ca^{2+}（$12.11 \sim 45.63mg/L$）、Si^{2+}（$0.92 \sim 113.80mg/L$）和 Al^{3+}（$0.04 \sim 0.69mg/L$），但它们的浓度大多比 Na^+ 小了两个数量级。在相同反应时间条件下，所有系列水样的 Ca^{2+}、Si^{2+} 和 K^+ 都随反应温度增加而增加。Mg^{2+} 在白云岩和砂岩系列中随温度增加而减少，而在灰岩系列中变化不明显。Al^{3+} 变化不明显。当温度维持 200℃不变，反应时间从 48h 升至 72h 之后，除 Na^+ 以外所有阳离子的浓度都明显降低了。钙镁摩尔比（Ca/Mg）在灰岩和白云岩系列中持续升高（5.02→18.48，1.19→3.28），而在砂岩系列中则先升高然后大幅降低（9.69→122.84→6.87）。

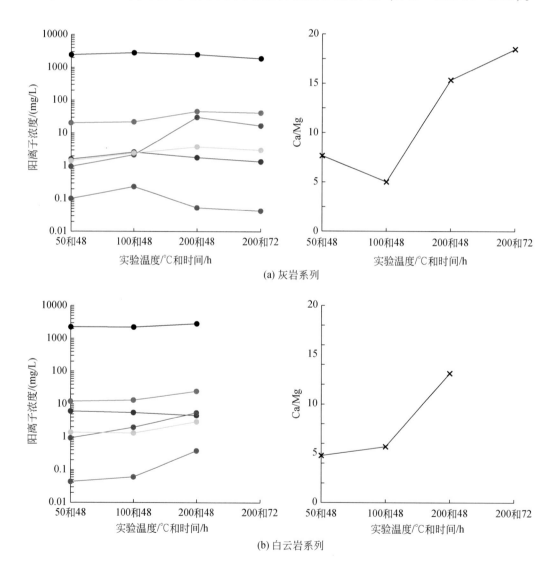

(a) 灰岩系列

(b) 白云岩系列

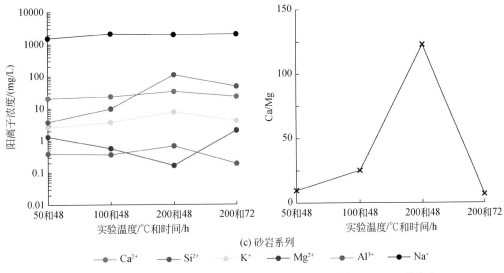

(c) 砂岩系列

　●— Ca²⁺　　●— Si²⁺　　●— K⁺　　●— Mg²⁺　　●— Al³⁺　　●— Na⁺

图 3-25　卤水溶蚀岩石模拟实验过程中水中阳离子浓度和 Ca/Mg 的变化

　　灰岩和砂岩的溶蚀质量损失较大，分别在 1.86% ~ 3.30% 和 1.88% ~ 2.80%，而白云岩损失较小，在 1.30% ~ 1.46%（图 3-26）。总体而言，氯化钠溶液对岩石溶蚀程度不高。同一类型岩样的质量损失随温度变化较小，可以认为溶蚀效果与模拟实验温度无关。

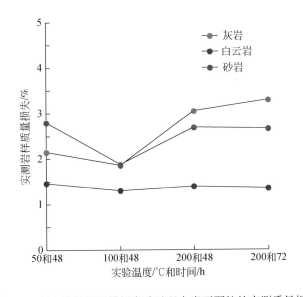

图 3-26　卤水溶蚀岩石模拟实验过程中岩石颗粒的实测质量损失

2. SEM 观察

　　泥晶灰岩原岩颗粒是由细粒方解石晶体堆积而成的 [晶体<4μm，图 3-27（a）]，仅少数样品呈现形状较大的良好晶型。在这些颗粒和晶体中孔隙发育较差。模拟实验后，灰岩颗粒几乎没有发生溶解，仅在颗粒边缘发现少量溶蚀现象 [图 3-27（b）~（e）]。晶粒的边缘界限可以清晰分辨，相对于反应前，溶蚀后的灰岩没有观察到明显的形态变化 [图

3-27（f）~（h）]。在反应温度为200℃、时间48h和72h条件下，在岩石局部观察到细微小孔出现 [图3-27（g）~（i）]，但岩石表面平整，判断孔隙为灰岩原岩自有，而非后期溶蚀产生，所以0.1mol/L的氯化钠溶液在实验中没有明显溶蚀灰岩。

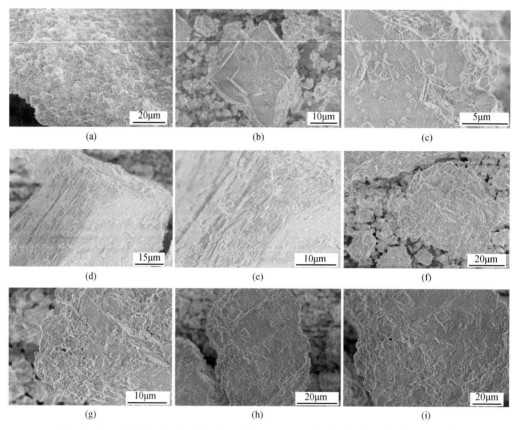

图3-27　卤水溶蚀岩石模拟实验中灰岩系列原岩和溶蚀岩石颗粒的SEM图像
（a）为原始灰岩，（b）和（c）为50℃和48h条件下的灰岩，（d）和（e）为100℃和48h条件下的灰岩，
（f）和（g）为200℃和48h条件下的灰岩，（h）和（i）为200℃和72h条件下的灰岩

白云岩原岩颗粒光滑平整，孔隙发育差 [图3-28（a）]。在模拟实验后，颗粒边缘有被溶蚀的现象，但成层性仍然较好且表面平整 [图3-28（b）~（d）]。不同反应温度条件下，颗粒表观差别不大。颗粒表面出现小的孔隙，但孔隙的分布稀疏 [图3-28（e）、（g）、（i）]。在200℃和72h的条件下，白云岩表面分布有一些溶蚀凹坑 [图3-28（i）]，可以作为0.1mol/L的氯化钠溶液轻度溶蚀白云岩的证据。

根据SEM能谱分析发现砂岩原岩主要矿物包括长石、方解石、石英和黏土矿物等。在模拟实验后，钾长石、方解石和石英颗粒明显，形态棱角分明，表面平整没有溶蚀凹坑 [图3-29（b）、（c）、（g）]，表明它们没有受到溶蚀的影响。黏土矿物本身层间分布有溶蚀凹坑，对比实验前后没有明显变化 [图3-29（d）、（f）、（h）]。

3. N_2 和 CO_2 吸附特征

灰岩原岩的 N_2 吸附−脱附等温线为 II 型等温线，一般解释为非限制性单层−多层吸附

图 3-28　卤水溶蚀岩石模拟实验中白云岩系列原岩和溶蚀岩石颗粒的 SEM 图像

（a）为原始白云岩，（b）和（c）为 50℃和 48h 条件下的白云岩，（d）和（e）为 100℃和 48h 条件下的白云岩，
（f）和（g）为 200℃和 48h 条件下的白云岩，（h）和（i）为 200℃和 72h 条件下的白云岩

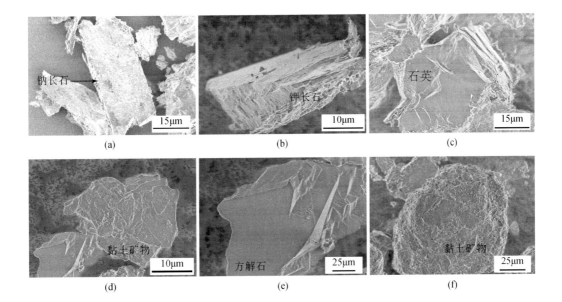

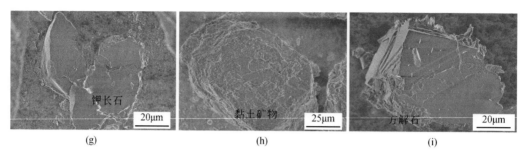

图 3-29　卤水溶蚀岩石模拟实验中砂岩系列原岩和溶蚀岩石颗粒的 SEM 图像

（a）为原始砂岩，（b）和（c）为 50℃ 和 48h 条件下的砂岩，（d）和（e）为 100℃ 和 48h 条件下的砂岩，
（f）和（g）为 200℃ 和 48h 条件下的砂岩，（h）和（i）为 200℃ 和 72h 条件下的砂岩

的反应。原岩样品吸附能力一般，最大吸附体积 <4cm³/100g［图 3-30（a）］。模拟实验后，岩石颗粒的吸附能力变化不大，原岩与反应后样品的 N_2 吸附-脱附等温线近乎重合。1.7～250nm 孔径内的孔隙体积分布显示，原岩样品的孔隙分布呈单峰型，在颗粒孔径为 150nm 处出现一个峰值［图 3-30（d）］。模拟实验没有改变孔隙分布，但微孔、中孔和大孔的体积略有增加［图 3-31（a）］。在模拟实验后，平均孔隙宽度在 19.3～24.12nm 波动，微孔的孔径宽度较稳定［图 3-31（d），表 3-4］。

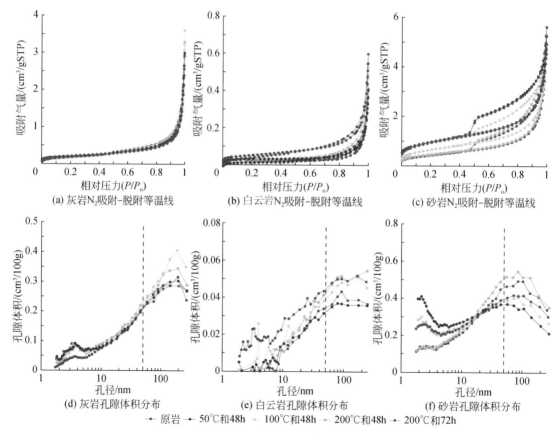

图 3-30　卤水溶蚀岩石模拟实验中原岩和溶蚀岩石颗粒 N_2 吸附-脱附等温线和孔隙体积分布图

P 为吸附质气体与吸附剂达到平衡时的气体压力；P_o 为吸附质的饱和蒸气压

白云岩原岩样品的 N_2 吸附–脱附等温线与灰岩原岩样品相似，但吸附能力差 [吸附体积 $<0.6cm^3/100g$，图 3-30 (b)]。在模拟实验后所有样品相对于原岩吸附气量略有下降，孔径宽度略有下降，但孔径分布特征一致 [图 3-30 (e)]。N_2 吸附–脱附等温线和孔隙体积分布变化比较复杂。大孔的体积变化不大，中孔的体积都呈现下降的趋势，虽然在 100℃ 时微孔的体积略有降低，但整体上仍呈现上升的趋势 [图 3-31(b)、(e)]。平均孔隙宽度随模拟实验温度升高而升高，在 200℃ 和 72h 条件下，增加至最高值为 43.05nm。

表 3-4　卤水溶蚀岩石模拟实验的气体吸附数据表

岩石类型	样品号	温度和时间	CO_2 吸附		N_2 吸附		
			微孔 /(cm³/100g)	孔隙宽度中值 /nm	中孔 /(cm³/100g)	大孔 /(cm³/100g)	平均孔隙宽度/nm
砂岩	S0	原岩	0.028	0.544	0.365	0.304	11.38
	S1	50℃ 和 48h	0.040	0.533	0.437	0.248	9.32
	S2	100℃ 和 48h	0.037	0.540	0.394	0.284	11.34
	S3	200℃ 和 48h	0.043	0.535	0.370	0.392	17.02
	S4	200℃ 和 72h	0.102	0.507	0.341	0.357	16.40
白云岩	D0	原岩	0.002	0.568	0.039	0.034	16.52
	D1	50℃ 和 48h	0.013	0.572	0.020	0.025	29.65
	D2	100℃ 和 48h	0.009	0.573	0.025	0.033	31.38
	D3	200℃ 和 48h	0.016	0.572	0.023	0.035	39.35
	D4	200℃ 和 72h	0.014	0.571	0.018	0.027	43.05
灰岩	L0	原岩	0.004	0.552	0.104	0.202	26.55
	L1	50℃ 和 48h	0.002	0.565	0.148	0.221	19.79
	L2	100℃ 和 48h	0.001	0.578	0.143	0.272	24.12
	L3	200℃ 和 48h	0.002	0.577	0.156	0.252	22.68
	L4	200℃ 和 72h	0.003	0.569	0.153	0.212	19.30

当 P/P_0 大于 0.5 时，砂岩系列的 N_2 吸附–脱附等温线呈现 Ⅳ 型等温线特征，并显示迟滞环 [图 3-30 (c)]。Ⅳ 型等温线与板状颗粒聚集体中裂缝状孔隙的发育有关。砂岩样品的吸附气量大于灰岩和白云岩 ($<6cm^3/100g$)，反应后砂岩样品的吸附气量普遍大于砂岩原岩。砂岩原岩样品的孔隙结构呈双峰分布，最大峰值在 2nm 和 80nm 处 [图 3-30 (f)]。在模拟实验后，反应温度为 50℃、100℃ 的样品，孔宽大于 20nm 的大孔和中孔的体积减小，而孔宽小于 20nm 的体积增大；反应温度为 200℃ 的样品，孔宽大于 20nm 的大孔和中孔的体积增大，而孔宽小于 20nm 的体积则减小。但无论反应温度如何，孔隙结构的峰值位置没有改变，仍然处于 2nm 和 80nm 左右。整体来看，砂岩的大孔和中孔变化较小，平均孔隙宽度变化不大 [图 3-31 (c)、(f)]。

灰岩原岩样品的 CO_2 吸附–脱附等温线为 Ⅰ 型等温线 [图 3-32 (a)]，这是微孔固体的特有类型。所有溶蚀后的灰岩都表现出相似的吸附能力，但都明显低于原岩的吸附能力。原岩样品和溶蚀样品的微孔结构一直保持双峰型 [图 3-32 (d)]。与原岩相比，孔宽小于

0.6nm 的微孔体积在模拟实验中急剧减小 [图 3-32（d）、图 3-31（a）]；然而，孔宽 0.6 ~ 0.8nm 的微孔体积在模拟实验中增大。

白云岩原岩样品的 CO_2 吸附-脱附等温线为 I 型等温线 [图 3-32（b）]。所有溶蚀后的白云岩都表现出相似的吸附能力，且都比原岩吸附能力高。反应温度为 50℃ 的白云岩样品吸附能力大于反应温度为 100℃ 的样品，但小于反应温度为 200℃ 和 48h 的样品，与反应温度为 200℃ 和 72h 的样品相似。不同孔径的微孔体积与原岩相比都有显著增加，孔径为 0.6nm 和 0.8nm 的微孔增加特别明显 [图 3-32（e）]。

砂岩原岩样品的 CO_2 吸附能力低于溶蚀砂岩 [图 3-32（c）]。除反应条件为 200℃ 和 72h 样品外，其他溶蚀后样品之间的吸附能力相差不大，吸附-脱附等温线近乎重合，可以认为与反应温度没有相关性。砂岩原岩和溶蚀后砂岩的微孔分布分别在 0.6nm 和 0.8nm 处，呈现双峰型。模拟实验增加了微孔的体积，但没有改变孔径分布 [图 3-31（c）、图 3-32（f）]，因此，微孔宽度中值仅有轻微变化 [图 3-31（f）]。

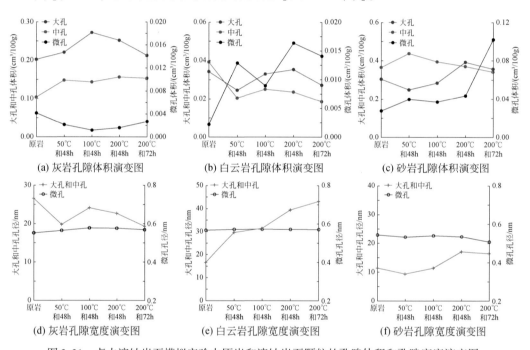

图 3-31　卤水溶蚀岩石模拟实验中原岩和溶蚀岩石颗粒的孔隙体积和孔隙宽度演变图

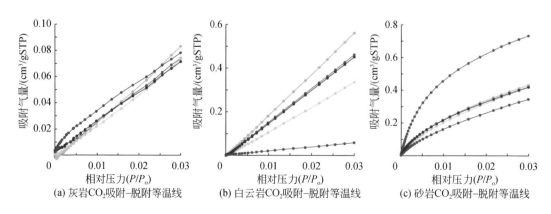

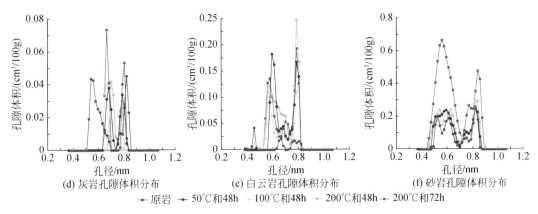

(d) 灰岩孔隙体积分布　　(e) 白云岩孔隙体积分布　　(f) 砂岩孔隙体积分布

→ 原岩　→ 50℃和48h　→ 100℃和48h　→ 200℃和48h　→ 200℃和72h

图 3-32　卤水溶蚀岩石模拟实验中原岩和溶蚀岩石颗粒的 CO_2 吸附–脱附等温线和孔隙体积分布图

4. 热卤水溶蚀对储层岩石的改造

综上，在高水岩比的条件下卤水没有明显溶蚀改造任何种类储层的物性。实验中，温度和时间都不能影响卤水与岩石的反应过程。因此，热卤水即使是在开放的地质条件下参与改造深层储层的能力也是有限的。

3.3.2　有机酸流体的实验改造效果

本实验使用的岩石类型、前处理方式、水岩比例和反应釜体系与上述卤水溶蚀实验相同。不同之处在于本实验使用了 0.1mol/L 的乙酸溶液模拟有机酸流体，并在 50～200℃ 范围内反应 72h。研究对初始和溶蚀后样品的矿物和元素组成、孔隙分布、表观溶蚀特征以及水化学成分进行全面的比较。在此基础上，探讨有机酸流体对不同类型储层岩石的特征改造效果。

1. 水化学成分和岩石质量

0.1mol/L 乙酸溶液的 pH 在 2.86～2.92。模拟实验后，乙酸被矿物质溶解释放的阳离子完全中和，最终 pH 上升到 4.55～5.85（表 3-5）。实验后的灰岩系列溶液表现出最高的 pH（5.12～5.85），而砂岩系列溶液的 pH 最低（4.55～4.67）。白云岩系列模拟后溶液的 pH 处于中间水平（5.10～5.28）。实验中 pH 没有随温度升高而发生明显变化。

实验后溶液中的乙酸浓度在 3860.5～6111.0mg/L。乙酸含量下降是因为实验所用容器表层含有杂质，这些杂质催化并加速了有机酸的脱羧基过程（Bell and Palmer，1994）。模拟实验后阳离子成分和浓度在各系列中差异较大。在灰岩系列中，Ca^{2+} 浓度变化不大，从 1809.80mg/L 到 2204.40mg/L 不等（图 3-33）。Na^+、K^+、Mg^{2+}、Si^{2+} 四种阳离子浓度随温度的升高而增加，但浓度较低。50℃ 时，Ca/Mg 为 165.7，后随温度升高逐渐下降到 29.5。在白云岩系列中，Ca^{2+} 和 Mg^{2+} 的浓度分别为 843.95～1017.75mg/L 和 511.29～587.76mg/L，但在模拟的各个阶段，Ca/Mg 均保持在 1.0 左右。在砂岩系列中，低温阶段（50℃ 和 75℃）Ca^{2+} 和 Mg^{2+} 浓度分别为 892.56～981.62mg/L 和 6.82～33.23mg/L。在随后的高温阶段（100～200℃），检测到更多的阳离子，包括 Na^+、K^+、Si^{2+} 和 Al^{3+}。Na^+、K^+

表3-5　有机酸溶蚀岩石模拟实验的水化学成分和岩石质量的变化

岩石类型	温度/℃	模拟前水溶液 pH	模拟后水溶液 pH	Na⁺ /(mg/L)	K⁺ /(mg/L)	Mg²⁺ /(mg/L)	Ca²⁺ /(mg/L)	Si²⁺ /(mg/L)	Al³⁺ /(mg/L)	乙酸 /(mg/L)	总阳离子 /(mg/L)	Ca/Mg	计算质量损失 /%	测试质量损失 /%
灰岩	50	2.92	5.85	0	0	7.92	2187.55	0	0	4926.2	2195.47	165.7	27.48	29.42
	75	2.92	5.82	0	0	15.18	2204.40	0	0	5048.8	2219.58	87.1	27.82	27.79
	100	2.88	5.50	2.79	2.04	24.33	1809.80	4.70	0	5778.5	1843.65	44.6	23.10	28.24
	150	2.88	5.12	2.91	2.16	45.13	2008.91	29.09	0	4741.2	2088.21	26.7	26.21	29.34
	200	2.88	5.28	3.71	5.66	41.42	2035.10	138.20	0	6111.0	2224.10	29.5	27.64	30.16
白云岩	50	2.86	5.16	0	0	511.29	843.95	0	0	4640.8	1355.24	1.0	19.41	19.96
	75	2.86	5.22	0	0	544.01	892.40	0	0	4594.1	1436.41	1.0	20.53	18.74
	100	2.86	5.28	0	0	587.76	1017.75	0	0	4494.0	1605.51	1.0	23.41	22.10
	150	2.86	5.10	0	0	541.24	887.49	0	0	4399.6	1428.73	1.0	20.41	20.47
	200	2.86	5.18	0	0	568.97	878.10	0	0	4465.2	1447.08	0.9	20.20	20.89
砂岩	50	2.92	4.60	0	0	6.82	981.62	0	0	4802.2	988.43	86.4	12.27	13.78
	75	2.92	4.55	0	0	33.23	892.56	0	0	3860.5	925.79	16.1	11.16	11.98
	100	2.90	4.55	11.29	5.26	6.20	925.26	47.17	0.73	4939.9	995.92	89.5	12.16	14.03
	150	2.90	4.67	15.00	10.75	7.27	798.13	238.45	0.62	5878.2	1070.23	65.9	12.99	13.84
	200	2.90	4.56	35.94	13.77	4.87	790.36	803.27	0.12	5554.7	1648.34	97.3	20.02	13.07

计算质量损失：以模拟后水体中主要阳离子（Ca^{2+}、Mg^{2+}、Si^{2+}）的浓度计算；灰岩系列水的 Ca^{2+}、Mg^{2+}、Si^{2+} 主要来源于方解石，白云岩系列水的 Ca^{2+}、Mg^{2+} 主要来源于白云岩和方解石；砂岩系列水中的 Ca^{2+}、Si^{2+} 主要来源于方解石和石英，白云石和石英，Si^{2+} 主要来源于方解石和长石。

测试质量损失：原始岩石颗粒和溶蚀岩石颗粒之间的质量差。

和 Si^{2+} 的浓度随着温度的升高而增加，而 Ca^{2+}、Mg^{2+} 和 Al^{3+} 的浓度则略有下降。在 200℃ 时，模拟后 Si^{2+} 浓度（803.27mg/L）最高，超过 Ca^{2+}（790.36mg/L）。在 50~75℃ 时，Ca/Mg 从 86.4 下降到 16.1，然后在 200℃ 时增加到 97.3。

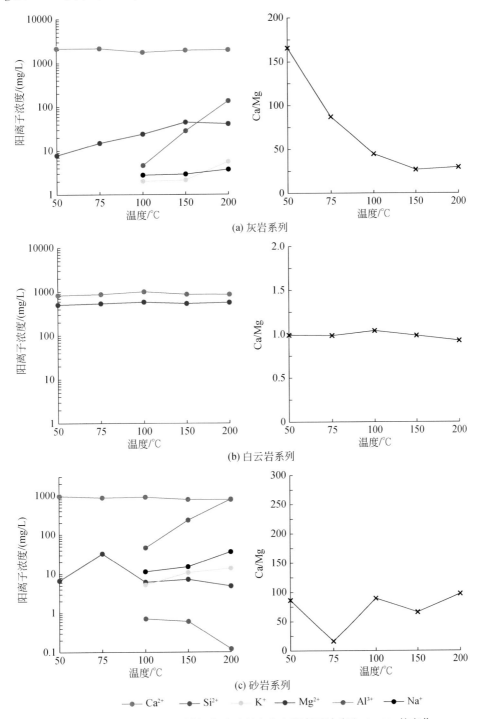

图 3-33　有机酸溶蚀岩石模拟实验过程中水中阳离子浓度和 Ca/Mg 的变化

测得的岩石颗粒质量损失从多到少排序为：灰岩（27.79%～30.16%）、白云岩（18.74%～20.89%）和砂岩（11.98%～14.03%）（图3-34）。该损失与模拟后通过溶液中主要阳离子浓度计算的岩石质量损失一致，计算的灰岩、白云岩和砂岩颗粒损失分别为23.10%～27.82%、19.41%～23.41%和11.16%～20.02%。在200℃时，高Si含量砂岩模拟后的计算偏差较大（20.02%）。与pH一样，质量损失与模拟实验温度无关。

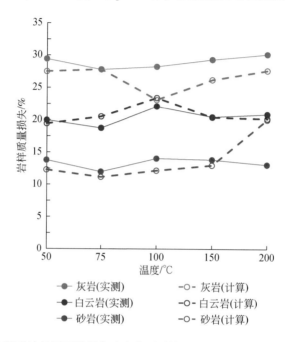

图3-34　有机酸溶蚀岩石模拟实验中岩石颗粒的实测质量损失和计算质量损失

分别用XRD和ICP-OES测量颗粒的矿物组成和元素含量。灰岩原岩主要由方解石组成（96.9%），溶蚀模拟过程中，白云石和石英的相对比例在低温阶段（50～75℃）略有增加，然后在高温阶段（100～200℃）有所下降 [图3-35（a）]。白云岩原岩主要由白云石（98.8%）组成，还有少量的方解石（1.1%）和石英（0.1%）。XRD结果表明白云岩中大部分方解石和所有石英都被溶解了 [图3-35（b）]。砂岩原岩由石英（42.4%）、黏土矿物（29.5%，包括绿泥石、伊利石、高岭石和蒙脱石）、长石（15.3%，包括钾长石和钠长石）、方解石（11.7%）和赤铁矿（0.1%）组成。乙酸溶解了所有的方解石，但没有改变其他矿物的相对比例 [图3-35（c）]。根据元素组成数据，CaO含量从初始砂岩的6.83%下降到溶蚀砂岩的0.29%～0.36%。白云岩和砂岩系列的矿物和元素组成变化与模拟温度无关，而灰岩系列则随模拟温度的变化而发生组成变化。

2. SEM观察

大多数灰岩原岩是由细晶体堆积而成的 [晶体<4 μm，图3-36（a）]，仅少数样品有形状良好的晶体 [图3-36（b）]，在这些灰岩中很少观察到明显孔隙。模拟实验后，灰岩颗粒大量溶解，呈现不同程度的溶蚀。部分颗粒的边缘溶蚀特征明显 [图3-36（c）、（d）]，但大部分颗粒是均匀的溶解，呈现整体溶蚀特征 [图3-36（e）、（g）、（i）]。白

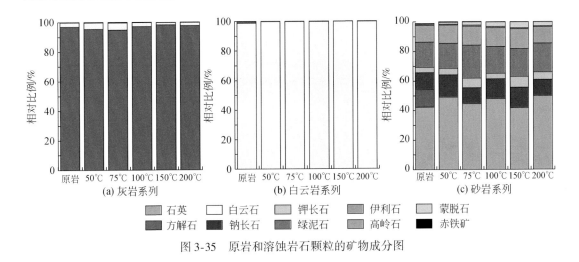

图 3-35　原岩和溶蚀岩石颗粒的矿物成分图

云石颗粒骨架部分溶解，保持了其晶体形态［图 3-36（h）］。在不同温度下，溶蚀后的灰岩之间没有观察到明显的表观形态差异，孔洞分布也没有明显的变化。

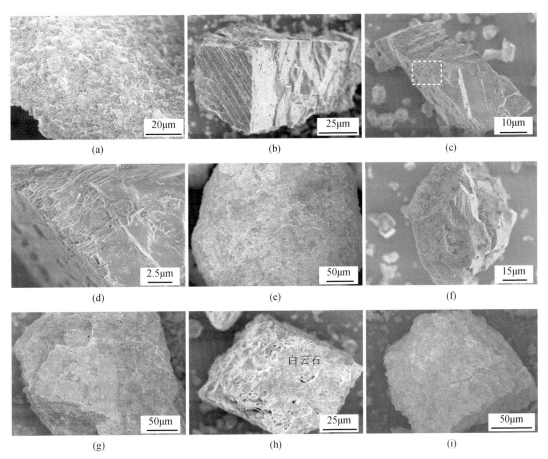

图 3-36　有机酸溶蚀岩石模拟实验中灰岩系列原岩和溶蚀岩石颗粒的 SEM 图像

（a）和（b）为原始灰岩，（c）和（d）为 50℃条件下的灰岩，（e）为 100℃条件下的灰岩，

（f）～（h）为 150℃条件下的灰岩，（i）为 200℃条件下的灰岩

在白云岩原岩中，颗粒光滑平整，孔隙发育弱［图3-37（a）、（b）］。在模拟实验后，颗粒被大量溶解［图3-37（c）、（f）~（h）］。然而，在放大的 SEM 图像中可以观察到三种不同的溶蚀特征：溶蚀缝、溶蚀凹坑和蜂窝状溶洞［图3-37（d）、（e）、（i）］。在所有的温度阶段，这些特征在不同粒径的白云岩颗粒上都能观察到。与原岩相比，溶蚀后的白云岩中孔洞大量发育，但在不同温度阶段的白云岩中，孔洞分布没有明显差异。

图 3-37　有机酸溶蚀岩石模拟实验中白云岩系列原岩和溶蚀岩石颗粒的 SEM 图像

（a）和（b）为原始白云岩，（c）和（d）为50℃条件下的白云岩，（e）为75℃条件下的白云岩，（f）为100℃条件下的白云岩，（g）为150℃条件下的白云岩，（h）和（i）为200℃条件下的白云岩

在 SEM 图像中，砂岩原岩中的大部分矿物包括长石、方解石和石英等，都没有大的孔隙，而黏土矿物则在层间发育孔隙［图3-38（a）~（c）］。在模拟实验中，方解石被乙酸完全溶解，同时长石表面和黏土矿物的夹层也被部分溶蚀［图3-38（d）~（h）］。所有砂岩样品中石英的形态没有受到有机酸溶蚀的影响［图3-38（i）］。在不同温度点，都没有观察到溶蚀砂岩样品中孔洞分布的变化。

3. N_2 和 CO_2 吸附特征

灰岩原岩的 N_2 吸附-脱附曲线为 II 型等温线［图3-39（a）］，该类型一般解释为非限

图 3-38　有机酸溶蚀岩石模拟实验中砂岩系列原岩和溶蚀岩石颗粒的 SEM 图像

（a）~（c）为原始砂岩，（d）为 50℃条件下的砂岩，（e）为 75℃条件下的砂岩，（f）
为 100℃条件下的砂岩，（g）和（h）为 150℃条件下的砂岩，（i）为 200℃条件下的砂岩

制性单层–多层吸附的反应。灰岩原岩样品的吸附能力较差，最大吸附体积 $<3\text{cm}^3/100\text{g}$。模拟实验后，与原岩样品相比，吸附能力明显下降。$1.7\sim300\text{nm}$ 孔径内的孔隙体积分布显示，原岩样品的孔隙结构是单峰型，在 160nm 处有一个高峰值 [图 3-39（d）]。模拟实验没有改变孔隙分布，但中孔和大孔的体积大量减少 [图 3-40（a），表 3-6]。在模拟实验后，平均孔隙宽度在 19.85nm 和 30.88nm 之间波动，但孔隙宽度变化与模拟实验的温度无关 [图 3-47（d）]。

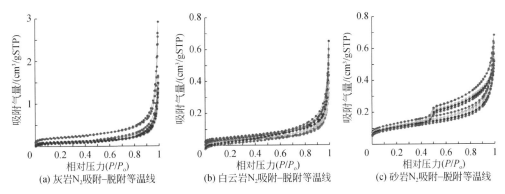

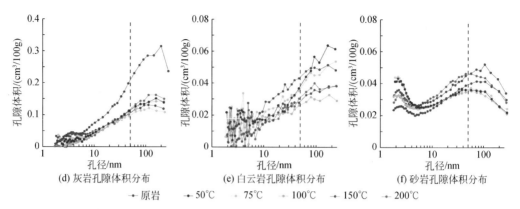

图 3-39　有机酸溶蚀岩石模拟实验中原岩和溶蚀岩石颗粒的 N_2 吸附–脱附等温线和孔隙体积分布图

白云岩原岩样品的 N_2 吸附–脱附等温线与灰岩原岩样品相似，但白云岩原岩表现出较差的吸附能力［吸附体积<0.7cm^3/100g，图 3-39（b）］。在模拟实验后，N_2 吸附–脱附等温线和孔隙体积分布变化比较复杂。虽然在 50℃时大孔的体积略有增加，但整体上中孔和大孔的体积都呈现普遍下降的趋势［图 3-39（e）、图 3-40（b）］。平均孔隙宽度在前三个温度阶段（50~100℃）没有太大的变化，但在最后两个阶段［150~200℃，图 3-39（e）］14~21nm 孔隙宽度显著增加。

当 P/P_o>0.5 时，砂岩系列的 N_2 吸附–脱附等温线呈现 IV 型等温线特征，并出现迟滞环［图 3-39（c）］。IV 型等温线与板状颗粒聚集体中裂缝状孔隙的发育有关。砂岩原岩样品的吸附容量（5.6cm^3/100g）和孔隙体积均高于灰岩和白云岩样品（表 3-6）。原岩样品的孔隙结构呈双峰分布，最大峰值在 2nm 和 80nm 处［图 3-39（f）］。在低温阶段（50~100℃），孔隙宽度大于 10nm 的大孔和中孔的体积减小，在高温阶段［150~200℃，图 3-39（c）］大孔和中孔的体积增大。与此相反，孔隙宽度小于 10nm 的介孔体积在模拟实验中表现出相反的趋势。总体来说，平均孔隙宽度在模拟实验过程中几乎没有显著变化［8.99~11.38nm，图 3-40（f）］。

表 3-6　有机酸溶蚀岩石模拟实验的气体吸附数据表

岩石类型	温度	CO₂ 吸附		N₂ 吸附		
		微孔/(cm³/100g)	孔隙宽度中值/nm	中孔/(cm³/100g)	大孔/(cm³/100g)	平均孔隙宽度/nm
灰岩	原岩	0.004	0.55	0.104	0.202	26.55
	50℃	0.002	0.57	0.077	0.095	23.50
	75℃	0.001	0.57	0.076	0.078	19.85
	100℃	0.002	0.56	0.053	0.089	31.07
	150℃	0.002	0.57	0.070	0.113	25.19
	200℃	0.002	0.57	0.054	0.099	30.88
白云岩	原岩	0.002	0.57	0.039	0.034	16.52
	50℃	0.010	0.57	0.031	0.038	16.30

续表

岩石类型	温度	CO₂ 吸附		N₂ 吸附		
		微孔 /(cm³/100g)	孔隙宽度中值 /nm	中孔 /(cm³/100g)	大孔 /(cm³/100g)	平均孔隙宽度 /nm
白云岩	75℃	0.008	0.57	0.036	0.033	13.95
	100℃	0.006	0.57	0.026	0.021	14.38
	150℃	0.004	0.58	0.023	0.025	21.75
	200℃	0.003	0.58	0.024	0.026	19.47
砂岩	原岩	0.028	0.54	0.365	0.304	11.38
	50℃	0.036	0.54	0.442	0.254	9.03
	75℃	0.036	0.54	0.440	0.259	8.99
	100℃	0.033	0.55	0.394	0.250	9.33
	150℃	0.037	0.54	0.440	0.358	10.95
	200℃	0.036	0.54	0.450	0.327	10.81

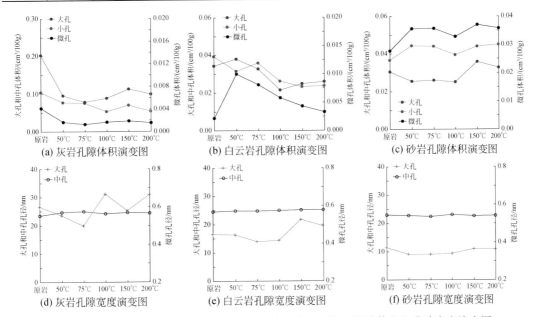

图 3-40　有机酸溶蚀岩石模拟实验中原岩和溶蚀岩石颗粒的孔隙体积和孔隙宽度演变图

灰岩原岩样品的 CO_2 吸附-脱附等温线为 I 型等温线 [图 3-41（a）]，这是微孔固体孔隙特征的反映。所有溶蚀后的灰岩都表现出相似的吸附能力，明显低于灰岩原岩的吸附能力。原岩样品和溶蚀样品的微孔结构在双峰型和三峰型之间变化 [图 3-41（d）]。与灰岩原岩相比，孔隙宽度小于 0.6nm 的微孔体积在模拟实验中急剧减小 [图 3-40（a）、图 3-41（d）]；然而，0.55~0.57nm 微孔的孔径宽度没有变化 [图 3-41（d）]。

白云岩原岩样品的 CO_2 吸附-脱附等温线也为 I 型等温线 [图 3-41（b）]。在 50℃ 时，白云岩的吸附能力增加，在随后的其他温度阶段逐渐下降。尽管如此，溶蚀后的白云岩在

200℃时的吸附能力仍高于原岩样品。微孔体积分布遵循吸附能力的演变 [图 3-41（b）]；然而，不同尺寸的微孔表现出不同的反应。在 50℃时，0.7~0.8nm 的微孔体积大量增大，在随后的阶段没有变化，而孔隙宽度小于 0.7nm 的微孔在低温（50~75℃）时增大，但在随后的阶段逐渐减小 [图 3-40（e）]。总体来说，0.57~0.58nm 微孔的宽度在实验过程中没有变化 [图 3-40（e）]。

　　砂岩原岩样品的 CO_2 吸附能力相对低于溶蚀砂岩 [图 3-41（c）]。溶蚀后样品之间的吸附能力仅有细微的差异；然而，砂岩原岩和溶蚀后砂岩的微孔分布都在 0.5nm 和 0.8nm 处呈现出双峰型特征。模拟实验增加了微孔的体积，但没有改变孔径分布 [图 3-40（c）、图 3-41（f）]。因此，微孔宽度中值仅有轻微变化 [0.54~0.55nm，图 3-40（f）]。

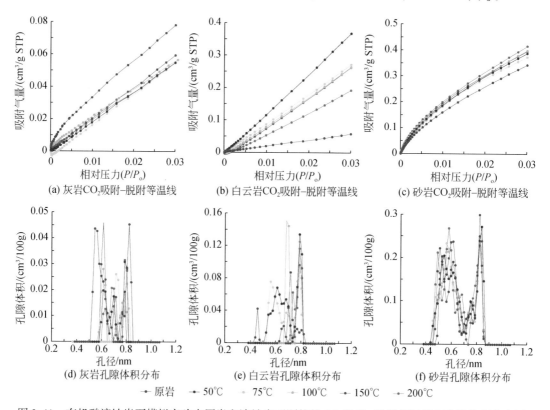

图 3-41　有机酸溶蚀岩石模拟实验中原岩和溶蚀岩石颗粒的 CO_2 吸附–脱附等温线和孔隙体积分布图

4. 有机酸溶蚀对储层岩石的改造

　　根据上述结果，不同储层岩石在有机酸溶蚀过程中的反应是不同的。有机酸溶蚀造成灰岩颗粒在所有方向上被磨圆 [图 3-42（a）]。这种现象可以解释为所有晶格平面均匀溶解的结果，即从晶格缺陷、凸面和边缘的活性位点开始，扩展到晶体表面的所有位点都发生了均匀溶解（Zhu D Y et al.，2015）。均匀溶解继续进行，因此更多的孔隙发展为溶洞。与此相反，微米级和纳米级的孔隙则被大量堵塞。在灰岩原岩样品表面观察到的一些孔隙因周围的方解石框架溶解而被破坏。其他的孔隙可能是被迁移的细小矿物颗粒（如二氧化硅、白云石）堵塞。这些难溶的颗粒是在方解石溶解过程中从晶格中被释放出来的，并随流体迁移堵塞在孔隙喉道中。前人模拟实验也发现在有机酸溶蚀灰岩的岩心表面有硅质颗粒和层状黏土暴露出来（Taylor and Mehta，2006；佘敏等，2012）。

正如在灰岩中观察到的那样，有机酸也在很大程度上溶解了白云岩样品，但被溶蚀的颗粒发育了蜂窝状的孔洞。由 SEM 观察可知，溶解开始于菱形节理上的活性位点，然后溶蚀凹坑顺着节理逐渐扩大，最终相互沟通形成蜂窝状的孔洞［图 3-42（a）］。这种溶蚀模式造成了微米级的孔隙体积增加，但纳米级孔隙可能发育也可能恶化。一些纳米级孔隙的形成可能与方解石溶解和白云岩颗粒上的溶蚀坑大量发育有关。其他的纳米级孔隙可能是被迁移的矿物颗粒所堵塞，就像溶蚀灰岩观察到的情况一样。随着蜂窝状结构孔洞在实际储层中的发展，可以预期会有更大的孔洞和溶洞发育。

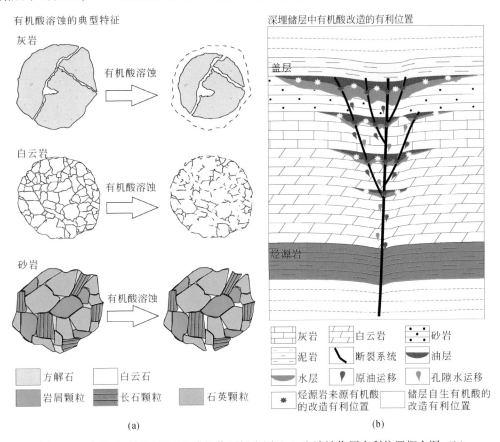

图 3-42　有机酸对储层岩石的溶解作用概念图（a）和溶蚀作用有利位置概念图（b）

砂岩原岩样品只含有少量碳酸盐矿物。在模拟过程中，作为胶结物的方解石被完全溶解，长石只溶解了一部分，石英和黏土矿物没有受到影响。前人研究表明，有机酸通过络合晶格中铝和硅的方式溶解硅酸盐和石英，但溶解速度明显慢于方解石（Cama and Ganor，2006；Yang et al.，2015）。本实验的水化学数据中也观察到了不同矿物具有不同的溶解速率。在模拟实验中，水溶液中钙的富集首先发生在低温阶段，之后在高温阶段随着部分硅酸盐被溶蚀，硅、钾和钠的浓度逐渐增加。因此，砂岩的溶解是不均匀的，方解石胶结物溶解后会产生微裂隙，不同孔隙之间连通程度增加［图 3-42（a）］。因为在模拟过程中纳米级孔隙没有任何增加，这些微裂缝很可能发生在微孔尺寸范围内。

　　该反应虽然在封闭体系内完成，但高水岩比例和高酸岩比例的设计，反映的是开放水动力条件下流动的有机酸流体与储层岩石的作用过程。此过程主要发生在两个地质场景中。一个是随断裂运移的、烃源岩来源的有机酸流体，该流体随着烃类运移，沿断裂快速达到储层，主要作用于断裂附近的储层位置；另一个是在深层储层内的烃水界面处，储层内烃水反应自生的有机酸与界面处的岩石发生溶蚀反应 [图 3-42 (b)]。

3.3.3　有机酸流体的综合成储作用

　　有机酸流体以两种方式影响深层储层的质量：一是通过矿物溶解不断改善储层物性；二是维持水体酸性条件，阻碍矿物沉淀。在碳酸盐岩储层中，孔隙度可通过扩大孔洞而增加，尽管这些孔洞的改造过程在灰岩和白云岩中可能有所不同。在砂岩储层中，以同样方式增加孔隙度的可能性有限，因为硅酸盐矿物溶解缓慢，而砂岩中的方解石含量很少。但在方解石胶结物溶解后，砂岩储层的渗透性可以得到一定程度的改善。在正常的流体压力下，微裂缝为烃类的储存提供了很小的空间；但是，构造挤压造成的超压可以迫使这些微裂缝打开，使它们相互连接，成为烃类的保存空间。塔里木盆地库车拗陷白垩系砂岩储层在压力系数约为 2.0 的环境中形成了微裂缝孔隙，可能是这种酸蚀的一个例子。有机酸溶蚀矿物改善储层物性的最有利发生时期应当与油气充注时期相同，即这些有机酸流体来自烃源岩，伴随油气充注到储层中去。同时，改善的储层空间直接被油气占据，因而得到保存。

　　对于深层储层来说，由于矿物氧化、TSR 和水解歧化反应产生有机酸的准确产量以及哪些地质环境最有利等方面存在不确定性，地质领域储层潜在的酸蚀程度仍难以定量评估。虽然如此，有机酸在深层储层孔隙度的保持方面可能都很重要。塔里木盆地深度大于 5 km 的灰岩储层中乙酸浓度为 10.5～185.7mg/L 不等（中值为 36.8mg/L，$n=36$）。利用乙酸在储层温度（100～150℃）下的解离常数进行简单计算，表明这些乙酸溶液的 pH 可能为 3.74～4.52。在这种条件下，溶解的矿物质将难以沉淀。因此，深层储层原地产生的有机酸可以维持水的酸性环境，从而保持储层的物性空间。

　　在现实中应考虑其他因素。例如，深层储层中有机酸的生成和破坏之间的关系仍不清楚。在地质时间尺度内持续的高温会促使有机酸脱羧，增加烃类和二氧化碳气体的浓度，并增加矿物沉淀的可能性。另一个需要考虑的因素是烃类成藏后其他地质流体的侵入和混合过程。3.2 节也证实了中国西部盆地的深层储层近期（<10Ma）存在烃类和孔隙水的共同充注现象。因此，在评估有机酸与储层矿物的关系时，应考虑到储层温度、流体化学历史和有机酸稳定性的影响。

3.4　重点盆地深层–超深层有机酸生成与成储效应

3.4.1　计算模型及依据

　　来自烃源岩的有机酸能否改造储层，或者在多大程度上改造储层，可以从烃源岩质量、烃源岩与储层关联性、储层内油气性质三个方面来判断。

控制烃源岩中有机酸生成的因素包括：①有机质类型，I 型有机质产量最高，II、III 型有机质产量较差；②总有机碳含量（TOC）和烃源岩厚度，总有机碳含量越高、厚度越厚的烃源岩生成的有机酸越多；③热演化程度，含 I–II 型有机质的烃源岩达到生油窗后期 –轻质油阶段，含 III 型有机质的烃源岩达到生油窗早期，都有利于有机酸生成；④埋深演化历史，短时快速埋深减少了有机酸受热降解的程度，有利于有机酸的保存。

烃源岩与储层关联性包括相对位置远近和连通方式两个方面。考虑到烃源岩中产生的有机酸，其溶蚀能力在运移过程中会被围岩矿物不断中和，来自烃源岩的有机酸改造储层的有利位置应当在储层中靠近烃源岩的位置，即油气在储层的充注点。此外，当烃源岩与储层距离较远时，如果有直接连通路径，比如垂直断裂带能够有效连接两者，那么酸性流体也能快速通过疏导层直达储层。

储层内油气的热演化程度和相对分布也是判断因素之一。储层内若都是成熟油或轻质油分布，则表明烃源岩中的有机酸已大部分都随原油运移到储层；储层内若是快速埋深形成的煤型气，也说明煤层中的有机酸已大部分都随天然气运移到储层；储层内若是以干酪根裂解气为主或缓慢埋深形成的煤型气，则说明来自烃源岩的有机酸较少或没有。另外，当油气藏内的油气分布复杂时，则有可能表明储层内的水动力环境仍然活跃，此时的水岩接触面积越大，越有利于有机酸改造储层。

基于上述讨论，深层储层被有机酸改造的有利位置应当具备以下条件：①储层物性基础良好；②靠近烃源岩沉积中心；③垂向深大断裂发育；④凝析油/轻质油富集；⑤油水接触关系复杂。因此，勘探井部署建议选择符合这些条件的相关位置。

根据我国塔里木盆地和四川盆地主要烃源岩数据（厚度、TOC、有机质类型和成熟阶段），结合已建立的有机酸生成模式，可以计算主要烃源岩的有机酸生成强度，公式如下：

$$M = H \times \rho \times TOC \times A \tag{3-1}$$

式中：M 为每平方千米有机酸生成强度；H 为烃源岩厚度；ρ 为烃源岩密度；TOC 为烃源岩总有机碳含量；A 为不同有机质的有机酸产量。四川盆地和塔里木盆地主要烃源岩都已达到高–过成熟阶段，因此，A 都选择有机酸最高产量，按 3.2 节内容，I 型为 30mg/g TOC，II 型或 III 型为 15mg/g TOC。

3.4.2　塔里木盆地

塔里木盆地台盆区在奥陶纪—寒武纪地层中发育多套以 I 型有机质为母源的烃源岩。前人已有较为完善的关于烃源岩有机质丰度、形成环境和厚度分布范围的研究成果（杨海军和庞雄奇，2016；张水昌等，2017），可以用来计算并比较不同烃源岩的有机酸生成强度。盆地上奥陶统主要发育印干组泥页岩、良里塔格组泥晶灰岩和灰质泥岩。前者出露于柯坪剖面，主要沉积于阿瓦提地区闭塞–半闭塞的欠补偿陆缘海湾；后者分布于塔中地区，沉积于台缘斜坡环境。上奥陶统烃源岩 TOC 在 0.49% ~ 0.84%。因此，在两个沉积中心的烃源岩有机酸生成强度最大分别为 0.08 ~ 0.13kg/m² 和 0.04 ~ 0.07kg/m²［图 3-43（a）］。

中奥陶世，海平面快速上升，海域面积宽广，烃源岩分布极其广泛。目前已发现四套

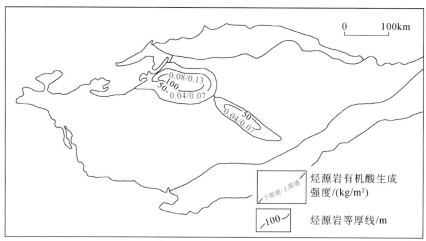

(a) 上奥陶统(良里塔格组—印干组)

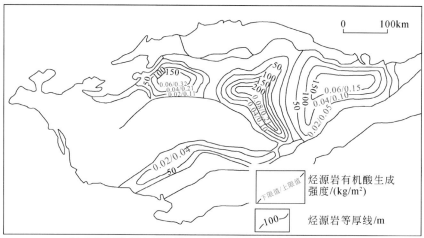

(b) 中奥陶统(却尔却克组——间房组/吐木休克组—萨尔干组)

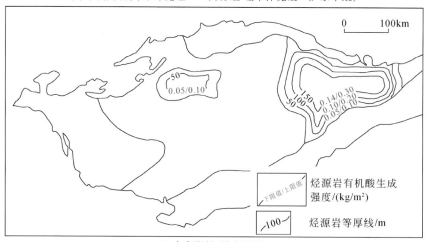

(c) 中奥陶统(黑土凹组)

图 3-43　塔里木盆地台盆区奥陶系烃源岩有机酸生成强度图 [烃源岩厚度改自杨海军和庞雄奇（2016）]

主要烃源岩。在满加尔坳陷东部及塔东地区沉积了盆地相却尔却克组泥岩，沉积中心厚度超过 150m，TOC 在 0.50% ~1.23%（高志勇等，2011）；在塔中塔北之间的顺托果勒地区沉积台内凹陷型烃源岩，层位在一间房组顶部至吐木休克组底部，其厚度最大可达200m，TOC 在 0.51% ~1.30%（高志勇等，2012）；在阿瓦提凹陷内发育深水陆棚相–盆地相的萨尔干组黑色泥页岩，TOC 在 0.50% ~2.70%；在南部塘古孜巴斯凹陷沉积有深水陆架相烃源岩，TOC 在 0.54% ~1.06%（张水昌等，2017）。计算表明，四套烃源岩的有机酸最大生成强度分别为 0.06 ~0.15kg/m^2（却尔却克组）、0.08 ~0.21kg/m^2（吐木休克组）、0.06 ~0.32kg/m^2（萨尔干组）和 0.02 ~0.04kg/m^2（塘古孜巴斯凹陷烃源岩）［图3-43（b）］。中奥陶统中，黑土凹组在满加尔坳陷和塔东地区发育欠补偿盆地相的黑色碳质和硅质泥岩，烃源岩最厚处可达 150 m；同时，在西部阿瓦提凹陷内又发育台内凹陷型烃源岩，烃源岩分布范围和厚度都很有限。其烃源岩 TOC 在 1.20% ~2.56% 之间。计算表明，满加尔坳陷和阿瓦提凹陷中有机酸生成强度最大可至 0.14 ~0.30kg/m^2 和 0.05 ~0.10kg/m^2［图3-43（c）］。

在寒武纪地层中，深海–浅海泥岩相烃源岩主要发现于满加尔坳陷和塔东地区，TOC 在1.20% ~3.30%；蒸发台地潟湖相膏质白云岩烃源岩主要发现于中西部台地，TOC 含量相对较低，在 0.54% ~0.91%（杨海军和庞雄奇，2016；张水昌等，2017）。中寒武统烃源岩空间展布特征基本继承了下寒武统的分布格局。中寒武统烃源岩有机酸最大生成强度在东西两个沉积中心分别为 0.06 ~0.11kg/m^2 和 0.19 ~0.52kg/m^2［图3-44（a）］，而下寒武统烃源岩有机酸生成强度最大值分别为 0.06 ~0.11kg/m^2 和 0.14 ~0.39kg/m^2［图3-44（b）］。综合考虑烃源岩质量和分布可以看出，寒武纪—奥陶纪时满加尔坳陷的烃源岩一直具有较大的有机酸生成潜力，强度上限值介于 0.14 ~0.52kg/m^2，但其生酸中心偏向满加尔坳陷东部地区；相对于寒武系和上奥陶统烃源岩，中奥陶统一间房组—吐木休克组是塔中–塔北–顺托果勒地区最有潜力的有机酸产出层位。

三叠纪和侏罗纪时塔里木盆地库车坳陷发育湖相泥岩和煤系泥岩两大类烃源岩。侏罗系烃源岩以煤系地层为主，煤层厚度大（250 ~700m），TOC 含量高（30% ~70%）（秦胜

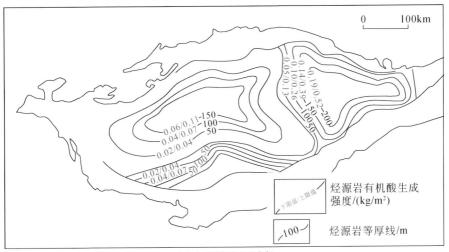

(a) 中寒武统烃源岩

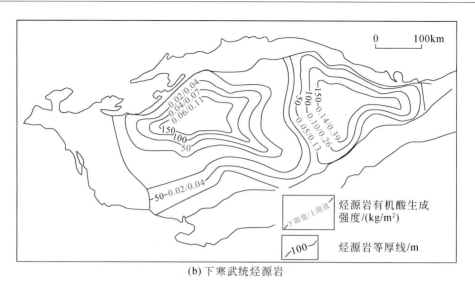

(b) 下寒武统烃源岩

图3-44　塔里木盆地台盆区寒武系烃源岩有机酸生成强度图 [烃源岩厚度改自杨海军和庞雄奇（2016）]

飞和戴金星，2006），有机酸生成强度远比三叠系泥岩高。位于沉积中心的侏罗系煤层有机酸最大生成强度在 3.15~8.82kg/m²，而三叠系的有机酸生成强度在 0.23~0.90kg/m²（图3-45）。相对而言，来自侏罗系煤层的有机酸对上覆巴什基奇克组储层改造的贡献可能较大。

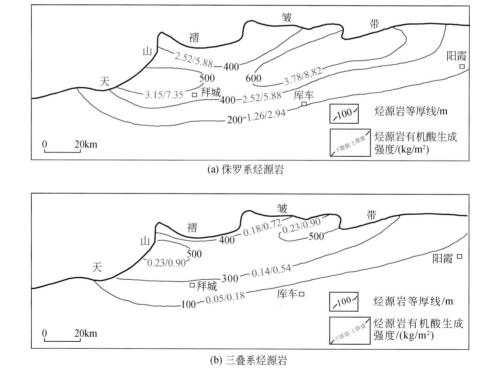

图3-45　库车拗陷烃源岩有机酸生成强度图 [烃源岩厚度改自秦胜飞和戴金星（2006）]

3.4.3　四川盆地

四川盆地四套主力烃源岩中，寒武系筇竹寺组泥质烃源岩有机酸生成强度最大。位于绵竹–长宁裂陷内的该烃源岩 TOC 含量高（0.50%～8.49%），厚度大（>400m）（魏国齐等，2017），有机酸最大生成强度在 2.65～2.98kg/m² （图 3-46）。相对而言，震旦系灯三段泥质烃源岩（图 3-47）、灯影组泥质碳酸盐岩（图 3-48）和陡山沱组泥质烃源岩（图 3-49）分布范围和厚度有限，TOC 含量普遍偏低（<4.73%）（魏国齐等，2017），因此有机酸生成强度较差（沉积中心最大生成强度分别为 0.05～1.10kg/m²、0.06～1.10kg/m²和 0.004～0.18kg/m²）。据此估计来自筇竹寺组伴随原油充注的有机酸流体对古油藏储层的改造效果较好。

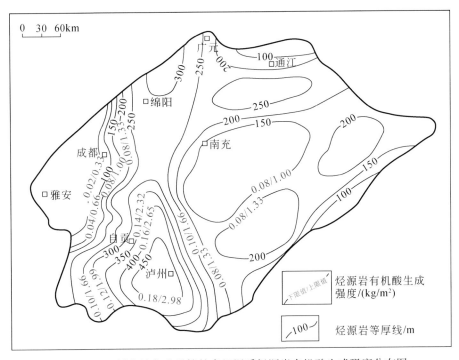

图 3-46　四川盆地寒武系筇竹寺组泥质烃源岩有机酸生成强度分布图
[烃源岩厚度分布图改自魏国齐等（2017）]

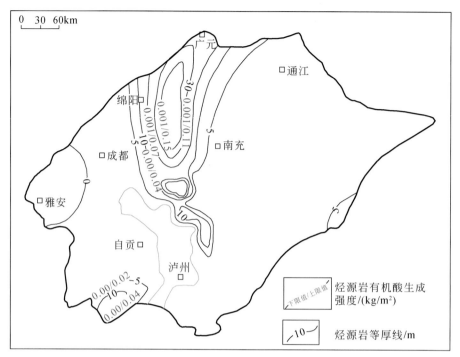

图 3-47　四川盆地震旦系灯三段泥质烃源岩有机酸生成强度分布图〔烃源岩厚度分布图改自魏国齐等（2017）〕

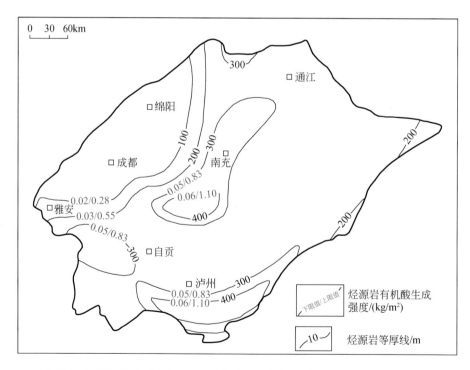

图 3-48　四川盆地震旦系灯影组泥质碳酸盐岩有机酸生成强度分布图〔烃源岩厚度分布图改自魏国齐等（2017）〕

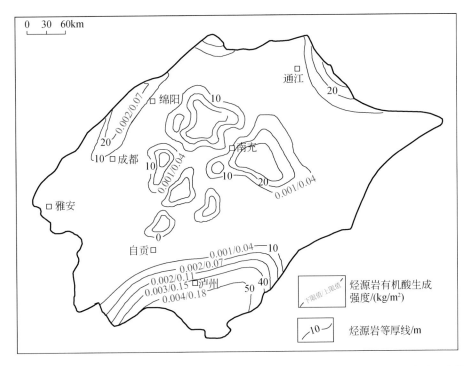

图 3-49　四川盆地震旦系陡山沱组泥质烃源岩有机酸生成强度分布图［烃源岩厚度分布图改自魏国齐等（2017）］

第4章 深层–超深层碳酸盐岩岩溶储层形成分布

岩溶储层是全球范围内最重要的碳酸盐岩油气藏储层类型之一，其储层空间以溶孔、溶洞和溶缝为特征，具有极强的非均质性。"岩溶"的狭义定义为"喀斯特"，主要指水对碳酸盐岩、硫酸盐岩等可溶性岩石的化学溶蚀、机械侵蚀、物质迁移和再沉积的综合地质作用及由此所产生现象的统称。

4.1 深层–超深层岩溶储层基本特征与存在问题

4.1.1 岩溶储层基本特征

传统意义上的岩溶作用沿大型不整合面或峰丘地貌呈准层状分布，集中发育在不整合面之下 0~50m 的范围内，最大分布深度可以达到 200~300m（Lohmann，1988；James and Choquette，1988）。目前国内对岩溶分类方案还不统一，按照地质背景和成因的不同，赵文智等（2013）将岩溶作用分为潜山（风化壳）岩溶、层间岩溶、顺层岩溶和受断裂控制岩溶等。国内部分学者将岩溶作用的定义作了延伸，即经历同生期或准同生期大气水溶解作用及埋藏期热流体等溶解作用均纳入岩溶作用范畴（Wang and Al-Aasm，2002；吴茂炳等，2007；张宝民和刘静江，2009）。本书的深层岩溶储层，是指由"表生"岩溶作用主控，但在深埋藏过程中（可以）经历改造并得以保持的规模储层类型。简言之，没有明显"表生"作用改造的储层不归类到"岩溶储层"。

多旋回构造运动导致盆地内发育多期大型不整合，为溶蚀–淋滤型储集层的形成提供了条件，如塔里木盆地早古生代—晚古生代构造运动，在震旦系—奥陶系形成了 6 套岩溶储集层。在纵向分布上，前人研究以及统计分析普遍认为，塔里木盆地的风化壳岩溶主要分布在不整合面以下 200m 深度范围内（陈景山等，2007；李忠等，2010），但岩溶发育程度随地区、岩性、构造部位、古地貌位置、古水文条件以及暴露时间长短等不同而变化，具有强非均质性。以塔河地区鹰山组和塔中地区鹰山组岩溶为例，从岩溶洞穴发育的规模上看，塔中地区鹰山组（钻井最大放空厚度为 4.7m，ZG11 井）要远远逊色于塔河地区鹰山组（最大放空厚度可达 25m，S88 井）。从充填物来看，塔中洞穴以泥质充填为主，而塔北洞穴碎屑充填严重。

深层–超深层岩溶型储层可按组构特征综合划分为洞穴型、裂缝–孔洞型、孔洞型和裂缝型四类。根据以往成因研究，岩溶储层主要分为潜山岩溶储层、顺层岩溶储层、层间岩溶储层和受断裂控制岩溶储层。受断裂控制岩溶是指深部地层由于矿物脱水作用、有机质生烃作用、岩石变质和液化作用、岩浆活动等释放的流体向上运移，与上部碳酸盐岩发生化学反应，并改造原始岩石物性的一种作用（Klimchouk，2009；Palmer，2011）。就目前研究看，这类规模储层大多发育于早期受岩溶影响的层位，因此这类储层应该属于混合岩溶成因（表4-1），但机制认识存在诸多争议。

表 4-1　岩溶储层类型划分及深层发育实例

岩溶储层类型			深层发育程度与典型实例
岩溶深层保持型	潜山岩溶（深层保持为主）	灰岩潜山	深层规模发育；塔北奥陶系灰岩潜山
		白云岩潜山	鄂尔多斯靖边地区马家沟组
	顺层岩溶（深层保持为主）		塔北南缘奥陶系鹰山组—良里塔格组
	层间岩溶（深层保持为主）		深层规模发育；塔中-巴楚地区鹰山组
岩溶深层改造型	断裂改造灰岩岩溶（深层改造显著）	张扭带断裂改造岩溶	深层规模发育；塔中-阿满过渡带奥陶系、四川盆地茅口组
		压扭带/冲断带断裂改造岩溶	
	断裂改造白云岩岩溶（深层改造显著）	张扭带断裂改造岩溶	深层规模发育；塔中-塔北寒武系、四川盆地灯影组
		压扭带/冲断带断裂改造岩溶	

显然，深层岩溶储层油气勘探虽已获得重要突破，但由于深层地质演变复杂，储层成因机制和分布规律仍缺乏系统认识。

4.1.2　深层-超深层岩溶储层研究的关键问题

在正常埋藏压实及胶结作用下，沉积岩无论原生还是次生孔隙都具有随后续埋藏深度增加而减小的趋势（Schmoker and Halley，1982）。特别是对于深层碎屑岩来说，在漫长的成岩演化过程中，孔隙要避免被成岩矿物充填而保存下来才能最终成为有效的储层，虽然仍存在一定的争议（Bloch et al.，2002；Wilkinson et al.，2006）。与碎屑岩相比，碳酸盐岩更易发生压溶压实作用及与流体发生水岩反应，其孔隙更易于被充填而丧失（Ehrenberg and Nadeau，2005）。处于深埋藏环境下的碳酸盐岩的储集空间是如何保存下来的目前研究仍较为薄弱。前人研究表明，主要有几种情况利于储层保存：超压是孔隙得以保存的最主要因素（Feazel and Schatzinger，1985；Maliva and Dickson，1992）；石油对储层孔隙的早期侵位，由于其可以阻止化学压实作用，因此也有利于孔隙的保存（Feazel and Schatzinger，1985；Heasley et al.，2000）。

统计研究认为（Loucks，2007），埋深3000m以下的洞穴基本无法保存。塔里木盆地塔北地区塔深1井在埋藏7000~8400m深度发现了良好的碳酸盐岩储集层。在埋深大于8000m，温度超过170℃，压力大于80MPa的高温高压环境下，溶蚀孔、洞、缝等储集空间仍发育，这在以往比较少见，改变了石油地质学家对古老碳酸盐岩储层有效储集孔隙保存机制的认识。

碳酸盐岩岩溶的形成与发育主要受古气候、古地貌/古地理的控制，而岩溶储层则与原始沉积环境和后期改造（包括成岩作用、构造作用和流体作用等）等因素影响有关。后期溶蚀改造作用主要包括地表大气水影响（Moore，2001；Loucks et al.，2004），埋藏阶段有机质成熟生烃所产生的有机酸、CO_2、H_2S 等酸性流体的埋藏溶蚀作用（Mazzullo and

Harris, 1992), 深部热流体溶蚀改造 (Davies and Smith, 2006) 等, 后者是深层–超深层岩溶储层研究的专属性关键问题。

特别地, 受多期构造运动叠加的影响, 深层碳酸盐岩在抬升作用、沉降作用、逆冲及走滑断裂等构造作用的影响下, 经历了多期构造–流体活动的变迁, 形成了多期复杂的成岩环境与性质迥异的流体场。另外, 由于基底存在明显分异及其导致的对构造应力响应的差异性, 碳酸盐岩沉积组构、构造应变、埋藏环境、流体活动等在时空上均存在显著差异, 这就使得碳酸盐岩储集体呈现多样性和复杂性。显然, 前人虽然对碳酸盐岩储层已有大量研究, 但对构造活动及与其相关流体–岩石相互作用的系统研究很少, 认识极为有限。

4.1.3　成岩流体活动

在沉积盆地中流体活动始终贯穿于包括胶结、溶蚀、重结晶和白云石化等成岩改造过程, 对储层的质量具有重要的影响 (Morad et al., 2000; Boles et al., 2004; Ehrenberg et al., 2006), 因此约束流体活动的性质及演化对储层研究至关重要。流体不仅是流体–岩石作用的参与组分, 还是流体–岩石作用中物质、能量的输运载体, 是流体–岩石作用系统的活跃控制因素 (李忠等, 2006a; 李忠和刘嘉庆, 2009; 李忠, 2016)。然而, 对于深层油气储层, 后期经历了多期次的埋藏–构造作用的叠加改造, 导致其流体活动复杂多变, 因此盆地流体活动的重塑和预测具有非常大的挑战, 而系统的流体–岩石作用实例解析不多。

例如, 以往地层水 (蔡春芳等, 1997; 贾存善等, 2007) 和岩溶缝洞充填物 (张兴阳等, 2006; 刘存革等, 2008; 单秀琴等, 2015) 研究表明, 塔里木盆地奥陶系古流体来源于表生期大气水、被埋藏封存的淡水–海水混合水、海水及浓缩海水以及沿断裂带上窜的寒武系白云岩层系、蒸发岩系的埋藏卤水等。但是各期次流体确切的空间分布及其对储层物性的改造作用等仍不清楚。

热流体活动是深层碳酸盐岩储层改造的一个重要因素, 其可以使碳酸盐岩发生溶蚀从而改善储集性能 (吕修祥等, 2008; 金之钧等, 2006; Davies and Smith, 2006), 灰岩热流体白云石化形成优质白云岩储层 (Lavoie and Morin, 2004; Smith, 2006) 和白云岩重结晶作用 (Lavoie and Morin, 2004; Wierzbicki et al., 2006) 等, 也曾一度是国内外研究的热点之一。叠合盆地在多期构造活动中形成的断裂系统和不整合面可以为深部热流体活动提供通道, 而不同地区不同层位的储层流体来源复杂多变, 传统的技术手段难于解析和恢复流体活动。

4.1.4　研究思路及方法

以往基于全岩的分析多为多期作用叠加的结果, 无法揭示精细的成岩与盆地流体性质期次及其演化。随着离子探针 (SIMS) 和纳米离子探针 (NanoSIMS)、双能 CT、微米 CT、聚集离子束–扫描电镜等微区原位观测技术的发展和学科交叉融合, 为精细解析盆地流体活动提供了有力支撑 (Buschaert et al., 2004; Vincent et al., 2007; Gabitov et al., 2013)。

本章以塔里木盆地奥陶系深层岩溶型储层为重点研究对象，选取塔中、塔河、金跃–跃满（阿满过渡带）三个构造–流体演化各具特色的地区进行解剖（图 4-1）。主要通过岩心、地震、测井多尺度资料综合研究分析，建立精细的台地结构、层序格架和岩溶结构，在此框架下深入开展地球化学（微区/原位同位素地球化学和元素地球化学）研究，根据地球化学属性和流体包裹体测温资料进行流体表征，结合详细的构造–裂缝系统属性及演化研究和区域埋藏史分析，运用成岩序列和同位素年代学方法对流体事件年代进行约束，突出分析多期构造–流体活动与深埋岩溶的建设性改造关系，认识深层规模岩溶型储集体的储集空间的形成–保存机制。并结合微米 CT 等微观观测技术与地球物理测井及地震资料，进行深层岩溶碳酸盐岩储层的多尺度结构刻画或多尺度储集性表征，以及国内外典型岩溶型储层研究实例的调研对比，建立深层岩溶成储地质模式，开展深层–超深层埋藏岩溶储集体有利区的分布预测。

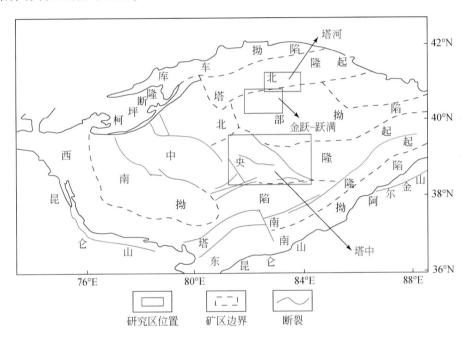

图 4-1　塔里木盆地奥陶系岩溶型储层重点研究区位置

4.2　塔里木盆地奥陶系深层–超深层岩溶储层多尺度表征

4.2.1　塔河地区

根据钻井资料、岩心以及薄片观察，塔河地区奥陶系碳酸盐岩有效储集空间主要有三类，为裂缝、孔隙、溶蚀孔洞，且根据其成因又可分为 6 种类型，晶间孔、粒间孔、构造缝、压溶缝、溶蚀缝、溶蚀孔洞。裂缝、溶蚀孔洞在各组均有分布，孔隙主要发育在上奥陶统尖灭线以南的一间房组中。

1. 鹰山组储集空间

塔河地区中下奥陶统鹰山组自下而上逐渐由云灰岩变为灰岩地层，并且向上灰岩中颗粒的含量逐渐增多，浅滩亚相逐步发育。通过岩心、薄片观察，塔河地区中下奥陶统鹰山组的储集空间主要为溶蚀孔洞、洞穴，孔隙的发育程度较低。

塔河地区鹰山组的钻具放空概率高，并且放空的累计厚度大，最大的放空厚度可达25m（S88井），最小的放空厚度也在1m左右（表4-2），30多口钻井放空的平均厚度可达8.6m。岩溶发育井平面分布见图4-2。

表4-2　塔河地区鹰山组部分钻井放空情况统计

井号	放空厚度/m	特征	井号	放空厚度/m	特征
S23C	11	放空、漏失	TK449H	8	放空、严重漏失
S47	4	部分充填，放空	TK460H	14	放空、严重漏失
S48	6	放空、严重漏失	TK463	4	间断放空、漏失、部分充填
S70	14	暗河沉积、近放空	TH4-8-1	8	放空、漏失、部分充填
S88	25	放空、严重漏失	T503	13	放空、严重漏失、部分充填
LN15	2	放空	T606	1	放空、严重漏失
TK203	1	放空	TK611	9	放空、严重漏失
TK217	7	放空、漏失	TK614	10	放空、严重漏失
TK306	11	断续放空	T617C	8	放空、漏失
TK309	2	放空	TK629H	3	放空
TK319	14	放空	TK630	11	放空、严重漏失
TK424	2	放空	TK636H	4	放空、严重漏失
TK430H	1	放空、严重漏失	TK648	18	放空、严重漏失
TK440	18	近放空、严重漏失	T701	20	放空、严重漏失
TK442	10	放空、漏失	T706	8	间断放空、漏失
TK444	12	放空、严重漏失	T708	5	放空、漏失
TK448H	5	放空、严重漏失	T904	3	放空、漏失

塔河地区的洞穴充填物在比较大型的洞穴中以坍塌角砾为主（如S93井5660~5683m，S94井5834~5886m），在比较小型的洞穴中以机械沉积物（砂岩较多，其次为粉砂岩、泥岩）和化学胶结物为主。

2. 一间房组储集空间

塔河地区一间房组的孔隙空间主要为粒内溶孔和铸模孔，主要产于残余颗粒灰岩中。被溶蚀的颗粒常为生屑、砂屑和鲕粒，溶蚀不完全者形成粒内溶孔，溶蚀彻底者形成铸模孔，其边缘常见泥晶套。溶孔及铸模孔主要发育于四级层序的高位体系域，并且与相对海平面的升降变化密切相关。

塔河地区一间房组的溶蚀孔洞空间也是重要的储集空间类型，局部发育大型溶洞，而

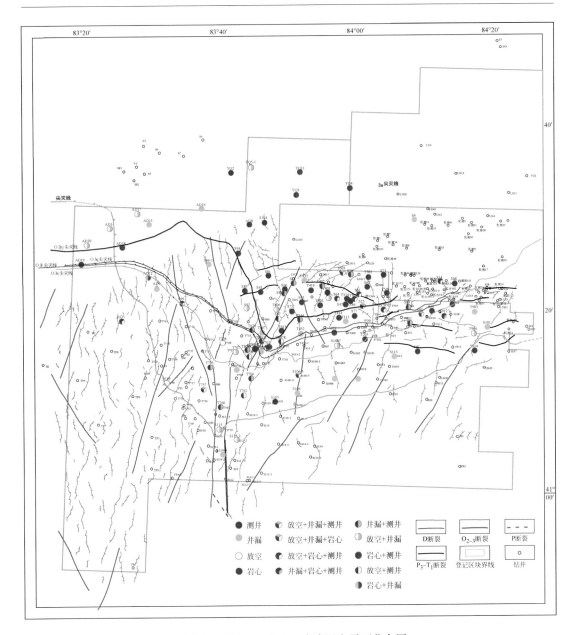

图 4-2　塔河地区鹰山组岩溶洞穴平面分布图

岩心、测井资料分析统计也表明塔河地区一间房组普遍可见溶蚀孔洞的发育。一间房组洞穴平面分布如图 4-3 所示。

4.2.2　塔中地区

1. 储层组构类型

塔中地区鹰山组油气田平面主要分布在中部岩溶斜坡带，纵向上分布于鹰一段和鹰二

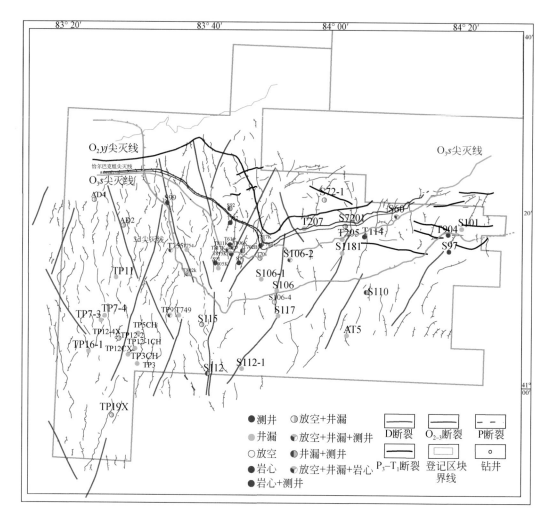

图 4-3　塔河地区一间房组岩溶洞穴平面分布图

段。其储集空间类型可以分为洞穴型、裂缝−孔洞型、孔洞型和裂缝型四类，不同储集空间类型平面展布如图 4-4 所示。通过对 46 口钻井储集空间类型统计，结果显示洞穴型储层出现频率为 10%，裂缝−孔洞型和孔洞型这两类储层不论发育厚度还是出现频率均为最高，合计可达 88%（图 4-5）。可见深层储集空间以裂缝−孔洞型和孔洞型为主，不是简单的表生岩溶，存在后期深埋建设性改造作用。

2. 单井岩溶结构的测井刻画

基于数十口成像测井资料，对岩溶要素、单井岩溶结构进行新的刻画研究。在岩心标定下，结合常规测井和工程异常等各方面资料，识别了五种典型岩溶结构。下面逐一介绍。

1）垂直淋滤型

最大特点是岩溶段直接位于暴露面之下，并随着距离暴露面越远，岩溶强度越弱。以中古 44 井为例介绍。该井位于 10 号断裂带西部，钻遇鹰山组 151m（未穿），地层为鹰四

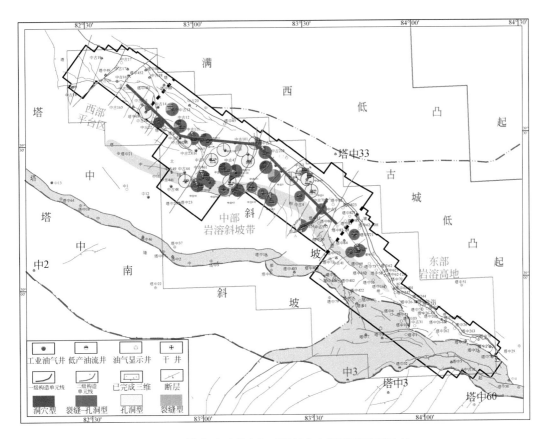

图 4-4　塔中地区鹰山组不同储集空间类型平面展布

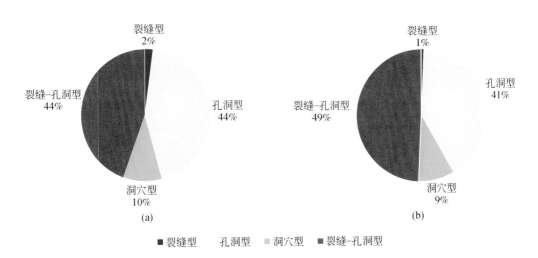

图 4-5　塔中地区鹰山组碳酸盐岩储层类型产出频率（a）与储层厚度占比（b）

段，沉积环境为开阔台地相，岩性以泥晶灰岩为主。图 4-6 左图为岩溶结构，图 4-6 右图为全井段岩溶要素精细刻画，所钻遇地层根据电成像测井所揭示的岩溶特征可分为三段。

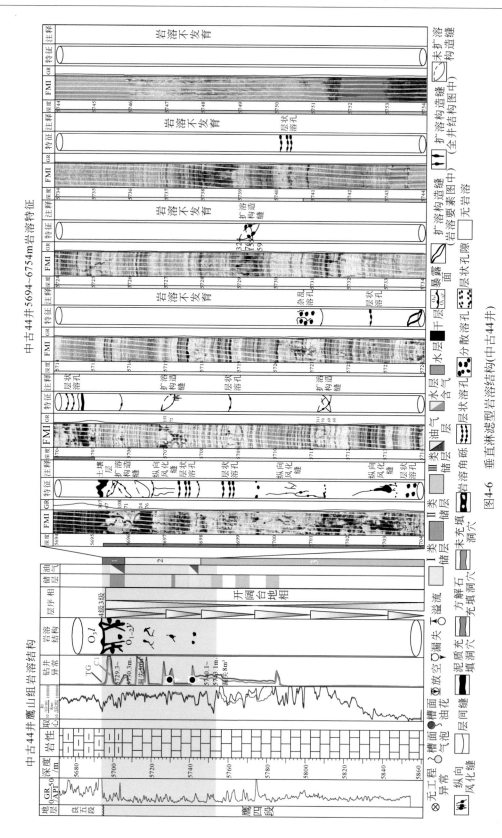

图4-6 垂直淋滤型岩溶结构(中古44井)

注：①左图中暴露面剖则的GR突变对应右图电成像测井中暴露面的明暗截切；②岩溶以裂缝体系（主要是构造缝、风化裂隙、层间缝）扩溶为主；③自暴露面向下岩溶强度逐渐变弱，直至完全消失。Rt为地层真电阻率，Rxo为冲洗带电阻率

暴露面：5695.2m。以其为界，上为良里塔格组泥质条带灰岩，自然伽马（GR）值较高，成像测井上表现为规则明暗相间条带状，表明地层沉积结构完整，同时没有受到后期成岩作用的强烈改造；下为鹰山组纯灰岩，GR 值较低，电成像测井（FMI）上表现为亮色块状，其间发育扩溶构造缝，表现为锯齿状正弦线。

第一段：岩溶密集发育（5695.2~5707.3m）。电成像测井上可识别多种岩溶要素，如扩溶构造缝、层状溶孔、纵向风化缝等，频繁交替出现。

第二段：岩溶零星发育（5707.3~5729m）。电成像测井图像与之上不同，整体为明暗相间条带状，说明沉积结构完整，岩溶不太发育，岩溶要素仅零星出现，如扩溶构造缝、溶蚀孔洞等。

第三段：岩溶不发育（5729m~井底）。电成像测井图像整体表现为干净的棕黄色亮块状/明暗相间条带状，说明沉积结构完整。

综上，中古 44 井鹰山组从岩溶面貌来看以构造缝、风化裂隙、层间缝扩溶为主；岩溶结构为从古土壤层开始，岩溶强度自上而下逐渐变弱。从录井的油气显示也能看出，钻井在良里塔格组无油气显示，穿过不整合面进入鹰山组后 TG 和 C1 录井呈现为锯齿状尖峰，表明油气显示良好，同时伴随有泥浆漏失现象，再向下油气显示消失。这种自上而下岩溶强度渐弱的结构特征表明岩溶水来源于地表供给，导致离地表越远，岩溶作用越弱。与现代岩溶学中垂直淋滤带定义吻合，所以称此为垂直淋滤型岩溶结构。

区内多口井如中古 461 井、中古 441 井、中古 46 井等具有大同小异的岩溶特征，可总结为模式图 4-7，整井可分三段。一般而言，最上部为岩溶密集发育段，厚 10~15m；其下为岩溶零星发育段，厚 10~20m，即垂直淋滤带厚度总体介于 20~35m 之间。但在高角度构造缝密集发育的地层中，淋滤带可厚达 60~70m，例如中古 46 井，与中古 44 井相距不远，岩性大体相同，但裂缝发育程度不同：在 50m 地层中发育约 40 条倾角大于 70° 的裂缝，导致其垂直淋滤带深至不整合面下六七十米。可见，高角度构造缝的存在可以拓宽淋滤带厚度。

垂直淋滤带的岩溶作用主要沿裂缝体系进行，包括构造缝、层间缝、风化裂隙等，形成大型扩溶缝或沿裂缝形成溶蚀孔洞，但难以形成大型洞穴，所以地震反射串珠不明显，如中古 46 井是区内垂直淋滤带最厚的钻井，达 60~70m，构造缝扩溶形成的大型溶管大量密集发育，在地震上也未见串珠。在个别钻井中也发育有洞穴，如中古 441 井也是垂直淋滤型结构，在暴露面之下发育一个高约 1m 的洞穴，但从地震反射特征来看，与中古 46 井一样也表现为串珠不明显的地震反射特征，说明垂直淋滤带的洞穴即使发育也规模有限，可能只是在局限范围内孤立存在。

2）水平潜流型

根据水平潜流带下方混合带发育与否可分为两个亚类。

水平潜流型下方混合带不发育的结构特点是紧邻暴露面之下的地层岩溶不发育，至一定深度发育一套洞穴，以其为中心上下方地层发生岩溶，上以构造缝扩溶为主，下以层间缝扩溶为主，且下部岩溶段厚度较上部厚。以中古 4 井为例做介绍，该井位于 10 号断裂带与 I 号断裂带之间靠东部的位置，钻遇鹰山组 286m（未穿），地层为鹰三段和鹰四段，岩溶位于鹰三段，沉积环境为开阔台地，岩性以泥晶灰岩为主。图 4-8 左图为岩溶结构，

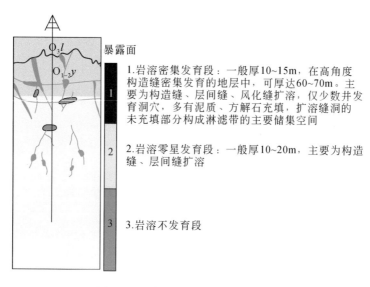

图 4-7　垂直淋滤型岩溶结构示意图

图 4-8 右图为电成像测井刻画，岩溶特征可分为六段。

暴露面：5844.7m。之上为上奥陶统良里塔格组泥质灰岩段，在电成像测井上表现为亮暗块交替状，同时 GR 值较高；之下为鹰山组纯灰岩，电成像测井突变为亮色块状，同时 GR 值基线也由 26API 骤减至 8API。

第一段：岩溶不发育段（5844.7～5882.5m）。与垂直淋滤型结构不同，尽管该段紧临暴露面之下，但岩溶作用并不发育。

第二段：岩溶发育段（5882.5～5901.2m）。可见大量构造缝被扩溶。

第三段：洞穴层（5901.2～5907m）。发育两个洞穴，分别高 1m 和 0.8m，洞穴之间由层间缝、构造缝和风化裂隙组成的裂缝系统连接，两个洞穴均被泥质充填。

第四段：岩溶发育段（5907～5924.8m）。岩溶作用强烈，以层间缝扩溶为主，紧临洞穴层之下发育数条斜交扩溶构造缝（5909～5910m）。

第五段：岩溶零星发育段（5924.8～5930m）。仍以层间缝扩溶为主，但发育密集程度较上段明显变弱。

第六段：岩溶不发育段（5930～6150m）。

此类岩溶结构在区内广泛发育，如中古 10 井、中古 432 井、中古 451 井、中古 49 井等，可用图 4-9 示意，与现代岩溶学中所描述的水平潜流带基本一致：管道（单井上表现为洞穴）上方的地层一般没有水注入，只有在洪水季管道中水势变高，上方地层才被水充注，发生岩溶，所以潜流洞穴之上的地层岩溶带较薄，并且上方地层中的水流多汇至管道中，因此以垂向流动为主，多表现为构造缝的扩溶；管道下方地层不论洪水季还是枯水季，都有水流注入，因此岩溶厚度大，越向下岩溶作用越弱，直到某一深度完全消失，在此水文环境中地下水以水平流动为主，因此岩溶主要表现为沿层间缝的扩溶。这些特征都与现代岩溶学中水平潜流带定义吻合，所以称此为水平潜流型岩溶结构。

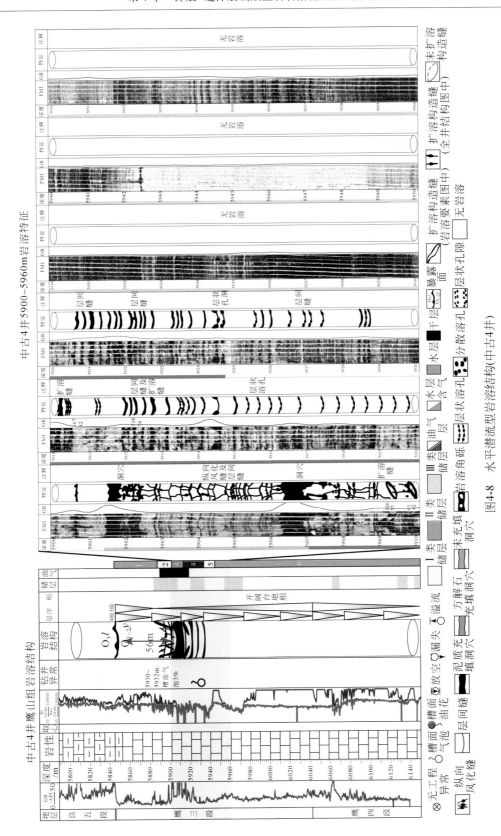

图4-8 水平潜流型岩溶结构(中古4井)

注:①洞穴产状,与地层平行。②层间缝的水流转换作用。由于裂缝的纵向沟通能力有限,上洞穴与下洞穴之间的水流输导以纵向缝+层间缝的形式完成。③以洞穴为界面,水流方式的转变,与洞穴上方以构造缝扩溶为主,下方以层间缝扩溶为主。④岩溶发育强度,洞穴下方岩溶作用渐弱,直至完全消失

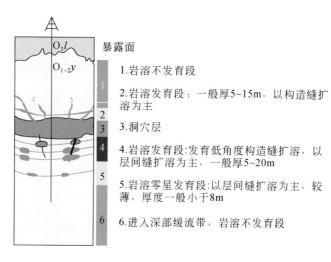

图4-9　水平潜流型岩溶结构，下方混合带不发育

3）混合带型

a. 基本结构

区内还发育另一种与水平潜流型岩溶结构大致类似，但在洞穴下方发育一套孔洞层的结构。如中古7井（图4-10），洞穴发育于5820~5822m，5822~5837m岩溶强烈发育，5837~5860m岩溶零星发育，这些岩溶发育形成的缝洞体完全被泥质充填，钻井无任何油气显示。电成像测井上5860m之后岩溶作用几乎完全消失，但是在5864.5~5868.1m和5873.4~5879.3m发育两套Ⅱ类储层，孔隙度分别为3.9%和3.6%，钻井出现溢流现象，良好油气显示，测试8mm油嘴，获日产原油80.0m³，日产气156544m³，日产水106.0m³的高产。可见储集性非常好。

多口钻井（图4-11）出现了这种情况，共同特征是在钻井过程中穿过水平潜流带之后，在距离洞穴层之下40~55m的位置钻井出现溢流现象，油气显示良好，完井后测试为高产油气层，油气层并不厚，为5~12m，均具有稳定产能。

b. 孔洞形态特征

此类储层在电成像测井静态图像上无响应特征，通过动态图像加强处理发现有的储层明显可看到与基岩不同的亮暗斑组合状，如中古7井［图4-12（a）］，有的则仍然无显示，如中古433井［图4-12（b）］。由于静态图像是对整个测量井段统一作归一化处理，可以为岩性解释提供绝对的灰度参考；动态图像则是小范围应用图像动态增强算法作归一化处理，其目的是突出地层的微细特征。因此，从电成像测井原理来说，此响应特征表明孔洞规模较小。

岩心上可见密集分布的孔洞（图4-13），被方解石充填/半充填，由于取心有限，目前观察到的岩性有泥晶灰岩和含颗粒泥晶灰岩两种，从溶孔发育特征来看，二者并无显著区别，均表现为密集、杂乱分布的孔洞。

这种形态特征与准同生岩溶储层中发育的孔洞完全不同，后者可大致分为两类：礁滩相溶蚀，主要发育于颗粒灰岩中，粒间孔被溶蚀扩大；灰泥丘溶蚀，主要发育于泥晶灰岩

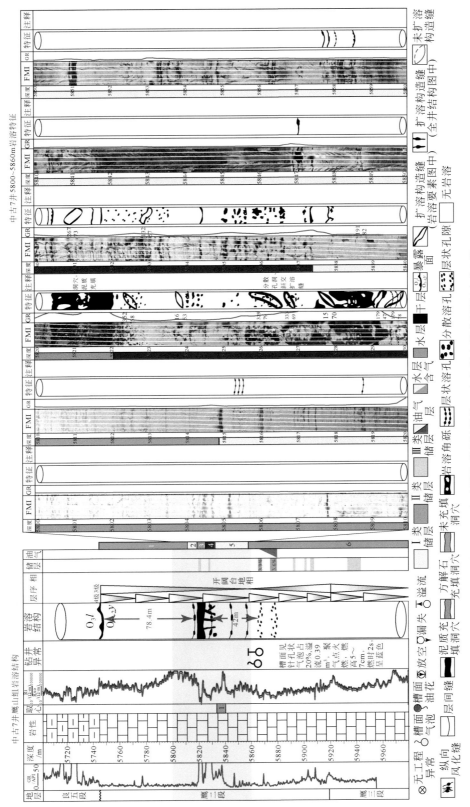

图4-10　水平潜流型岩溶结构，发育混合带孔洞层(中古7井)

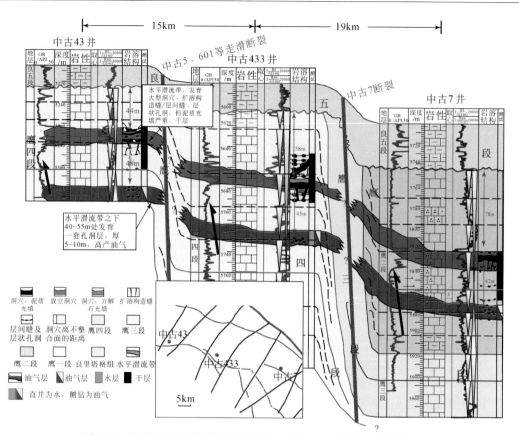

图 4-11 洞穴下方孔洞层剖面对比图（中古 43—中古 433—中古 7）

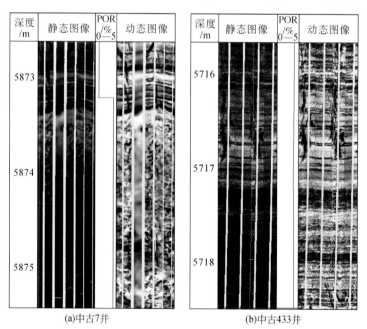

(a)中古7井　　(b)中古433井

图 4-12 洞穴下方孔洞层的电成像测井特征

POR 为孔隙度

中，窗格孔是其典型特征。综上研究确定了另一种岩溶结构：水平潜流带之下发育混合溶蚀带，可总结为模式图 4-14。

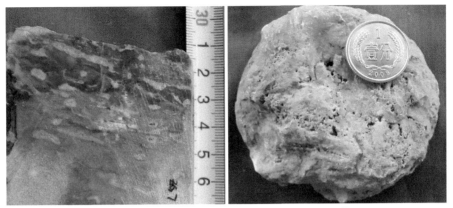

(a)中古7井，5833.1m　　　　　　　　(b)中古106-1井，6046.8m

图 4-13　洞穴下方孔洞层岩心特征

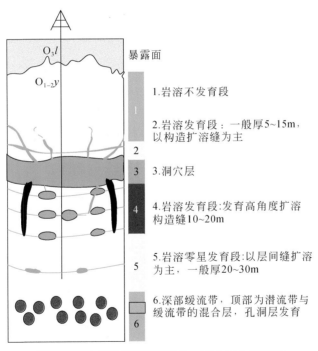

图 4-14　水平潜流型岩溶结构，下方混合带发育

水平潜流型结构以发育大型洞穴为典型特征，因此在地震剖面上常表现为串珠状反射。洞穴层规模越大，反射越强，如中古 4 井和中古 43 井，前者洞穴层发育两个洞穴（0.8m+1.2m），串珠状反射微弱，而后者发育四个洞穴（1.1m+0.8m+1.8m+2.2m），具有强烈的串珠状反射特征。另外，至少从目前资料来看，洞穴的充填类型对串珠状反射无

显著影响，如中古 8 井和中古 43 井，前者累计放空厚度 4.2m，后者洞穴全被充填，但都表现出明显的串珠状反射。

4）断裂输导型

垂直淋滤型和水平潜流型实质上是按水源补给类型对岩溶结构的分类，前者是地表水的直接垂直下渗，后者是地下河管道的水平潜流补给，这两种是区内绝大多数钻井的岩溶发育方式，实际上也是前人普遍认识的岩溶结构。除此之外，在塔中地区鹰山组还发育断裂输导型结构，即岩溶水来自断裂的侧向输导，虽不多见，但对丰富岩溶结构类型有意义，典型如中古 47 井。

中古 47 井位于 10 号断裂带与 I 号断裂带之间，钻遇鹰山组 140m（未穿），地层为鹰三段和鹰四段，岩溶段位于鹰三段，沉积环境为开阔台地相，岩性以泥晶灰岩为主。图 4-15 右图为电成像测井刻画，岩溶特征可分为五段。

暴露面：6021.2m。

第一段：岩溶不发育段（6021.2～6053.4m）。电成像测井上表现为以亮色块状为主。

第二段：岩溶发育段（6053.4～6063m）。不同产状的构造缝交织（6054m、6057.5m、6062m）在一起被扩溶，泥质充填严重。

第三段：洞穴层（6063～6072.2m）。分为两套洞穴，均被泥质完全充填。

第四段：岩溶发育段（6072.2～6080m）。扩溶构造缝发育，泥质充填。

第五段：岩溶不发育段（6080m 至井底）。

此结构表面上看来与水平潜流型类似，即最大特点都表现为岩溶段以洞穴为中心，上下地层岩溶作用发育，之所以认为它是断裂输导型主要综合以下四方面考虑。

（1）就洞穴发育产状而言，它与水平潜流型明显不同。关于洞穴的发育产状，洞穴的顶面、底面以及其中泥质充填纹层的产状对判断洞穴产状有一定指示意义，统计了区内几乎所有钻井的洞穴发育特征，可看出绝大多数钻井的洞穴产状均与地层平行，只有中古 47 井与地层呈高角度斜交。现代岩溶学研究表明，岩溶系统中的洞穴由裂缝扩溶形成，主要是层间缝和构造缝，二者扩溶形成洞穴的产状存在较大区别，前者与地层平行，后者与地层斜交。因此如果单从电成像测井刻画特征来看，中古 47 井的洞穴很可能不是由层间缝扩溶形成，而是由断裂或大型裂缝扩溶形成。

（2）进一步结合三维地震资料，发现中古 47 井区确实发育这一产状的断裂（图 4-16），产状 257°∠73°，而电成像测井表征的洞穴倾向为 251°～258°，倾角 46°～67°，二者大致吻合。

（3）在水平潜流型结构中，洞穴上方往往为构造缝扩溶，下方多是层间缝扩溶，而中古 47 井不同，在洞穴层上下方的地层中均表现为构造缝扩溶，说明洞穴层上下方水流都以纵向流为主，未达到潜水面。

（4）如果 6063～6072m 为水平潜流带洞穴，其应该具有较强的串珠状反射特征。相邻的中古 43 井也发育与其规模类似的洞穴，厚度大致相同，并且也被泥质充填，具有强烈的串珠状反射特征。但中古 47 井地震反射几乎没有任何串珠状特征（图 4-16）。

综合以上对比说明，中古 47 井 6063～6072m 不是与水平潜流带发育的洞穴体系，而是一条断裂，判断其为断裂输导型岩溶结构。这种结构可用图 4-17 示意。

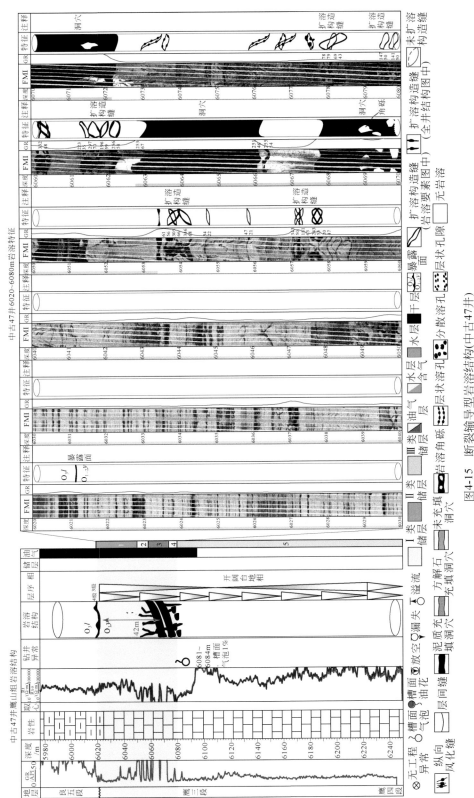

图4-15　断裂输导型岩溶结构(中古47井)

对比水平潜流型结构的中古4井、中古7井、中古43井等，中古451井、中古47井，尤其注意：①洞穴与地层之间的交切关系，洞穴中充填的泥质纹；②洞穴上下方地层均以构造缝扩溶为主。这两点均与水平潜流型结构不同
层在动态图像上清晰可见；

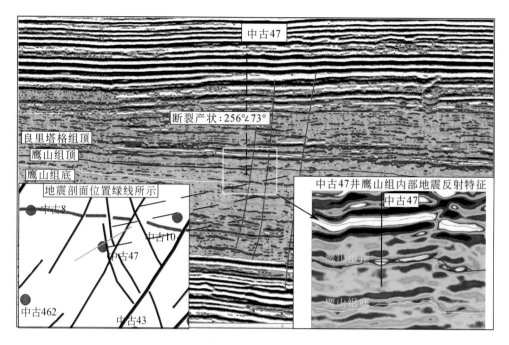

图 4-16　中古 47 井区断裂体系与地震反射特征

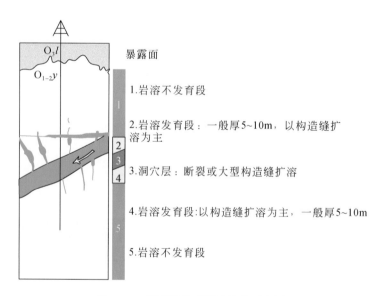

图 4-17　断裂输导型岩溶结构示意图

5）水平潜流+断裂/裂缝输导复合型

此外，研究区还存在水平潜流+断裂/裂缝输导复合型，此种结构是指水源由水平潜流洞穴和断裂/裂缝共同补给的岩溶结构，不常见，仅在中古 433 井发现这种结构。中古 433 井位于 10 号断裂带东部，钻遇鹰山组 230m（未穿），地层为鹰四段，沉积环境为开阔台地相，岩性主要为泥晶灰岩。图 4-18 为其岩溶结构，岩溶特征可分为七段。

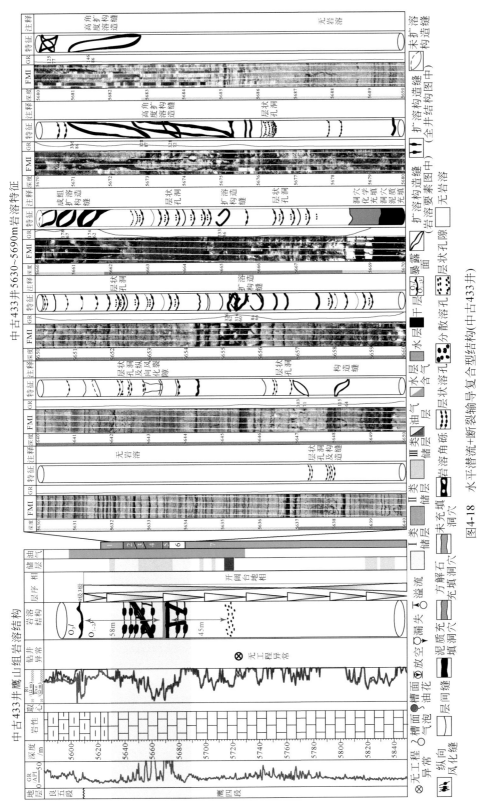

图4-18　水平潜流+断裂输导复合型结构(中古433井)

与水平潜流、断裂输导型结构对比：①除5668.3～5670m发育一个与地层平行的洞穴外（内部充填泥岩的纹层状泥岩的层理在结构动态图像上可见），在其上约7m处发育三条高角度构造缝扩溶扩溶构造缝（全井结构图中）；②洞穴之上地层岩溶带厚度。与单纯水平潜流型结构不同，复合型结构在洞穴洞顶之上地层的岩溶段很厚，最上7m处发育三条高角度构造缝扩溶构造缝大型断裂扩溶缝对水流输导有效沟通可在5637m（距洞穴顶5668m已经41m）岩溶发育，说明断裂大型扩溶缝对水流输导有效沟通暴露面：5622m。

第一段：岩溶不发育段（5622～5637m）。

第二段：岩溶发育段（5637～5660m）。层状孔隙密集发育，多条构造缝交织在一起被扩溶，为泥质充填，显示为高 GR 值。

第三段：洞穴层 1（5660～5661.7m）。由三条构造缝扩溶而成，平均宽约 40cm；被泥质完全充填。

第四段：岩溶发育段（5661.7～5668.3m）。层状孔隙密集发育。

第五段：洞穴层 2（5668.3～5670m）。被泥质和化学胶结物完全充填。

第六段：岩溶发育段（5670～5682.7m）。数条高角度扩溶构造缝发育，被泥质充填。

第七段：岩溶整体不发育，但在顶部发育孔洞层，向下岩溶不发育。

此结构最明显特点在于有两套洞穴，上为一组构造缝扩溶形成的洞穴，与地层呈高角度交切；下部洞穴与地层产状平行，就岩溶厚度而言，洞穴上方地层的岩溶段较下方更厚。此结构可用图 4-19 示意。

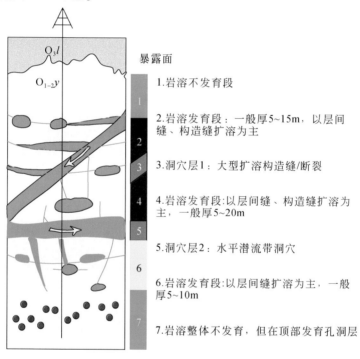

图 4-19　水平潜流+断裂/裂缝输导复合型岩溶结构示意图

3. 岩溶型储层结构地震刻画

1）地震分辨率分析

基于三维地震资料可有效表征岩溶型储层的空间结构。下面以塔里木盆地塔中地区鹰山组为例，分析三维地震资料对岩溶型储层的分辨能力。地震分辨率是地震记录上区分两个十分接近的地质体的能力，包括垂直及水平两个方向的分辨率。通常，对于叠后地震数据体，主要考虑其垂向分辨率。但实际地震数据处理中受偏移孔径、速度模型等限制，往往引起偏移结果的误差，因此不妨对垂直分辨率、水平分辨率两个方面进行深入分析，以获得更接近实际情况的认识。

a. 垂直分辨率

不同学者对地震记录垂直分辨率的定义略有差别，一般是介于 1/8 ~ 1/4 波长（Widess，1973；Sheriff，1985）。研究区洞穴系统对应的地震记录波速 v 为 3.8km/s（通过声波测井读取），主频 f 为 15.6Hz（图 4-20）。因此，地震反射波对其分辨的能力应介于 30.5 ~ 60.9m（分别由 1/8 与 1/4 计算得到）。通过对电成像测井（FMI）、自然伽马测井（GR）及岩心的联合解释，可知研究区鹰山组的单个岩溶洞穴高度最大不超过 5m，且大多数被泥质充填，一部分被方解石充填。大量的充填物在一定程度上限制了洞穴的垮塌，因此多数洞顶上方由垮塌产生的裂缝体系在垂向上延伸不远。以上分析表明，单个岩溶洞穴垂向上尺度远低于地震分辨率。因此，垂向上相互叠置的多个洞穴的复合体表现为单一的串珠状反射。电成像测井资料同时表明，研究区洞穴复合体垂向上很少超过 1/4 波长（60.9m），所以可以把它们看作是地震勘探中"薄层"的情况。而这些较强的且垂向上具有一定延续长度的振幅正是调谐作用的结果。有时，洞穴复合体垂向上小于 1/8 波长（30.5m），这时，在一定厚度范围内，它们在地震记录上的反射形态趋于一致。随着它们的厚度进一步减小，其反射振幅也越来越弱，直到"亮点"在地震剖面上消失，以致难以识别。

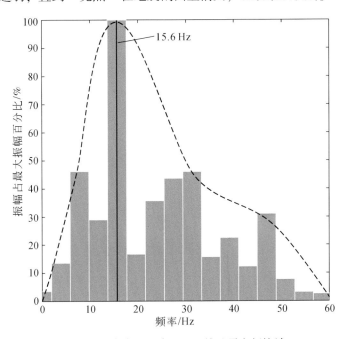

图 4-20　塔中地区鹰山组三维地震主频统计

b. 水平分辨率

在未做偏移处理的地震剖面上，地质体的水平分辨率可通过菲涅尔带（Fresnel zone）得到。对于给定的波长 λ 和深度 h，第一菲涅尔带的半径定义为 $\sqrt{0.5\lambda h}$。研究区鹰山组的深度范围为 5.74 ~ 7.20km，对应的波长为 243.6m。为了便于计算，先考虑常速度（鹰山组的地震波速 6.0km/s）的情况，此时地震波的传播路径如图 4-21 中虚线 OCD 所示，那么从 5.74km 到 7.20km，水平分辨率可由菲涅尔带定义计算得出为 1672～1872m。再考虑实际情况，地震波速从浅到深是不断变化的，利用声波测井资料统计结果，得到鹰山组之上地层的平均速度为 3.2km/s。此时，实际地震波传播路线的简化模型如图 4-21 中实线 OBE 所示，其中 BE 与 CD 平行。由斯奈尔定律，有 $\sin(\theta_1)/v_1 = \sin(\theta_2)/v_2$，那么很容易根据图 4-21 中几何关系，确定实际对应于 5.74km 到 7.20km 深度的水平分辨率为 792～992m。经过偏移后，菲涅尔带将会明显缩小，在理想情况下，偏移剖面上水平分辨率为 1/4 波长（60.9m），但受背景噪声、空间采样率、偏移孔径、速度误差等影响（Sheriff，1985），实际资料的分辨率通常要低很多，特别是对于深层地震反射波。

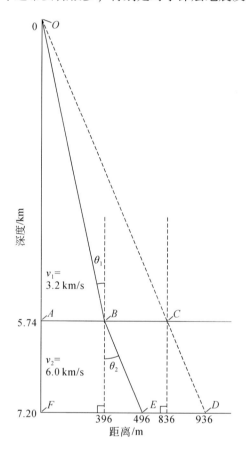

图 4-21　鹰山组地震记录水平分辨率计算示意图

通过以上分辨率的讨论，可以看出，无论垂直分辨率还是水平分辨率，都不足以分辨出单个岩溶洞穴。Loucks（1999）的研究成果亦表明，单个洞穴无论在宽度上还是高度上，很少超过 8m。如图 4-22 所示，一口钻井钻遇洞穴，并且在电成像测井上被清晰地揭示出来，但这个洞穴并不能在地震剖面上显示，我们看到的串珠状反射代表的是整个洞穴复合体。

2）岩溶型储层地震刻画

通常可以利用串珠状特征反射较大的振幅来检测这种深埋的洞穴复合体。由于均方根

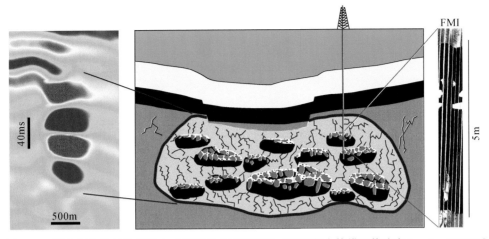

图 4-22　洞穴复合体的地震及电成像测井响应示意图［洞穴复合体模型修改自 Loucks（1999）］

振幅属性对强振幅较为敏感，因此使用该属性来刻画古岩溶洞穴的分布。如图 4-23 所示，最左侧为均方根振幅图，可见中古 43 井及周围表现为强振幅，易于从背景中识别出来，在剖面图上，则见其典型的串珠状反射。通过时深转换，并匹配电成像测井图像，可知该井串珠状反射对应着垮塌的岩溶洞穴，电成像测井上清晰地显示出洞顶附近垮塌的角砾。图 4-24 示意性地表示了串珠状反射形态的形成过程。这里借用正极性零相位子波来加以说明（若选用其他相位子波，波峰波谷出现顺序将有所变化）。首先将串珠状反射的其中一道以波形显示如图 4-24（a）所示，继而进行分解。洞穴复合体的波阻抗显著低于围岩，导致洞顶处具有强负反射系数，洞底具有强正反射系数，那么这两个界面分别对应了负极性［图 4-24（b）］及正极性［图 4-24（c）］的地震子波。由于二者传播时间差很小，引起干涉叠加，其叠加结果就产生了如图 4-24（a）所示的波形。这样多个地震道变密度显示就表现为串珠状反射。

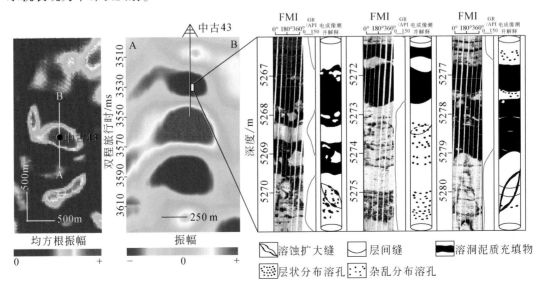

图 4-23　洞穴复合体的地震响应实例及其均方根振幅属性

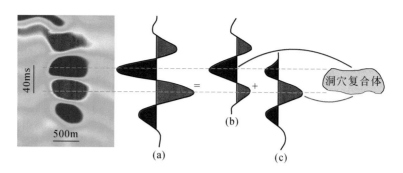

图 4-24　串珠状反射形成机理示意图

(a) 子波叠加结果；(b) 负极性子波；(c) 正极性子波

　　另外，深层地震反射频率较低，因而从地震剖面上，可以看出串珠状反射延续长度常常超过 100ms。如图 4-25 所示（图中时深转换所用的速度模型是多井统计的鹰山组的平均速度），其中椭圆代表的是串珠状反射的包络线，它们在示意图中的垂向分布范围是依据实际地震资料的统计结果得到的。实际钻井资料表明鹰山组岩溶洞穴主要分布在距鹰山组顶 200m 范围内，但从图 4-25 来看，明显许多串珠都超过了这个限制。

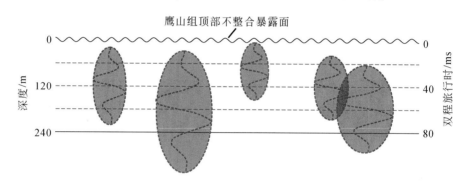

图 4-25　鹰山组串珠状地震反射的垂向分布示意图

　　各类深层岩溶储层地震响应特征统计如下。

　　（1）放空洞穴。研究区共有三个放空幅度比较大的钻井，分别为中古 8 井放空 4.3m；中古 10 井放空 0.33m；中古 11 井放空 4.69m。它们的地震响应形态如图 4-26 所示。可以看出，此类洞穴反射比较规则，洞顶处对应于串珠的第一个波谷极大值，可归纳为波谷−波峰型串珠状反射。

　　（2）充填洞穴。当洞穴充填了泥质或者方解石，充填物会引起地震子波相位的变化，这样就不会像放空洞穴那样形成规则的波谷−波峰型反射。研究区的两个充填洞穴实例均表现出两谷夹一峰的反射形态（图 4-27），正是子波相位变化后叠加的结果。

　　（3）洞穴产状对地震反射形态的影响。研究表明，洞穴的产状对反射形态影响较大。如图 4-28 所示，电成像测井表明该洞穴与地层存在较大的交角，推测其可能由裂缝扩溶形成。该洞穴在地震剖面上仅表现为微弱反射。这是受地面观测系统的限制，倾斜的洞穴产状导致地面检波器不能完全接收到反射信号，因而地震剖面上的信号也较弱。

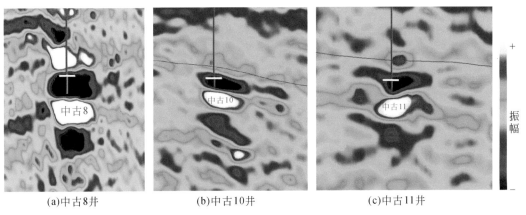

(a)中古8井　　　　　　(b)中古10井　　　　　　(c)中古11井

图 4-26　放空洞穴的地震响应

红色曲线对应于鹰山组顶界面；黄色水平短线对应于洞穴顶部

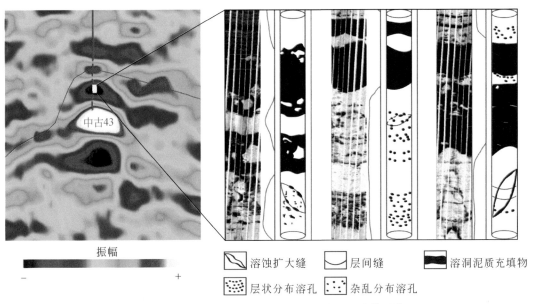

⬭ 溶蚀扩大缝　　　⌣ 层间缝　　　▬ 溶洞泥质充填物

⫶ 层状分布溶孔　　⁚ 杂乱分布溶孔

图 4-27　中古 43 井充填洞穴的地震响应及电成像测井

　　（4）岩溶带的地震响应。以上探讨了洞穴岩溶，下面分垂直淋滤带及水平潜流带两种
情况来考察地震响应特征。垂直淋滤带的岩溶作用主要沿着裂缝体系进行，包括构造缝、
层间缝、风化裂隙等，形成大型扩溶缝或者沿裂缝形成溶蚀孔洞，但难以形成大型洞穴，
所以地震反射串珠不明显。如中古 46 井是区内垂直淋滤带最厚的钻井，达 60～70m，整
个带内，扩溶缝大量密集发育，在地震上也未见串珠。另外，水平潜流+断裂/裂缝输导复
合型洞穴的地震响应也主要取决于洞穴的产状，通常断裂/裂缝输导部分产状较陡，因此
串珠形态更多依赖于水平潜流带洞穴。

　　综上所述，串珠状地震反射通常对应于水平潜流型结构；洞穴产状及充填情况对串珠
能量、形态产生较大影响；垂直淋滤带即使厚六七十米也不会产生串珠状反射。

　　针对单个洞穴复合体进行更具体的刻画。既然洞穴复合体可以认为是"薄层"的情

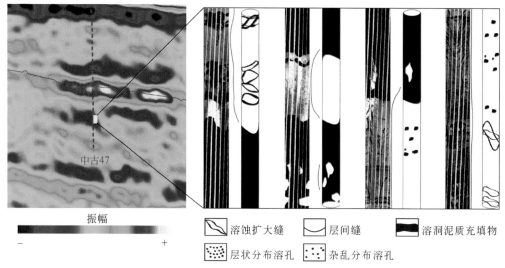

振幅

—　　　　　　　　　　+

溶蚀扩大缝　　　层间缝　　　溶洞泥质充填物

层状分布溶孔　　杂乱分布溶孔

图 4-28　中古 47 井充填洞穴的地震响应及电成像测井

况，自然能够利用分频技术（Partyka et al., 1999）来刻画它们的形态，包括平面展布及厚度。Partyka 等（1999）的研究表明，基于分频计算的结果，薄层层厚与调谐频率成反比。利用此关系，可以通过调谐频率，进一步获得层厚信息。如图 4-29（a）所示，沿洞穴特征反射的中间位置拾取界面，选定合适的时窗，进行短时傅里叶变换，得到振幅–频率调谐体。逐个频率考察，当选定第一峰值频率时 [图 4-29（c）、（d）]，提取调谐体的等频率切片，便得到洞穴体的平面展布图 [图 4-29（b）]。

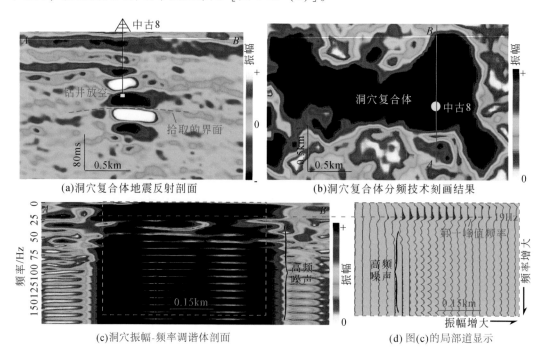

(a)洞穴复合体地震反射剖面　　　　(b)洞穴复合体分频技术刻画结果

(c)洞穴振幅-频率调谐体剖面　　　　(d) 图(c)的局部道显示

图 4-29　基于分频技术的洞穴刻画

　　选取塔中地区北斜坡 16 个井区进行考察。洞穴复合体的埋深可由电成像测井确定，它们对应的长、宽、高以及调谐频率见表 4-3（注：本节刻画的是洞穴复合体的主体形态，即在振幅调谐图上，最大范围出现洞穴复合体所对应的频率。如果洞穴复合体分布范围较大，各处明显不同的厚度可能会导致单一频率振幅调谐图上无法显示完整的洞穴复合体，但不影响本节的分析结果）。由表 4-3 可知，洞穴复合体的形态分布范围较广，它们平面展布上的长短轴之比范围为 1∶1 到 8∶1。三种典型的洞穴复合体形态如图 4-30 所示。

表 4-3　基于分频技术刻画的洞穴复合体大小

井号	长/m	宽/m	高/m	调谐频率/Hz
1	495.3	385.4	47.5	20
2	428.7	291.6	52.8	18
3	988.0	227.3	86.4	11
4	1316.3	347.3	50.0	19
5	2149.3	868.6	47.5	20
6	863.4	380.2	22.1	43
7	2450.0	579.2	27.1	35
8	394.6	281.4	52.8	18
9	581.9	320.8	38.0	25
10	973.1	588.0	73.1	13
11	1928.8	601.1	41.3	23
12	1846.2	981.8	47.5	20
13	1119.5	404.2	52.8	18
14	1924.7	714.9	25.7	37
15	3326.1	405.3	50.0	19
16	818.3	623.4	63.3	15

　　（1）近圆形［图 4-30（a）］。这种洞穴复合体长短轴之比一般小于 2∶1，平均为 1.5∶1。16 个井区有 7 个落入此范围，并且同其他两种相比，近圆形的洞穴复合体一般体积较小。

　　（2）椭圆形或矩形［图 4-30（b）］。16 个洞穴复合体中有一半属于这种类型。它们长短轴之比介于 2∶1～5∶1，均值为 3.2∶1，其中长轴与周围断裂走向一致。

　　（3）长条形［图 4-30（c）］。16 个洞穴复合体中只有一个属于这种类型，它的长短轴之比为 8∶1，同样其长轴平行于与之靠近的断裂。

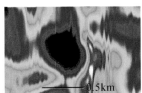

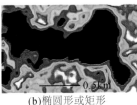
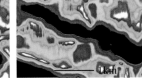

(a)近圆形　　　　　(b)椭圆形或矩形　　　　　(c)长条形

图 4-30　典型的洞穴复合体平面展布形态

4.2.3　金跃-跃满地区（阿满过渡带）

通过对金跃-跃满地区奥陶系一间房组铸体薄片资料的统计可知，一间房组储层主要的储集空间为裂缝 [图4-31、图4-32（a）、（c）～（f）]，其次为粒内溶孔、非组构选择性溶孔（图4-31）。原生基质孔隙不发育，整体呈低孔低渗，存在局部的高孔高渗带 [图4-32（b）、（c）、（f）]。

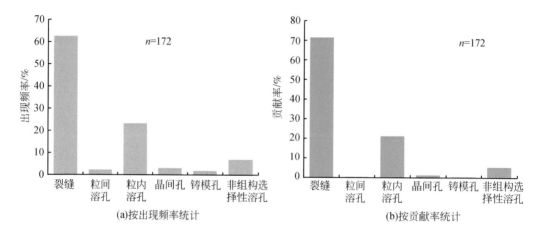

图4-31　金跃-跃满地区一间房组铸体薄片储集空间统计分析

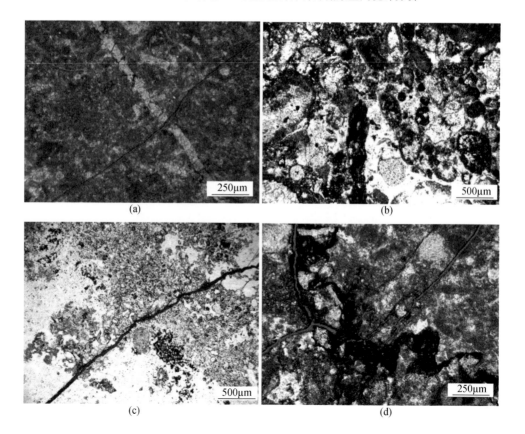

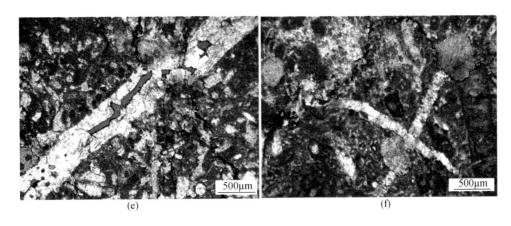

图 4-32 金跃–跃满地区一间房组典型铸体薄片

（a）YM6 井，7302.95m，$O_2 yj$，两期构造缝；（b）YM2 井，7217.6m，$O_2 yj$，粒内溶孔、铸模孔；（c）JY7 井，7116.1m，$O_2 yj$，构造缝与溶孔；（d）YM7 井，7271.3m，$O_2 yj$，构造缝、压溶缝及泥质中微孔；（e）YM1 井，7275.6m，$O_2 yj$，半充填构造缝与压溶缝；（f）YM6 井，7305.15m，$O_2 yj$，粒内溶孔，方解石半充填的裂缝

对研究区 36 口井的录井、测井资料进行统计，其中奥陶系碳酸盐岩储层类型主要有四种，分别为裂缝型储层、孔洞型储层、洞穴型储层和裂缝–孔洞型储层。储层类型的典型电成像测井图特征如图 4-33 所示。其中，JY5H 井 6975.0～6987.4m 为裂缝型储层段［图 4-33（a）］，该段发育有 18 条裂缝，倾向 320°，为 NNW 向，倾角 55°～85°，在电成像测井图像上可见高角度缝、垂直缝，该段钻井岩心可见垂直缝、缝合线内充填绿色泥质/铁质，孔洞内充填方解石，岩溶角砾间有绿色泥质充填等现象，测井解释该段为差油层；JY8 井 7111.0～7114.4m 为孔洞型储层段［图 4-33（b）］，该段钻井岩心可见宽 1～1.5cm 的硅质脉，在电成像测井图像上可见层状、准层状分布的孔洞结构；JY103 井 7230.0～7233.4m 为洞穴型储层段［图 4-33（c）］，该段钻井岩心可见方解石充填垂直缝，沥青/含沥青泥质充填高角度缝，溶孔充填黄铁矿，在电成像测井图像上表现为暗色块状；YM5 井 7273.0～7276.4m 为裂缝–孔洞型储层［图 4-33（d）］，发育有 7 条裂缝，倾向为 300°，倾角为 65°，该段钻井岩心可见方解石/沥青充填一组垂直缝，在电成像测井图像上，可见规则分布的一组正弦曲线，同时可见溶蚀孔洞沿层分布。

在对研究区奥陶系不同类型碳酸盐岩储层层数及厚度进行统计基础上，做出储层类型统计图（图 4-34）。从储层发育数目上看，储层层数最多的为孔洞型储层，占比 36%，其次为裂缝–孔洞型储层，占比 32%，洞穴型储层占比 20%，裂缝型储层占比最少，为12%。在储层厚度上，裂缝–孔洞型储层占比 37%，孔洞型储层占比 35%，裂缝型储层及洞穴型储层分别占比 15% 及 13%。

阿满过渡带北侧奥陶系碳酸盐岩岩溶刻画结果如图 4-35 所示。与塔河地区、塔中地区不同，阿满过渡带岩溶发育更加集中在主干断裂附近。岩溶发育同断裂分布演化的关系将在 4.5 节详细论述。

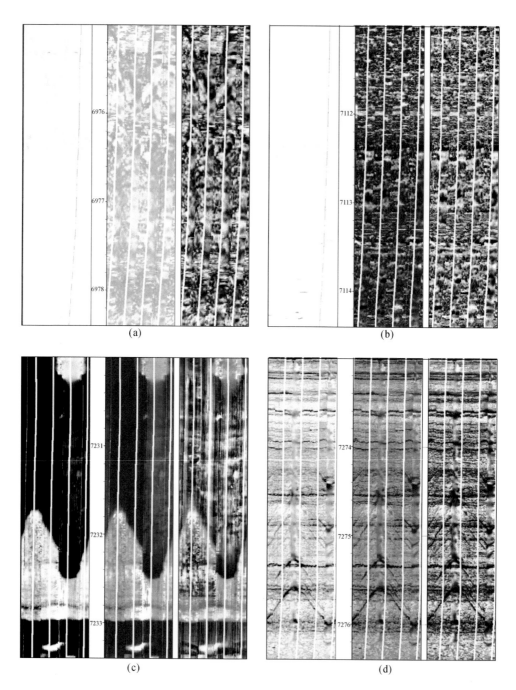

图 4-33 金跃–跃满地区储层类型电成像测井图

（a）裂缝型储层，JY5H 井，6975.0~6978.4m；（b）孔洞型储层，JY8 井，7111.0~7114.4m；（c）洞穴
型储层，JY103 井，7230.0~7233.4m；（d）裂缝–孔洞型储层，YM5 井，7273.0~7276.4m

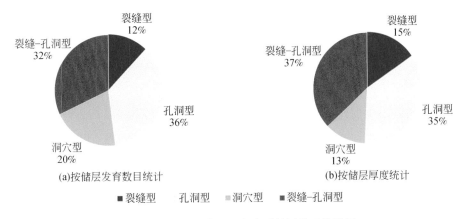

(a)按储层发育数目统计　　　　　(b)按储层厚度统计

■裂缝型　　孔洞型　■洞穴型　■裂缝–孔洞型

图 4-34　金跃–跃满地区奥陶系储层类型统计图

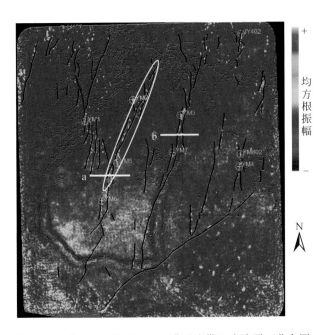

图 4-35　金跃–跃满地区（阿满过渡带）岩溶平面分布图

4.3　塔里木盆地奥陶系深层–超深层岩溶储层沉积基础

4.3.1　地层结构

对于塔里木盆地寒武系—奥陶系碳酸盐台地而言，便于其形成的影响因素可能主要有以下两个方面。

（1）气候条件。古地磁研究表明，寒武纪—中奥陶世塔里木板块处于南纬低纬度带

(18.6°S，参考点为41.7°N，80.5°E）（方大钧和沈忠悦，2001）。这一纬度带的海水物理化学特征决定了其具有较高的生物产率以及较高的碳酸盐岩沉积速率特征。

（2）古构造条件。研究表明，塔里木板块自晚震旦世到中奥陶世在古构造引张离散的背景下，形成了克拉通内拗陷盆地。自晚震旦世碳酸盐台地在震旦纪末期短暂隆升，并形成震旦系与寒武系之间的不整合面以及震旦系的风化壳岩溶带，之后碳酸盐台地一直处于稳定的沉降阶段，海平面持续上升，一方面为碳酸盐台地上沉积物的堆积提供了充足的可容空间，另一方面广阔的碳酸盐台地上缺乏陆源物质的补给，使整个海域长期保持有利于巨厚碳酸盐岩沉积的清水环境，从而沉积了大套的碳酸盐岩。

中奥陶世末期，古塔里木板块自18°S向北漂移，其间发生了一次快速的海退，古板块北部边缘（今塔里木东北缘、东南缘）东天山、阿尔金山一带，由于洋壳的消减，由前期的被动大陆边缘转变为主动大陆边缘，整体构造背景由拉张向挤压、聚敛转化，导致巴楚隆起–塔中隆起下奥陶统—中奥陶统8~12个牙形刺带的缺失，塔河地区所在的阿克库勒凸起在中奥陶统一间房组与上奥陶统恰尔巴克组之间也表现为明显的上超特征，同时，阿克库勒凸起南部S69井等缺失了2个牙形刺带，表明该区在中、上奥陶统之间存在明显的沉积间断（图4-36）。而东部的满加尔拗陷在该时期则进一步加深，堆积巨厚的外源火山与火山碎屑岩、陆源碎屑岩。古板块南部（今塔里木西北缘与西南缘）则可能继续保持被动大陆边缘的特征，但也向压陷与挤压拗陷盆地转化。

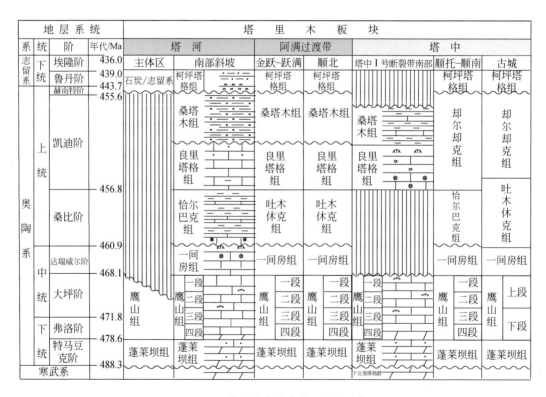

图 4-36　塔里木盆地台盆区地层结构

在这样的背景下，奥陶纪中、晚期，塔里木板块一方面受构造挤压作用而不均匀地升降；另一方面海平面快速上升，除了古凸起的高部位外，原先的碳酸盐台地逐步形成"淹没"，碳酸盐岩生产率减缓、趋弱，今塔里木西部形成广大范围内碳酸盐岩沉积与泥质沉积混合，今塔里木东部形成外源砂泥质沉积混合的"混积陆架相"，仅个别地区持续为"孤立台地"环境（巴楚、卡塔克附近），至此，从晚震旦世开始的大规模的碳酸盐岩建造结束。

塔里木盆地寒武系—奥陶系碳酸盐台地是一个独立的台地，相对其他同期的碳酸盐台地，如扬子板块、华北板块上的碳酸盐台地和北美地台上的碳酸盐台地而言，塔里木碳酸盐台地规模较小，但从其发育时限（130Ma）、展布面积、厚度以及沉积相类型的丰富多样与沉积相的相对稳定而言，有其自身的特点。

4.3.2　储层沉积层序与岩相

1. 塔河地区

早中奥陶世沉积背景和沉积格局展布与寒武纪一致，塔里木盆地北部寒武纪—早奥陶世在库南 2 井–草 2 井–草 3 井–满参 1 井一线具有明显的沉积格局分异。该线以东为斜坡–盆地相区，以西为碳酸盐台地沉积区（康玉柱，1981）。其重要依据是地震剖面上满加尔拗陷及草湖凹陷西缘在寒武系—奥陶系层位斜交前积地震反射结构清楚，表明存在明显的斜坡相带。因此，碳酸盐台地沉积相区与斜坡–盆地沉积相区的分界线刚好从塔河油田区东侧掠过，塔河油田所在区域中下奥陶统应属台地内部沉积。塔河油田主体区所在的阿克库勒凸起主体上处于塔里木碳酸盐台地的开阔台地相带，向东的部分井区可能为台地边缘相沉积。该区的西、南均为广阔的开阔台地相沉积相带。向北至雅克拉地区存在局限台地相带，东南方向则向满加尔半深海沉积相过渡。

1）鹰山组（$O_{1-2}y$）

a. 岩相与沉积环境

结合岩石学、沉积学、古生物学分析，认为塔河地区鹰山组发育半局限台地相与开阔台地相。

半局限台地位于局限台地之外靠近开阔台地一侧，该环境总的来说水体能量不高，水体循环受限不畅。沉积水体的能量、盐度介于局限台地和开阔台地之间。生物类型丰富，广盐度和窄盐度的生物均有分布。岩石类型多样，有泥晶灰岩、白云质泥晶灰岩、灰质白云岩、砂屑灰岩、藻叠层灰岩等。鹰山组的半局限台地相主要发育在鹰山组的第一、二段，根据其岩石学、沉积学特征以及生物组合，将鹰山组的半局限台地进一步划分为台坪（半局限海）亚相和台内滩亚相。

开阔台地位于台地边缘与局限台地之间，海域广阔，海水循环较好，盐度基本正常，水体深度数米至数十米。与局限台地、半局限台地相比，开阔台地的生物分异度和数量相对较为丰富。鹰山组的开阔台地相主要发育在鹰山组的第三、四段，根据沉积特征以及生物组合等特征，将鹰山组的开阔台地相进一步划分为台坪（滩间海）亚相、台内浅滩亚相；根据构成滩的颗粒、填隙物的种类含量不同，滩进一步可识别出台内砂屑滩、台内鲕粒滩和台内生屑滩。

台坪（滩间海）亚相位于正常浪基面之下，是开阔台地相对水体较深的位置，沉积水体能量低。滩间海正常沉积岩性特征如下：①泥晶灰岩，泥晶基质 99%～95%，生屑 1%～5%，以正常浅海底栖生物为主，如棘皮类、海绵类、腕足类、三叶虫类、藻类，并含少量介形虫 [图 4-37（a）、（b）]；②（含）砂屑泥晶灰岩，砂屑 30%～45%，泥晶基质 55%～70%，生物含量较少，含少量棘皮类、腕足类。

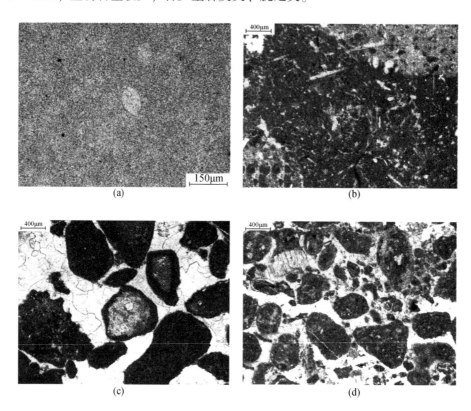

图 4-37　塔河地区中下奥陶统鹰山组岩相特征

（a）含云质微晶灰岩，微晶灰岩中可见双壳类，开阔台地台坪亚相沉积，S74 井，5721m；（b）含云质泥晶灰岩，泥晶灰岩中可见海绵骨针碎片，开阔台地台坪亚相沉积，S108 井，6155.05m；（c）亮晶砂屑灰岩，粒间亮晶方解石胶结，几乎无灰泥残余，反映了高能量的沉积水动力条件，台内砂屑滩沉积，S116 井，6305.21m；（d）亮晶砂屑灰岩，粒间亮晶方解石胶结，反映了高能量的沉积水动力条件，台内砂屑浅滩沉积，S79 井，5595.17m

台内浅滩亚相形成于开阔台地内地形相对较高的部位，为开阔台地内浅水高能环境，受波浪作用的影响，形成中厚层状浅灰色、灰色、褐灰色泥晶–亮晶泥粒岩、泥晶–亮晶颗粒岩、亮晶颗粒岩。根据构成滩的颗粒、填隙物的种类含量不同，将台内浅滩亚相进一步分为台内砂屑滩 [图 4-37（c）、（d）]、台内生屑滩。平面上沉积相分布如图 4-38 所示。

b. 鹰山组层序格架

浅水碳酸盐台地中沉积组构对海平面变化有敏感的反映，海平面的升降可以显著地体

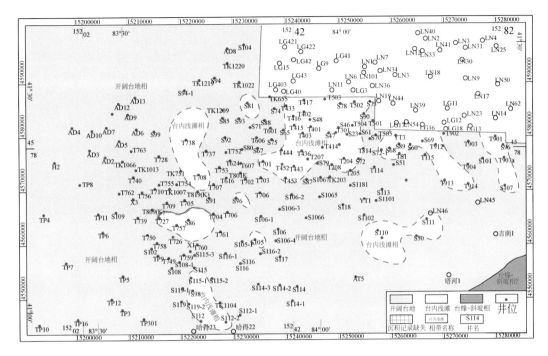

图 4-38　塔河地区中下奥陶统鹰山组沉积相平面分布图

现在沉积水动力条件的变化及由其决定的沉积组构特征上。相对海平面上升期间，沉积物中代表相对低能环境的沉积组构比重逐渐提高。而碳酸盐岩中的颗粒与灰泥比、亮晶胶结物与灰泥比都是反映分选程度与沉积水动力条件强弱的重要指标，在较强的沉积水动力条件下形成的沉积物一般具有较高的颗粒与灰泥比、亮晶胶结物与灰泥比；而较弱的沉积水动力条件，沉积物中会保留不同程度的灰泥，表现出较差的分选特征。因此碳酸盐岩中的颗粒与灰泥比、亮晶胶结物与灰泥比也可以作为沉积旋回特别是高频沉积旋回的重要指标。纵向上，鹰山组可以划分为四个三级层序（图 4-39）。

2）一间房组（O_2yj）

a. 岩相与沉积环境

塔河地区的一间房组岩性包括藻黏结灰岩、亮晶砂屑灰岩、亮晶生屑灰岩、亮晶鲕粒灰岩、（含）砂屑泥晶灰岩、泥晶灰岩，并且在个别井中可以发现规模不大的生物礁，如 S68、S69、S76。总体上，一间房组岩性反映了高能沉积环境的颗粒灰岩所占比例较高。一间房组沉积时期塔河地区处于开阔台地的位置，主要的沉积环境为台内浅滩以及台坪，并有少量的台内礁体发育。

① 台内浅滩亚相

台内浅滩亚相是塔河地区（主要是南部）一间房组非常重要的沉积相类型，由于该亚相发育于开阔台地内的海底较高的位置，受波浪水流作用，沉积环境的能量高，颗粒非常丰富。塔河地区的台内浅滩亚相主要包括三种微相类型：砂屑滩、鲕粒滩、生屑滩，其中以砂屑滩所占的比例最大，而鲕粒滩与生屑滩发育规模有限。

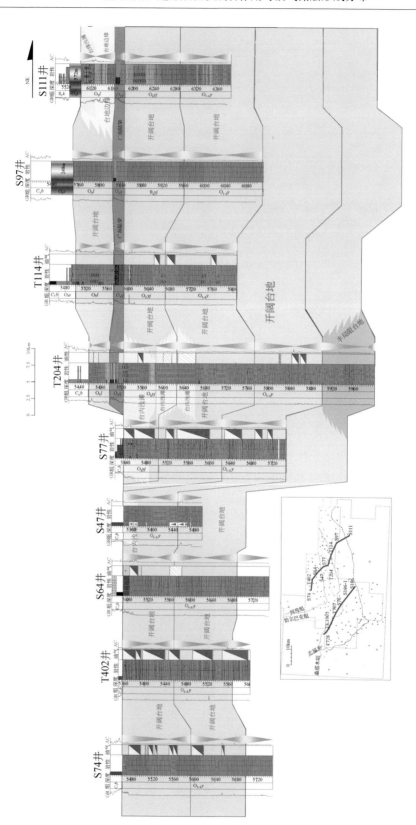

图4-39　塔河地区中下奥陶统鹰山组沉积–层序格架连井剖面

AC为声波时差曲线

砂屑滩微相是塔河地区最主要的微相类型，一间房组的砂屑滩微相与鹰山组的砂屑滩微相的区别在于一间房组砂屑滩主要为中高能量的砂屑滩所占的比例较大，塔河地区的一间房组大部分钻井都钻遇该沉积微相，如 S72、S114。岩石结构组成上表现为砂屑含量 50% ~ 80%，生屑含量 10% ~ 30%，并经常可见少量的砾屑，砂屑颗粒的分选较好，磨圆一般都为次圆–圆状；生物碎屑主要为腕足类、介形虫、三叶虫、藻类，并可见少量的海绵，为浅海正常盐度的生物组合。粒间填隙物主要为亮晶方解石，泥晶基质含量比较低 [图 4-40 （a）、（b）]。

亮晶鲕粒滩在塔河地区一间房组的分布规模不及砂屑滩广泛，S114、S108、T709 等井均有揭示。鲕粒滩的单层发育厚度不大，颗粒主要为鲕粒，含量一般为 40% ~ 60%，鲕粒核心为藻屑、棘屑、灰质球粒以及其他生物碎屑；此外有 10% ~ 15% 的砂屑和少量的砾屑颗粒。粒间填隙物主要为两期亮晶方解石胶结物，相对较早的颗粒边缘为马牙状或者栉壳状的方解石胶结物，较晚的为粒状方解石胶结物，多为中–粗晶，几乎不含泥晶基质 [图 4-40 （c）、（d）]。上述特征反映了其沉积环境为正常浅海、水动力条件较强的浅滩环境。

生屑滩中的粒屑以生物碎屑为主，含量一般会到 40% 以上，主要为藻屑（葛万藻屑为主）、棘屑（主要为海百合茎）、腕足类，其次可见苔藓虫、三叶虫、有孔虫、介形虫等，砂屑颗粒的含量为 10% ~ 20%。胶结物为亮晶方解石，具有两个世代的方解石胶结，较早的为栉壳状方解石胶结，较晚的为粒状方解石胶结，局部有少量的泥微晶基质 [图 4-40 （e）、（f）]。以上这些特征反映了其沉积环境为正常浅海、中高能量的浅滩沉积环境（填隙物有亮晶方解石，又有泥微晶基质，冲洗不干净）。

② 台坪亚相

台坪亚相对应水体较深的低能或中能环境，岩石类型主要为微晶灰岩、（含）砂屑泥微晶灰岩、泥晶生屑灰岩，岩石微晶结构清楚，局部可见微晶或微亮晶砂屑灰岩斑块。生物有海绵、苔藓虫、腕足类、海百合、介形虫等，表现为窄盐度生物组合，种群分异程度强，生物数量多，表明其属于广海循环交流正常、盐度正常、充氧的浅海低能环境沉积 [图 4-40 （g）、（h）]。台坪亚相是塔河地区一间房组另一种最重要的亚相类型。

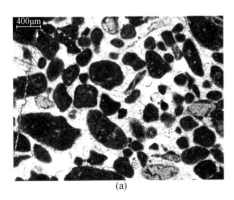
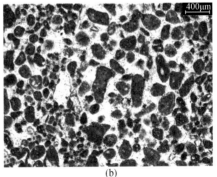

(a)   (b)

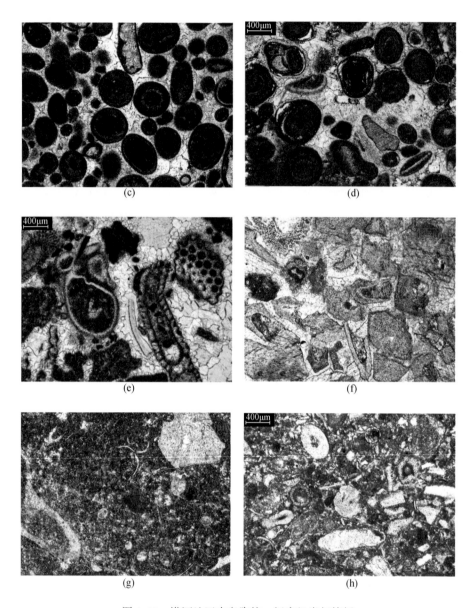

图 4-40　塔河地区中奥陶统一间房组岩相特征

（a）亮晶砂屑灰岩，颗粒磨圆度较好，粒状方解石胶结，为较高水动力条件的沉积，S114 井，6400.82m；（b）亮晶砂屑灰岩，颗粒磨圆度较好，分选较好，粒状方解石胶结，为较高水动力条件的沉积，T705 井，5797.21m；（c）亮晶鲕粒灰岩，鲕粒可见同心环状，发育两期亮晶胶结，反映较强水动力条件下沉积，S108 井，6986.97m；（d）亮晶鲕粒灰岩，鲕粒见同心环状，至少见两期方解石胶结，S114 井，6346.98m；（e）亮晶生屑灰岩，可见两期亮晶方解石胶结，强水动力条件沉积，S114 井，6377.97m；（f）亮晶生屑灰岩，生屑可见棘屑，亮晶方解石胶结，S106 井，5885.92m；（g）生屑微晶灰岩，生屑可见棘屑，形成水动力条件较弱，S106 井，5884.14m；（h）泥晶生屑灰岩，生屑含量丰富，发育棘屑，形成水动力条件较弱，T759 井，5837.69m

③ 台内礁亚相

台内礁亚相发育于开阔台地内的海底高地，多发育在砂屑滩的基础之上，部分以生屑滩、鲕粒滩为礁基生长，主要为海绵礁或点礁，海绵礁主要分布在 S30、S76、S68、S69 等井区。

对于该生物礁、滩的相带的划分尚有不同的认识，目前的研究认为该生物礁、滩应该属于台地内部的浅滩以及点礁沉积，主要的依据有：①中奥陶统一间房组普遍发育礁（丘）以及浅滩且呈片状分布，生物礁（丘）具层状分布，这与呈线状分布的台地边缘礁（丘）、滩呈线状分布。②从其发育的规模看，典型的台地边缘礁（丘）的规模较大，而塔河地区一间房组的生物礁（丘）的规模都比较小，礁体一般仅 1~2m，这是台内点礁（丘）的特点。因此，我们认为塔河地区一间房组的浅滩亚相以及生物礁（丘）应该为台内的礁、浅滩。一间房组沉积相平面分布见图 4-41。

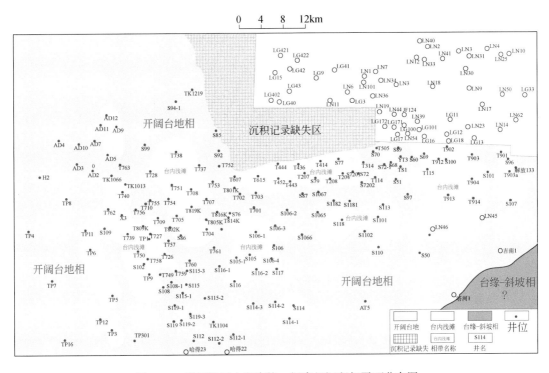

图 4-41　塔河地区中奥陶统一间房组沉积相平面分布图

b. 一间房组层序格架

一间房组三级层序顶部以 T_7^4 区域一级不整合面作为层序顶边界，底部以鹰山组顶部的沉积间断面为层序底边界，其与鹰山组显著区别在高能浅滩沉积更为发育（图 4-42）。

一间房组主要由向上变浅的高频沉积旋回及少量向上变深的高频沉积旋回叠置，总体上构成一个完整向上变深–变浅的沉积旋回（图 4-42）。在向上变浅的高频沉积旋回中，岩性从低能的灰泥沉积向低能的颗粒灰岩沉积、高能的亮晶颗粒沉积转变，每个高频沉积旋回以代表相对海平面上升的低能台坪沉积环境的灰泥沉积开始，以相对高能的台内浅滩沉积环境的颗粒灰岩结束，在沉积旋回变浅过程中，对应的颗粒与灰泥比、亮晶胶结物与

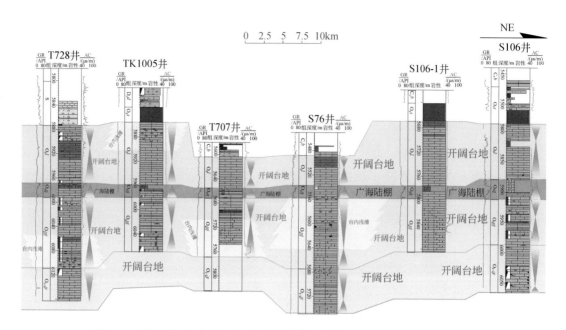

图 4-42　塔河地区一间房组沉积–层序格架连井剖面（剖面位置见图 4-39）

灰泥比也呈现向上逐渐增大的趋势，反映出沉积水动力逐渐加强的过程。在向上变深的沉积旋回中，代表低能沉积环境的灰泥沉积占主导，以高能沉积之上的低能沉积开始，以高能沉积物发育为顶界，与相对海平面上升一致，向上变深的高频沉积旋回具有极低的颗粒与灰泥比、亮晶胶结物与灰泥比。

2. 塔中地区

1）鹰山组沉积相

塔中地区鹰山组碳酸盐岩地层自下而上的总体变化规律与塔河地区类似，即从鹰山组底部至鹰山组顶部，碳酸盐岩地层中白云岩（包括白云石化）呈递减的趋势。根据塔中地区岩心的岩石学、沉积构造及其纵向变化规律和空间展布特征，结合薄片分析、地震、测井资料及盆地内区域宏观沉积格局分析，将塔中地区鹰山组划分为斜坡、台地边缘、开阔台地、局限–半局限台地四个相。

a. 斜坡相

斜坡相位于台地边缘相与深水盆地之间的过渡带，其顶界深度通常在正常浪基面之下，底界最深一般不超过氧化界面。根据沉积环境和沉积特征将斜坡相分为上斜坡亚相和下斜坡亚相，塔中地区中下奥陶统鹰山组沉积时期主要发育上斜坡沉积。地震剖面显示，塔中地区鹰山组斜坡相沉积主要沿塔中Ⅰ号断裂带发育，然而至今在该位置尚未有真正的钻井揭示鹰山组斜坡相的沉积特征。目前所能确定的鹰山组上斜坡的沉积特征均来源于塔中 5 井鹰山组揭示的信息。塔中 5 井揭示的为鹰山组四段，以角砾状白云岩为主，厚度大约 100m。角砾分选差，呈棱角、次棱角状，粒间充填砂砾屑、白云质、灰泥。各种类型的白云岩角砾内部均可见不同程度的成岩印记，说明了角砾可能形成于半固结的成岩状态，而极差的分选性、磨圆度则说明了一种弱水动力条件下的近距离快速堆积的特征。孔金平和刘效曾（1998）的研究认为塔中 5 井的角砾岩具有典型的台地边缘生物礁的礁前沉积特征，也暗示了此时塔中碳酸盐台地的边缘相在塔中 5 井附近发育。

b. 台地边缘相

依据岩石特征和沉积特征将塔中地区鹰山组的台地边缘相碳酸盐岩划分为台缘浅滩、台缘开阔海两个亚相。

① 台缘浅滩亚相

该相带位于台地边缘向海一侧，水体浅，水动力条件强。在塔中地区鹰山组台地边缘的发育程度较高，具类型多、发育旋回多、厚度大的特点。根据颗粒类型的差异可划分为砂屑滩、生屑滩、鲕粒滩及砾屑滩等微相。以中古 203 井台地边缘浅滩为例（图 4-43），岩性为浅灰色–深灰色厚层亮晶砂屑灰岩，砂屑灰岩较纯，见块状构造，颗粒分选较好，磨圆度好。整体上反映出高能的沉积环境。

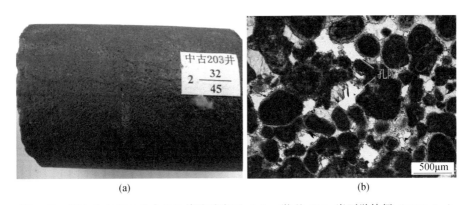

(a)   (b)

图 4-43 塔中中古 203 井台地边缘浅滩宏观（a）、微观（b）岩石学特征（6571.3m）

② 台缘开阔海亚相

台缘开阔海是位于粒屑滩之间地形相对低洼的地带，水体较深，以潮下带沉积为主。位于正常浪基面之下，水体深度一般不超过 50m，海底能量通常较低。以中古 3 井为例，主要岩石类型为（含）生屑泥晶灰岩、泥晶灰岩、含砂屑泥晶灰岩、泥质灰岩等。生物以腕足类、海百合为主，生物扰动构造发育。

c. 开阔台地相

根据本区沉积物类型及沉积构造特征，可将开阔台地相细分为台内滩、台内开阔海、台内灰泥丘三个亚相。

① 台内滩亚相

塔中地区鹰山组的台内滩亚相一般呈点状分布，典型沉积微相见于塔中 63 井，岩性以泥–亮晶砂屑灰岩为主，泥质条带发育。塔中 452 井位典型的亮晶砾屑灰岩，磨圆中等，分选较好，亮晶方解石胶结，并可见少量的方解石充填的溶蚀孔洞发育，岩石的结构特征反映了一种较高水动力条件下沉积的特点。

② 台内开阔海亚相

在该研究区沉积物以细粒、色暗为特征，主要发育泥粉晶灰岩，夹结晶白云岩、含颗粒泥晶灰岩及瘤状灰岩，常呈中厚层状产出。生物主要为腕足类、棘皮类、介形虫、钙质海绵、苔藓虫，多为搬运沉积。发育生物扰动构造、生物潜穴，偶尔可见冲刷构造。

③ 台内灰泥丘亚相

塔中地区中下奥陶统鹰山组的台内灰泥丘亚相在塔中 80 井、塔中 83 井、塔中 84 井、ZG111 井中最为发育。以塔中 83 井为例（图 4-44），深度 5620～5630m 处见隐藻泥晶灰岩。岩心上，以具有纹层结构的泥晶灰岩、块状结构的泥晶灰岩、泥质灰岩为特征。具纹层结构的泥晶灰岩宏观上普遍发育平行纹层的窗格孔，方解石全充填。显微镜下，主要表现为隐藻结构的泥晶灰岩，局部发育具黏结特征的砂屑灰岩，并可见介形虫、苔藓虫、棘皮类及少量腕足类。窗格孔非常发育，亮晶方解石全充填，局部隐藻结构不发育的窗格孔中可见渗流粉砂沉积的示顶底构造。

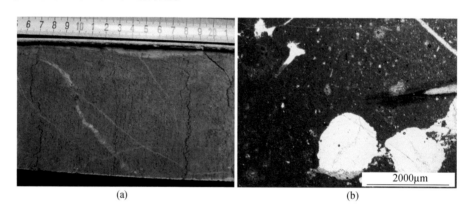

(a)　　　　　　　　　　　　　　　(b)

图 4-44　塔中 83 井鹰山组灰泥丘宏观（a）和微观（b）特征（5624.84m）

d. 局限–半局限台地相

局限–半局限台地相主要发育在塔中地区鹰山组下段，目前主要在塔中 162 井、塔中 12 井、塔参 1 井、塔中 5 井、ZG9 井等塔中中东部地区的钻井之中。岩性上，局限–半局限台地的碳酸盐岩主要为白云岩、灰质白云岩、泥晶灰岩，少量的颗粒灰岩，并且往往表现出白云岩与灰岩不等厚互层状发育特征，如塔中 12 井（图 4-45）。显微镜下，局限–半局限沉积环境的白云岩往往具有粉–细晶结构，自形程度较差。不过由于后期埋藏成岩的影响，白云岩的原始结构普遍发生变化，形成自形程度较高的白云岩，并可以形成较好的储集空间。

2）塔中地区鹰山组层序地层

对塔里木盆地鹰山组沉积层序，前人已经有大量的研究工作展开，通过露头区研究和盆地内钻井相结合，将塔里木盆地鹰山组碳酸盐岩划分为四个三级层序（许效松和杜佰伟，2005；Lin et al.，2012），其中，塔中地区由于后期强烈暴露剥蚀的影响，仅保留鹰山组下部的两个三级层序（Yu et al.，2016）。

通过测井数据的系统分析，计算出沉积旋回的数量与沉积旋回的厚度。为了能利用沉积旋回的厚度变化，分析相对海平面变化并建立层序地层，需要利用 Fischer 曲线进行地层厚度与相对海平面变化规律之间的转换。然而，Fischer 曲线的目标是针对环潮坪型的碳

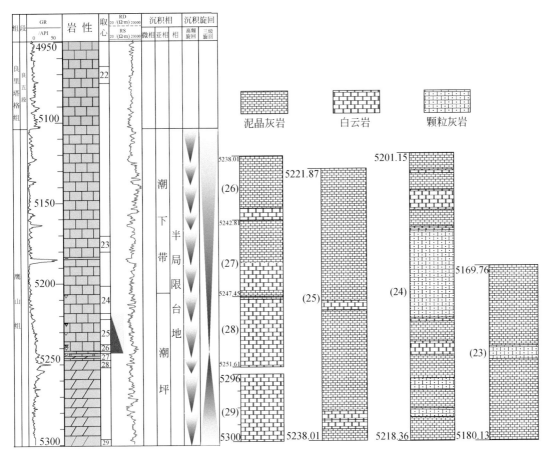

图 4-45   塔中 12 井鹰山组半局限台地岩性特征

RD 为深侧向电阻率，RS 为浅侧向电阻率

酸盐岩沉积，即要求沉积物的沉积厚度能代表海平面的变化量。如此看来，塔中地区鹰山组碳酸盐岩并不能完全满足这个条件。但塔中地区鹰山组的沉积特征总体反映出的是一种浅水碳酸盐台地环境的产物，沉积物的堆积速率能基本反映相对海平面的变化速率。因此，对鹰山组单井沉积旋回进行分析，识别出塔中地区鹰山组沉积旋回的个数与旋回的沉积厚度，然后根据 Husinec 等（2008）建立的 Fischer plots 方法，建立塔中地区鹰山组的单井沉积层序格架，然后在单井基础上，通过单井层序界面的识别，进行钻井之间的区域追踪对比，并将单井层序界面的信息与地震界面信息综合分析，最终建立鹰山组的层序地层格架（图 4-46、图 4-47）。

总体上，塔中地区鹰山组自下而上的 SQ1～SQ4 四个三级层序主要由一系列向上变浅的高频沉积旋回组成，其中 SQ1 包括 14 个高频沉积旋回，SQ2 包括 13 个高频沉积旋回，SQ3 包括 12 个高频沉积旋回，而 SQ4 仅有 9 个高频沉积旋回。

另外，通过对塔中地区鹰山组等时地层格架的对比，可以直观地看到鹰山组残留地层在塔中地区的分布变化规律。从塔中西部至塔中东部地区，鹰山组残留地层分别由最顶部为 SQ4 层序至最东部地区仅保留鹰山组 SQ1 层序，并且保存不完整（图 4-46），反映了鹰

· 174 · 盆地深层–超深层沉积成岩作用与油气储层形成分布

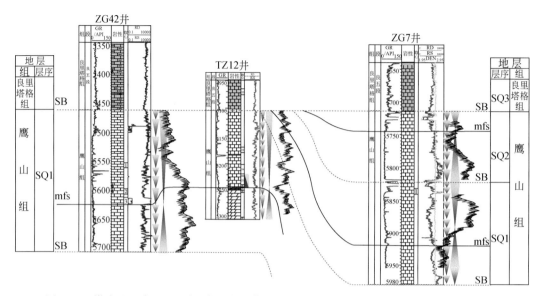

图 4-46　塔中地区鹰山组北东–南西向的等时地层格架对比图（剖面位置见图 4-4 A—A'）

TZ12 井中，GR 为 0 ~ 150API，RD 和 RS 为 0.1 ~ 10000Ω · m。RD 和 RS 的单位为 Ω · m；DEN 为密度，单位为 g/cm³

山组沉积时期东部地区强烈的暴露剥蚀作用。从垂直塔中隆起走向的剖面来看（图 4-47），靠近塔中 10 号断裂带的鹰山组隆升幅度较大，鹰山组剥蚀较强，而向北东方向的塔中Ⅰ号断裂带靠近，隆升幅度较低，鹰山组保留较多。

3）塔中地区鹰山组沉积相与台地建造过程

在沉积层序格架分析基础上，结合岩心、薄片、地震沉积学的分析，绘制了鹰山组不同沉积层序发育阶段的碳酸盐台地沉积相分布图（图 4-48）。从塔中地区鹰山组沉积相平面分布图（图 4-48）中可以发现两个现象：一是局限–半局限台地的沉积范围自下而上呈逐渐缩小的趋势，但具体的沉积边界的位置尚不确定。前人的研究表明，寒武纪—早奥陶世，塔里木碳酸盐台地呈现西高东低的格局，西部普遍发育局限–半局限沉积环境。随着相对海平面的逐渐上升，碳酸盐台地的局限–半局限沉积环境范围逐渐转变为开阔台地沉积环境。因此，局限–半局限碳酸盐台地的沉积范围随海平面的变化逐渐缩小。二是塔中地区鹰山组沉积时期，自下而上碳酸盐台地边缘相逐渐发育，并且发育趋势呈自东往西延伸的趋势。

前已述及，鹰山组 SQ1 层序沉积期，在塔中 5 井发育一线上斜坡的垮塌角砾岩，孔金平和刘效曾（1998）认为塔中 5 井发育生物礁的礁前垮塌角砾，这就说明在塔中 5 井的南部存在一个碳酸盐台地边缘［图 4-48（a）］。而早奥陶世的构造拉张活动控制了正断层的发育和构造沉陷，在塔中 5 井一带可能发育多级同生断层，使塔中 5 井一带发育断阶式陡斜坡。而塔中 5 井上段的台地边缘浅滩相的发育则暗示该时期控制台地边缘的断裂可能趋于稳定或者发生反转，发育了一套进积型的碳酸盐台地边缘沉积。塔中地区鹰山组台地边缘相发育的直接证据来源于其典型的地震反射特征。SQ2 沉积期，即早奥陶世末期，塔中Ⅰ号断裂带开始活动，塔中地区的碳酸盐台地建造开始受其控制，台地边缘由塔中 5 井以南迁移至塔中Ⅰ号断裂带附近，以塔中Ⅰ号断裂带为界，南北两侧分别发育台地与斜坡–

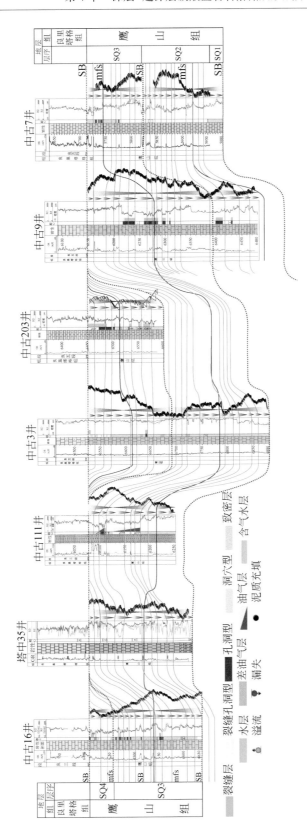

图4-47　中古16井−中古7井鹰山组沉积层序对比剖面(剖面位置见图4-4 *B—B′*)

塔中35井中，RD为2~20000Ω·m，RS为2~20000Ω·m，各测井密度单位为g/cm³，RD和RS单位为Ω·m

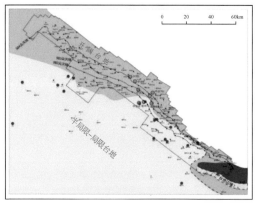
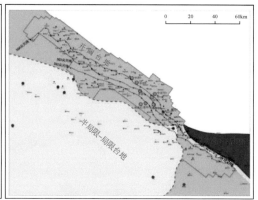

(a)塔中地区鹰山组SQ1沉积相分布图　　　　(b)塔中地区鹰山组SQ2沉积相分布图

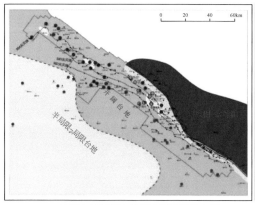
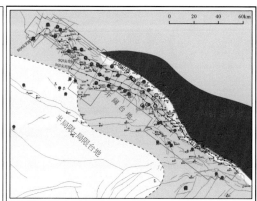

(c)塔中地区鹰山组SQ3沉积相分布图　　　　(d)塔中地区鹰山组SQ4沉积相分布图

图4-48　塔中地区鹰山组 SQ1～SQ4 沉积相平面分布图

较深水的盆地［图4-48（b）］，前人称这一深水区为"ZG台槽"（高志前等，2012）。SQ3～SQ4 沉积期，碳酸盐台地边缘沿塔中Ⅰ号断裂带逐渐向西发育，深水区随着移动［图4-48（c）、（d）］。

3. 金跃–跃满地区

一间房组是金跃–跃满地区重要的储层发育层位。对研究区一间房组的 238 个灰岩样品进行岩性统计显示，一间房组岩石类型包括生屑泥晶灰岩、泥晶生屑藻屑灰岩、泥晶生屑灰岩、泥晶砂屑灰岩、泥晶灰岩、亮晶藻砂屑灰岩、亮晶生屑藻砂屑灰岩、亮晶砂屑灰岩、含生屑泥晶灰岩和硅化灰岩等（图4-49）。其中又以生屑灰岩的占比最高，砂屑灰岩次之。

如图4-50 所示，在偏光显微镜下对一间房组主要岩石类型进行观察与鉴定。在图4-50（a）、（c）、（e）中可见贝壳类、腕足类、棘皮类、海百合、海绵骨针、藻类等生物碎屑不均匀分布于泥晶基质中，生物碎屑颗粒间不接触支撑，反映了生物碎屑异地沉积于相对低能的沉积水体环境，沉积环境为开阔台地。在图4-50（d）、（f）中，暗灰黑色的藻类颗粒十分发育，在金跃–跃满地区，该类岩性也广泛存在。在图4-50（b）中，生屑在碳

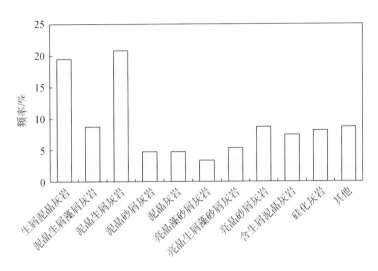

图 4-49 金跃–跃满地区一间房组岩石类型统计

酸盐岩颗粒中的含量较高，反映了较高能的沉积水体环境，该井段可能为生屑滩相沉积。

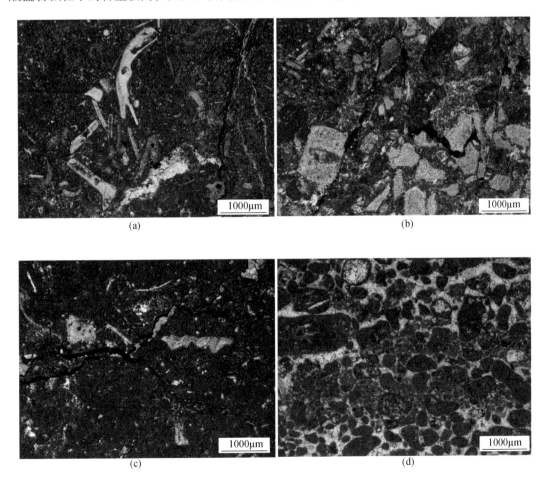

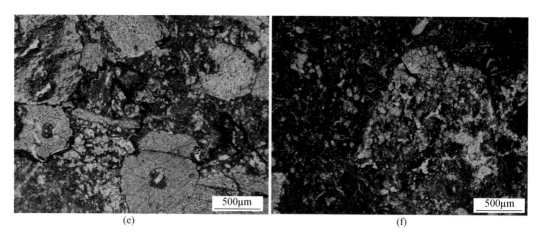

图 4-50　金跃-跃满地区一间房组典型岩石类型镜下照片

（a）JY2 井，生屑泥晶灰岩，7091.3m；　（b）JY5H 井，生屑灰岩，6978.9m；　（c）JY8 井，含生屑灰岩，7110.4m；（d）JY5H 井，砂屑灰岩，7002.0m；（e）YM7 井，生屑灰岩，7270.2m；（f）YM8 井，含生屑砂屑灰岩，7211.1m

　　在单井沉积剖面分析基础上，选取贯穿研究区的南北向剖面，以地震剖面标定井的相对位置，绘制了金跃 2 井-金跃 204 井-金跃 103 井-跃满 1 井-跃满 5 井-跃满 6 井沉积-层序连井剖面图（图 4-51）。各组地层厚度在剖面上比较相近，即总体沉积环境较为稳定。

　　研究区奥陶纪沉积环境由下到上为：开阔台地-广海陆架-斜坡-混积陆架（图 4-51），水体由浅变深，整体反映了一个海平面上升的进积过程。奥陶系共划分为五个三级层序，其中一间房组根据岩性组合和 GR 曲线变化进一步划分为三个四级层序（图 4-51）。

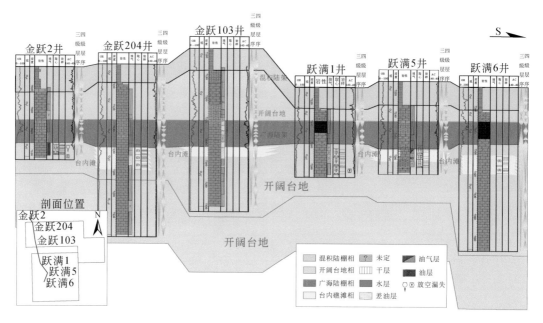

图 4-51　金跃 2 井-金跃 204 井-金跃 103 井-跃满 1 井-跃满 5 井-跃满 6 井沉积-层序连井剖面

GR 的单位为 API，深度的单位为 m，AC 的单位为 μs/m

根据研究区各钻测井及岩性资料绘制金跃-跃满地区一间房组沉积相平面图
（图4-52），研究区一间房组沉积环境主要为开阔台地相，局部发育台内滩相。金跃地区
和跃满地区沉积相分布稍有不同，跃满地区沉积环境相对更高能。根据油气井的分布情况
可知，各类型沉积相均有储层发育，推断沉积相不是储层发育的主控因素，即沉积产生的
原生孔隙不是主要的储集空间。

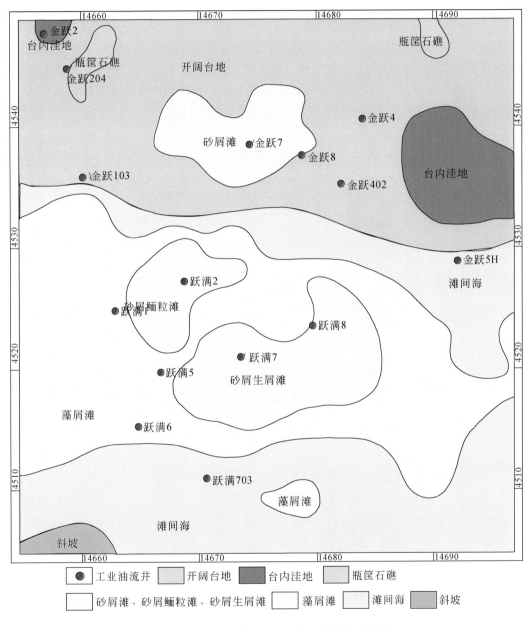

图4-52　金跃-跃满地区一间房组沉积相平面图

4.4　塔里木盆地奥陶系深层–超深层岩溶储层流体–岩石作用

4.4.1　流体记录

1. 塔河地区

针对塔河油田奥陶系不同类型碳酸盐岩、孔洞缝和脉中充填物，开展多种地球化学参数的分布直方图和散点图分析（图4-53～图4-57）。从成分上说，孔洞缝和脉中充填物均为结晶方解石。总体上，塔河油田奥陶系孔洞缝和脉中充填物具有比其基质低的$\delta^{18}O$值、$\delta^{13}C$值，高的$^{87}Sr/^{86}Sr$值，偏高的铁含量和锰含量。

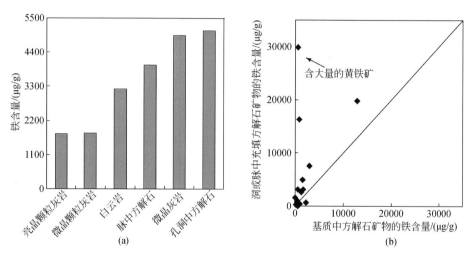

图4-53　塔河油田奥陶系孔洞缝中的方解石和主要岩石类型的铁含量分布直方图(a) 及同一样品基质中方解石矿物的铁含量与洞或脉中充填方解石矿物的铁含量投点图（b）

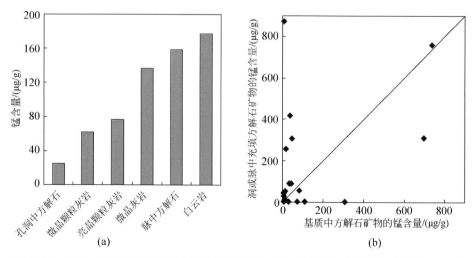

图4-54　塔河油田奥陶系孔洞缝中的方解石和主要岩石类型的锰含量分布直方图(a) 及同一样品基质中方解石矿物的锰含量与洞或脉中充填方解石矿物的锰含量投点图（b）

　　塔河油田奥陶系碳酸盐岩中高的铁、锰含量（分别为 3344μg/g 和 110μg/g）（图 4-53、图 4-54），显示塔河油田奥陶系碳酸盐岩经历了与大气降水有关的相对开放体系中的成岩作用。塔河油田奥陶系所有的碳酸盐矿物锶同位素比值都显示高于它们所在奥陶纪的海水中间值（图 4-55），尤其是孔洞缝（脉）中的方解石与同期海水间的差值最大，显示这些方解石中的相当部分都与成岩过程中的非海相流体作用有关。与同期海水相比明显偏负的碳氧同位素亦说明塔河油田奥陶系碳酸盐岩经历了更多的大气降水作用（图 4-56、图 4-57）。

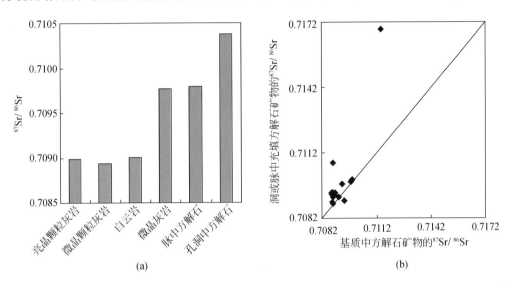

图 4-55　塔河油田奥陶系孔洞缝中的方解石和主要岩石类型的锶同位素组成分布直方图（a）及同一样品基质中方解石矿物的锶同位素组成与洞或脉中充填方解石矿物的锶同位素组成投点图（b）

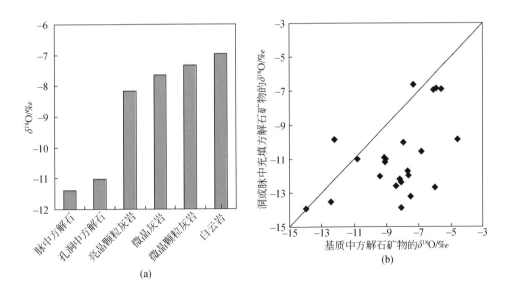

图 4-56　塔河油田奥陶系孔洞缝中的方解石和主要岩石类型的氧同位素组成分布直方图（a）及同一样品基质中方解石矿物的 $\delta^{18}O$ 与洞或脉中充填方解石矿物的 $\delta^{18}O$ 投点图（b）（对角线方向的标志线代表基质部分中的 $\delta^{18}O$ 与洞或脉中充填方解石矿物相等）

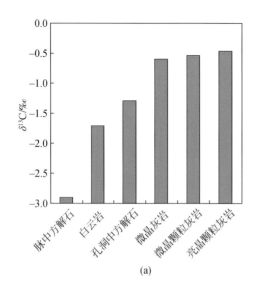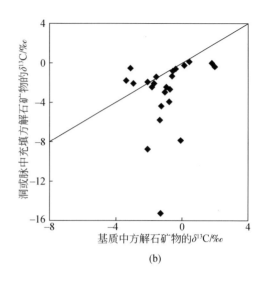

图 4-57　塔河油田奥陶系孔洞缝中的方解石和主要岩石类型的碳同位素组成分布直方图（a）及
同一样品基质中方解石矿物的 $\delta^{13}C$ 与洞或脉中充填方解石矿物的 $\delta^{13}C$ 投点图（b）

2. 塔中地区

通过显微镜和阴极发光分析，塔中地区鹰山组溶蚀孔洞普遍发育六期胶结作用
［图 4-58（a）］：第一期方解石胶结物（C1）为放射状或针状的方解石，阴极不发光，这
种胶结物特征在塔中地区北斜坡中段的溶蚀孔洞中发育，塔中地区西部平台区的溶蚀孔洞
中这期胶结作用不发育；第二期方解石胶结物（C2）为细粒亮晶方解石，呈极弱的阴极
发光和亮红色/橘红色的边缘环带状发光；第三期方解石胶结物（C3）为粗晶方解石，充
填于溶孔的残余孔隙空间内，具有暗红色的阴极发光特征；第四期方解石胶结物（C4）
为粗晶方解石，充填于溶孔的残余孔隙空间内，具有暗色到棕色的阴极发光特征；第五期
方解石胶结物（C5）和第六期方解石胶结物（C6）多和裂缝沟通，C5 呈亮橘色阴极发
光，而 C6 为暗色发光。

针对塔中地区鹰山组溶蚀孔洞内的六期方解石胶结物进行了 SIMS 原位微区碳氧同位
素分析［图 4-58（b）］。实验在中国科学院地质与地球物理研究所离子探针实验室的
Cameca IMS-1280 型双离子源多接收器二次离子质谱（SIMS）仪上进行。使用$^{133}Cs^+$做一
次离子束轰击样品，加速电压 10 kV，束流强度 ~2nA，采用高斯照明方式，束斑直径约
10μm。采用国家一级标样（GBW04481）Oka 方解石为外标和美国威斯康星大学标样
UWC-3 方解石为内标。氧同位素精度测试为 0.4‰，碳同位素精度为 0.6‰。

测试结果表明，C1 的 $\delta^{18}O$ 为 -5.65‰ ~ -4.22‰，$\delta^{13}C$ 为 1.26‰ ~ 2.42‰，接近早奥
陶纪正常海水，电子探针揭示 C1 期流体锶含量较高，铁、锰含量低［图 4-58（c）］；C2
的 $\delta^{18}O$ 值分布范围较宽（ -9.1‰ ~ -2.62‰ ），电子探针揭示该期流体锶含量亦较高；C3
的 $\delta^{18}O$ 值偏负（ -5.2‰ ~ -10‰ ），锶含量降低；C4 的 $\delta^{18}O$ 值更加偏负，为 -13.2‰ ~
-7.89‰，$\delta^{13}C$ 值变化不大；与 C4 相比，C5 的 $\delta^{18}O$ 值偏重约 3‰，而 $\delta^{13}C$ 值分布范围大，

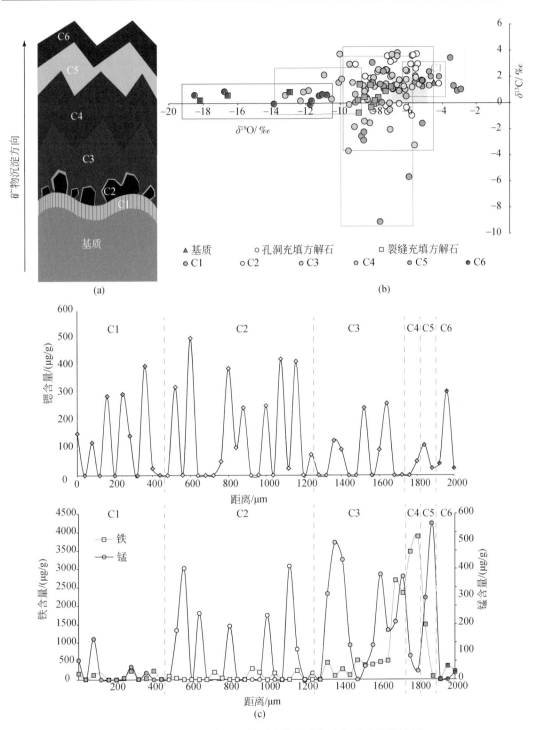

图 4-58　塔中地区鹰山组储层流体活动期次和地球化学特征

（a）孔洞内六期胶结物，其中最后两期 C5 和 C6 与裂缝相关，沿裂缝发育；（b）六期流体的 SIMS 原位微区碳氧
同位素分布；（c）六期流体的电子探针锶、铁、锰元素含量分布

δ^{13}C 为-9.09‰~3.09‰，表明受有机碳的影响；C6 的 δ^{18}O 值明显偏负，为-18.52‰~-9.72‰，表明这期流体性质与前几期胶结物的流体有非常大的差别，可能是受到热流体或混合大气水叠加改造的结果。从 C3 到 C6 锶含量降低，反映受成岩改造明显。C1 的锰含量低，而 C5 的锰含量高。与其他期胶结物相比，C4 的铁含量明显增高，可达 3800μg/g［图 4-58（c）］，指示埋藏还原条件。

　　同时在透射光和荧光显微镜下详细分析流体包裹体类型和特征，其中大个和拉长流体包裹体可能已发生变形泄漏，没有代表性（Goldstein and Reynolds，1994），因此分析时被剔除。由于 C1 方解石胶结物基本不含包裹体，因此没有测温数据。流体包裹体温度测试显示［图 4-59（c）、（d）］，C2 为低温（<60℃）和低盐度（<5%）；C3 和 C4 以中、高均一温度（分别为 73~109℃ 和 111~154℃），中等盐度（分别为 5%~21% 和 5%~25%）为特征；C5 均一温度在 78~127℃，而盐度较低（0~8%）；C6 表现为高温和高盐度特征，均一温度在 160~200℃，高于地层最大埋深对应的温度，盐度可达 26%，且该期包裹体中共生的烃类包裹体发蓝白色荧光［图 4-59（a）、（b）］，激光拉曼测试显示气体成分为以甲烷为主的天然气包裹体。

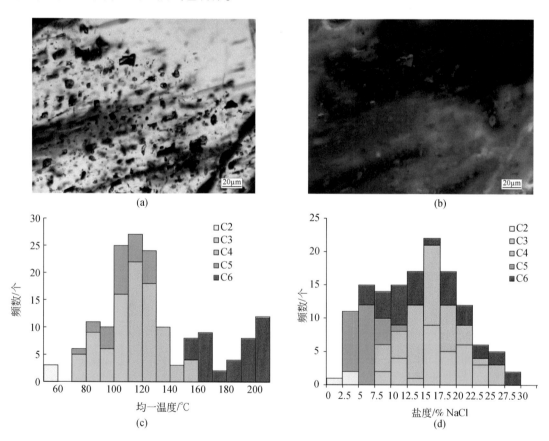

图 4-59　塔中鹰山组不同期次胶结物流体包裹体特征

（a）和（b）为 C6 期流体包裹体发蓝色荧光；（c）和（d）为多期流体包裹体温度和盐度分布

鉴于海水的锶同位素组成主要受壳源和幔源两个来源锶的控制，可以很好地指示壳源和幔源（Banner，1995；Veizer et al.，1999），研究选取塔中地区 8 口井 19 个样品进行锶同位素测试。分析结果显示（图 4-60），基质 $^{87}Sr/^{86}Sr$ 值在 0.7085 ~ 0.7091，平均值为 0.7088（$n=4$），与当时海相碳酸盐岩锶同位素组成范围接近；针孔发育处方解石的 $^{87}Sr/^{86}Sr$ 值在 0.7085 ~ 0.7090，平均值为 0.7089（$n=6$）；孔洞内充填方解石的 $^{87}Sr/^{86}Sr$ 值在 0.7086 ~ 0.7094，平均值为 0.7090（$n=7$）；裂缝内充填方解石的 $^{87}Sr/^{86}Sr$ 值最高，分布在 0.7097 ~ 0.7099，平均值为 0.7098（$n=2$）。与基质相比，部分孔洞和裂缝内锶同位素值明显偏高，反映受外源流体或陆源碎屑影响，而针孔发育处的碳酸盐岩与基质相似。

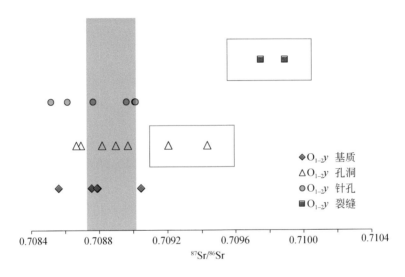

图 4-60 塔中地区鹰山组（$O_{1-2}y$）碳酸盐岩锶同位素比值

3. 金跃-跃满地区

地震、成像测井和岩心尺度上的综合分析表明，金跃-跃满地区主要发育三期断裂：①早古生代奥陶纪 NW 向走滑断裂（F1），直立正花状，基底断裂至良里塔格组（O_3l）底；②早古生代志留纪 NE、NW 向 X 型走滑断裂（F2），部分为早期断裂活化，基底断裂至志留系顶；③晚古生代"弓形"火成岩断裂（F3），基底断裂至二叠系，分布局限。岩心和镜下观察显示：NW 向 F1 走滑裂缝以水平低角度缝为主，裂缝较宽，内多被方解石和渗流粉砂充填 [图 4-61（a）、（b）]；X 型 F2 走滑裂缝以高角度为主，沿裂缝有效扩溶孔发育，内见沥青充填 [图 4-61（c）、（d）]。

为研究流体性质及其作用期次，选取 JY204 井典型岩心样品，对 NE 向裂缝（F2）内充填物进行阴极发光测试，结果显示存在不同强度的阴极发光（图 4-62），指示至少存在三期不同期次的流体活动。在阴极发光测试结果的基础上，为了精细研究裂缝内充填的方解石胶结物成因，开展了方解石微区原位碳氧同位素分析。三期胶结作用的 SIMS 原位微区碳氧同位素分析结果显示（图 4-62）：第一期胶结物 F2-1 的 $\delta^{18}O$ 值偏负，$\delta^{13}C$ 值和当时海水接近；第二期胶结物 F2-2 的 $\delta^{18}O$ 值异常偏负，可能为热流体活动；与第二期胶结物相比，第三期胶结物 F2-3 的 $\delta^{18}O$ 值正偏约 3‰，$\delta^{13}C$ 值明显偏负，可能为大气水。

图 4-61　金跃–跃满地区两期主要构造裂缝活动在钻井岩心中的发育特征

（a）和（b）为 JY2 井，早古生代 NW 向低角度裂缝，内方解石和渗流粉砂充填，7085m；

（c）和（d）为 JY204 井，晚古生代 NE 向高角度裂缝，溶蚀孔发育，内沥青充填，7090.3m

　　流体包裹体温度测试表明（图 4-63），金跃–跃满地区奥陶系碳酸盐岩早古生代 NW 向和晚古生代 NE 向两期构造裂缝内包裹体均一温度多大于 160℃，大于区域地层经历最大埋深时的最高温度，因此说明在该地区存在普遍的构造–热流体活动。而包裹体盐度测试表明，早古生代 NW 向构造裂缝内流体盐度范围较广，存在低盐度、中盐度和高盐度，以中高盐度卤水为主；而晚古生代 NE 向构造裂缝内流体盐度多数小于 2.5%，表明可能受到大气水影响，这与 SIMS 原位微区碳氧同位素分析结果有很好的吻合。沿着 NW 向构造裂缝活动的深部循环大气水对金跃–跃满地区奥陶系储层的建设性改造起到一定作用。

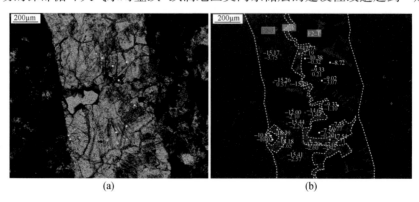

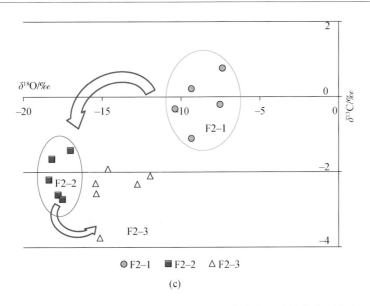

图 4-62　金跃–跃满地区奥陶系碳酸盐岩 NE 向构造裂缝内三期方解石胶结物的原位微区碳氧同位素分布
（a）和（b）为裂缝内胶结物显微镜和阴极发光照片；（c）为裂缝内胶结物原位微区碳氧同位素值分布

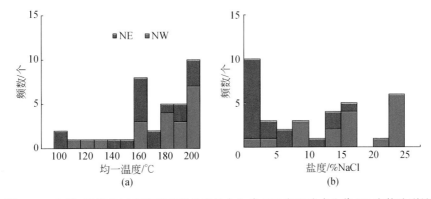

图 4-63　金跃–跃满地区奥陶系碳酸盐岩早古生代 NW 向和晚古生代 NE 向构造裂缝
内流体包裹体温度（a）和盐度（b）分布

4.4.2　成岩作用与序列

1. 塔河地区

总体上塔河地区鹰山组主要为一套灰岩沉积，由于钻井的揭示程度有限，塔河地区鹰山组主要为上段（SQ5、SQ6），对下段的揭示相对有限。下面将对鹰山组的不同成岩阶段的成岩作用进行分析。

1）早期成岩阶段主要的成岩作用

a. 泥晶化作用

塔河地区鹰山组的泥晶化作用比较发育，主要为颗粒外部边缘的部分泥晶化。泥晶化作用可能会充填孔隙喉道或者降低喉道大小，从而降低渗透率，然而某种程度上，早期成岩阶段的泥晶化作用也可能一定程度上增强颗粒的抗压性，降低压实程度。

b. 早期胶结作用

塔河地区鹰山组的颗粒支撑灰岩中的早期海底胶结作用非常发育，为鹰山组重要的胶结类型。阴极发光特征表明，塔河地区鹰山组基底式胶结的颗粒灰岩中的胶结物普遍具非常弱的阴极发光特征或者不发光（图 4-64），表明其形成于海水环境。通过显微薄片及阴极发光研究，发现塔河地区鹰山组主要存在以下三种早期胶结作用类型：①栉壳状胶结；②粒状亮晶方解石胶结；③共轴增长胶结。

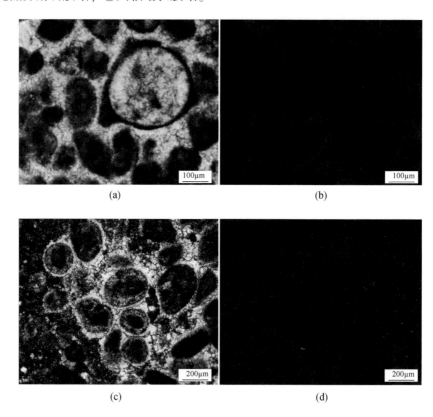

图 4-64　鹰山组颗粒灰岩早期海水胶结，阴极不发光

（a）、（b）ZG16 井，6422.3m；（c）、（d）ZG9 井，6241.3m

c. 硅化作用

硅化作用是塔里木盆地寒武系—奥陶系普遍的成岩现象之一，中下奥陶统鹰山组的硅化作用主要有交代生物碎屑的硅化、硅化结核两种赋存形式，推测这种硅化作用发生的时间相对较早，可能主要发生在准同生期—早成岩阶段。

2）埋藏成岩阶段主要成岩作用

a. 重结晶作用

重结晶作用是区内奥陶系碳酸盐岩最普遍的成岩现象之一，按照产状可分为重结晶方解石斑块、重结晶粉晶灰岩，两者的分布特征和形成环境也不相同。

b. 压溶作用与缝合线

压溶作用是碳酸盐岩地层中最为普遍的成岩作用之一，也是为埋藏条件下胶结作用提供物质来源的成岩作用之一，以缝合线的形成为主要标志，鹰山组的缝合线主要为平行层面的缝合线，斜交或者垂直层面的缝合线鲜有发现。

c. 白云石化作用

从白云石的产出状态以及分布的层位来看，塔河地区鹰山组白云石存在三种不同的产状：层状白云石、沿缝合线白云石、斑状−星点状分布的白云石。后两种产状的白云石，在塔河地区的鹰山组则比较常见。

d. 埋藏碳酸盐胶结作用

埋藏期胶结物主要充填于准同生期海水胶结作用后残留的孔隙内，以粒状亮晶方解石为主，也发育沿早期方解石胶结物边缘生长的埋藏方解石胶结物。其阴极发光特征变化较大，由不发光至橘红色强阴极发光特征均有，说明存在不同性质的成岩流体胶结作用。薄片与阴极发光特征显示，塔河地区鹰山组、一间房组至少存在三期的埋藏胶结作用（图 4-65）。

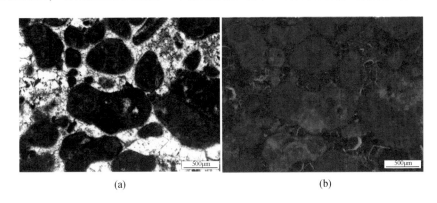

图 4-65　鹰山组颗粒灰岩亮晶胶结 [（a）单偏光；（b）橘红色阴极发光特征]，S77 井，5575.05m

e. 破裂作用及其方解石充填

破裂作用是改善碳酸盐岩储层的一种有利成岩作用，但是方解石的充填作用使得很多破裂作用形成的微裂隙为充填封死，塔河地区鹰山组破裂作用发育，多为亮晶方解石充填。此外，表生岩溶作用也是塔河地区重要的成岩作用类型，前人对这方面已经有很多研究（张涛和蔡希源，2007；漆立新和云露，2010），在此不再赘述。

在详细的成岩作用类型及成岩发育相对时序分析的基础上，结合埋藏演化史，建立了塔河地区鹰山组的成岩序列及成岩演化史（图 4-66）。塔河地区鹰山组的成岩演化分为同生阶段、早期埋藏阶段、表生阶段、成岩早期阶段、表生阶段、成岩中−晚期阶段六个阶段。相应地，不同阶段的成岩流体的性质也存在明显差异，包括海水、大气水、混合水、埋藏流体及深部热流体。胶结作用主要发育在准同生期，埋藏期的胶结作用从浅埋藏的低温方解石胶结物至深埋藏的较高温方解石胶结物均有。白云石化作用包括准同生期与沉积环境相关的白云石化及浅埋藏期形成的缝合线白云石；另外，热流体的作用也可能形成白云石。鹰山组的溶蚀作用主要为表生岩溶作用，其次深部热流体也可能会有贡献，而准同生期溶蚀几乎不发育。在不同的成岩流体控制下，相应的成岩作用类型与强度都存在明显差异，而最终导致岩石孔隙空间类型发展与演化的差异性。鹰山组的孔隙空间演化是长期复杂成岩过程及多期成岩流体的改造结果。

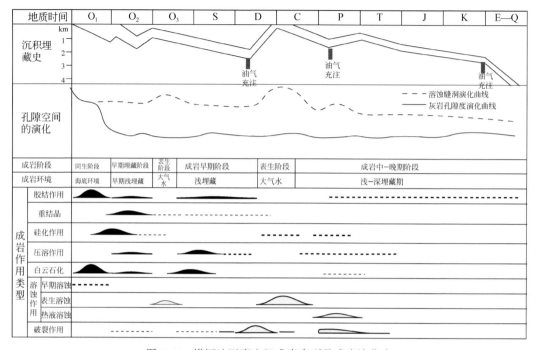

图4-66　塔河地区鹰山组成岩序列及成岩演化史

2. 塔中地区

1）早期成岩作用

塔中地区鹰山组的早期（准同生期）成岩作用主要包括生物成岩作用、海水胶结作用、白云石化作用和少量的大气水溶蚀作用。

a. 生物成岩作用

生物成岩作用包括生物扰动对原始沉积组构的改变和细菌、真菌等钻孔生物对碳酸盐颗粒本身的泥晶化作用两种。塔中地区鹰山组的泥晶化作用强烈普遍，表现在颗粒边缘表面的泥晶化，特别是生屑颗粒普遍发育泥晶化作用。生物扰动在塔中地区鹰山组碳酸盐岩中主要表现在以灰泥为主的岩石中，不均匀地发育一些球粒、似球粒团块，碳酸盐颗粒之间普遍为微晶或者亮晶方解石胶结充填。生物扰动构造往往使原始的沉积组构发生较大变化，或者彻底改变原始的沉积组构，而塔中地区鹰山组的生物扰动规模有限，仅仅以局部的组构变化为特点。

b. 海水胶结作用

基于大量的岩石薄片显微组构、阴极发光分析发现，塔中地区鹰山组早期的方解石胶结物包括微晶胶结、栉壳状胶结、粒状胶结。之所以认为这些胶结物（有后期的调整作用）形成于早期成岩阶段的海水环境，不仅基于胶结物的矿物学特征，并且具有以下几方面的证据。

塔中地区鹰山组早期胶结作用发育的灰岩中，颗粒组分多以点接触、不接触的漂浮状，以及颗粒之间栉壳状、针状、放射状、微晶状的胶结物接触（图 4-67）。在经历了漫长的成岩演化过程后，碳酸盐颗粒仍然保持这种接触关系，说明胶结作用形成的时间较早，对颗粒的压实起到了保护作用。另外，缝合线切穿碳酸盐颗粒间的胶结物，也说明胶结物的形成时间相对较早。

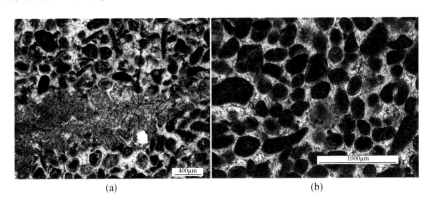

(a)　　　　　　　　　　　　　　　　　(b)

图 4-67　塔中地区鹰山组早期海水胶结特征

（a）中古 9 井，6426m；（b）塔中 162 井，5248m

c. 白云石化作用

基于岩心观察和显微薄片分析，将塔中地区鹰山组半局限台地相白云岩按结构类型分为结晶白云岩（粉晶白云岩、细晶白云岩）和藻纹层白云岩两大类。

结晶白云岩的典型特征是显微镜下可见发育良好的白云石晶体结构，几乎不存在原生组构残余。根据白云石晶体的大小，塔中地区鹰山组常见的结晶白云岩有粉晶白云岩、细晶白云岩两种，特征如下。

粉晶白云岩中的白云石晶体粒径一般为 0.005~0.05mm，晶体表面浑浊，主要呈半自形–他形，晶体之间呈镶嵌状接触。在阴极射线下，粉晶白云石呈暗红色或均一的亮红色。

细晶白云岩的白云石晶体多在 0.05~0.25mm，晶体常呈半自形，少数为他形或自形，晶体多呈现浑浊状，有的也表现出洁净明亮，有的具雾心亮边结构，多为凹凸接触或镶嵌接触 ［图 4-68（a）］。在阴极射线下，细晶白云岩普遍呈亮红色的阴极发光 ［图 4-68（b）］。细晶白云岩的这种结构复杂性可能与埋藏条件下改造过程的复杂性和不均一性有关。

藻纹层白云岩在宏观上以具有隐藻生物形成的构造为特征，主要包括藻层纹石白云岩、藻叠层石白云岩、藻凝块石白云岩等。在显微镜下，可见隐藻构造，不过白云石晶体一般都比较细小，以泥晶和微晶结构为主。

总体来看，上述两类白云岩的宏观与微观结构特征都反映出它们为准同生期快速白云石化作用的结果，结合塔中地区鹰山组的沉积背景，认为上述几类白云岩很可能是局限–半局限台地蒸发环境的产物，细晶白云岩较粗、较复杂的结构只是早期白云岩埋藏重结晶的结果而已。

d. 大气水溶蚀作用

准同生期的大气水溶蚀作用是碳酸盐岩最重要的成岩作用之一，现代的很多碳酸盐岩油气储层的储集空间被认为是准同生期大气水溶蚀作用的结果，并且认为这种成岩作用主

图 4-68　塔中地区鹰山组细晶白云岩的显微特征（ZG41 井）
（a）单片光；（b）阴极发光，5646.5m

要受高频沉积旋回的控制。塔中地区上奥陶统良里塔格组碳酸盐岩优质储层的形成被认为主要受控于准同生期大气水，但鹰山组碳酸盐岩的准同生期大气水溶蚀作用发育程度较低。岩心、薄片的分析发现，尽管发育程度较弱，但大气水溶蚀作用也是发育的，并且主要有两种发育形式：一种是灰泥丘的准同生溶蚀，以 TZ83 为典型；一种是高能滩相的溶蚀，以 ZG203 为典型。

灰泥丘溶蚀的结果是大量窗格孔发育，这在 TZ83、TZ80、TZ84、ZG111 等井的鹰山组中都有发育。窗格孔中普遍充填方解石，在溶蚀孔洞周围普遍发育大量的针状、放射状的海水环境的胶结物，也说明这些孔洞形成于准同生期的大气水环境 [图 4-69（a）]。而局部溶蚀孔洞中更是发育能够显示沉积顶底特征的渗流粉砂 [图 4-69（b）]，这也是溶蚀孔洞准同生期发育的又一有力证据。从发育机理上，对这类灰岩的溶蚀过程及主控因素，类似的研究颇多，这里不再赘述，鹰山组沉积层序的分析也表明鹰山组灰泥丘溶蚀孔洞的发育与高频旋回的确密切相关。

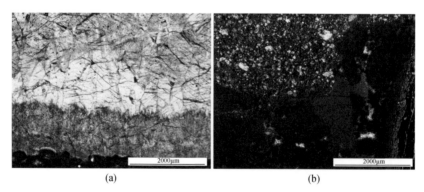

图 4-69　塔中地区鹰山组灰泥丘溶蚀与充填特征
（a）溶蚀孔洞与海水胶结，ZG7 井，5840.2m；（b）溶蚀孔洞渗流粉砂，TZ83 井，5684.5m

高能浅滩准同生期的溶蚀作用发育程度较弱，目前仅仅在 ZG203 井鹰山组的台地边缘浅滩相中发育。宏观上表现为岩心上的针状溶蚀孔的密集发育（图 4-70）；显微镜下，则表现为颗粒灰岩的粒间胶结物的溶蚀。从 ZG203 井鹰山组台地边缘浅滩相的大气水溶蚀作用的宏观分布规律可以发现两个特点：第一，溶蚀作用不是整个取心井段都发育，而表现出明显的旋回性。颗粒灰岩中的溶蚀作用普遍发育，而颗粒灰岩间隔的以灰泥为主的灰岩中溶孔的发育程度极弱或者不发育。并且溶孔发育与否在岩心上直观地表现为岩性的含油气性，溶孔发育部分含油气，岩心普遍较湿；而溶孔不发育部分的岩心干燥，呈浅灰色。第二，在取心井段灰岩的溶蚀厚度自下而上呈减薄的趋势，这种趋势反映了大气水透镜体的逐渐减薄以及高频沉积间断的时间变短，反映了一种相对海平面逐渐上升的过程。对应到鹰山组的三级层序特征，发现 ZG203 井取心段的确位于海侵体系域的中下部，为相对海平面逐渐上升的过程，这也很好地证明了 ZG203 井溶蚀孔隙的发育与沉积层序的关系。

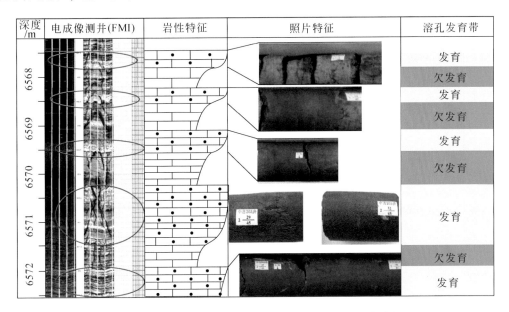

图 4-70　ZG203 井鹰山组大气水溶蚀作用的宏观发育特征

2）埋藏成岩作用

塔中地区鹰山组碳酸盐岩除中奥陶世末期大规模抬升暴露剥蚀和准同生期局部地区的短期暴露外，大部分地区后期漫长的成岩过程基本上都处于埋藏成岩环境。在持续埋藏过程中，压实、胶结、白云石化等各种成岩作用不断对碳酸盐岩进行叠加改造，进而不断地重新分配碳酸盐岩内部的储集空间类型及其空间分布。

a. 压实作用

颗粒组分的紧密程度与颗粒组分间的接触形式是压实作用强弱的直接反映。受早期胶结作用影响，机械压实对塔中地区鹰山组碳酸盐岩储层的影响较弱，绝大部分颗粒灰岩中的颗粒呈点接触，仅在局部可见到一定程度的压实作用。

缝合线是化学压实（压溶作用）的产物与直接证据。塔中地区鹰山组碳酸盐岩中主要发育近水平、网状交错两种类型的缝合线。鹰山组碳酸盐岩中的缝合线内普遍可见灰黑色的沥青质赋存，局部可见绿灰色的泥质充填，说明缝合线在流体运移过程中起到运移通道作用。

b. 胶结作用

通过岩心薄片的综合分析，塔中地区鹰山组的埋藏胶结物可分两种情况进行讨论。其一是碳酸盐颗粒间的埋藏胶结物，这类胶结物是对鹰山组粒间孔隙的进一步破坏的结果。胶结物总体上为粒状的亮晶方解石，这与微晶或者放射状的早期方解石截然区别。

其二是塔中地区鹰山组碳酸盐岩中表生岩溶发育过程形成的小尺度的溶蚀孔洞普遍被方解石胶结充填，包括多期的埋藏方解石胶结物充填。如前所述，通过对溶蚀孔洞方解石胶结物的形态、阴极发光特征的分析发现，塔中地区鹰山组溶蚀孔洞普遍发育六期胶结作用（图4-58）。

c. 白云石化作用

白云石化是塔中地区鹰山组非常典型的成岩作用类型，根据白云石的产状可以将塔中地区鹰山组的白云石化划分为埋藏白云石化和埋藏调整白云石化两种类型。

在岩心尺度上，白云石化部分常表现为沿缝合线分布的斑块状特征，这一定程度上反映了白云石化与缝合线之间的密切联系。白云石斑块多呈深灰色、灰黑色，颜色较基质灰岩深，并且白云石化部分岩石的晶体结构明显较基质灰岩部分粗。显微镜下，斑状分布的白云石明显受缝合线的约束，缝合线之内白云石化强烈，远离缝合线白云石化较弱或者不发育（图4-71）。白云石以细晶结构为主，晶体粒径一般小于200μm，普遍在100～200μm，含少量的粉晶白云石。白云石晶体以结晶程度较高的自形、半自形晶体为主，他形白云石较为少见。白云石晶体之间普遍可见基质灰岩残留，并且晶体之间及缝合线的边缘普遍可见棕黄色-棕褐色的油迹充注痕迹，而有机质的影响也可能是宏观上白云石化部分颜色较深的原因。白云石化与缝合线的密切关系表明了其可能形成于缝合线发育过程之中（Hollis，2011）。

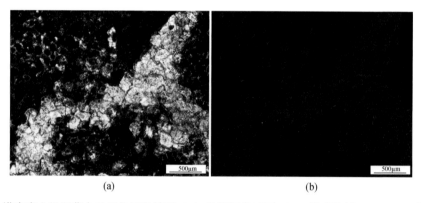

(a)　　　　　　　　　　　　　　　　　　　(b)

图4-71　塔中鹰山组埋藏白云石化显微镜下（a）和阴极发光下（b）微观特征，ZG46-3H井，5594m

这里的埋藏调整白云石化特指准同生期形成的白云岩在埋藏成岩过程中由于所处环境的成岩流体物理化学条件的变化导致原始的岩石结构发生改变（如重结晶），形成新的白云石晶体的过程。受沉积环境的控制，塔中地区鹰山组准同生白云岩比较发育，在岩心上往往以中-薄层粉细晶白云岩与灰岩呈不等厚互层状发育，或者灰岩层中夹层状的白云岩为特征。薄片下，这种白云岩多表现为粉晶结构或细晶结构，后者更多地反映了一种埋藏调整白云石化的结构（图4-72）。此外，在鹰山组的细晶结构或者粉晶结构的基质白云岩中，普遍发育斑块状分布或者条带状分布的中-粗晶白云岩，这种白云石普遍具有较粗的晶体，并且以自形、半自形为主，反映了缓慢结晶的过程，而与细晶白云岩相似的亮红色的阴极发光特征也说明其为埋藏成岩环境的产物（图 4-72），是原始的基质白云岩埋藏过程中多次调整的产物。而对于其发育的不均一性可能与基质白云岩原始的组构差异性有关。

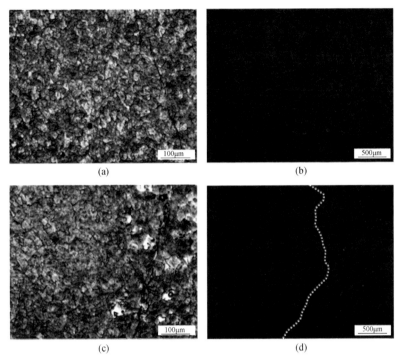

图 4-72　塔中地区鹰山组埋藏调整白云石化微观特征
（a）基质白云岩，TZ12 井，5298.1m；（b）为（a）的阴极发光；
（c）斑状分布的调整白云石（左为基质），ZG46-3H 井，5582.5m；（d）为（c）的阴极发光

　　d. 埋藏溶蚀作用

　　对塔中地区鹰山组碳酸盐岩而言，无论是岩心尺度还是显微薄片，普遍可见埋藏溶蚀作用的改造迹象。大量的岩石物性的统计表明，塔中地区鹰山组碳酸盐岩的基质孔隙度普遍很低，不足 3%，白云岩基质比灰岩稍高一点，但也不能构成有效的储集体。然而，凡是有埋藏溶蚀作用发育的部位，对碳酸盐岩储集体物性的改观非常显著，可以使基质岩石的孔隙度提高至 10% 以上，因此，对埋藏溶蚀的认识意义重大。

　　在岩心尺度上，埋藏溶蚀以针孔发育为特征，当众多针孔密集发育则形成类似蜂窝状的溶蚀孔洞，未见其他矿物充填（图 4-73）。岩心薄片的镜下观察发现，埋藏溶蚀的针状孔主要是晶体晶间孔扩大溶蚀的结果，局部为缝合线扩溶。进一步对塔中地区 11 口钻井的统计发现，埋藏溶蚀作用主要发育在白云岩地层中，与白云岩相邻的灰岩地层并未发生明显的溶蚀作用，即埋藏溶蚀作用的发育具有明显的岩性选择性。

　　e. 构造裂缝作用

　　依据前述方法，对研究区断裂体系精细刻画，如图 4-74 所示。我们对断裂体系进行分期、分级研究，以便更好地探讨其与成岩演化的关系。SN 向断层为第一期，主要活动期为中晚奥陶世，NE 向及 SN 向断层主要活动期为志留纪—泥盆纪，与岩浆相关的张性破裂主要活动期为二叠纪。

(a) 　　　　　　　　　　　　(b)

图 4-73　塔中地区鹰山组白云岩溶蚀特征

(a) ZG9 井, 6268.2m; (b) TZ12 井, 5300.2m

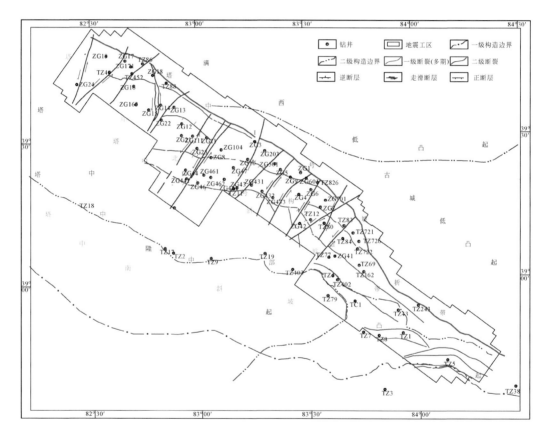

图 4-74　塔中地区鹰山组顶面断裂构造纲要图

　　破裂作用对储层具有建设性意义, 但是单纯以裂缝为储集空间的储层通常不具有良好的油气稳产性, 但如果叠加至前期的岩溶储层上可较大地改善储层连通性, 有利于油气稳定生产。塔中地区后期构造缝产状主体为 NE 向, 与 NE 向走滑断裂走向一致, 同时塔中地区现今地应力也是 NE 向, 说明 NE 向走滑断裂最新活动时代较近, 鹰山组中现今存在的开启构造缝可能与其活动有关。

3) 成岩–成储效应

从成岩序列和流体性质的详细解析可以看出, 大气水环境保持及中深层构造–热流体叠加改造是深埋碳酸盐岩岩溶储层发育的关键过程。塔中地区鹰山组主要发育三期油气充注, 即中晚志留世、晚石炭世—二叠纪和新近纪。结合区域埋藏史曲线 (图 4-75), 中深层构造转折期油气充注匹配也是碳酸盐岩规模成储的关键。

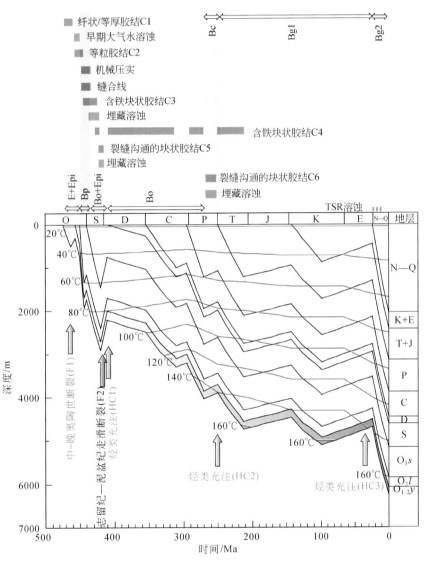

图 4-75　塔中地区鹰山组成岩演化序列、油气充注和埋藏史曲线

E. 早期成岩；Epi. 表生成岩；Bp. 生油窗之前的埋藏成岩；Bo. 生油窗埋藏成岩；

Bc. 生气窗之前的埋藏成岩；Bg1. （干）气窗埋藏成岩；Bg2. （干）气窗深埋成岩

此外, 通过对储层段和非储层段成岩序列的对比, 发现储层段普遍流体活动频繁。储层段成岩序列主要有三种：①海水胶结—大气水胶结/淋滤—埋藏胶结；②海水胶结—大气水胶结/淋滤—浅埋藏胶结—中深埋藏胶结—热流体胶结/溶蚀；③海水胶结—浅埋藏胶结—中深埋藏胶结/溶蚀—热流体胶结。非储层段成岩序列主要有两种：①海水胶结—埋藏胶结；②海水胶结—浅埋藏胶结—中深埋藏胶结—热流体胶结。

3. 金跃–跃满地区

1）成岩作用类型

通过对岩心、薄片和阴极发光等资料进行研究，认为研究区岩溶储集层经历了多种成岩作用，主要包括溶蚀作用、破裂作用、压溶作用、压实作用、胶结作用和硅化作用。

研究区颗粒灰岩中胶结较强烈［图4-76（a）］，仅少量基质孔隙残留。粒内溶孔和铸模孔仅在局部少量发育［图4-76（b）］。压溶缝与缝合线在研究区较发育［图4-76（c）、（d）］，可见沥青及黄铁矿颗粒伴生。

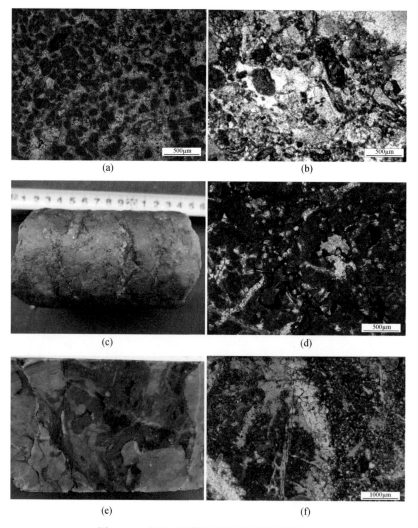

图4-76　金跃–跃满地区主要成岩作用类型

（a）JY7井，亮晶方解石胶结作用，7106.5m；（b）YM2井，一间房组岩石样品铸体薄片，粒内溶孔、铸模孔发育，7216.2m；（c）JY8井，灰色砂屑灰岩，缝合线发育，7116.0m；（d）JY204井，砂砾屑灰岩，缝合线发育，反射显微镜下，7151.6m；（e）YM703井，硅化作用泥晶灰岩，7284.1m；（f）YM703井，左部深褐色区域为硅化作用，7292.9m

硅化作用在阿满过渡带较发育［图 4-76（e）、（f）］，主要见于研究区 JY7、YM703 和 YM6 等井中，薄片观察显示硅化作用形成了很好的溶蚀孔隙［图 4-32（c）］，因此在研究区可能是建设性的成岩改造。

研究区钻录井资料、地震资料和电成像测井资料证明一间房组岩溶洞穴的存在。放空漏失情况统计显示，放空漏失钻遇率约 72%，放空洞穴最大为 5.2m，平均为 2.5m。在地震剖面上则表现为串珠状反射特征（图 4-77），指示研究区存在大型碳酸盐岩岩溶缝洞型储层。

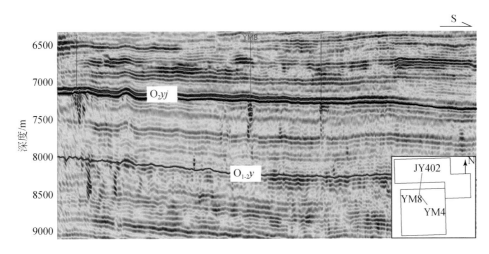

图 4-77　金跃–跃满地区地震剖面串珠状反射断溶体

在电成像测井图像上，岩溶洞穴、孔洞主要表现为明显的较大面积暗色或黑色的斑块，在金跃 103 井电成像测井解释成果图中解释出了洞穴型储层段（图 4-78），在 JY5H 井测井解释成果图中解释出了裂缝–孔洞型储层段。观察解释出的岩溶储层段岩心样品及其相应薄片的镜下特征并对其进行统计，岩溶段裂缝十分发育且有多种类型，包括构造缝、成岩缝、叠合成因缝，方解石、沥青和泥质全充填/半充缝，由此可推断，岩溶孔洞的形成与裂缝的发育有密切的关系。

岩溶作用在岩心、薄片尺度上的直接证据主要表现为溶蚀孔洞内绿色泥质和亮晶方解石充填［图 4-79（a）］。缝宽 1～2mm 的近 75°斜交构造缝与岩溶孔洞有穿切关系，构造缝半充填，切过岩溶孔洞说明形成时间晚于溶蚀孔洞。缝洞充填物中上部为亮晶方解石，下部为渗流粉砂充填，是岩溶作用的产物［图 4-79（b）、（c）］。此外，如图 4-79（d）所示，研究亦观察到微不整合面发育，底部发育一层砾屑层，顶部发育肉红色纹层状灰岩，代表了短期的暴露面，证明了曾经有过表生岩溶作用的存在。

2）成岩–成储效应

利用 FY1 和 JY2 井的钻井数据（Zhu et al.，2018，2019），结合古热流数据建立了金跃–跃满–富源地区的古地温曲线及埋藏史［图 4-80（a）］。据此分析，阿满过渡带奥陶系一间房组沉积后存在短暂暴露，晚奥陶世、中晚志留世经历抬升后埋藏，晚二叠世经历构造抬升后则进入持续埋藏过程。随着埋藏深度的加深，地层的古地温逐渐升高。10Ma 以来

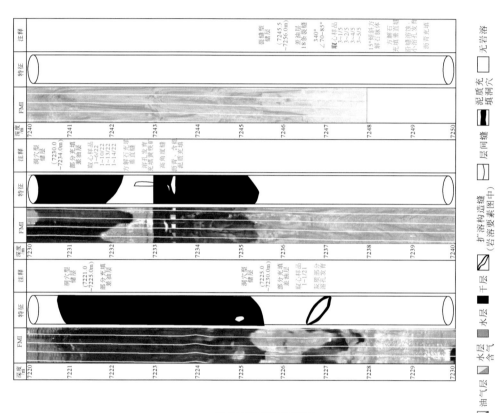

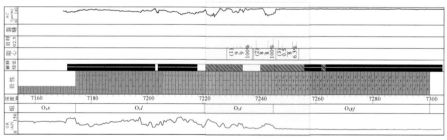

图4-78　金跃103井电成像测井解释岩溶洞穴

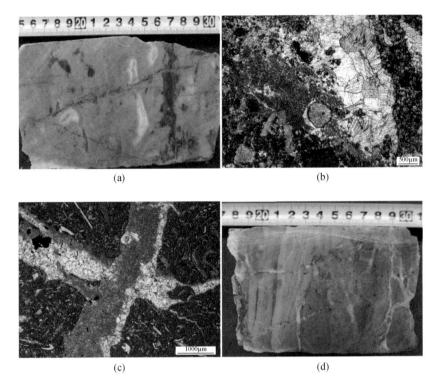

图 4-79　金跃–跃满地区岩心及薄片尺度表生岩溶作用特征

（a）JY204 井，砂砾屑灰岩，近 75°斜交缝宽 1～2mm，不完全充填，见扩溶孔，绿色
泥质和亮晶方解石充填孔洞，7151.8m；（b）YM6 井，含生屑砂砾屑灰岩中的成岩缝
洞内充填物，7305.8m；（c）JY2 井，脉体内渗流粉砂充填，7085.0m；（d）JY2 井，
微不整合面，底部发育一层砾屑层，顶部发育肉红色纹层状灰岩，7088.9m

为快速埋藏沉积阶段。从埋藏曲线与古地温曲线的关系中可看出一间房组埋藏期经历的最大古地温约为 160℃。

　　研究对比分析了基质孔洞和裂缝（进一步分为压扭构造、张扭构造）内充填物的成岩序列［图 4-80（b）］。基质孔洞主要为两期充填，早期海水 C1 和大气水胶结 C2；压扭构造主要为早期大气水胶结/溶蚀活动显著，后期叠加了埋藏胶结；张扭构造早期大气水不发育，主要特征为晚期发育三期构造–流体活动，包括与烃类相关的埋藏流体、热流体和后期大气水。研究区存在三期烃类充注，对孔洞的形成和保存起到了重要作用。

　　在阿满过渡带还有一个很显著的成岩特征，缝合线大量发育且内部普遍含油［图 4-81（a）、（b）］，在缝合线附近溶蚀孔很发育，反映这些溶蚀为埋藏溶蚀形成。另外，深层–超深层储层一个显著特征就是存在大量的微裂缝，这些微裂缝在单偏光镜下不明显［图 4-81（c）］，而在荧光显微镜下清晰地呈现，微裂缝普遍发荧光［图 4-81（d）］。在深层–超深层碳酸盐岩储层中，微裂缝和相关的微裂隙提高了孔隙的连通性，对油气运移起到重要作用。

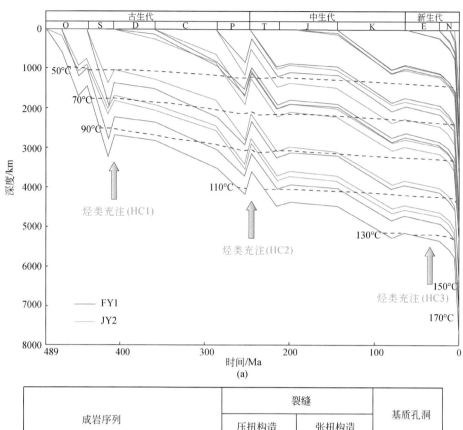

图 4-80　金跃−跃满−富源地区奥陶系储层埋藏史曲线（a）和张扭、压扭裂缝及基质孔洞成岩序列对比（b）

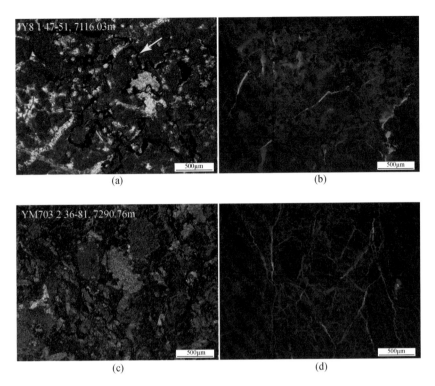

图 4-81　金跃–跃满地区奥陶系碳酸盐岩储层显微镜下特征

荧光照片（b）、（d）视域分别对应偏光照片（a）、（c）

4.5　碳酸盐岩岩溶深层保持型储层形成模式及主控因素

目前对于深层–超深层碳酸盐岩储层的勘探揭示了很多储层是早期表生岩溶储层在后期埋藏中保持下来的。本节以塔里木盆地奥陶系碳酸盐岩储层为例，重点探讨表生岩溶深层保持型储层的形成模式及主控因素，并结合国际调研综合论述表生岩溶组构的深埋保持程度。

4.5.1　表生岩溶发育成熟度

表生岩溶发育成熟度主要取决于古气候、古地貌和暴露时间等因素；而表生岩溶深层保持型储层的形成分布，则是在表生岩溶发育成熟度基础上取决于深埋过程中表生岩溶组构的深埋保持程度。

1. 概况

岩溶作用及岩溶储层发育控制因素复杂，前人研究颇多，可从内因和外因两方面总结。关于岩溶的物质基础即内因，在众多的岩石学特征中，潜山地层的矿物组成以及先存孔隙系统是两个主要属性。外因主要有气候、暴露时间、断裂系统、地貌等。

气候，特别是大气降水量，很大程度上控制了地表水系统的溶解能力及地下水的循环量，溶解能力随着年降水量的增加而显著增强。一般地，在低到中等降水量的情况下，岩层的孔隙度将在岩层出露地表时降低，但在具有高降水量的气候中，土壤带之下岩层的孔隙度将增加（Dreybrodt，1999）。这是因为气候控制植被，大气水中溶解的 CO_2 主要来自植被的土壤，植被覆盖即便寒冷地区也可以发育岩溶。降水量的大小还直接控制地下水量，大气降水有助于地下水的积极循环及岩石矿物的大量溶解，有助于提高大型洞穴形成过程中的地下暗河的机械冲刷能力。

按照不同地理环境，岩溶可以分为陆架/陆缘型和岛屿型（Mylroie and Carew，1995；Moore and Wade，2013）。按照不同成岩期，每种类型又可以进一步划分为成熟型和不成熟型。成熟的岩溶一般需要百万年形成，具有崎岖的岩溶地形，规模大（Klimchouk，2009）。

关于暴露地表的时间长短，传统观点认为岩体的暴露时间越长，岩溶改造的强度越大，储层的储集性就越好。但也有多位学者 Saller 等（1994）、Budd 等（2002）表明并非如此：较短期（10000～40000 年）的暴露通常具有高的孔隙度，而更长期（1～20Ma）的暴露往往孔隙度较低，因为后者常形成大型管道，水的流动主要沿其进行，小孔隙不仅得不到扩溶的机会，反而由于水体处于滞留状态而过饱和沉淀出方解石，小孔隙遭到破坏。

值得关注的是，有学者（Loucks，2003；Loucks et al.，2004）提出岩溶系统中的洞穴在深埋过程中发生坍塌很可能使上覆及周边地层碎裂化，最厚可达 700m，使地层具有良好的储集性，这种新的增孔作用可能在许多岩溶储层中都存在。

2. 典型对比

以塔里木盆地台盆区奥陶系为例，塔河主体区为典型的陆缘成熟型，沿着潜水面发育多套岩溶洞穴；塔中地区鹰山组储层为岛屿成熟型，暴露多层溶洞的发育受控于海平面位置和变化，以及大气水和海水的相互作用。随海平面多期升降叠合的影响，可形成多层似层状溶洞；中间的阿满过渡带为陆缘不成熟型，岩溶发育受层序和断裂的联合控制（图4-82）。

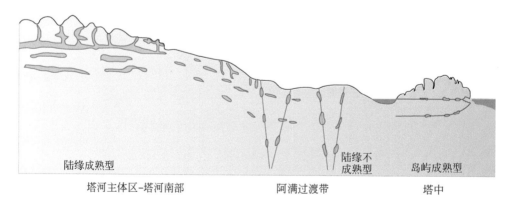

图 4-82　塔河主体区–塔河南部–阿满过渡带–塔中奥陶系储层发育模式图

仅仅从岩溶洞穴发育的规模上看，塔中地区鹰山组要远远逊色于塔河地区鹰山组。总体上，塔中、塔河地区具有相似的沉积基础和相似的岩溶前成岩作用，因此物质基础并非表生岩溶差异发育的控制因素（李忠等，2016）。就古气候而言，鹰山组大面积岩溶发育于中奥陶世末期，该时期南、北塔里木块体早已拼合（Zhao et al.，2021），位于 20°S 附近（方大钧和沈忠悦，2001），为相对湿润的气候环境。因此气候环境也不可能显著影响塔里木台盆区鹰山组岩溶差异。为此，以下重点对比分析古地貌（或构造古地貌）和暴露时间。

1）古地貌

基于塔中地层构造–沉积演化，恢复塔中地区奥陶系鹰山组早、晚两期古地貌如图 4-83（b）、（c）所示。通过对研究区 40 余口钻井的电成像测井进行单井岩溶结构识别，并分别投到两期古地貌图上 [图 4-83（a）]，以此探讨古地貌对岩溶发育的影响。

如图 4-83 所示，可以看出位于东部的几口钻井，如 TZ80、TZ77、ZG41 等岩溶均不发育。从区域演化历史来看，该区构造活动性最强，剥蚀最为强烈，一间房组全部地层，鹰山组大部分地层剥蚀殆尽，因此推测早期形成的洞穴系统亦遭受了剥蚀破坏，表现为岩溶的不发育。图 4-83（b）表明中部地区除了地势最低的北面以外，大部分井岩溶比较发育。地势最高的 ZG44、ZG441、ZG46、ZG461 等井区渗流带近垂直的扩溶缝及溶孔发育，而大型溶洞欠发育，这主要因为较高的地势以分散水流为主，水动力条件较弱，不利于大型溶洞的发育。而地势较低的 ZG451、ZG43、ZG432、ZG433 等井区，发育大型的岩溶洞穴，这是由于它们均处于斜坡地区，具有较强的水动力条件，有利于大型洞穴的发育。

图 4-83（b）中中部洼地区的 ZG12、ZG13、ZG22 井均发育有近垂直的风化缝、扩溶缝等，与当地的地貌条件不符，这主要是与古地貌发展到后期，受构造控制，该区地形反转隆起有关 [图 4-83（c）]。最西部的 5 口钻井，均表现为岩溶不发育。这与该区整体处于低部位，暴露剥蚀期短有关。地貌发生反转之后，如图 4-83（c）所示，东部地区整体沉降，变为洼地，中、西部地区相对隆起。其中中部地区 [图 4-83（c）中虚线框所示部分] 的古地貌三维空间形态如图 4-84 所示。

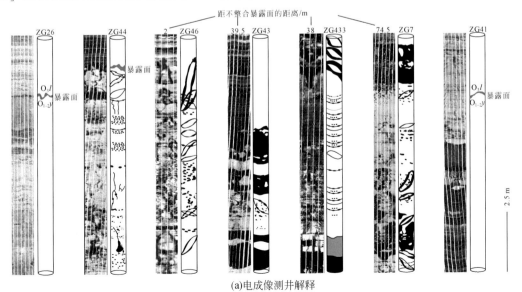

(a)电成像测井解释

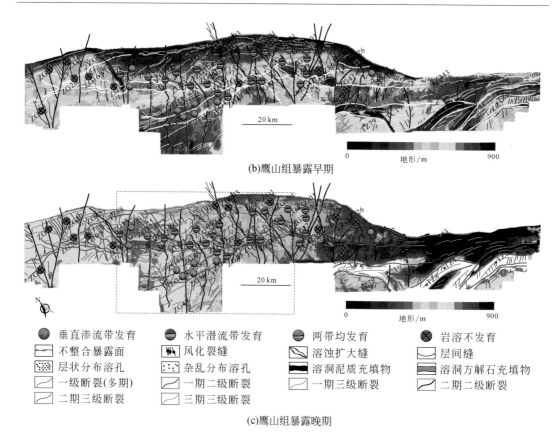

图 4-83　两期古地貌对岩溶的控制作用

　　图 4-84 中易识别出岩溶峰、落水洞、地表河等微地貌单元。ZG44、ZG441、ZG46、ZG461 井区表现为继承性隆起，仍处于地貌高部位，有利于渗流带扩溶缝的进一步发育。ZG451、ZG43、ZG432、ZG433 等井区仍处于斜坡位置，因此长期稳定的斜坡构造背景使得该区成为塔中地区洞穴系统最为发育的地区。ZG12、ZG13、ZG22 井区由先前的洼地隆升反转，并逐步发育为塔中地区古地貌的最高部位，受地形条件的控制，这些井渗流带比较发育。

　　塔中地区最西边的区域，先前表现为洼地，随着地貌的反转，变为了岩溶次高地。总体而言，该区剥蚀强度较弱，暴露时间不长，因此不利于岩溶的发育，该区所有钻井均表现为岩溶不发育。

　　下面通过一条剖面（图 4-85）考察各构造部位岩溶发育的情况。剖面所过各钻井位置如图 4-84 所示。前文已经指出，串珠状的地震反射指示了岩溶洞穴的发育。由图 4-85 中剖面可见，串珠状反射大部分位于斜坡地带，也指示了该区岩溶洞穴比较发育。

　　进一步考察图 4-85 剖面不同地貌单元上的几口典型井，其联井岩溶结构剖面如图 4-86 所示，最左边的两口井显示出比较发育的垂直渗流带，但都没有发育水平潜流带。与之相反，另两口井揭示了较为发育的岩溶洞穴，而垂直渗流带欠发育。这也是研究区所有电成像测井所揭示出的共同特点，与不同地貌单元的地形、水动力条件密切相关。

图 4-84　塔中中部鹰山组岩溶古地貌（区域位置见图 4-83 中虚线框）

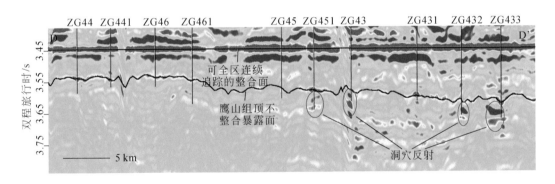

图 4-85　层拉平后反映鹰山组古地貌的地震剖面

　　研究区地貌控制下的岩溶发育模式如图 4-87 所示。在地貌高地，如 ZG46 井区，地形坡度较缓，水流分散，当纵向裂隙发育时，水的垂直下渗致使垂直渗流带发育多条扩溶缝。在斜坡区，地形坡度陡，水流易于经过地表优势通道汇聚，继而以落水洞的形式汇入地下，同时伴随着大型溶洞的发育。

　　2）暴露时间

　　影响岩溶发育的另一个主要因素——不整合界面性质即岩溶作用持续的时间。然而，时至今日仍然没有准确限定不整合面发育时间的有效手段，因此，通过不整合面之下残留地层本身的时间与上覆地层时间就限定了不整合面持续的最大时间，即岩溶发育的最大可能时间。但是由于缺失地层本身的沉积时间和剥蚀时间也包括在内，所以岩溶发育的有效时间往往小于最大计算时间。

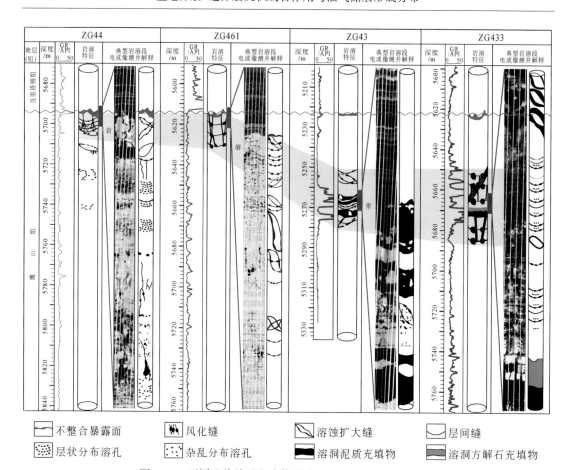

图 4-86　不同地貌单元电成像测井所揭示的岩溶结构实例

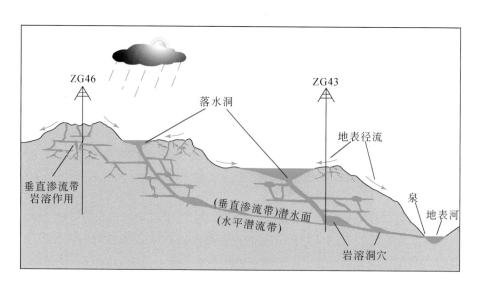

图 4-87　塔中地区地貌控制下的岩溶发育模式图

对塔中大部分地区而言，鹰山组碳酸盐岩岩溶的发育主要受控于鹰山组顶部不整合界面，即中奥陶世末期不整合界面的影响。牙形石资料的分析表明（李忠等，2016），塔中东部地区鹰山组地层保留程度较差，仅保留下奥陶统弗洛阶；而整个塔中地区鹰山组上覆地层为上奥陶统凯迪阶早期的良里塔格组，上下地层的最大时间差为 15Ma。因此，鹰山组岩溶发育的最大时间为 15Ma，而其中的有效岩溶时间则可能远小于这个时间段。

与塔中地区鹰山组岩溶发育受单一不整合面影响的情况不同，塔河地区北部鹰山组岩溶发育区的鹰山组顶部的界面是多个不整合面形成的复合不整合面，至少包括中奥陶世末期的不整合面、奥陶纪与志留纪的不整合面、晚泥盆世与早石炭世的不整合面以及内部小的不整合面。因此，塔河地区鹰山组岩溶的形成更为复杂。按照上述不整合面最大时间的计算办法，塔河北部地区鹰山组上覆早石炭世地层，不整合面的最大持续时间超过100Ma，这显然不能代表塔河地区鹰山组岩溶发育的有效时间。一般而言，溶蚀洞穴中的充填物的时间与溶洞的形成时间基本一致，因此，塔河地区鹰山组岩溶洞穴充填物的年代分析提供了另外的信息。对洞穴中泥质充填物的孢粉分析表明，充填物的形成时代为泥盆纪；而岩溶角砾岩间的泥质充填物的孢粉则是早石炭世杜内期的化石分子，因此，可以从这点判断，在泥盆纪至早石炭世，塔河地区鹰山组表生岩溶作用一直在持续发育，而岩溶作用持续的时间大致是 50Ma。因此，从表生岩溶持续的时间上看，塔河地区鹰山组岩溶持续时间要远远大于塔中地区鹰山组。

另外，表生岩溶主要强调的是碳酸盐岩在地表环境下，受大气水作用的影响而发生的一种化学溶蚀为主的成岩作用。对比塔中、塔河地区鹰山组岩溶发育时期的沉积-古地理背景，不难发现，两个地区的岩溶发育过程或机理存在明显的差别。塔中地区鹰山组发育期，盆地周围都为深水大洋隔绝，因此，岩溶作用主要依靠纯粹的化学溶蚀作用进行，洞穴中的充填物也以碳酸盐溶蚀而残留不溶黏土为主。而塔河地区鹰山组岩溶发育的泥盆纪—早石炭世，塔里木盆地北缘已经开始接受大规模的碎屑沉积体系，鹰山组岩溶的发育不仅有化学溶蚀的作用，而且河流体系带来的大量碎屑对碳酸盐岩的机械侵蚀能力更大，洞穴中也往往发育大量的碎屑充填物。塔河地区北部鹰山组岩溶体系中普遍发育碎屑充填也证明了这一点（图 4-88）。因此，从岩溶的发育过程来看，塔河地区化学溶蚀与机械侵蚀相结合，其岩溶发育速率要远远大于塔中地区鹰山组单纯的化学溶蚀形成洞穴的发育速率。

4.5.2　表生岩溶组构的深埋保持程度

1. 岩溶洞穴保持与洞穴规模的关系

岩溶洞穴是表生岩溶系统最重要的组成部分，也是岩溶型油气储层中非常重要的储集空间。对任何一个含油气岩溶洞穴型储层而言，从其形成开始便经历了长期的改造过程，这种改造过程可大致分为洞穴的充填（包括化学和机械充填）和洞穴的垮塌破坏两个大的方面。

1）化学充填作用与岩溶

充填作用是岩溶洞穴重要的破坏作用类型。一般而言，化学沉淀物对表生洞穴系统普遍存在，然而，对现代岩溶洞穴系统的研究发现，在一个庞大的开放洞穴体系中，化学充填物体积在整个洞穴系统的孔隙体积中所占的比例是非常低的（不足 1%），Palmer（1991）和 Loucks（1999）也提出相似的研究结果。因此，在开放体系下，尽管存在大规模的流体交换和相对充足的充填物质来源，化学充填作用对整个岩溶洞穴系统的孔隙空间的破坏量也是很小的。进入深埋藏环境之后，由于环境相对封闭，成岩流体规模较小，对于规模庞大的岩溶洞穴系统而言，仅依靠单纯化学充填的破坏作用，几乎不可能造成洞穴的完全破坏，而更可能造成与岩溶洞穴相关的小尺度裂隙、溶孔等的充填。

化学充填作用的核心是温压、系统封闭性变化下的复杂流体–岩石作用效应，这部分还将在 4.6 节详细讨论。

2）碎屑充填与岩溶洞穴

机械搬运的碎屑沉积物在岩溶洞穴系统中普遍发育，沉积物可能源于岩溶洞穴系统之外，也可能是岩溶洞穴系统内部基质岩石角砾的再沉积。沉积物的粒度可以从以黏土质为主的泥质充填到粗粒径的岩溶洞穴垮塌角砾岩，沉积方式包括正常的河流沉积体系也包括悬浮、牵引以及垮塌的原地沉积。洞穴系统内的碎屑沉积物特别是具有外源特征的碎屑沉积物对岩溶洞穴的破坏作用是非常显著的，一些废弃的岩溶洞穴系统，往往会由于大量的碎屑沉积作用而发生完全充填。正常流通的岩溶洞穴系统由于水流的侧向运动，被完全充填的概率较低。碎屑对岩溶系统的充填一方面使得洞穴系统空间大量破坏，造成有效空间的大幅减少；同时，也由于沉积充填造成洞穴空间缩小，某种程度上对于深埋地下的岩溶洞穴的保持起到了支撑保护作用。

2. 岩溶洞穴保持与埋藏深度的关系

随着岩溶洞穴发育层逐渐埋藏，近地表的溶蚀作用与洞穴沉积作用对岩溶洞穴系统的影响逐渐终止，强烈的压实作用取而代之，开始影响岩溶洞穴系统的后续发展演化过程，其中最重要的是岩溶洞穴系统的垮塌与否。

对典型的岩溶洞穴系统的统计分析发现，宽度超过 8m 的岩溶洞穴非常少见，绝大部分岩溶洞穴的宽度保持在 8m 以下，平均为 2.2m；高度大于 8m 的岩溶洞穴系统同样少见（图 4-89）。洞穴宽度的累计概率清楚地反映了上述情况，随着洞穴宽度增加，存在的概率越来越低，这可能也从侧面暗示了大型岩溶洞穴不发育的原因是大型洞穴的不稳定性。

对一个岩溶洞穴系统而言，影响其稳定性的重要因素是岩溶洞穴的大小及其顶部岩层的稳定性（厚度与破裂程度）。研究表明，要维持稳定性，岩溶洞穴跨度一般与洞穴顶部致密岩层的厚度呈正相关关系；若顶部岩层发生明显破裂，则其厚度需急剧增大（图 4-90）。因此，裂缝系统一方面增加了岩溶洞穴形成的流体通量，促进了岩溶作用的发育；另一方面洞穴周缘岩层由于破裂作用不稳定性增加，所以大型洞穴在埋藏情况下非常容易发生垮塌，从而使岩溶洞穴系统的储集空间发生大规模的破坏。

目前普遍认可的岩溶洞穴型储层发育的埋藏深度小于 3000m，大于这个深度，大型洞穴储集空间几乎不发育。表生岩溶型碳酸盐岩储集体是塔中地区鹰山组最为重要的储层类型，洞穴是重要的储集空间类型，并且在超越 6500m 的埋藏深度仍然可见岩溶洞穴的存在，这与传统观点对岩溶洞穴的认识存在较大的出入。

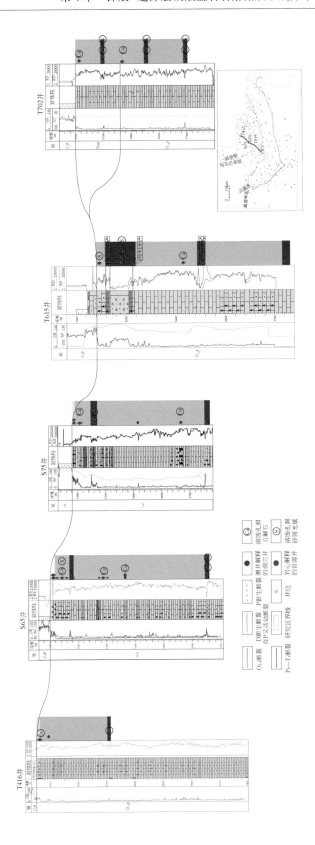

图4-88 塔河地区鹰山组岩溶碎屑充填发育对比图

GR的单位为API；AC的单位为μs/m；SP的单位为mV；RD和IRS的单位为Ω·m

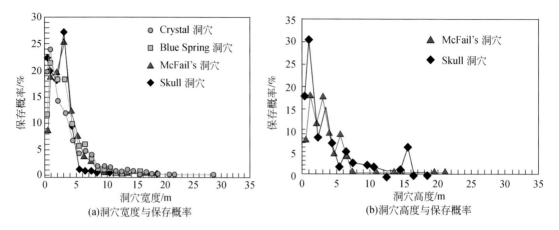

(a)洞穴宽度与保存概率　　　　　　　　(b)洞穴高度与保存概率

图 4-89　岩溶洞穴保存状况与洞穴规模关系图［据 Loucks（1999）修改］

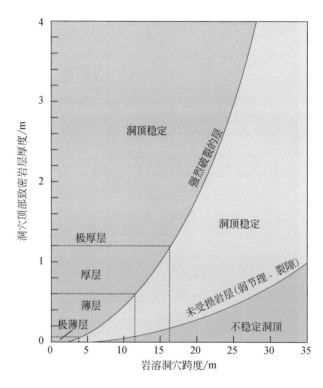

图 4-90　岩溶洞穴跨度与洞穴顶部致密岩层厚度的关系［据 Loucks（1999）修改］

通过录井及电成像测井资料对岩溶洞穴进行识别，并对洞穴的高度进行统计（表 4-4）。其中，钻具放空高度代表未充填的洞穴层的高度，而电成像测井中识别出的岩溶高度也代表岩溶洞穴的高度。尽管统计结果得到的洞穴高度可能不能完全反映岩溶洞穴的规模，但也能说明一些问题。

表 4-4　塔中地区鹰山组岩溶洞穴统计

井名	洞穴高度/m	充填状况	井名	洞穴高度/m	充填状况
ZG8	1.5	钻井放空	ZG42	1.2	方解石/泥质充填
	1.5	钻井放空	ZG43	1.22	泥质/角砾充填
	0.56	钻井放空		0.95	泥质/角砾充填
	0.43	钻井放空		1.72	泥质/角砾充填
	0.43	钻井放空		2.3	泥质/角砾充填
ZG10	0.33	钻井放空	ZG47	4.7	泥质充填
	0.4	泥质充填		4.3	泥质/角砾充填
	0.8	泥质充填	ZG49	3.25	泥质充填
ZG11	0.49	钻井放空	ZG51	13	泥质充填
	4.2	钻井放空	ZG111	2.3	泥质充填
	4	方解石/泥质充填	ZG432	5	泥质/角砾充填
ZG12	2.25	钻井放空	ZG433	1.5	泥质充填
ZG7	4.4	泥质充填	ZG441	1.1	泥质/角砾充填
	1.6	泥质充填	ZG451	0.5	泥质充填
	2.3	泥质/角砾充填	ZG462	0.46	泥质充填

统计表明，一方面，塔中地区鹰山组岩溶洞穴的发育规模较小，岩溶洞穴的高度最大为 13m，但是绝大部分洞穴的高度在 5m 以下，洞穴的平均高度为 2.2m。显然，洞穴高度越小，保持概率越高，即压实垮塌的可能较小；另外，在洞穴规模较小的情况下，对洞穴顶部岩层的要求也会相应降低。因此，塔中地区鹰山组岩溶洞穴较小的规模可能是其保持较好的一个原因。另一方面，塔中地区鹰山组岩溶洞穴常见的特征是大量的泥质充填。统计数据中，70% 的岩溶洞穴被泥质、方解石/泥质、泥质/角砾完全充填，这一方面造成岩溶洞穴的孔隙空间大量破坏，不能成为有效的储集空间，同时也正由于大量的充填物的存在，对洞穴的机械压实垮塌作用起到了缓冲作用，使得埋藏 6000m 以下的大型岩溶洞穴仍能得以保持。

4.6　深层构造-流体改造型岩溶储层形成环境及主控因素

前已述及，深层构造-流体改造型岩溶储层发育于早期受岩溶影响的层位，沉积相和古地貌（一级控制）、构造/断裂活动（二级控制）在储层形成过程中起着重要的控制作用。其成因复杂，机制认识存在诸多争议。而其争议的核心是对深层构造-流体建设性溶蚀改造的认可度，尽管我们认为它只是二级控制因素。

关于深埋构造-流体溶蚀存在如下几种机制：①压力变化和流体流动响应的裂缝再活化；②增加的快速流动或是初始的地热对流通过裂缝扩溶；③压力瞬变的未饱和外源流体的注入；④同步的新的烃类运移到储层，形成有机酸在裂缝内循环。在阿满研究区，多期的烃类运移到储层形成有机酸对储层发育起到重要的改造作用。4.5 节已给出多方面来自地质-地球化学记录的证据，本节将进一步结合热力学模拟研究，重点讨论深层构造-流体改造的条件和有效性，提炼典型分布样式与成因模式。

4.6.1　岩溶储层地层水的平均组成及化学平衡

碳酸盐岩体系中方解石的溶蚀与沉淀的重要核心是方解石的溶解度与溶液中溶解态方解石的浓度。溶液中方解石如果被溶蚀，那么溶解态方解石的浓度一定低于方解石的溶解度。由于奥陶系地层水中的矿化度都达到了盐水到卤水的级别，溶解态方解石的活度 $a_{CaCO_{3(aq)}}$，即溶解态方解石的有效浓度，会低于方解石的真实浓度。溶解态方解石的活度 $a_{CaCO_{3(aq)}}$ 与其浓度 $m_{CaCO_{3(aq)}}$ 可以通过一个活度系数 γ 连接起来：

$$a_{CaCO_3} = \gamma \cdot m_{CaCO_3} \tag{4-1}$$

溶解态方解石的活度 $a_{CaCO_{3(aq)}}$ 的变化能反应地层水是否有利于方解石的溶解或沉淀。

因此基于相同的初始地层水组成，在不同的温度、压力、盐度和特殊离子存在的条件下，模拟出 $a_{CaCO_{3(aq)}}$，并与方解石溶解度对比，分析导致储层中方解石溶蚀的主控因素。

利用塔中隆起奥陶系储层产出的地层水的资料统计结果，大部分台盆区奥陶系地层水以苏林分类中的 $CaCl_2$ 水型为主，少量水型为 $MgCl_2$、$NaHCO_3$、Na_2SO_4 水型（图 4-91）。而 $CaCl_2$ 水型中的灰岩更加易溶（于炳松和赖兴运，2006）。

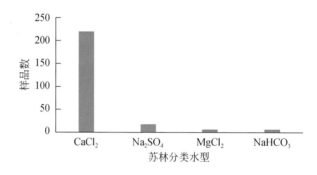

图 4-91　塔里木盆地塔中地区奥陶系地层水水型分类统计

奥陶系地层水中碳酸根浓度 $m_{CO_3^{2-}}$ 非常低，90% 的地层水中 $m_{CO_3^{2-}} = 0mg/L$ ［图 4-92（a）］，少量含有 CO_3^{2-} 的地层水浓度相较于钙离子浓度 $m_{Ca^{2+}}$ 低 1～2 个数量级 ［图 4-92（b）］，因此塔中地区奥陶系钙离子浓度相对于碳酸根浓度是过量的，奥陶系中方解石的溶蚀和沉淀主要受控于地层水中碳酸根浓度的变化。绝大多数情况下，即使是 $CaCl_2$ 水型和 $MgCl_2$ 水型的地层水中，地层水中的阳离子还是以钠离子和钾离子为主。将钾离子全部折算为钠离子，则钠离子浓度 m_{Na^+} 平均值约为钙离子浓度平均值的 3 倍 ［图 4-92（c）］，钙离子浓度平均值约为地层水中总阳离子浓度平均值的 1/4 ［图 4-92（d）］。

将水中除 Ca^{2+} 以外的阳离子以 Na^+ 代替，可得出奥陶系地层水的平均组成为 n（NaCl）：n（$CaCl_2$）：n（H_2O）≈5∶1∶244。由于地层水中控制方解石沉淀与溶蚀的是地层水中碳酸根浓度的变化，CO_3^{2-} 是碳酸体系中重要的离子，且深部高温高压（温度 >150℃，压力 >70MPa）的环境中，来自深部地幔脱气以及水岩反应产生的 CO_2（临界温度为 31.2℃，临界压力是 7.38MPa）可以以超临界流体的状态在低孔低渗的地层中相对大规模地运移。因此假设深部地层水中 CO_3^{2-} 都是由 CO_2 转换而来，则奥陶系深埋后，地层水

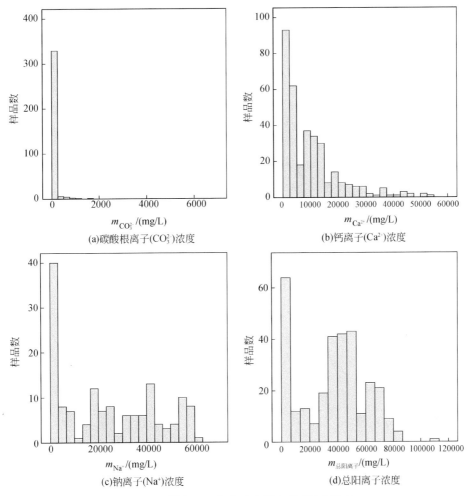

图 4-92　塔中地区奥陶系地层水离子浓度统计

中的 CO_2 控制了 $CaCO_3$ 的溶蚀与沉淀。

　　奥陶系地层水在深部具体含有多少 CO_2 是未知的，本节先假设地层水中含有约 10%（摩尔浓度）的 CO_2，即 n（NaCl）：n（$CaCl_2$）：n（H_2O）：n（CO_2）$= 5 : 1 : 244 : 27.8$。加入 CO_2 的奥陶系地层水中的主要化学平衡如下：

$$CO_{2(g)} \longleftrightarrow CO_{2(aq)} \tag{4-2}$$

$$CO_{2(aq)} + H_2O_{(1)} \longleftrightarrow HCO_{3(aq)}^- + H_{(aq)}^+ \tag{4-3}$$

$$HCO_{3(aq)}^- \longleftrightarrow CO_{3(aq)}^{2-} + H_{(aq)}^+ \tag{4-4}$$

$$Ca_{(aq)}^{2+} + CO_{3(aq)}^{2-} \longleftrightarrow CaCO_{3(aq)} \tag{4-5}$$

$$2Na_{(aq)}^+ + CO_{3(aq)}^{2-} \longleftrightarrow Na_2CO_{3(aq)} \tag{4-6}$$

$$Na_{(aq)}^+ + HCO_{3(aq)}^- \longleftrightarrow NaHCO_{3(aq)} \tag{4-7}$$

$$Ca_{(aq)}^{2+} + 2Cl_{(aq)}^- \longleftrightarrow CaCl_{2(aq)} \tag{4-8}$$

$$Na_{(aq)}^+ + Cl_{(aq)}^- \longleftrightarrow NaCl_{(aq)} \tag{4-9}$$

$$OH_{(aq)}^- + H_{(aq)}^+ \longleftrightarrow H_2O_{(1)} \tag{4-10}$$

$$H^+_{(aq)} + Cl^-_{(aq)} \longleftrightarrow HCl_{(aq)} \tag{4-11}$$

其中与地层水中 $CaCO_{3(aq)}$ 形成相关的方程主要为式（4-2）~式（4-5），其余方程式是地层水中本身存在的化学平衡。中性溶液中碳酸体系中的组分是 HCO_3^-（于炳松和赖兴运，2006），盐度对溶解态方解石活度的影响考虑阳离子 Na^+ 与 HCO_3^- 的反应以及 $NaCl$ 加入后的盐效应，从而影响由 HCO_3^- 的分解形成并且能与 Ca^{2+} 结合的 CO_3^{2-} 的浓度。

值得注意的是，在水中 $CO_{2(aq)}$ 的浓度远远超越其产物 $H_2CO_{3(aq)}$ 的浓度。两者比例 $CO_{2(aq)}$ 约占 99%。因此如果将式（4-2）与式（4-3）合并会让人产生 $H_2CO_{3(aq)}$ 在水中占据主导的误解。而 $H_2CO_{3(aq)}$ 常会快速分解成 HCO_3^- 和 H^+，因此本节将式（4-4）和式（4-5）合并（Plummer and Busenberg，1982）：

$$Ca^{2+}_{(aq)} + HCO^-_{3(aq)} \longleftrightarrow CaCO_{3(aq)} + H^+_{(aq)} \tag{4-12}$$

则奥陶系深层地层水中受 $CO_{2(g)}$ 浓度变化影响 $a_{CaCO_{3(aq)}}$ 的变化可以用式（4-2）、式（4-3）和式（4-12）表示。平衡常数 K 可以用来确定碳酸组分的相对百分比，K_2 常用来作为式（4-4）的化学平衡常数，为与前人研究保持一致，三个化学方程的平衡常数分别为 K_H、K_1、K_3。因此 K_H、K_1、K_3 可以表示如下：

$$K_H = \frac{a_{CO_{2(aq)}}}{f_{CO_2}} \tag{4-13}$$

$$K_1 = \frac{a_{HCO^-_{3(aq)}} a_{H^+_{(aq)}}}{a_{CO_{2(aq)}} a_{H_2O_{(l)}}} \tag{4-14}$$

$$K_3 = \frac{a_{CaCO_{3(aq)}} a_{H^+_{(aq)}}}{a_{Ca^{2+}_{(aq)}} a_{HCO^-_{3(aq)}}} \tag{4-15}$$

式中：f_{CO_2} 表示 $CO_{2(g)}$ 的逸度，表示化学热力学中 $CO_{2(g)}$ 的有效压强，因为在深部高压状态下，CO_2 逸度 f_{CO_2} 不可以用二氧化碳分压 P_{CO_2} 代替；$a_{CO_{2(aq)}}$ 表示溶解 $CO_{2(aq)}$ 的活度；$a_{HCO^-_{3(aq)}}$ 代表 HCO_3^- 的活度；$a_{H^+_{(aq)}}$ 代表 H^+ 的活度；$a_{H_2O_{(l)}}$ 代表液态 H_2O 的活度；$a_{CaCO_{3(aq)}}$ 代表溶解方解石的活度。

将式（4-13）和式（4-14）代入式（4-15），则 $a_{CaCO_{3(aq)}}$ 可以表示如下：

$$\begin{aligned} a_{CaCO_{3(aq)}} &= K_H K_1 K_3 \left(\frac{f_{CO_2} a_{H_2O_{(l)}} a_{Ca^{2+}_{(aq)}}}{a_{H^+_{(aq)}}^2} \right) \\ &= K_H K_1 K_3 \left(\frac{f_{CO_2} m_{H_2O_{(l)}} \gamma_{H_2O_{(l)}} m_{Ca^{2+}_{(aq)}} \gamma_{Ca^{2+}_{(aq)}}}{m_{H^+_{(aq)}}^2 \gamma_{H^+_{(aq)}}^2} \right) \end{aligned} \tag{4-16}$$

式中：K_H、K_1 和 K_3 可以通过热力学软件 SUPCRT96 求得；$m_{Ca^{2+}_{(aq)}}$ 代表 Ca^{2+} 的浓度；$\gamma_{Ca^{2+}_{(aq)}}$ 代表 Ca^{2+} 的活度系数；$m_{H^+_{(aq)}}$ 代表 H^+ 的浓度；$\gamma_{H^+_{(aq)}}$ 代表 H^+ 的活度系数，$m_{H_2O_{(l)}}$ 代表液态 H_2O 的浓度，$\gamma_{H_2O_{(l)}}$ 代表液态 H_2O 的活度系数。CO_2 的逸度 f_{CO_2} 以及各组分的浓度 m 与活度系数 γ 可以利用化工软件 Aspen Plus V9 计算求得。

4.6.2　深层流体溶蚀改造的条件和有效性模拟

1. 温度和压力对碳酸盐流体的影响

自然系统的温度和压力变化对碳酸盐矿物的溶解度和碳酸化合物的分布有重要影响。根据顺北 1 井、顺托 1 井和顺南 7 井一间房组底面（T_7^5）埋藏深度折算出不同构造阶段中奥陶统埋藏的地层古压力与古温度（表 4-5）。模拟计算结果表明（图 4-93），①早古生代晚期—晚古生代早期，$a_{CaCO_3(aq)}$ 最低，即该时期地层温度与压力最有利于方解石的溶蚀；②晚古生代晚期，顺北和顺托地区受大火山省影响，地层温度升高，导致 $a_{CaCO_3(aq)}$ 升高，不利于方解石溶蚀；③顺北地区的 $a_{CaCO_3(aq)}$ 比顺南地区更低，顺北地区相对顺南地区拥有更有利于方解石溶蚀的地层温压条件；④晚古生代晚期，顺托地区受大火山省的影响，不利于方解石的溶蚀，在印支期—燕山期由于温度的降低，方解石较晚古生代晚期更易溶蚀。

表 4-5　基于地层压力和温度计算 244mol 地层水中 $a_{CaCO_3(aq)}$ 以及等量纯水中 $CaCO_3$ 的最大溶解量

井名	演化阶段	深度/m	压力系数/(MPa/100m)	折算压力/MPa	温度范围/℃	244mol 奥陶系地层水中 $a_{CaCO_3(aq)}$/kmol	244mol 纯水中 $CaCO_3$ 最大溶解量/kmol
顺北1井	早古生代中期	2709	1.07~1.15	28.9~31.2	80~90	$8.0\times10^{-5}\sim1.2\times10^{-4}$	$1.3\times10^{-6}\sim1.6\times10^{-6}$
	早古生代晚期—晚古生代早期	1990	1.07~1.15	21.2~22.9	70~80	$4.7\times10^{-5}\sim7.2\times10^{-5}$	$1.6\times10^{-6}\sim1.9\times10^{-6}$
	晚古生代晚期	3310	1.07~1.15	35.4~38.1	170~180	$5.9\times10^{-4}\sim7.0\times10^{-4}$	$1.9\times10^{-7}\sim2.4\times10^{-7}$
	印支期—燕山期	5172	1.12~1.21	57.9~62.6	140~150	$8.0\times10^{-4}\sim1.1\times10^{-3}$	$3.9\times10^{-7}\sim4.9\times10^{-7}$
	喜马拉雅期	7330	1.19~1.21	87.2~88.7	170~180	$2.0\times10^{-3}\sim2.3\times10^{-3}$	$1.9\times10^{-7}\sim2.4\times10^{-7}$
顺托1井	早古生代中期	3689	1.12~1.21	41.3~44.6	120~140	$3.0\times10^{-4}\sim4.9\times10^{-4}$	$4.9\times10^{-7}\sim7.5\times10^{-7}$
	早古生代晚期—晚古生代早期	3599	1.12~1.21	40.3~43.5	110~120	$2.4\times10^{-4}\sim3.5\times10^{-4}$	$7.5\times10^{-7}\sim9.2\times10^{-7}$
	晚古生代晚期	5931	1.50~1.79	89.0~106.2	180~200	$1.8\times10^{-3}\sim3.2\times10^{-3}$	$1.2\times10^{-7}\sim1.9\times10^{-7}$
	印支期—燕山期	6025	1.50~1.79	90.4~107.8	140~160	$2.3\times10^{-3}\sim3.1\times10^{-3}$	$3.1\times10^{-7}\sim4.8\times10^{-7}$
	喜马拉雅期	7752	1.50~1.79	116.3~138.8	170~180	$2.7\times10^{-3}\sim3.1\times10^{-3}$	$1.9\times10^{-7}\sim2.4\times10^{-7}$
顺南7井	早古生代中期	4610	1.10~1.23	50.7~56.7	125~145	$4.1\times10^{-4}\sim1.0\times10^{-3}$	$3.9\times10^{-7}\sim7.5\times10^{-7}$
	早古生代晚期—晚古生代早期	2804	1.07~1.15	30.0~32.2	90~110	$1.1\times10^{-4}\sim1.9\times10^{-4}$	$9.2\times10^{-7}\sim1.3\times10^{-6}$
	晚古生代晚期	4610	1.10~1.23	50.7~56.7	160~180	$8.4\times10^{-4}\sim1.1\times10^{-3}$	$1.9\times10^{-7}\sim3.1\times10^{-7}$
	印支期—燕山期	5077	1.20~1.30	60.9~66.0	150~170	$1.1\times10^{-3}\sim1.4\times10^{-3}$	$2.4\times10^{-7}\sim3.9\times10^{-7}$
	喜马拉雅期	6575	1.48~1.49	97.3~98.0	180~200	$2.2\times10^{-3}\sim2.7\times10^{-3}$	$1.2\times10^{-7}\sim1.9\times10^{-7}$

注：地层温度和压力针对不同时期奥陶系—间房组底界埋藏深度计算。

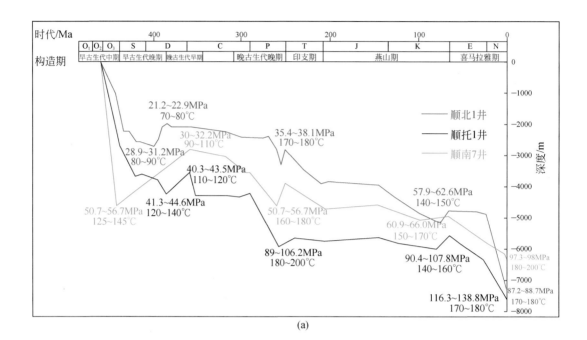

(a)

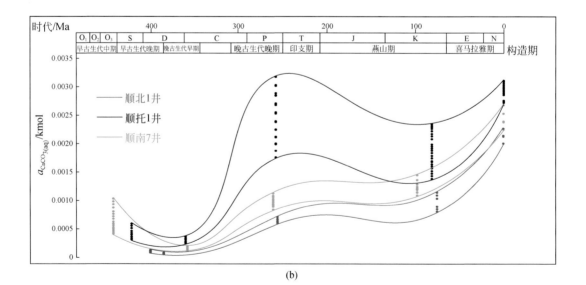

(b)

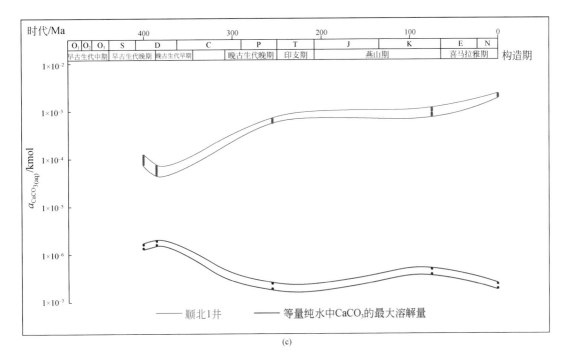

图 4-93　顺北 1 井、顺托 1 井和顺南 7 井不同构造阶段地层水中 $a_{CaCO_3(aq)}$ 的变化

（a）顺北 1 井、顺托 1 井和顺南 7 井不同构造阶段一间房组底面（T_7^5）埋藏深度、地层温度和压力；（b）不同构造阶段，含有 10% 的奥陶系地层水中 $a_{CaCO_3(aq)}$ 的变化；（c）不同构造阶段，顺北地区含有 10% 的奥陶系地层水中 $a_{CaCO_3(aq)}$ 与等量纯水中 $CaCO_3$ 的最大溶解量对比

将溶蚀条件最好的顺北地区 $a_{CaCO_3(aq)}$ 与 244 mol 纯水中 $CaCO_3$ 的最大溶解量对比，发现即使在方解石最易溶蚀的早古生代晚期—晚古生代早期，含有 10% CO_2 的奥陶系地层水中的 $a_{CaCO_3(aq)}$ 比等量纯水中 $CaCO_3$ 的最大溶解量高出 1 个数量级。因此顺托果勒地区中下奥陶统灰岩仅靠埋藏和火山作用造成温度上升、构造抬升和火山作用后的冷却导致温度下降以及构造挤压形成的超压是不足以导致方解石溶蚀的。方解石的溶蚀依然需要外来流体的混入。

2. 流体盐度与特殊离子对碳酸盐流体的影响

1）地层水的盐度对活度的影响

假设地层水盐度的上升是由 NaCl 含量升高引起的。以顺南 7 井和顺北 2 井为例，在早古生代晚期—晚古生代早期存在盐度的下降，并且在喜马拉雅期存在盐度的上升。早古生代晚期—晚古生代早期虽是有利于方解石溶蚀的构造阶段，但地层水盐度从 10.6% 降低到 3.7% 后 $a_{CaCO_3(aq)}$ 依然比纯水中 $CaCO_3$ 的最大溶解量高（图 4-94）。

如果盐度的上升与下降，仅仅是 NaCl 含量的增多与减少，即使盐度升高到 45.0% 也不能直接导致方解石溶蚀的结果。但是方解石在离子强度 0.5mol/kg 的溶液中，溶解度会增大约 30 倍。以海水为参照，海水平均离子强度为 0.725mol/kg，平均盐度为 3.5%。因此在早古生代晚期—晚古生代早期，顺南 7 井中流体包裹体盐度的降低存在导致方解石溶

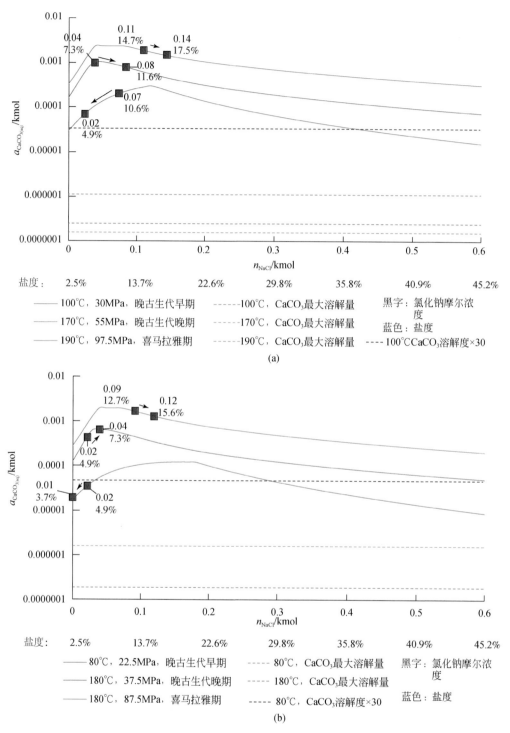

图 4-94　顺南 7 井（a）和顺北 2 井（b）不同时期温压条件下含 10% CO_2 的
奥陶系地层水中 $a_{CaCO_3(aq)}$ 随盐度的变化

蚀的可能性，顺北 2 井的流体包裹体盐度降低导致方解石溶解的可能性较大。

2）地层水中 SO_4^{2-} 的混入对活度的影响

在稀溶液中，约 10% 的 Ca^{2+} 和 SO_4^{2-} 会形成离子对（Plummer and Busenberg, 1982），从而影响方解石的溶解度。塔里地区寒武系常见石膏脉体，顺南 7 井地层水成分分析中也测试出了 Na_2SO_4 水型的地层水，这些流体可能是中寒武统膏岩相关的富 SO_4^{2-} 流体的注入结果。

以顺南 7 井测试出的最低 $m_{NaCl}/m_{Na_2SO_4}$ 质量比（2/3）为富 SO_4^{2-} 流体的标准，在早古生代晚期—晚古生代早期的地层温度（100℃）与地层压力（30 MPa）条件下，富 SO_4^{2-} 流体混入奥陶系地层水会导致方解石溶解的结果。即使盐度继续上升到 50%，早古生代晚期—晚古生代早期的混合地层水始终对方解石具有溶蚀能力。在晚古生代晚期的地层温度（170℃）与地层压力（55MPa）条件下，富 SO_4^{2-} 流体混入奥陶系地层水中，如果总盐度低于 16.5%，混合地层水对方解石具有溶蚀能力。在喜马拉雅期的地层温度（190℃）与地层压力（97.5MPa）条件下，富 SO_4^{2-} 流体混入奥陶系地层水中，如果总盐度低于 8.5%，混合地层水对方解石具有溶蚀能力［图 4-95（a）］。顺北 2 井具有相似的变化规律［图 4-95（b）］。

值得注意的是，由于混合地层水中存在 SO_4^{2-}，利用冰点温度测温得到的流体包裹体盐度会偏低（图 4-96）。比如顺南 7 井在晚古生代晚期的真实盐度界线为 16.2%，而流体包裹体测试盐度为 8.1%；喜马拉雅期真实盐度界线为 8.5%，而流体包裹体测试盐度为 3.3%。同理顺北 2 井在晚古生代晚期的真实盐度界线为 13.6%，而流体包裹体测试盐度为 6.2%；喜马拉雅期真实盐度界线为 11.9%，而流体包裹体测试盐度为 5.1%。

3）地层水中 SO_4^{2-} 与 CO_2 的含量对活度的影响

与膏盐岩相关的富 SO_4^{2-} 流体大规模混入的动力可能来自构造挤压驱动和受大火山省影响的热驱动，并且对深埋后的奥陶系灰岩溶蚀起到非常重要的作用。为了评估晚古生代晚

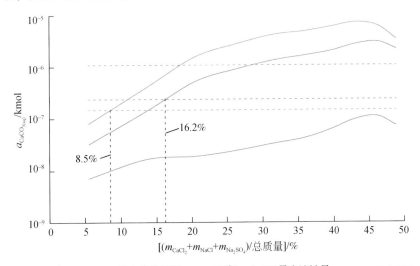

(a) 顺南7井

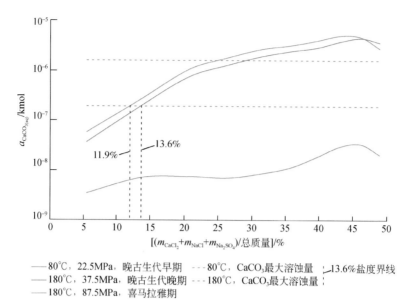

(b) 顺北2井

图 4-95　不同时期温压条件下含 10% CO_2 的奥陶系地层水中 $a_{CaCO_{3(aq)}}$ 随盐度的变化

$$m_{NaCl}/m_{Na_2SO_4} = 2/3$$

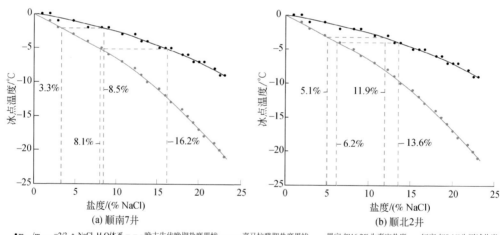

图 4-96　质量比 $m_{NaCl}/m_{Na_2SO_4} = 2/3$ 时测试流体包裹体盐度与真实盐度的对比

期之后有利于储层溶蚀的地质时期与构造–流体环境，模拟晚古生代晚期、印支期—燕山期和喜马拉雅期的地层温度和地层压力条件下，不同盐度的地层水中 $a_{CaCO_{3(aq)}}$ 随着 CO_2 含量的变化（图 4-97）。地层水中 $a_{CaCO_{3(aq)}}$ 随着 CO_2 含量的升高而逐渐降低，在低盐度的时候会逐渐达到一个稳定的最低值，在部分高盐度的条件下会一直降低 [图 4-97（a）、（b）、（e）、（f）]。

以顺南 7 井晚古生代晚期的温度和压力为例进行模拟。当地层水中 CO_2 含量高于

33.0%，在 5.5% ~48.9% 盐度范围内，地层水都有利于方解石的溶蚀；当 CO_2 含量低于 33.0% 时并且盐度高于 20.5% 时，地层水对方解石的溶蚀能力随着盐度升高而升高［图 4-97（a）］。顺北 1 井晚古生代晚期 CO_2 含量的界线为 43.0%［图 4-97（b）］，顺南 7 井印支期—燕山期 CO_2 含量的界线为 18.3%［图 4-97（c）］，顺北 1 井印支期—燕山期 CO_2 含量的界线为 16.8%［图 4-97（d）］。

喜马拉雅期地层的高温高压让地层水中 $a_{CaCO_{3(aq)}}$ 随 CO_2 含量与盐度的变化规律更加复杂。以顺南 7 井为例，当地层水盐度为 5.5% 时，极少的 CO_2 含量也能导致方解石的溶蚀；当地层水盐度为 13.7% ~26.4% 时，即使地层水中 CO_2 的含量达到 64.8%，地层水中的方解石也不能溶蚀；当地层水盐度为 31.4% ~48.9% 时，当地层水中的 CO_2 含量达到 64.8% 时，$a_{CaCO_{3(aq)}}$ 接近纯水中方解石的溶解度。由于方解石溶解度可能受溶液离子强度影响而升高约 30 倍，因此地层水中方解石可能溶蚀［图 4-97（e）］。在顺北 1 井喜马拉雅期的温度和压力条件下，当地层水盐度为 5.5% 时，极少的 CO_2 含量也能导致方解石的溶蚀；当盐度为 13.7% ~31.4% 时，即使地层水中 CO_2 含量达到 64.8%，地层水中的方解石也不能溶蚀；当盐度为 39.7% ~48.9% 时，且地层水中 CO_2 的含量高于 49.9% 时，地层水中的方解石会被溶蚀［图 4-97（f）］。

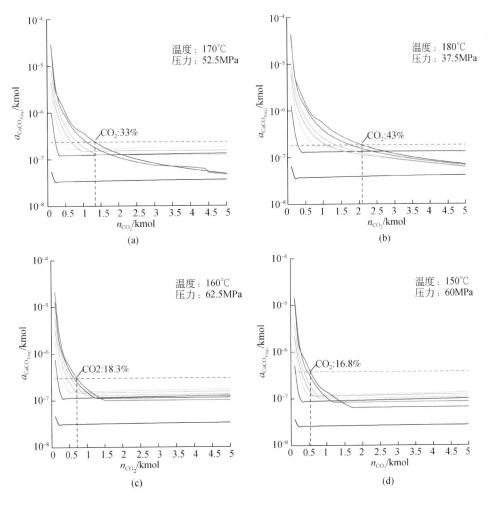

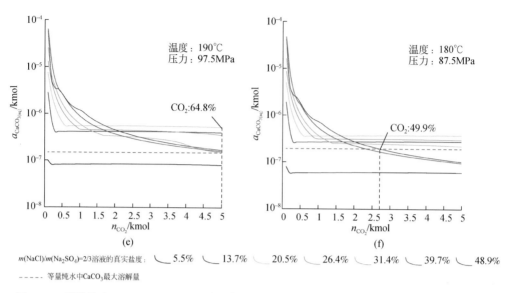

$m(\text{NaCl})/m(\text{Na}_2\text{SO}_4)=2/3$溶液的真实盐度:　 5.5%　 13.7%　 20.5%　 26.4%　 31.4%　 39.7%　 48.9%
----- 等量纯水中CaCO₃最大溶解量

图 4-97　当质量比 $m_{\text{NaCl}}/m_{\text{Na}_2\text{SO}_4}=2/3$ 时奥陶系不同盐度地层水中 $a_{\text{CaCO}_3(\text{aq})}$ 随着 CO_2 含量的变化

（a）顺南 7 井，晚古生代晚期；（b）顺北 1 井，晚古生代晚期；（c）SB7 井，印支—燕山期；（d）顺
北 1 井，印支—燕山期；（e）顺南 7 井，喜马拉雅期；（f）顺北 1 井，喜马拉雅期

4）地层水中 Mn^{2+}、Fe^{2+} 和 Mg^{2+} 对于活度的影响

地层水中 Mn^{2+}、Mg^{2+} 和 Fe^{2+} 的存在不仅会降低地层水中 Ca^{2+} 的活度，并且会与 Ca^{2+} 争夺本就稀少的 CO_3^{2-}，从而抑制 $CaCO_3$ 的沉淀。塔中与顺南地区都在深部地层发现了未被胶结和充填完全的保存型储层，储层孔洞壁的胶结物较富集 Mn^{2+}、Mg^{2+} 和 Fe^{2+} 等金属阳离子。研究地层水中金属阳离子抑制剂的作用机理有助于揭示早期孔洞型储层在深部保存的机制。

如图 4-98（a）所示，以顺南 7 井早古生代晚期—晚古生代早期、晚古生代晚期和喜马拉雅期的地层温度与地层压力为背景。$MnCl_2$ 存在会显著降低 $a_{\text{CaCO}_3(\text{aq})}$，随着 $MnCl_2$ 浓度的升高，$a_{\text{CaCO}_3(\text{aq})}$ 呈现先降低后升高的趋势。在早古生代晚期—晚古生代早期低温和低浓度的 $MnCl_2$ 对方解石的沉淀具有较强抑制作用，有利于储层保存，而在晚古生代晚期和喜马拉雅期高温和较高浓度 $MnCl_2$ 对方解石沉淀的抑制作用会降低，但依然对方解石沉淀存在抑制作用，有助于储层的保存。类似的现象在顺北 2 井和顺托 1 井中同样出现，其中有两点值得注意。

（1）顺北 2 井在早古生代晚期—晚古生代早期的温度和压力背景下，顺北地区在早古生代晚期—晚古生代早期为相对低的地层温度（80℃），因此温度在 80℃ 左右时，Mg^{2+} 对方解石生长的抑制作用会强于 Fe^{2+}；当温度大于 100℃ 后，Fe^{2+} 对方解石生长的抑制作用逐渐强于 Mg^{2+}。在深部高温高压条件下，地层水中的 Fe^{2+} 浓度对储层保存具有重要意义 [图 4-98（a）]。

（2）Mn^{2+} 对方解石沉淀的抑制作用比较特殊，在顺南 7 井、顺北 2 井和顺托 1 井早古生代晚期—晚古生代早期与顺托 1 井的喜马拉雅期，Mn^{2+} 对方解石沉淀的抑制作用随着浓度升高而逐渐增强，当浓度超过一个临界点后，Mn^{2+} 对方解石沉淀的抑制作用逐渐减弱（图 4-98）。如图 4-99 所示，顺南 7 井、顺北 2 井和顺托 1 井早古生代晚期—晚古

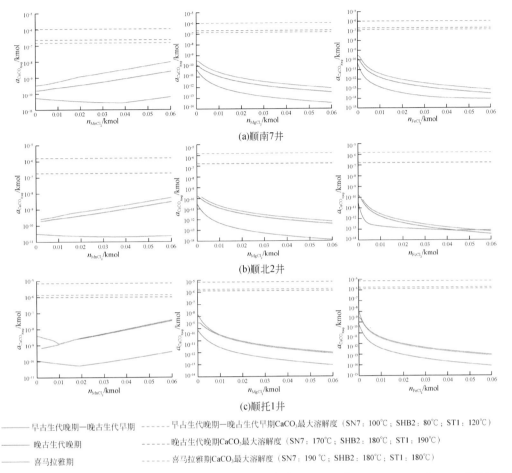

(a)顺南7井

(b)顺北2井

(c)顺托1井

——早古生代晚期—晚古生代早期　------早古生代晚期—晚古生代早期CaCO₃最大溶解度（SN7：100℃；SHB2：80℃；ST1：120℃）
——晚古生代晚期　　　　　　　------晚古生代晚期CaCO₃最大溶解度（SN7：170℃；SHB2：180℃；ST1：190℃）
——喜马拉雅期　　　　　　　　------喜马拉雅期CaCO₃最大溶解度（SN7：190℃；SHB2：180℃；ST1：180℃）

图 4-98　不同时期温度和压力下含 10% CO_2 的奥陶系地层水中 $a_{CaCO_{3(aq)}}$ 随 $MnCl_2$、$MgCl_2$ 和 $FeCl_2$ 的浓度变化

顺南 7 井代号为 SN7；顺北 2 井代号为 SHB2；顺托 1 井代号为 ST1

生代早期与顺托 1 井的喜马拉雅期的温度和压力都在第一个最高点的左侧，地层水中 $a_{CaCO_{3(aq)}}$ 的变化主要受控于 a_{H^+} 的变化，即受地层水中 CO_3^{2-} 浓度的影响，少量 Mn^{2+} 的加入会与 Ca^{2+} 竞争浓度不高的 CO_3^{2-}，从而抑制方解石沉淀。当温度和压力范围在最高点右侧时，即溶液中 $a_{CaCO_{3(aq)}}$ 的变化主要受控于 $a_{Ca^{2+}}$ 的变化，高浓度的 Mn^{2+} 对 $a_{Ca^{2+}}$ 的抑制能力逐渐降低，导致对方解石沉淀的抑制能力降低。因此低浓度的 Mn^{2+} 更倾向于与 Ca^{2+} 竞争溶液中 CO_3^{2-} 而抑制方解石的沉淀，这一点与 Mg^{2+} 和 Fe^{2+} 类似。由于 $MnCO_3$ 溶解度高于 $FeCO_3$ 和 $MgCO_3$ 的溶解度，相较于 Mg^{2+} 与 Fe^{2+}，Mn^{2+} 竞争溶液中的 CO_3^{2-} 的能力较弱，当地层水中 $a_{CaCO_{3(aq)}}$ 主要受控于 $a_{Ca^{2+}}$ 的变化时，Mn^{2+} 对方解石生长的抑制作用降低。

4.6.3　深层流体溶蚀的环境及储层发育

1. 深层有利于灰岩储层溶蚀的流体环境

仅靠地层温度和地层压力的变化，很难使方解石溶解，但是在早古生代晚期—晚古生

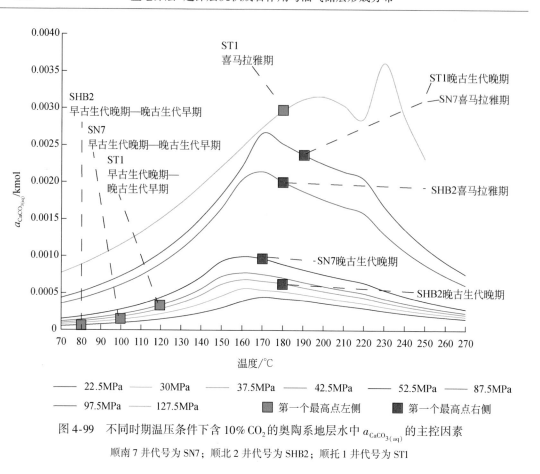

图 4-99　不同时期温压条件下含 10% CO_2 的奥陶系地层水中 $a_{CaCO_{3(aq)}}$ 的主控因素

顺南 7 井代号为 SN7；顺北 2 井代号为 SHB2；顺托 1 井代号为 ST1

代早期顺托果勒地区奥陶系具有最有利于储层形成的地层温度和地层压力条件。

在晚古生代晚期和喜马拉雅期，地层水中 NaCl 浓度的增加很难使方解石溶解；而在最有利于方解石溶蚀的早古生代晚期—晚古生代早期，顺南 7 井与顺北 2 井地层水盐度降低时，$a_{CaCO_{3(aq)}}$ 也比方解石溶解度高。而溶液离子强度会影响方解石的溶解度，将溶液离子强度从大气水增加到 0.5mol/kg，会使方解石的溶解度增加约 30 倍，将离子强度进一步增加到 6mol/kg，方解石的溶解度依然是纯水中的 30 倍左右（Morse and Mackenzie，1990）。以海水为参考，海水的平均盐度为 3.5%，平均离子强度为 0.725mol/kg（图 4-100）。因此早古生代晚期—晚古生代早期最低盐度为 3.7% 的地层水中，方解石溶解度可能是纯水的 30 倍，则顺北 2 井仅靠盐度的降低可以导致方解石的溶解，顺南 7 井仅靠盐度的降低会让地层水中 $a_{CaCO_{3(aq)}}$ 降低到盐水中方解石溶解度附近。溶液中 CO_2 浓度和 pH 的波动也可以导致方解石的溶蚀，结合顺南 7 井的岩石薄片下常见与早古生代晚期—晚古生代早期相关的溶蚀现象，认为早古生代中期—晚古生代晚期方解石盐度的降低会导致方解石的溶解，晚古生代晚期—喜马拉雅期仅靠盐度的升高不能导致方解石的溶解。

岩心观察与岩石薄片观察结果显示在晚古生代晚期之后依然存在明显的次生孔隙，这些次生孔隙的形成归因于埋藏流体的混合，其中最重要的一种埋藏流体就是与蒸发岩相关、富含 SO_4^{2-} 的高盐度流体。在早古生代晚期—晚古生代早期，如果受构造挤压驱动的富含 SO_4^{2-} 流

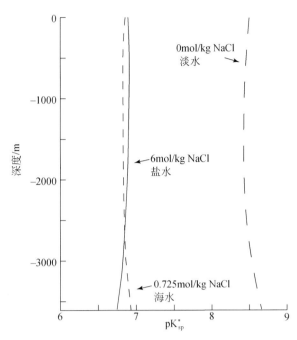

图 4-100 淡水、海水和高离子强度的盐水中方解石溶度积的变化 [据 Morse 和 Mackenzie（1990）修改]

pK_{sp}^* 为方解石的化学计量溶解度常数的对数

体混入奥陶系地层水，会导致方解石明显的溶蚀。晚古生代晚期和喜马拉雅期，受大火山省热驱动的富含 SO_4^{2-} 流体混入奥陶系地层水，则混合之后埋藏流体盐度在一个盐度界线以下时，会导致方解石的溶蚀，盐度过高则不能导致方解石的溶蚀。而这个盐度界线是可以随着 CO_2 含量的升高而升高的，即使高于这个盐度也会因 CO_2 含量变化而存在溶蚀。

2. 深层有利于灰岩储层保存的流体环境

在塔中地区的塔中 70 井良里塔格组以及顺南地区顺南 7 井的鹰山组都发现早期孔洞保存型储层。这些孔洞在埋藏后经历了多期流体作用，是储层物性较好且与周围流体环境连通较好的有效储层。这些孔洞方解石相较于其他井的方解石胶结物更加富含铁。早期孔洞在多期埋藏流体改造后得以保存的原因可能与地层水中存在抑制剂相关，方解石的沉淀依赖于抑制剂来降低结晶速率和晶核的形成，使得孔隙在相对方解石过饱和的流体中保存（Sumner and Grotzinger，1996）。顺托果勒在早古生代晚期快速埋深时，埋藏环境由氧化逐渐转变为弱氧化环境时，地层水中的 Mn^{3+} 优先被还原为 Mn^{2+}，在相对低温（80～120℃）的条件下，少量 Mn^{2+} 的存在可对方解石的沉淀具有强烈的抑制作用，锰的分布系数随着速率增大而减少（Lorens，1981），并且在方解石生长速率逐渐降低后形成富锰贫铁的亮橙色环边。

与寒武系铁白云石压溶相关的富 Mg^{2+} 与富 Fe^{2+} 寒武系地层水的混入也能对储层孔隙的保存产生明显的抑制，流体混入量从早古生代中期的少量混入到晚古生代晚期达到最大值，并在印支期—喜马拉雅期持续混入。随着温度升高，Mg^{2+} 和 Fe^{2+} 抑制作用增强，使得保存型储层中的孔洞方解石胶结物富含铁元素，并在边缘相对富集镁元素。当溶液中 $Ca^{2+}/Fe^{2+}=25$ 时，可以完全抑制方解石的生长（Lorenzo et al.，2007）。阴极发光下可见这些方解石的边界轻微富集镁，由于镁在方解石中的分布系数（λ_{Mg}）与温度成正比，而与方解石沉淀速度成反比（Oomori et al., 1987），可能是温度的升高和方解石沉淀速率的降低共同导致的。

3. 埋藏流体对储层的控制作用

顺南地区岩浆通道和膏盐岩都欠发育，晚古生代晚期仅有少量岩浆热流体驱动的寒武系与白云石压溶相关的富 Mg^{2+} 流体，沿着顺南 4 走滑断裂带靠近顺南 401 井的拉分段向上涌入鹰山组下段，对灰岩储层进行白云石化，并在裂缝中沉淀方解石与萤石，在薄片下可见明显的裂缝、扩溶缝和晶间溶孔（尤东华等，2018）。鹰山组下段的散点状分布的内幕白云岩储层主要分布在顺南 5 与顺南 4 走滑断裂带之间。内幕白云岩储层在地震剖面上是呈串珠状反射特征，在平面上呈点状分布。在晚古生代晚期仅有少量的富 SO_4^{2-} 流体随着来自震旦系的富硅流体一起沿着走滑断裂上涌进入鹰山组下段，富 SO_4^{2-} 流体的混入显著地降低地层水中方解石的活度，造成方解石的溶蚀，使得孔隙度与渗透率明显提高。富硅流体携带着寒武系富 SO_4^{2-} 流体持续混入在顺南 4 井形成断溶体储集体，并在裂缝边缘沉淀隐–微晶硅质，但是富硅流体对储层物性的增大贡献有限。

顺北地区在早古生代晚期—晚古生代早期的地层温度与地层压力最有利于储层的形成，大气水的下渗导致方解石的溶蚀，同时早古生代晚期的挤压导致中寒武统膏盐岩的滑脱，使得富 SO_4^{2-} 流体上涌。相对于大气水的下渗，富 SO_4^{2-} 流体的混入对储层的形成同样重要，即便是极少量的富 SO_4^{2-} 流体的混入，也能够使地层水中 $a_{CaCO_{3(aq)}}$ 明显降低。受晚古生代晚期塔里木大火山省驱动与中寒武统膏盐岩相关的富 SO_4^{2-} 流体的注入可以降低地层水中方解石的活度，在盐度低于临界盐度的情况下可以导致方解石的溶蚀。结合顺北地区奥陶系储层的分布特征，即储层地震属性较好的区域分布在走滑断裂附近，认为即使大气水渗流量比深层流体高出 2 个数量级（Menzies et al., 2016），储层的形成更加受控于富 SO_4^{2-} 流体的混入。随着奥陶系埋深增加，地层水氧化还原电位逐渐变为还原，SO_4^{2-} 逐渐被还原为 S^-，地层水中的 Fe^{3+} 和 Mn^{3+} 逐渐被还原为 Fe^{2+} 和 Mn^{2+}，并与 Mg^{2+} 一起在深埋高温高压环境中抑制方解石的沉淀，有利于储层孔隙在深埋环境下相对于方解石过饱和的流体中保存。因此富 SO_4^{2-} 流体的混入是顺北地区中下奥陶统储层形成的主控因素，而与寒武系铁白云岩压溶相关的富 Fe^{2+} 和 Mg^{2+} 的埋藏流体是储层在深埋阶段保存的主控因素。

顺托地区储层形成主要受控于与有机质热演化相关的酸性流体，受热流体驱动的富硅流体多是对早期储层孔洞的改造与充填。因为硅酸比碳酸更弱，很难利用弱酸制出强酸，降温是富硅流体沉淀的主要因素，富硅流体的注入难以对灰岩形成有效溶蚀，硅质流体主要是充填作用。虽然孔隙发育区岩性为隐晶质硅，但是多为高温富硅流体对早期灰岩储层孔隙的改造。岩性对顺托地区储层的形成具有一定的控制作用，但是与有机质热演化相关的酸性流体才是顺托地区中下奥陶统储层形成的主控因素。

4.6.4　构造/断裂控储作用典型样式及有利区

1. 构造/断裂控储作用典型样式

沉积岩相与古地貌控制了岩溶的整体发育情况，但具体岩溶分布还明显受控于断裂发育情况。研究表明，中晚奥陶世逆冲断裂对岩溶具有显著的控制作用，其证据如下。

（1）岩溶的空间分布主要受控于中晚奥陶世逆冲断裂。图 4-101 展示了鹰山组顶面下 0～60m、60～120m、120～180m、180～240m 深度范围内岩溶分布特征，以及不同深度上岩溶分布与断裂的关系。图 4-101 中粗、细黄线分别表示主断裂及次级断裂。底图红色—黄色代表岩溶发育地区。150m 范围内 [图 4-101（a）～（c）]，岩溶分别沿着主断裂及次级断裂发育，而到了更深层 [图 4-101（d）]，更多岩溶是沿着基底卷入式主断裂发育。显然，断裂提供了流体通道，大断裂能够使岩溶向更深部发展。

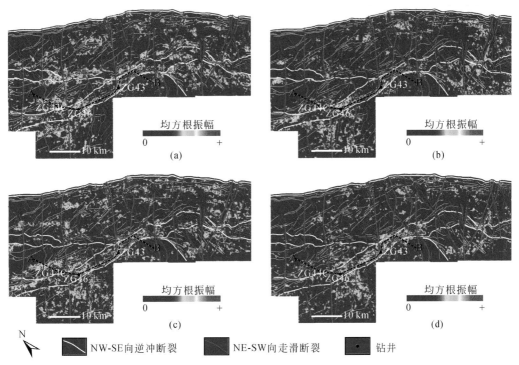

图 4-101 塔中地区不同深度串珠状反射平面分布

计算时窗分别为鹰山组顶部之下（a）0～20ms（0～60m）；（b）20～40ms（60～120m）；
（c）40～60ms（120～180m）；（d）60～80ms（180～240m）

（2）扩溶缝走向统计结果如图 4-102 所示。走向玫瑰图中的绿线代表了扩溶缝的优势走向。显然，大多数扩溶缝平行于断裂走向，也就是说，岩溶作用发生时，断裂已经形成，它们为岩溶提供流体通道的同时，自身发生扩溶。

（3）通过分频技术，刻画出洞穴复合体的形态如图 4-103 所示。洞穴复合体的位置如图 4-103 中白圈所示。洞穴走向如图 4-103 中白色虚线所示。由图 4-103 可以看出，洞穴复合体基本沿着中晚奥陶世逆冲断裂发育。

（4）扩溶构造缝的发育程度明显受控于其发育位置。中古 46 井及中古 44 井分别位于塔中 10 号断裂带内侧和外侧，它们的电成像测井图像如图 4-104 和图 4-105 所示。可以看出，中古 46 井构造扩溶缝发育程度明显大于中古 44 井。

由构造位置可见，中古 46 井位于塔中 10 号构造带内部（塔中 10 号构造带包括基底卷

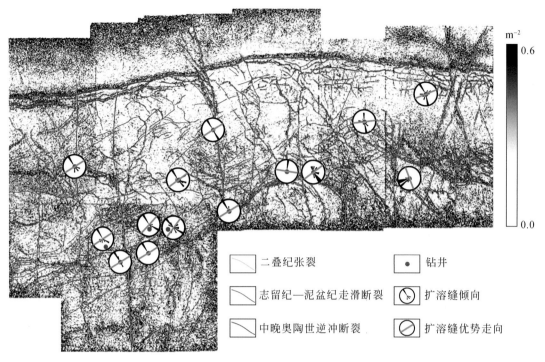

图 4-102　塔中地区扩溶缝与断裂走向关系图

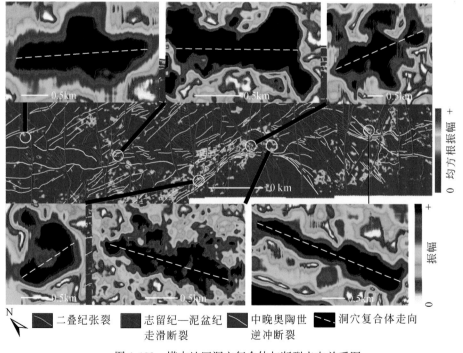

图 4-103　塔中地区洞穴复合体与断裂走向关系图

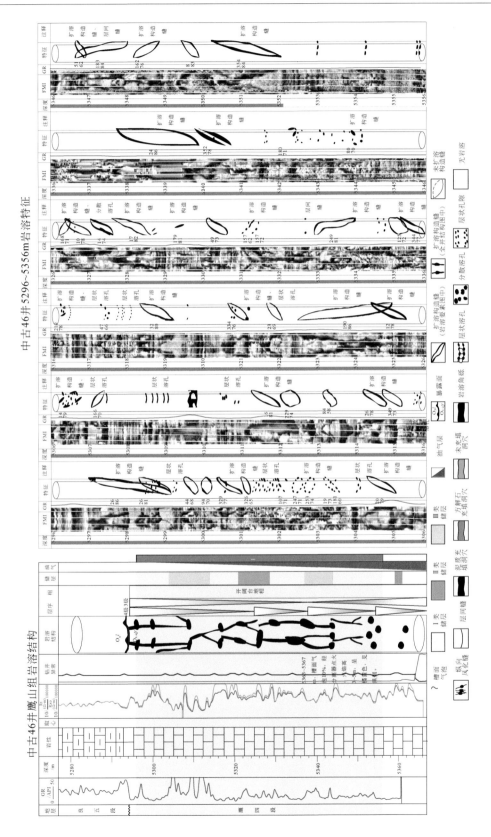

图4-104　塔中地区中古46井电成像测井解释

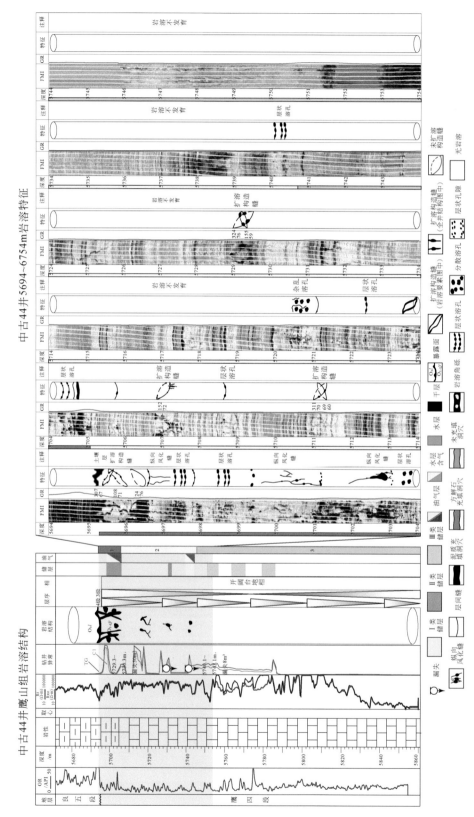

图4-105 塔中地区中古44井电成像测井解释

入式背冲断裂之间的部分），而中古44井位于构造带之外。地震剖面上显示（图4-106），塔中10号断裂带内串珠发育程度明显高于断裂带外。断裂发育模式如图4-107所示，在塔中10号断裂带内，张裂发育，而越过断裂带边界，张裂密度骤减（构造张性应力在边界断层处大量释放），因此，不同张裂的发育程度控制了岩溶的分布。

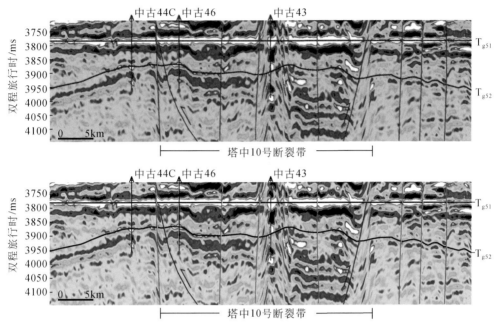

图4-106　过塔中10号断裂带的地震剖面

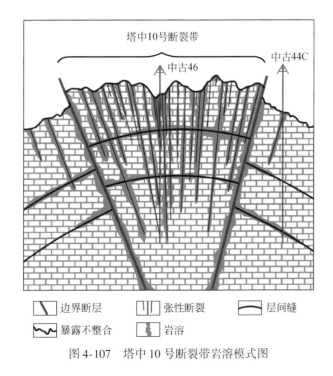

图4-107　塔中10号断裂带岩溶模式图

与塔中地区不同，阿满过渡带岩溶集中沿着主干断裂分布（图4-108）。结合断裂发育演化史，可知断裂在晚奥陶世形成时，中奥陶统灰岩地层已经深埋，只有疏导地表水能力较强的主干断裂能够沟通上下地层，形成地表水的深循环，进而引起深部灰岩地层发生溶蚀。由此空间上的分布，阿满过渡带也与塔中地区显著不同，规模岩溶沿着断裂面向纵深发展。

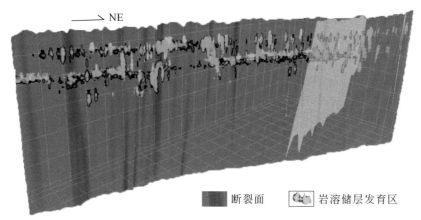

图4-108　阿满过渡带规模岩溶空间分布（剖面位置见图4-35中椭圆框）

断裂的构造样式同样对岩溶的空间分布具有明显的控制作用。对于塔中逆冲断裂体系而言（图4-109），岩溶发育深度一般不超过400m，且集中发育在逆冲构造相关的背斜顶部，如塔中10号断裂带。

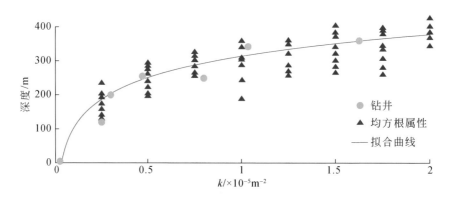

图4-109　塔中逆冲断裂体系控制下的岩溶发育深度统计

对于阿满过渡带的走滑断裂体系（图4-110），沿主干断裂，岩溶在2000m深度仍有发育。同时，走滑断裂体系的岩溶发育分段差异性显著。图4-111中剖面横跨东西两条走滑断裂带，西侧位于断裂带压性段，东侧位于断裂带张性段，可见压性段岩溶发育较浅，而张性段岩溶向纵深发展。

平面上，可将断裂体系分为4类，分别为左旋正S型、左旋反S型、右旋正S型、右旋反S型［图4-112（a）］。各类型走滑体系张性段如图4-112（a）中蓝色部分所示，这些张性部位岩溶往往能够发育更深，也更具有规模性。而图4-112（a）中红色部分标识的

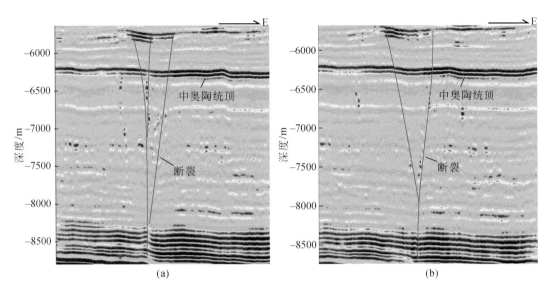

图 4-110　阿满过渡带走滑断裂控制的岩溶剖面

剖面位置　（a）见图 4-35 中线段 a；（b）见图 4-35 中线段 b

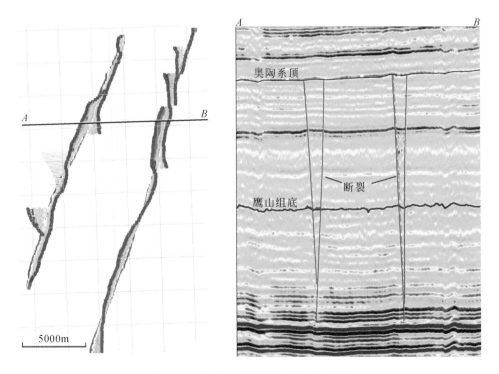

图 4-111　阿满过渡带断控岩溶发育剖面

压性段岩溶往往发育较浅，紫色标识的平移段岩溶发育较弱。

对于塔中地区的岩溶，特别是规模岩溶的发育并非取决于断裂规模的大小，而是断裂

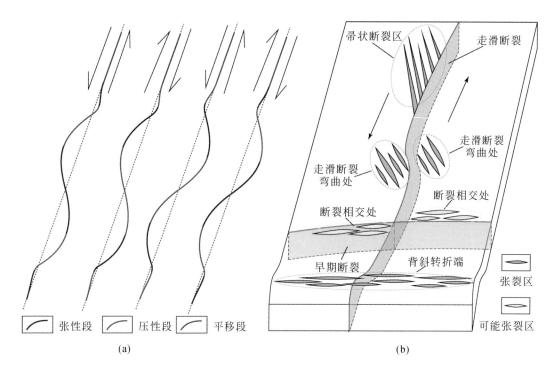

图 4-112　走滑断裂样式（a）及其与多期构造叠合有利储层发育区（b）示意图
（a）中虚线代表走滑断裂的根部，实线代表断裂顶部

系统中应力松弛区域张裂的发育情况。一般来讲，基底卷入式深大断裂能沟通深浅部各层系，从而提供油气及流体的运移通道，但就断裂本身而言，难以提供有效的规模储集空间。由图 4-112（b）可以看出，缝洞体并非沿着各主干断裂连续分布，而是选择性地发育在各张性断裂发育区。一个走滑断裂系统中，帚状断裂区、断裂弯曲处、断裂相交处、背斜转折端往往发育连片缝洞体，从而提供规模储层发育的有利条件。

2. 储层分布有利区

1）储层分布模型

由上述分析可见，深埋藏环境中流体的运移多需要依靠断层活动与岩石破裂提供流体通道。塔里木盆地台盆区走滑断裂及其派生裂缝是大气水下渗与富 SO_4^{2-} 流体上涌的重要运移通道，特别是近走滑断裂的张性段/拉分段和压性段。据此研究区中下奥陶统深层岩溶型储层发育优势区至少需要考虑三方面埋藏期条件：①早古生代晚期—晚古生代早期中奥陶统顶部的构造高部位，有利于早期岩溶改造［图 4-113（a）］；②走滑断裂带附近 0.5～1.5km 范围，走滑断裂的派生裂缝为埋藏流体的运移提供通道；③晚古生代晚期，含烃有机酸流体或与膏盐岩相关的富 SO_4^{2-} 流体受构造–热驱动上涌。

研究显示，在满深 1 井东北部、顺北地区与顺西地区之间的过渡带以及阿瓦提拗陷内部靠近走滑断裂带的区域存在储层发育的优势区［图 4-113（b）］。2020 年获得勘探突破的满深 1 井被认为是晚古生代晚期源于寒武系的油气沿深断裂充注并保存至今的油气藏（杨海军等，2020），气体 H_2S 含量高达 4767 mg/m³，可能与晚古生代晚期大火山省驱动的

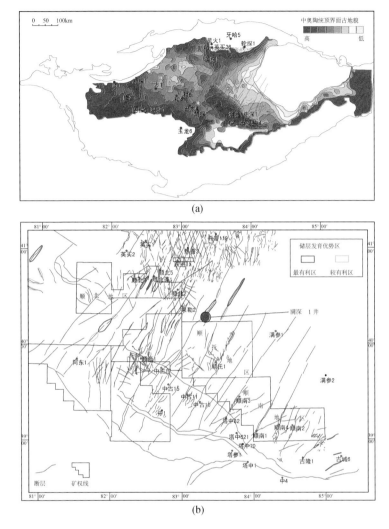

图 4-113　塔里木盆地晚古生代早期中奥陶统顶界面古地貌及古构造图（a）与顺托及邻区
（阿满过渡带）中下奥陶统深层碳酸盐岩储层发育区预测（b）

富 SO_4^{2-} 流体相关，流体中 SO_4^{2-} 与烃类反应被还原生成 H_2S。满深 1 井钻井位置位于本书预测的优势区范围内，并且在其东北部依旧存在一个储层发育优势区，可作为下一步的目标勘探区。

提炼控制要素，构建岩溶型碳酸盐岩储层分布模型（图 4-114）。对于深层–超深层岩溶型碳酸盐岩储层的形成分布，层控、相控是基础，而深层优势含烃（酸）热流体通道的建立至关重要。如图 4-114 所示，Ⅰ、Ⅱ号灰岩层序整体暴露剥蚀，沿暴露面喀斯特洞穴发育，深埋后部完全充填，部分得以保存（灰岩潜山）；Ⅲ、Ⅳ号为白云岩地层，虽没有明显的岩溶洞穴，但层控/相控仍然明显（白云岩潜山）。

提炼模式进一步显示（图 4-114），深层含烃（酸）热流体沿着断裂张性裂隙区自下而上运移，可对早期岩溶洞穴进行规模改造。通常走滑断裂张性区、两条断裂交汇处、正

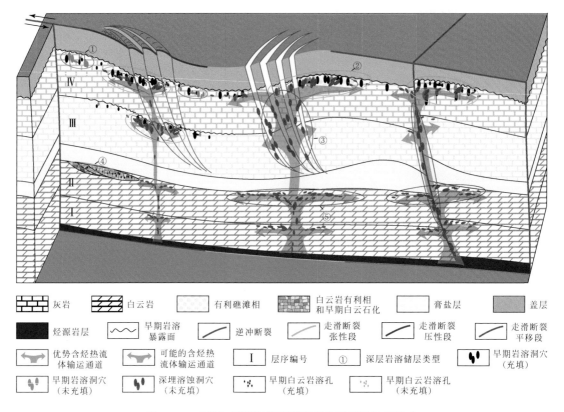

图 4-114　深层–超深层岩溶型碳酸盐岩储层发育模式

①早期岩溶保持型储层；②早期岩溶改造型储层；③断溶体储层；④有利岩相和早期白云石化保持储层；
⑤白云岩岩溶改造型储层

断层区易形成优势流体通道。图 4-114 中走滑断裂弯曲段的尾部（绿色标识部分）往往形成马尾状张性区，继而构成优势流体通道；受封闭性较好的膏盐层制约，含烃（酸）热流体发生聚集改造或顺层侧向运移改造，形成以优势通道为中心，向两侧扩展的深埋岩溶储层（如Ⅲ号层序顶部）。沿膏盐层细颈化部位或破裂处，含烃（酸）热流体进一步向上运移至弱白云石化或灰岩层序（Ⅰ、Ⅱ号），并于有利部位发生规模扩溶改造，形成断溶体储层和岩溶改造型储层。

在走滑断裂的（现位）压扭变形区（图 4-114 中蓝色标识段），由于频繁转换作用往往也会存在小规模的张性部位，也可能形成构造–热流体改造作用及相应断溶体储层和岩溶改造型储层。此外，部分有利早期岩溶及优势岩相区，由于深埋环境保持和/或顺层改造，形成层状岩溶改造型储层。

综上所述，从成因角度深层–超深层岩溶型储层可以归为 6 类，即以保持为主的潜山岩溶、顺层岩溶、层间岩溶等 3 类储层，以断裂改造显著的潜山岩溶、顺层岩溶、层间岩溶等 3 类储层。鉴于深层–超深层多期断裂–流体改造显著，早期岩溶成因识别困难，因此可以简化为以现位断裂样式命名的张扭带、压扭带断裂改造岩溶等 2 类储层（参见表 4-1）。克拉通深层–超深层岩溶型规模储层多以潜山岩溶、层间岩溶的保持型及改造型为主。

2）储层分布预测

综合岩相、岩溶古地貌、断裂、流体刻画和研究结果，对塔里木台盆区中奥陶统碳酸盐岩储层开展综合预测，如图 4-115 所示，塔中及西延部分、塔北以表生规模岩溶储层为主，这些地区古隆起幅度较高，断裂发育，极易形成规模性的近地表岩溶储层。阿满过渡带中奥陶世末期表生岩溶作用有限，之后未再暴露，因此以深埋断控岩溶储层为主。塔中东北方向向满加尔拗陷过渡的地区以深埋改造岩溶储层为主，该区断裂主要活动期为志留纪—泥盆纪，灰岩埋藏过深，断裂难以沟通地表形成规模性岩溶，因而更多的是发生深埋溶蚀作用。基于以上分析，塔中西延部分、阿满过渡带西北侧、塔中东北部靠近阿满低梁一侧的外围地区深层–超深层仍具有勘探潜力。

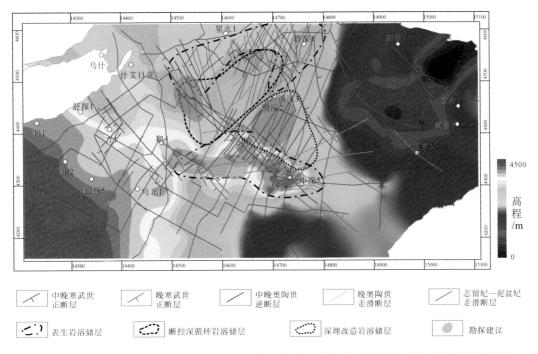

图 4-115　塔里木盆地台盆区中奥陶世末期古地貌、断裂体系与岩溶型碳酸盐岩储层分布预测

对于塔里木盆地深层盐下白云岩来说（参见第 5 章），潜山不发育，规模储层主要与沉积岩相、层间同生岩溶、断裂分布相关。总体看（图 4-116），优质储层主要分布在巴楚–塔中–阿满过渡带–塔北等地区。有利沉积相（内缓坡）、厚膏岩层覆盖区，以及志留纪—泥盆纪发育的大量 NE 向调节断裂控制了优质储层的分布。储层良好发育区分布于塔中 I 号断裂带向西北方向延伸直到塔北西缘的断裂密集带，以及巴楚中东部与塔中西部地区的厚膏岩层覆盖区；而巴楚地区由于剧烈构造破坏作用，对油气的保存程度远不及构造活动较弱但储层同样发育的塔中西部地区。

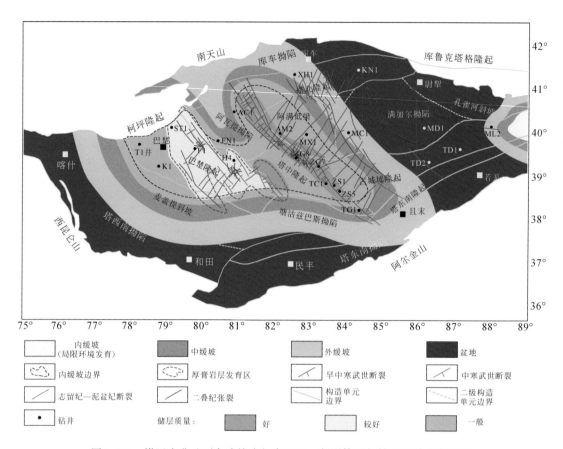

图 4-116 塔里木盆地下寒武统岩相古地理、断裂体系与储层区域分布预测

第5章　深层−超深层白云岩储层形成机制及分布规律

白云岩因形成机制复杂（"白云岩问题"）而成为碳酸盐岩中一类特殊的岩石类型。不仅如此，白云岩储层中富含大量的油气资源。在全球46个志留纪之前的古老碳酸盐岩油气田中，90%以上是赋存在白云岩地层中；深时和深埋（>4500m）白云岩储层已成为石油勘探的重点，但其储层成因认识极弱。

5.1　深层−超深层白云岩储层基本特征与存在的问题

5.1.1　白云岩储层基本特征

碳酸盐岩储集物性随深埋的演化经典模式显示，碳酸盐沉积物初始孔隙度可达40%~50%，随着埋藏深度的增大，压实−压溶过程增强，孔隙度逐渐降低；当埋藏深度达5000~6000m时，孔隙度中位数接近于5%（Halley and Schmoker，1983；Ehrenberg et al.，2012），而在实际勘探中，受沉积组构和建设性成岩作用的影响，部分深埋白云岩储层（>4500m）仍有优质的储集物性，部分层段孔隙度可达10%~20%。

按组构特征，白云岩储层的类型划分与前述岩溶储层类似，即洞穴型、裂缝−孔洞型、孔洞型和裂缝型四类。但是，统计表明，与岩溶储层相比，白云岩储层的洞穴尺度较小（一般不穿层），占比较低；而裂缝和孔隙占比较高。

在世界各地，深层−超深层白云岩储层的勘探主要集中以二叠系、寒武系和前寒武系层位为主。深层−超深层白云岩储层白云石化机理可以划分为以下三类。

（1）近地表的蒸发−回流白云石化，如俄罗斯西伯利亚（Siberia）盆地前寒武系（Frolov et al.，2015），阿曼南阿曼（South Oman）盆地埃迪卡拉系微生物岩（Grotzinger and Al-Rawahi，2014），中国四川盆地二叠系—三叠系（Cai et al.，2014；Jiang et al.，2014）。

（2）热流体白云石化，如美国密苏里州东南部寒武系Bonneterre组（Gregg et al.，1993），德国下萨克森（Lower Saxony）盆地二叠系（Biehl et al.，2016）。

（3）多期白云石化，如中国四川盆地震旦系灯影组，中国四川盆地寒武系龙王庙组，塔里木盆地寒武系—奥陶系（Jiang et al.，2018），美国得克萨斯州西部奥陶系Ellenburger组（Amthor and Friedman，1992）。应该指出，在前寒武系，极少有油气藏产出于碎屑岩和火山岩储层（Amthor et al.，2005）。

在成因方面，沉积相、白云石化是决定白云岩储层特征的决定性因素（表5-1），沉积相比较容易界定，但白云石化机制多样且难于界定，特别是古老白云岩储层。根据沉积环境，可以将深层–超深层白云岩储层划分为以下几类。

表 5-1　白云岩储层类型划分

一级控制因素	二级控制因素	典型实例
凝块石礁滩	台缘大气水/ 热流体改造	四川盆地灯影组、塔里木盆地肖尔布拉克组
粗旋回颗粒滩		四川盆地龙王庙组
台缘带断裂	热流体/TSR/ 有机酸改造	四川盆地灯影组、龙王庙组
灰岩中白云岩夹层		塔里木盆地蓬莱坝组、鹰山组
膏盐白云岩		塔里木盆地肖尔布拉克组、吾松格尔组

（1）碳酸盐岩缓坡相，如阿曼埃迪卡拉系南阿曼盆地微生物岩（Grotzinger and Al-Rawahi，2014），中国四川盆地寒武系龙王庙组。

（2）碳酸盐岩镶边台地相：近地表的蒸发–回流白云石化，如俄罗斯西伯利亚盆地前寒武系，中国四川盆地震旦系灯影组，美国密苏里州东南部寒武系 Bonneterre 组，中国塔里木盆地寒武系—奥陶系，美国得克萨斯州西部奥陶系 Ellenburger 组，德国下萨克森盆地二叠系，中国四川盆地二叠系—三叠系。

俄罗斯西伯利亚盆地前寒武系白云岩储层埋藏深度达 11000m。储集空间以裂缝和溶孔为主，孔隙度、渗透率最大可达 14% 和 1000mD，现今探明油气储量为 2.5×10^8 t 原油和 1×10^8 m^3 天然气（Frolov et al.，2015）。阿曼南阿曼盆地埃迪卡拉系储层埋藏深度为 3000 ~ 7000m，岩性以微生物岩为主，储集空间以微生物格架孔、晶间孔和粒间孔为主，储层孔隙度范围为 0.4% ~ 23%，渗透率范围为 0.01×10^{-3} ~ 313×10^{-3} μm^2（Grotzinger and Al-Rawahi，2014）。

美国墨西哥湾盆地石炭系 Smackover 组，沉积环境是碳酸盐岩缓坡，岩性以鲕粒白云岩为主，孔隙度 <20%，最大渗透率是 100×10^{-3} μm^2。最大埋深是 6000m，埋藏温度约 200℃。美国密苏里州东南部寒武系 Bonneterre 组沉积相为碳酸盐台地，岩性以微生物岩和鲕粒白云岩为主，面孔率为 3.5% ±3.1%，渗透率平均值是 2×10^{-3} μm^2。储层最大埋藏温度是 235℃（Gregg et al.，1993）。德国下萨克森盆地二叠系，现今埋藏深度约 7100m，优质储层主要分布在潮间带–潮下带，岩性以鲕粒白云岩为主。天然气储层内富含 H_2S、CO_2，储集空间类型以孔隙–裂缝型为主，孔隙度为 0 ~ 24%，而渗透率可达 100×10^{-3} μm^2（Biehl et al.，2016）。美国得克萨斯州西部奥陶系 Ellenburger 组，沉积相为碳酸盐台地，最大埋藏深度可达 7000m。储集空间以铸模孔、溶洞和晶间孔为主，最大有效孔隙度可达 12%，孔隙度平均值是 3.4%（Amthor and Friedman，1992）。

中国川东地区下三叠统飞仙关组大型天然气藏埋深可达 7000m，富含 H_2S，其储层为优质鲕粒白云岩、残余鲕粒白云岩及结晶白云岩等，川东北地区飞仙关组储层的渗透率平均为 180×10^{-3} μm^2。近年来，在四川盆地寒武系龙王庙组和震旦系灯影组、塔里木盆地寒武系 4500 ~8600m 深埋碳酸盐岩地层中，不断勘探出规模油气田。其中，灯影组孔隙度可达 14.4%，渗透率介于 0 ~ 100.65×10^{-3} μm^2；龙王庙组孔隙度最高可达 18%，均值为 6% ~ 8%，渗透率可达 180×10^{-3} μm^2。这显示了超深层古老地层的勘探潜能。

5.1.2　关键问题与研究重点

深层–超深层白云岩优质储层孔隙究竟主要是早期成岩过程形成的，而后在深埋成岩过程中得到了保存？还是致密的白云岩经过后期流体改造形成的？抑或在白云石化产生原始好的孔隙基础上，经深埋溶蚀改造–孔隙再分配，而形成了新的次生孔隙；而在滞留区则沉淀次生的碳酸盐矿物，导致储层更加非均质？值得注意的是，多数深埋白云岩储层多分布于含有硬石膏白云岩盐层内，也分布于或盐上/盐下储层。

针对深层–超深层白云岩优质储层，目前提出的可能成因机制包括以下两方面。

其一，早期优质基础深埋保持机制：①海退或向上变粗旋回沉积–早成岩过程中，接受大气水溶蚀作用；②白云岩后期抬升到地表或近地表发生风化壳岩溶（硬石膏优先溶解）。

其二，深埋建设性改造机制：①油气充注于白云岩后，发生白云石、硬石膏与油气之间的氧化–还原反应（如 TSR），导致次生孔隙的产生或原有孔隙的再分配；②中–深埋条件下，CO_2/有机酸的溶解作用等。

显然，在层序格架内评估储层成岩和流体演化的差异，探究古今流体的流动方向，分析油气充注对储层孔隙演化的影响，阐明储层的溶蚀改造机理，构建储层地质模型，研究优质储层分布规律与预测等研究工作，具有重要的理论意义和勘探价值。

本章以四川盆地川中震旦系灯影组、寒武系龙王庙组和塔里木盆地寒武系盐上肖尔布拉克组白云岩为主要对象，同时兼顾塔里木盆地寒武系盐上下丘里塔格组、下奥陶统蓬莱坝组和鹰山组白云岩，综合运用野外剖面、地震、多种先进岩矿显微观察、微区稳定同位素和微量、稀土元素测试等多尺度地质–地球化学和地球物理手段，重点解析流体–岩石相互作用，并结合前人有关沉积学研究的基础资料，探讨深层–超深层白云岩储层溶蚀改造机理、规模储层分布规律等科学问题。

5.2　塔里木盆地深层–超深层白云岩储层

5.2.1　寒武系白云岩储层

塔里木盆地寒武系自下而上划分为六个组，下寒武统玉尔吐斯组、肖尔布拉克组和吾松格尔组，中寒武统沙依里克组、阿瓦塔格组和上寒武统下丘里塔格组（图5-1）。

玉尔吐斯组为塔里木盆地古生界油气的主要烃源岩，在盆地东北缘库鲁克塔格地区为陆架–深水盆地沉积，在西北缘则为斜坡相沉积，主要为灰黑色含磷或含磷结核硅质岩、黑色页岩和灰白色白云岩（陈永权等，2015）。肖尔布拉克组为台地相、缓坡相中–厚层状粉晶白云岩、微生物白云岩。吾松格尔组主要发育亮晶砂屑白云岩、含膏粉–细晶白云岩。沙依里克组为局限台地相云坪亚相–深水盆地相，褐色盐岩、灰岩，红色泥岩与泥质白云岩。阿瓦塔格组上部以褐色白云岩以及灰质、膏质白云岩为主，中下部以褐色–褐灰

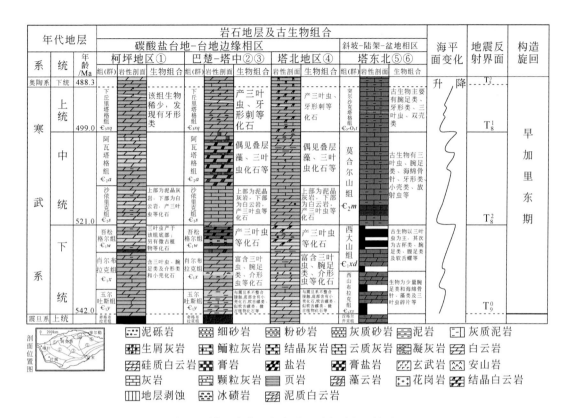

图 5-1 塔里木盆地寒武系地层序列和区域对比

色盐岩、膏盐岩为主,夹白云岩、膏质泥岩。晚寒武世缓慢海侵运动,海平面逐渐上升,沉积环境逐渐由蒸发台地环境向半局限–开阔台地环境过渡,开阔台地相与盆地相覆盖范围扩大,台地边缘相带变窄,中西部台地区内广泛发育台内颗粒滩沉积体系,巴楚–塔中地区为局限台地相,柯坪地区由中寒武世的蒸发台地环境转变为局限台地的潟湖沉积环境,整个盆地范围内上寒武统下丘里塔格组广泛分布。下丘里塔格组主要为局限台地相粉细晶–中粗晶白云岩,夹鲕粒白云岩、砂屑白云岩、竹叶状砾屑白云岩、灰质白云岩和燧石条带。

1. 肖尔布拉克组

1) 沉积–成岩作用特征

肖尔布拉克组主要发育颗粒白云岩、微生物白云岩、粉细晶白云岩和泥晶灰岩。微生物白云岩包括凝块石白云岩、叠层石白云岩、核形石白云岩、泡沫棉层白云岩。

凝块石白云岩发育于柯坪地区肖下段至肖上1段,沉积相带由外缓坡相至中缓坡相下部。凝块石白云岩的结构特征随着水体逐渐变浅,水动力增强,宏观结构也由层理状凝块结构逐渐变为絮状凝块结构和镶边状凝块结构为主,成层性和有序度逐渐降低。在肖尔布拉克西沟剖面肖下段更是发现了凝块石结构的高频旋回:在同一块凝块石建造上由下至上至少有4期旋回,每一期由层理状至絮状再至镶边状,可能指示了米级旋回层序和水体环境的快速周期性变化(图5-2)。

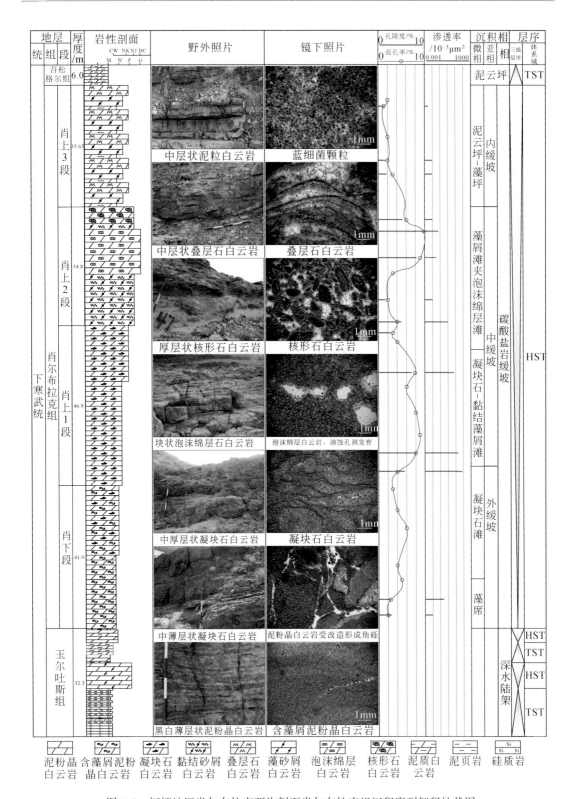

图 5-2 柯坪地区肖尔布拉克西沟剖面肖尔布拉克组沉积序列解释柱状图

  泡沫绵层白云岩发育于柯坪地区肖尔布拉克组肖上2段中上部，沉积相为中缓坡相，泡沫绵层白云岩以灰白色滩状或丘状产出，岩性以粉细晶白云岩为主，并发育有交错层理沉积构造。镜下可见泡沫绵石藻架结构非常致密而稳定，腔体之间黏结紧密，腔体内部发育体腔孔，形状近似椭圆形。大部分体腔孔被栉状白云石和粉晶白云石半充填或者完全充填，小部分被溶蚀扩大形成溶蚀孔洞。核形石白云岩发育于柯坪地区肖尔布拉克组肖上2段上部中缓坡相。核形石白云岩主要为粉晶白云岩。在显微镜下，可见核形石白云岩中发育核形石颗粒，整体呈不规则椭圆形至长条形，大小不一，散乱分布，长轴方向不统一。叠层石白云岩发育于柯坪及巴楚地区肖尔布拉克组肖上2段顶部以及肖上3段，沉积相为中缓坡相至内缓坡相。叠层石白云岩通常以灰黄色中薄层状粒泥/泥粒白云岩，以波状、弱波状以及层状明暗交替的纹层结构为特征。粉细晶白云岩是研究区最常见的岩石类型，于肖尔布拉克组广泛发育，粉细晶白云岩通常与膏质伴生，康2井可见硬石膏结核。泥晶灰岩仅主要发育于新河1井、轮探1井肖尔布拉克组，为台地斜坡相，受局限台地云坪亚相的沉积环境所限，水动力条件弱，发育有深灰色–黑色泥微晶灰岩。

  下寒武统白云岩经历了胶结、充填作用，硅化作用，膏化作用，准同生期溶蚀作用，热流体溶蚀作用，TSR作用等。

  胶结、充填作用。通过镜下薄片观察，识别出以下几种充填/胶结类型：纤状白云石、细晶白云石、中粗晶白云石、鞍状白云石、粒状方解石、狼牙状方解石和脉状方解石。纤状白云石属于典型的海底胶结产物，常见于泡沫绵层白云岩腔体中。细晶白云石较为常见，阴极发光下大多呈与基质相近的暗红色；而中粗晶白云石大多充填在溶蚀孔洞内，期次晚于细晶白云石，阴极发光下显示亮红色（图5-3）。鞍状白云石大多充填在裂缝内，一般不出现在溶蚀孔洞中，应与热流体压裂过程中压力骤降而沉淀的成因有关，阴极发光下大多为暗红色，偶尔具有亮红色环带（图5-3）。

  硅化作用，分为两期。早成岩石英，晶体细小、不规则，被后期的白云石晶体所包裹。而晚成岩自生石英则充填溶蚀孔洞和裂缝，与鞍状白云石伴生。扫描电镜下可见自生石英组分纯净，表面形成针状溶蚀孔，流体包裹体均一温度为117.4~146.5℃，盐度为6.74%~12.28%，总体上具有高温低盐度的特征。

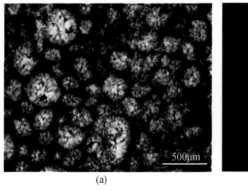 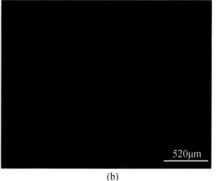

(a)   (b)

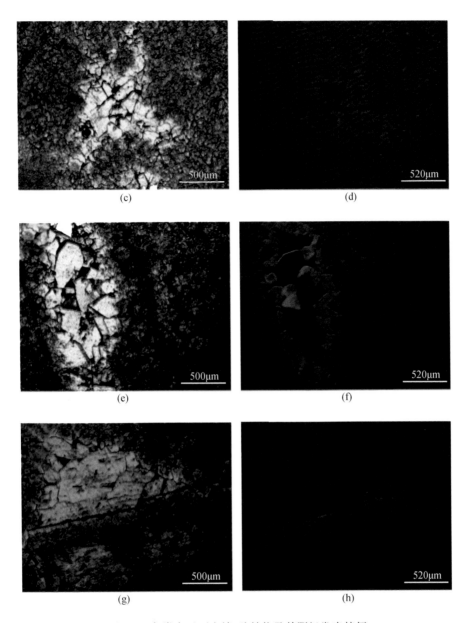

图 5-3　各类白云石充填/胶结物及其阴极发光特征

（a）泡沫绵层白云岩中纤维状白云石和细晶白云石，什艾日克剖面；（b）与图（a）同一视域的阴极发光特征；
（c）凝块石白云岩中细晶白云石，肖尔布拉克西 1 沟剖面；（d）与图（c）同一视域的阴极发光特征；（e）泡沫
绵层白云岩中中粗晶白云石，什艾日克剖面；（f）与图（e）同一视域的阴极发光特征；（g）泥粉晶白云岩中鞍
状白云石，肖尔布拉克东 3 沟剖面；（h）与图（g）同一视域的阴极发光特征

膏化作用。肖尔布拉克组广泛发育石膏，可能是灰岩在后期发生白云石化过程中释放的硫酸盐再沉淀而成；也可能形成于含硫酸盐的热流体，从而分布于裂缝附近。

准同生期溶蚀作用。沉积物由于海平面下降而暴露地表，接受大气水淋滤改造，该时期形成的孔隙多为选择性溶蚀孔，如膏模孔及粒内溶孔，可见后期石膏充填的边缘部分为

淡水方解石胶结（图 5-4）。该区含膏质岩层更容易出现该类溶孔，如康 2 井、舒探 1 井、楚探 1 井肖尔布拉克组粒内溶孔及铸模孔。

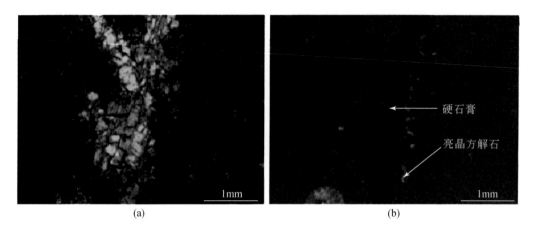

图 5-4　准同生期溶蚀作用特征

（a）大气水造成的溶蚀孔洞被后期石膏充填，康 2 井，5495.5m，单偏光；

（b）同一视域阴极发光，缝洞边缘比基质更亮，呈橘红色，大气水改造强烈

　　热流体溶蚀作用。塔里木盆地在漫长的地质历史时期，共经历了四期热事件，分别为震旦纪至寒武纪、早奥陶世、二叠纪及白垩纪。第三次热事件影响最强烈，伴随着大规模岩浆活动，同时巴楚地区构造运动形成深大断裂，使得热流体沿着断裂运移对岩石进行溶蚀。溶孔中通常充填着鞍状白云石、热流体方解石、自生石英，半充填后的残留孔隙形成现今的储集空间。舒探 1 井可见孔洞裂缝边缘充填的鞍状白云石，晶体粗大，具明显波状消光特征（图 5-5）。

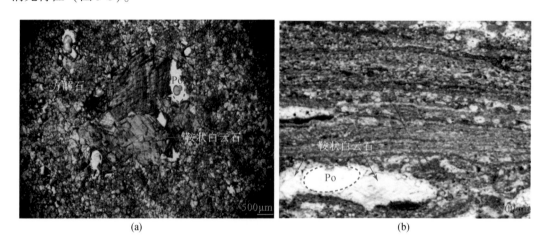

图 5-5　肖尔布拉克组热流体溶蚀作用特征

（a）鞍状白云石半充填，舒探 1 井，1917.4m；（b）鞍状白云石和热流体溶蚀孔，

Po 代表溶孔，舒探 1 井，1886.5m；正交光

TSR 作用：多见方解石交代白云石或去白云石化作用、热流体成因或高温沉淀的鞍状白云石发生溶蚀现象，周边伴生固体沥青和粗晶黄铁矿沉淀（图 5-6）。

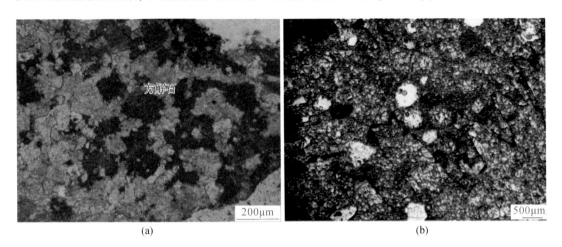

图 5-6 TSR 作用特征

（a）方解石交代白云石，轮探 1 井，8335m；（b）沥青和膏模孔伴生，舒探 1 井，1886.5m；单偏光

2）地球化学特征及成岩作用序列

通过对肖尔布拉克组白云岩储层中的各类充填物进行阴极发光、碳氧同位素测试和流体包裹体温度测试，得出成岩流体特征和成岩作用序列，认为肖尔布拉克组经历了（准）同生白云石化──→大气水溶蚀作用──→浅埋藏白云石化──→中深埋藏白云石化──→热流体溶蚀和白云石化──→热流体方解石及自生石英充填──→TSR 溶蚀，埋藏期的成岩流体具有高温低盐度的特征。

细晶白云石 δ^{13}C、δ^{18}O 值落在基质白云石范围内，基质白云石 δ^{13}C 在 -2.5‰~1.5‰ 范围内，而细晶白云石 δ^{13}C 集中在 0.4‰~1.1‰、δ^{18}O 值均集中在 -6‰左右。且细晶白云石内未能观察到流体包裹体，应为早成岩期充填物（图 5-7）。中粗晶白云石 δ^{13}C 值集中在 -1.6‰~0.2‰，较细晶白云石稍微负偏，δ^{18}O 值介于 -12.5‰~-10.2‰之间，明显负于基质及细晶白云石，说明成岩流体与早期白云石化流体不同（图 5-7）。

流体包裹体均一温度为 94.3~121.2℃，峰值为 100~110℃（图 5-8），与细晶白云石形成环境相比明显温度高，但又明显低于方解石和鞍状白云石充填物。盐度分布在 9.98%~18.96%，主要位于 14%~16%（图 5-9）。鞍状白云石碳同位素值与基质白云石较为接近，集中分布在 -2.5‰~1.9‰，氧同位素发生明显负偏，分布在 -16.1‰~-5.9‰。流体包裹体均一温度为 136.3~182.5℃，峰值为 140~160℃，高于其他几类充填物（图 5-8）。盐度为 12.62%~25.27%，峰值为 24%~26%（图 5-9），也高于其他充填物。各类方解石胶结物氧同位素接近于鞍状白云石，集中分布在 -14.5‰~-9.8‰；碳同位素值负偏较其他充填物明显，低至 -6‰。流体包裹体均一温度上，分布在 128.2~152.3℃，峰值为 140~150℃（图 5-8）。盐度分布在 17.87%~23.44%，峰值为 22%~24%（图 5-9），与鞍状白云石相近。硅化作用形成的石英晶体应为埋藏期流体成因。流

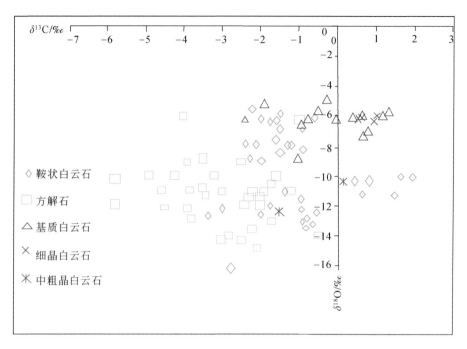

图 5-7　各期充填/胶结物碳氧同位素组成

体包裹体均一温度为 117.4～146.5℃（图 5-8），盐度为 6.74%～12.28%（图 5-9），总体上具有高温低盐度的特征。

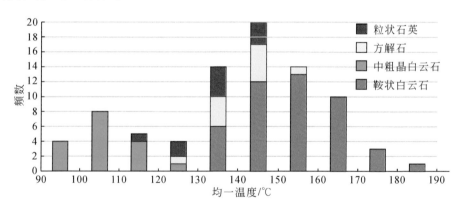

图 5-8　各类充填物流体包裹体均一温度

　　根据以上薄片镜下观察、流体包裹体均一温度测试，可以总结如图 5-10 的成岩作用序列。

　　3）储集空间发育因素

　　a. 沉积相对储层的影响

　　肖尔布拉克组储层主要为缓坡浅滩相白云岩，包括微生物白云岩和颗粒白云岩。岩相古地理研究表明，研究区在早寒武世具有"东南高、西北低"的古地理构造格局，肖尔布

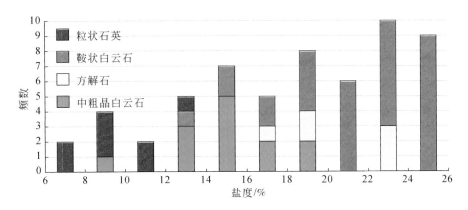

图 5-9　各类充填物流体包裹体盐度

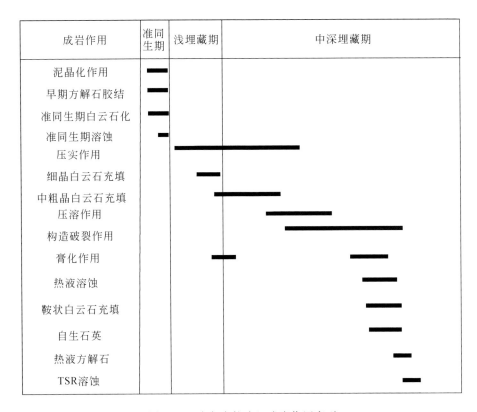

图 5-10　肖尔布拉克组成岩作用序列

拉克组沉积总体具有东西分带特征，由西往东依次发育古陆、内缓坡混积坪、内缓坡潮坪、内缓坡浅滩、中缓坡内带、中缓坡浅滩、微生物礁/丘、中缓坡外带及外缓坡等沉积相带。研究区的古地理构造格局决定了相带的展布特征。在早寒武世碳酸盐缓坡背景下，柯坪–巴楚地区肖上段大面积浅滩展布，局部微生物丘发育；巴东–塔中地区发育内缓坡浅滩，形成较好的颗粒白云岩储层。高能的缓坡浅滩相由内碎屑白云岩、微生物白云岩、鲕粒白云岩组成，其本身发育较好的粒间（溶）孔、粒内（溶）孔、微生物格架孔等多种孔隙类型，构成了浅滩相良好储集性能的物质基础。测井解释，浅滩相平均孔隙度为8.36%，储层物性好；潮坪相平均孔隙度为2.05%，储层物性较差（倪新锋等，2017）。综合分析认为，肖尔布拉克组优质储层受沉积相控制明显，缓坡浅滩相储层条件优越，即浅滩相是优质储层发育的基础。

　　b. 准同生溶蚀作用对储层的影响

　　准同生溶蚀作用主要受海平面升降和微生物岩产出形态的双重控制，大多是由于海平面突然下降使得微生物丘或滩发育，不断接近甚至暴露出海平面，受到大气水溶蚀所致。在肖尔布拉克剖面，可见准同生溶蚀作用主要出现在肖上2段的藻屑滩和泡沫绵层石滩，以及肖下段零星发育的凝块石丘，均与海平面的下降和微生物丘滩的发育有关。剖面可见丘滩风化面为球状或瘤状凹凸不平，表面顺层溶蚀孔洞发育，内部可见针状溶孔。阴极发光下可见该溶孔周围呈亮红色（图5-11）。这种溶蚀现象在井下也同样存在，并且受到层序界面的控制。基于3个薄片面孔率统计，该类溶蚀作用会造成5%孔隙度增加。

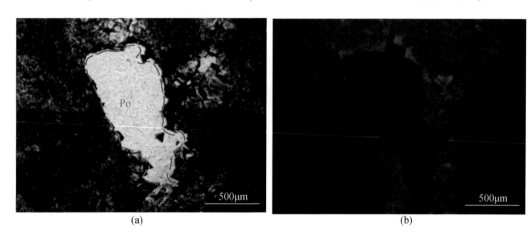

图5-11　准同生溶蚀作用形成的溶蚀孔洞
（a）肖下段凝块石丘中凝块石白云岩的准同生溶蚀孔洞，肖尔布拉克东沟剖面；
（b）同一视域下阴极发光图片，孔洞周围呈亮红色

　　c. 油气充注后TSR影响储层发育

　　TSR可以通过溶解石膏产生膏模孔来增加孔隙度，以舒探1井1886.5m膏模孔最为发育（图5-6），该类溶蚀产生的面孔率高达10%。在楚探1井、康2井、轮探1井、旗探1井含膏云岩，观察到硬石膏、鞍状白云石被部分溶蚀（图5-12），或者发生方解石交代白云石（图5-12）。本书主要认为：受断层控制的热流体活动，伴随TSR作用，主要发生在台缘带，导致鞍状白云石等高温矿物发生溶解，同时沉淀富^{12}C的方解石，使得储层更加非均质。基于5个薄片的面孔率统计单独的TSR溶蚀可增大孔隙度约3%，而在周边或相邻较致密储层，则降低孔隙度1%。也就是说，原始好的储层物性是基础，叠加热流体或TSR改造的部位，发育优质储层。肖尔布拉克组储层中发生了原油的TSR，单纯的质量平衡计算显示，可以增大孔隙度0.57%。

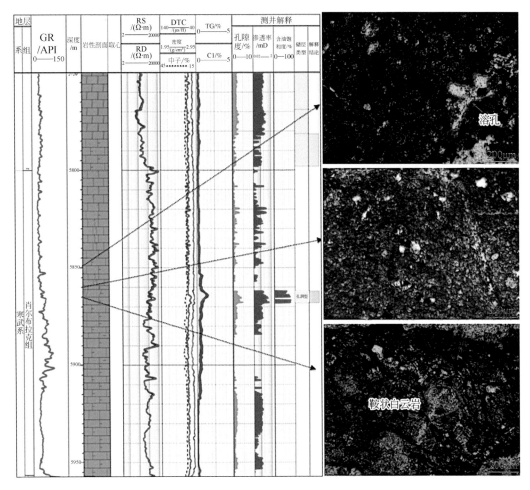

图 5-12　旗探 1 井鞍状白云石发生溶解作用

DTC 为声波时差；TG 为全烃含量；Cl 为甲烷含量

d. 热流体溶蚀对储层的影响

研究区二叠纪发生了大规模的构造运动可以形成深大断裂，热流体便沿着深大断裂运移并对白云石进行溶蚀，同时，在物理化学条件发生变化的情况下，在一些孔洞中沉淀鞍状白云石及其他自生矿物。于是，鞍状白云石及自生石英大多沉淀在热流体孔洞的边缘，仍有大量孔洞残余。镜下可见方解石被热流体溶蚀，并半充填鞍状白云石（图 5-13）。根据 15 个薄片面孔率统计，可造成平均孔隙度增加 3%。

2. 下丘里塔格组

1）岩石学和成岩作用特征

现今钻取的井下样品显示，上寒武统下丘里塔格组（$\epsilon_3 xq$）主要发育开阔–局限台地环境。对塔参 1 井、英探 1 井和轮深 2 井（图 5-14）的下丘里塔格组 12 个样品进行观察测试，发现储层岩石类型以晶粒白云岩为主，其次为残余颗粒白云岩和泥晶白云岩，盆地北部地区发育少量藻纹层白云岩，受构造破裂作用和岩溶作用改造的地区发育角砾状白云岩。

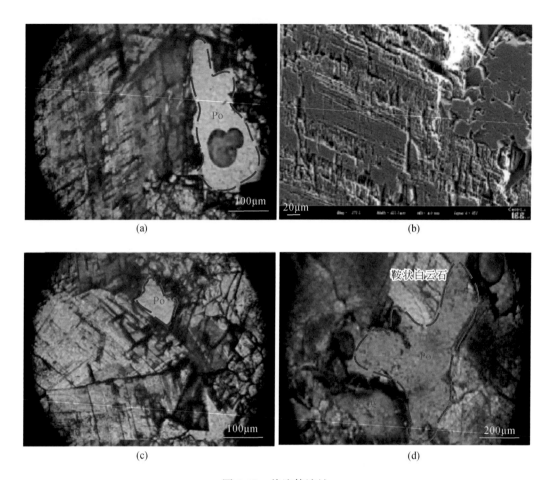

图 5-13　热流体溶蚀

（a）热流体溶蚀方解石产生的溶蚀孔洞，未充填，舒探 1 井，1886.5m，肖尔布拉克组，单偏光；（b）热流体溶蚀方解石内部并产生阶梯状纹路，舒探 1 井，1886.5m，肖尔布拉克组，SEM 图片；（c）鞍状白云石半充填，舒探 1 井，1886.5m，肖尔布拉克组，单偏光；（d）自生石英与粗晶白云石充填溶蚀孔洞，楚探 1 井，7773.8m，肖尔布拉克组，正交光。Po 为溶孔

　　晶粒白云岩：下丘里塔格组晶粒白云岩以粉细晶白云岩、中细晶白云岩和中粗晶白云岩为主，分布于塔参 1 井 ［图 5-15（a）、（b）］。其中，中粗晶白云岩中晶体呈镶嵌状接触，表面浑浊，常见雾心亮边，颗粒以及颗粒残余少见，常见白云石环带结构，可见少量晶间孔。裂缝和溶蚀孔洞相对发育，充填着热流体沉淀的鞍状白云石、TSR 方解石和沥青，且多与石英和伊利石共生，鞍状白云石多呈半自形–自形结构，晶面较干净，在正交偏光镜下具波状消光特征。

　　颗粒白云岩：颗粒白云岩类型较多，可见较为清晰的颗粒幻影结构 ［图 5-15（c）］，颗粒包括鲕粒、砂屑、砾屑、藻屑和团块等，早期的具有世代性的胶结物被白云石晶体所交代，依稀辨别出第一世代栉状的胶结物和第二世代充填孔隙中心的镶嵌状胶结物结构。储集空间以溶蚀孔洞为主，辅以粒间孔、粒间剩余孔，但后期多被石英、硬石膏、黄铁矿、伊利石和次生白云石充填。

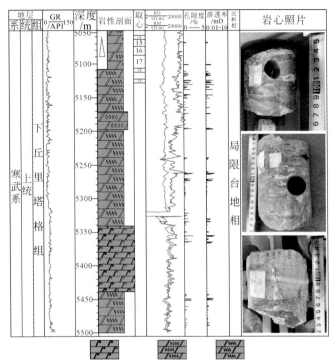

(a)塔参1井

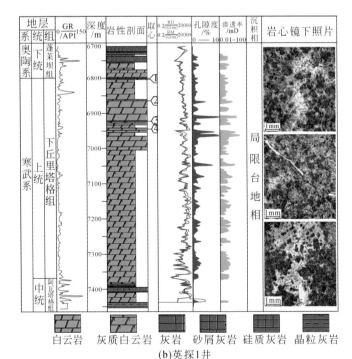

(b)英探1井

图 5-14 下丘里塔格组地层综合柱状图

RM 为微侧向电阻率

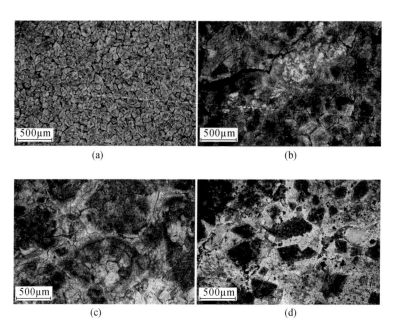

图 5-15　下丘里塔格组白云岩类型

（a）细晶白云岩，塔参 1 井，$\mathcal{E}_3xq$，回次 17-98/140，5107.9m；（b）中晶白云岩，孔隙中充填硬石膏，缝合线充注沥青，塔参 1 井，$\mathcal{E}_3xq$，回次 17-105/140，5109.2m，正交光，插石膏试板；（c）颗粒白云岩，可见残余颗粒的幻影结构，英探 1 井，$\mathcal{E}_3xq$，回次 3-2/6，6924.5m；（d）角砾状白云岩，因溶蚀作用中粗晶白云岩破碎成角砾状，溶蚀孔隙发育，英探 1 井，$\mathcal{E}_3xq$，回次 4-14/17，6924.5m

　　角砾状白云岩：角砾状白云岩主要由构造破裂作用、热流体溶蚀作用和风化壳岩溶作用形成或共同叠加改造而成，岩石被切割成角砾状、砂屑状或砾屑状 [图 5-15（d）]，流体沿构造裂缝进入，可见明显的溶蚀改造痕迹。部分溶蚀孔洞和裂缝被自生石英、白云石、硬石膏、方解石和沥青质充填。一般在英探 1 井常见，由先期形成的构造裂缝切割岩石成角砾状等，再受到成岩流体的溶蚀改造作用，具体成因可根据充填物和特征矿物区分。

　　2）地球化学特征

　　白云岩中的气液两相包裹体进行测温结果显示（图 5-16），基质部分的细晶白云石包裹体均一温度分布于 50~90℃；基质部分的中粗晶白云石包裹体均一温度主要位于 110~150℃；热流体成因的鞍状白云石的流体包裹体均一温度在 110~210℃，峰值区间位于 150~190℃；充填的方解石在下丘里塔格组内比较常见，主要充填在中粗晶白云石的晶间剩余孔内，其包裹体均一温度存在两个峰值区间，分别位于 50~90℃ 和 130~210℃。以上数据说明白云石为多期成因，其中以埋藏白云石化为主。硅质充填物主要是自生石英或玉髓等，其中的流体包裹体均一温度在 150~190℃。一些中粗晶白云石和所有石英的均一化温度高于地层所经历的最高温度 10 ℃以上，是深部热流体活动沉淀的产物。

　　碳氧同位素分析显示（图 5-17），颗粒白云石的 δ^{13}C、δ^{18}O 分别位于 -1.1‰~1.5‰ 和 -9.03‰~-5.73‰，白云石沉淀流体的 δ^{18}O 值与寒武纪海水 δ^{18}O 值类似（-9‰~-7‰），

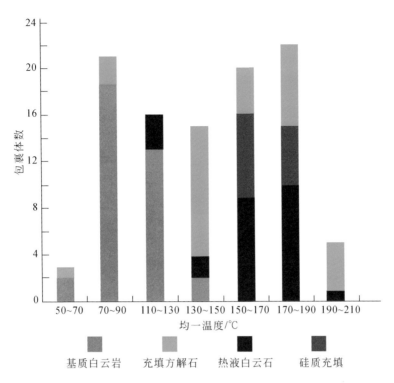

图 5-16　下丘里塔格组白云岩内流体包裹体均一温度分布特征

属于海源流体成因；粉细晶白云石的 $\delta^{13}C$、$\delta^{18}O$ 分别位于−3. 14‰~ −1. 28‰和−9. 56‰~ −6. 45‰，显示海源流体成因，形成于中深埋藏阶段；中粗晶白云石的 $\delta^{13}C$、$\delta^{18}O$ 分布范围为−3. 92‰~0. 67‰和−12. 37‰~ −9. 43‰，$\delta^{18}O$ 值在−10‰以下，属于热流体成因；孔洞充填方解石的 $\delta^{13}C$、$\delta^{18}O$ 分别位于−7. 02‰~ −1. 86‰和−12. 2‰~ −5. 93‰，$\delta^{13}C$、$\delta^{18}O$ 值偏负，可能与热流体活动相关，部分方解石 $\delta^{13}C$ 值具明显负异常，属于 TSR 成因；热流体成因鞍状白云石的 $\delta^{13}C$、$\delta^{18}O$ 分别位于−3. 32‰~ −1. 71‰和−14. 12‰~ −9. 91‰；方解石脉的 $\delta^{13}C$、$\delta^{18}O$ 分别位于−2. 92‰~ −1. 86‰和−14. 48‰~ −5. 59‰，属于热流体成因。与中下寒武统相比，下丘里塔格组白云岩中各结构组分 $\delta^{13}C$、$\delta^{18}O$ 大部分为负值，$\delta^{13}C$ 分布在−7‰~ −1‰；$\delta^{18}O$ 分布在−15‰~ −1‰。整体来看，下丘里塔格组同生−准同生期成岩作用的痕迹保存较少，受海水作用较强，以埋藏期成岩作用为主，受到热流体等深部流体的作用。

3）成岩作用类型与成岩序列

塔参 1 井、英探 1 井和轮深 2 井等的白云岩经历了渗透回流白云石化、埋藏白云石化、构造−热流体白云石化和溶蚀作用等成岩作用。白云石晶体经过重结晶和交代作用等，晶形逐渐变得粗大并呈紧密镶嵌接触，早期的多世代胶结作用和浅埋藏白云石化等成岩作用的痕迹保留较少。根据埋藏史、构造演化史、岩石学和地球化学特征，下丘里塔格组经历的成岩序列如下：同生期胶结作用→浅中埋藏胶结和白云石化作用→中深埋藏胶结和白云石化作用→深埋藏胶结和白云石化作用→热流体白云石化作用→硅质交代→热流体方解

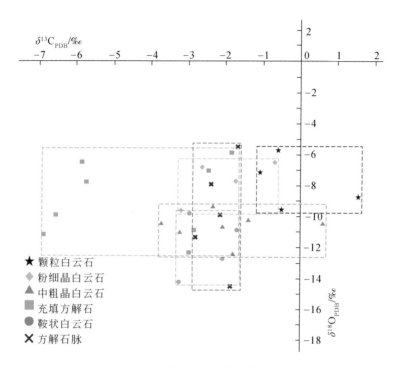

图 5-17　下丘里塔格组碳酸盐矿物碳氧同位素

石充填（热流体溶蚀孔）→方解石脉体充注。

4）储集空间类型

下丘里塔格组因下伏膏盐层的隔绝作用，其深部热流体的侵入常常伴随构造断裂的形成，热流体成因的白云石多沿着裂缝分布。储集空间类型可以分为宏观和微观的孔、洞、缝体系；按照结构可以分为组构选择性和非组构选择性储集空间；也可按照成因分为原生孔洞、次生孔洞等。下丘里塔格组储集空间类型多样，由不同成因的孔、洞、缝体系构成，其中尤以深埋藏期间的溶蚀孔洞和构造裂缝为主要的储集空间。

孔洞：下丘里塔格组孔洞类型主要包括晶间孔和溶蚀孔洞等类型（图 5-18）。晶间孔主要发育在细晶白云岩、中粗晶白云岩中［图 5-18（a）］，是白云石化和重结晶作用在白云石晶体之间形成的孔隙，也可以是粒间孔中的白云石不完全充填形成的晶间剩余孔。塔里木盆地下丘里塔格组白云岩中常见的溶蚀孔洞包括晶间溶孔和膏模孔等［图 5-18（b）、（c）、（d）］。溶蚀孔洞是由早期孔隙或裂缝溶蚀扩大形成，其形成原因是多样的，可以是早期大气水溶蚀作用，也可以由后期热流体溶蚀和 TSR 作用形成。溶蚀孔洞的发育受原始物质组构、孔缝网络和流体成分等多种因素的影响，选择性溶蚀孔和非选择性溶蚀孔是溶蚀孔中常见的两大类，在早期原始物质组构保存较好的阶段，选择性溶蚀不稳定部分或易溶部分而发育溶孔；晚期非组构选择溶蚀孔隙，即成岩晚期原始组构消失殆尽后不稳定组分基本消失，溶蚀作用选择性不再明显［图 5-18（c）］。

裂缝：下丘里塔格组碳酸盐岩裂缝较发育，钻井岩心尺度上可观测到不同特征的裂缝，如塔参 1 井的高角度缝和低角度缝［图 5-19（a）、（b）］，英探 1 井岩心镜下可观察

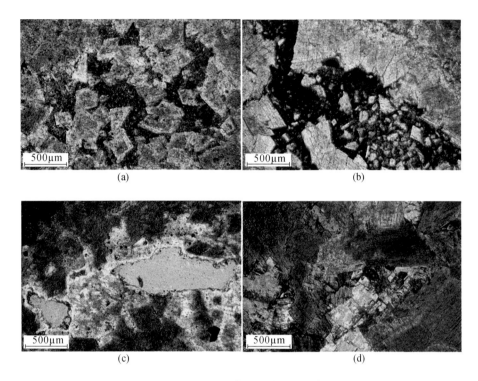

图 5-18　下丘里塔格组储集空间类型

(a) 晶间孔，英探 1 井，$\mathbb{C}_3 xq$，回次 4–14/17，6945.4m；(b) 晶间溶孔，白云石呈角砾状分布，塔参 1 井，$\mathbb{C}_3 xq$，
回次 17–105/140，5109.2m；(c) 溶蚀孔隙，孔隙周围充填鞍状白云石，英探 1 井，$\mathbb{C}_3 xq$，回次 4–14/17，6945.4m；
(d) 膏模孔，硬石膏与有机质发生 TSR 反应部分溶蚀，并充填方解石，塔参 1 井，$\mathbb{C}_3 xq$，回次 17–126/140，5113.3m，
正交光，插石膏试板

到中粗晶白云岩中的未充填缝［图 5-19（c）］。裂缝可以作为深部热流体的运移通道，沿裂缝发育粉晶白云岩［图 5-19（d）］。

5.2.2　奥陶系白云岩储层

塔里木盆地奥陶系从下到上整体上分为下统蓬莱坝组、中下统鹰山组、中统一间房组，以及上统吐木休克组和良里塔格组。

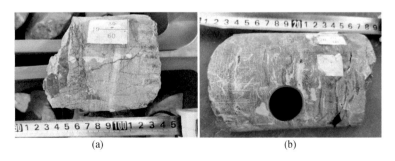

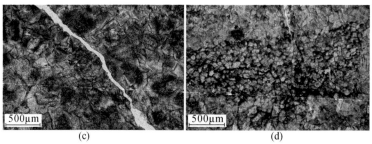

图 5-19　下丘里塔格组裂缝类型

（a）高角度裂缝，塔参 1 井，$\in_3 xq$，回次 19-30/60，5123m；（b）低角度裂缝，塔参 1 井，$\in_3 xq$，回次 17-131/140，
5114.3m；（c）中粗晶白云岩中的裂缝，英探 1 井，$\in_3 xq$，回次 3-2/6，6924.5m；（d）沿裂缝发育粉晶白云岩，塔参
1 井，$\in_3 xq$，回次 19-39/60，5128.9m

　　蓬莱坝组碳酸盐岩中白云岩相当发育，上部以白云岩和灰岩的不等厚互层为特征，下部则几乎以白云岩组成（图 5-20）。白云岩包括颗粒白云岩、晶粒白云岩和灰质白云岩

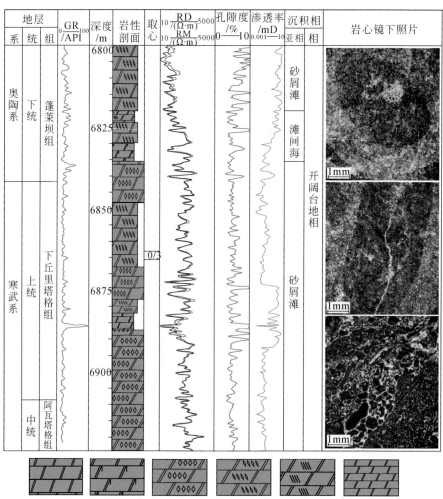

图 5-20　轮深 2 井寒武系—奥陶系地层综合柱状图

（图5-21）。以英买4井为例，塔北西部的英买力地区成岩环境演化依次经历了浅水海底成岩—大气水或混合水成岩—浅埋藏成岩—近地表成岩—浅埋藏成岩—近地表成岩—中深埋藏环境共7个成岩环境，发生有胶结、溶蚀、白云石化和 TSR 等成岩作用。塔北西部地区蓬莱坝组碳酸盐岩的成岩阶段为（准）同生成岩阶段、浅埋藏早成岩阶段、表生成岩阶段、浅埋藏早成岩阶段、表生成岩阶段和中深埋藏成岩阶段（图5-22）。

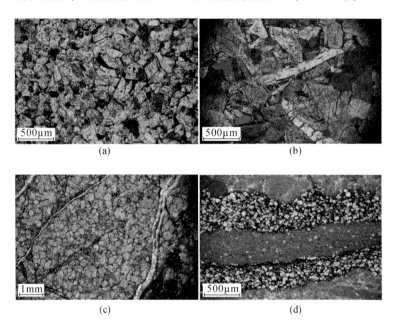

图 5-21　蓬莱坝组和鹰山组白云岩类型

（a）中细晶白云岩，英买4井，O_1p，回次 19-21/33，5122.3m；（b）中粗晶白云岩，充填硬石膏，英买4井，O_1p，回次 22-7/34，5128.2m，正交光；（c）粗晶白云岩，分布方解石脉体，$O_{1-2}y$，塔中 162 井，回次 14-11/45，5128.2m；（d）砂屑灰岩中沿裂缝分布的粉晶白云石，可见少量充填粒状方解石，塔中 162 井，O_1p，回次 15-82/90，5606.2m

　　塔北西部地区在成岩演化上具有明显特征，主要表现在 3 个方面：①表生期大气水成岩作用持续时间普遍长，在英买力地区奥陶系发育较多大型溶洞和溶蚀孔洞，岩溶作用占主导地位；②蓬莱坝组显示白云岩和灰岩成岩作用的显著差异，白云石化具有选择性，受控于原始沉积环境和沉积组构，原始多孔的滩相颗粒灰岩更易发生埋藏白云石化和热流体白云石化。③在英买力地区的岩石薄片上可见辉绿岩、天青石等与热流体相关的岩石矿物，特别是英买4井蓬莱坝组中可见与热流体和 TSR 相关的溶蚀孔洞 [图5-23（b）、(d)]，反映了该地热流体作用具有重要意义。

　　主要的储集空间包括晶间孔、晶间溶孔和膏模孔等孔隙类型（图5-23）。英买4井蓬莱坝组的中晶白云岩晶间孔较大，部分因沥青充注得以保存 [图5-23（a）、(c)]，粗晶白云岩中基本不发育晶间孔。在英买4井 5126.7～5135.1m 白云岩段溶蚀孔洞最为发育，洞径最大为 40mm，以热流体和 TSR 溶蚀孔洞为主，部分残留硬石膏晶体，充填自生石英、鞍状白云石、黄铁矿及方解石 [图5-23（b）、(d)]。该类溶蚀孔洞多发育于中晶白云岩和粗晶白云岩中，岩心上可见孤立存在，也可沿裂缝发育，呈稀疏或密集状分布，为

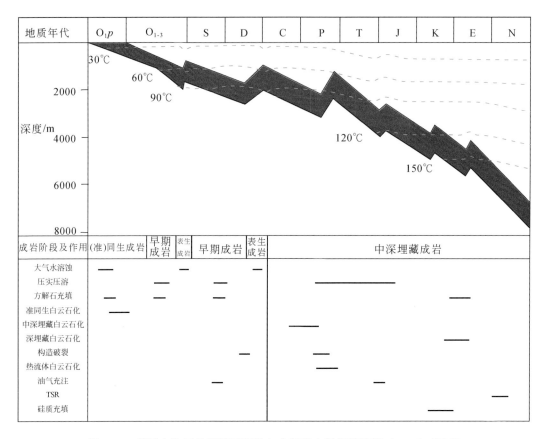

图 5-22　英买力地区蓬莱坝组埋藏史［埋藏史据倪新峰等（2010）修订］

该区白云岩层段中最重要的孔隙类型和有效储集空间。

研究区未充填的裂缝不仅可以作为储集空间，而且可以作为烃类、热流体的运移通道，起到连通白云岩各种孔隙的作用，从而促进有效白云岩储层的形成。英买力地区英买4井蓬莱坝组中上部裂缝较为发育，下部较少，缝宽为 0.1～15.0mm，缝壁平直，延伸较远，可见交叉发育。中上部的构造缝大多被方解石和黑色有机质等半–全充填，镜下可见沿裂缝发育的 TSR 溶蚀孔隙［图 5-23（b）］。溶蚀孔缝的形成扩大了大气水和热流体的流动空间，进一步促进了溶蚀作用的发育。塔中地区塔中 162 井裂缝和缝合线均较发育，镜下见裂缝附近发育粉细晶白云石，部分充填方解石，压溶缝多为锯齿状、波状和不规则状，常被方解石或黑色有机质、硅质等半充填或全充填［图 5-23（e）、（f）］。

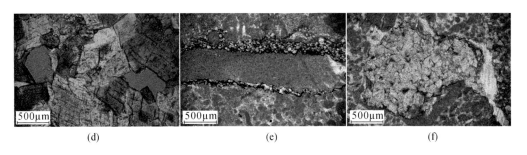

图 5-23 蓬莱坝组和鹰山组储集空间类型

(a) 晶间孔, 部分被烃类充注, 英买 4 井, O_1p, 回次 19-21/33, 5122.3m; (b) 沿裂缝分布的膏模孔, 残留部分硬石膏, 英买 4 井, O_1p, 回次 20-22/26, 5125.9m, 正交光, 插石膏试板; (c) 晶间孔, 部分被烃类充注, 英买 4 井, O_1p, 回次 20-22/26, 5125.9m; (d) 膏模孔, 残留部分硬石膏, 充填少量方解石, 英买 4 井, O_1p, 回次 22-7/34, 5128.2m, 正交光, 插石膏试板; (e) 裂缝, 充填粉晶白云石和方解石, 塔中 162 井, O_1p, 回次 15-82/90, 5606.2m; (f) 裂缝和缝合线, 裂缝充填方解石脉体, 轮南 13 井, $O_{1-2}y^4$, 回次 24-11/52, 6160m

5.3 四川盆地深层–超深层白云岩储层

四川盆地是位于扬子板块内的大型叠合盆地。目前的勘探表明, 盆地内的碳酸盐岩储存着丰富的油气资源, 主要产层包括, 震旦系灯影组、寒武系龙王庙组 (图 5-24 中五角星号指示层位)、二叠系长兴组、三叠系飞仙关组和雷口坡组。寒武系筇竹寺组、奥陶系五峰组和志留系龙马溪组赋存大量的页岩气资源。其中, 川中磨溪–高石梯地区安岳气田主要储集层段由灯影组二段、灯影组四段以及龙王庙组组成, 主要生烃层段为筇竹寺组、灯影组三段, 以上层位构成了一套相关联的含油气系统, 形成了如今深层气田——安岳气田 (图 5-24)。

5.3.1 震旦系灯影组白云岩储层

1. 沉积构造演化背景

在震旦纪—显生宙时期, 经历了如下主要构造运动: 600Ma 左右, 西冈瓦纳大陆主体基本成形, 华南板块向赤道方向漂移。灯影组沉积期, 在龙门山大断裂薄弱地带附近, 青藏板块向东超覆于扬子地台板块。桐湾运动使地层短暂抬升。第一期桐湾运动发生在灯二段与灯三段沉积时期之间, 第二期桐湾运动发生在震旦纪晚期灯影组沉积时期和早寒武世之间。

早寒武世梅树村期与筇竹寺期之间发生一期构造抬升运动, 并导致筇竹寺组和下伏梅树村组甚至灯影组的沉积间断。四川盆地在寒武纪和奥陶纪沉积一套碳酸盐岩及碎屑岩建造。志留纪是拗陷盆地的结束阶段。研究区沉积一套泥页岩和砂岩建造。泥盆纪至石炭纪, 四川盆地西部沉积一套稳定的碳酸盐岩建造, 东部沉积一套碳酸盐岩和石英砂岩建造。早二叠世, 四川盆地沉积一套碳酸盐岩和碎屑岩。中三叠世, 海水逐渐向西退出, 形

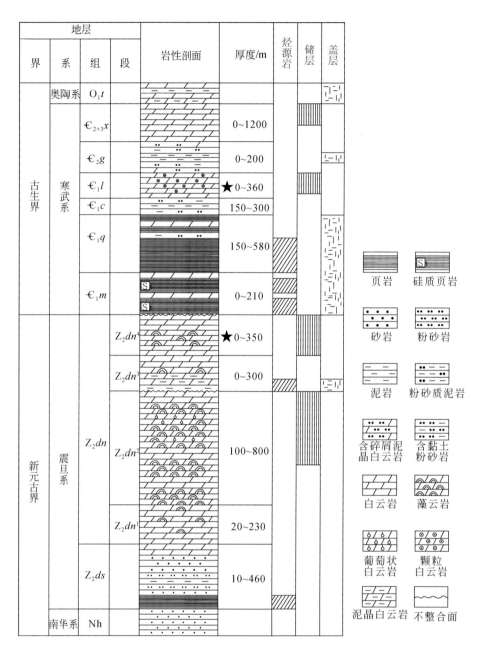

图 5-24 高石–磨溪地区震旦系—寒武系综合柱状图

五星号指示重点层位龙王庙组和灯影组，据魏国齐等（2015）修改

成印支期不整合面。晚三叠世，四川盆地由海相沉积环境发展为陆相沉积。侏罗纪—中新世，研究区发展为拗陷盆地。喜马拉雅运动末期，四川盆地逐渐演变为如今的构造格局。

灯影组最初是由地质学家李四光于 1924 年在湖北省宜昌市的灯影峡命名。灯影组自下往上被划分为四个岩性段，即灯一段、灯二段、灯三段和灯四段。灯一段沉积于陡山沱组之上。沉积环境从东向西空间分布依次为深水盆地–斜坡相、台地边缘相、开阔台地相、局限台地相且存在萨布哈沉积、开阔台地相、滨岸相和古陆环境（李英强等，2013）。灯二段在研究区主要发育以下几种相带（周进高等，2017）：深水盆地–斜坡相、台缘带和局限台地相。其中，台缘带主要发育在四川盆地外侧，由微生物礁相和颗粒滩相构成。岩性包括粉晶白云岩、凝块石白云岩、叠层石白云岩和核形石白云岩。颗粒滩主要由鲕粒白云岩和粪球粒白云岩组成。德阳–安岳裂陷槽两侧发育裂陷边缘台缘带，宽为 5～40km。其主体也是由微生物礁相和颗粒滩相构成，且岩性与大陆边缘台缘带的岩性基本一致。灯三段，受海平面快速上升的影响，研究区中部沉积一套深灰色泥岩。沉积相类型包括深水盆地–斜坡相、开阔台地相、局限台地相和古陆（李英强等，2013）。灯四段主要发育以下几种相带：盆地–斜坡相、台缘带和局限台地相（图 5-25）。台缘带主要发育在四川盆地周缘和德阳–安岳裂陷槽外侧。台缘带宽为 5～50km，主体由微生物礁相和颗粒滩相构成。局限台地内发育潟湖亚相，并可见膏盐。

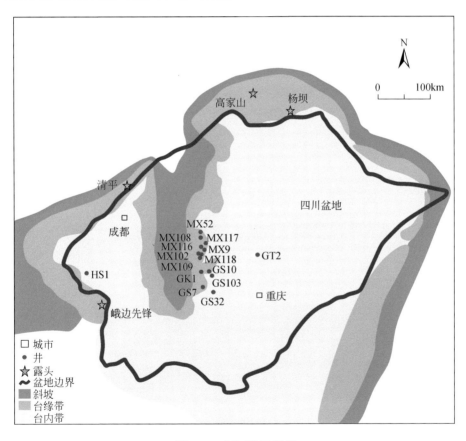

图 5-25　灯四段沉积相

四川盆地灯影组的沉积模式是镶边台地沉积（图 5-26）（周进高等，2017），盆地中部发育深水盆地–斜坡相，向两侧依次发育台缘带、台内带（包括潟湖、潮坪和微生物丘滩）、大陆边缘型台缘带及深水盆地–斜坡相。

四川盆地灯影组层序划分为多个海侵–海退旋回，白云岩的出现与海退密切关联。自下向上被划分为灯一段、灯二段、灯三段和灯四段。灯一段在四川盆地的边缘较为发育，

平均海平面

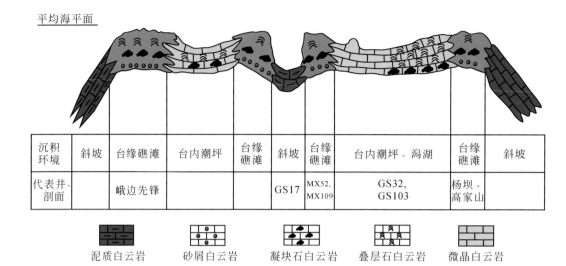

沉积环境	斜坡	台缘礁滩	台内潮坪	台缘礁滩	斜坡	台缘礁滩	台内潮坪、潟湖	台缘礁滩	斜坡
代表井、剖面		峨边先锋			GS17	MX52,MX109	GS32,GS103	杨坝、高家山	

泥质白云岩　　砂屑白云岩　　凝块石白云岩　　叠层石白云岩　　微晶白云岩

图 5-26　灯影组沉积模式［据周进高等（2017）修改］

厚度可达 450m，而在盆地内部发育较差。岩性以碎屑岩和白云岩为主，局部可见硅质条带和膏盐。灯二段地层厚度为 400 ~ 500m，局部可达 845m。岩石类型以白云岩为主，夹少量膏盐岩。白云岩可进一步分为粉晶白云岩、微生物白云岩、颗粒白云岩和膏质白云岩。微生物白云岩可进一步分为叠层石白云岩、凝块石白云岩、核形石白云岩和纹层石白云岩。颗粒白云岩主要包括鲕粒白云岩和粪球粒白云岩。台缘带发育葡萄状白云岩。灯二段抬升，顶部白云岩遭受强烈的风化–剥蚀，发育风化黏土层（图 5-27）。

图 5-27　峨边先锋剖面灯二段顶部风化黏土层

　　灯三段，厚度为 100 ~ 200m。岩性以碎屑岩为主，局部发育粉晶白云岩和微生物白云岩。碎屑岩以深灰色泥岩为主。灯四段，最厚可达 400m。受桐湾运动的影响，顶部白云岩被风化剥蚀，导致地层厚度明显降低。灯四段岩性与灯二段相似，也发育大量的晶粒白云岩、微生物白云岩和颗粒白云岩。二者的区别是，灯四段不发育葡萄状白云岩，而发育硅质白云岩（图5-28）。

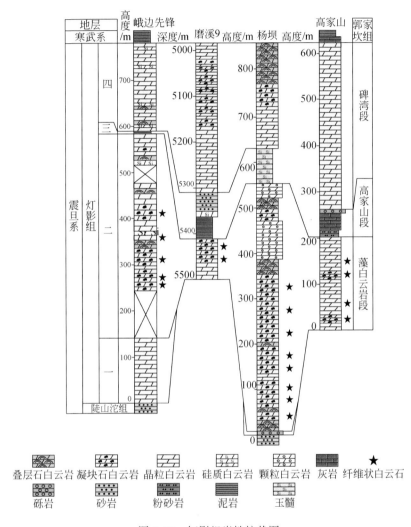

图5-28　灯影组岩性柱状图

　　四川盆地灯影组经历多期埋藏和抬升运动，以高科 1 井为例（图 5-29）（Liu Y F et al., 2016），将灯影组埋藏史简述如下：震旦纪末期，灯影组受桐湾运动的影响，发生短暂的抬升。随后地层持续埋藏到志留纪末期。埋藏深度约 3000m，埋藏温度约 110℃。志留纪末期到泥盆纪早期，地层受早古生代构造运动影响，持续抬升到石炭纪末期，抬升到深度约 1000m 的位置，埋藏温度降到 60℃ 左右。随后，灯影组经历快速的埋藏作用。三叠纪末期—侏罗纪早期，受印支运动影响，地层发生小幅度的抬升。灯影组随后再次快速埋藏，在白垩纪达到最大埋深。最大埋藏深度约 7500m，埋藏温度约 230℃。灯影组随后经历长期的抬升阶段，达到现今的埋藏状态。目前，灯影组井下埋藏深度为 5000～6000m，埋藏温度约 180℃。

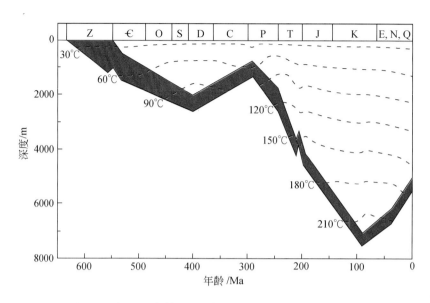

图 5-29　灯影组高科 1 井埋藏史 ［据 Liu Y F 等（2016）］

2. 岩石矿物学特征及成岩序列

灯影组主要发育以下几种基质白云石类型，包括泥晶白云石（Md1）组构保留型白云石（Md2）、组构破坏型白云石（Md3）。

泥晶白云石（Md1）在岩心上为黑灰色，由半自形到他形的晶体组成。白云石晶粒粒径小于 20μm ［图 5-30（a）］。泥晶白云石主要出现在低能的沉积环境。鸟眼构造发育，且常被中粗晶白云石胶结物充填。泥晶白云石可见缝合线和裂缝，但常被中粗晶白云石胶结物或沥青充填。泥晶白云石具有暗红色阴极发光。

组构保留型白云石（Md2）在岩心上以浅灰色为主，由半自形到他形，粉晶到中晶白云石组成（粒径范围为 20～50μm）。组构保留型白云石主要出现在台缘礁滩相和台内潮坪相。凝块石、叠层石、纹层石、粪球粒和鲕粒是原始的沉积组构特征。凝块石是由圆形到不规则形状的微生物凝块组成 ［图 5-30（b）］。叠层石是由亮层和暗层相互交替的纹层组成 ［图 5-30（c）］。其中，暗层是由横向连续的固态有机包裹体组成，而亮层的包裹体含量明显较少。扫描电镜下，组构保留型白云石表面可见哑铃状或球状的纳米级白云石颗粒和矿化的胞外聚合物 ［图 5-30（d）］。纳米级白云石的粒径是 0.5～1μm。粪球粒和鲕粒的粒径可达 2mm ［图 5-30（e）］。鲕粒的同心环带较发育，并且鲕粒内部可见亮晶白云石。组构保留型白云石具有暗红色的阴极发光。

组构破坏型白云石（Md3）在岩心上以浅灰色为主，由半自形到他形，粉晶到粗晶级的白云石组成。粒径大小是 20～300μm ［图 5-30（f）］。此类白云石在台缘礁滩相的比例高于其在台地内部的比例。原始沉积组构（如微生物结构）已基本消失。阴极发光显微镜下，这期白云石具有斑杂状的暗红色或亮红色。

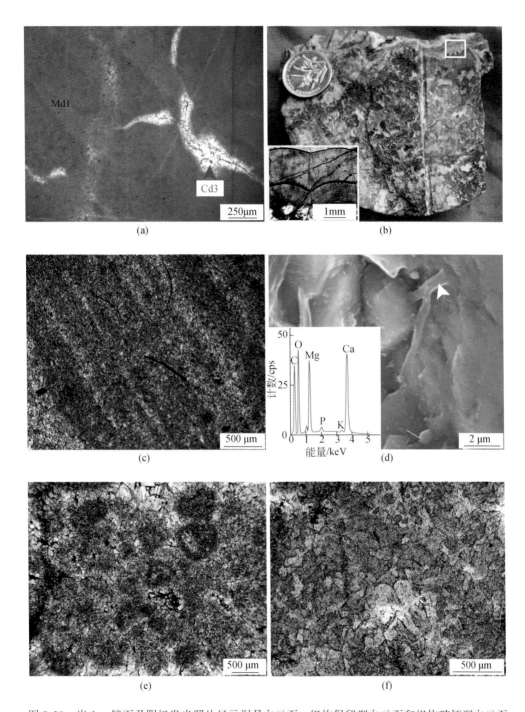

图 5-30　岩心、镜下及阴极发光照片显示泥晶白云石、组构保留型白云石和组构破坏型白云石
(a) 潮间带及潮上带的泥晶白云石（Md1）及后期充填的中粗晶白云石胶结物（Cd3，红色箭头），汉深 1 井，深度 5252.3m；(b) 台缘带的凝块石，左下角是顶部纤维状白云石胶结物放大图，高科 1 井，深度 5443.0m；(c) 叠层石的暗层和亮层结构，高石 103 井，深度 5305.43m；(d) 图 (c) 的 SEM 图，可见球形白云石（红色箭头，能谱为其元素含量）和矿化的胞外聚合物（白色箭头）；(e) 台缘带的类球粒，磨溪 52 井，深度 5568.3m；(f) 台缘带的组构破坏型白云石，磨溪 108 井，深度 5336.08m

　　胶结物是孔隙水经物理化学和生物化学作用沉淀在碳酸盐颗粒或矿物间的晶体，碳酸盐岩中的胶结物以碳酸盐类矿物为主，包括白云石、方解石和文石。研究胶结物的组构特征能了解沉积作用以后的变化，某些具备特定组构的碳酸盐胶结物由于是从海水（或海洋孔隙水）中直接沉淀，可以忽略大部分硅酸盐污染。此外，白云石相的热力学稳定性质表明这些白云石组构很可能保留了矿物沉淀环境的信息（Geske et al.，2012）。以下是灯影组发育的几种主要胶结物类型和矿物学特征。

　　纤维状白云石胶结物。灯影组主要发育以下四种纤维状白云石胶结物：板状白云石（bladed dolomite）、束状-负延性白云石（fascicular fast dolomite，FFD）、束状-正延性白云石（fascicular slow dolomite，FSD）和放射状-正延性白云石（radial slow dolomite，RSD）。板状白云石胶结物在灯影组发育较少，主要以围绕粪球粒的等厚环边展出［图 5-31（a）］。板状白云石胶结物由半自形晶体组成，长约 $100\mu m$，宽约 $30\mu m$。从晶体的底部到顶部，晶体宽度变化不大。板状晶体的结构特征基本被保存，且晶体间的边界较清晰。板状白云石胶结物具有均一消光以及暗红色的阴极发光。束状-负延性白云石胶结物在灯影组较常见，且主要有以下两种分布形态：①生长于板状胶结物之上；②以第一期白云石壳的形式直接沿着孔洞生长［图 5-31（b）］。此类白云石胶结物的长度为 $1000\sim2000\mu m$，宽可达 $10\mu m$。束状-负延性白云石胶结物具有葡萄状形态和方形终端，其纤维状结构在一定程度上被破坏，晶体顶部发育泥晶壳。此类胶结物具有负延性（length-fast）的光学特征、波状消光以及斑杂状亮红色阴极发光。束状-正延性白云石胶结物在灯影组较常见，以垂直于岩墙或层状裂缝充填物的形式展布［图 5-31（c）］，其沉淀于白云石基质或泥晶壳之上。这期等厚的白云石壳长度是 $400\sim1500\mu m$，宽度可达 $30\mu m$。白云石终端以平缓的晶面结束，顶部被内部沉积物或放射状-正延性胶结物覆盖。此类白云石晶体具有正延性（length-slow）的光学性质，即 C 轴和最大生长轴间的夹角大于 $45°$。束状白云石具有强烈的波状消光和暗红色的阴极发光。阴极发光下，可观察到保存良好的生长环带。生长环带较平滑，且平行于基底。放射状-正延性白云石胶结物长在束状-正延性白云石胶结物之上，以垂直于岩墙或层状裂缝的形式展布。这期等厚白云石具有自形的结构特征，且长度范围是 $400\sim5000\mu m$，宽度范围是 $20\sim800\mu m$［图 5-31（d）］。单偏光下，可见富包裹体和贫包裹体的菱形生长环带。白云石晶体的终端是钝的菱形，随后被内部沉积物覆盖。此类白云石具有正延性的光学性质，均一消光或波状消光。阴极发光下，可观察到保存良好的暗红色-亮红色交替生长环带。阴极发光环带具有菱形形态，横向连续性好，厚度为 $10\sim30\mu m$，近乎平行于基底沉积物。

　　马牙状白云石胶结物（Cd2）：生长在纤维状白云石胶结物（Cd1）之上。马牙状白云石胶结物与下伏纤维状白云石胶结物间无光轴的连续性，且主要出现在灯二段。这期胶结物主要由自形晶体组成，长度可达 $1000\mu m$，宽度可达 $500\mu m$。胶结物内可见气液两相包裹体，而未见烃类包裹体。胶结物内部具有斑杂状的阴极发光，末端表现为亮红色环边［图 5-32（a）～（c）］。

　　中粗晶白云石胶结物（Cd3），主要的产出状态如下：①位于马牙状白云石胶结物之上；②充填泥晶白云石、组构破坏型白云石和组构保留型白云石的孔洞。这期白云石主要是由自形到半自形的晶体组成，晶粒大小是 $20\sim1500\mu m$。这期白云石胶结物在台内带的

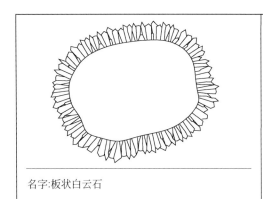

名字:板状白云石

长宽比：3∶1

暗红色阴极发光

母质：高镁方解石

(a)

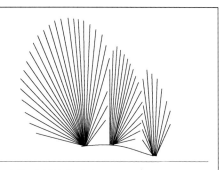

名字:束状-负延性白云石

长宽比：10∶1

斑杂状阴极发光

母质：文石

(b)

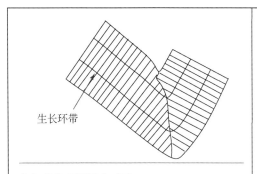

生长环带

名字:束状-正延性白云石

长宽比：6∶1

阴极发光生长环带

母质：白云石

(c)

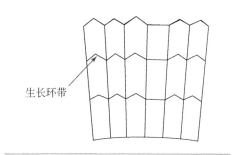

生长环带

名字:放射状-正延性白云石

长宽比：6∶1

菱形阴极发光生长环带

母质：白云石

(d)

图 5-31　灯影组纤维状白云石的示意图及主要性质

(a) 板状白云石, 长宽比接近 3∶1；(b) 束状-负延性白云石, 长宽比接近 10∶1；(c) 束装-正延性白云石,
长宽比接近 6∶1；(d) 放射状-正延性白云石, 长宽比接近 6∶1

含量高于其在台缘带的含量。这期白云石胶结物具有斑杂状的阴极发光。荧光显微镜下,
可见黄色和蓝色两种烃类包裹体 ［图 5-32 (d)］。前者数量较少, 而后者较多。

　　白色粗晶的鞍状白云石 (Cd4), 在台缘带的含量高于其在台内带的含量。其可进一
步划分为两类。主要的一类鞍状白云石 (Cd4-I) 是以孔隙或缝合线充填物为主, 生长在
其他类型的白云石之上。鞍状白云石是由半自形到他形的晶体组成, 晶粒大小是 300 ~

2500μm。单偏光下，白云石晶体可见浑浊的生长环带。生长环带是由大量的、很小的气液两相包裹体组成。阴极发光下，其具有暗红色和亮红色相互交替的生长环带。鞍状白云石具有波状消光的特征。荧光显微镜下，可在鞍状白云石上观察到蓝色的烃类包裹体。次要的一类鞍状白云石（Cd4-Ⅱ）有以下两种产出形态：①部分钙化的白云石菱面体；②方解石晶体内的嵌晶白云石包裹体。这种鞍状白云石具有半自形到他形的晶体结构，晶体大小是20~1000μm。靠近方解石的一端，鞍状白云石晶体更加明亮。鞍状白云石具有亮红色的阴极发光。

　　除了白云石外，灯影组发育以下成岩矿物：方解石胶结物，主要是以孔隙或缝合线的充填物形式存在。晶体以半自形为主，其粒径范围是200μm到数毫米［图5-33（a）］。方解石胶结物具有暗红色的阴极发光［图5-33（b）］。荧光显微镜下，可观察到蓝色包裹体。方解石生长于鞍状白云石之上，且常常与黄铁矿伴生。

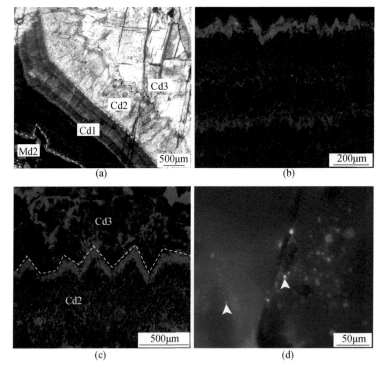

图 5-32　镜下、阴极发光和荧光照片指示灯影组白云石胶结物

（a）纤维状白云石胶结物（Cd1），顶部依次被马牙状白云石胶结物（Cd2）和中粗晶白云石胶结物（Cd3）覆盖。台缘礁相，磨溪9井，深度5457.38m。（b）纤维状白云石的阴极发光照片，磨溪9井，深度5459.15m。（c）图（a）的阴极发光照片。马牙状白云石胶结物顶部可见亮色环边，而中粗晶白云石胶结物具有斑杂状阴极发光。（d）图（a）的荧光照片，中粗晶白云石胶结物内可见黄色（红色箭头）和蓝色（白色箭头）两种荧光包裹体

　　重晶石：在灯影组的产状是孔隙充填物。晶体具有自形到半自形的结构特征，晶粒范围是5μm到数毫米［图5-33（c）］。重晶石被鞍状白云石切穿，且重晶石晶体附近可见黄铁矿和沥青。

　　黄铁矿：可见两期黄铁矿，第一期黄铁矿可见于灯影组束状-慢型白云石胶结物内部

[图 5-33（a）、（b）]。该黄铁矿进一步划分为：①核部，由多孔的他形颗粒组成，粒径是 5~300μm；②边缘，由无孔的生长边组成，大小为 10~80μm。黄铁矿核部可见白云石包裹体。白云石晶体的延长方向与外部束状–慢型白云石胶结物的延长方向基本一致。第二期黄铁矿在灯影组主要是孔洞和缝合线充填物的形式存在。晶体具有自形到半自形的结构特征，且晶体颗粒大小可达 500μm [图 5-33（a）]。黄铁矿周围可见沥青、方解石胶结物和重晶石。

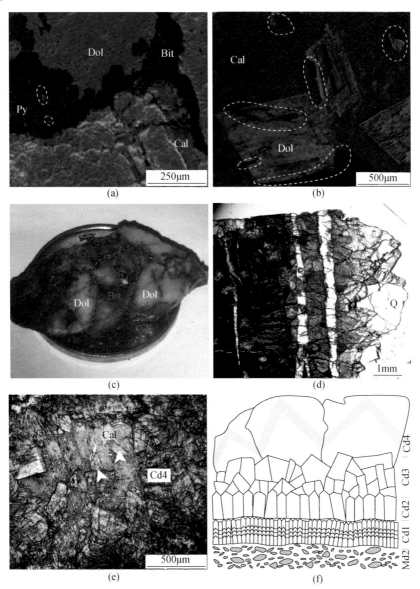

图 5-33　岩心及镜下照片反映灯影组方解石胶结物、重晶石和黄铁矿

（a）能谱图显示白云岩孔洞充填物，包括方解石胶结物（Cal）、沥青（Bit）、黄铁矿（Py）和白云石包裹体（白色虚线），广探 2 井，深度 6024.18m；（b）方解石胶结物及溶蚀的鞍状白云石阴极发光照片，高科 1 井，深度 5406.0m；（c）重晶石（Brt）和鞍状白云石（Dol）的岩心照片，高石 103 井，深度 5176.38m；（d）鞍状白云石被石英（Q）切割，高石 1 井，深度 5028.16m；（e）鞍状白云石和方解石胶结物，磨溪 102 井，深度 5179.58m；（f）四期白云石胶结物的示意图

石英晶体：具有自形到半自形的结构特征，且大小范围是50μm到数毫米。石英内部可见沥青包裹体。石英以孔洞或裂缝充填物的形式出现，并且这些裂缝切穿鞍状白云石[图5-33（d）]。

热流体矿物萤石：萤石以孔洞充填物的形式展布在灯影组。晶体具有自形的结构特征，且粒径范围是100~1000μm。萤石生长于鞍状白云石之上。

成岩序列方面，泥晶白云石和组构保留型白云石晶粒最小，且保存原始沉积结构，被缝合线切穿。这指示二者是最早期的沉积物。组构破坏型白云石，原始沉积结构模糊不清，晶粒较大，故其形成时间晚于泥晶白云石和组构保留型白云石。纤维状白云石胶结物充填裂缝，是海水–早成岩孔隙水的产物。其随后被马牙状白云石胶结物覆盖。马牙状白云石胶结物内未见烃类包裹体，而中粗晶白云石胶结物内发育两种烃类包裹体，这说明马牙状白云石的形成时间早于油气运移，而中粗晶白云石胶结物的形成时间晚于油气运移。矿物生长关系指示鞍状白云石是最后一期白云石矿物。其他晚期成岩矿物，如方解石胶结物和黄铁矿生长于鞍状白云石之上，热流体矿物萤石和石英充填切穿鞍状白云石的裂缝。因此，将灯影组总成岩序列总结如图5-34所示。

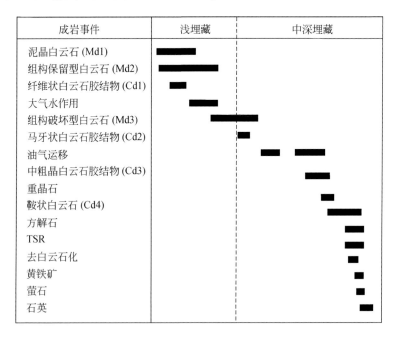

图5-34　四川盆地灯影组成岩序列

3. 地球化学特征

气液两相包裹体的均一温度自组构破坏型白云石（90~120℃，$n=19$）、马牙状白云石胶结物（90~120℃，$n=14$）、中粗晶白云石胶结物（120~160℃，$n=33$）和鞍状白云石胶结物（160~220℃，$n=25$）依次增大（图5-35）。

除鞍状白云石外，其他六期白云石具有相似的锶同位素组成（$^{87}Sr/^{86}Sr = 0.7090$（average）± 0.0003（σ），$n=10$）和碳同位素值（$\delta^{13}C = 1.3‰\pm 0.6‰$，$n=24$）（图5-36、

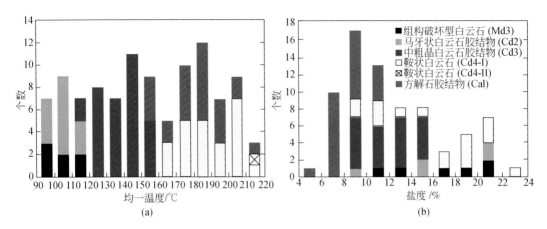

图 5-35　白云石和方解石的包裹体均一温度和盐度

（a）均一温度分布；（b）通过冰点温度计算得到的盐度

图 5-37）。鞍状白云石具有高的 $^{87}Sr/^{86}Sr$（0.7110 ± 0.0015，$n=18$）和低的 $\delta^{13}C$ 范围（$0.2‰\pm1.5‰$，$n=13$）。$\delta^{18}O$ 值自泥晶白云石（$\delta^{18}O=-3.8‰\pm1.6‰$，$n=4$），向组构保留型白云石（$-6.1‰\pm1.1‰$，$n=5$）、马牙状白云石胶结物（$-8‰\pm0.1‰$，$n=2$）、组构破坏型白云石（$-8.9‰\pm1.5‰$，$n=3$）、中粗晶白云石胶结物（$-10.2‰\pm1.1‰$，$n=7$）和鞍状白云石（$-11‰\pm0.8‰$，$n=13$）递减。随着 $\delta^{18}O$ 的递减，方解石的 $\delta^{13}C$ 从明显负漂的范围（$-12.8‰$ 和 $-10.2‰$）增大到略微负漂的范围（平均值为 $-2.8‰$，$n=9$）。重晶石和第二期黄铁矿的 $\delta^{34}S$ 分别是 $34.7‰$（平均值，$n=2$）和 $19.5‰$。

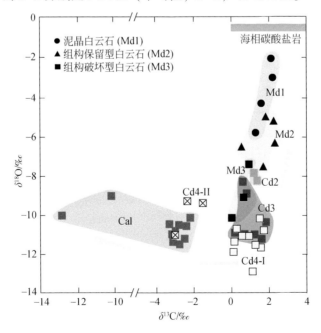

图 5-36　白云石和方解石（Cal）的碳氧同位素值交汇图

同期海水成因碳酸盐岩的碳同位素值数据来自 Melezhik 等（2002）和 Tahata 等（2013）。箭头指示流体演化方向

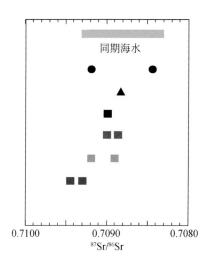

图 5-37　白云石的锶同位素比值分布图

方解石胶结物包裹体均一温度是 150~220℃。通过对方解石气液两相包裹体的拉曼测试，可在谱长为 2913cm^{-1} 处，检测到大量的 CH_4 峰；在谱长为 2953cm^{-1} 和 3073cm^{-1} 处分别检测到 C_2H_6 和 C_6H_6 气体峰。

第二期黄铁矿在灯影组主要以孔洞和缝合线充填物的形式存在，主要分布在缝合线附近或生长在鞍状白云石之上，晶体具有自形至半自形的结构特征，且晶体颗粒大小可达 500μm，可见黄铁矿交代重晶石现象。对其开展原位硫同位素分析测试，显示缝合线附近的黄铁矿颗粒具有均一的 $\delta^{34}S$ 值，其变化范围介于 24.1‰~33.3‰（图 5-38），接近于现今天然气中 H_2S 的 $\delta^{34}S$ 值（19.6‰~28.2‰，$n=8$）。与这期黄铁矿伴生的储层沥青，其 S/C（原子比）介于 0.020~0.059，$\delta^{34}S$ 值为 18.6‰~26.2‰（$n=11$），与碳酸盐晶格硫酸盐（25.1‰~36.1‰，$n=11$）和重晶石（24.2‰~44.4‰，平均值=34.7‰）的硫同位素组成接近。这些结果很好地表明第二期黄铁矿和现今 H_2S 气体是 TSR 成因。

4. 储集空间类型及控制因素

灯影组主要发育以下几种孔隙类型：组构孔隙、粒间孔、铸模孔、不规则溶孔、晶间孔、晶内孔和裂缝（图 5-39、图 5-40）。其中，组构孔隙分为两种类型，第一种是（溶蚀扩大）微生物席内的孔洞。这类孔洞的形状是圆形到不规则形，且孔径可达数厘米。另一种组构孔隙是微生物纹层间（溶蚀扩大）孔洞。这类孔洞发育较少，常具有圆形或线形的特征。孔径大小是 50~500μm。组构孔隙具有顺层展布的特征，且主要发育于四–五级旋回的顶部。粒间孔和铸模孔主要发育在台缘滩相。前者是指颗粒间的储集空间，且孔径可达 1mm。后者是指颗粒内部的溶蚀孔洞。

台缘带的组构破坏型白云石发育大量的溶蚀孔洞，而台内带的溶蚀孔洞发育程度相对较低。此类孔洞是指不规则的、非组构选择性的溶蚀孔洞，且孔径可达数厘米。溶蚀孔洞在岩心上往往具有顺层分布的特征，且主要出现在米级旋回的顶部。非顺层的孔洞发育于

图 5-38　黄铁矿的原位硫同位素（广探 2 井）

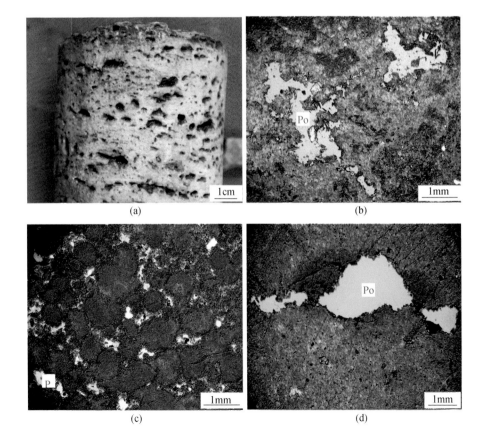

(e)　　　　　　　　　　　　　　　　(f)

图 5-39　灯影组沉积及早成岩阶段下的孔隙

（a）凝块石白云岩上顺层展布的溶蚀组构孔，磨溪 52 井，深度 5568.73m；（b）微生物白云岩内的溶蚀扩大组构孔，高科 1 井，深度 5151.74m；（c）粪球粒白云岩的粒间孔，磨溪 108 井，深度 5297.3m；（d）组构破坏型白云石发育的顺层溶蚀孔洞，磨溪 52 井，深度 5573.8m；（e）纤维状白云石发育的溶蚀洞，磨溪 9 井，深度 5428.4m；（f）鞍状白云石的晶间孔（红色虚线）和晶内孔（黄色箭头），磨溪 109 井，深度 5112.14m

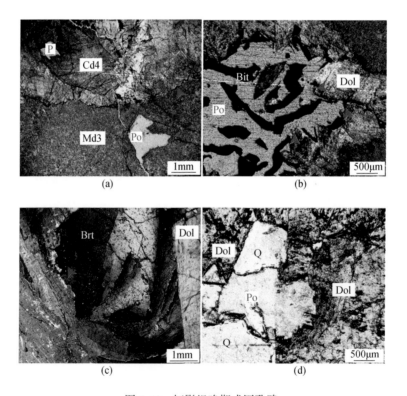

(a)　　　　　　　　　　　　　　　　(b)

(c)　　　　　　　　　　　　　　　　(d)

图 5-40　灯影组晚期成因孔隙

（a）缝合线（红色箭头）两侧的晶间溶孔，高石 7 井，深度 5348.2m；（b）沥青分布在中粗晶白云石胶结物（红色箭头）的晶间溶孔，高科 1 井，深度 5151.74m；（c）具有溶蚀结构的重晶石（红色箭头）被鞍状白云石切穿，高石 103 井，深度 5176.41m；（d）溶蚀状的鞍状白云石（红色虚线）和石英，鞍状白云石的均一温度是 165 ～ 171℃，高科 1 井，深度 5028.16m

缝合线附近。晶间孔是指白云石晶体间的孔隙，而晶内孔是指白云石晶体内部的孔隙。这两种白云石具有港湾状的溶蚀边缘。固态沥青分布于溶蚀孔洞的中央。灯影组的裂缝，在一定程度上被胶结物所充填。

　　台缘带的储层物性（孔隙度和渗透率）和储层厚度明显优于台内带（图 5-41、图 5-42）。本节统计的台缘带面孔率、柱塞孔隙度和全直径孔隙度在 4% 左右，而台内带的孔隙度主要集中在 1%～3%。田兴旺等（2020）统计台缘带平均储层厚度是 90m，平均孔隙度是 3.6%；而台内带平均储层厚度是 36m，且孔隙度是 3.2%。杨威等（2020）统计台缘带白云岩的平均孔隙度是 4.0%，平均渗透率是 $0.622\times10^{-3}\,\mu m^2$（$n=436$），而台内带平均孔隙度是 3.46%，平均渗透率是 $0.456\times10^{-3}\,\mu m^2$（$n=201$）。此外，台缘带的勘探效果明显优于台内带，如位于台缘带的蓬探 1 井获得了高产工业气流。

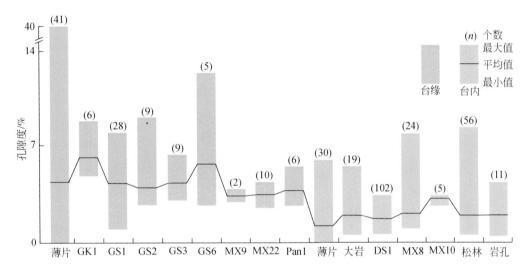

图 5-41　台缘–台内薄片、测井及岩样（岩心和露头样品）孔隙度演变

薄片为面孔率统计；GS2、GS3、GS6、MX9、MX22 为测井孔隙度；其他为岩心和露头样品测定孔隙度

　　灯影组沉积环境可划分为台缘带和台内带。台缘礁滩相是由沉积水动力较强的微生物白云岩、晶粒白云岩和颗粒白云岩组成。台内带主要包括水动力较弱的潟湖和潮坪亚相，岩性以泥–粉晶白云岩和微生物白云岩为主。灯影组优质储层主要为台缘大气水改造凝块石白云岩，主要分布在台缘带，岩性以凝块石白云岩和颗粒白云岩为主，典型井段包括磨溪 51 井（5340～5420m）、磨溪 52 井（5566～5576m）和磨溪 108 井（5295～5135m）。相反，台内带储层物性较差，岩性以泥粉晶白云岩、纹层石白云岩和叠层石白云岩为主。统计数据显示形成于强水动力环境的白云岩具有更高的面孔率（现今台缘带的早期成因面孔率平均值为 1.6%～3.9%），而形成于弱水动力环境的白云岩则具有低的面孔率（现今台内带的早期成因面孔率平均值为 0.2%）。这支持了沉积岩相类型对优质储层的控制作用。就单口井而言，以磨溪 52 井和磨溪 109 井为例，向上变浅旋回顶部的白云岩物性更好，孔隙度更高。这是因为在向上变浅旋回顶部，沉积水动力增强，碳酸盐岩的初始物性更好。这是储集层发育的物质基质，也有利于后期的成岩改造。白云岩铁–锰含量分布具有 V 型特征：一侧富集铁和锰，而另一侧贫铁（图 5-43）。一方面，白云岩样品的铁–锰

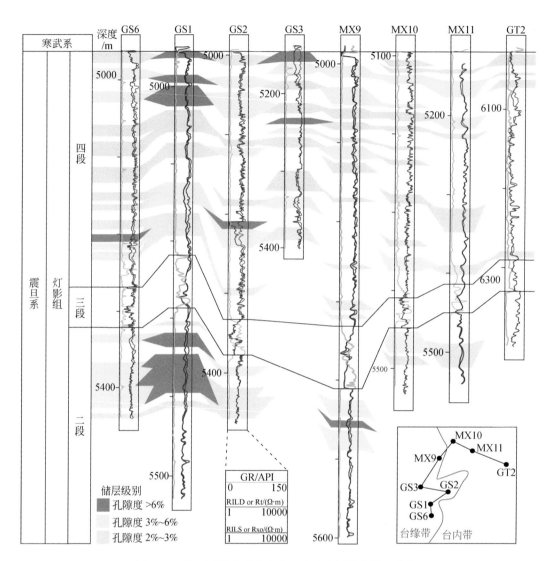

图 5-42　基于测井孔隙度和岩心孔隙度划分的储层分布

孔隙度大于 6% 的为一类储层；孔隙度介于 3%～6% 的为二类储层；而孔隙度介于 2%～3% 的为三类储层。
台缘带以一类和二类储层为主，而台内带以二类和三类储层为主。此外，台缘带储层厚度要厚于台内带

含量与锶含量无相关性。另一方面，样品的锰/锶值与碳同位素值和氧同位素值无相关性。
这指示铁和锰含量受后期成岩改造的影响较弱，可用于探讨沉积流体的性质。对于沉积水
动力较弱的泥晶白云岩和纹层石白云岩等，其形成流体介质相对封闭，以强还原环境为
主。此类环境下，铁氧化物和锰氧化物被还原，Fe^{2+} 和 Mn^{2+} 被释放到孔隙水中。因此，这
类白云岩具有高的铁和锰含量。对于沉积水动力较强的凝块石白云岩和颗粒白云岩等，其
流体介质相对开放，以半氧化–还原为主。在半还原环境下，锰氧化物被优先还原，而铁
氧化物被还原的比例低。因此，此类沉积物则具有低铁和高锰含量的特征。锰和铁含量与
白云岩的阴极发光特征一致。沉积水动力较弱的白云岩具有暗红色的阴极发光，而沉积水
动力较强的白云岩具有亮红色–暗红色的阴极发光。这是因为 Mn^{2+} 是阴极发光的激发剂，

而 Fe^{2+} 是猝灭剂。前人文献同样表明沉积水动力较强的环境，如礁滩相，具有较高的初始孔隙度和渗透率（Enos and Sawatsky，1981；Grotzinger and Al-Rawahi，2014）。水动力较弱的台内带，沉积物粒度较细，具有高的初始孔隙度和很低的初始渗透率（Saller and Vijaya，2002；Rezende et al.，2013）。埋藏过程中，压实作用对细粒沉积物的孔隙度影响远大于粗粒沉积物。此外，受断层作用的影响，台缘带的局部区域发育沉积水动力较弱的滩间洼地，如磨溪 21 井，具有较低的储层物性（杨威等，2020）。

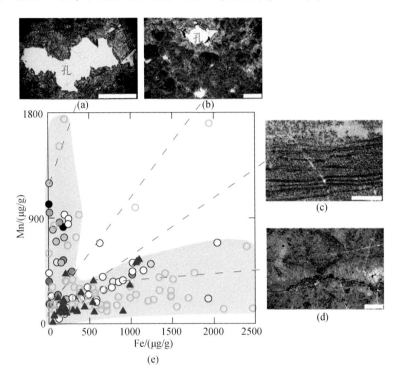

图 5-43　灯影组白云岩的铁-锰元素含量交汇图及面孔率

（a）凝块石白云岩及溶孔，磨溪 52 井，深度 5571.1m；　（b）类球粒白云岩及溶孔，磨溪 52 井，深度 5568.3m；（c）纹层石白云岩，高石 103 井，深度 5497.52m；（d）凝块石白云岩，高石 32 井，深度 5426.03m；图（a）~（d）中的白色横线是 1mm 长的比例尺；（e）白云岩的铁-锰元素含量交汇图，颜色越深，代表面孔率越高

以台缘带磨溪 52 井、磨溪 109 井和台内带高石 32 井、高石 103 井为例（图 5-44 和图 5-45），对比分析可以发现：①台缘带面孔率在 4% 左右，而台内带在 2% 左右。②台缘带米级旋回的顶部，面孔率增大，并对应着碳同位素值、氧同位素值和锶元素含量的降低。以磨溪 52 井为例，海平面下降旋回顶部白云岩发育顺层溶蚀孔洞，且其碳同位素值从 2‰降低到 0；锶元素含量从 80μg/g 降低到 20μg/g；面孔率从 0 增大到 10%。以磨溪 109 井为例，旋回顶部面孔率较高，氧同位素值从 −9‰降低到 −12‰。此类现象在台内带不发育。③电成像测井支持台缘带发育顺层溶孔。其在电成像测井上表现为顺层黑色斑状，如磨溪 52 井的电成像测井图。台内带电成像测井较均一，孔隙不发育，如高石 103 井 [图 5-44（b）]。④晚期溶孔发育处可见鞍状白云石、石英和萤石等热流体矿物以及方解石和黄铁矿等 TSR 矿物。此外，台缘带储层热流体矿物含量较高。⑤面孔率与沥青含量无明显

的相关性。

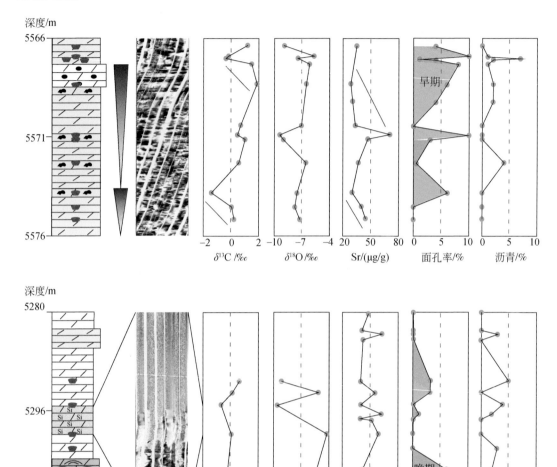

图 5-44 磨溪 52 井（上图）和高石 103 井（下图）灯影组岩性和地球化学柱状图

红色扇形代表热流体矿物；蓝色箭头指示递减；黄色三角形指示旋回变化；（a）电成像测井；（b）碳同位素值（‰）；（c）氧同位素值（‰）；（d）锶含量（μg/g）；（e）早期和晚期的面孔率（%）；（f）沥青含量（%）。其中，磨溪 52 井的面孔率明显大于高石 103 井，且前者发育大量的早期成因孔隙。对于磨溪 52 井而言，旋回顶部碳同位素值和锶元素含量逐渐降低，发育大量次生孔隙。顺层溶孔在电成像测井上表现为连续的黑色斑状。高石 103 井段内，硅质白云岩发育，且溶孔不发育

　　台缘带和台内带间储层物性差异是由一系列沉积和成岩过程综合作用的结果。对于沉积环境而言，台缘带岩性以凝块石白云岩和颗粒白云岩为主，沉积水动力明显较强，具有较高的原始孔隙度和渗透率。相反，台内带岩性以泥晶白云岩和纹层石白云岩为主，水动力较弱。台内带初始孔隙度较高，但渗透率明显偏低。沉积过程中，台缘带层状裂缝内虽

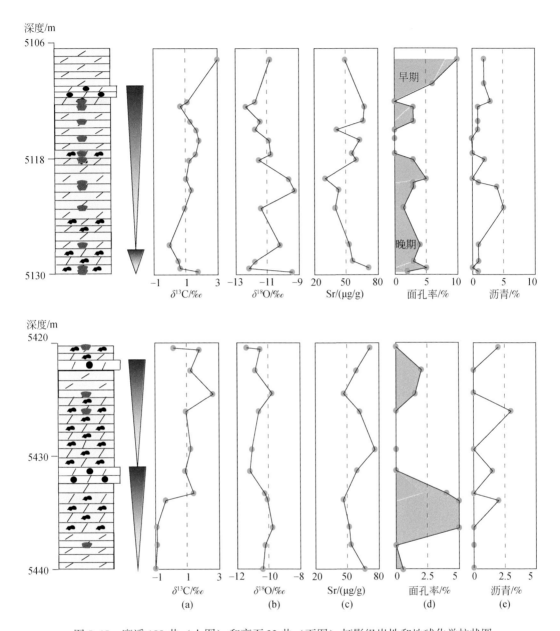

图 5-45　磨溪 109 井（上图）和高石 32 井（下图）灯影组岩性和地球化学柱状图

（a）碳同位素值（‰）；（b）氧同位素值（‰）；（c）锶元素含量（μg/g）；（d）早期和晚期的面孔率（%）；
（e）沥青含量（%）。磨溪 109 井内的热流体矿物特别发育，晚期溶孔也非常发育。在海平面下降旋回的顶部，碳同位
素和氧同位素值同步降低。虽然高石 32 井也发育大量凝块石白云岩，但早期溶孔不发育，仅发育少量晚期溶蚀孔洞

被纤维状白云石胶结物部分充填，但这明显提高岩石的抗压实–压溶能力。近地表阶段，台缘带较台内带受到更为强烈的准同生期和表生期大气水溶蚀作用。其中，大气水溶蚀作用在台缘带的岩溶斜坡最为发育，其次是岩溶台面。浅中埋藏阶段，灯影组沉积岩经历蒸发–回流白云石化和埋藏白云石化。这一方面有利于提高岩石的抗压实能力，保存原始孔

隙度。另一方面通过等摩尔交换，产生次生储集空间。考虑到台缘带和台内带间无明显的间隔带，且整个四川盆地均已白云石化，故认为台缘带和台内带在该阶段下具有类似的孔隙变化幅度。深埋藏阶段，油气充注对储层物性没有明显的改造作用，说明油气的饱和度较低，未能阻滞进一步成岩作用的进行。但热流体活动和热驱动下的油气与硫酸盐之间的氧化-还原反应（如 TSR），则对储层具有明显的改善作用，可见断层附近储层发育次生溶蚀孔洞。具体的沉积-成岩改造过程如下。

（1）同生期大气水溶蚀作用：我们发现，磨溪 52 井等灯四段内部台缘带向上变粗，旋回顶部发育大量顺层溶蚀孔洞，指示了同生期大气水溶蚀作用（Rameil，2008）。向上变粗或海平面下降旋回的顶部储层物性最好。顺层孔洞内可见完整的白云石菱面体，说明溶蚀作用早于白云石化。灯影组内普遍发育的铸模孔也是大气水溶蚀作用的典型产物（Taghavi et al.，2006）。这些都代表同生期岩溶改造。地球化学特征方面，白云岩的碳同位素值、氧同位素值和锶元素含量同样支持大气水溶蚀改造。在海平面下降旋回的顶部，上述三个参数逐渐降低。碳同位素值的降低是因为海平面下降，有机质难以有效地埋藏和保存。有机质降解比例增大，海水的无机碳同位素值降低，进而沉积物碳同位素值逐渐降低。而旋回顶部氧同位素值降低，则是受到氧同位素组成比海水偏低的大气水的影响。多口井和野外剖面的白云岩都显示大气水溶蚀作用导致碳氧同位素值具有较好的正相关性（图5-46）（张帅，2013；Zhu et al.，2007；王国芝等，2014）。现代巴巴多斯（Allan and Matthews，1982）实例都表明，碳氧同位素值的相关性是大气水溶蚀作用的产物。旋回顶部白云石锶元素含量降低，则与贫锶的大气水有关（Ronchi et al.，2010）。同时，文石在大气水影响下，易被溶解，进而转化为相对低锶的次生方解石或白云石。文石比方解石具有更高的锶分配系数（Wassenburg et al.，2016）。

（2）纤维状白云石胶结作用：在台缘带，纤维状白云石胶结物在层状裂缝和岩墙内强烈胶结。例如，磨溪 9 井灯二段 5428.4~5457.8m 处，发育大量纤维状白云石胶结物，但面孔率的平均值为4.7%（$n=7$）。胶结作用虽在一定程度上降低储层孔隙度，但胶结物在早成岩阶段已经转变为白云石。这不仅可以降低胶结作用对储层的破坏效应，还可以提高岩石的抗压实-压溶能力。考虑到纤维状白云石胶结物对孔洞的支撑作用，孔洞在埋藏过程中得以保存。岩石学证据表明即便存在多期矿物胶结现象，也可因欠胶结而保留灯影组

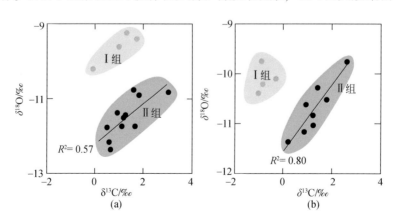

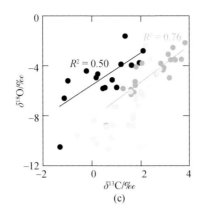

图 5-46　四川盆地灯影组白云岩基质的碳氧同位素值交汇图

(a) 磨溪 109 井（相关系数 0.57 是针对 II 组，其碳氧同位素值具有很好的相关性）；（b）高石 32 井（相关系数 0.80 是针对 II 组，其碳氧同位素值具有很好的相关性）；（c）高石 1 井（浅蓝色）（张帅，2013）、杨坝（黑色）、（王国芝等，2014）和胡家坝（灰色）（Zhu et al.，2007）。各个剖面白云岩的碳氧同位素值具有很好的相关性

的原始孔洞。对二叠系米德兰（Midland）盆地（Mazzullo，1994）研究表明，台缘带被纤维状方解石胶结物充填，但受后期成岩流体的溶蚀作用，而具有较好的储层物性。渐新世库泰（Kutei）盆地（Saller and Vijaya，2002）也表明台缘带虽经历较强的胶结作用，但优先受晚期酸性流体的溶蚀作用，最终具有比台内带更高的孔隙度。

（3）多期白云石胶结作用：台缘带和台内带的白云石类型存在一定的差异。以台缘带磨溪 52 井、磨溪 109 井和台内带高石 32 井及高石 103 井为例，台缘带中，主要发育凝块石、鲕粒、粪球粒等组构保留型白云石和组构破坏型白云石。而台内带则发育泥粉晶白云石和叠层石–纹层石为主的微生物白云岩。就白云石胶结物而言，台缘带发育大量的纤维状白云石胶结物，这有利于提高岩石的抗压实能力，降低压实作用对储层的破坏。中粗晶白云石胶结物在台内带的含量高于台缘带，而鞍状白云石在台缘带的含量高于台内带的含量。这说明晚期热流体活动在台缘带更加发育。整体而言，台缘带沉积物的沉积水动力更强，且断裂活动引起的热流体活动更显著。台内带沉积物的沉积水动力弱，且热流体活动相对低一点。因此，台缘带更有利于储层的发育。浅中埋藏阶段，灯影组基质发生蒸发–回流白云石化和埋藏白云石化。多期交代白云石化有利于：①保存原始和早期成因的孔隙；②通过等摩尔交换的方式产生次生储集空间，即 1mol 白云石交代 2mol 方解石或文石，会使岩石体积减小 13%；③提高岩石的抗压实–压溶能力（Schmoker and Halley，1982）。相关实例研究也表明白云石化对于形成深埋震旦系—寒武系碳酸盐岩储层的重要性（Grotzinger and Al-Rawahi，2004；Jiang et al.，2018）。

（4）硅化作用：灯四段发育硅质白云岩。部分玉髓充填孔洞，降低储层的物性，如高石 103 井。因此硅化作用是一种破坏性成岩作用。综合成岩序列以及前人对寒武系硅质白云岩的研究工作（Chen et al.，2009），认为硅化作用主要发生在早成岩阶段。

（5）储层沥青的影响：灯四段顶部沥青含量高，而底部几乎不含沥青（Liu Q et al.，2016；宋金民等，2017）（图 5-47），而顶部岩石较底部具有高的孔隙度。而在灯二段，顶部沥青含量高，孔隙度较低；相反，底部不发育沥青，但孔隙度高。同时，对比磨溪 52 井、磨溪 109 井、高石 32 井和高石 103 井数据，认为面孔率和沥青含量无明显关系。因此油气充注对灯影组孔隙的作用较小。

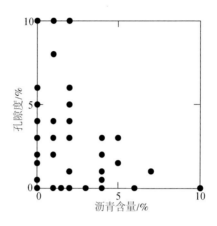

图 5-47　灯影组的孔隙度和沥青含量图

（6）重晶石和黄铁矿充填物：灯影组重晶石充填物具有自形到半自形的结构特征，晶粒大小为 5μm 到数毫米。重晶石具有溶蚀状结构，被鞍状白云石切穿，且重晶石晶体附近可见黄铁矿和沥青。重晶石为 TSR 作用提供 SO_4^{2-}，进而被还原为 S^{2-}，后期结合 Fe^{2+} 形成硫化物。

（7）方解石胶结物：主要是以孔隙或缝合线的充填物形式存在（图 5-48），平均含量约 1%。晶体以半自形为主，其粒径范围为 200μm 到数毫米。方解石胶结物具有暗红色的阴极发光。荧光显微镜下，可观察到蓝色包裹体。方解石晚于鞍状白云石，且常与黄铁矿伴生。方解石气液两相包裹体的均一温度（150～220℃）以及油气充注满足 TSR 过程的条件（Cai et al., 2014）。方解石胶结物碳同位素值（–12.8‰～–10.2‰）明显负漂，接近于气藏内 CO_2 的最小碳同位素值（–14.6‰～–11.1‰）（Zhu G Y et al., 2015）（图 5-49）。方解石和 CO_2 碳同位素值发生负偏，是由于 TSR 作用中烃类氧化的产物（Worden et al., 2000）。

已有报道显示，TSR 方解石的碳同位素值范围很宽：–30‰～2‰。富13C 的 TSR 方解石，一般认为来自深埋藏背景下，碳酸盐矿物的溶解作用。Huang 等（2010）认为可能是地层快速抬升导致温度和压力降低，白云石矿物的溶解度逐渐增大，于是白云石发生倒退溶解作用。然而，由于 TSR 方解石未见任何溶蚀现象，倒退溶解不可能只溶解白云石和不溶解方解石。于是，Cai 等（2014）认为白云石溶蚀是 TSR 过程的结果。TSR 会释放出酸性气体及 H^+，这也可以诱导白云石的溶蚀。晚期白云石的溶蚀作用，提供富13C 的 CO_2，于是，在飞仙关组中发现现今天然气中 CO_2 的 $\delta^{13}C$ 值比共生的 TSR 方解石大多重5‰～8‰，说明现今 CO_2 比沉淀 TSR 方解石的流体含有更多的来自白云石溶解所提供的无机 CO_2，证明了 TSR 方解石沉淀期间或之后，发生了白云石较大规模的溶解作用。灯影组 TSR 方解石胶结物随氧同位素值的降低，或埋深、地温的增大，碳同位素值增大，说明 TSR 过程中，①不断利用富13C 的有机质；②白云石溶解提供的无机碳越来越多。现今

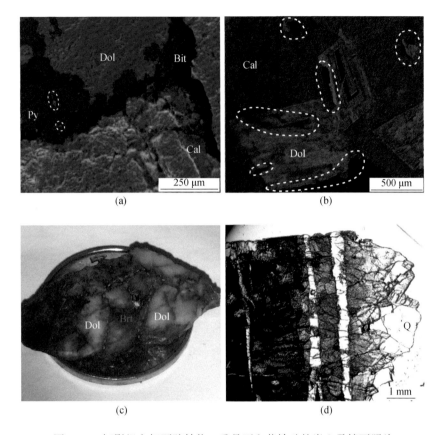

图 5-48　灯影组方解石胶结物、重晶石和黄铁矿的岩心及镜下照片

（a）能谱图显示白云岩孔洞充填物，包括方解石胶结物（Cal）、沥青（Bit）、黄铁矿（Py）和白云石包裹体（白色虚线），广探 2 井，深度 6024.18m；（b）方解石胶结物及溶蚀的鞍状白云石阴极发光照片，高科 1 井，深度 5406.0m；（c）重晶石（Brt）和鞍状白云石（Dol）的岩心照片，高石 103 井，深度 5176.38m；（d）鞍状白云石被石英切割，高石 1 井，深度 5028.16m

CO_2 的 $\delta^{13}C$ 值随 TSR 程度而发生正偏移，正好支持第二种假说。TSR 环境下，白云石不稳定，要么发生去白云石化作用，要么发生溶解作用。TSR 作用（Cai et al.，2014）和热流体可为去白云石化提供富 Ca^{2+} 流体。灯影组中出现去白云石化作用，得到了以下证据的支持：①鞍状白云石菱面体被亮晶方解石部分交代［图 5-33（e）］；②鞍状白云石晶体内可见嵌晶状的方解石包裹体。结合方解石的包裹体均一温度、灯影组埋藏史以及成岩序列，认为 TSR 和去白云石化主要发生在侏罗纪到白垩纪。

灯影组深埋溶蚀的岩石学证据包括：①重晶石、中粗晶白云石和鞍状白云石等晚期成岩矿物具有明显的溶蚀结构，并形成晶内溶孔、晶间溶孔和溶洞。根据成岩序列、成岩矿物的高均一温度以及烃类包裹体，可以排除孔隙的早期成因。对于晶形完整的鞍状白云石晶间孔而言，其是由不完全胶结导致的，故不能视为晚期成因孔隙。②缝合线附近发育的溶蚀孔洞。孔隙具有切穿或沿着缝合线发育的特点。此类孔隙的形成晚于缝合线的发育，否则压溶形成缝合线的过程，会充填此类孔洞。③沥青分布于溶蚀孔洞的中央，且周围的矿物可见溶蚀。深埋溶蚀的孔隙类型包括晶间溶孔、晶内溶孔及溶洞。孔径大小从 5μm

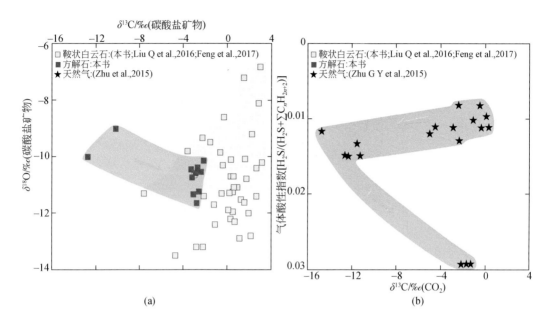

图 5-49　灯影组碳酸盐矿物的碳、氧同位素值交汇图以及气体酸性指数和无机碳同位素值交汇图

气体酸性指数指示 TSR 程度（Worden et al.，2000）。箭头指示碳同位素值的演化方向。（a）随着氧同位素值的减小，方解石碳同位素值也逐渐减小；（b）随着 TSR 程度的增大，CO_2 的碳同位素先增大后减小

到数毫米。根据上述岩石学特征，将孔隙区分为早期孔隙和晚期孔隙。基于 4 口井数据显示晚期溶蚀面孔率的平均值是 0.7%~0.9%。地球化学角度，方解石胶结物碳同位素值从最小值（−12.8‰~−10.2‰），增大到略微偏负的范围（−3.3‰~−2.2‰）。气藏内二氧化碳的碳同位素值变化规律和方解石胶结物相似。方解石和二氧化碳的碳同位素值增大可能是受白云石深埋溶蚀产生的具有海水碳同位素值范围的 CO_2 影响。因此，地球化学证据也支持灯影组的深埋溶蚀。

灯影组储层深埋溶蚀机理包括：热流体活动、TSR 和去白云石化。若只发生方解石交代白云石的反应，则因等摩尔交换，增大矿物体积，降低孔隙度。但当硫酸盐矿物参与该反应时，由于硫酸盐和碳酸盐岩矿物的溶蚀动力学差异（Escorcia et al.，2013），或 1mol 硫酸盐和 1mol 白云石反应生成 1mol 方解石（Cai et al.，2014），则会提高储层物性。

通过对 4 口井共 56 张薄片的面孔率统计，认为台缘带早期孔隙面孔率变化范围是 1.6%~3.9%，而晚期孔隙的面孔率在整个四川盆地的变化范围是 0.7%~1.5%。将上述成岩事件对灯影组储层演化的影响总结，如图 5-50 和图 5-51 所示。灯影组沉积物形成后，具有约 40% 的初始孔隙度。同沉积阶段，纤维状白云石胶结物的沉淀降低储层孔隙度 0.5%。随后，同生期和表生期的大气水溶蚀作用对灯影组产生强烈的溶蚀改造，是建设性成岩作用，储层孔隙度增大 3%~4%。近地表阶段，灯影组经历蒸发–回流白云石化，这在一定程度上改善了储层物性，增大了孔隙度。这些沉积–早成岩过程导致灯影组发育一定的储集空间。后期经过压溶作用，破坏了一部分孔隙。随后，玉髓的充填以及硅化作用进一步降低储层孔隙度约 6%。中埋藏阶段，基质的白云石化有助于改善储层物性。油

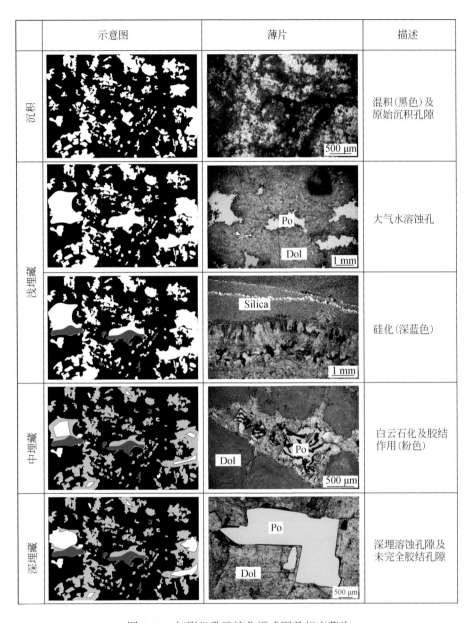

图 5-50 灯影组孔隙演化模式图及相应薄片

沉积阶段,具有混乱结构和原始孔隙的凝块石沉淀,薄片是磨溪 9 井,深度 5452.36m,浅埋藏阶段,岩石受大气水影响,而发育大量顺层溶蚀孔洞,薄片是磨溪 52 井,深度 5567.3m。随后,玉髓充填孔洞,薄片是磨溪 108 井,深度 5330.45m。中埋藏阶段,基质白云石化,且白云石胶结物充填孔洞,薄片是高石 10 井,深度 5078.4m。深埋藏阶段,薄片可见未完全胶结的晶间孔和受热流体活动和 TSR 形成的晶内溶蚀孔,薄片是磨溪 109 井,深度 5112.14m

气运移充注对灯影组储层的影响并没有有效阻滞进一步的胶结作用,因而对储层影响甚小。在深埋藏阶段,中粗晶白云石胶结物的沉淀对储层具有破坏作用。最后,热流体事件和 TSR 对灯影组的储层物性具有改善效应,导致孔隙再分配,从而发育晚期溶蚀孔隙,在局部储层可增大孔隙度至 6%~8%。

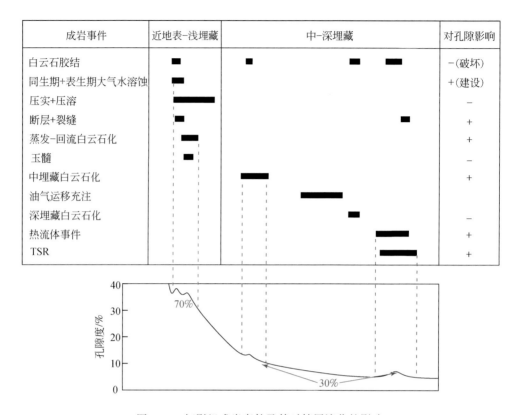

图 5-51　灯影组成岩事件及其对储层演化的影响

5.3.2　寒武系龙王庙组白云岩储层

1. 沉积构造背景

与灯影组类似，寒武系龙王庙组天然气田同样发育于四川盆地中部的乐山–龙女寺古隆起区，年产气可达 110 亿 m^3（邹才能等，2014），现今地层埋藏深度可达 4500~5000m。川中地区龙王庙组沉积背景为上扬子地台内部绵阳–长宁拉张槽所控制的半局限台地缓坡（图 5-52），内部沉积环境可进一步划分颗粒滩、云坪、混积潮坪及潟湖（蒸发潟湖）等沉积亚相，其中颗粒滩内可进一步划分粒泥滩、泥粒滩及鲕粒滩等不同的水动力环境（姚根顺等，2013；杜金虎等，2016），地层厚度从西北向东南递增，川中地区龙王庙组平均厚度为 60~140m。

前人研究表明川中地区龙王庙组为一套完整的三级海侵–海退旋回，内部可划分出三个四级海进–海退旋回，且与上下地层均为整合接触，其中下伏沧浪铺组为一套碎屑岩地层，上覆高台组为一套碎屑岩–碳酸盐岩混积地层（杨雪飞等，2015a，2015b）。龙王庙组埋藏过程中经历桐湾运动、早古生代、晚古生代—印支期、燕山期和喜马拉雅期 5 期构造演化与调整，其中早古生代构造运动晚幕的广西事件，致使川西北部区域地层抬升剥蚀（剥蚀时长约 120Ma），使得研究区普遍缺失中志留世—白垩纪地层，此次事件也使得川中地龙王庙组抬升至近地表（埋深 300 余米），此后龙王庙组持续埋深，虽经历构造调整，但一直处于中–深埋藏环境（魏国齐等，2015）。川中地龙王庙组同沉积期的西侧发育绵阳–长宁拉张槽，为大规模颗粒沉积提供了古地理条件，研究区东侧区域发育蒸发潟湖，沉积了大套膏岩（图 5-52）。

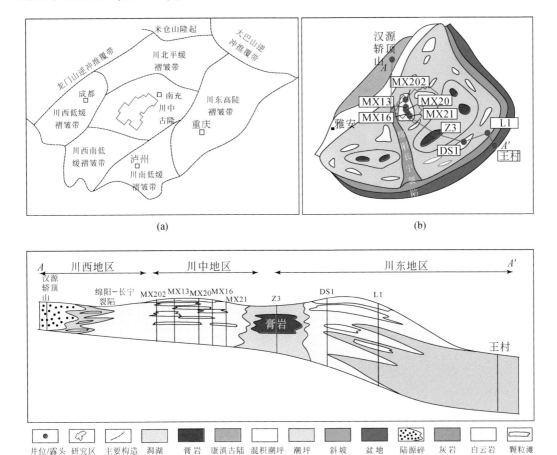

图 5-52　川中龙王庙组区域地质概况

(a) 四川盆地构造单元及工区位置；(b) 龙王庙组沉积时期岩相古地理图，
据刘树根等（2015）修改；(c) 图 (b) 中 A—A′ 剖面岩性变化

2. 岩石矿物学特征和成岩序列

根据岩石结构组分特征，龙王庙组白云岩可划分为泥粉晶白云岩、颗粒白云岩以及晶粒白云岩。

泥粉晶白云岩中晶粒大小为 4～20μm，多为泥–粉晶级，阴极发光下不发光，可形成于潮坪、滩间或局限潟湖等低能环境，其中潮坪环境中泥粉晶白云岩，岩心上呈灰色，可见鸟眼构造，镜下可见少量石英碎屑［图 5-53 (a)］。滩间/局限潟湖沉积环境中的泥粉晶白云岩，岩心上呈灰黑色，可见泥质条带以及缝合线构造，镜下可见少量生物碎屑以及

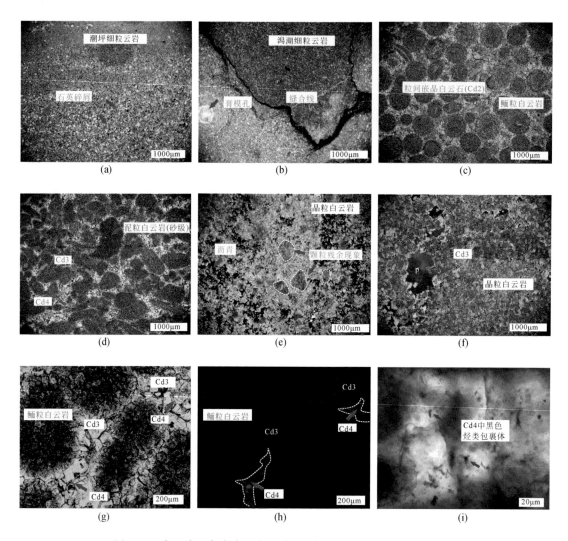

图 5-53　龙王庙组各类白云岩基质以及部分早期胶结物岩石学特征

（a）潮坪环境下泥粉晶白云岩，内含有少量石英碎屑，GS10 井，4610.53m，+；（b）潟湖/滩间环境下泥粉晶白云岩，可见少量膏模孔以及缝合线构造，MX39 井，4909.59m，-；（c）鲕粒白云岩，含少量生物碎屑，鲕粒内部同心层结构消失，可见粒间嵌晶白云石（Cd2），MX39 井，4902.64m，-；（d）泥粒白云岩，内碎屑多为砂级，可见颗粒周边为 Cd3 期白云石环边以及粒间 Cd4 期白云石充填，GS17 井，4505.2m，-；（e）晶粒白云岩，内部可见颗粒残留轮廓，晶间孔内可见沥青充填，MX12 井，4622.04m，-；（f）晶粒白云岩，孔隙发育，可见晶粒为他形且呈嵌状接触，孔洞周边为 Cd3 期白云石，GS10 井，4619.96m，-；（g）鲕粒间可见 Cd3、Cd4 两期白云石依次充填，Cd3 期白云石多为自形，Cd4 期白云石呈半自形，MX202 井，4711.56m，-；（h）为图（g）阴极发光，Cd3 期白云石呈暗红色，Cd4 期云石呈亮红色；（i）图（h）内 Cd4 期白云石内可见黑色烃类包裹体

膏模孔现象［图 5-53（b）］。

　　颗粒白云岩根据颗粒类型以及杂基占比可进一步划分为鲕粒白云岩［图 5-53（c）］、砂/砾级内碎屑颗粒为主的泥粒白云岩［图 5-53（d）］，以及含少量的生物碎屑/内碎屑颗粒的粒泥白云岩。镜下观察可见鲕粒内部同心层结构消失，并重结晶为粉晶级晶粒（20～

40μm）[图 5-53（c）]。鲕粒白云岩和泥粒白云岩多形成于水动力较强的潮间带下部以及潮下带上部环境，粒泥白云岩则发育于水动力较弱的潮下带或低能局限潟湖环境。

晶粒白云岩多具晶粒结构，晶粒大小多为细−中晶级（100~300μm），阴极发光下为暗红色，内部组构特征因受成岩重结晶作用而难以分辨，但部分晶粒白云岩内可见残余颗粒结构，推断其原岩多为鲕粒白云岩或者泥粒白云岩[图 5-53（e）、（f）]。

龙王庙组成岩胶结物类型依据晶粒形态及大小可进一步划分为泥晶白云石环边（Cd1）、粒间嵌晶白云石（Cd2）、细晶自形白云石（Cd3）、细−中晶半自形白云石（Cd4）、中晶半自形铁白云石（Cd5）以及中粗晶自形白云石（Cd6），另外镜下还可见石英（Q）、黄铁矿（Py）以及晚期方解石（Cal）等矿物。

泥晶白云石环边（Cd1）分布于少数鲕粒周边，镜下多呈暗色，是沉积时期微生物活动成因。因其对储层影响很小，且意义不大，在此不再赘述。

粒间嵌晶白云石（Cd2）发育于鲕粒/内碎屑颗粒间，是早期粒间亮晶方解石白云石化的产物，晶粒大小为 200~400μm，细−中晶级，阴极发光下不发光。镜下该期胶结物极大充填了早期粒间孔隙空间并造成极大减孔[图 5-53（c）]。

细晶自形白云石（Cd3）呈菱形白云石发育于孔洞周边，或以增生先期晶粒和内碎屑边缘形式形成亮晶环边，即"雾心亮边"现象[图 5-53（d）、（f）]。阴极发光下呈暗红色（内部亮红色环带），粒级以细晶级为主（100~300μm）。Cd3 期白云石分布很广，局部充填孔洞和晶间孔隙，但对整体孔隙度影响较小。

细−中晶半自形白云石（Cd4）沉淀于 Cd3 期白云石之后，呈嵌晶状充填于粒间[图 5-53（d）]，阴极发光下呈亮红色，晶粒形状呈半自形−他形，大小多为中晶级（200~500μm）[图 5-53（g）、（h）]。Cd4 期白云石对孔隙影响较大，极大地充填了粒间孔[图 5-53（d）、（g）]，并且在 Cd4 期白云石内可见黑色烃类包裹体[图 5-53（i）]，或指示烃类充注时期。

中晶半自形铁白云石（Cd5）呈脉状或充填于孔洞中[图 5-54（a）]，岩石学观察可见铁白云石沉淀于 Cd4 期白云石之后，形成铁白云石环边[图 5-54（b）]。Cd5 期铁白云石镜下可见大量黄铁矿伴生沉淀[图 5-54（c）]，阴极发光下铁白云石不发光[图 5-54（d）]，晶粒呈半自形−他形，中−粗晶级为主，大小为 400~500μm。

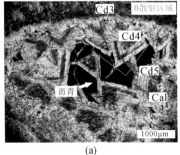

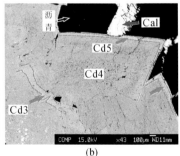

（a）　　　　　　　　　　　（b）　　　　　　　　　　　（c）

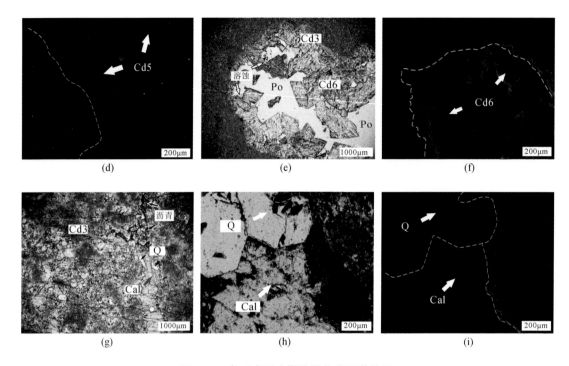

图 5-54　龙王庙组晚期胶结物岩石学特征

（a）孔洞内依次充填 Cd3、Cd4、Cd5 白云石，后期可见沥青以及方解石充填，MX202 井，4728.01m，-；（b）图（a）中蓝框区域 B 散射照片，可见 Cd3、Cd4 期白云石，以及 Cd5 期铁白云石环边，后期孔洞依次充填沥青和方解石（Cal），B 散射；（c）和（d）呈脉状发育的 Cd5 期铁白云石，伴生大量黄铁矿，阴极发光下不发光，MX11 井，4883.14m；（e）和（f）溶孔内部充填 Cd3、Cd6 期白云石，Cd6 期白云石可见后期溶蚀现象，阴极发光下呈暗红色 [图（e）红框区域]，MX23 井，4806.04m，-；（g）呈脉状发育的方解石脉（Cal），晚于 Cd3 期白云石、石英（Q）以及沥青，GS17 井，4490.58m，-；（h）和（i）晚期石英（Q）以及方解石（Cal），方解石形态受限于石英，形成时间应晚于石英矿物，阴极发光下石英不发光，方解石（Cal）呈暗红色，MX41 井，4816.9m

中粗晶自形白云石（Cd6）晶体呈菱形自形，大小以中–粗晶为主（400～1000μm）[图5-54（e）]，阴极发光下呈暗红色 [图5-54（f）]，镜下可见 Cd6 期白云石充填孔洞空间，造成了显著减孔 [图5-54（e）]。

晚期方解石（Cal）沉淀于沥青、石英（Q）之后，晶粒多呈半自形，粒级以中–粗晶为主（500～1000μm），常充填孔洞和裂隙空间 [图5-54（g）]，阴极发光下方解石呈暗红色 [图5-54（h）、（i）]。

3. 地球化学特征

龙王庙组基质主微量元素特征。基于电子探针测试，对碳酸盐岩中主量元素（MgO、CaO）进行测定。结果表明，相对于标准白云石（MgO=21.7%，CaO=30.4%），龙王庙组整体白云石化程度很高，其中晶粒白云岩白云石化程度最高，平均镁钙摩尔比可达1.0254，潮坪环境下的泥粉晶白云岩和滩间/潟湖环境下的泥粉晶白云岩的白云石化程度次之，平均镁钙摩尔比分别为1.00037和1.0188，颗粒白云岩白云石化程度最低，镁钙摩尔比平均约0.99156。此外，龙王庙组后期各期白云石胶结物中，大多数白云石胶结物

（Cd2，Cd3，Cd4，Cd6）中镁、钙含量均接近标准白云石，仅 Cd5 期铁白云石的 MgO 含量较低，均值仅有 18.53%。

龙王庙组微量元素分析。通过电子探针测试，对碳酸盐岩中锰、铁、钡、铝等微量元素含量进行测定。如图 5-55 所示，各类白云岩基质中，潮坪环境下泥粉晶白云岩具有极高的 MnO（~0.08%）、FeO（~1.0%）、BaO（~0.07%）、Al_2O_3（~0.28%）含量；相对潮坪泥粉晶白云岩，颗粒白云岩、滩间/潟湖泥粉晶白云岩的 MnO（~0.02%）、FeO（~0.13%）、Al_2O_3（~0.15%）含量均有所降低；后期重结晶改造的晶粒白云岩中 BaO（~0.05%）、Al_2O_3（~0.01%）含量均降低，铁、锰含量变化不大。

在各期胶结物中，Cd2、Cd3、Cd4 期白云石中 MnO 含量逐渐增高（增至 0.1%），FeO（~0.2%）、BaO（~0.06%）、Al_2O_3（~0.01%）含量相近；后期 Cd5 期铁白云石具有极高的 MnO、FeO 含量，分别可达 0.3% 和 2.8%；晚期白云石（Cd6）与方解石（Cal2），MnO 含量较早期白云石（Cd3、Cd4）有所降低，降至 0.03%，BaO 含量较早期白云石有所升高，可达 0.07%，FeO、Al_2O_3 含量变化不大（图 5-55）。

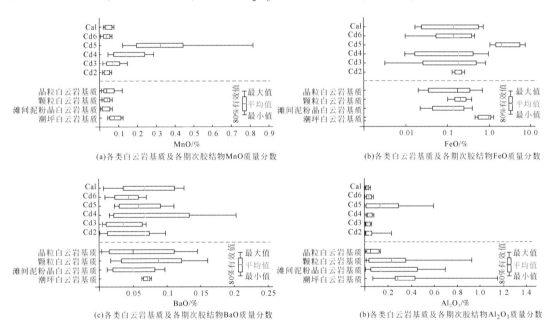

图 5-55　各类白云岩基质及各期次胶结物微量元素分布（基于电子探针测试数据）

龙王庙组显微温度学证据。通过对龙王庙组各期次胶结物内流体包裹体测试，记录盐水两相包裹体的均一温度（Th）和冰点温度（Tm），并计算出相应盐度（%）（Bodnar，1993；Goldstein，2001）。早期粒间嵌晶白云石（Cd2）、细晶自形白云石（Cd3）以及大部分细-中晶半自形白云石胶结物（Cd4）以单相（液相）包裹体为主，且包裹体尺寸很小，为 1~3μm。在细-中晶半自形白云石（Cd4）内可见少量液态烃包裹体，后期中粗晶自形白云石（Cd6）和石英（Q）内均可见甲烷包裹体。

气液两相包裹体可在部分细-中晶半自形白云石（Cd4）、中晶半自形铁白云石（Cd5）、中粗晶自形白云石（Cd6）、晚期方解石（Cal）和晚期石英（Q）中观察到（图

5-56）。测试选取较大包裹体进行（5~9μm），其中细–中晶半自形白云石（Cd4）均一温度为112.6~116.7℃，盐度为5.86%~7.59%；中晶半自形铁白云石（Cd5）均一温度较为集中，测得均一温度为138~144℃，盐度为7.13%~8.95%；后期中粗晶自形白云石（Cd6）中包裹体均一温度分布范围较大（为140~187℃），盐度为9.6%~13.72%；晚期方解石（Cal）均一温度为130.9~147.5℃，盐度为1.4%~6.16%；晚期石英（Q）具有很高的均一温度，为175.9~205℃，盐度变化范围较大，为1.57%~9.86%。综上可见，细–中晶半自形白云石（Cd4）具有较低的均一温度以及较低的盐度，中晶半自形铁白云石（Cd5）、中粗晶自形白云石（Cd6）均一温度、盐度较Cd4期白云石逐渐升高，晚期石英（Q）虽具有较高的均一温度，但盐度略有降低，晚期方解石（Cal）均一温度以及盐度较晚期石英以及白云石显著降低（图5-56）。

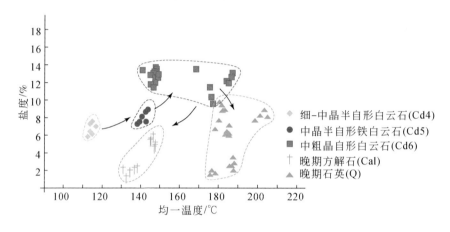

图5-56　各期胶结物均一温度与盐度交汇图

　　碳氧同位素组成特征。龙王庙组沉积时期（早寒武世）海洋中腕足类方解石化石δ^{13}C、δ^{18}O 分别为 – 2.5‰~ 0.5‰ 和 – 10.0‰~ – 7.0‰（Simon and Sheppard, 1970；Montanez et al., 2000），而同沉积白云石相对方解石 δ^{18}O 值会有 2‰~3‰ 的正偏分馏（Wang and Al-Aasm, 2002；Haas et al., 2014），故推测早期海水沉淀灰岩白云石化产物 δ^{18}O 值范围应为–7.5‰~ –4.5‰ [图 5-57（a）]。各类白云岩基质 δ^{13}C 值（–2.0‰~ –0.4‰）均在海源碳酸盐岩范围内，但 δ^{18}O 值范围存在差异，其中泥粉晶白云岩 δ^{18}O 为 –8.12‰~ –5.54‰，绝大部分数据点位于海源灰岩白云石化范围内；颗粒白云岩基质较粉晶白云岩 δ^{18}O 值偏轻，为–8.6‰~ 6.39‰，部分位于海源灰岩范围内；各类基质中晶粒白云岩 δ^{18}O 最为正偏，范围为–6.56‰~ –5.33‰，且数据点全部位于海源灰岩白云石化范围内 [图 5-57（a）]。综上可见，各类白云岩基质 δ^{13}C、δ^{18}O 值大都位于海源灰岩白云石化范围内，其中晶粒白云岩基质 δ^{18}O 值最为正偏。

　　各期次白云石胶结物中 δ^{13}C 值变化不大，较基质整体偏轻，介于–0.5‰~ –2.4‰。各期次白云石 δ^{18}O 值随着成岩期次逐渐负偏，这种变化是埋藏增温影响导致的，其中早期 Cd2 期白云石 δ^{18}O 为–8.8‰~ –8.6‰，Cd3 期白云石较 Cd2 期白云石 δ^{18}O 同位素偏轻，为–9.74‰~ –8.1‰，后期细–中晶半自形白云石（Cd4）、中晶半自形铁白云石（Cd5）、

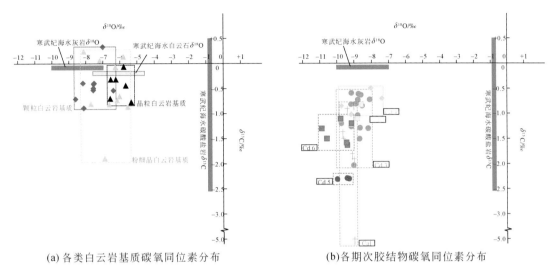

(a) 各类白云岩基质碳氧同位素分布　　　(b)各期次胶结物碳氧同位素分布

图 5-57　龙王庙组碳氧同位素分布

中粗晶自形白云石（Cd6）的 δ^{18}O 同位素逐渐负偏，分布范围分别为-9.82‰~ -7.4‰、-10.53‰~ -9.3‰以及-10.9‰~ -9.15‰。晚期方解石（Cal）的 δ^{13}C 值变化较大，为-5.0‰~ -0.2‰，而 δ^{18}O 值变化较小，为-9.9‰~ -9.0‰ ［图 5-57 （b）］。

　　锶同位素特征。早寒武世海水的 ^{87}Sr/^{86}Sr 为 0.7088 ~ 0.7094（Veizer et al.，1999；Montanez et al.，2000）。测得各类白云岩基质 ^{87}Sr/^{86}Sr 范围为 0.7093 ~ 0.7104，仅部分位于海水范围内，指示早期有富 ^{87}Sr 来源的流体。粒间嵌晶白云石（Cd2）的 ^{87}Sr/^{86}Sr 为 0.7094 ~ 0.7108，高于海水值。埋藏阶段细晶自形白云石（Cd3）的 ^{87}Sr/^{86}Sr 为 0.710261 ~ 0.710763，明显高于海水值。细–中晶半自形白云石（Cd4）的 ^{87}Sr/^{86}Sr 变化较大，为 0.709053 ~ 0.710980。中粗晶半自形铁白云石（Cd5）的 ^{87}Sr/^{86}Sr 异常高，可达 0.712774。晚期中粗晶自形白云石（Cd6）的 ^{87}Sr/^{86}Sr 为 0.709875 ~ 0.709967，与围岩基质范围相近。晚期方解石（Cal）的 ^{87}Sr/^{86}Sr 较高，为 0.710222 ~ 0.710423。

　　龙王庙组成岩序列。综合以上岩石学以及地球化学证据约束，建立了龙王庙组成岩序列（图 5-58）。早期沉积物以及粒间嵌晶白云石胶结物（Cd2）普遍经历白云石化，白云石化程度高且镁钙摩尔比接近标准白云石，其中鲕粒的弱压实形变现象 ［图 5-53 （c）］以及与海源碳酸盐岩相近的 δ^{13}C、δ^{18}O 值，指示早期白云石化流体与海水相关，并且白云石化时期埋深浅（Saller and Henderson，1998）。在随之的浅埋藏阶段，在孔洞边缘以及晶间沉淀细晶自形白云石（Cd3）［图 5-53 （f）］，胶结物内部很小的单相包裹体（1 ~ 2μm）以及自形的晶体形态证明该期胶结物应形成于低温浅埋藏条件下（<50℃）。

　　在中–深埋藏阶段，基于包裹体显微温度学证据以及岩石学观察，依次沉淀 Cd4、Cd5、Cd6、晚期石英（Q）以及晚期方解石（Cal）胶结物。Cd4 期白云石沉淀晚于 Cd3 期白云石 ［图 5-53 （d）、（g）］，包裹体均一温度为 112.6 ~ 116.7℃，且在 Cd4 胶结物中可见黑色烃类包裹体 ［图 5-53 （i）］，指示其沉淀时期与烃类充注时期近似。Cd5 期铁白云石沉淀晚于 Cd4 期白云石 ［图 5-56 （a）、（b）］，包裹体均一温度为 138 ~ 144℃。Cd6

期白云石虽在镜下未观察到与先期白云石明显的先后次序，但包裹体均一温度（140～187℃）高于 Cd5 期铁白云石，故推测其应形成于 Cd5 期铁白云石之后。后期石英（Q）内包裹体均一温度最高，为175.9～205℃，推测形成时期应晚于 Cd6 期白云石。晚期方解石（Cal）虽包裹体记录的均一温度（为 130～147℃）有所降低，但其沉淀矿物形态受限于石英矿物 [图5-56（h）]，故形成应晚于石英，降低的均一温度与后期地层抬升有关。

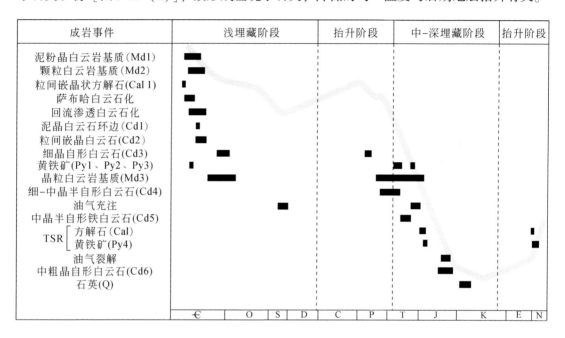

图 5-58 龙王庙组成岩序列

4. 储层储集空间类型及控制因素

基于野外剖面、岩心、镜下薄片鉴定，龙王庙组储层内部可见多种储集空间类型。高能鲕粒滩内部可见残留粒间孔洞发育 [图5-59（a）]。部分粉晶白云岩、粒泥白云岩内部可见溶蚀孔洞发育，孔洞内部充填有大量沥青 [图5-59（b）、（c）]，岩心上可见这类溶孔多呈顺层带状发育 [图5-59（d）]，为早期浅埋藏顺层岩溶的产物（Baceta et al.，2007）。同时，白云石化程度较高的晶粒白云岩中可见晶间孔发育，并可见沥青充填于晶间孔内部 [图5-59（e）]。此外，在龙王庙组同样可见晚期次生溶蚀孔洞，表现为沿缝合线溶蚀孔洞发育，并存在残留沥青膜 [图5-59（f）]，以及晚期高温方解石、石英的溶蚀 [图5-59（g）]。龙王庙组内同样可见断裂改造现象，有些断裂/微裂隙连通孔洞并输送油气 [图5-59（h）]，有些断裂则被晚期胶结物充填，极大降低了渗透性 [图5-59（i）]。

综合龙王庙组岩石学现象、地球化学证据，认为龙王庙组储层发育受多因素影响，主要包括早期白云石化、岩溶作用、多期埋藏白云石化以及晚期次生溶蚀改造等因素。

白云石化作用对储层物性的影响。前述白云石化作用与孔隙成因关系密切，并且龙王庙组主要经历早期海水–半咸化海水渗透回流白云石化作用，而与之对应的白云石化差异造成的增减孔机理归结为以下两个端元公式（Weyl，1960；Halley and Schmoker，1983；

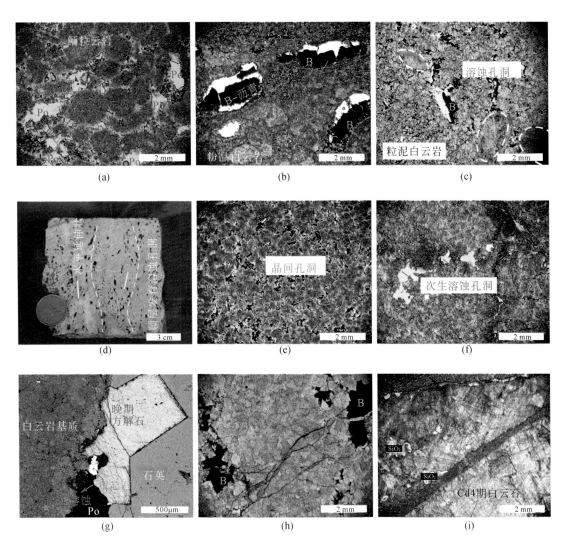

图 5-59　龙王庙组储层中储集空间类型

（a）鲕粒白云岩，粒间可见残留粒间原生孔隙发育；（b）粉晶白云岩内溶蚀孔洞发育，孔洞内充填大量沥青；（c）粒泥白云岩中发育大量溶蚀孔洞，孔洞中可见沥青充填；（d）岩心上顺层带状溶孔发育；（e）晶粒白云岩中晶间孔隙发育；（f）沿压溶缝合线附近发育次生溶蚀孔洞；（g）晚期方解石、石英胶结物存在溶蚀现象，并有重晶石沉淀于残余孔洞中；（h）断裂/微裂缝沟通孔隙，是油气输送的导管；（i）有些断裂被晚期方解石胶结物以及 Cd4 期白云石充填，极大地降低了断裂的渗透率

Lucia and Major，1994）：

$2CaCO_3+Mg^{2+} \longrightarrow CaMg(CO_3)_2+Ca^{2+}$（反应 1）体积减少 13%，形成孔隙；

$CaCO_3+Mg^{2+}+CO_3^{2-} \longrightarrow CaMg(CO_3)_2$（反应 2）体积增加 75%，极大地减孔。

通过统计龙王庙组区域白云石化程度与孔隙度关系（图 5-60），在临近白云石化流体源区（潟湖），超盐度的白云石化流体的流入会不断增大矿物的镁钙摩尔比，即发生"过白云石化"，造成减孔（反应 2），如临近蒸发潟湖的 MX21、MX41 井区孔隙度很低（孔隙度小于 1.0%)，镁钙摩尔比为 1.031~1.046 [图 5-60 (a)、(d)、(e)]；在稍远地区，如川中 MX16–MX202 井区，则以反应 1 为主，白云石化可形成一定的孔隙空间，平均孔隙度大于 4% [图 5-60 (a)、(c)]，镁钙摩尔比降低至 1.017；而在远离潟湖区，如川中 MX202 井区和川东 L1 井区，地层未发生明显的白云石化，现今孔隙度极低 (≈1.0%) [图 5-60 (a)、(b)]。可见，近蒸发潟湖滩间区域是早期白云石化的优势成核区，孔隙度因过白云石化而降低，在稍远离蒸发潟湖的颗粒滩等优势沉积相带因摩尔置换原理在白云石化过程中增孔，最终形成了基于早期古地理和白云石化差异而形成的储层非均质，上述储层分布规律同样在川东北三叠系飞仙关组、美国盆地上三叠统白云岩储层得到印证 (Saller，2004；Cai et al.，2014；Jiang et al，2014)。

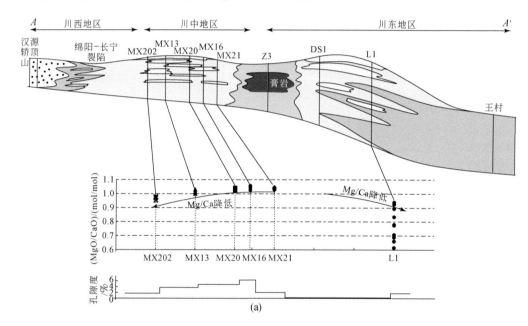

图 5-60　龙王庙组储层白云石化程度与孔隙度关系

(a) A—A′剖面镁钙摩尔比分布及孔隙度差异；(b) 蒸发潟湖环境下高白云石化区镜下特征；(c) 邻近蒸发潟湖 "过白云石化" 减孔镜下特征；(d) 稍远离蒸发潟湖区白云石化增孔镜下特征；(e) 远离蒸发潟湖较弱白云石化区镜下特征

白云石化过程伴生溶蚀作用。早期白云石化过程伴随着文石或者方解石的溶解。在白云石化过程的晚期，当方解石的溶蚀速率超过白云石的沉淀速率时，可形成一定孔隙空间。龙王庙组内一些大的溶孔多为浅埋藏阶段溶蚀孔，因为孔洞周边发育低温 Cd3 期白云石 [图 5-53 (f)]，证明孔洞于浅埋或近地表环境下已经形成，且未发现选择性溶蚀现象

（如铸模孔）。推测早期白云石化之后，存在淡水岩溶并加剧了文石或方解石组分的非选择性溶解，在白云石化增孔区进一步形成了水平状溶蚀孔洞。

埋藏白云石化减孔以及烃类早期充注护孔作用。在早期孔隙发育的基础上，埋藏成岩过程中除压实作用减孔外，岩石学观察发现 Cd3、Cd4 期白云石以及烃类的充注对孔隙影响很大，而 Cd5、Cd6 期白云石则分布局限，区域上对孔隙影响很小。其中 Cd3 期白云石对晶间微孔影响较大，Cd4 期白云石对粒间孔隙影响很大，烃类充注对后期胶结物的沉淀有着明显的抑制作用。

镜下观察发现 Cd3 期白云石在整个高石–磨溪地区均有分布，可通过对 Cd3 期白云石中铁、锰元素变化来厘定沉淀流体方向，这是因为铁、锰元素在矿物—流体之间的分配系数大于 1，故铁、锰元素更倾向于富集于矿物中（Veizer，1983），因此沿运移方向，流体中的铁、锰元素有降低的趋势，如图 5-61（a）所示，判定 Cd3 期白云石沉淀流体由研究区西部向东运移，对高石–磨溪地区西部区域晶间微孔影响较大。因为 Cd3 期白云石与白云岩围岩基质碳、氧同位素相近（图 5-57），推测该期胶结物为基质压溶再沉淀的产物，

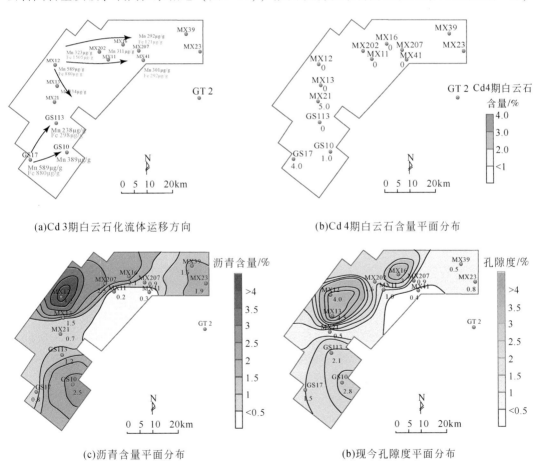

(a)Cd 3期白云石化流体运移方向　　　　(b)Cd 4期白云石含量平面分布

(c)沥青含量平面分布　　　　(b)现今孔隙度平面分布

图 5-61　高石–磨溪地区龙王庙组 Cd3 期白云石化流体运移方向平面、
Cd4 期白云石、沥青含量平面分布以及孔隙度平面统计

并且由西向东的流体运移方向应与浅埋藏阶段西侧古陆隆升有关。基于平面统计各口井 Cd4 期白云石的含量，发现 Cd4 期白云石主要发育于高石–磨溪地区的西侧，对 GS17–GS10、MX21 以及 MX202 井区造成极大的减孔 [图 5-53（g）、图 5-61（b）]。前人认为 Cd4 期白云石是表生期淡水活动的证据（杨雪飞等，2015a），但此次研究认为后期（或许是表生期）淡水活动在川中地区多形成充填孔洞的 Cd4 期白云石，并且不利于孔隙空间的保存 [图 5-53（d）、（g）]。现今研究区沥青的含量分布与孔隙度平面分布趋势较为耦合，进一步证明了烃类充注对孔隙空间的保护作用 [图 5-61（c）、图 5-62（d）]。

图 5-62　龙王庙组储层晚期溶蚀现象

（a）Cd6 期白云石被溶蚀，可见残余沥青以及颗粒周边港湾状溶蚀边缘，MX23 井，4806.04m，-；（b）Cd4 期白云石脉被溶蚀，见溶蚀扩大孔发育，MX21 井，4640.1m，-；（c）图（b）中橘黄色箭头位置，可见溶蚀边缘，SEM 图；（d）后期方解石被溶解，形成溶蚀孔洞，MX207 井，4756.24m；（e）图（d）中红框区域，可见基质以及方解石（Cal2）被溶蚀，残余孔隙中有重晶石沉淀，B 散射；（f）图（e）的白色箭头位置，可见方解石脉溶蚀面，SEM 图

　　白云岩储层的晚期溶蚀作用。早期白云石化作用和烃类充注使得储层保存了较好的孔隙度，为后期高温成岩流体的进一步溶蚀创造条件。岩石学观察发现后期高温白云石（Cd4 期、Cd6 期）内可见次生溶蚀现象，形成港湾状边缘 [图 5-62（a）、图 5-63（b）]，并伴有沥青残留。与高温白云石溶蚀作用伴生的是晚期方解石的沉淀。晚期方解石沉淀温度介于 $130 \sim 150℃$，$\delta^{13}C$ 为 $-5‰ \sim -0.5‰$，指示部分碳来自烃类的氧化作用 [图 5-57（b）、图 5-62（e）]。同时，包裹体记录流体盐度明显降低（图 5-56）。天然气含有高达 3% 的 H_2S 且其 $\delta^{34}S$ 为 $19.7‰ \sim 21.6‰$。而储层沥青则具有高 S/C（$0.041 \sim 0.055$）、$\delta^{34}S$ 值（$22.3‰ \sim 27.5‰$，$n=8$），这些 $\delta^{34}S$ 值接近于白云岩晶格硫酸盐测试值（24.6‰，26.8‰）（Zhang et al., 2019）。同时镜下可见晚期黄铁矿交代重晶石的现象。这些特征都说明晚期方解石形成于 TSR 作用。综上可见，龙王庙组储层晚期很可能经历了有机酸溶蚀

和 TSR 改造，形成了次生孔隙。龙王庙组 TSR 方解石与灯影组类似，于是，认为 TSR 增大了约 0.6% 的孔隙度。深层碳酸盐岩储层的晚期溶蚀增大了孔隙度，在世界各地众多盆地均有报道（Hutcheon et al.，1995；Worden et al.，2000；Cai et al.，2001b；Jiang et al.，2018）。

5.4　深层–超深层白云岩储层形成主控因素与分布规律

深层有利的白云岩储层，主要是早期物性良好的储层经后期叠加成岩改造形成的。研究区深层–超深层规模储层类型可划分为五类：台缘大气水改造凝块石白云岩、台缘颗粒滩粗旋回早成岩溶蚀–后期改造白云岩、台缘热流体/TSR/有机酸溶蚀礁滩白云岩、膏盐白云岩、与灰岩互层的白云岩。

5.4.1　台缘大气水改造凝块石白云岩储层

台缘大气水改造凝块石白云岩，主要分布在四川盆地震旦系灯影组（如磨溪 52 井）和塔里木盆地柯坪地区盐下肖尔布拉克组下段至肖上 1 段、方 1 井等。这类白云岩储层的孔隙类型以顺层分布的微生物组构孔隙为主，同时发育铸模孔。凝块石微生物白云岩具有高的初始孔隙度，且在近地表阶段受大气水淋滤改造，形成次生孔洞。孔洞在埋藏过程中，得到一定程度的保存。

四川盆地灯影组和塔里木盆地肖尔布拉克组微生物白云岩包括凝块石白云岩、泡沫绵层白云岩、叠层石白云岩、纹层石白云岩和核形石白云岩。柱塞样品的孔隙度–渗透率测试显示，这两盆地凝块石白云岩渗透率最好，孔隙度也较高；总体的储层性能序列是凝块石白云岩>叠层石白云岩>核形石白云岩和纹层石白云岩（图 5-63）。灯影组凝块石白云岩平均孔隙度为 4.5%±1.9%，平均渗透率为 $0.77\times10^{-3}\pm1.31\times10^{-3}\ \mu m^2$（$n=35$），高于叠层石白云岩（孔隙度为 2.3%±1.8%，渗透率为 $0.43\times10^{-3}\pm0.29\times10^{-3}\ \mu m^2$，$n=5$）；而纹层石白云岩和核形石白云岩平均孔隙度仅仅分别为 1.95% 和 1.25%［图 5-63（a）］。而肖尔布拉克组微生物白云岩样品的孔隙度和渗透率具有较大的分布范围：孔隙度介于 0.49% ~ 10%，渗透率为 0.003×10^{-3} ~ $20.838\times10^{-3}\ \mu m^2$。其中，不同类型的微生物白云岩的储集物性存在明显的差异［图 5-63（b）］：泡沫绵层白云岩平均孔隙度最高，达到 5.23%，但是平均渗透率却最低，只有 $0.02\times10^{-3}\ \mu m^2$；凝块石白云岩则兼具较高的平均孔隙度（4.63%）和最高的平均渗透率（$3.25\times10^{-3}\ \mu m^2$）；叠层石白云岩平均孔隙度和平均渗透率均较低；作为对照组的泥粉晶白云岩则具有较高的平均渗透率。

肖尔布拉克组不同类型的微生物白云岩孔隙度和渗透率均呈现明显的正相关关系，但是其孔渗样本点的回归线斜率又各不相同（图 5-64）。泡沫绵层白云岩的回归线斜率最大，凝块石白云岩次之，而叠层石白云岩的回归线斜率最小。斜率的差异反映了不同类型微生物白云岩储集物性的变化遵循一定规律。

对这些不同类型微生物白云岩进行压汞实验，结果显示，毛管压力曲线的形态差异较大（图 5-65）。在毛管压力曲线中，进汞曲线体现了岩石喉道体积与岩石孔隙体积之和，

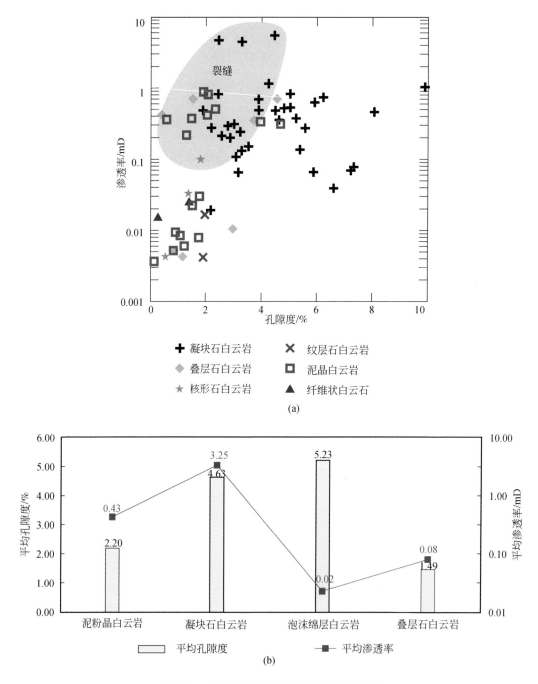

图 5-63 各类白云岩孔隙度–渗透率交汇图

退汞曲线则反映岩石喉道体积，因此退汞效率反映了似孔喉比的高低，似孔喉比越高则退汞效率越低。灯影组微生物白云岩的压汞曲线显示凝块石白云岩进汞曲线的平缓处最靠近横坐标 [图5-65（a）]，这指示其具有最大的孔喉半径。部分核形石白云岩和纹层石白云岩的进汞曲线具有较长的平缓段，指示样品具有分选较好的孔喉结构（Vavra et al.,

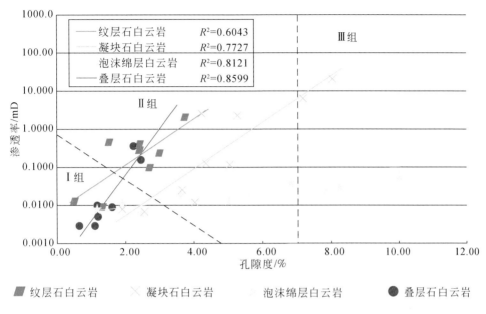

图 5-64　测试样品的孔隙度和渗透率散点图

1992）。叠层石白云岩和泥晶白云岩的进汞曲线相对较陡，说明样品孔喉结构的分选差。凝块石白云岩形成于水动力较强的沉积环境，具有杂乱的结构和连通性较好的原始孔隙。因此，凝块石具有更强的抗压实能力，且易受后期流体的改造。

肖尔布拉克组凝块石白云岩样品，尽管经受了不同程度的溶蚀和胶结作用，但其毛管压力曲线形态极为相似［图 5-65（b）］，说明其孔隙结构特征并没有本质变化，仍然具有排驱压力低，孔喉半径分布不均匀的特征。这些微生物白云岩的退汞曲线均不发育，说明其储集空间均以孔隙为主，喉道不发育，尤其是泡沫绵层白云岩［图 5-65（b）］。进汞曲线的形态一定程度上反映了孔喉半径的分布。凝块石白云岩排驱压力较低，曲线较陡，反映其孔喉半径分布范围较广，分布不均匀；泡沫绵层白云岩排驱压力大，但是曲线较为平缓，说明孔喉半径分布均匀，且呈现较细歪度；叠层石白云岩排驱压力大，整体呈反 "S"形态，说明其孔喉分布有粗、细 2 个峰值［图 5-65（b）］。

大气水可强烈地改善台缘带微生物白云岩储层。同生期或表生期大气水溶蚀，导致灯二段和灯四段顶部的喀斯特现象、灯四段内部台缘带海平面下降旋回顶部发育大量顺层溶蚀孔洞、铸模孔等。于是，台缘带白云岩基质的碳同位素值、氧同位素值和锶元素含量支持大气水成岩改造。多口井和野外剖面的白云岩碳氧同位素值具有较好的正相关性（图 5-46）。锶元素含量的降低也与贫锶的大气水作用有关（Ronchi et al.，2010）。相反，台内带沉积物渗透率低，大气水循环弱，大气水溶蚀现象发育程度较低。金民东等（2017）根据印模地震厚度刻画灯四段岩溶特征，并将台缘带进一步划分为岩溶斜坡和岩溶台面。岩溶斜坡因水差更大，流速更快，而具有更显著的大气水成岩改造。岩溶台面内，水差小，水的流速较低，故经历的大气水改造较低。统计数据表明岩溶斜坡的平均储能系数（储集层有效厚度与孔隙度的乘积）约为 3.96m，而岩溶台面的平均储能系数为 1.86m（金民东

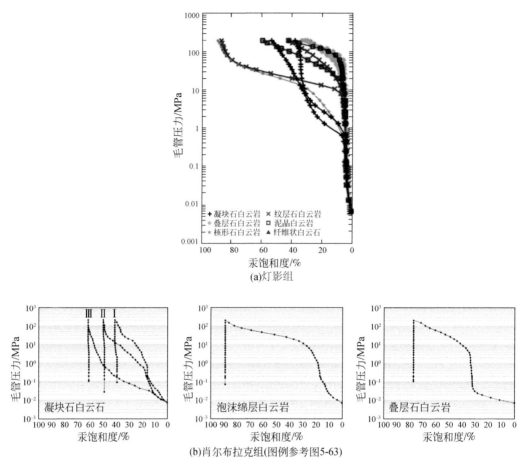

图 5-65　各类白云岩样品压汞测试毛管压力曲线

等，2017）。受断裂或其他因素的影响，台缘带内的滩间洼地（田兴旺等，2020；杨威等，2020）受大气水改造较弱。台内带以岩溶台面为主，故大气水对其的改造较弱。

结合沉积相带、成岩事件、岩溶古地貌图（金民东等，2017；田兴旺等，2020）和地震解释图，绘制灯影组优质储层平面图（图 5-66）和剖面图（图 5-67）。在台缘带，岩溶斜坡相受大气水溶蚀强烈，同时也有利于深埋溶蚀改造，此类储层为台缘大气水改造凝块石白云岩，其孔隙度大于 4%，是优质的储层，典型井如磨溪 51 井、磨溪 52 井和磨溪 108 井。在台缘带的岩溶高地，大气水岩溶作用相对弱，但部分区域受断层影响，而发育强烈的深埋溶蚀，此类储层代表为礁滩相–埋藏改造型储层，其孔隙度大于 4%，是优质的储层，典型井如磨溪 9 井和磨溪 109 井。其次，台缘带的岩溶台面，未叠加晚期成岩作用，则可定义为次优质储层（孔隙度范围是 2%~4%）。台内带，整体代表低能环境产物，局部代表高能沉积环境。这样可在局部范围内形成有利的储层。综合而言，深埋藏的震旦系台缘带白云岩具有较好的储层物性，是有利的勘探区域。

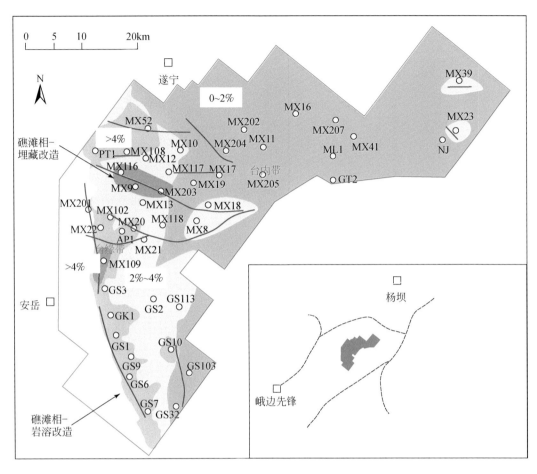

图 5-66　灯影组优质储层平面图

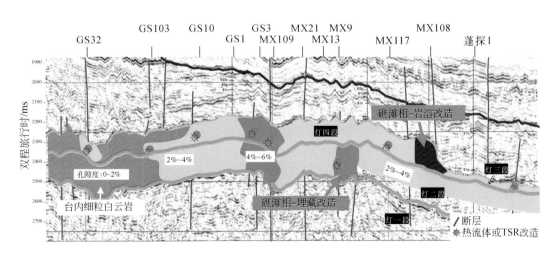

图 5-67　灯影组优质储层剖面图（背景是地震解释图）

5.4.2　台缘颗粒滩粗旋回早成岩溶蚀–后期改造白云岩储层

台缘颗粒滩粗旋回早成岩溶蚀–后期改造白云岩，主要分布在四川盆地寒武系龙王庙组，如高石10井、磨溪12井、磨溪202井和磨溪16井。其特征是高孔渗层段多发育于水动力较强的颗粒滩内。储层发育于台缘高能相带，并经过同生期大气水溶蚀改造而成，发育溶蚀孔洞、晶间孔等储集空间。

研究区川中龙王庙组沉积于台内次级裂陷——德阳安岳裂陷槽所形成的台缘区域（姚根顺等，2013；杜金虎等，2016），沉积背景为碳酸盐岩缓坡沉积，并可识别出潟湖、潮坪、颗粒滩、生屑滩及滩间等沉积环境（邹才能等，2014）。龙王庙组整体为一个三级层序，其与上覆的高台组，下伏的沧浪铺组均呈整合接触。龙王庙组内部可细分为三个四级层序（Sq1、Sq2和Sq3），层序边界为大的暴露浅水环境（潮坪、滩体等沉积）以及大的海侵阶段（例如，厚层潟湖细粒、中外缓坡沉积）（杨雪飞等，2015a，2015b），每个四级层序由一期海侵体系域和一期高位体系域组成，其中四级层序内部又可划分为若干个次级五六级层序，代表更次一级的海平面波动。

通过岩心及镜下观察，龙王庙组储层发育层段大多为岩溶发育层段（图5-68）。薄片上可见溶蚀孔洞中充填–半充填多期沉淀白云石［图5-68（a）］，岩心手标本上可见溶蚀孔洞顺层密集发育［图5-68（b）、（c）］，推测此类孔隙发育形态应形成于浅埋藏环境中的垂直渗流带和水平潜流带（Baceta et al.，2007），为岩溶改造的产物。

(a)镜下岩溶成因孔洞

(b)岩心上顺层分布溶孔
(磨溪23井,4805.58m)

(c)岩心上顺层分布溶孔
(高石113井,5000m)

图5-68　龙王庙组岩溶改造层段岩石学照片

在建立的龙王庙组沉积–层序格架内，孔隙度发育的岩溶区带与滩体相带关系最为紧密。例如，针对GS10井顶部孔隙发育层段（4620～4640m）（图5-69）中，可见沉积旋回顶部高能滩相控制着高孔隙带的分布，并且岩溶作用优先改造高能滩相，形成高孔带。在较大尺度上，通过剖析不同四级层序中的海侵域（TST）、高位域（HST），发现岩溶改造的滩相总体上是最优质的储层类型，如在Sq1的海侵域内，以中缓坡、外缓坡相带沉积为主，整体孔隙度很低（<2%）［图5-70（a）］；在Sq1的高位域内，沉积环境由外缓坡过渡为内缓坡滩相，但整体孔隙度很低（<2%）［图5-70（b）］；在Sq2的海侵域内，沉积环境以内缓坡潮间—潮下带为主，滩相、潟湖沉积为主，其中滩相孔隙度略有增加，但仍然整体孔隙度偏低［图5-70（c）］；在Sq2的高位域内，沉积环境以内缓坡潮间带为主，

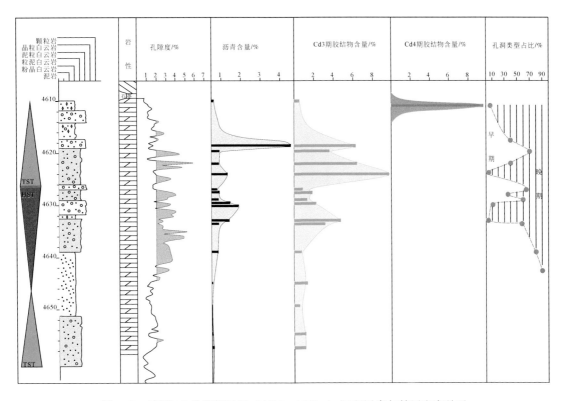

图 5-69　高石 10 井顶部层段 （4610～4660m） 沉积层序与储层发育关系

滩相、潟湖沉积为主，滩相孔隙度明显增加 （1%～6%） ［图 5-70 （d）］，岩心上可见岩溶改造区带；在 Sq3 的海侵域内，沉积环境以内缓坡的潮下带–潮间带为主，主要沉淀颗粒滩、潟湖相带沉积物，滩相具有明显的高孔特征 （平均孔隙度约为 3%） ［图 5-70 （e）］；在 Sq3 的高位域内，沉积环境以潮间带–潮上带为主，主要为潮坪、滩相以及潟湖沉积，滩相及潮坪等易暴露相带经历了强烈的岩溶改造，形成高孔发育相带，孔隙度介于 2%～8% ［图 5-70 （f）］。综合来看，基于台缘颗粒滩粗旋回早成岩溶蚀白云岩为受控于层序格架，Sq2 的高位域、Sq3 的滩相以及易暴露的潮坪相带受岩溶改造强烈，为主要的滩相经早成岩岩溶改造形成的规模储层。

在地层埋藏的过程中，早期–浅埋藏阶段的台缘颗粒滩粗旋回早期岩溶白云岩所形成的储集空间是如何保存的？原因可以归结为以下几点：①龙王庙组早期经历渗透回流白云石化，形成规模白云岩，而白云岩较灰岩在埋藏过程中有更强的抗压性以及断裂易碎性 （Purser et al.，1994；Aguilera，1980；Ortega et al.，2010），因此可以在埋藏过程中保存更高的孔隙度；②埋藏过程中烃类充注有助于孔隙空间的保存 （Ehrenberg et al.，2012；Morad et al.，2018），龙王庙组储层中可见大量沥青残留于现今孔洞中，指示早期烃类充注过程，现今统计沥青薄膜厚度与孔隙度呈明显的正相关关系 （图 5-71），并且在井段上孔隙发育层段往往也是高沥青含量层段 （图 5-71），可见烃类的充注抑制了后期矿物沉淀，从而起到了保护孔隙的作用。③在早期岩溶孔隙发育的层段，叠加了部分后期次生溶

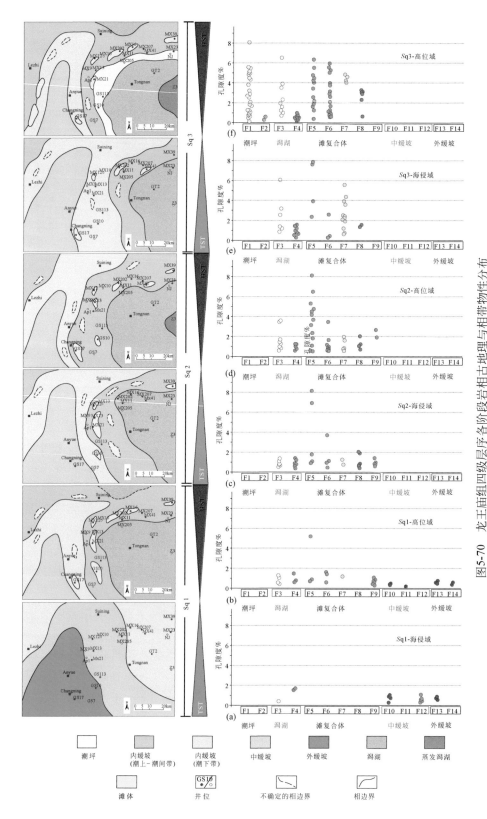

图5-70　龙王庙组四级层序各阶段岩相古地理与相带物性分布

(a)Sq1中海侵域(TST)阶段岩相古地理及各相带孔隙度分布；(b)Sq1中高位域(HST)阶段岩相古地理及各相带孔隙度分布；(c)Sq2中海侵域(TST)阶段岩相古地理及各相带孔隙度分布；(d)Sq2中高位域(HST)阶段岩相古地理及各相带孔隙度分布；(e)Sq3中海侵域(TST)阶段岩相古地理及各相带孔隙度分布；(f)Sq3中高位域(HST)阶段岩相古地理及各相带孔隙度分布

蚀改造（图5-71），如有机酸溶蚀、TSR 等，从而促进了孔隙的保存和发育，形成受 TSR 改造的台缘滩相储层，这类储层将在5.4.3 节中进一步探讨。

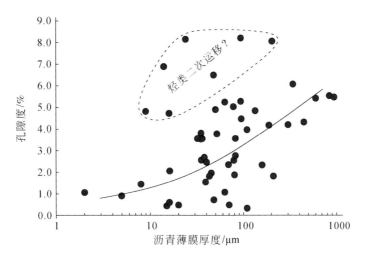

图 5-71 沥青薄膜厚度与孔隙度关系统计

基于上述对龙王庙组的岩石学、成岩作用、储层控制因素的探讨，建立了台缘颗粒滩粗旋回早成岩溶蚀–后期改造白云岩储层（以龙王庙组为例）的分布和发育模式（图5-72）。在这个模式中，早期沉积–岩溶格架受沉积岩相古地理格局控制［图5-72（a）］，地势上较高的潮坪、滩相沉积易受到大气水淋滤改造形成高孔隙的岩溶带，而未经历岩溶改造的滩相、潟湖相、中缓坡沉积物孔隙度则不变。在埋藏成岩过程中，油气优先充注于先前高孔渗带中，即岩溶带内，进一步形成烃类充注护孔效应和后续的有机酸溶蚀增孔。另外，在埋藏成岩过程中，研究区还经历了热流体、TSR 改造过程，促使了储层非均质性增强。综上，根据成岩改造因素的差异，将储层分布区域划分为岩溶改造区域、有机酸改造区域、热流体改造区域、TSR 改造区域、未被岩溶改造礁滩相区域以及致密低孔区域［图5-72（b）］。其中，热流体改造区域分布于断裂周边，表现为热流体矿物沉淀减孔，抑制了储层的发育；有机酸溶蚀和 TSR 调节孔隙现象多发育于先期岩溶高孔渗带内，进一步改善了储层物性。可见，后期对储层起到建设性的成岩作用（有机酸、TSR）仍主要发育于早期沉积–岩溶格架内，形成了现今台缘颗粒滩粗旋回顶部的岩溶白云岩储层。

5.4.3 台缘热流体/TSR/有机酸溶蚀礁滩白云岩储层

台缘热流体/TSR/有机酸溶蚀礁滩白云岩储层主要分布于四川盆地寒武系龙王庙组和塔里木盆地肖尔布拉克组（如楚探 1 井）。热流体活动产生鞍状白云石，后期在 TSR 作用下，包括鞍状白云石在内的各类白云石都发生了溶解作用，而形成优质储层，如楚探 1 井、舒探 1 井这类储层孔隙度为 6% ~ 10%。

后期叠加构造–流体改造是这类深层储层的特征。四川盆地灯影组典型井包括 MX9 井和 MX109 井。此类井多发育在断层附近（图5-73）。

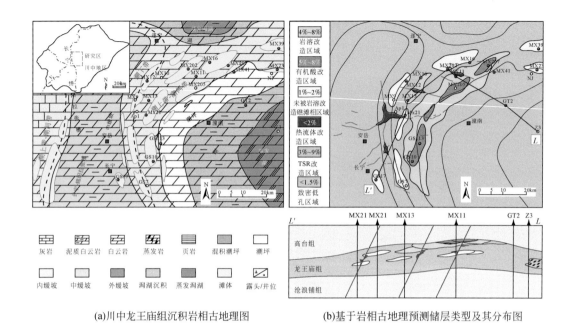

(a)川中龙王庙组沉积岩相古地理图　　　　(b)基于岩相古地理预测储层类型及其分布图

图 5-72　川中龙王庙组沉积岩相古地理以及优质储层分布预测图

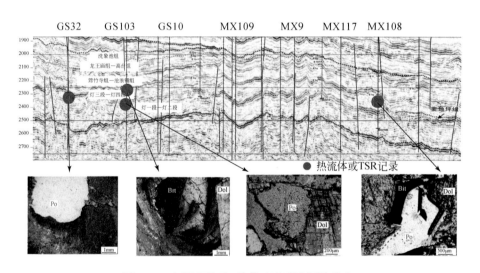

图 5-73　灯影组构造–流体改造型孔洞的分布

受构造运动的影响，灯影组发育多期断层。前人已用多种地球化学指标，如 $\delta^{18}O$（Saller and Henderson，1998）、$^{87}Sr/^{86}Sr$（Qing and Mountjoy，1992）、流体包裹体显微测温（Worden et al.，2016）和氧同位素簇（Δ_{47}）（Mangenot et al.，2018a）来表征显生宙碳酸盐岩储层内流体的运移。但在前寒武系碳酸盐岩内，类似的研究较少。

利用不同白云石胶结物氧同位素值和包裹体均一温度，根据白云石与水之间的同位素分馏方程，可以确定灯影组发育多期白云石化流体（图 5-74）。

热流体运移过程中，成岩矿物的地球化学参数会有一定的响应。鞍状白云石的 $^{87}Sr/^{86}$

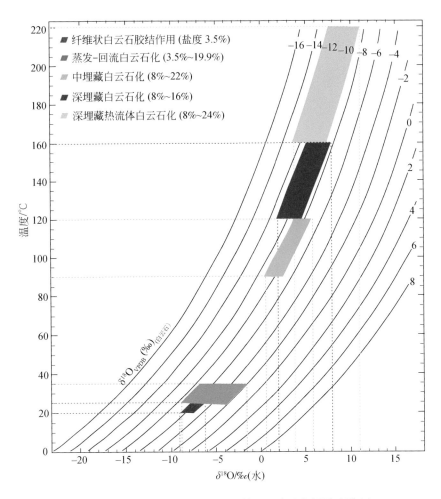

图 5-74　灯影组多期白云石化流体的温度和氧同位素特征

Sr 和 1000/Sr 存在较好的负相关关系（$R^2 = 0.57$，$n = 18$）[图 5-75（a）]。灯影组下覆地层发育页岩，且前人表明页岩常具有高锶含量（约 $400\mu g/g$）（Wei and Algeo，2020）和高^{87}Sr/^{86}Sr 值（约 0.7400）（Huang et al.，2020）。现今海水及白云石的锶含量都非常高，如澳大利亚 Coorong 白云石的含量为 $7010\mu g/g$（Sánchez-Román et al.，2011）。一方面，新元古代海水的锶含量远小于现今海水值（Sánchez-Román et al.，2011）。另一方面，白云石的锶含量会在成岩过程中不断地丢失。因此灯影组海相（纤维状）白云石则具有低锶含量（约 $46.2\mu g/g$）和低^{87}Sr/^{86}Sr 值（约 0.7091）。参考页岩−海相白云石的二元混合曲线，发现鞍状白云石的数据基本落到混合曲线上[图 5-75（b）]。这是因为热流体在沿断层向上运移过程中，会与下伏页岩发生水岩交换，进而具有高的锶同位素比值和锶含量。当热流体侵入到灯影组，逐渐与地层卤水混合，沉淀出鞍状白云石。热流体在灯影组运移过程中，热流体在混合组分中的比例逐渐降低，导致鞍状白云石的锶同位素比值和锶含量也逐渐降低。因此，鞍状白云石的锶同位素比值和锶含量可用于指示古热流体的运移。

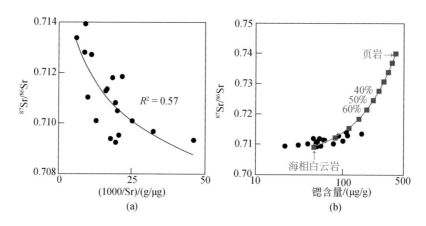

图 5-75 鞍状白云石的 1000/Sr 和 $^{87}Sr/^{86}Sr$ 交汇图（a）与页岩和海相白云岩的 $^{87}Sr/^{86}Sr$ 和
锶含量二元混合图（b）

红线代表混合曲线，且红色数值代表白云岩的混合比例；黑色圆圈代表鞍状白云石数据

在灯影组剖面图上，根据鞍状白云石的锶同位素比值和锶含量变化趋势，可以确认热流体是从下向上运移的。以磨溪 9 井为例，随着深度的递减，鞍状白云石的锶同位素比值和锶含量逐渐降低（图 5-76）。这指示热流体是沿着磨溪 9 井附近的断层、裂缝或孔洞向上运移，并逐渐与地层埋藏卤水混合，沉淀出鞍状白云石。与之相对应的是，磨溪 9 井的孔隙度和渗透率沿着热流体的运移方向同步降低，这指示该段储层受到热流体的影响。对于断层欠发育的区域，其储层性能明显偏低。如磨溪 11 井，具有很薄的储层厚度，且孔隙度较低（1.7%±0.8%，$n=20$）。同时，磨溪 9 井白云岩属于高能沉积产物，而磨溪 11 井白云岩以低能沉积环境为主。岩石的孔隙度–渗透率测试表明裂缝会显著地提高储层渗透率，但对孔隙度的影响很小。此结论在压汞测试得到进一步验证。裂缝发育和裂缝不发育的叠层石样品具有相似的压汞曲线。因此裂缝对灯影组储层的改善作用有限。

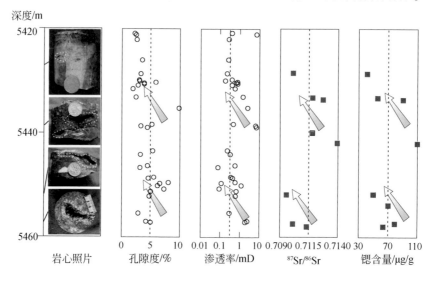

图 5-76 磨溪 9 井的孔隙度、渗透率以及鞍状白云石的 $^{87}Sr/^{86}Sr$ 和锶含量随深度变化的规律

热流体对储层具有改造作用，溶蚀的白云石周围常常发育石英和萤石等热流体矿物。Zhang 等（2019）提出灯影组的热流体活动改造有机质。有机质的热成熟过程，会释放出有机酸，进而溶蚀碳酸盐矿物（Qing and Mountjoy，1992）。宋光永等（2009）统计显示，林 1 井的热流体白云岩段较非热流体白云岩段具有更高的孔隙度（3.4% 和 2.3%）和渗透率（$1.43×10^{-3} \mu m^2$ 和 $0.02×10^{-3} \mu m^2$）。TSR 作用会形成黄铁矿，释放 H^+，产生酸性流体。岩石学支持断层附近发育受热流体活动和 TSR 作用而形成的次生孔隙，且附近孔隙度也明显增大。以灯影组为例，薄片统计显示白云石矿物的含量为 90%，而方解石、重晶石和黄铁矿的含量分别为 1.0%、0.5% 和 0.2%。白云石和方解石的 $\delta^{13}C$ 平均值分别是 1.3‰和–4.4‰。气体成分方面，灯影组 H_2S 和 C_2H_6 的平均浓度分别为 2.67% 和 0.2%，且后者的 $\delta^{13}C$ 平均值是–32.8‰（Zhang et al.，2018）。灯影组发生乙烷为主的 TSR 作用，且硬石膏或重晶石为反应提供 SO_4^{2-}（帅燕华等，2019）。地层水数据（Zhu G Y et al.，2015）指示发生 TSR 和未发生 TSR 的井 Ca^{2+} 浓度不存在差异。这说明地层水中的 Ca^{2+} 未参与 TSR。假定 TSR 发生在封闭的体系中，没有外来的离子迁入和迁出，并且孔隙水中的无机 HCO_3^- 足够低，不参与反应，考虑到 $\delta^{13}C$ 平衡，那么每生成 1mol 方解石（$\delta^{13}C=$ –4.4‰），需要消耗掉 0.42mol 白云石（$\delta^{13}C=1.3$‰）和 0.08mol 乙烷（$\delta^{13}C=-32.8$‰）。

灯影组的 TSR 作用可用如下的反应式表示：

$$21CaMg(CO_3)_2+29CaSO_4+4C_2H_6+218H^++176e^- \longrightarrow 50CaCO_3+29H_2S+21Mg^{2+}+92H_2O$$

通过 TSR 作用生成 1mol 方解石，则会消耗 0.42mol 白云石和 0.58mol 硬石膏。方解石和白云石的密度分别是 $2.84g/cm^3$ 和 $2.71g/cm^3$，硬石膏的密度为 $2.80g/cm^3$。1mol 方解石的体积是 $35.2cm^3$，1mol 白云石的体积是 $67.9cm^3$，1mol 硬石膏的体积是 $48.6cm^3$。于是，按照上述方程式，21mol 白云石与 29mol 硬石膏反应会产生 50mol 方解石，反应后矿物体积减小 38%。灯影组 TSR 方解石的含量为 1%，相当于 $100cm^3$ 的岩石含有 $1cm^3$ 方解石。而要产生 $1cm^3$ 方解石需要 $1cm^3$ 的白云石和 $0.62cm^3$ 的硬石膏，于是，孔隙体积增大量可以计算为（1+0.62–1）/100=0.62%，于是，我们认为上述 TSR 反应式产生 $1cm^3$ 方解石将净增 0.62% 的孔隙度，即可提高灯影组储层孔隙度约 0.6%。

热流体活动和 TSR 作用多发生在断层附近，进而晚期构造–流体改造型储层也多沿断层展布。灯影组的此类储层预测分布，可参考图 5-66 和图 5-67。

龙王庙组滩相岩溶控制的储集层段同样可见部分孔隙空间为后期次生溶蚀贡献（图 5-69），最终形成后期次生溶蚀颗粒白云岩储层。基于薄片计点法统计，晚期溶孔约占总孔隙的 20%～45%（图 5-77）。此外，根据镜下岩石学、地球化学证据，发现镜下龙王庙组次生溶蚀多为有机酸溶蚀、TSR 改造成因。有机酸次生溶蚀可见晚期粗晶白云石溶蚀现象，孔洞周边呈现港湾状并有沥青膜残留［图 5-78（a）、（b）］。

为了更好地厘定各成岩作用对储层物性的影响，基于镜下薄片使用点记法统计各成岩事件的镜下矿物占比、面孔率（表 5-2），并绘制成岩序列与相应的孔隙度演化曲线（图 5-79）。在早期岩溶改造和烃类充注的护孔效应下，平均面孔率约 19.7%，而后期经有机酸溶蚀改造，面孔率整体提升了约 3%，平均面孔率为 23%（表 5-2、图 5-78）。TSR 改造成因的次生溶蚀，镜下可观察到 TSR 方解石沉淀，方解石碳同位素值轻至 –19.4‰［图 5-78（c）、（d）］，在 TSR 方解石沉淀周边可见明显的次生溶蚀孔洞发育，

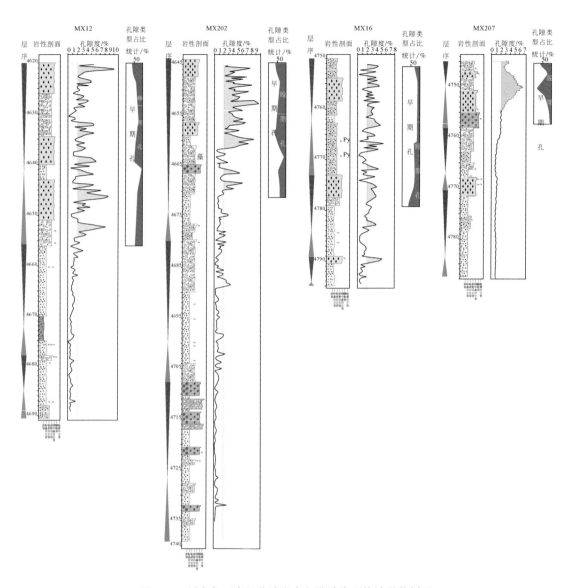

图 5-77　川中龙王庙组孔隙发育与孔隙类型统计联井剖面

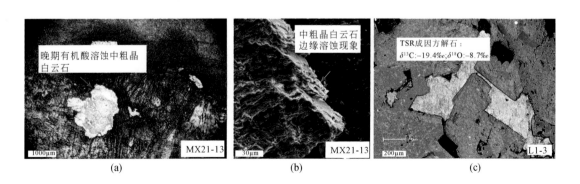

(a)　　　　　　　　　　　　　　　　(b)　　　　　　　　　　　　　　　　(c)

(d)　　　　　　　　　　(e)　　　　　　　　　　(f)

图 5-78　龙王庙组次生溶蚀改造滩相岩石学证据

（a）有机酸溶蚀晚期粗晶白云石脉体，溶孔周边呈港湾状，并有沥青膜残留；（b）图（a）红色箭头区域，孔洞周边矿物在二次电子下可见明显的溶蚀现象；（c）TSR 方解石，碳同位素轻至 −19.4‰VPDB，周边矿物内部可见次生溶蚀现象；（d）镜下可见 TSR 方解石与周边溶蚀孔洞发育的现象；（e）图（d）区域的 B 散射图像，可见 TSR 方解石沉淀以及周边基质的溶蚀现象；（f）图（e）中孔洞周边的溶蚀现象，二次电子图像

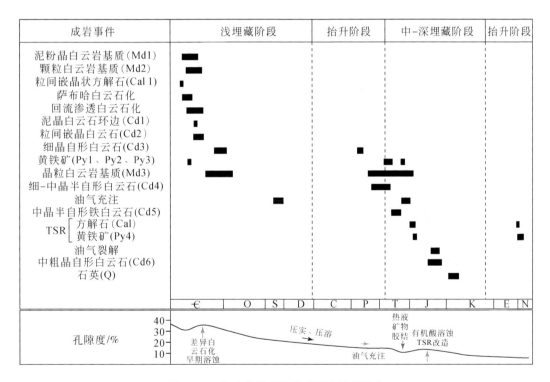

图 5-79　龙王庙组成岩序列及孔隙度演化

表现为白云岩基质的大量溶蚀 [图 5-78（e）、（f）]，镜下统计 TSR 改造的层段面孔率变化范围较大，可达 11.6%~34.7%（表 5-2）。相反，受热流体改造的层段，镜下可见热流体矿物大量沉淀于孔洞空间，极大地抑制了储层物性，现今面孔率为 1.0%~3.5%（表 5-2）。

表 5-2　龙王庙组不同成岩事件及其对储层物性的改造（基于点记法统计部分样品）

井号	深度/m	成岩事件	薄片下统计各期次成岩矿物/组分类型/%											面孔率/%
			D2	D3	D4	D5	D6	Q	Cal	重晶石	黄铁矿	沥青	残余孔隙	
MX39	4902.64	早期胶结	83	12	0	0	0	0	0	0	0	5	0	2.43
GS10	4625.10	岩溶改造和烃类充注	0	20	0	0	0	0	0	0	0	0	80	17.6
GS10	4629.50		0	15	0	0	0	0	0	0	0	5	80	14.4
MX202	4646.58		0	10	0	0	0	0	0	0	0	25	60	24.6
MX202	4666.07		0	30	0	0	0	0	0	0	0	65	5	30.1
MX13	4606.70		0	30	0	0	0	0	0	0	0	15	55	44.8
MX13	4613.31		0	25	0	0	0	0	0	0	0	5	70	23.9
MX16	4752.20		0	15	0	0	0	0	0	0	0	30	55	14.0
MX16	4778.37		0	40	0	0	0	0	0	0	0	40	20	10.6
MX207	4747.46		0	15	0	0	0	0	0	0	0	60	25	23.1
GS10	4627.32	有机酸溶蚀	0	40	0	0	0	0	0	0	0	20	40	21.0
GS10	4632.48		0	15	0	0	0	0	0	0	0	10	75	27.7
MX202	4648.54		0	8	0	0	0	2	0	0	0	33	57	26.1
MX202	4665.91		0	10	0	0	0	0	0	0	0	35	55	20.8
MX13	4612.09		0	40	0	0	0	0	0	0	0	25	35	29.4
MX16	4766.90		0	15	0	0	0	0	0	0	0	40	45	30.4
MX16	4754.71		0	55	0	0	0	0	0	0	0	45	5	23.2
MX207	4751.55		0	30	0	0	0	0	0	0	0	45	25	26.4
GS10	4610.53	热流体改造	0	0	96	0	0	0	0	0	0	3	1	3.2
MX16	4791.15		0	30	40	0	0	0	0	0	0	15	15	1.5
MX11	4883.14		0	0	0	90	0	0	0	0	0	7	3	1.8
GS17	4502.20		0	15	85	0	0	0	0	0	0	0	0	3.5
MX202	4728.01		0	12	40	12	0	12	0	0	0	12	4	1.0
MX12	4660.22		0	0	0	0	0	100	0	0	0	0	0	2.2
MX202	4658.04	TSR改造	0	45	0	0	0	0	0	0	5	8	47	29.7
MX23	4807.33		0	15	0	0	29	3	0	2	3	5	43	34.7
MX207	4750.04		0	5	0	0	0	10	45	0	0	10	30	31.4
GS17	4490.58		0	40	0	0	10	3	27	0	0	10	30	21.2
MX207	4749.28		0	35	0	0	0	7	8	0	3	40	7	11.6

注：D2 为粒间嵌晶白云岩；D3 为细晶自形白云岩；D4 为细-中晶半自形白云岩；D5 为中晶半自形铁白云岩；D6 为中粗晶自形白云岩；Q 为晚期石英；Cal 为晚期方解石。

综上，龙王庙组晚期次生溶蚀常发育于先期岩溶带内，次生改造区域与早期岩溶高孔带基本重合 [图 5-72 (b)]，这可能是由于地层中高水-岩比区带易发生次生水岩反应，从而优先发育后期次生溶蚀，进一步改善储层物性。

5.4.4　膏盐白云岩储层

膏盐白云岩储层，主要分布在塔里木盆地肖尔布拉克组、吾松格尔组和蓬莱坝组，以中古 5 井、中深 5 井和康 2 井为例。受 TSR 影响，肖尔布拉克组膏岩被溶蚀，形成晚期膏模孔。储层局部面孔率提升 3%。

这类储层可见与膏岩和烃类伴生的次生溶蚀现象，镜下可见明显的膏模孔，部分孔隙中残留有沥青质，孔隙度最大可达 10%（图 5-80、图 5-81）。

楚探 1 井、康 2 井、舒探 1 井肖尔布拉克组上段广泛发育膏质白云岩，其中硬石膏被部分溶蚀，甚至发育膏模孔，膏模孔尤其以舒探 1 井 1886.5m 处最为发育。薄片点数显示，面孔率高达 10%，因液态烃 TSR 可增大孔隙度约 3%，同时进一步使较致密储层孔隙度降低 0.2%~0.5%。Hao 等（2015）认为只发生方解石的沉淀而没有发生白云石的溶解。然而，世界各地 TSR 方解石以及天然气中 CO_2 的 $\delta^{13}C$ 值都比 TSR 反应物液态烃、乙烷、甲烷重（Krouse et al.，1988）。而从同位素动力学分馏效应的角度考虑，$^{12}C—^{13}C$、$^{12}C—^{12}C$ 在 TSR 过程中，应该优先发生断裂，所生成的方解石或 CO_2 应该比反应物富含 ^{12}C。这个事实说明，世界各地的 TSR 作用都有无机碳参与方解石或 CO_2 的形成。根据 Cai 等（2014）的研究，并假定反应产物 Ca^{2+} 都沉淀为方解石，也就是只发生方解石交代白云石、方解石交代硬石膏，而不发生溶解作用，那么化学反应式可以写成：

$$50CaSO_4+43CaMg(CO_3)_2+7CH_2+444H^++272e^- ===50H_2S+93CaCO_3+86Mg^{2+}+179H_2O$$

所测试的 TSR 方解石 $\delta^{13}C$ 平均为 -4.1‰，油 $\delta^{13}C$ 平均为 -30‰，基质白云石 $\delta^{13}C$ 平均为 0.16‰。设方解石中的碳有 w 来自白云石 $CaMg(CO_3)_2$，那么有 $1-w$ 的碳来自石油。于是根据质量守恒 $-4.0677‰=-30‰×(1-w)+2×0.16‰×w$，可以计算方解石中 14% 的碳来自石油，86% 来自无机碳。1mol $CaSO_4$ 的体积为 $1×136÷2.61=52.107cm^3$，1mol $CaMg(CO_3)_2$ 体积是 $1×184÷2.86=64.336cm^3$，1mol $CaCO_3$ 体积是 $1×100÷2.71=36.9cm^3$。统计发现，TSR 方解石占 1%，假定岩石的体积 $1m^3$，TSR 方解石则为 $10000cm^3$，相当于 271mol $CaCO_3$，需要 $271×50÷93×52.107=7591.93cm^3 CaSO_4$ 和 $271×43÷93×64.336=8061.37cm^3 CaMg(CO_3)_2$，体积增加 0.57%。也就是，封闭体系下 TSR 作用，单纯的原地交代作用可导致孔隙体积增大 0.57%。而我们实际点数发现，增大的孔隙度可达 3%。我们认为计算值与实际值存在差异，原因在于，实际储层中反应物白云石和硬石膏并非都是被方解石所交代，实际上，也发生了溶蚀现象。最明显的证据就是可见较多的高温白云石，特别是鞍状白云石溶解作用而形成的孔洞，被周边 TSR 方解石半充填或未充填。我们认为，TSR 过程中，由于硬石膏的溶解作用，孔隙流体具有高的 Ca/Mg 值，这使得白云石变得不稳定。同时，在高温和还原性流体的作用下，早期的白云石与硬石膏一起发生了溶解作用和被方解石的交代现象，于是，导致现今方解石和天然气中的 CO_2 比烃类富含 ^{13}C，同时增大了孔隙空间。该 TSR 反应所释放出来的 Ca^{2+} 可以迁移到周边储层，导致相对致密储层变得更加致密。

基于上述考虑，我们认为发育这类优质储层的条件，包括：①TSR 反应前具有一定的

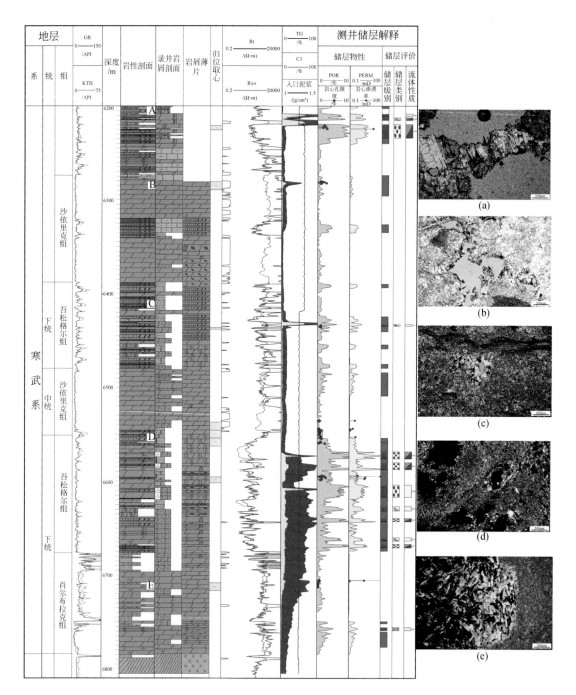

图 5-80　中深 5 井岩心柱状图及对应的岩石薄片照片

（a）粉细晶白云岩中膏溶孔发育；（b）细晶白云岩中铸体薄片溶蚀扩大的孔隙；（c）粒状石膏发育；

（d）膏溶孔发育；（e）石膏结核中膏溶孔发育。注意该井因断层效应出现地层重复

储集空间，晶粒或颗粒白云岩比较有利，而泥晶、微晶白云岩则不利；②储层含有硫酸盐矿物，特别是结核状石膏、硬石膏，而不是含有高含量的板柱状石膏、硬石膏；③要有油

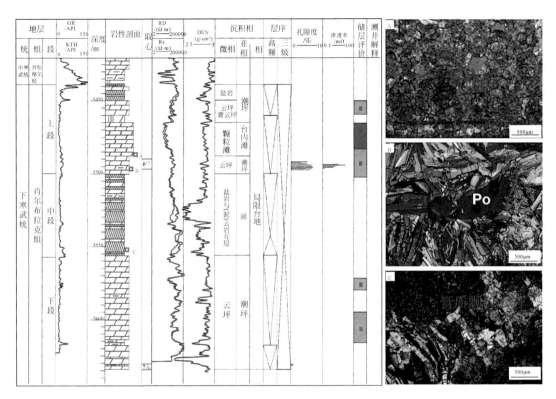

图 5-81　康 2 井岩心柱状图及对应的膏质白云岩薄片照片

Po 为溶蚀孔

气的充注；④储层温度高于 120 ℃。基于这一判别标准，我们认为寒武系盐下肖尔布拉克组上段及吾松格尔组中与膏盐互层的白云岩是有利的储层。这一预测与现今的勘探结果是吻合的。

5.4.5　与灰岩互层的白云岩储层

大套灰岩中，局部与灰岩互层的白云岩，分布在塔里木盆地鹰山组和蓬莱坝组，如英买 4 井、中古 9 井和中古 1 井。英买 4 井盐上蓬莱坝组白云岩段岩心具有异常发育的不规则密集溶蚀孔洞，可见黄铁矿粗晶；而灰岩段岩心致密且未发育溶孔。在鹰山组大套灰岩中，局部与灰岩互层的白云岩往往发育优质储层（孔隙度大于 10%），认为是在白云石化发育早期优质储层的基础上，叠加了后期 TSR 改造作用，反应后的流体排替到邻近储层而导致灰岩变得更加致密的结果。

塔里木盆地中古 1 井、中古 9 井蓬莱坝组和鹰山组白云岩段，其储层物性都比其上部、下部灰岩储层、邻井（如中古 203、中古 7 井）同层位的灰岩段好。中古 9 井 6210～6249m 和 6424～6490m 灰岩取心段物性很差；而 6260.66～6268.21m 白云岩岩心上发育粗晶白云石被溶蚀而形成的不规则孔洞，部分孔洞直径到达 3cm，孔隙度高达 25%（图 5-82）。镜下观察晶间溶孔发育，溶孔内经常充填后期方解石。而在灰岩中，并未见到溶孔。

我们认为这一差异是与沉积时期水动力条件、原始孔隙大小有关。原先良好物性的颗粒灰岩，经后期在 96.1~121.6℃ 温度下发生（热流体）白云石化作用后，因油气的充注，而发生 TSR，导致这些高温白云石发生溶解作用。中古 9 井该层段水溶气中是释放出来的 H_2S，其含量超过 40%。经过模拟计算后，H_2S 含量估值为 5%~20% （Cai et al.，2015b）。H_2S 与储层沥青共生，同时，沥青的 S/C 值和 $\delta^{34}S$ 值均表明是 TSR 的产物 （Cai et al.，2015a）。我们点数显示，该井段 TSR 导致孔隙度增加到 6% 左右。

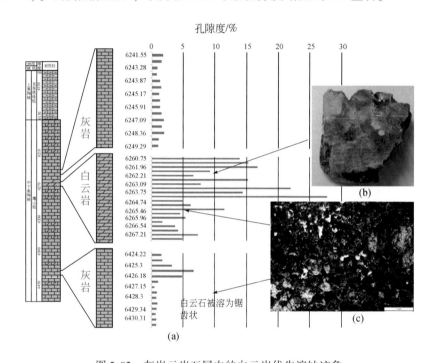

图 5-82　灰岩云岩互层中的白云岩优先溶蚀迹象
（a）中古 9 井取心段孔隙度变化；（b）孔洞发育处岩心照片；（c）白云石溶蚀照片，6265.59m

英买 4 井 5126.7~5135.1m 盐上蓬莱坝组白云岩段岩心具有异常发育的不规则密集溶蚀孔洞 （图 5-83），可见黄铁矿粗晶，点数显示面孔率约为 10%；而灰岩段岩心致密且未发育溶孔。这类孔洞的成因或与后期 TSR 作用有关。镜下可见方解石交代白云石，即去白云石化现象。蓬莱坝组和鹰山组中灰岩段与白云岩段储层物性的明显差异，与沉积时期水动力条件、原始孔隙大小、裂缝发育及深埋藏期 TSR 或热流体作用对白云岩段造成的溶蚀作用有关。无论是白云岩段，还是灰岩段，在白云石化之前都是灰岩，但是，原始沉积环境导致两者沉积颗粒大小不同、原始孔隙度差异，导致后期深部富 Mg^{2+} 热流体优先流入相对多孔的灰岩，发生了热流体白云石化及 TSR 作用。以上因素共同造成了白云岩段明显较好的物性。

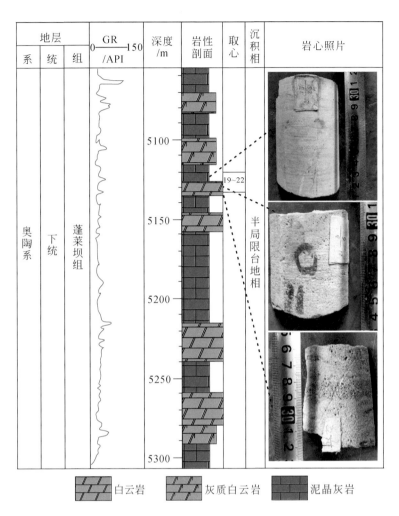

图 5-83　英买 4 井蓬莱坝组与致密灰岩互层中的高孔白云岩

第6章 山前冲断带深层–超深层碎屑岩储层形成机制及分布规律

克拉通、边缘海等盆地是深层–超深层海相碎屑岩储层发育的主要场所，但山前挠曲盆地或冲断带深层–超深层陆相碎屑岩储层，在我国获得了更大的勘探成果。我国山前冲断带地层以陆相岩系为主，部分地区生储盖组合优越，特别是背斜构造圈闭较为发育且与成藏期配置良好，因此具有丰富的油气聚集条件，从而成为中国陆上主要的油气资源勘探区之一。

6.1 山前冲断带深层–超深层碎屑岩储层与油气

山前挠曲盆地是极具油气显示度的勘探区，其构造处于造山带与稳定陆块之间的结合部位。需要说明，部分学者曾将我国中西部与此相关的中–新生代构造单元称为"前陆冲断带"或"再生前陆"，鉴于这些单元在中–新生代大多已无"前陆"属性，因此本书使用陆内造山带前冲断带（简称山前冲断带）代之。

6.1.1 山前冲断带储层沉积特征

我国中西部发育有约 16 个山前冲断带，包括塔里木盆地库车拗陷、塔西南、塔东南、喀什凹陷北缘，准噶尔盆地准西北缘、准南缘、博格达山北缘，柴达木盆地柴北缘、柴西南缘，四川盆地川西北龙门山前、川北米仓山–大巴山前、川西南缘、川东缘，鄂尔多斯盆地鄂西缘，吐哈盆地台北凹陷北缘，祁连山北缘的酒泉盆地西缘冲断带等，其大多数为中–新生代构造活动期形成的（图 6-1）。

作为山前冲断带内所发育的深层碎屑岩储层，其形成与演化受制于多种因素。勘探实践表明，山前冲断带深层碎屑岩储层主要受物质基础、沉积属性、构造样式及流体改造等多因素制约，储层时空分布复杂，储集空间类型多样。

山前冲断带内所发育的碎屑岩储层，其特殊的构造类型和沉积属性，造就了山前冲断带背景下沉积体多表现为近物源的特征。整体上，我国中西部主要山前冲断带典型油气产层主要为扇三角洲、辫状河三角洲甚至冲积扇沉积类型，表现出的沉积粒度主要为中细粒到中粗粒甚至砾级（表 6-1）。沉积粒度在时空差异明显，作为三角洲沉积背景下，水下不同分支河道主控的沉积粒度平面差异较小，而垂向上粒度差异明显，整体上仍然表现出自下而上粒度变细的正韵律。此外，在近物源供给体系下，以岩屑为代表的不稳定组分在不同山前冲断带内均较为富集，整体上均以岩屑长石砂岩、长石岩屑砂岩甚至岩屑砂岩为主。因此对于山前冲断带而言，碎屑岩储层主体沉积表现为近物源中粗粒、岩屑含量高及沉积厚度较大的特征。

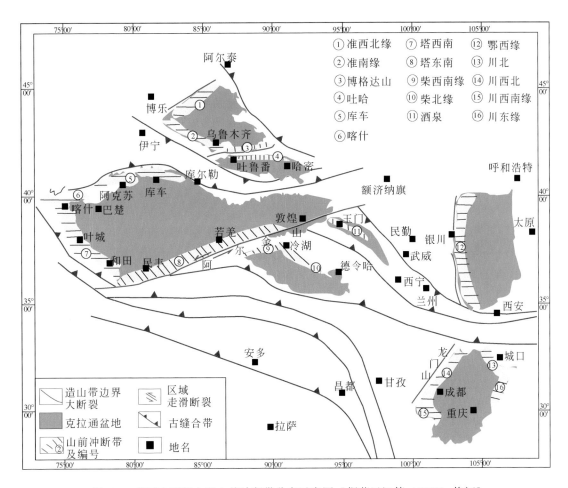

图 6-1　我国中西部主要山前冲断带分布示意图［据蔚远江等（2019）修订］

表 6-1　我国中西部主要山前冲断带重点层系储层沉积特征

盆地名称	研究区域	地层全名	埋藏深度	岩石类型	沉积类型
塔里木盆地	库车拗陷克拉苏构造带	白垩系巴什基奇克组	6000～8000m	长石质岩屑砂岩、岩屑质长石砂岩	辫状河三角洲前缘
	塔西南	白垩系克孜勒苏群	1250～1900m	长石岩屑中细砂岩、岩屑砂岩	陆相冲积扇–辫状河–三角洲–湖泊
	喀什凹陷北缘	白垩系克孜勒苏群	3800～4400m	岩屑砂岩，次为长石砂岩	辫状河—辫状河三角洲，扇三角洲
准噶尔盆地	西北缘	三叠系百口泉组	1500～4000m	长石岩屑砂岩、岩屑砂岩	冲积扇、扇三角洲、辫状河三角洲
	南缘	白垩系清水河组	3482～5798m	长石岩屑砂岩和岩屑砂岩	扇三角洲前缘和滨浅湖滩坝

盆地名称	研究区域	地层全名	埋藏深度	岩石类型	沉积类型
柴达木盆地	柴北缘	下干柴沟组下段	1500~4000m	岩屑长石砂岩、长石岩屑砂岩	辫状河三角洲
鄂尔多斯盆地	鄂西缘	三叠系延长组	1500~2500m	岩屑长石砂岩、长石岩屑砂岩	扇三角洲、辫状河三角洲、湖泊沉积

6.1.2　山前冲断带构造–流体改造

　　山前冲断带最显著的特征就是流体活动的构造驱动机制，即构造成岩作用的普遍发育。山前冲断带强烈构造作用对储层的改造效应涉及构造应变、构造–流体活动、构造成岩作用等方面。构造应变对储层非均质性的改变是山前冲断带最直观的改造效应，如各种变形条带、破裂带等。以库车冲断带为代表的研究成果较多，如早先提出了断弯褶皱、断展褶皱和滑脱褶皱等各种断层相关褶皱（陈楚铭等，1999），其构造侧向挤压显著影响了砂岩储层成岩作用和孔隙演化（寿建峰等，2003）。

　　库车冲断带发育多套膏盐层，导致盐上和盐下的构造样式有很大的差异，而目前国内外对于盐下断背斜裂缝发育特征的研究较少，膏盐层对其下伏断背斜裂缝发育有一定的影响，而且断背斜地质体内的裂缝发育模式不但受断层样式的影响，还受背斜褶皱曲率的制约，如垂向上表现为背斜"中和面"应力分布特征（侯贵廷等，2019；Li et al.，2018）。尽管山前冲断带内断背斜非常发育，然而背斜的差异变形样式（宽缓或紧闭）、中和面位置与上覆膏盐层的厚度、区域应力场和局部应力场以及构造作用强度与埋深的差异性的关联，这些问题仍未解决。

　　构造机制对于储层的改造不仅包括机械压实方面，而且对于成岩流体的驱动也具有重要意义。Laubach等（2010）认为构造成岩作用主要研究变形作用和变形构造与沉积物化学变化之间存在明显的相互关系，并利用构造成岩作用的思路研究和评价储层中天然构造裂缝及孔隙度的演化过程。研究表明，天然构造裂缝是构造成岩作用的典型产物，其孔隙演化及有效性主要取决于构造作用形成的裂缝及其以后伴生的成岩胶结作用和溶蚀作用。

　　对于深层致密碎屑岩储集体而言，强构造应变将可能在相当程度上改善裂缝及其相关构造–流体–岩石作用的发育，并有利于规模储集空间的形成分布。同时，构造作用控制了储层埋藏后成岩流体性质的变化，制约了流体的流动方式和相应成岩自生矿物的沉淀（表6-2），具体表现在，构造的抬升、沉降、走滑活动是不稳定碎屑组分溶解、沉淀及其次生孔、缝发育的重要驱动因素，二者之间往往具有同时性和因果性（李忠，2016）。

　　此外，断背斜内所形成的天然裂缝在张开、扩展过程的中后期，常被石英、方解石等矿物胶结、充填而变成无效裂缝，而之后的溶蚀作用还可以使这些无效裂缝再变成有效裂缝，裂缝有效性的时空变化使得针对裂缝储集性的评价变得复杂和困难。与此同时，裂缝充填与孔隙保存之间的流体耦合关系也值得进一步探讨。

表 6-2　不同构造性质（背景）下储层的构造流体改造模式［据李忠等（2018）修订］

岩类	作用类型	碎屑岩（砂岩）
弱应变	压实/压溶	压实变形条带广泛发育
	胶结/充填	对胶结和充填作用影响不大
	溶蚀/扩溶	对溶蚀和扩溶作用影响不大
强应变	压实/压溶	促进压实/压溶作用，微裂缝局域发育，变形条带局域保存
	胶结/充填	可在应变范围内或局域促进粒间胶结和裂缝充填作用
	溶蚀/扩溶	可在应变范围内或局域促进溶蚀和裂缝扩溶作用

因此，山前冲断带内超深层储层在形成和演化过程中发生的构造作用和成岩作用的相互耦合关系非常重要且极其复杂，构造活动的差异性是导致储层成岩演化和时空分布差异的关键。

6.1.3　山前冲断带储层保存–改造机制

作为构造、流体、深层共同叠加制约下的碎屑岩储层，其整体往往表现为低孔低渗的致密储层。其内部储集空间复杂多变，但其主体仍为孔缝结构。孔隙和裂缝的发育程度共同决定了深层油气藏能否高产、稳产，而且裂缝在改善储层孔渗特征方面发挥着极大贡献。因此，以储集空间类型，按照孔隙与裂缝的配置关系，将深层碎屑岩储层的"甜点"区带分为孔隙型、裂缝型和孔隙–裂缝型。而围绕着深层储集体的形成机制，可将上述甜点类型进一步划分为保存型、改造型、改造–保存型。

对于保存型储层形成机制，主要指原生孔隙的保存机制，前人对此做了非常详细的论述，涵盖了沉积组构、埋藏方式、成岩抑制、异常压力、构造样式等，其造成的共同属性为弱压实和弱胶结，而这两方面条件也成为保存型储层的关键。

对于改造型储层形成机制，主要指次生储集空间的规模性产出机制，常见的改造型储集空间包括溶蚀孔隙和构造裂缝。围绕着构造裂缝的产出机制，构造地质学家联合储层地质学家做了非常细致的工作，建立了多种裂缝产出模式，这部分在前文中已有介绍；深层碎屑岩储层内溶蚀孔隙的产出机制主要有两类，包括与油气成藏相伴生的酸性流体注入，以及煤系地层裂解酸性流体的层间渗流。

针对库车拗陷山前冲断带，前人详细解析了物源供给、沉积相、埋藏成岩等对山前冲断带碎屑岩储层形成的控制机制，推进了深层储集体的特征和分布认识（孙龙德等，2010，2013；汪新等，2010；李忠等，2013；贾承造和庞雄奇，2015；Zhang Y et al.，2015；蔚远江等，2019）。然而，由于山前冲断带深层储集体受到强烈构造应力、热体制变化及其共同制约下的流体–岩石相互作用的多重叠加改造，因此该类深层碎屑岩储层表现出特殊的物性演变和分布（Bloch et al.，2002；寿建峰等，2006，2007；Dutton et al.，2012；李忠等，2009，2016），以至于迄今我们对构造变形及其相关构造–流体叠加活动与砂岩储层形成演化或改造效应的关系知之甚少（Morad et al.，2000）。

因此，以山前冲断带深陷区为靶区，对比全球典型山前冲断带含油气区，解析不同类型（重点为构造样式类型及层系叠置关系）靶区的异同点；在此基础上，以塔里木盆地库车拗陷白垩系的非煤系地层为例，通过结构定量表征、孔缝显微刻画、力学属性测试、温压条件解析、流体成因及示踪分析、成岩过程模拟、地球物理识别等手段，重点解析规模碎屑岩储层不同尺度的构造-组构-流体作用效应，认识深层储层储集空间类型与储集物性的埋藏演化；结合国际调研和对比，综合研究不同构造和不同组构体制下的典型成岩改造机制，揭示其对深层碎屑岩规模储层形成分布的控制作用。

6.2　库车冲断带深层–超深层碎屑岩储层表征

库车冲断带整体发育在天山褶皱带与塔里木板块北缘的接合部。前人通过盆地沉积格架及构造样式的解析，并与盆地邻近造山带的形成与演化联系起来，恢复和重建了地质历史时期盆地原型和叠加过程（贾承造，1999；刘志宏等，2000；刘和甫等，2000；汪新等，2002；何登发等，2009；王清晨和李忠，2007）。研究认为，库车拗陷构造演化可以分为四个阶段：中晚三叠世—中侏罗世平稳或渐弱、晚侏罗世—早白垩世加剧、晚白垩世—古近纪较弱、新近纪再度活跃并达到最强，总体受控于欧亚板块南缘与中国拉萨、印度等块体分别在晚中生代和新近纪的拼合-碰撞作用（Graham et al., 1993；Li and Peng, 2010）。

库车冲断带发育古近系膏盐层与白垩系砂岩、侏罗系湖相泥岩与砂岩两套区域性的储盖组合，其中盐下白垩系储层的勘探取得了丰硕的成果，目前主要的产区包括跨入深层甚至超深层的克深地区与大北地区，以及位于中浅层的克拉地区。冲断带挤压背景下的超深层致密砂岩储层（克深地区和大北地区），其特征既与以克拉 2 井为代表的中浅层砂岩储层不同，又与我国中东部常见的致密砂岩有很大差异。以下以克深地区白垩系砂岩为例，介绍冲断带内深层–超深层白垩系碎屑岩储层特征，并综合分析预测白垩系、侏罗系深层砂岩储层分布规律。

6.2.1　构造格局及构造样式差异

1. 构造格局

库车冲断带古构造变形格局最明显的特征是"南北分带、东西分块"，反映在古构造应力的分布上也有此特征。以古构造应力观测数据为分带依据（李忠等，2009），该区南北方向上可分为 3 个带（图 6-2）。

（1）强应变压实带：该带分布于库车冲断带的根带—中锋带，相当于北部单斜带。该带侏罗和白垩系岩石的古构造应力一般大于 100MPa，目前测得的最大古构造应力为乌恰沟地区的 156MPa；古近系岩石的古构造应力一般大于 70MPa，是山前拗陷强构造成岩作用地区，构造压实量一般大于 10%，对孔隙保存的影响很大。如克孜 1 井、依西 1 井等储层致密的原因主要在于强烈的构造挤压；地表如吐格尔明背斜北翼、克孜勒努尔沟和乌恰沟等，尤其是乌恰沟，侏罗系储层十分致密的原因在于强烈的构造挤压。当然高构造应变带也使构造缝和压碎缝很发育。该带其他成岩背景标志是地温梯度较高（为 2.6 ~

2.8℃/100m）、硅质碎屑含量较低或塑性碎屑颗粒含量较高。

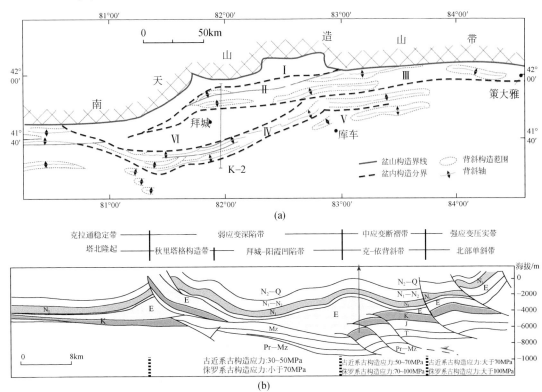

图 6-2　库车冲断带构造位置（a）与应变分带格局（b）

（2）中应变断褶带：该带分布于库车冲断带的前锋带和凹陷带之间，相当于克-依背斜带。该带侏罗系和白垩系岩石的古构造应力一般大于 70MPa，古近系岩石的古构造应力一般大于 50MPa，是山前拗陷较强构造成岩作用地区，构造压实量一般在 5%~10%，对孔隙保存的影响仍然较大。如大北 3 井、依南 2 井等储层的构造减孔作用仍显著，裂缝也较发育。该带其他成岩背景标志是地温梯度在 2.4~2.6℃/100m，硅质碎屑含量有所增加或塑性碎屑颗粒含量有所降低。由于断裂/裂缝仍较发育、构造剥蚀/隆升也较强，因此大气水对储层可能仍有影响。

（3）弱应变深陷带：该带分布于库车冲断带的凹陷带南部至隆起冲断带，相当于拜城-阳霞凹陷和秋里塔格构造带。该带侏罗系和白垩系岩石的古构造应力一般小于 70MPa，古近系岩石的古构造应力一般小于 50MPa，是山前拗陷较弱构造成岩作用地区，构造压实量一般在 3%~5%，对孔隙保存仍有影响。该带其他成岩背景标志是地温梯度在 2.2~2.4℃/100m，硅质碎屑含量明显增加或塑性碎屑颗粒含量明显降低。从秋 8 井和秋 5 井的岩石薄片观察反映出，该带砂岩的胶结作用也较弱，要明显低于中应变断褶带。

从上分析可知，在库车冲断带，中-弱应变带储层形成、演化的地质条件利于深层-超深层储层孔隙保存，主要反映在较低的地温梯度、较高的硅质碎屑含量（使岩石的抗压性增强）及适宜的构造应力。该带秋 8 井白垩系仍保存较高的原生孔隙度就与此有关。弱造应变带再往南则为塔北地区,其构造应力要低于"弱应变带",对砂岩孔隙保存的影响进一步减弱。

2. 典型构造样式

克深地区整体位于库车拗陷克–依背斜带内,是一个逆冲主体构造带(图6-3)。克–依背斜带主要包括库姆格列木背斜、喀桑托开背斜、依奇克里克背斜和吐格尔明背斜。它们均属断层相关褶皱,以断展褶皱为主。这些背斜的两翼不对称,倾角为50°~70°,北缓南陡,轴部一般出露下白垩统及上侏罗统。但在吐格尔明背斜核部出露了前震旦系花岗岩,其两翼反转为南缓北陡,并可见新近系与中生界、白垩系与侏罗系的不整合面,表明东段构造隆起高,其形成时期较早,而自东向西,地层构造隆起逐渐降低,表明其构造期次较晚。

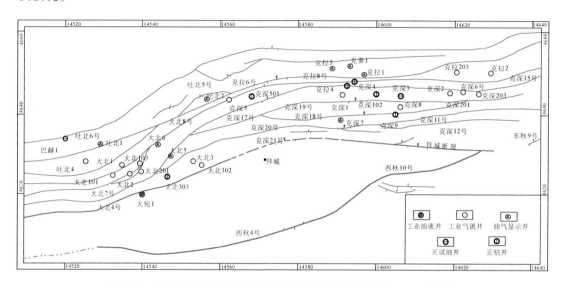

图6-3　克拉苏构造带东西分带划分图[据徐振平等(2012)修订]

克拉苏构造带自东向西依次划分为克拉3段、克深段、大北段、博孜段及阿瓦特段。其中克深段主要涵盖了克深2、克深5、克深8、克深9、克深12和克深13井区(图6-3)。克深地区东段与克深井区西段构造样式存在差异性(图6-4)。其中,克深井区东段北部克深6、克深10、克拉2、克拉8以及克拉1垂向位移大,应力状态为斜向挤压,以开阔褶皱为主,且高点多靠近断背斜南侧,克拉2发育反冲构造以及次级断层。克深段南部以水平滑移为主,多为平缓褶皱;克深2、克深8为不对称褶皱,克深12、克深13为近似对称褶皱;克深2、克深8、克深9、克深12和克深13发育反冲构造和构造三角带,其中克深2发育二级反冲构造。

克深井区西段地震剖面北部克深5和克深11垂向位移较大,但南部与北部都以平缓褶皱为主,且多不对称,中部多为开阔褶皱。克深5高点靠近断背斜北侧,克深11、克深18和克深20的高点靠近南侧;反冲构造以及次级断层不发育,只在克深21有反冲构造及构造三角带[图6-4(b)]。

按照翼间角差异,可将克拉苏构造带盐下断背斜构造样式划分出平缓褶皱以及开阔褶

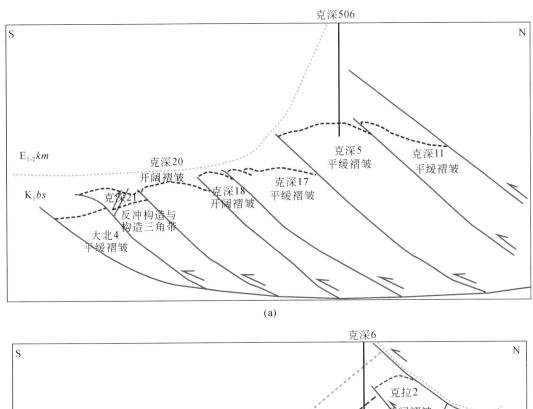

(a)

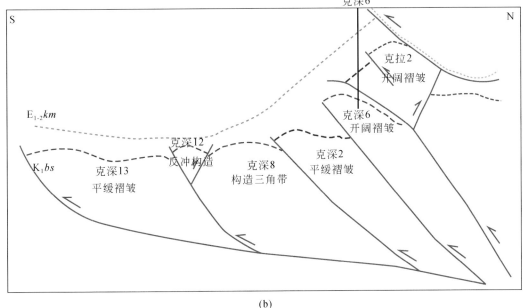

(b)

图 6-4　克深地区西段（a）和东段（b）南北向叠前深度剖面解释图

皱两大类，以开阔褶皱为主。依据次级断层发育及组合特征，平缓褶皱发育两断式平缓褶皱、反冲构造、二级反冲构造、凹型构造三角带以及凸型构造三角带（应力集中区，有利于裂缝发育）；开阔褶皱发育两断式开阔褶皱、次级同倾反冲构造及三断式构造。开阔褶皱包括两断式、次断同倾和三断式开阔褶皱，多分布在克深断裂以北的克拉 2、克深 6 断背斜。两断式平缓褶皱多分布在克深段南带、博孜段和大北段；反冲构造及构造三角带在克拉苏构造带的西段发育（图 6-5）。

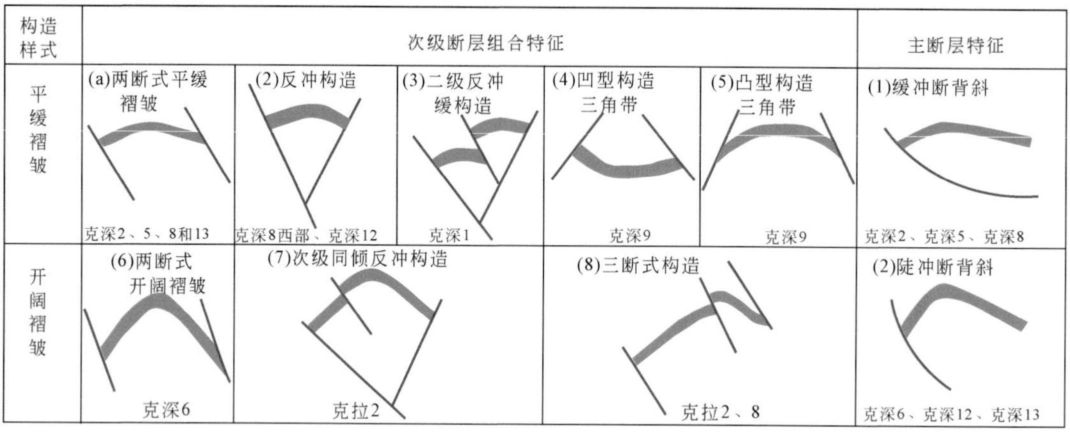

图 6-5 依据地震剖面解释差异变形特征的构造样式分类图［据侯贵廷等（2019）修订］

博孜段以平缓褶皱为主，南部发育一处反冲构造及构造三角带。克深 5 段以平缓褶皱为主，南部发育一处反冲构造及构造三角带。克深-克拉地区盐下断背斜构造样式具有南北分带的特征，北带以开阔褶皱为主，南带以平缓褶皱为主。阿瓦段构造样式简单，有开阔褶皱、平缓褶皱，无次级断层组合构造，但垂向位移巨大。大北段构造样式简单，有开阔褶皱、平缓褶皱，无次级断层组合构造，南部垂向位移大。克深段构造样式复杂，发育开阔褶皱、平缓褶皱以及次级断层组合构造，南带垂向位移小，北带垂向位移大。克拉 3 段构造样式简单，仅发育开阔褶皱，无次级断层组合构造，但垂向位移大。

综上所述，克拉苏构造带盐下断背斜具有如下分布规律。

（1）克拉苏构造带克深地区盐下断背斜构造样式具有南北分带的特征。克深断裂以北的断背斜以中常-开阔褶皱为主，并且同倾次级断层、反冲断层发育，形成次断同倾反冲构造和三断式构造；克深断裂以南的断背斜以平缓褶皱为主，在中带（克深 2、8）以及南带（克深 12）地区发育反冲构造和凹型、凸型构造三角带（克深 9）。

（2）克拉苏构造带盐下断背斜构造样式具有东西分段的特征。克拉段构造样式简单，均为开阔褶皱，无次级断层组合样式；克深段构造样式复杂，北部多发育开阔褶皱、次断同倾反冲构造和三断式构造，南部多发育平缓褶皱、反冲构造、二级反冲构造及凸型和凹型构造三角带；克深 5 段构造样式不同于克深段，总体为平缓褶皱、开阔褶皱，只在南部发育一处反冲构造及构造三角带（克深 21）；大北段北部发育平缓褶皱，南部垂向位移大，以开阔褶皱为主，无次级断层组合样式；博孜段主体为平缓褶皱，南部发育反冲构造及构造三角带（博孜 7）；阿瓦段见开阔褶皱和平缓褶皱，次级断层组合不发育。

6.2.2 沉积物质基础

1. 岩相学特征

在库车拗陷，中-新生代地层发育齐全，出露良好，分布广泛。研究区白垩系主要为一套陆相紫红色碎屑岩沉积，与上覆古近系平行不整合或角度不整合接触；与下伏侏罗系喀拉扎组平行不整合接触，一般厚237~1679m。

库车拗陷自中生代以来，受南天山造山带多期次隆升、陆内造山作用的影响，总体上呈现"北山南盆"的古构造与古地理格局（贾承造，1997；卢华复等，1999）。尽管该区强烈的挤压挠曲发生在新生代（特别是晚新生代加剧），但在白垩纪沉积充填阶段就呈现了挠曲盆地隆拗剖面的特征（图6-6）。南北向"北高南低"、东西向"拗隆相间"的古地貌特点，控制了白垩纪沉积期沉积相带与骨架砂体的展布（刘志宏等，2001；雷刚林等，2007）。

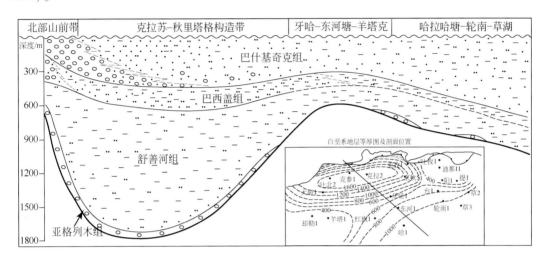

图6-6 库车拗陷白垩系沉积剖面示意图

库车拗陷白垩系巴什基奇克组是研究区重要储集层位。根据岩性组合关系自上而下可划分为三个岩性段。下部巴三段总体发育扇三角洲前缘亚相，岩石类型主要为岩屑砂岩、长石岩屑砂岩，岩屑含量高，成分成熟度中-低；粒度明显偏粗，分选中等偏差，磨圆为次棱角状，结构成熟度偏低。北部发育较多的细砾岩、含砾砂岩、粗砂岩，砾石多由红褐色单成分泥砾组成，与沉积体系中泥岩颜色、成分一致，以杂基支撑为主，也可见复成分砾岩，发育多种交错层理，砾岩叠覆冲刷，正韵律之间的红褐色泥岩保存较少，同时可见生物扰动构造。通过岩心观察与测井分析可识别出水下分流河道、分流间湾、河口坝三种沉积微相（图6-7）。

巴什基奇克组第二、一段沉积期，构造活动减弱，地势变缓，发育辫状河三角洲平原河道沉积，以河流体系的高度河道化、更持续的水流和良好的侧向连续性为特征，沉积物中含丰富的交错层理，砂砾岩显示清晰的正韵律。辫状河三角洲水下部分亦具特色，其前缘部分以非常活跃的水下分流河道沉积为主，发育规模很大，颇具特征的层理构造，具向上变细层序；河口砂坝虽没有正常三角洲限定性强，但远较扇三角洲好，且分布普遍（图6-7）。

2. 岩石组构特征

山前冲断带内储层的物质基础受制于物源类型、搬运过程及沉积展布等多重因素。库

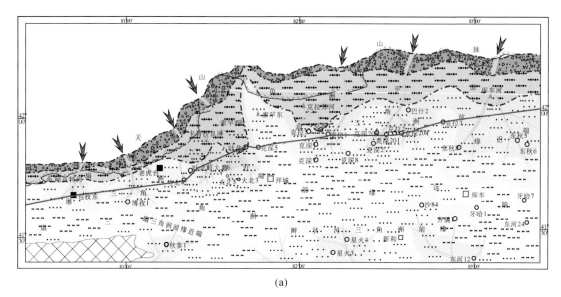

(a)

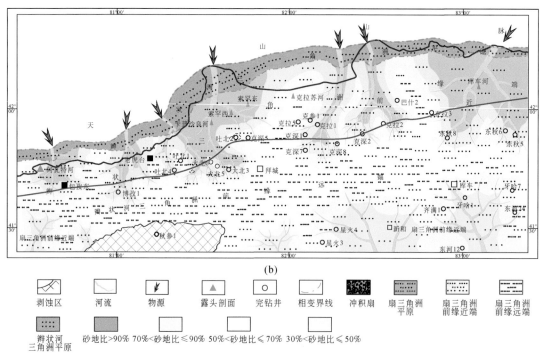

(b)

图6-7　库车拗陷克深地区白垩系巴什基奇克组第三段（a）和第二段（b）
沉积相图［据李勇等（2017）修订］

车拗陷巴什基奇克组博孜-大北-克深地区均为扇三角洲前缘沉积环境，主要发育水下分流河道含砾细砂岩、粉-细砂岩，砂岩厚度10~80m，成分成熟度和结构成熟度整体较低，反映出近源、牵引流和重力流兼具的沉积特征；第一和第二岩心段处于巴什基奇克组沉积的中晚期阶段，博孜-大北-克深地区均为辫状河三角洲前缘沉积环境，发育水下分流河道粉–细–中砂岩，砂岩厚度 120 ~ 160m，成分成熟度和结构成熟度整体较高，反映出远源、牵引流的沉积特征。可以看出，作为山前冲断带碎屑岩地层，物源快速堆积和时空相变频繁是其固有的沉积特征。

来自库车拗陷克拉苏构造带内克拉、克深、大北地区的白垩系巴什基奇克组储层 1845 个岩石薄片鉴定结果表明，岩石类型主要为岩屑质长石砂岩（45.5%）、长石质岩屑砂岩（37.7%）及岩屑砂岩（16.2%）。数据表明，克拉井区储层岩石类型以岩屑砂岩和长石质岩屑砂岩为主，克深地区储层岩石类型以长石质岩屑砂岩和岩屑质长石砂岩为主，而大北井区储层岩石类型以岩屑质长石砂岩和长石质岩屑砂岩为主。

选取克深地区典型井，统计研究区 300 多个数据点，克深地区巴什基奇克组储层岩性以红褐色岩屑长石砂岩和长石质岩屑砂岩为主。其中，石英含量为 40% ~ 60%，石英平均含量为 43.9%；长石含量为 24% ~ 46%，长石平均含量为 30.8%，以钾长石发育为主；岩屑含量为 19% ~ 32%，岩屑平均含量为 25.3%。

白垩系巴什基奇克组一段储层岩石类型以细–中粒岩屑长石砂岩为主，含少量长石岩屑砂岩，以钾长石为主，岩屑主要为岩浆岩屑，其次为变质岩屑；巴什基奇克组二段储层岩石类型以细–中粒岩屑长石砂岩为主，含少量长石岩屑砂岩，石英含量一般为 41.0% ~ 56.0%，长石含量一般为 20% ~ 33%，以钾长石为主，岩屑含量一般为 13% ~ 28%，以岩浆岩屑为主，其次为变质岩屑；巴什基奇克组三段储层岩石类型以细–极细粒岩屑长石砂岩、长石岩屑砂岩为主，长石以钾长石为主，岩屑以岩浆岩屑为主，其次为变质岩屑（表6-3）。纵向上，巴什基奇克组一段至三段，岩矿成分变化小，以岩屑长石砂岩为主，其次为长石岩屑砂岩，石英、长石含量相对稳定。

表6-3　库车拗陷白垩系巴什基奇克组碎屑组分含量表

层段	石英平均含量/%	长石平均含量/%	岩屑平均含量/%
巴一段	49.2	28.8	22.0
巴二段	49.1	31.7	19.3
巴三段	49.0	30.8	20.3

根据薄片观察结果及数据统计（数据点为 130 个），巴什基奇克组碎屑岩填隙物含量较高，分布于 4% ~ 10%，平均为 7.1%。其中以粉砂岩和砾岩杂基含量较高，一般为 10% ~ 25%。杂基含量主要受沉积水动力条件控制，一般快速堆积、短距离搬运的扇三角洲杂基含量较高，而搬运距离较远的辫状河三角洲杂基含量较低。各层段杂基含量以巴三段最高，其次为巴一段，巴二段杂基含量最低。

胶结物含量平均约占 7.1%，局部可达 25% 左右。胶结物以方解石、白云石、硬石膏等呈孔隙式胶结为主（图 6-8）。

白垩系巴什基奇克组砂岩中黏土矿物组合为伊蒙混层–伊利石–绿泥石组合，其中以伊蒙混层、伊利石为主，含少量高岭石和绿泥石。

总体而言，克深地区巴什基奇克组纵向上自上而下，伊利石、高岭石含量有依次增加趋势，巴一段低于巴二段；绿泥石含量有降低趋势，巴一段高于巴二段；平面上背斜构造

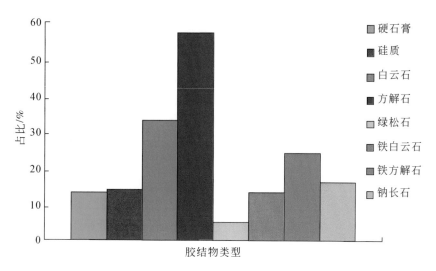

图6-8　库车拗陷克深地区白垩系巴什基奇克组储层胶结物类型直方图

东部区伊蒙混层、伊利石含量总体高于背斜西部区。

统计发现（数据点130个），库车拗陷克深地区白垩系巴什基奇克组颗粒分选中等–好，磨圆度中等–较差，碎屑颗粒呈次圆–次棱角状。层段整体成熟度较低，以颗粒支撑为主，少量以杂基支撑为主。

库车拗陷白垩系巴什基奇克组储集体的组构分异机制主要为不同物源供给因素，而以搬运过程为代表的沉积环境所造成的上述差异并非主控机制。对于山前冲断带碎屑岩储层的沉积组构而言，平面分异的核心是沉积组分含量，而垂向分异的核心是沉积粒度大小。

3. 储集性特征与分布

1）储层物性

物性分析是储层评价的标准，物性的好坏直接影响储层的级别分类。研究区白垩系巴什基奇克组储层的物性特征主要由孔隙度和渗透率两项指标来表征（图6-9）。

根据储层岩石孔渗性实测数据显示（数据点数为250个左右），研究区岩石的孔隙度主要分布在2%~12%，渗透率分布在0.001~10mD，基质渗透率主要分布在0.001~0.1mD，构造裂缝层段渗透率主要分布在1~10mD，由《油气储层评价方法》（SY/T 6285—2011）可知，储层具有低孔低渗–特低孔特低渗的特征。研究区储层基质储集性能很小，孔隙为微米级别，喉道为纳米级别。根据前人实测数据显示，构造裂缝对研究区巴什基奇克组储层物性起到了关键性的突出贡献，可以有效沟通孔隙，改善储层物性，提升储层渗透率可以达到1~3个数量级（图6-10）。

由于受到应力的影响，储层内部挤压应力环境变得复杂，储层垂向具有分层的特点，物性在垂向上也表现出差异。前已述及，将巴什基奇克组分为张性段、过渡段及压性段三个应力段，垂向上物性的差异将以三个应力段来表现（图6-11）。

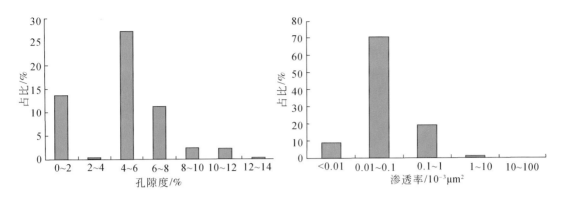

图 6-9　库车拗陷克深地区白垩系巴什基奇克组孔渗数据直方图

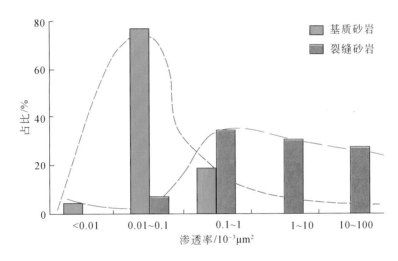

图 6-10　库车拗陷克深地区白垩系巴什基奇克组储层中裂缝砂岩与基质砂岩渗透率对比

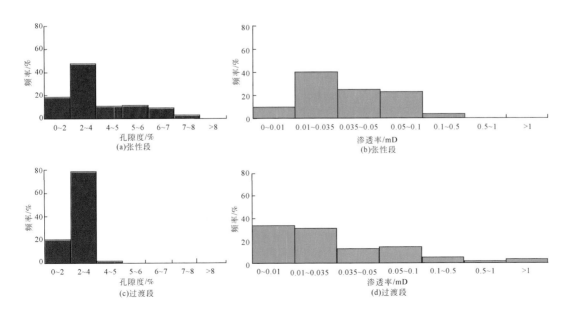

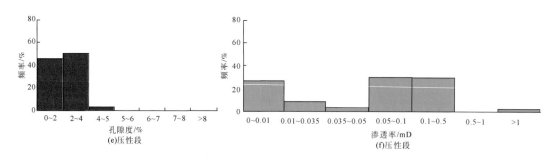

图 6-11 库车拗陷克深地区白垩系巴什基奇克组不同应力段物性特征

前人统计克深 5 井区白垩系巴什基奇克组的 615 块样品孔渗数据得出，不同应力段的孔隙度和渗透率主要分布区间存在差异，约 81% 的张性段样品孔隙度集中在 2.0% ~ 8.0%，渗透率为 0.010 ~ 0.100mD 的样品占比 87%，平均为 0.047mD；过渡段样品孔隙度在 2.0% ~ 4.0% 的约占 79%，而 64.5% 的样品渗透率小于 0.035mD；压性段 95.9% 的样品孔隙度小于 4.0%，渗透率大于 0.050mD 的样品为 61.8%。从不同应力段孔渗数据的统计结果可以看出，从张性段到压性段，孔隙度逐渐变小，渗透率逐渐增大，物性在垂向上具有差异特征，并且与应力段具有很好的对应关系。因此，克深构造段裂缝输导体系，优势输导层为张性段，其次为压性段，过渡段起到调节作用。

2）孔隙成因类型

克深地区巴什基奇克组普遍埋深在 5000m 以上，属于超深层碎屑岩储层，但却是库车拗陷高产储层。通过铸体薄片镜下观察，库车拗陷巴什基奇克组储集空间主要有原生粒间孔、裂缝以及各种类型的次生孔隙，以原生粒间孔为主，其占比较大（图 6-12）。

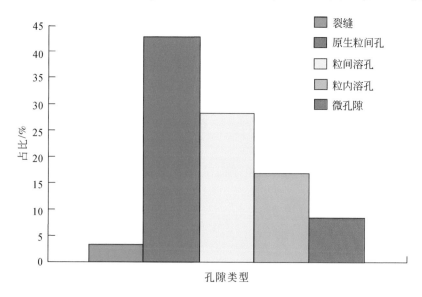

图 6-12 克深地区白垩系巴什基奇克组孔隙类型

铸体薄片镜下显示表明，埋深超过 6000m 的储层其原生粒间孔发育，孔隙轮廓形态多呈棱角状的三角形或者是不规则的多边形，边缘光滑平直，发育在颗粒之间，普遍是石英颗粒这种刚性颗粒间最为常见（图6-13）。在镜下呈现出港湾状、锯齿状或者不规则形状的次生孔隙，通常作为原生粒间孔的扩大部分，容易形成线状或者带状，一般为长石溶蚀形成的溶蚀孔隙和方解石胶结物被酸性流体溶蚀所形成的次生孔隙，可改善物性，进一步提升储层孔隙结构以及渗透能力。

图 6-13　库车拗陷克深地区白垩系巴什基奇克组显微镜下孔隙面貌特征图版

（a）克深 2-1-5 井，6714m，巴二段，（长石）溶蚀孔发育；（b）克深 2-2-1 井，6617m，巴一段，粒间孔发育；（c）克深 8-8 井，6865m，巴二段，（长石）溶蚀孔发育；（d）克深 209 井，6701m，巴二段，粒间孔发育；（e）克深 801 井，7228.6m，未充填构造缝；（f）克深 802 井，7235.05m，未充填构造缝。K. 长石颗粒；Q. 石英颗粒；PP. 原生孔隙；SP. 次生孔隙

　　虽然裂缝在储集空间类型中占比不大，但却是埋深超过 5000m 的白垩系巴什基奇克组这个超深层碎屑岩储层成为优质储层的重要因素。据前人研究，裂缝可以有效连通裂缝周围孔喉，扮演着至关重要的角色。

　　白垩系巴什基奇克组超过6500m的超深层，受到的压实作用很强，原生粒间孔占储集空间类型比重较大，在垂向上具有差异。前面已经讨论了有关研究区垂向上应力段分段的问题，在此不再重复阐述。通过统计对比克深地区同一口井不同应力段下的原生粒间孔发现，张性段的原生粒间孔明显发育，孔隙较大，呈现大的锐角三角形形状；压性段的原生粒间孔孔隙半径明显较张性段小，原生粒间孔受到的压实作用较大，形状已经不呈明显的三角形，而表现出钝角三角形形状，甚至有的接近长条形（图6-14），原生减孔现象明显，溶蚀作用小，次生孔隙不发育，导致压性段孔隙度较低。

图6-14　库车拗陷克深地区巴什基奇克组储集空间显微特征对比图
（a）克深201井，6509.67m，张性段原生粒间孔发育；（b）克深201井，6705.43m，压性段原生粒间孔不发育

6.2.3　构造裂缝发育特征

1. 构造裂缝岩心表征

　　统计克深地区14口取心井岩心构造裂缝发育情况表明，研究区岩心构造裂缝主要发育逆冲挤压背景下造成的剪切裂缝（图6-15），裂缝面平直、光滑，延伸较长，开度一般在0.2~1.5mm，最大可达4.0mm；同时可见张裂缝，裂缝面粗糙。

　　研究区构造裂缝以高角度缝（45°≤倾角<75°）［图6-15（a）~（c）、（e）］和近直立缝（倾角≥75°）［图6-15（d）、（f）］为主，见以平行排列的低角度缝（15°≤倾角<45°）和水平缝（倾角<15°），也可见裂缝以相互交叉排列的网状缝。结合电成像测井裂缝解释成果可以看出，裂缝表现出平行式组合［图6-16（a）、（b）］、斜交式组合以及杂乱式网状组合特征［图6-16（c）］。

　　关于裂缝期次问题的探究，前人从古应力方向、裂缝走向等因素来识别划分裂缝期次问题。结合前人研究成果，白垩纪以来主要受到三期大规模构造运动，明确发育三期构造裂缝，分别对应着不同的构造事件。

(c)   (d)

(e)   (f)

图 6-15　库车拗陷克深地区白垩系巴什基奇克组构造裂缝

（a）克深 2-2-14 井，6563.55m，高角度全充填裂缝；（b）克深 2-2-8 井，6725.12m，高角度未充填裂缝；（c）克深 2-2-14 井，6564.4m，高角度半充填裂缝；（d）克深 2-2-3 井，6945.94m，近直立未充填裂缝；（e）克深 2-1-14 井，6560.71m，两组平行高角度全充填裂缝；（f）克深 8-2 井，6785.2m，一组近直立半充填裂缝

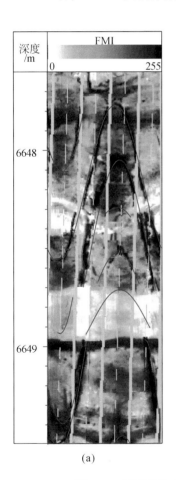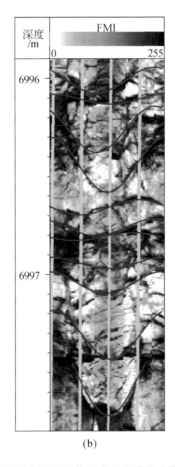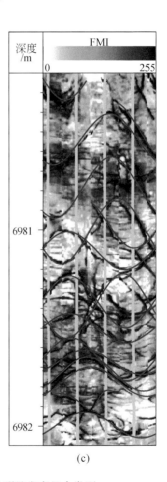

(a)   (b)   (c)

图 6-16　库车拗陷克深地区白垩系巴什基奇克组单井成像测井裂缝发育组合类型

（a）多组平行高角度裂缝，克深 208 井，6647.6～6649.5m；（b）多组斜交中–低角度缝，克深 207 井，6996.0～6697.8m；（c）上部发育平行裂缝中下部发育多组杂乱网状缝，克深 207 井，6980.0～6980.2m

研究区第一期构造裂缝发生在白垩系—古近系沉积末期，克深地区当时受到近 SN 向伸展作用，形成 NWW–SEE 方向的构造裂缝；第二期构造裂缝发生在古近系苏维依组—新近系库车组沉积末期，由于印度板块和欧亚板块发生强烈碰撞，使得南天山造山带再一次活化，形成了强烈的挤压环境，主应力方向表现为 NNW–SSE 方向；而第三期构造裂缝是发生在第四系沉积时期，约在 5Ma 上新世发生最强烈的一次构造运动，印度板块和欧亚板块强烈碰撞，研究区受到强烈的构造挤压，此时发育大量断层，古构造应力方向为近 SN 向，据研究表明，这一期的构造裂缝充填程度不高，多表现为未充填构造裂缝。

通过 14 口取心井岩心观察发现，克深地区裂缝普遍发育，且裂缝互相切割的现象普遍，裂缝的这种交切关系可以直观辨别裂缝形成的期次，从宏观的角度去分析裂缝形成期次问题是最简单、最容易的。

该区裂缝交切关系主要发育有未充填裂缝切割未充填裂缝型 [图 6-17（a）]、未充填裂缝切割全充填裂缝型 [图 6-17（b）]、全充填裂缝切割未充填裂缝型 [图 6-17（c）]以及全充填裂缝切割半充填裂缝型 [图 6-17（d）]。这种切割与被切割的关系也就形成了先后时间顺序，被切割的裂缝要先形成，切割的裂缝后形成，因此裂缝发育多期次的特点，从宏观角度发现，研究区的构造裂缝的产出表现出三期。每期具有不同的特征属性（图 6-18），都对应着不同的构造过程（图 6-19）。

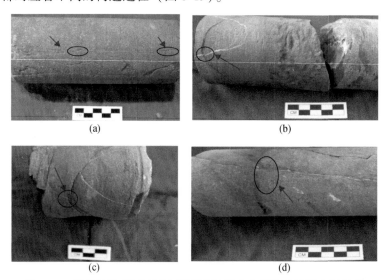

图 6-17　库车拗陷克深地区白垩系巴什基奇克组构造裂缝交切关系

（a）克深 2-2-8 井，6716.0m，三期构造裂缝；（b）克深 2-2-3 井，6940.5m，二期构造裂缝；（c）克深 802 井，7327.0m，二期构造裂缝；（d）克深 2-2-3 井，6937.5m，二期构造裂缝

基于研究区构造古应力场演变演化过程，结合野外露头和岩心观察以及测井资料等，将研究区构造裂缝划分为三期。

第一期构造裂缝：在白垩纪受到近 SN 向伸展作用，特别是白垩纪晚期研究区整体隆升引发的侧向伸展作用，导致隆升节理或卸载节理的形成（张仲培等，2006），该阶段最大主应力 σ_1 呈垂直方向，最小主应力 σ_3 为近 SN 向的拉张应力，从而形成 NWW–SEE 向的构造裂缝，同时古近纪的伸展作用使得 NWW–SEE 向的构造裂缝进一步扩展和活化，该期裂缝在克深 201 井发育。由于该期裂缝形成时间较早，多被胶结物所充填，对储层改善作用较小。

第二期构造裂缝：新近纪以来，印度板块与欧亚板块强烈碰撞，南天山造山带活化隆升，在库车拗陷开始形成逆冲褶皱冲断带，背斜核部发生拱张作用以及异常高压流体作用（张仲培等，2006），形成第二期 NWW-SEE 向裂缝或再活化早期 NWW-SEE 向裂缝，使得裂缝开度增加，成为潜在的高产井（王珂等，2016）。同时，强烈的构造挤压作用在褶皱翼部形成大量的 NNW-SSW 向构造裂缝。在挤压隆升过程中背斜核部产生张应力分量，减弱了构造挤压应力的影响，导致背斜核部与翼部相比，该期裂缝发育较少。与克深 201 井（核部）相比，克深 207 井（翼部）该期构造裂缝发育，占总裂缝数量的 48% 左右。该电期裂缝以充填和半充填为主，对储层改善作用较大。

地质年代	K	E		N	Q
构造阶段	褶皱前构造作用阶段		同褶皱构造作用阶段		
裂缝走向 应力方向	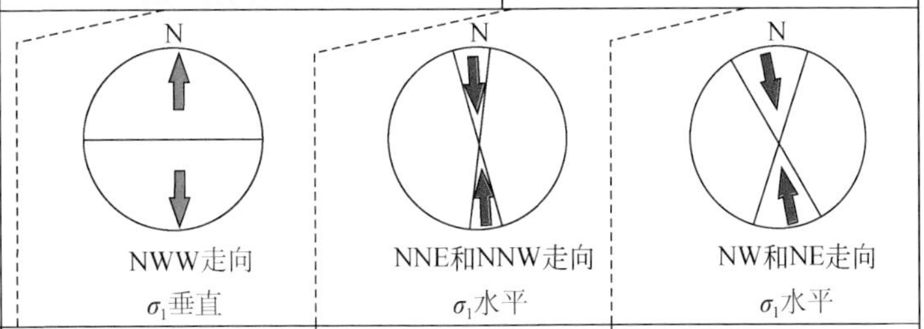 N NWW走向 σ_1垂直	N NNE和NNW走向 σ_1水平		N NW和NE走向 σ_1水平	
分布	背斜核部	背斜翼部		背斜翼部	
裂缝期次	第一期裂缝	第二期裂缝		第三期裂缝	
充填程度	全充填	半-全充填		半-未充填	
有效性	较差	中等		较好	

图 6-18　库车拗陷储层裂缝演化期次及裂缝特征

第三期构造裂缝：由于 NW-SE 向构造裂缝以未充填为主，该期裂缝在研究区最为发育，所占比例分布在 44%~64%。上新世以来（5Ma 左右）发生最强烈的一次构造运动（Hendrix et al.，1994；管树巍等，2007），青藏高原快速隆升以及天山造山带的强烈抬升，研究区 NW-SE 向挤压作用异常强烈，推测其成为 NW-SE 向构造裂缝形成的主要动力学机制（张仲培等，2006；王珂等，2017），因而限定 NW-SE 向构造裂缝主要形成在 5Ma 左右。在电成像测井和薄片上可见 NW-SE 向构造裂缝切割早期裂缝（王凯等，2015），或 NNW-SSE 向构造裂缝发生再开启。该期构造裂缝多以未充填为主，开度较大，成为流体潜在的运移通道和储集空间。

2. 裂缝的电成像测井解释及类型

岩心是井下地质研究最直接的证据，但是由于在超深层钻井中取心成本大，取心时间长，取心主要集中于油气显示较好的井段，无法覆盖整个井段。电成像测井技术具有超高的垂向分辨率，可以利用大量井周进行图形化显示，为精细地质研究提供一种间接证据。在取心段，将岩心与电成像测井对比刻度，描述裂缝的电成像测井图像特征。以克深 207

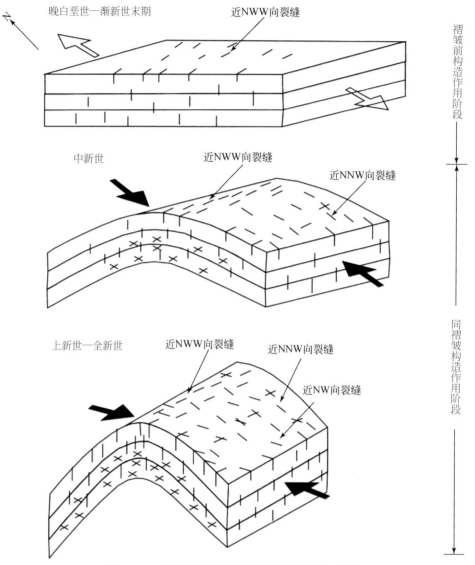

图 6-19 克深地区储层各期次构造裂缝演化过程

井 6996.68~6996.83m 为例，在岩心表面可观察到三条裂缝，其中两条裂缝相交，在电成像测井图像中，对应了三条正弦曲线（图 6-20）。除此以外，还可以根据正弦曲线的形态定量计算裂缝的产状。

基于电成像测井图像的裂缝倾角计算原理（图 6-21），在三维地层中，若裂缝为水平岩层，则岩层面与井眼相交为水平面，在展开的二维电成像测井图像上表现为一水平直线。若裂缝为有一定倾角 α 的倾斜岩层，其与井径 D 的井眼斜交。在该斜切面上，深度最低点为 B，深度最高点为 T，两者垂直距离为 L，该倾斜岩层的倾向 ω 为最低点 B 与正北向的夹角，倾角为

$$\alpha = \tan^{-1}\frac{L}{D}$$

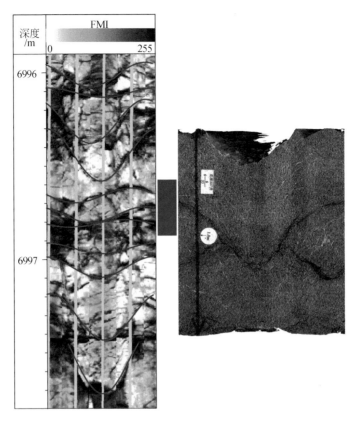

图 6-20　电成像测井与岩心的对比（克深 207 井，FMI-HD）

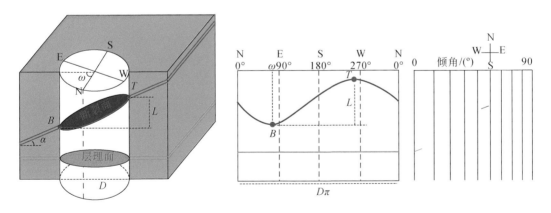

图 6-21　裂缝倾角计算示意图

在二维电成像测井图像中，该斜切面表现为正弦曲线。因此，在电成像测井图像上刻画具有相同矿物特性的正弦曲线，即可计算出该地层的倾角与倾向，并用地层倾角矢量图，又称蝌蚪图（tadpole plot）的形式表示。倾角矢量的起点用小圆圈表示，纵坐标为深度，横坐标为地层倾角（0°～90°）；与起点相连的线段指向该点的倾向方位（上北下南左西右东，0°～360°）。

　　与岩心相比，电成像测井具有两个突出优势：①以超高分辨率测量整个井段，可精细刻画全井段地质信息；②定量化标准裂缝的产状，包括裂缝的倾角和倾向。

　　1）根据裂缝的倾角大小分类

　　根据裂缝倾角大小，可将其分为低角度缝、中角度缝和高角度缝。低角度缝在电成像测井图像中正弦曲线幅度低，倾角小于30°；中角度缝在电成像测井图像中正弦曲线幅度中等，倾角介于30°～60°；高角度缝在电成像测井图像中正弦曲线幅度较高，倾角大于60°。

　　2）根据裂缝的组合方式分类

　　根据组合方式将裂缝分为孤立缝、剪切缝和网状缝。剪切缝则在同一个深度处发育两组倾向相反的裂缝（图6-22）；孤立缝是在一个深度处，仅发育一条裂缝，不与其他裂缝

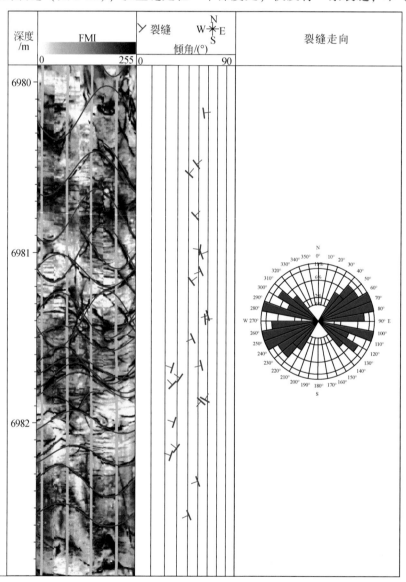

图6-22　剪切缝（克深207井，FMI-HD）

相交［图6-23（a）］；网状缝则是在同一深度处，各种产状的裂缝相交，裂缝发育程度高［图6-23（b）］。

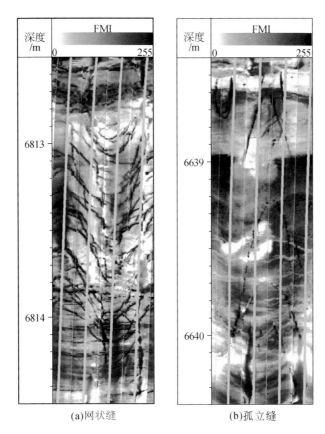

(a)网状缝　　　　　　　　　　(b)孤立缝

图 6-23　克深208井网状缝与孤立缝

3）根据裂缝的走向分类

根据电成像测井所识别的裂缝走向数据建立走向玫瑰图（图6-24），基于裂缝走向的期次划分，进一步统计全井段的裂缝走向，寻找裂缝优势走向，并统计各个优势走向内的裂缝产状。

克深2井区巴什基奇克组全井段内，根据裂缝走向玫瑰图，裂缝主要有四个优势走向，发育程度的强弱次序分别为 NW 向、WE 向、NS 向和 NNW 向，NW 向走向裂缝占比最多、最发育，NNW 向走向裂缝占比最少、最不发育。

4）根据裂缝的充填程度分类

裂缝形成后其具有一定的开度，但是在后期的地质演化过程中，可能被其他矿物质充填。白垩系巴什基奇克组砂岩裂缝多被方解石充填。根据充填程度的差异，可以将裂缝分为张开缝、半充填缝和充填缝。

在油基泥浆中，张开缝在电成像测井中显示为连续的亮色正弦曲线［图6-25（a）］；在油基泥浆中，半充填缝在电成像测井中显示为间断的亮色正弦曲线［图6-25（b）］；在水基泥浆中，张开缝在电成像测井中显示为连续的暗色正弦曲

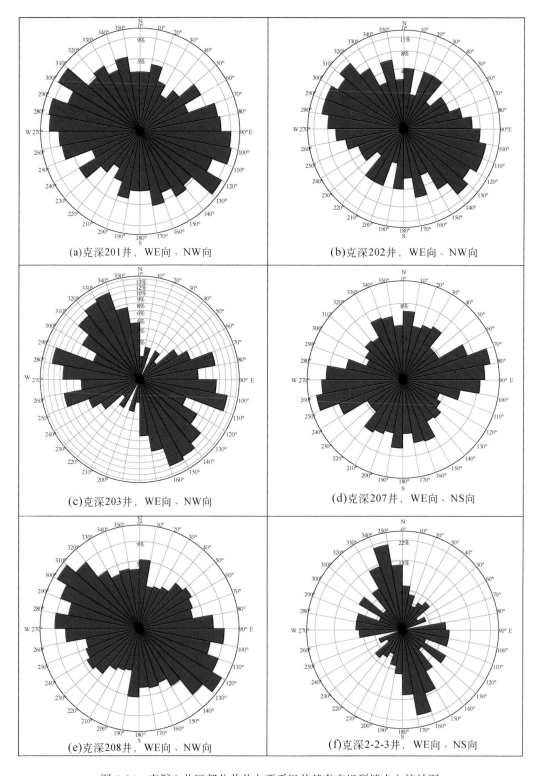

(a)克深201井，WE向、NW向

(b)克深202井，WE向、NW向

(c)克深203井，WE向、NW向

(d)克深207井，WE向、NS向

(e)克深208井，WE向、NW向

(f)克深2-2-3井，WE向、NS向

图6-24　克深2井区部分单井白垩系巴什基奇克组裂缝走向统计图

线［图6-26（a）］；在水基泥浆中，半充填缝在电成像测井中显示为间断的暗色正弦曲线［图6-26（b）］。在油基泥浆中，充填缝在电成像测井中显示为不明显的暗色正弦曲线。

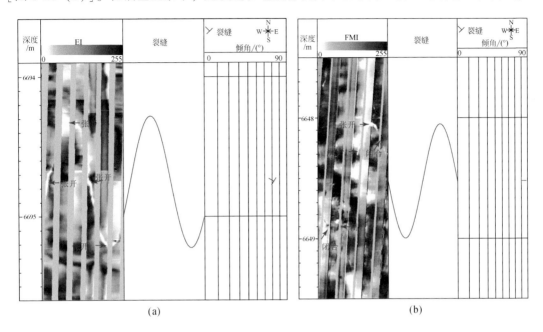

图 6-25　油基泥浆中的张开缝和半充填缝

（a）油基泥浆中的张开缝（克深505井，EI）；（b）油基泥浆中的半充填缝（克深504井，FMI-HD）

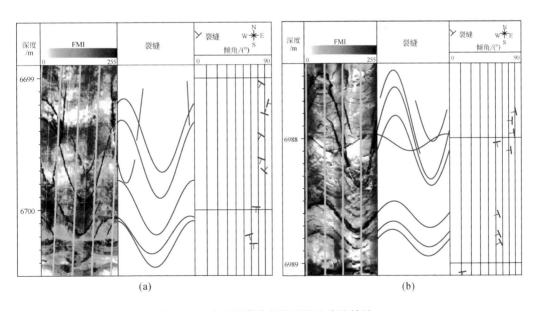

图 6-26　水基泥浆中的张开缝和半充填缝

（a）水基泥浆中的张开缝（克深208井，FMI-HD）；（b）水基泥浆中的半充填缝（克深207井，FMI-HD）

为了更准确识别裂缝，需结合电成像测井与超声波成像两种测井方法。充填缝在电成像测井图像中不明显，同时在对应的超声波成像图像中显示为暗色正弦曲线（图6-27）。

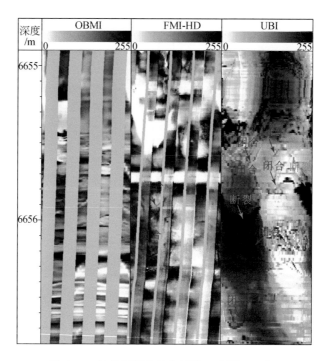

图6-27　油基泥浆中的充填缝（克深504井）

3. 裂缝的垂向分布特征

1）单井与连井裂缝分布特征

巴什基奇克组沉积时期，克深地区为冲积扇-扇三角洲（辫状河三角洲）相，沉积了横向较连续的巨厚砂体，厚度多大于200m，砂地比可达70%。砂岩以中砂岩和细砂岩为主，夹粉砂岩和泥岩。将裂缝的类型与发育岩性进行对比发现，网状缝多发育于厚度>1m的细砂岩和中砂岩中。高角度孤立缝高度较大，可穿薄岩层发育。

根据网状缝、剪切缝和孤立缝的分类，发现深层砂岩储层发育三种裂缝组合模式（自下而上）：①网状缝-网状缝；②网状缝-孤立缝；③网状缝-剪切缝-孤立缝；④孤立缝。

网状缝-网状缝组合：下部为网状缝，中部为1~2m厚裂缝不发育带，上部为孤立缝，该组合主要发育在巴什基奇克组砂岩下部储层中［图6-28（a）］。网状缝-孤立缝：下部为网状缝，上部则为孤立缝，该组合主要发育在巴什基奇克组砂岩下部储层中［图6-28（b）］。网状缝-剪切缝-孤立缝：下部为网状缝，中部为剪切缝，上部为孤立缝，从下至上裂缝发育程度逐渐降低，该组合主要发育在巴什基奇克组砂岩下部储层中［图6-28（c）］。孤立缝：以孤立缝为主，从下至上孤立缝倾角逐渐减小，主要发育在巴什基奇克组砂岩上部储层中［图6-28（d）］。

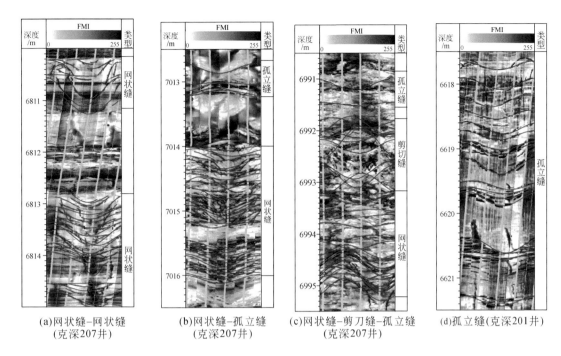

(a)网状缝–网状缝
(克深207井)

(b)网状缝–孤立缝
(克深207井)

(c)网状缝–剪刀缝–孤立缝
(克深207井)

(d)孤立缝(克深201井)

图 6-28　库车冲断带白垩系巴什基奇克组单井裂缝组合模式

白垩系巴什基奇克组地层厚度约为 300m，深层储层裂缝较发育，但是垂向上裂缝的发育程度从下至上具有明显分段特征：下部裂缝发育段、中部裂缝不发育段和上部裂缝较发育段（图 6-29）。以克深 208 井巴什基奇克组裂缝发育为例，该井 6809～6871m 井段裂缝异常发育，以充填网状缝为主；上部 6563～6703m 井段裂缝较发育，以张开、半充填孤立缝为主；中部 6703～6809m 井段裂缝较不发育，为上部与下部的过渡段。这种从下至上裂缝发育、较不发育和较发育的特征符合中和面模式，三段式的裂缝分布特征分别对应了挤压构造背景中和面模式下的压性段、过渡段和张性段的应力性质。

不同应力性质内的裂缝密度和产状统计数据表明，压性段裂缝密度主要为 5～20 条/m，倾角主要为 30°～50°，为低中角度裂缝，高角度裂缝不发育，且裂缝的走向主要为 NW 向；过渡段裂缝密度主要为 2～6 条/m，倾角主要为 50°～70°，以中角度裂缝为主，低、高角度裂缝较不发育，且裂缝的走向主要为 NNW 向和 WE 向；张性段裂缝的密度主要为 2～10 条/m，倾角主要大于 70°，主要为高角度裂缝，低、中角度裂缝不发育，且裂缝的走向主要为 NW 向（图 6-30）。

以克深 5 地区为例，在识别单井裂缝的基础上，建立了过克深 501、克深 508、克深 503、克深 504 和克深 505 井的裂缝连井剖面（图 6-31）。在横向上，简单背斜内部垂向上裂缝的三段式分布特征较明显，在远离背斜构造核部的克深 504 和克深 505 井中，张性段厚度较小，过渡段厚度较大。这一特征也符合中和面模式的横向应力性质特征。

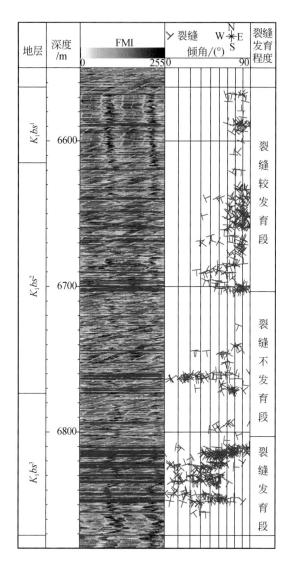

图 6-29　克深 208 井巴什基奇克组裂缝发育分布特征

　　通过对比分析各井不同深度的铸体薄片数据和裂缝数据，可以看出克拉苏构造带盐下深层断背斜气藏，储层内部挤压应力环境复杂，储层上部的张性应变区厚度并不是均匀不变的（图 6-32）。同一气藏内部构造位置也存在较大差异，构造高部位的张性段厚度最大，并向两翼逐渐减薄，两个构造高点之间的局部鞍部厚度最小。

　　2）典型背斜裂缝分布特征

　　通过岩心归位和地层倾角校正技术，依据裂缝走向、倾角等属性，将所有构造裂缝划分为四个裂缝系统及数个子裂缝组。四个裂缝系统分别是垂直褶皱轴裂缝系统（系统Ⅰ）、平行褶皱轴裂缝系统（系统Ⅱ）、左斜交褶皱轴裂缝系统（系统Ⅲ）和右斜交褶皱轴裂缝系统（系统Ⅳ）（表 6-4）。

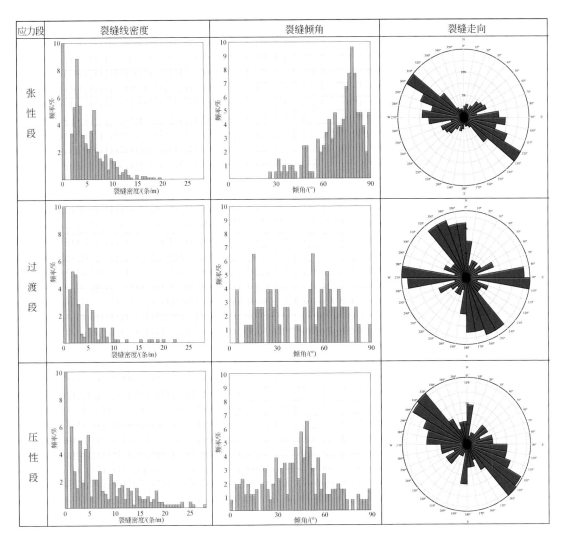

图 6-30　不同应力段内裂缝产状分别特征

　　克深地区发育四套裂缝系统，裂缝系统 Ⅰ 以 N–S 向裂缝为主，与最大水平主应力方向近平行。克深垂直褶皱轴裂缝系统中常见共轭缝，走向发散角度为 5°~40°。N–S 向裂缝在所有构造部位都发育，但裂缝密度变化剧烈（0.02~0.41），褶皱东、西翼部 N–S 向裂缝密度较低（0.02~0.11），前翼断层附近裂缝密度明显升高（0.21~0.24），靠近褶皱高点裂缝密度最大（0.30~0.41）（图 6-33）。裂缝系统 Ⅰ 是在褶皱变形前和变形过程中形成的，分别受区域古应力场以及局部构造变形控制，且断层活动可能导致 N–S 向裂缝更加发育。

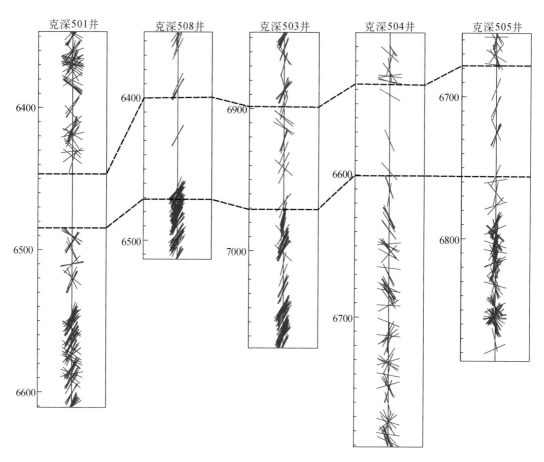

图 6-31　克深 5 地区连井横向裂缝分布特征

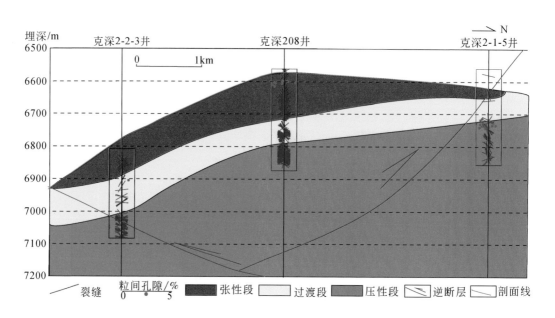

图 6-32　克深 2 井区 N–S 向断背斜中和面示意图

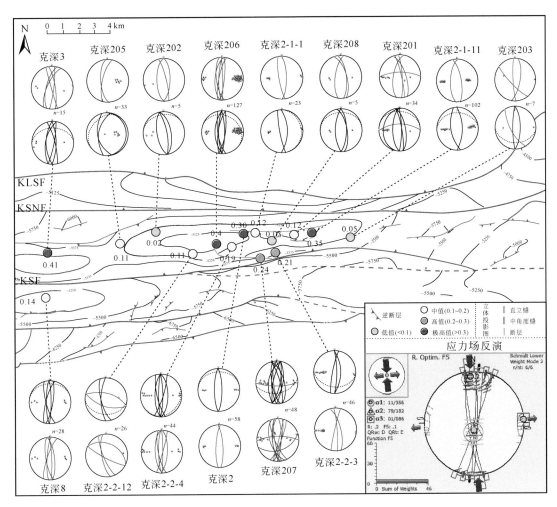

图 6-33　克深地区裂缝系统 I（N–S 向裂缝）分布

图中外侧一圈立体投影图代表地层倾角校正后裂缝，立体投影图中彩色实线代表裂缝，黑色虚线代表地层。
彩色圆圈代表裂缝密度高低变化，n = 裂缝数

表 6-4　库车拗陷克拉苏构造带不同井区构造裂缝系统划分

裂缝系统	克深		大北	
	裂缝方向	倾角（校正）	裂缝方向	倾角（校正）
垂直轴 I	N–S（±20°）	直立（>70°）	NW–SE（±20°）	直立（>70°）
		中（20°~70°）		中（20°~70°）
平行轴 II	E–W（±20°）	直立（>70°）	NE–SW（±20°）	直立（>70°）
		中（20°~70°）		中（20°~70°）
				低（<20°）
左斜交轴 III	NW–SE（±25°）	直立（>70°）	近 E–W（±25°）	直立（>70°）
		中（20°~70°）		中（20°~70°）

裂缝系统	克深		大北	
	裂缝方向	倾角（校正）	裂缝方向	倾角（校正）
右斜交轴Ⅳ	NE–SW（±25°）	直立（>70°）	近 N–S（±25°）	直立（>70°）
		中（20°~70°）		中（20°~70°）
		低（<20°）		

系统Ⅱ裂缝走向近 E–W 向，平行于褶皱轴，地层倾角校正后，主要包括中角度缝（20°~70°）和直立缝（>70°）。除鞍部的克深 2-1-1 之外，E–W 向直立缝在褶皱顶部和翼部都可以观察到；而中角度缝在所有构造部位都发育。平面上，褶皱翼部 E–W 向裂缝密度更高（0.18~0.28）（图 6-34）。结合裂缝产状和切割关系，裂缝系统Ⅱ可能在褶皱变形期间形成，伴随着断层复活。

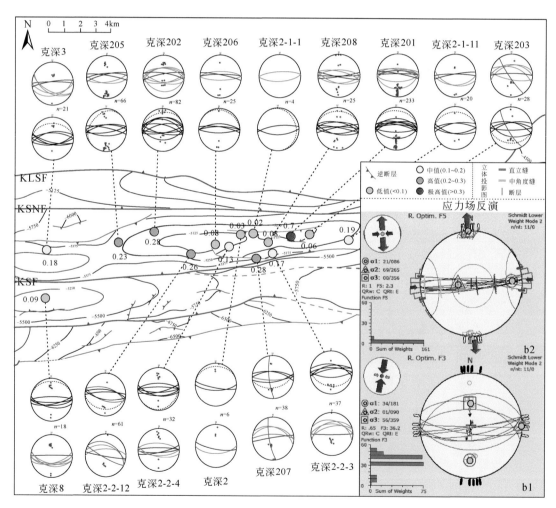

图 6-34　克深地区裂缝系统Ⅱ（E–W 向裂缝）分布（图注同图 6-33）

　　裂缝系统Ⅲ、Ⅳ斜交于褶皱轴，分布不明显。裂缝系统Ⅲ包括 NW–SE 走向裂缝。平面上，NW–SE 向裂缝密度变化剧烈（0.06～0.69），在克深 2 背斜呈现出自西向东逐渐增加的趋势（0.06～0.49）（图 6-35）。裂缝系统Ⅲ由直立缝和中角度缝组成，直立缝走向主要分布在 290°～320°，而中角度缝走向范围变化较大，主要分布在 290°～345°（图 6-35）。

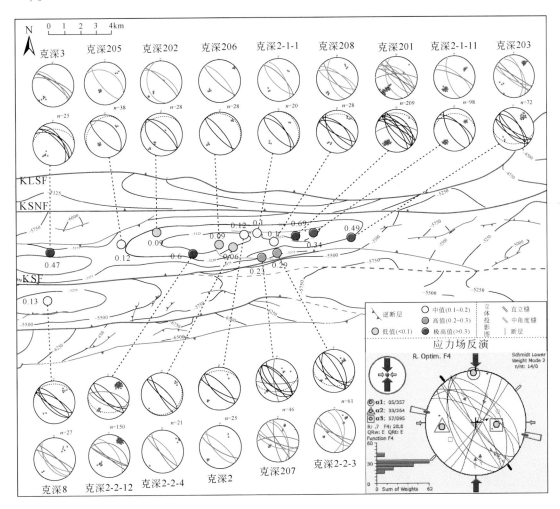

图 6-35　克深地区裂缝系统Ⅲ（NW–SE 向裂缝）分布（图注同图 6-33）

　　裂缝系统Ⅳ包括 NE–SW 向裂缝及其走向相近裂缝。该系统裂缝走向比较分散，包括直立缝、中角度缝和低角度缝三组裂缝。这三组裂缝在克深断层和反转断层之间普遍发育，并且表现出较高的裂缝密度（0.19～0.28），在远离断层的区域，NE–SW 向裂缝密度较低（0～0.07）（图 6-36）。裂缝切割关系分析表明，NW–SE 向裂缝和 NE–SW 向裂缝最晚形成。

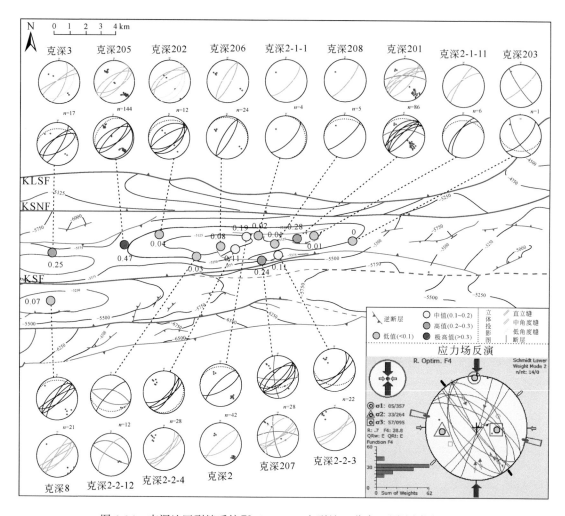

图 6-36　克深地区裂缝系统Ⅳ（NE-SW 向裂缝）分布（图注同图 6-33）

　　大北地区也发育全部四套裂缝系统，但裂缝系统产状和分布规律与克深有区别。大北地区裂缝系统Ⅰ以 NW–SE 向裂缝为主，走向垂直于褶皱轴，与大北地区 NW–SE 向最大水平主应力方向近平行。整体上，裂缝系统Ⅰ的密度比较高（0.17 ~ 0.86），表现出从褶皱翼部（0.17 ~ 0.35）向褶皱顶部（0.44 ~ 0.82）增加的趋势，断层附近裂缝密度明显升高（0.63，0.86）（图 6-37）。NW–SE 向裂缝系统主要发育直立缝和中角度缝，该裂缝系统形成于 NW–SE 向最大水平压应力场。

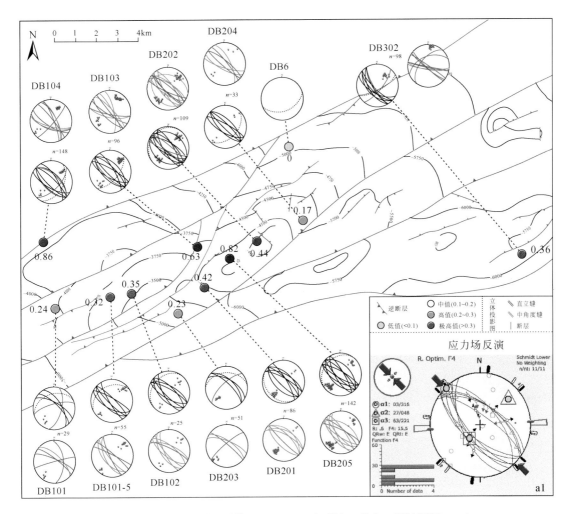

图 6-37　大北地区裂缝系统Ⅰ（NW–SE 向裂缝）分布（图注同图 6-33）

　　大北地区裂缝系统Ⅱ主要发育 NE–SW 向裂缝，走向平行于褶皱轴。该套裂缝系统整体密度较低，平面上具有从褶皱两侧及两翼（0.1～0.6）向褶皱顶部（0.05）降低的趋势（图 6-38）。垂向上裂缝密度变化规律较弱。裂缝系统Ⅱ主要包括直立缝、中角度缝和低角度缝三组裂缝，其中直立缝和中角度缝最发育，低角度缝较少。直立缝和中角度缝在褶皱翼部、褶皱顶部和断层附近均有发育；低角度缝仅发育于断层附近。整体上看，大北 NE–SW 向裂缝与克深的 E–W 向裂缝表现出相似的分布特征和成因机制。

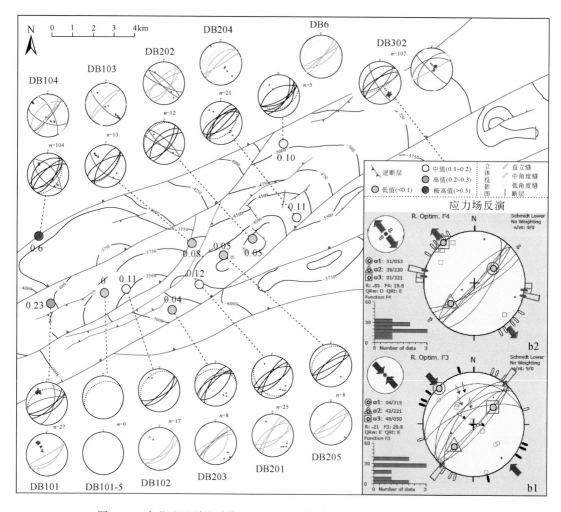

图6-38　大北地区裂缝系统Ⅱ（NE-SW向裂缝）分布（图注同图6-33）

　　大北地区裂缝系统Ⅲ和Ⅳ分别由近E-W向和近N-S向裂缝组成。平面上，裂缝密度在褶皱翼部更高（0.25~1.03）（图6-39和图6-40）。

　　总体上，库车冲断带克深和大北这两个相邻背斜具有差异裂缝分布特征，褶皱和断层为裂缝形成的主要控制因素。克深地区裂缝分布规律性更强，裂缝系统Ⅰ（N-S向裂缝，垂直褶皱轴）在褶皱高点和褶皱后翼优势分布；与裂缝系统Ⅰ相比，裂缝系统Ⅱ（NE-SW向裂缝，平行褶皱轴）整体密度较低，仅在NE向断层附近密度局部升高。裂缝系统Ⅰ表现出与克深地区相似的成因机制。

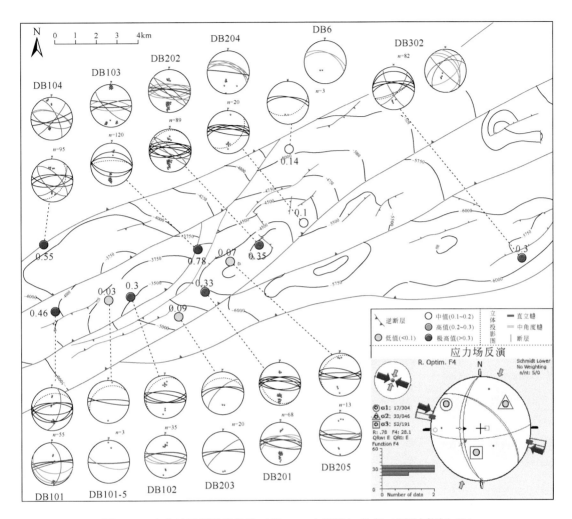

图 6-39 大北地区裂缝系统Ⅲ（近 E–W 向裂缝）分布（图注同图 6-33）

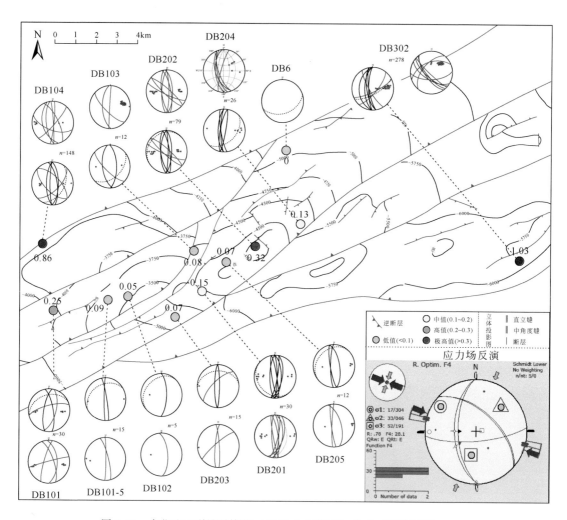

图 6-40　大北地区裂缝系统Ⅳ（近 N-S 向裂缝）分布（图注同图 6-33）

6.3　库车冲断带深层-超深层碎屑岩储层
形成模式及主控因素

6.3.1　深层储层孔隙发育的构造应变因素

1. 深层储层演化的构造记录与概念模型

山前冲断带不同背斜构造下应力段岩性差异明显（图 6-41），以克深 2 井区和克深 9 井区为例，压性段内细砂岩、粉砂岩和泥岩厚度比例相近，中砂岩厚度较小；过渡段以中砂岩和细砂岩为主，粉砂岩和泥岩含量较少；张性段内主要为细砂岩。因此，尽管不同背斜构造在裂缝的垂向分布上存在岩相差异，但该差异并非层段内裂缝产出及物性差异的主控因素。

以克深 208 井和克深 902 井为例，分析山前冲断带深层储层的孔隙差异。克深 208 井的压性段埋深为 6800~6870m，砂岩平均孔隙度为 3.31%；过渡段埋深为 6700~6800m，砂岩平均孔隙度为 4.36%；张性段埋深为 6550~6700m，砂岩平均孔隙度为 4.54%。而克深 902 井的压性段埋深为 7990m 以下，砂岩平均孔隙度为 2.74%；过渡段埋深为 7880~6990m，砂岩平均孔隙度为 4.15%；张性段埋深为 7810~7880m，砂岩平均孔隙度为 5.08%（图 6-42）。

克深 902 井埋深比克深 208 井大，表现为更强的压实改造效应，其压性段和过渡段储层平均孔隙度比克深 208 井平均孔隙度小。但克深 902 井张性段储层平均孔隙度比克深 208 井张性段储层平均孔隙度大，这意味着克深 902 井张性段拉张力更强烈，构造作用对储层孔隙度的建设性改造作用明显（图 6-42）。因此，深层储层物性在考虑埋深压实的因素外，由构造应变中和面所引发的储层挤压或者拉张等构造因素也值得重视。

2. 深层挤压构造应变数值模拟

1）储层分布模型

作为特定构造条件下的产物，裂缝既是致密储层的优势渗流通道，也是深层-超深层背景下的特色产物。因此，对于山前冲断带深层碎屑岩储层，在一定程度上，规模产出的裂缝可以被看作是这一 "强构造-深拗陷" 特定地质背景下的产物。因此，本次研究基于储层地质力学方法，以裂缝产出密度为核心，结合连续取心与电成像测井的裂缝观察与表征，对三个典型断背斜构造样式和两个剖面的构造应力场演化及裂缝分布特征进行模拟及拟合，从而构建各断背斜构造样式下不同属性构造应力段（张性段、过渡段及压性段）的时空分布模式。

基于上述思路，通过地质模型、力学模型及数学模型的构建，采用 ANSYS 有限元数值模拟方法对上述构造样式进行应力场数值模拟。前已述及，克深井区位于整个克拉苏构造带的中东部，构造格架具有较强垂向分带性，自上而下依次可分为盐上构造层、盐构造层以及盐下构造层。其中盐下构造层中断层分布较多，存在一系列逆冲叠瓦状断背斜，以

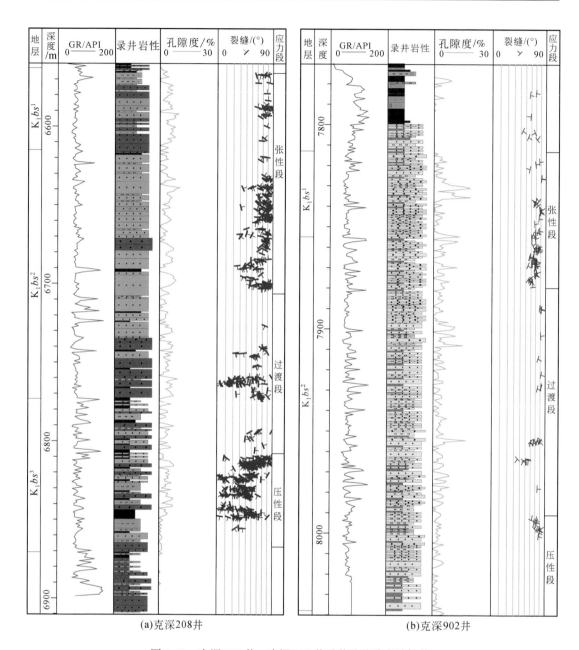

(a)克深208井　　　　　　　　　　　　　(b)克深902井

图6-41　克深208井、克深902井录井及孔隙度计算值

开阔褶皱为主，另外还发育反冲构造、二级反冲构造、凸型构造三角带等多类断背斜构造（图6-43）。

在建立地质模型和力学模型的基础上，通过对前人文献调研，明确不同模型的岩石物理属性（主要代表性参数是泊松比 μ 和弹性模量 E）和样式受力环境（边界施加固定约束）。

通过文献调研，研究对象弹性模量集中分布在 $2\sim25\mathrm{GPa}$，泊松比在 $0.13\sim0.28$。克

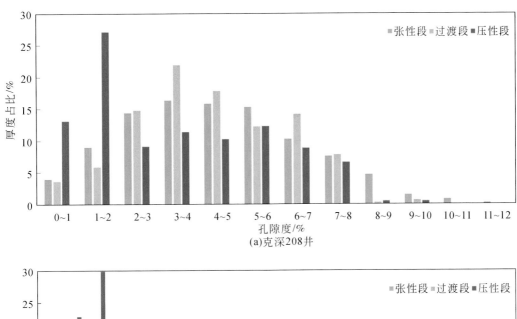

图 6-42　克深 208 井和克深 902 井不同应力段内计算孔隙度的差异

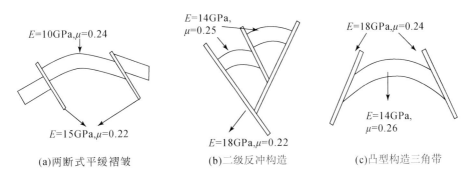

图 6-43　山前挠曲盆地典型断层相关褶皱样式

拉苏构造带最大水平主应力来自南天山自北向南的挤压应力，因此给模拟对象南部和北部分别施加荷载，荷载大小选取为克深井区最大水平主应力的平均值170MPa，垂向按顶部岩层的平均厚度6900m估算荷载，在不考虑顶部岩层非均质性的情况下，平均化计算取为160MPa。

2）构造应变带储层分布模型的应力分析

针对两断式平缓褶皱、二级反冲构造和凸型构造三角带三种构造样式进行应力和裂缝分布模拟和预测（图6-44）。对于固态弹性体，褶皱可以中和面为界，中和面以上和以下地层具有完全不同的应力和应变状态。根据各构造样式最大主应力、最小主应力分布图（图6-44），三种构造样式在垂向上具有明显的分带性。裂缝发育与应力集中呈现正相关关系，应力较为集中的张性段和压性段裂缝较为发育，分布范围更广、密度更大。而过渡段的应力集中相对不突出，所以其裂缝发育程度较低。

在单一翼间角模拟的基础上，针对翼间角的变化做进一步模拟，以10°为间隔段，对三种构造样式的翼间角130°、140°、150°、160°进行模拟。将两翼夹角的缩短率、中和面位置对应，得到二者拟合关系，根据缩短率和两翼夹角进而可以推算距离顶界面的厚度。

针对不同褶皱构造样式，随着翼间角的逐渐增大，其垂向分带情况也随之变化。通过统计翼间角和各带厚度变化关系可得到该构造样式各段厚度占比与到轴部的相对距离交汇图，二者呈二次多项式拟合关系（图6-45～图6-47）。同一背斜构造样式两翼夹角越小，张性段和过渡段的厚度越大，而压性段的厚度越小；随着到轴部距离的增大，张性段和压性段的厚度减小，过渡段的厚度增大。

另一个值得关注的是，张性段在断背斜不同部位发育规模差异明显。其中在断背斜转折端高点张性段较厚，向南北、东西两翼变薄，厚度减小；张性段裂缝密度在转折端高点偏南分布，向南北、东西两翼减薄；靠近断层的南翼部分陡立，其张性段厚度较大；北翼为远离断层的缓翼，其张性段厚度较小，裂缝不发育。

3）模型验证

a. 过克深201井剖面应力及裂缝分布

过克深201井的地震剖面显示该区域构造变形较为强烈，克深201井穿过盐上向斜构造层直到盐下克深2开阔褶皱带。盐下主体构造以开阔褶皱和反冲构造为主，不同尺度断背斜发育，共同形成复杂的盐下变形带。北部克拉2部位垂向整体位移较大，发育反冲构造；南部与中部的位移逐步减小，并且大多不完全对称。中部多发育开阔褶皱，南部发育反冲构造、次级断层，在克深8形成构造三角带，南部克深13发育平缓褶皱，相对远离造山带，构造变形减弱（李勇等，2017）。

在充分了解克深201井剖面的构造形成期次及模拟时期的构造应力大小和方向后，通过对研究区进行构造应力场数值模拟，可得到研究区内不同部位构造应力分布特征。在上述基础上，运用岩石破裂准则计算不同地区岩石破裂情况和岩石应变能，并利用电成像测井数据拟合标定计算破裂率与裂缝密度之间的关系式，研究剖面裂缝密度的分布规律。

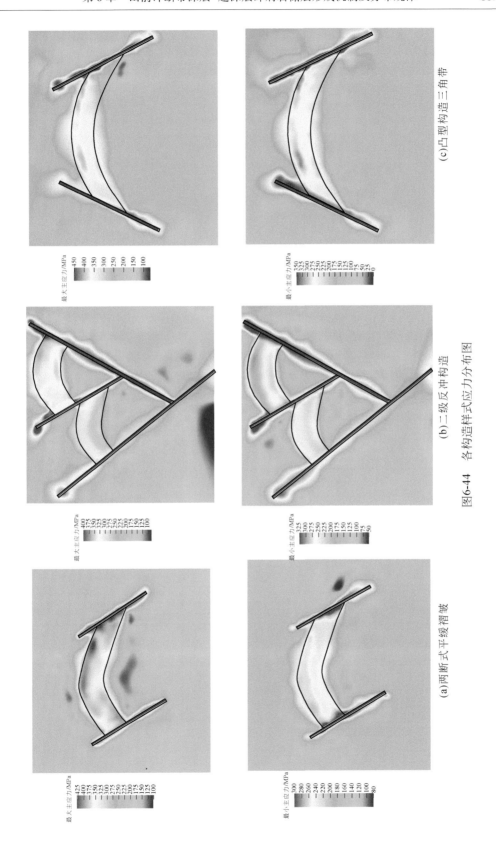

最大主应力/MPa

最小主应力/MPa

(c) 凸型构造三角带

(b) 二级反冲式构造

(a) 两断式平缓褶皱

图6-44　各构造样式应力分布图

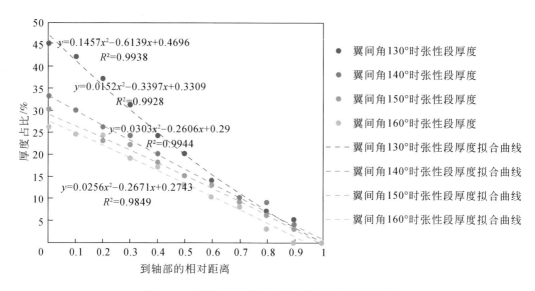

图6-45　两断式平缓褶皱张性段厚度变化交汇图

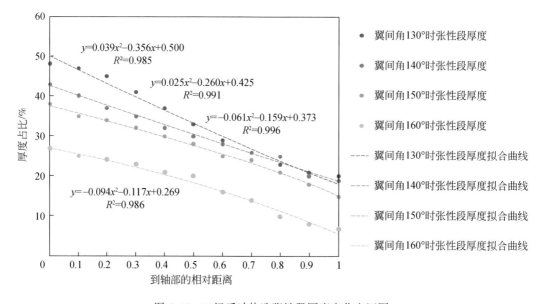

图6-46　二级反冲构造张性段厚度变化交汇图

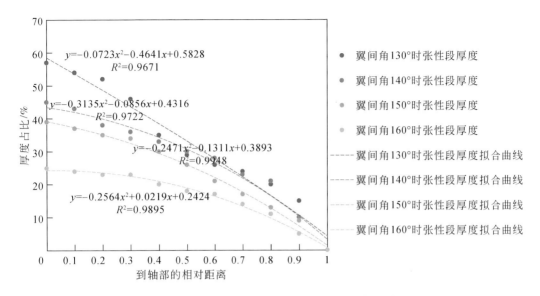

图 6-47　凸型构造三角带张性段厚度变化交汇图

过克深 201 井剖面裂缝密度分布图（图 6-48）表明，裂缝密度由断层、背斜等应力集中区域向四周逐渐变小，在盐层出现了裂缝密度低值。密度高值一般集中分布在断层的中上部（靠近背斜与盐层），特别是在断层的端部、交叉部。盐下构造带背斜的平均裂缝密度高于盐上、盐层，但低于显著的断层。

对于单井而言，根据上述模拟结果，单井裂缝密度在近断层端部自下而上呈现逐渐变小的趋势，这与克深 201 井同一深度段电成像测井解释裂缝规模基本一致。

b. 过克深 902 井剖面应力及裂缝分布

过克深 902 井的地震剖面同样构造变形较为强烈，北部克拉 2 井、克拉 8 井以及克拉 1 井垂向位移较大，应力状态为斜向挤压，构造样式以开阔褶皱为主，且高点多靠近断背斜南侧。克深段南部以水平滑移为主，多为平缓褶皱；克深 2 井、克深 8 井为不对称褶皱，克深 13 井为近似对称褶皱；克深 2 井、克深 8 井、克深 9 井和克深 13 井发育反冲构造和构造三角带，其中克深 2 井发育二级反冲构造。

该剖面裂缝密度分布图表明，裂缝密度由断层、背斜等应力集中区域向四周逐渐变低。密度高值一般集中分布在断层的中上部（靠近背斜与盐层），特别是在断层的端部、交叉部（图 6-49）。对于单井而言，根据上述模拟结果，单井裂缝密度在近断层端部自下而上呈现明显两段发育的趋势，即裂缝密度低值段，向上演变为裂缝密度中值段以及裂缝密度低值段，这与克深 902 井同一深度段电成像测井解释裂缝规模基本一致。

4）张性段平面分布规律

前已述及，相对于过渡段和压性段，断背斜构造内的张性段表现出相对高孔高渗的储集特征，勘探实践证明，张性段内优质储集体的规模发育是克深井区天然气高产、稳产的关键。因此，为了准确预测克深地区巴什基奇克组致密砂岩的储层分布规模，有必要明确张性段的厚度分布特征。

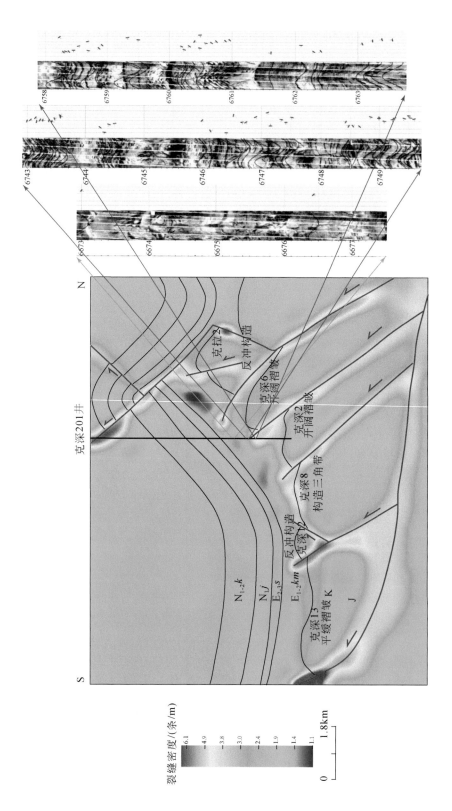

图6-48　过克深201井剖面裂缝密度分布图

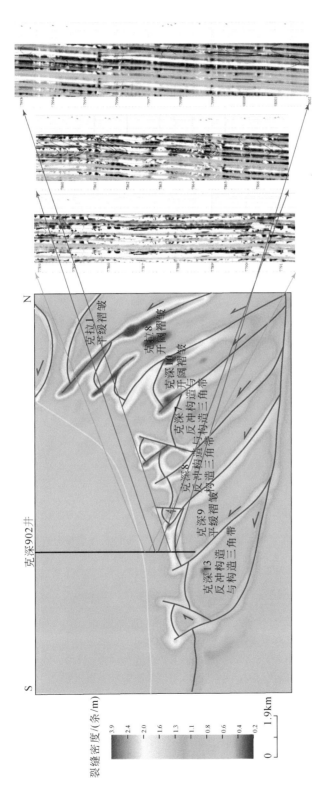

图6-49　过克深902井剖面裂缝密度分布图

根据克深井区盐下不同构造样式，结合有限元应力模拟和电成像测井裂缝识别结果，依据地震剖面或构造图测量出来的背斜两翼夹角，计算张性段两条界线距目的层顶界面的厚度，最终建立克深2、克深5、克深8和克深9井区的张性段厚度分布图。

该方法主要包括两个步骤。

（1）根据构造等值线计算背斜不同剖面线上的翼间角。

在背斜不同位置上，翼间角并不是相等的。而翼间角的不同意味着构造收挤压力大小和程度的差异。因此，在计算张性段厚度时，在相同构造样式内，必须考虑翼间角的差异。在垂直构造轴线的方向上，A 点位于背斜核部，B 点位于南部断层，C 点位于北部断层（图6-50）；剖面 BAC 的直线距离为3.6km，B 点与 A 点的垂直距离为0.75km，C 点与 A 点的垂直距离为1km。由三角函数的关系可得到，$\angle BAC$ 约为124.5°，即在剖面 BAC 位置上，背斜的翼间角为124.5°（图6-50）。

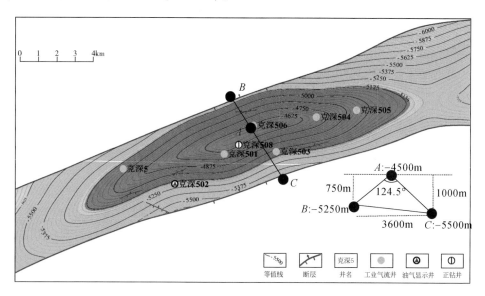

图6-50　克深5井区顶界垂深等值线（显示 BAC 剖面线处的翼间角）

利用同样的方法，在克深2、克深8和克深9井区上分别计算了12条、17条和12条剖面线上的翼间角（图6-51）。整体上，在两个背斜的结合部位，翼间角较小；在远离背斜核部，翼间角有增大的趋势。

（2）计算不同位置处的张性段厚度。

在前期有限元数值模拟结果的基础上，计算在不同构造样式不同翼间角下，南北背斜两翼张性段厚度随核部距离的变化函数。例如，在两断式平缓褶皱内（克深2、克深5、克深8井区），翼间角为130°时，背斜南翼张性段厚度占比与核部距离的函数关系为

$$H=0.1457S^2-0.6139S+0.4696$$

背斜北翼张性段厚度占比与核部距离的函数关系为

$$H=-0.1981S^2-0.271S+0.4648$$

式中：$H\in[0,1]$，为张性段厚度占比，无量纲；$S\in[0,1]$，为井点处与背斜核部的

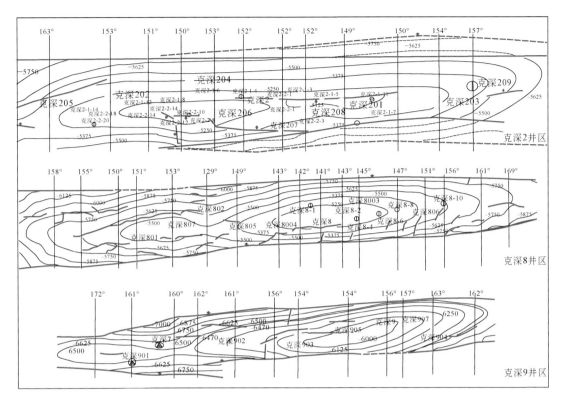

图 6-51　克深 2、克深 8 和克深 9 井区各剖面线上翼间角计算方式及测算结果

相对距离，无量纲，在核部 S 为 0，远离核部 S 逐渐增大。

由于数值模拟结果中的函数关系距离为相对距离，因此，需要借助电成像测井转换为实际距离。以克深 5 井区为例，在剖面 BAC 上翼间角为 124.5°，近似 130°，因此选择翼间角为 130° 的公式计算张性段厚度。克深 5 构造内白垩系巴什基奇克组地层厚度约为 200m，则在背斜核部，张性段厚度约为 240×0.46＝110m。在克深 501 井处，根据电成像测井裂缝识别结果，张性段厚度为 90m，则张性段厚度占比为 90/240＝0.375，代入北翼公式反算得出克深 501 井与背斜核部的相对距离为 0.31，而两者的实际距离约 0.51km，因此得出相对距离与实际距离的换算关系为

$$相对距离＝（0.31/0.51）×实际距离≈0.61×实际距离$$

利用换算公式，将克深 5 井区内各个点处与背斜核部的实际距离均转换成相对距离。如在克深 503 井处，与背斜核部的实际距离为 1.14km，相对距离为 0.61×1.14＝0.70，则预计张性段厚度占比为 0.18，厚度约为 0.18×240＝43.4m，与电成像测井裂缝识别结果中张性段厚度 50m 接近。该张性段计算结果与电成像测井裂缝划分结果基本一致（图 6-52），说明了该方法的准确性和可靠性。

在简单背斜构造中，张性段的厚度分布基本与构造等值线趋势一致（克深 5 井区），但在复杂构造样式中，张性段厚度主要集中在构造轴线高部位地区，向东西两侧逐渐减少。需要指出的是，背斜南北两翼张性段厚度受断层的影响较严重。

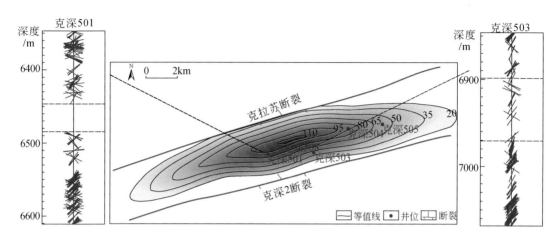

图 6-52　克深 5 井区张性段厚度等值线与电成像测井划分的张性段厚度

6.3.2　深层储层孔隙发育的流体因素

1. 裂缝充填程度分布特征

作为超深层致密砂岩储层,裂缝的充填程度是影响储层质量的重要因素。由于致密砂岩储集体基质孔隙度往往很低,因此裂缝发育且充填程度较小的区域通常就是优质孔渗发育带,是油气重要的运移通道。

研究区 480 余条裂缝数据统计表明,构造裂缝普遍发育,且整体充填程度较高,全充填和半充填裂缝占比较高,分别约占 47% 和 32%,严重影响着研究区构造裂缝的有效性。未充填裂缝占比较低(图 6-53)。为了更加深入了解研究区构造裂缝充填程度,对研究区克深 2、克深 5 以及克深 8 三个井区的裂缝充填程度进行统计,其在平面上以及垂向上均具有差异性。

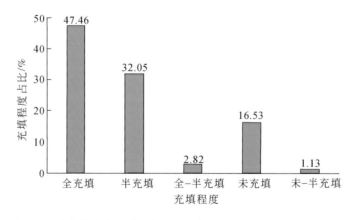

图 6-53　库车拗陷克深井区白垩系巴什基奇克组构造裂缝充填程度

　　研究区内靠近北部一带的克深 2 井区和克深 5 井区，其裂缝充填程度较高，充填裂缝占比大约为 65%，而位于克深 2 井区南缘的克深 8 井区裂缝充填程度大约在 24%（图 6-54）。数据表明，裂缝充填程度在平面上呈现"北高南低"规律（靠近北部充填程度高，靠近南部充填程度低）。

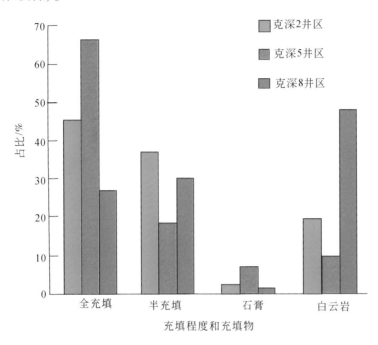

图 6-54　库车拗陷不同井区白垩系巴什基奇克组构造裂缝充填程度

　　裂缝的有效性是与成岩作用及构造变形时间、现今应力场方向等因素息息相关的，因此对于平面上南北裂缝充填程度上表现出来的展布规律（图 6-55），可能是由于库车拗陷的构造强度表现出北强南弱、西强东弱的特点，构造变形时间由北向南呈现逐渐变晚的特征。整个库车拗陷在构造变形时间上，自北向南各构造带的主要构造变形时间逐渐变晚。相对西部克深 5 井区，位于北部的克深 2 井区构造变形强度大且变形时间早，早期形成较多的裂缝，这些裂缝经历漫长的成岩改造历程，容易被矿物充填，从而成为无效裂缝，影响有效裂缝的保存。而靠近南部一带的克深 8 井区，其构造变形时间及构造变形强度相比北部时间较为滞后，强度较为弱，因此表现出充填程度低的特点，有利于有效裂缝的保存。

　　上述构造裂缝充填程度的差异性特征不仅体现在平面上，也表现在垂向上。对于研究区不同充填程度构造裂缝垂向上的研究表明，整个克深地区研究层段的张性段充填程度占比大约在 50% 以下，表现出半充填–未充填（图 6-55），而压性段充填程度则较高，有的井区高达 70% 以上，表现为全–半充填，充填程度整体较高（图 6-56），即压性段充填程度要明显高于张性段充填程度，张性段充填程度低，有效性好。

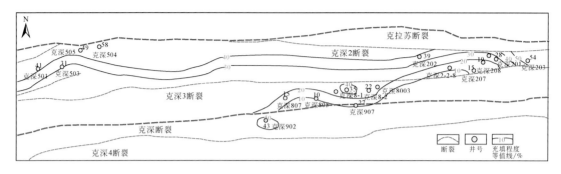

图 6-55　库车拗陷克深地区白垩系巴什基奇克组构造裂缝张性段充填程度展布

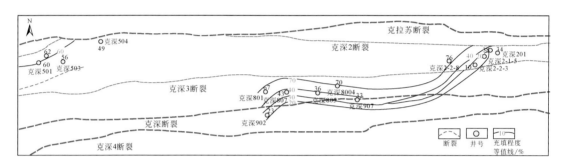

图 6-56　库车拗陷克深地区白垩系巴什基奇克组构造裂缝压性段充填程度展布

2. 裂缝充填物质分布特征

构造裂缝充填物质是地层沉积演化历程的见证，是成岩作用的重要记录，更是反演流体示踪的重要途径，因此需更加明确构造裂缝充填物质特征及分布规律。研究区构造裂缝充填产物常见方解石，也可见硅质、石膏、白云石，少见铁白云石（图6-57）。另外，裂缝充填程度也可划分为三类，即全充填 [图6-57（a）、（e）]、半充填 [图6-57（c）、（f）] 及未充填 [图6-57（b）、(d)]。

经显微统计表明，研究区平面上裂缝充填物类型差异明显。平面上北部克深5井区以及克深2井区大部分井的裂缝充填物以方解石为主，而相对南部的克深8井区充填物以石膏为主，白云石的含量有增加的趋势（图6-58），整个克深地区南北方向上裂缝充填呈现出"北方解石，南石膏"的充填规律。

3. 裂缝充填流体示踪记录

1）取样及测试方法

选取的样品来自15口井，共18个样品，其中14个样品来自克深2井区，3个样品来自克深5井区，1个样品来自克深8井区，样品均具有明显裂缝充填特征。

（1）流体包裹体显微测温实验和阴极发光实验均在中国科学院地质与地球物理研究所流体包裹体实验室完成，通过荧光照射，确认测定的流体包裹体均为盐水包裹体。测试仪器为英国 Linkam THMSG600 冷热台，由于测试对象均为沉积岩地层裂缝中的流体包裹体，流体均一温度不超过300℃，因此最高温度设置为300℃，加热温度测定速率为 2～5℃/

图 6-57　库车拗陷克深地区白垩系巴什基奇克组裂缝充填物显微图版

（a）克深 207 井，6806.5m，铸体薄片，铁白云石充填，单偏光；（b）克深 506 井，6565.82m，铸体薄片，石膏充填，单偏光；（c）克深 506 井，6567m，铸体薄片，方解石充填，单偏光；（d）克深 506 井，6565.82m，铸体薄片，石膏充填，正交偏光

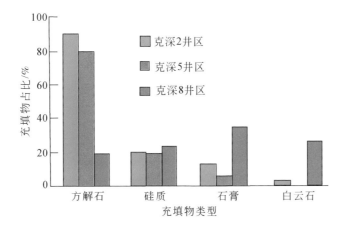

图 6-58　库车拗陷克深地区白垩系巴什基奇克组克深 2、克深 5、克深 8 井区构造裂缝充填物类型占比

min。研究选取克深 504 井、克深 506 井以及克深 206 井内具有裂缝充填特征的 6 个样品，共 104 个测试点进行均一温度测试。

（2）裂缝充填物碳氧同位素分析实验的样品主要来自克深 2 井区的 7 口井以及克深 8-11 井，共 15 个碳酸盐充填物样品。碳氧同位素测试是在长江大学同位素实验室完成，所有分析结果以 PDB 为标准。

（3）裂缝充填物微区原位氧同位素实验样品主要来自克深 2-2-1 井、克深 2-2-4 井和克深 504 井，共制成 5 个靶。根据阴极发光鉴别碳酸盐充填物的期次，同时结合能谱分析，对 189 个测试点进行择点测试。本实验在中国科学院地质与地球物理研究所离子探针实验室的 Cameca SIMS1280 型双离子源多接收器二次离子质谱仪上进行。采用国家一级标样（GBW04481）Oka 方解石和美国威斯康星大学标样 UWC-3 方解石做矫正，单个分析点的剥蚀范围约为 20μm×20μm。每隔 3~4 个样品，插入一个标准，用于校正仪器分馏。

（4）LA-ICP-MS 微区原位微量元素分析测试是在武汉上谱分析科技有限责任公司测试完成。实验共选取克深地区的克深 207 井、克深 501 井、克深 504 井以及克深 506 井内具裂缝充填特征的 9 个样品，共 95 个测试点进行微量元素与稀土元素含量测试。利用 LA-ICP-MS 对标定点位进行微区原位微量元素含量分析，激光束斑直径 44μm，每个点背景采集时间 20~30s，测量时间 50s，每 10 个点复测一次标样，使用 SRM610、BHVO-2G、BCR-2G、BIR-1G 和 MACS-3 标样进行多外标无内标校正，测试误差小于 10%。

2）裂缝流体充填期次与包裹体特征分析

前已述及，研究区发育多种裂缝充填物，方解石充填物最为常见，通过镜下的观察和阴极发光对裂缝充填物进行分析（图 6-59），发现方解石的阴极发光颜色具有明显的差异性。

第一期方解石（C1）充填在裂缝壁上，该期方解石阴极发光表现为亮橙色，与之对应的单偏光下，裂缝中方解石充填物表面较干净，节理不发育［图 6-59（a）、（b）］；第二期方解石（C2）阴极发光照射下为暗橙色，单偏光下裂缝中方解石充填物表面较污浊，节理发育明显［图 6-59（c）、（d）］。上述特征表明研究区裂缝中存在两期方解石裂缝充填，同时也表明存在两期成规模流体流入裂缝，反映了相关离子含量、流体系统的封闭性特征以及氧化还原环境的转变。

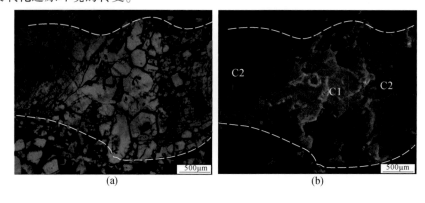

(a)　　　　　　　　　　　　　　　　　　(b)

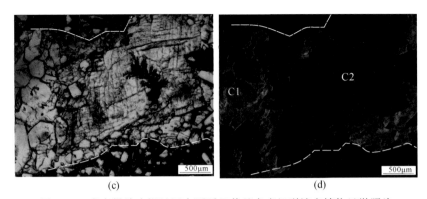

图 6-59　库车拗陷克深地区白垩系巴什基奇克组裂缝充填物显微照片

（a）克深 207 井，6806.3m，方解石充填，单偏光；（b）克深 207 井，6806.3m，方解石充填，阴极发光；

（c）克深 207 井，6808m，方解石充填，单偏光；（d）克深 207 井，6808m，方解石充填，阴极发光

在不同环境和期次的构造驱动下，成岩流体具有不同的盐度和密度等特征。裂缝充填物包裹体相对发育，包裹体个体大小不等，在 4~13μm，有的呈零星发育，有的呈串珠状展布，所捕获到的流体包裹体均为气液两相，多为无色透明，但存在个别包裹体由于含有少量杂质而显得模糊（图 6-60）。

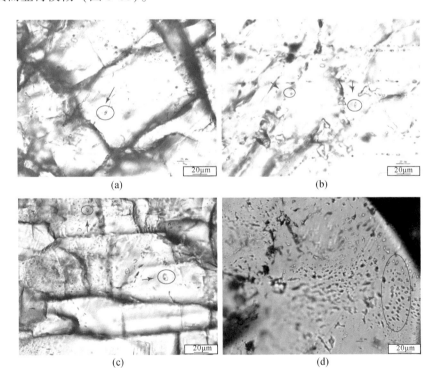

图 6-60　库车拗陷克深地区白垩系巴什基奇克组裂缝充填物中包裹体镜下特征

（a）克深 501 井，6362.5m，方解石中盐水包裹体呈零星分布；（b）克深 501 井，6362.5m，方解石中盐水包裹体呈零星分布；（c）克深 205 井，7091.3m，方解石中盐水包裹体呈零星分布；（d）克深 504 井，6665.9m，硅质中盐水包裹体，呈环带状展布

发育包裹体的宿主矿物主要为方解石 [图6-60（a）~（c）]，其次为硅质 [图6-60（d）]。从均一温度分布直方图上可以看出（图6-61），裂缝中盐水包裹体均一温度具有如下特征：发育在裂缝填充物方解石和硅质中的盐水包裹体均一温度主要分布在60 ~ 167℃，跨度较大，根据峰值特点可以划分出两个充填期次，第一个峰值均一温度分布在110 ~ 130℃，流体充注进入裂缝时间较早，裂缝内方解石发生胶结作用，方解石沿裂缝壁生长；第二个峰值均一温度集中在140 ~ 150℃，裂缝内发生流体二次迁移，胶结作用再次发生，形成第二期方解石。

综上，大概推断裂缝中发生两次流体迁移进入裂缝，方解石充填呈现两期的特点。

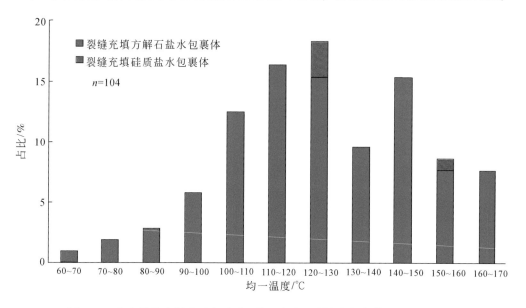

图6-61　库车拗陷克深地区白垩系巴什基奇克组裂缝中包裹体均一温度分布

3）裂缝充填物碳氧同位素特征

克深2井区巴什基奇克组碳氧同位素数据表明，$\delta^{13}C$ 变化范围在−4.12‰ ~ −2.43‰，$\delta^{18}O$ 变化范围在−16.59‰ ~ −15.05‰，数值变化范围均不大，但克深2井区碳氧同位素的数值分布显示出分散的特点（图6-62，表6-5）。

本次研究采用前人提出的经验公式，通过计算古盐度指数 Z 判断古水体盐度：

$$Z=2.048(\delta^{13}C+50)+0.498(\delta^{18}O+50) \tag{6-1}$$

当 $Z \geqslant 120$ 时，为海相沉积环境；$Z < 120$ 时，为陆相淡水沉积环境。采用经验公式（6-1）计算古盐度指数 Z 值发现，Z 均小于120，分布范围在110.72 ~ 117.07，平均值为114.47，表明裂缝产生后随着流体进入，其内充填结晶矿物的环境为陆相淡水沉积环境。判断该区在早白垩世主要为陆相咸化水环境。剖面上，古水体盐度变化规律性较强，基本上处于中等咸化程度。

根据前人提出的氧同位素测温方程来恢复裂缝充填物温度，从而判别其方解石形成期次：

$$T=31.9-5.55(\delta^{18}O-\delta^{18}O_W)+0.7(\delta^{18}O-\delta^{18}O_W)^2 \tag{6-2}$$

式中：T 为方解石矿物形成的温度，℃；$\delta^{18}O_W$ 为形成矿物时水介质氧同位素，‰；$\delta^{18}O$ 为矿物的氧同位素，‰。取 $\delta^{18}O_W$ 为 $-8‰$ 可以计算得出其裂缝中充填物方解石的沉淀温度。

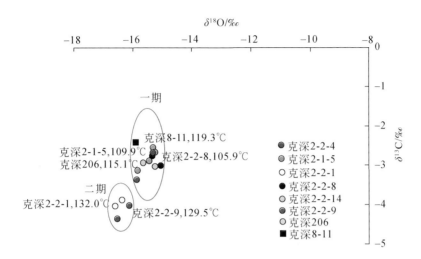

图 6-62　库车拗陷克深地区白垩系巴什基奇克组裂缝充填物碳氧同位素分布及古地温指示

表 6-5　碳氧同位素实验样品信息

井号	深度/m	$\delta^{13}C/‰$	$\delta^{18}O/‰$	恢复古温度/℃
克深 2-2-14	6579.1	−3.04	−15.23	108.7
克深 2-1-5	6722.7	−2.68	−15.24	108.8
克深 2-1-5	6723.5	−2.89	−15.44	111.9
克深 2-1-5	6730.2	−3.14	−15.82	118.2
克深 2-1-5	6746.8	−2.57	−15.31	109.9
克深 2-2-8	6807.8	−3.01	−15.05	105.9
克深 2-2-8	6828.4	−2.77	−15.33	110.3
克深 2-2-4	6678.7	−2.69	−15.27	109.3
克深 2-2-1	6614.8	−4.06	−16.59	132.0
克深 2-2-1	6617.6	−3.86	−16.23	125.0
克深 2-2-9	6761.7	−3.25	−15.78	117.4
克深 2-2-9	6762.3	−4.12	−16.15	123.6
克深 2-2-9	6764.1	−4.32	−16.49	129.5
克深 206	6706.2	−2.95	−15.63	115.1
克深 8-11	7361.6	−2.43	−15.89	119.3

研究区裂缝充填物成岩温度分布范围在 106～132℃，平均为 113℃。在克深 2 井区，通过经验公式计算出的古温度具有一定跨度，同时根据碳氧同位素散点图上 $\delta^{18}O$ 值的离散程度也可识别出方解石具有两期充填特征（图 6-62），表明裂缝充填不是"一蹴而就"

形成的,而是多期次流体迁移产生的结果,使裂缝充填具有多期次的特点。

4）裂缝充填物原位氧同位素特征

裂缝中充填的碳酸盐结构组分、世代胶结物和交代物比较复杂多样,而且粒度细小,使用离子探针对克深地区裂缝充填物进行氧同位素分析,可以直接对比不同期次矿物、生长环带信息等,结合矿物的岩石学特征精细刻画裂缝充填流体相关属性。

因为离子探针分析存在基体效应,只有与标样相同的样品才可以测试。所以制好靶后,需要确认待测样品和标样的结构和成分是类似的。利用 D3-144 日立电镜和牛津能谱仪器进行能谱分析确定矿物。所测试裂缝充填物为方解石（图6-63）。

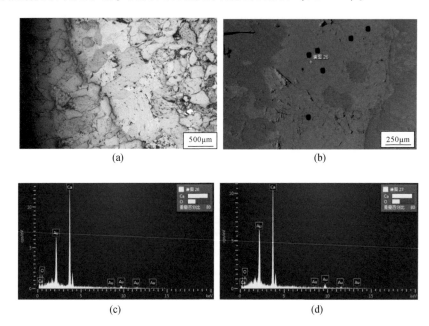

(a)　　　　　　　　　　　　　　　　(b)

(c)　　　　　　　　　　　　　　　　(d)

图6-63　库车拗陷克深 2-2-1 井白垩系巴什基奇克组裂缝充填物电镜图和能谱分析图

（a）镀金样品靶上的碳酸盐脉体,单偏光；（b）电镜下的碳酸盐脉体；（c）脉体能谱分析图；（d）脉体能谱分析图

对克深 2-2-1 井选取样品的 12 个点进行测试,将 Oka 方解石（$\delta^{18}O_{VPDB}=23.12‰\pm0.14‰$）作为第一标准,UWC-3 方解石（$\delta^{18}O_{VPDB}=17.83‰\pm0.08‰$）作为第二标准。（图6-64）测量的 $^{18}O/^{16}O$ 值通过 VPDB 值（$\delta^{18}O/\delta^{16}O=0.0020672$）校正后,加上仪器质量分馏校正因子 IMF 为该点 $\delta^{18}O$ 值。

$$\delta^{18}O=\left[(\delta^{18}O/\delta^{16}O)/0.0020672-1\right]\times1000‰$$

$$IMF=\delta^{18}O_{VPDB}-\delta^{18}O_{Mstandard}$$

$$\delta^{18}O_{Sample}=\delta^{18}O_M+IMF$$

氧同位素测试结果显示,$\delta^{18}O$ 变化范围在 $-18.18‰\sim-16.68‰$,平均值为 $-17.39‰$（表6-6）。与常规氧同位素测得的 $-16.5902‰$ 对应较好。两次实验均测得研究区氧同位素偏负,较高的形成温度（如深埋环境、热流体发育环境）和稀释的流体（如大气水）会导致氧同位素偏负。

克深地区 $\delta^{13}C$ 具偏负特征,且 $\delta^{13}C$ 和 $\delta^{18}O$ 具明显相关性。前人研究表明,上述特征

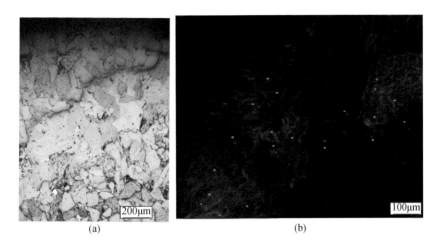

(a)　　　　　　　　　　　　　　　　　(b)

图 6-64　库车拗陷克深 2-2-1 井白垩系巴什基奇克组原位氧测试点位

（a）镀金样品靶上的碳酸盐脉体，单偏光；（b）脉体原位氧测试点位分布，阴极发光

主要源自大气水的混入。白垩纪末期发生构造抬升，巴什基奇克组顶部剥蚀，大气水沿不整合面和裂缝渗入，岩石学及地震资料上均有准同生期大气水淋滤溶蚀的证据，因此流体中应有大气水的混入。同时，该碳酸盐流体经历了深埋，故深埋增温效应必定对其有影响。

表 6-6　二次离子质谱法（SIMS）对裂缝充填物方解石进行原位氧同位素分析数据

井号	深度	层位	样品号	IP/nA	强度 O^{16}	O^{18}/O^{16}平均值	δ^{18}O
克深 2-2-1	6614. 8	K_1bs^2	克深 2-2-1-2	2. 20	3853357000. 000	0. 002	−17. 13
克深 2-2-1	6614. 8	K_1bs^2	克深 2-2-1-3	2. 21	3853590000. 000	0. 002	−17. 07
克深 2-2-1	6614. 8	K_1bs^2	克深 2-2-1-4	2. 20	3837813000. 000	0. 002	−17. 62
克深 2-2-1	6614. 8	K_1bs^2	克深 2-2-1-6	2. 19	3812308000. 000	0. 002	−17. 43
克深 2-2-1	6614. 8	K_1bs^2	克深 2-2-1-7	2. 19	3715526000. 000	0. 002	−17. 01
克深 2-2-1	6614. 8	K_1bs^2	克深 2-2-1-8	2. 17	3706533000. 000	0. 002	−17. 41
克深 2-2-1	6614. 8	K_1bs^2	克深 2-2-1-10	2. 17	3798797000. 000	0. 002	−18. 18
克深 2-2-1	6614. 8	K_1bs^2	克深 2-2-1-11	2. 15	3696521000. 000	0. 002	−17. 36
克深 2-2-1	6614. 8	K_1bs^2	克深 2-2-1-12	2. 15	3752951000. 000	0. 002	−16. 68
克深 2-2-1	6614. 8	K_1bs^2	克深 2-2-1-13	2. 17	3688034000. 000	0. 002	−17. 49
克深 2-2-1	6614. 8	K_1bs^2	克深 2-2-1-14	2. 15	3590534000. 000	0. 002	−18. 12
克深 2-2-1	6614. 8	K_1bs^2	克深 2-2-1-15	2. 14	3632327000. 000	0. 002	−17. 17

由于热流体环境成因的碳酸盐 δ^{18}O 值通常小于−10.0‰，故克深地区裂缝充填的碳酸盐脉体极大可能受到热流体改造，加之 δ^{18}O 值偏负也是深埋环境高温作用所致。综上，偏轻的氧同位素特征应是大气水、热流体和埋藏升温等因素的叠加结果。

对克深地区 8 口井、15 个碳酸盐充填物分析样品进行稳定碳氧同位素分析测定，碳同位素 $\delta^{13}C$ 变化不大，分布范围在 –4.32‰~ –2.43‰。但在对阴极发光呈亮橙色的部位进行原位氧同位素测定时（图 6-65），$\delta^{18}O$ 为 –16.51‰、–17.22‰，呈暗橙色的部位 $\delta^{18}O$ 为 –20.32‰、–20.64‰，氧同位素测定结果差异明显，也与两期流体的认识相互验证（图 6-66）。

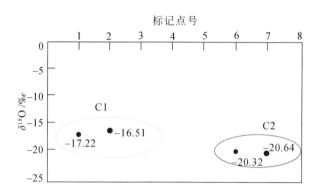

图 6-65　克深 2-2-1 井不同期次裂缝充填与原位氧同位素的对应关系

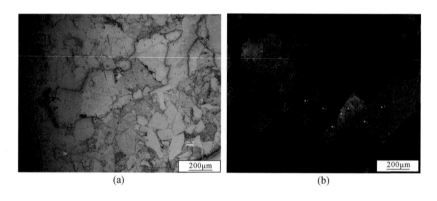

(a)　　　　　　　　　　　　　　　　　(b)

图 6-66　克深 2-2-1 井不同期次原位氧测试点位

（a）镀金样品靶上的碳酸盐脉体，单偏光；（b）不同期次原位氧测试点位分布，阴极发光

5）裂缝充填物原位微量元素特征

对不同期次碳酸盐脉体进行微区原位微量元素分析，得到不同期次碳酸盐脉体微量元素与稀土元素含量。不同期次碳酸盐脉体的 Fe/Mn 值显示具有一定的差异（表 6-7）。克深 501 井 C1 碳酸盐脉体沿着裂缝壁生长呈亮橙色 [图 6-67（a）、（b）]，Fe/Mn 值较低，平均值为 0.085292562，C2 碳酸盐脉体矿物节理发育明显呈暗橙色，Fe/Mn 平均值为 0.25186249；早期方解石脉体的铁含量极低，阴极发光强，后期铁含量逐渐增加，阴极发光变暗，说明成脉流体在演化过程中不断获取铁，造成不同期次脉体阴极发光强度与颜色的差异。

表 6-7　克深地区裂缝充填碳酸盐脉体的部分微量元素含量及比值的平均值

井号	样品深度/m	裂缝充填期次	Mn/(mg/kg)	Fe/(mg/kg)	Fe/Mn
克深 501	63662	C1	1632.787265	139.2646086	0.085292562
克深 501	63662	C2	4322.81151	1088.754072	0.25186249
克深 504	6662.7	C1	1786.907997	493.5710432	0.27621514
克深 504	6662.7	C2	5084.457743	6111.141847	1.201925978
克深 506	6561.65	C1	2502.016056	446.9248871	0.178625907
克深 506	6561.65	C2	5972.312981	7732.630021	1.294746281

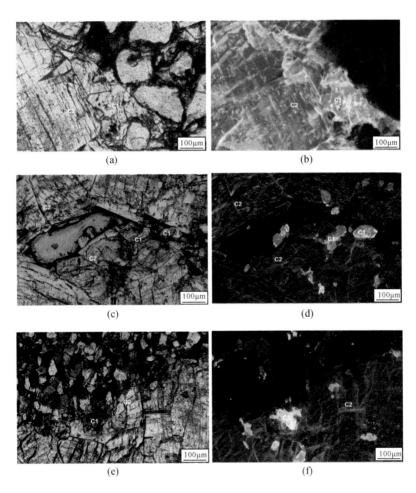

图 6-67　库车拗陷克深地区白垩系巴什基奇克组裂缝充填物岩相学和阴极发光特征

（a）、（b）克深 501 井，63662m，两期碳酸盐充填，C1 呈亮橙色沿裂缝壁生长，C2 呈暗橙色；（c）、（d）克深 504 井，6662.7m，两期碳酸盐充填，C1 呈亮橙色，C2 呈暗橙色；（e）、（f）克深 506 井，6561.65m，两期碳酸盐充填，C1 呈亮橙色，C2 呈暗橙色

不同沉积水体和沉积环境中形成的碳酸盐（岩）具有不同的稀土元素特征，稀土元素主要通过交代碳酸盐矿物的 Ca^{2+} 进入碳酸盐格架，所以沉积碳酸盐（岩）的稀土元素特征能够很好地指示沉积流体来源和古环境。故常用碳酸盐（岩）的稀土元素指标异常系数来

探讨流体来源和古环境。

为了消除元素的奇偶效应，更直观地表示稀土元素的含量和分馏特征，通常用一个共同参照标准的稀土元素数据来对岩石（或矿物）样品的稀土元素含量数据进行标准化。利用澳大利亚后太古宙平均页岩（PAAS）参照标准对天然样品进行标准化（如样品的REE丰度除以PAAS的相应REE丰度数值），得到的比值再以10为底取对数。最后通过数值法和图解法来反映稀土元素的富集与亏损。图解是以各种元素含量的对数值为纵坐标，以原子序数为横坐标作图，连接每个投影点，并结合阴极发光及Fe/Mn值所划分的两期（C1亮橙色、C2暗橙色）碳酸盐充填物，便得到样品的稀土元素配分型式图解（图6-68）。

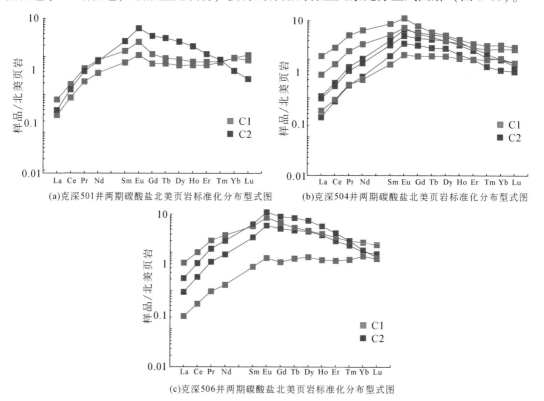

(a)克深501井两期碳酸盐北美页岩标准化分布型式图

(b)克深504井两期碳酸盐北美页岩标准化分布型式图

(c)克深506井两期碳酸盐北美页岩标准化分布型式图

图6-68　库车拗陷克拉苏构造带克深501井、克深504井、克深506井裂缝碳酸盐充填物稀土元素分布型式图

C1与C2两期碳酸盐的稀土元素配分相似，均表现出δEu明显正异常，Ce正异常，重稀土富集，中稀土元素配分相对平坦的特征，以重稀土元素配分起伏不平为特征。淡水碳酸盐呈现轻微的轻稀土元素亏损或富集，也可能存在中稀土元素富集，无明显的元素异常。

6.3.3　深层–超深层储层孔隙发育的构造–流体作用机制

1. 构造–流体作用及地质模型推论

前已述及，研究区构造裂缝多被方解石等矿物充填，通过流体地球化学研究表明，构造裂缝充填物方解石表现为两期发育。进一步探究流体–岩石作用记录，厘定裂缝内方解石充填物的具体形成时间，与地层埋藏演化史相结合，裂缝开始被充填的时间主要集中在新近纪以来喜马拉雅运动的中晚期，该时期印度板块与欧亚板块发生强烈碰撞，自南向北持续挤压，远程效应使得古天山再度复活发生抬升（图6-69）。

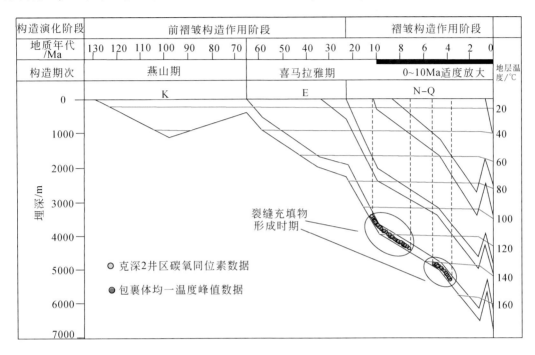

图6-69　克深地区白垩系巴什基奇克组埋藏史与裂缝充填期次厘定

第一期方解石充填裂缝时间发生在 12.2~7.4Ma，地层埋藏深度在 3500~4500m，压实作用强烈，地层温度达到 100℃ 以上。此时喜马拉雅运动活跃，受到构造挤压作用力，白垩系地层埋藏演化已经进入中期快速深埋阶段，地层快速沉降再缓慢抬升，受到构造活动以及地层自身的埋藏演化驱动，流体作为流体–岩石作用系统中的活跃控制因素发生迁移运动，选择储层内的优势通道——裂缝，发生第一期流体–岩石作用充填裂缝。

第二期方解石充填裂缝时间发生在 5.5~3.8Ma，受喜马拉雅运动的影响，研究区发生强烈的逆冲挤压推覆，裂缝大规模发育，成为超深层储层的重要储集空间。巴什基奇克组当时埋藏深度超过 5000m，已经达到超深层，地层温度超过 140℃，埋藏深度越深，温压条件愈加强烈，影响流体活动方式以及驱动机制发生改变，流体大规模发生迁移，流体贯入裂缝，使裂缝再一次被方解石充填。

综合前人及上述研究，克深井区碳酸盐孔隙胶结和裂缝充填碳酸盐均有早期和中晚期两个不同时期的胶结作用，两期在元素组成上具有明显差异，在阴极发光下可明显区分（图6-70）。

早期碳酸盐胶结发育在早白垩世初期，沉积物尚未完全固结，颗粒接触松散。碱性的成岩环境使得含 Ca^{2+}、Mg^{2+} 的碳酸盐流体发育。早期碳酸盐矿物在阴极发光下呈亮橙色，Fe^{2+} 是阴极发光中的猝灭剂，因早期成岩流体中 Fe^{2+} 含量较低，置换碳酸盐矿物中的 Ca^{2+}、

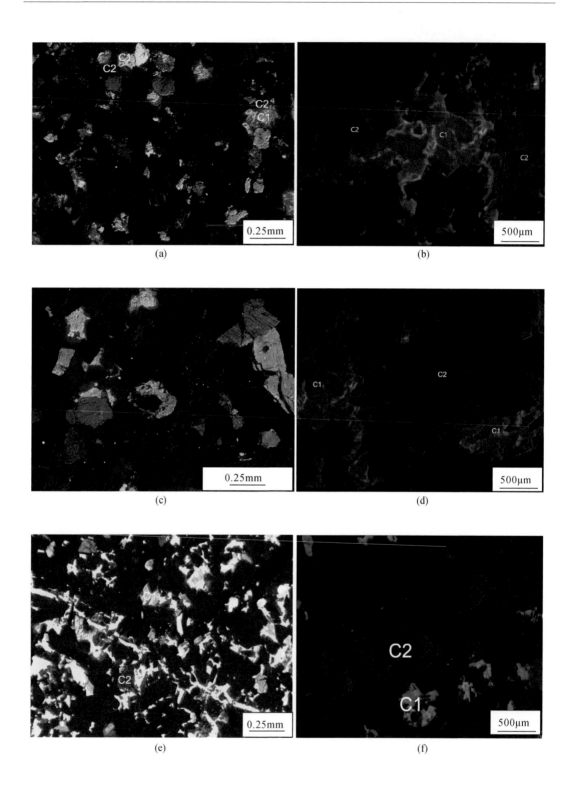

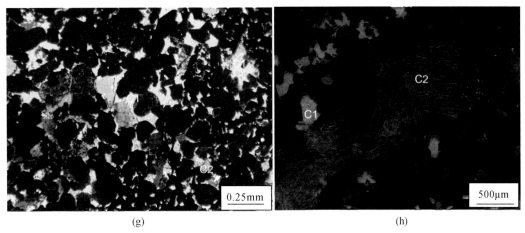

图 6-70　克深地区孔隙胶结物和裂缝充填物阴极发光对比

（a）克深 207 井，6987.85m，早期孔隙碳酸盐胶结物呈亮橙色，晚期孔隙胶结物呈暗橙色；（b）克深 207 井，6806.3m，早期裂缝充填的碳酸盐表面较干净，节理不发育，呈亮橙色，晚期碳酸盐表面较污浊，节理发育明显，呈暗橙色；（c）克深 207 井，6996.39m，早期孔隙碳酸盐胶结物呈亮橙色，晚期孔隙胶结物呈暗橙色；（d）克深 207 井，6808.0m，早期裂缝充填的碳酸盐表面较干净，节理不发育，呈亮橙色，晚期碳酸盐表面较污浊，节理发育明显，呈暗橙色；（e）克深 504 井，6652.14m，早期孔隙碳酸盐胶结呈亮橙色，晚期孔隙胶结物呈暗橙色；（f）克深 504 井，6662.7m，早期裂缝充填的碳酸盐表面较干净，节理不发育，呈亮橙色，晚期碳酸盐表面较污浊，节理发育明显，呈暗橙色；（g）克深 504 井，6667.2m，早期孔隙碳酸盐胶结物呈亮橙色，晚期孔隙胶结物呈暗橙色；（h）克深 504 井，6665.9m，早期裂缝充填的碳酸盐表面较干净，节理不发育，呈亮橙色，晚期碳酸盐表面较污浊，节理发育明显，呈暗橙色

Mg^{2+} 现象较少，阴极发光下，早期碳酸盐矿物发光更明显。古近纪至中新世末期，库车拗陷再次沉降接受沉积埋藏，随地温升高，地层发育中晚期碳酸盐胶结作用。沉积晚期成岩流体矿化度高，因而晚期碳酸盐胶结物含 Fe^{2+} 高，阴极发光下观察呈暗红色，与早期碳酸盐胶结物区分明显。

地质环境中"孔隙尺寸控制沉淀"现象广泛存在，构造裂缝与孔隙共生的情况下，裂缝更倾向于被胶结充填，而孔隙则更易被保存下来。

从流体包裹体数据对比可以看出，克深井区裂缝充填碳酸盐矿物中赋存的流体包裹体主频温度为 110~130℃、140~150℃（表 6-8），说明有早、晚两期次流体充填裂缝；同时孔隙胶结碳酸盐矿物中赋存的流体包裹体主频温度为 120~130℃、155~160℃，也是有两期流体的存在。如第 2 章所述，当构造裂缝与孔隙共生时，流体优先充填孔隙尺寸较大的裂缝，对孔隙的保存起到了一定的保护作用。

表 6-8　克深地区孔隙胶结物和裂缝充填物流体包裹体数据表

赋存部位	井号	深度/m	期次	赋存矿物	形态	测定个数	主频温度/℃	数据来源
裂缝	克深 206	6709.11	Ⅰ、Ⅱ期	方解石脉体	零星、串珠状分布	104	110~130、140~150	本书
	克深 504	6662.70						
	克深 506	6568.35						

赋存 部位	井号	深度/m	期次	赋存 矿物	形态	测定个数	主频温度/℃	数据来源
孔隙	克深207	6995.20	I期	白云石 胶结物	带状、群状	7	120~130	毛亚昆 (2015)
	克深201	6707.00	II期	白云石 胶结物	带状	24	155~160	孙可欣 (2019)

2. 模型验证

根据距微裂缝距离的差异，选择基质区域1、2、3样品点，钻取相应的基质样品，分别进行1μm分辨率的高精度CT扫描，获取相应的三维数据体并构建三维数字岩心和孔隙网络模型，以此为平台分析微裂缝–基质孔隙之间的连通模式。

基于最大球法分析方法，对不同样品进行识别并提取孔隙，得到不同样品的孔隙网络模型，从孔隙分布的规模上可以明显看出，样品1的孔隙保存规模明显较大，而样品3的孔隙发育规模明显较小（图6-71、图6-72）。

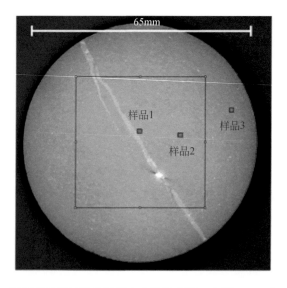

图6-71　距微裂缝不同距离基质区域的样品点选取示意图（克深2-2-1井，6609.75m，K_1bs^2）

通过孔隙直径的对比，随着距微裂缝距离的增加，三个样品的孔隙直径分布虽有逐渐降低的趋势，但总体差异不大，其基质孔隙的成因类型没有明显差异（图6-73，表6-9）。

从定量的孔隙度数值上，三个样品间的差异尤为明显。距微裂缝最近的样品1，其孔隙度为3.42%，而距微裂缝最远的样品3，其孔隙度为1.59%，两者的差异表明随着距微裂缝距离增加，孔隙度发生明显降低，即距离微裂缝越近，基质孔隙度越大。

对克深井区微裂缝样品进行CT扫描，获取微裂缝三维数据体，进行图像分割和连通性特征判断来识别微裂缝区域。在此基础上，选取微裂缝附近不同距离的基质区域进行高精度 CT 扫描，构建相应的三维数字岩心和孔隙网络模型，以此为平台来分析微裂缝充填与基质孔隙保存之间的耦合关系。

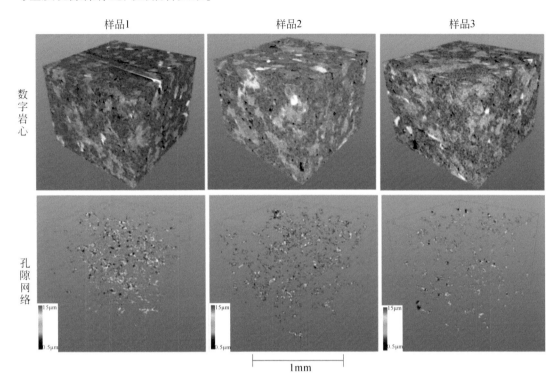

样品1　　　　　　　　样品2　　　　　　　　样品3

数字岩心

孔隙网络

图 6-72　基质区域不同样品的三维数字岩心和孔隙网络模型

1、2、3 样品对应图 6-71，分别表示基质取样位置距离裂缝近、中、远，不同颜色随机表示不同的孔隙和喉道

表 6-9　微裂缝周围不同距离的基质样品的孔喉结构特征（1、2、3 样品对应图 6-71）

样品号	孔隙度/%	平均孔隙直径/μm
1	3.42	8.8
2	2.55	8.6
3	1.59	8.3

　　数据表明，随着距样品微裂缝距离的变化，基质的孔隙度发生明显降低，即距离微裂缝越远，基质孔隙度越小。这种变化并未随着埋深、裂缝充填物及应力段的差异而存在本质差异（表 6-10）。但样品间的差异存在于孔隙度的变化幅度上，克深 2 井区、克深 5 井区的样品，埋深在 6500m 左右，孔隙度衰减的幅度较小，一般从 4% 减小至 2%；克深 8 井区的样品，埋深在 7000m 级别，孔隙度衰减的幅度较大，一般从 6.5% 减小至 2%。

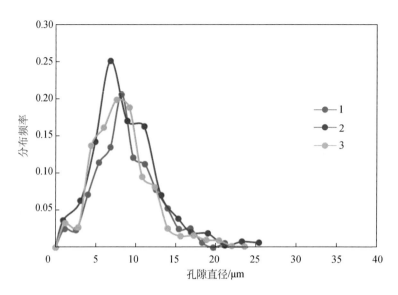

图 6-73　微裂缝周围不同距离的基质孔隙直径分布曲线（1、2、3 样品对应图 6-71）

表 6-10　不同井区裂缝周围不同距离的基质样品物性特征

井号	深度/m	层段	应力段	充填物类型	距裂缝相对位置	孔隙度/%
克深 2-2-1	6609.75	K_1bs^1	张性段	白云石	近	3.42
					中	2.55
					远	1.59
克深 2-2-1	6622.5	K_1bs^1	张性段	石膏	近	4.25
					中	2.74
					远	1.94
克深 2-2-4	6678.70	K_1bs^2	张性段	方解石	近	4.30
					中	2.59
					远	3.06
克深 506	6566.85	K_1bs^2	张性段	石膏	近	4.93
					中	2.02
					远	1.67
克深 8003	6777.30	K_1bs^1	张性段	硅质	近	6.48
					中	2.43
					远	1.87
克深 8004	6997.50	K_1bs^3	压性段	方解石	近	6.86
					中	3.02
					远	2.27

3. 有效裂缝保存/改造的物理–化学机制

克深、大北地区白垩系储层裂缝中主要发育方解石、白云石、石英、石膏等充填物。裂缝胶结物叠置关系表明石英胶结物最早沉淀（图6-74），方解石、硬石膏均晚于石英沉淀。石英胶结物广泛分布于各组裂缝中，但整体含量很低。裂缝中石英胶结物局部跨越裂缝壁，即形成了被称为"石英桥"的孤立状胶结物。石英衬边则是中跨越失败的桥，呈薄板状覆在裂缝壁上。裂缝孔隙表现出与石膏、方解石等有关的衰减模式，部分石膏和方解石胶结物上可见构造复活的证据。阴极发光下方解石部分呈斑状，表面发育解理，另一部分呈颗粒状，表面无解理。总体上，克深和大北地区白垩系储层中有效裂缝主要发育三种产出样式，分别为石英桥裂缝、未充填裂缝和剪切复活裂缝。

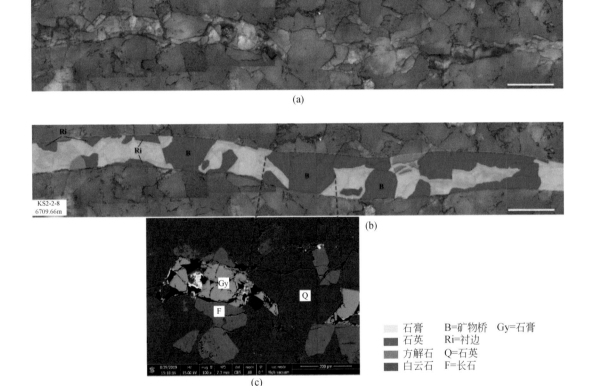

图 6-74　克深 2-2-8 井 E–W 向裂缝石英胶结物发育模式

（a）克深 2-2-8 井 E–W 向裂缝单偏光拼接图像（深度 6709.66m）；（b）裂缝马赛克图，充填颜色代表不同裂缝胶结物；（c）扫描电镜背散射图像，矿物由能谱确定

1）石英桥裂缝与保存

"石英桥"的概念由 Laubach 提出，指裂缝内高度局部化的孤立石英次生加大堆积体，呈棒状或块状跨越裂缝壁。石英桥生长增量仅局限于石英晶体附近，横跨裂缝壁，背散射图像显示其晶体形貌以六方柱为主，生长基底通常镶嵌在两侧裂缝壁内，基底晶粒宽度为 0.1 ~ 0.5mm（图6-74）。石英桥的生长结构特点决定其优先生长在裂缝壁的石英基底上，

而不是长石等其他非石英基底上。其生长过程可能伴随着裂缝张开—胶结物沉淀桥接—破坏桥接—再次沉淀桥接的幕式演化，反映了裂缝张开速度和胶结物沉淀速度的竞争关系，标志着砂岩裂缝中构造-成岩的关联作用。这些石英桥可能富含张–闭结构和流体包裹体，记录了裂缝张开过程，包裹体分析可用于裂缝张开历史的恢复以及石英桥生长速度的定量分析。在垂直裂缝壁的剖面中，石英桥的生长长度是裂缝宽度与石英桥和裂缝壁夹角之间的函数。石英桥裂缝形成表明，裂缝胶结物沉淀既可能破坏裂缝孔隙度和渗透率，也可能起到"保存"作用。

根据克深和大北气田 7 口井 15 块样品背散射图像和能谱分析，观察到 7 条裂缝，裂缝宽度为 0.2~0.6mm，走向以近 E-W 向和 NNW-SSE 向为主。克深和大北气田 8 口井 83.6m 岩心中共观察到 25 条含有矿物桥的宏观裂缝，这些裂缝宽度分布在 0.8~1.2mm，裂缝充填情况突变。石英桥离散分布于裂缝面上，呈孤立状跨越裂缝壁，仅占据了裂缝面很小一部分面积，并没有完全充填裂缝破坏其孔隙度和渗透性。并且石英桥主要集中于克深 E-W 向裂缝、大北 NW-SE 向和 NE-SW 向裂缝中。这些裂缝走向与最大水平主应力方向近垂直，同时具有开度大、缝面粗糙、近垂直于地层的特征，结合岩心裂缝切割关系，认为这些裂缝可能形成于褶皱变形期间的伸展作用。

石英桥孤立、跨越裂缝壁的生长特征使其阻止了裂缝孔隙度的物理衰减（图 6-75）。同时，石英桥体积相对于裂缝孔隙空间整体较小，因此流体可绕过石英桥流动。因此，石英桥具有"保存"裂缝有效性的作用。尽管克深和大北地区储层埋深很大且部分裂缝处于

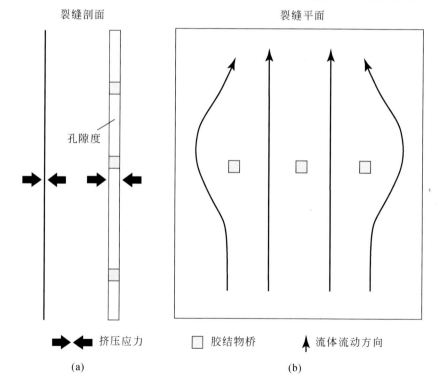

图 6-75　裂缝中胶结物桥保存裂缝孔隙（a）及渗透率（b）示意图

强挤压应力场下，含有石英桥且未被后期胶结物完全充填的裂缝仍可保留大量孔隙度和渗透率。

2）未充填裂缝与保存

未充填裂缝在岩心中较为常见，通常形成于晚期构造活动，少量胶结物也与较短时间内高温环境下的晶体沉淀过程相匹配。岩心中未充填裂缝与临界伸展裂缝（临界伸展系数 $T_d \geq 0.7$）有比较好的位置对应关系（图6-76）。裂缝立体投影图显示了临界伸展裂缝在克深和大北地区井中的分布情况（图6-77）。整体上，临界伸展裂缝与最大水平主应力方向大致平行。当裂缝平行或近平行于最大水平主应力方向时，裂缝面所受正应力最小，因此保存了裂缝物性。临界伸展裂缝与无阻流量之间存在较强的正相关关系，当 $T_d \geq 0.7$ 时相关系数 R^2 为 0.69，表明其对储层产能有较大的贡献，即未充填裂缝在地下是渗透性（张开）裂缝。

3）剪切复活裂缝与改造

克深、大北地区岩心裂缝充填物中发育大量剪切复活裂缝的证据，如擦痕（SL）和定向矿物排列（OMO）。根据这些线性构造的产状，剪切复活裂缝可细分为倾滑复活裂缝和走滑复活裂缝。克深地区只观察到了倾滑复活裂缝现象，SL 和 OMO 倾向近 N–S 向，倾角为 60°~85°。相比之下，大北地区岩心剪切复活裂缝现象更丰富，除倾滑复活裂缝之外，还可见到少量走滑复活裂缝现象。倾滑复活裂缝的倾向为 NW–SE 向，倾角为 60°~85°，发育在大北 NE–SW 向裂缝中；走滑复活裂缝平行于现今最大水平主应力，倾角 ≤ 15°，仅在 4 条 NW–SE 向裂缝中可见。

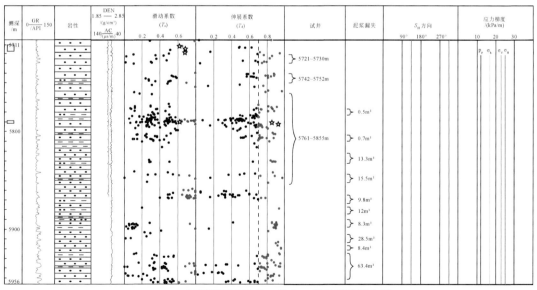

(a)DB202井测井、岩心、临界裂缝综合图

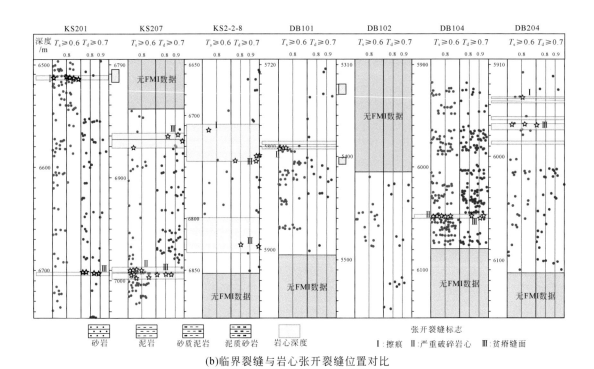

(b)临界裂缝与岩心张开裂缝位置对比

图 6-76　克深、大北井区临界裂缝识别与对比

（a）S_H 为最大水平主应力；（b）黄色阴影代表岩心，Ⅰ、Ⅱ 和 Ⅲ 类代表岩心中不同类型的临界裂缝

　　综合考虑构造背景和裂缝复活证据，克拉苏构造带白垩系储层现今的构造变形是由逆冲和走滑事件叠加而成的，且克深和大北的剪切复活裂缝与断层活动有关。喜马拉雅期，区域最大水平主应力 σ_H 为近 N–S 向，整体构造处于逆断层应力（水平的 σ_1 和垂直的 σ_3）状态，盐下断层继承性活动，在逆断层附近裂缝中发育产状相近的倾滑复活裂缝。在快速深埋过程中，垂直应力 σ_v 随着埋深的增加而增大，超过最小水平应力 σ_h，最终成为中间主应力，应力场由逆冲向走滑（水平 σ_1 和垂直 σ_2）过渡，并裂缝系统 Ⅱ 中形成了少量走滑复活裂缝。

　　4）成因机制讨论

　　石英作为砂岩裂缝中的主要胶结物之一，一般以次生加大的形式生长在裂缝壁的原石英颗粒表面上，并表现出与埋藏史及裂缝张开过程有关的三种胶结模式（图 6-78）：①石英胶结物完全充填裂缝，这种模式更容易发生在较窄、较老的裂缝中，如微裂缝及颗粒愈合缝；②裂缝壁上的石英衬边，常以微米级薄板形式出现，在扫描电镜下更为明显；③跨越裂缝壁的石英桥，被裂缝孔隙或后期沉淀的胶结物包围，通常与衬边同时出现。Lander 和 Laubach（2015）提出石英桥形成取决于裂缝张开速度与石英胶结物生长速度之比，即当裂缝张开速度在地质时间尺度上小于石英晶体表面的沉淀速度时，裂缝中的石英胶结物周期性地破裂并不断形成新的次生加大生长面，最终生长成桥。砂岩储层裂缝中，石英桥的位置和大小可能还受基底颗粒、热演化史、裂缝张开速率等因素的影响。

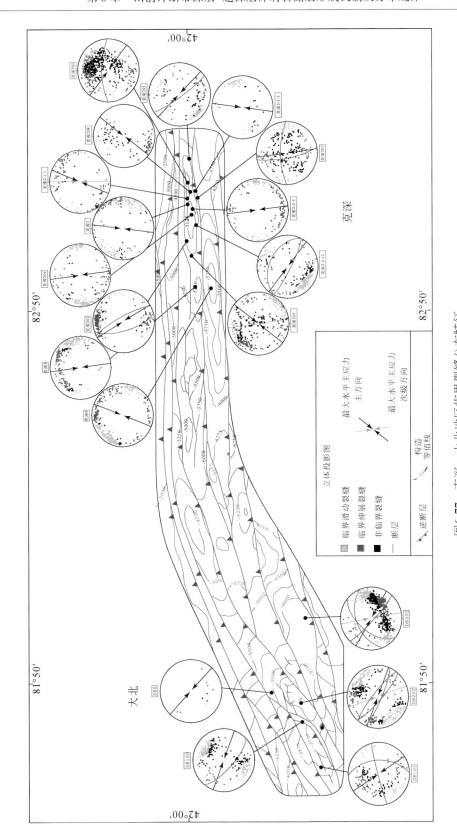

图6-77　克深、大北地区临界裂缝分布特征

立体投影图中黑色箭头代表主要的最大水平主应力方向，灰色箭头代表局部发育的次级最大水平主应力方向

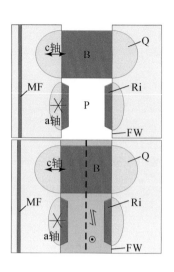

图 6-78　裂缝中石英胶结物发育模式

P. 孔隙；Q. 石英颗粒；MF. 微裂缝；B. 胶结桥；Ri. 衬边；FW. 裂缝壁；

黑色箭头指示晶轴；石英衬边沉淀速度慢，无法跨越裂缝壁

以石英桥理论为基础，通过流体包裹体分析，对克深地区裂缝系统 I 和系统 II 的开启过程进行详细研究。对克深 202 井和克深 2-2-8 井 4 块样品中的 5 条裂缝进行流体包裹体分析（图 6-79）。克深 202 井位于褶皱西翼，样品深度为 6767m，克深 2-2-8 井位于褶皱前翼，样品深度为 6709.66m。利用石英桥中流体包裹体测温结果厘定裂缝形成时间的关键在于包裹体捕获温度与埋藏史之间的关联性。由于本次研究中只收集到了克深 2、克深 201、DB302、DB2 井的埋藏史图，所以选择距离样品最近的克深 2 井埋藏史对比流体包裹体组测温结果。结果表明，两套裂缝系统形成于不同的温度和流体环境下。

克深 202 样品中共观察到 2 条 N–S 向裂缝（裂缝系统 I），裂缝宽度 0.2 ~ 0.5mm。裂缝胶结物中未见典型石英桥结构，石英胶结物多以衬边形态沉淀在裂缝中，被大量方解石胶结物包围。说明在石英桥完全形成之前，方解石胶结物就开始沉淀并充填裂缝。石英衬边中流体包裹体均一温度为 132 ~ 156℃，冰点温度为 –4.1 ~ –3.4℃，对应盐度为 5.6% ~ 6.3%，平均盐度为 5.87%。结合前人研究成果，方解石胶结物中流体包裹体均一温度为 131 ~ 150℃。

克深 2-2-8 井的 2 个样品中观察到 3 条 E–W 向裂缝（裂缝系统 II），裂缝宽度为 0.25 ~ 0.4mm。共分析石英桥 5 个，石英衬边 2 个，石英桥被硬石膏包围。流体包裹体组平行裂缝壁分布，每个流体包裹体组都被从裂缝壁向里生长的胶结物所捕获。在单偏光下，可以很明显地将流体包裹体组的生长区域与石英横向次生加大区域分开，即桥中非裂缝壁两侧中无流体包裹体组的区域。以图 6-74 中克深 2-2-8 井石英桥为例，单一石英桥中张–闭区域面积很大（约占桥总面积的 70%），而横向次生加大区域的面积较小，说明裂缝停止张开后很快就被石膏充填，没有给石英桥留出更多的生长时间和空间。裂缝系统 II

中石英桥均一温度变化范围为 146～185℃，流体包裹体的冰点温度变化范围为-12.2～-8.9℃，对应于盐度变化范围为 12.8%～16.2%，平均盐度为 15.02%。

对于 E-W 向裂缝系统Ⅱ，裂缝形成于 146～185℃的温度下。裂缝石英桥中心处的张-闭增量（桥中流体包裹体组）长度通常向裂缝壁方向增加，说明中心处的石英胶结物相比裂缝壁附近的更晚形成。这是因为在裂缝张-闭过程中，石英桥从两侧裂缝壁处不断生长，新的张-闭增量必须穿过更宽的桥，所以具有更长的流体包裹体组。镜下观察到的裂缝张-闭增量长度（先形成的流体包裹体短，后形成的流体包裹体长，以此判断先后顺序）和流体包裹体组温度表明，石英桥中流体包裹体组的捕获温度通常随着裂缝张开先升高后降低。如果流体包裹体组中记录的温度变化是由地层埋藏史引起的，那么 E-W 向裂缝可能经历了巴什基奇克组快速埋藏（至最大深度）及短暂抬升过程。将石英桥中观察到的 146～185℃流体包裹体组均一温度投影到埋藏史上，认为 E-W 向裂缝在 4.1～2.3Ma 时间内形成，期间可能经历了 2～3 期张开事件。以克深2-2-8 样品中石英桥 1 为例（图6-80），桥中心张-闭增量中流体包裹体组Ⅰ未切割石英桥左右两侧的侧向次生加大，其流体包裹体均一温度为 149～154℃，表明形成时间较早，流体包裹体组Ⅰ长度约 210μm，对应 4.6～3.9Ma 埋藏期；桥中心附近张-闭增量中流体包裹体组Ⅱ均温度为 162～175℃，张-闭长度约 170μm，对应 3.4～3.1Ma 埋藏期；靠近裂缝壁一侧的最长流体包裹体组Ⅲ均温度 181～186℃，对应埋藏最大过程中的张-闭事件；裂缝壁两侧发育的张-闭增量中流体包裹体组Ⅳ虽然长度较短（约 100μm），但它切割整个石英桥，表明形成时间最晚，均一温度为 173～178℃，结合克深地区的埋藏史，对应 2.9Ma 以来的抬升期。

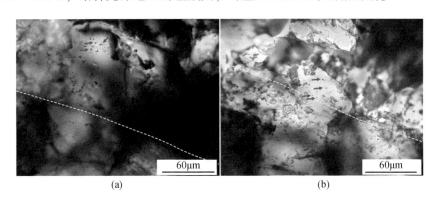

(a)　　　　　　　　　　　　　　　　　(b)

图 6-79　石英衬边流体包裹体分析

（a）克深 202 井样品石英衬边 Ri_1 中流体包裹体的位置；（b）克深 2-2-8 井样品石英衬边 Ri_2 中流体包裹体的位置；红色箭头指示流体包裹体位置，黄色虚线指示裂缝壁，两图黄线右上方为裂缝

针对克深 208、克深 202 和克深 2-2-8 三口井样品中石英和方解石组分进行离子探针微区原位同位素分析，获得原位的氧同位素。三口井样品中石英骨架矿物的平均 $\delta^{18}O_{VSMOW}$ 为 8‰～14‰，石英次生加大边的平均 $\delta^{18}O_{VSMOW}$ 为 14‰～17‰（图6-81）。克深 202 井 N-S 向裂缝中石英填充物的平均 $\delta^{18}O_{VSMOW}$ 为 14.35‰～17.67‰，方解石填充物的 $\delta^{18}O_{VPDB}$ 为 -9.84‰～-5.31‰；克深 208 井孔隙中方解石填充物的 $\delta^{18}O_{VPDB}$ 为 -16.00‰～-9.86‰；克深 2-2-8 井 E-W 向裂缝中石英桥的平均 $\delta^{18}O_{VSMOW}$ 为 17.01‰～20.22‰，石英衬边的平均

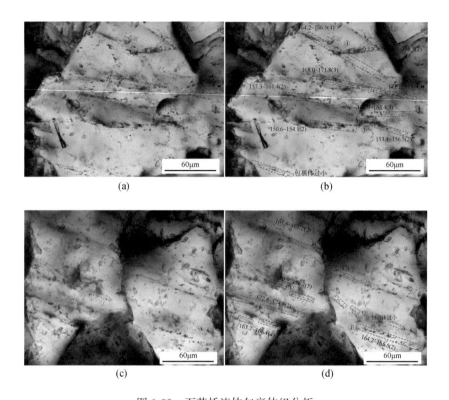

图 6-80　石英桥流体包裹体组分析
（a）和（c）是透射光图像；（b）和（d）中流体包裹体组①②③④分别对应张-闭增量发生的先后顺序，
红色方框指示流体包裹体组位置，旁边数字代表均一温度，括号内为测试的流体包裹体数量

$\delta^{18}O_{VSMOW}$ 为 17.23‰~19.50‰。研究表明克深地区的样品中石英桥的氧同位素与石英骨架颗粒的氧同位素差异很大。因此，研究区不是严格意义上的封闭流体系统，流体同位素的组成在裂缝张开时通过平流演化。

研究认为，在新近纪—第四纪，白垩系中的褶皱和断层开始活动并产生裂缝，连通的裂缝系统成为古近系蒸发岩流体运移的主要通道。如果白垩系裂缝系统Ⅱ中的流体来源于上覆古近系膏盐岩，说明可能存在古近系流体的向下运移。通常，平流流体向流体压力梯度的非静水压力分量方向移动。因此，向下运移的流体意味着：①上覆地层超压。克拉苏构造带古近系膏盐岩层内普遍发育超压。根据实测地层压力资料（如 DST、RFT 和 MDT）及前人研究成果，克拉 2 气田压力系数超过 2.0，克深、大北地区压力系数一般为 1.5 ~ 1.8，喜马拉雅晚期强烈的构造挤压作用被认为是超压形成的主要因素之一。当白垩系裂缝系统Ⅱ张开时，其流体压力可能降低，古近系蒸发岩内超压驱动石膏向硬石膏转化过程中脱出的结晶水向下运移进入裂缝。但是，如果超压驱动流体向下运移，那么白垩系顶部裂缝的应变量应该更大（裂缝更宽），目前在岩心中尚未观察到明显的上高下低应变变化趋势。因此，裂缝系统Ⅱ形成/张开过程中，由上覆地层超压主导的流体向下运移可能不是主要的运移机制。②地层抬升剥蚀过程中，流体压力降低（流体压力=静水压力）。前述白垩系裂缝系统Ⅱ石英桥中流体包裹体均一温度的变化趋势指示了该组裂缝在埋藏-抬

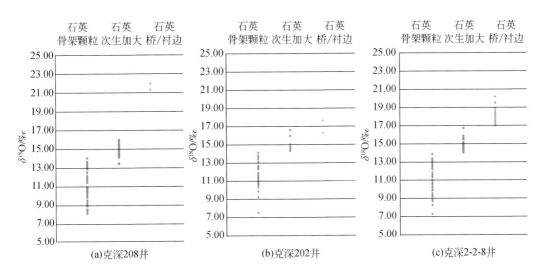

图 6-81   三口井中石英骨架颗粒、石英次生加大与石英桥/衬边氧同位素值对比

升过程中张开。在地层抬升过程中，裂缝系统Ⅱ（平行轴、垂直最大主应力）因裂缝面压应力降低而张开，同时白垩系内流体压力降低，密度更大的古近系高盐流体由重力驱动向下运移至白垩系裂缝中。在研究区内，由重力主导的古近系蒸发岩流体向下运移可能更合理（图 6-82）。

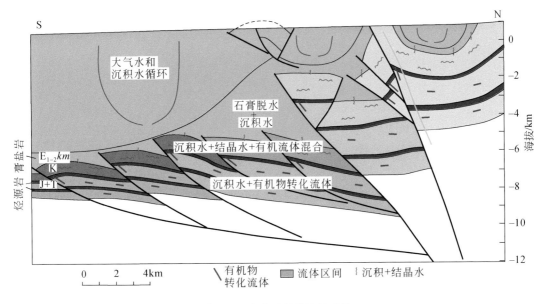

图 6-82   库车冲断带流体系统

此外，古近系蒸发岩流体侧向运移也不容忽视，其动力可以解释为喜马拉雅晚期强烈的水平挤压作用。新近纪—第四纪，古近系盐下楔状叠瓦构造特征基本成型，克拉苏断层下盘的断背斜构造被巨厚古近系膏盐岩包围。在喜马拉雅晚期强烈的水平挤压作用下，断

背斜北侧的膏盐岩流体可能被水平挤入白垩系裂缝中，并在白垩系连通的流体通道内运移（图 6-82）。

综上，库车冲断带垂向上至少发育三个流体单元，分别为第四系—新近系、古近系—白垩系、侏罗系及下伏地层，这些流体单元主要受岩性控制。古近系膏盐岩层是一套优质封隔层，其上第四系—新近系流体系统表现为沉积水和大气水循环，重力等驱动机制无法让沉积水和大气水穿过膏盐岩层。此外，克拉、大北、迪那等井区膏盐岩之上为常压开放性水动力系统。古近系蒸发岩流体受重力作用、水平挤压作用的影响，经由褶皱变形/断层活动产生的裂缝，从垂向、侧向运移至白垩系储层中，与白垩系原地层水混合。侏罗系上部地层发育一套煤系沉积，也起到了融档流体的作用，导致侏罗系煤系地层之下的砂岩储层裂缝中少见石膏、方解石等胶结物。

6.3.4　深层有效裂缝与规模储层分布预测

1. 基于构造样式和裂缝分布的预测

虽然石英桥有利于裂缝孔隙度和渗透性的"保存"，但是其在储层内的规模性分布仍亟待研究和证实。影响石英桥生长和分布的地质因素包括硅的来源、溶质运移方式、储层 pH、温度、生长基底面积、裂缝张开速率等（Lander et al.，2008）。Walderhaug（1994）最早确定了石英沉淀的下限温度为 70 ~ 80℃（Walderhaug，1994），并认为温度是石英沉淀速度的主要控制因素（温度越高，石英沉淀速度越快），Si^{2+} 的运移方式是次要因素。阿伦尼乌斯（Arrhenius）方程被用来表示石英晶体归一化沉淀速率对温度的依赖性（Walderhaug，1996）：

$$k=Ae\left(\frac{-E_\alpha}{RT}\right)$$

式中：k 为单位面积的石英沉淀速率，mol/（$m^2 \cdot s$），E_α 为开始沉淀所需的活化能（50 ~ 62J/mol）；A 为常数，9×10^{-12} ~ 12×10^{-12} mol/cm^2s；T 为温度（热力学温度，K）；R 为气体常数，8.314J/（mol·K）。深埋构造以及高温环境为石英桥生长创造了便利条件，所以深层石英桥的生长潜力预计更大。

使用阿伦尼乌斯方程定量计算库车冲断带白垩系和侏罗系砂岩储层中石英桥的生长长度。选取克深 2-2-8 井和克深 202 井中 4 条岩心裂缝模拟石英桥和衬边的生长史，并将计算结果与实际石英桥参数进行比对，检验模拟误差。石英生长过程的质量平衡计算基于如下条件：①Si^{2+} 局部来源，不限运移方式；②近中性 pH；③石英过饱和；④足够大的生长基底面积。

克深 2-2-8 井样品 E-W 向裂缝石英桥的捕获温度为 172 ~ 225℃，结合裂缝开启时间，进行石英桥生长情况的计算。克深 2-2-8 井 E-W 向裂缝中的石英桥 1 在 4.6Ma 开启，至 2.9Ma 停止开启，随后裂缝被石膏迅速充填（石膏中流体包裹体温度为 174℃），石英桥失去生长空间，生长结束。以石英 c 轴垂直裂缝壁为计算条件，张裂缝张开期间石英桥 1 生长约 245.8μm，实际长度为 252μm，计算误差为 2.46%。若该裂缝在 2.9Ma 张开后，未被石膏充填，则石英桥 1 在抬升期开启过程中可生长 1.15mm，足以跨越白垩系多数 E-

W 向裂缝。

　　对克拉苏构造带其他地区（如博孜、克拉等）白垩系和侏罗系裂缝石英桥的生长潜力进行定量对比分析。计算工程中，使用前人已发表的各井区石英愈合缝流体包裹体温度替代石英桥流体包裹体温度。整体上，北部单斜带和克拉苏构造带东部侏罗系流体包裹体温度主要分布在 120~145℃，对应捕获温度 138~165℃。根据依南 2 井埋藏史，该温度区间大约经历 13Ma，由阿伦尼乌斯方程计算得出石英桥 c 轴生长长度约为 580μm，a 轴生长长度约为 180μm。相比克拉苏构造带中部的白垩系储层，北部山前带和克拉苏构造带东部侏罗系由于埋藏浅、温度低，多数裂缝发育石英桥的概率极低。在克拉苏构造带中部，侏罗系埋藏非常深，温度高于白垩系，因此可能具有一定规模的石英桥生长潜力。基于上述理论计算了白垩系储层裂缝的石英桥生长潜力（图 6-83）。整体上，石英桥生长潜力自北向南增加。

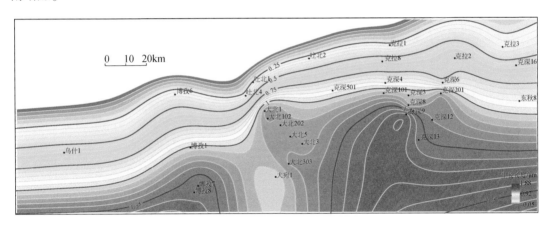

图 6-83　克拉苏构造带白垩系裂缝石英桥生长长度等值线图

　　石英桥生长以及晚期未充填裂缝条件可作为深层有效裂缝保存机制，剪切滑动可作为有效裂缝改造机制。基于对深层有效裂缝保存/改造作用的物理、化学机制的认识，为评估深层规模储层潜力，采用滑动系数和伸展系数分析深层裂缝与储层产能之间的关系，两者均通过裂缝应力场（主应力和裂缝正应力、剪应力）参数计算得到。设定伸展系数 0.7、滑动系数 0.6 作为裂缝有效性的阈值。临界伸展裂缝和临界滑动裂缝数量之和与储层产能之间具有强线性正相关关系（图 6-84），相关系数约为 0.86。

　　对克深、大北地区 32 口井的白垩系巴什基奇克组进行裂缝特征描述及应力场分析。裂缝分析过程中排除具直立、完整正弦波形等电成像测井图像特征的诱导缝。最大水平应力（σ_H）和最小水平应力（σ_h）的方向由拉伸和压缩破裂约束。克深和大北地区具有不同的应力场方向，其中克深地区最大水平应力走向近 N-S 向，大北地区最大水平应力走向近 NW-SE 向。利用试井资料、电成像测井资料，以黄氏模型为理论基础（黄荣撙，1981），计算克深和大北地区的应力场。

$$\sigma_H = \left(\frac{\mu}{1-\mu} + w_1\right)(\sigma_v - \alpha P_p) + \alpha P_p$$

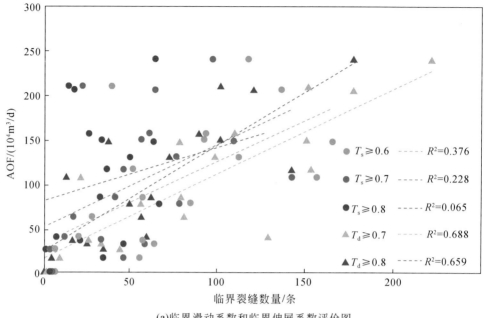

(a)临界滑动系数和临界伸展系数评价图

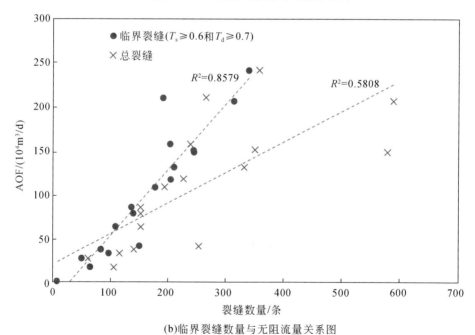

(b)临界裂缝数量与无阻流量关系图

图 6-84　临界裂缝与无阻流量的关系

AOF 为无阻流量

$$\sigma_h = \left(\frac{\mu}{1-\mu}+w_2\right)(\sigma_v - \alpha P_p) + \alpha P_p$$

式中：μ 为静态泊松比（0.25~0.27）；α 为 Biot 系数（0.15~0.57）；w_1 和 w_2 分别为 σ_H 和 σ_h 的应力系数，这些应力系数是根据压裂和 Kaiser 声发射实验估算的（克深地区，$w_1 = 0.68$，$w_2 = 0.41$；大北地区，$w_1 = 0.74$，$w_2 = 0.38$）。根据试井资料得到孔隙压力（P_p），岩石力学实验确定了弹性模量和泊松比。

裂缝临界伸展系数（T_d）和临界滑动系数（T_s）分别由以下公式定义：

$$T_d = \frac{(\sigma_1 - \sigma_n)}{(\sigma_1 - \sigma_3)}$$

$$T_s = \frac{\tau}{\sigma_n}$$

式中：σ_n 为裂缝面正应力；τ 为裂缝面分解剪应力。将各井裂缝数据以立体投影图形式将临界裂缝属性展示出来（图6-77）。临界伸展裂缝走向主要平行于 σ_H，在局部构造部位与 σ_H 垂直；临界滑动裂缝主要与 σ_H 垂直。整体上，临界裂缝数量在克深和大北分别呈现出西高东低和南东高北西低的分布趋势。以 DB202 井为例，说明临界裂缝与泥浆漏失数据、试井数据的匹配程度 [图6-76（a）]，泥浆漏失数据和试井数据可以粗略判断井下张开裂缝的位置。临界裂缝与泥浆漏失数据、试井数据的匹配关系好说明临界裂缝代表了地下真实张开裂缝。

根据岩心张开裂缝和临界裂缝观察分析，认为两者具有很好的对应关系 [图6-76（b）]。岩心中观察到的张开裂缝包括胶结物桥接裂缝、晚期未充填裂缝以及剪切复活裂缝。岩心张开裂缝与临界裂缝的对应关系如下：①临界滑动裂缝（图6-76，Ⅰ类）主要由剪切复活裂缝组成，特征为缝面胶结物上发育擦痕等剪切复活标志；②临界滑动裂缝（图6-76，Ⅱ类）主要对应破碎岩心，很难将它们重新拼成完整岩心，部分破碎样品表面可以观察到胶结物；③临界伸展裂缝由晚期未充填裂缝和胶结物桥接裂缝组成（图6-76，Ⅲ类）。

AOF 采用单点法计算（陈元千，1987）：

$$q_{AOF} = \frac{6q}{\sqrt{49\text{-}48(P_{wf}/P_i)^2 8}-1}$$

式中：q 为各井产气量；P_{wf} 为井底流动压力；P_i 为地层压力。这些数据可通过试井资料获得。

AOF 计算结果显示，除了克深 2-1-5 井位于克深褶皱西侧，产能（AOF）高的井均出现在克深、大北油田背斜顶部。构造位置对克深和大北气田的 AOF 均有影响。在大北气田，AOF 从东南（122.4×10⁴~206.3×10⁴m³/d）到西北（0~112.5×10⁴m³/d）总体呈下降趋势（图6-85）。在克深气田，AOF 由西（131.0×10⁴~241.3×10⁴m³/d）向东（0~85.1×10⁴m³/d）逐渐减小，局部高值接近褶皱顶部（148.6×10⁴m³/d）（图6-85）。在褶皱北翼，AOF 大多表现为低值（0~36.9×10⁴m³/d）。在褶皱顶部、转折端和南翼，AOF 显示中高值（47.9×10⁴~241.3×10⁴m³/d）。在靠近鞍部的位置，克深 2、克深 208 和克深 2-1-1 三口井的 AOF 较低（17.1×10⁴~85.0×10⁴m³/d）。在断层附近的井中，AOF 波动较大（0~379.9×10⁴m³/d）。值得注意的是，断层附近的表现为低 AOF 值的井可能高产水（如克深 207、DB203 和 DB104），产水量高虽然不利于储层开发，但是也证明了储层连通性好。

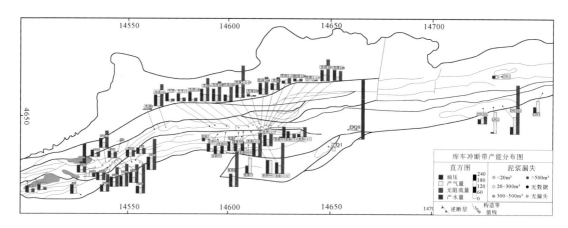

图 6-85 库车冲断带无阻流量、泥浆漏失量、产气量、产水量及油压分布

天然裂缝总数与 AOF 呈弱正相关性，表明不是所有裂缝都对产能有贡献。如果仅考虑临界伸展裂缝数量，其与 AOF 之间存在较强的正相关关系（$R^2 = 0.69$，$T_d \geq 0.7$ 的裂缝），而临界滑动裂缝数量显示出与 AOF 呈弱相关性（$R^2 = 0.37$，$T_s \geq 0.6$ 的裂缝）。表明临界伸展是裂缝有效性的主控因素，而临界滑动可能更多受局部逆断层活动控制，仅在逆断层附近主导裂缝渗透性。综上，裂缝有效性控制因素主要包括胶结物桥、晚期未充填和滑动复活（图 6-86），此外临界应力系数（$T_d + T_s$）可以评估裂缝有效性及产能。

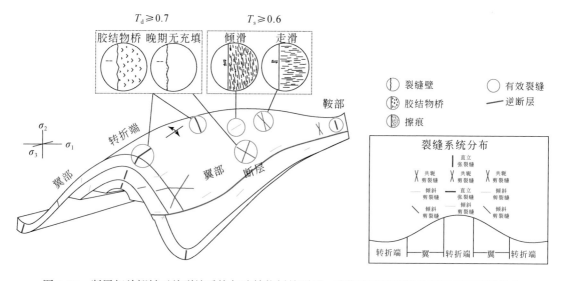

图 6-86 断层相关褶皱天然裂缝系统与胶结物桥接裂缝、晚期未充填裂缝及剪切复活裂缝分布

基于不同井区临界裂缝应力场、裂缝属性（走向、倾向、倾角）分析，形成库车冲断带白垩系临界裂缝判断图版（图 6-87）。临界裂缝由 σ_1 和 σ_3 差值范围、裂缝倾角、裂缝与 σ_H 夹角、T_d 和 T_s 阈值确定。

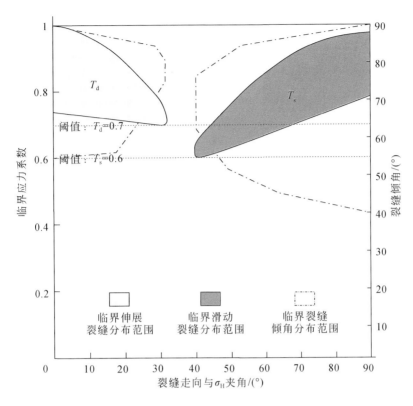

图 6-87　库车冲断带白垩系临界裂缝判断图版
($\sigma_1 - \sigma_3$ 为 $30 \sim 90$MPa)

2. 区域分布预测

库车冲断带不同层段、不同区带储层的控制因素不同，由侏罗系向古近系、南带向北带，储层控制因素变得复杂，其中构造成岩效应由古近系向侏罗系、南带向北带增强（表 6-11）。

表 6-11　库车冲断带不同层段储层控制因素的对比

层段	侏罗系	白垩系	古近系
主控因素	盆地埋藏热演化、构造应力	盆地埋藏热演化、构造应力、沉积组构	盆地埋藏热演化、沉积组构、构造应力、盐湖水介质
次要因素	地层流体压力	盐湖水介质、地层流体压力	大气水作用、地层流体压力
山前带北带	盆地埋藏热演化、构造应力	盆地埋藏热演化、沉积组构、构造应力	盆地埋藏热演化、沉积组构、盐湖水介质、构造应力
山前带南带	盆地埋藏热演化	盆地埋藏热演化、沉积组构	盆地埋藏热演化、沉积组构、盐湖水介质

续表

层段	侏罗系	白垩系	古近系
储层孔隙演化主要量化表征参数	沉积组构（如刚性碎屑含量）、时间–温度指数（TTI）、古构造应力（P_s）、胶结和溶蚀量		

具体来讲，库车冲断带侏罗系为一套分选较好、泥质含量低的中细–中粗岩屑砂岩，溶孔较常见。但尚不能构成溶孔型储层。山前带和克依构造带裂缝较发育。原生孔隙的保存主要受盆地埋藏热演化（盆地热流或地温梯度）和构造应力的控制，其次为地层流体压力。不同区带储层的控制因素有所不同，北带主控因素为盆地埋藏热演化（盆地热流或地温梯度）和构造应力，而南带仅为盆地埋藏热演化（盆地热流或地温梯度）。

白垩系（主要为巴什基奇克组、舒善河组）在盆地内为一套分选中等–较差、泥质含量低–中等、碎屑组分变化较大的中细–中岩屑砂岩，其主控因素为盆地埋藏热演化（盆地热流）、构造应力和沉积组构，其次为盐湖水质性质和地层流体压力。与侏罗系一样，该层系储层的控制因素也可分南北两个区带，北带储层的主控因素为盆地埋藏热演化（盆地热流）、沉积组构和构造应力，盆地热流要稍高于南带（在2.4~2.8℃/100m）。该带砂岩的塑性碎屑组分明显高，主要为陆源碳酸盐岩岩屑和少量低级变质岩岩屑，另外砂岩的泥质含量也相对高。构造应力也高，一般大于50MPa。南带储层的主控因素为盆地埋藏热演化（盆地热流）和沉积组构，而构造应力普遍较低，与北带相比已显得不重要。

古近系（主要为古新世）在盆地内为一套分选较差–差、泥质含量较高–中等、碎屑组分变化较大的中细–中岩屑砂岩和砂砾岩，储层的主控因素为盆地埋藏热演化（盆地热流）、沉积组构、构造应力和盐湖水质性质，其次为大气水作用和地层流体压力。其中北带储层的主控因素为盆地埋藏热演化（盆地热流）、沉积组构、构造应力和盐湖水介质，而南带则为盆地埋藏热演化（盆地热流）、沉积组构和盐湖水介质。

因此在库车冲断带，需要针对不同层段及地区进行区带储层孔隙度的预测。储层评价预测的主要量化表征参数是沉积组构（如刚性碎屑含量）、时间–温度指数（TTI）、古构造应力（P_s）、胶结和溶蚀量。储层趋势孔隙度的综合预测公式为

$$\Phi_{预测} = (a \times \log(\text{TTI}) + b) + \Delta\Phi_{溶蚀} - (c \times P_s + d) - \Delta\Phi_{胶结} + \Delta\Phi_{流体}$$

式中：a、b、c、d 为与沉积组构有关的参数；$\Delta\Phi_{溶蚀}$ 为区域砂岩溶孔量的校正值；$\Delta\Phi_{胶结}$ 为区域砂岩胶结量的校正值；$\Delta\Phi_{流体}$ 为地层异常压力对孔隙度的保护量。

异常高压对储层孔隙的保存或演化是有影响的，高的异常地层压力可抑制压实作用的进行，但需要分析异常地层高压的形成时期，如果异常地层高压形成时期很晚，则其保护作用会大大减弱。研究区地层高压形成于3Ma之后（参见7.3节），对储层孔隙的保护作用明显减弱，可不考虑该因素。

1）下侏罗统及其深层储层发育

库车冲断带分南、北带进行下侏罗统储层趋势孔隙度的综合预测，预测公式为

北带：

$$\Phi_{预测} = -7.3 \times \log(\text{TTI}) - 0.1141 \times P_s + 27.76 + \Delta\Phi_{溶蚀}$$

南带：

$$\Phi_{\text{预测}} = -8.0 \times \log(\text{TTI}) - 0.094 \times P_{\text{s}} + 26.27 + \Delta\Phi_{\text{溶蚀}}$$

式中的符号含义同上，其应用条件是分选较好、泥质低、原生孔隙为主的细–中细岩屑砂岩；$\Delta\Phi_{\text{溶蚀}}$ 一般可取 1.5%～3.5%；下侏罗统砂岩的胶结物含量低，可不作校正。下侏罗统区带预测如图 6-88 所示。

受勘探资料所限，下侏罗统储层南北分带界线可大致沿构造应力约为 80MPa 的等值线（吐北 2 井–克深 2 井–康村 2 井一线）划分。北带进一步分为裂缝–压实致密型（A 带）、孔隙–裂缝亚型（B 带）两类储层。预测储层孔隙度一般小于 8%，多在 4%～8%（如依南 2 井和依南 4 井等）。裂缝总体较发育，近山前储层构造裂缝发育区的密度有可能达 3 条/m 或 9 条/m²，或粒内缝（压碎缝）颗粒含量有可能达 10% 以上，往南储层构造裂缝的发育密度减少，有可能在 1～3 条/m 或 1～9 条/m²，或粒内缝（压碎缝）颗粒含量在 3%～10%。南带主要分布于塔北地区，构造应变总体较弱，主要受埋藏深度制约而相应发育中孔隙保存亚型、低孔隙保存亚型和压实致密型三类储层（C 带）。预测储层孔隙度一般在 8%～12%，部分可达 12%～16%。B 带南部及 C 带大部均属于深层–超深层埋藏区。

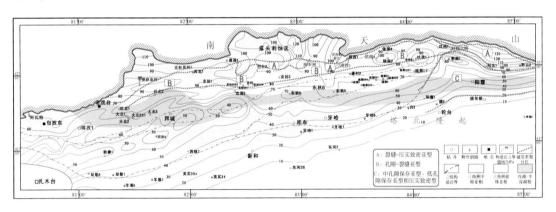

图 6-88　库车冲断带下侏罗统储层成因类型区带分布预测图

2）白垩系及其深层储层发育

在库车冲断带分山前带、克–依带和秋里塔格–塔北带进行白垩系巴什基奇克组–舒善河组储层趋势孔隙度的综合预测，预测公式为

山前带：

$$\Phi_{\text{预测}} = -1.378 \times \ln(\text{TTI}) - 1.358 \text{e}^{0.019 \times P_{\text{s}}} + 10.798 + \Delta\Phi_{\text{溶蚀}}$$

克–依带：

$$\Phi_{\text{预测}} = -3.392 \times \ln(\text{TTI}) - 1.358 \text{e}^{0.019 \times P_{\text{s}}} + 27.89 + \Delta\Phi_{\text{溶蚀}}$$

秋里塔格–塔北带：

$$\Phi_{\text{预测}} = -3.392 \times \ln(\text{TTI}) - 1.358 \text{e}^{0.019 \times P_{\text{s}}} + 29.89 + \Delta\Phi_{\text{溶蚀}}$$

式中的符号含义同上，该区 $\Delta\Phi_{\text{溶蚀}}$ 一般可取 0.5%～3.0%。应用条件是山前带为分选较差、泥质较高、原生孔隙为主的细中–粗岩屑砂岩。克–依带为分选中等–较好、泥质较低、塑性岩屑较高、原生孔隙为主的细–中细岩屑砂岩；秋里塔格–塔北带为分选较好、泥

质较低、塑性岩屑较低、原生孔隙为主的细–中细岩屑砂岩。区带储层成因类型及储集性预测结果如图 6-89 所示，可分为四个带。

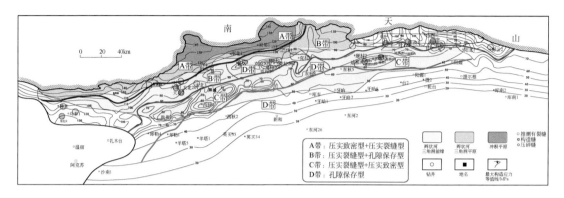

图 6-89　库车冲断带白垩系储层成因类型区带分布预测图

（1）A 带：其分布范围是构造应力等值线为 110～120MPa 以北地区，即神木地区–吐北 1 井–巴什 2 井一线以北地区。该带储层以压实致密亚型和压实裂缝型为主，山前带受强构造挤压、较高地温梯度和较差沉积组构的影响，局部可发育孔隙–裂缝亚型和裂缝亚型储层，前者孔隙度在 4%～8%，构造裂缝的发育密度有可能在 3 条/m 或 9 条/m²；后者的裂缝较发育，但其孔隙度小于 4%。

（2）B 带：分布于克–依带。该带发育压实裂缝型和孔隙保存型，储层孔隙度多在 4%～15%，可以发育一定量的裂缝，裂缝密度有可能在 1～3 条/m 或 1～9 条/m²。在该带中，克拉地区（克拉 1 井至克拉 3 井之间的地区）是储层孔隙较发育的地区，可以发育中–低孔隙保存亚型，其储层孔隙度多在 8%～12%，部分可达 12%～15%。

（3）C 带和 D 带主要位于近拜城–阳霞洼陷、秋里塔格构造带和近塔北地区，是主要的深层–超深层储层发育带。该带储层的形成条件明显不同于前两带，表现在砂岩沉积组构变好、区域构造应力及地温梯度明显变低，这均利于储层孔隙的深层保存。秋里塔格构造带（C 带）总体以压实裂缝型和压实致密型为主，储层孔隙度多小于 4%，部分为 4%～8%。该带局部地区可以发育低–中孔隙保存亚型，其孔隙度多为 8%～12%，部分可达 12%～15%。在晚期快速埋藏区或晚期构造推覆区，如秋参 1 井和西秋 4 井等，也可有孔隙–裂缝较发育亚型和低孔隙保存亚型，其孔隙度多为 4%～8%，少量可达 8%～12%。

（4）D 带近塔北地区，其区域构造应力及地温梯度进一步地降低，埋深变小，利于形成孔隙保存型储层。储层孔隙度可达 12%～15%，部分可大于 15%。

第 7 章 克拉通深层–超深层碎屑岩储层形成机制及分布规律

如前所述，从盆地深层–超深层埋藏动力学过程考察（假设沉积物质基础或矿物化学体系类似），不同盆地储层成因演变不仅受应力场（重力负载+构造应变）影响，而且存在另外两个显著的控制变量，即盆地热流、时间。根据热蠕变效应的普适性，一般而言，低热流、快速深埋过程有利于深层–超深层碎屑岩储层规模发育。

克拉通盆地（或称内克拉通盆地）是比较典型的弱构造应变、低热流盆地，而克拉通深层–超深层碎屑岩储层演化复杂，储集性及其含油气性分异显著。本章以克拉通深层–超深层碎屑岩为重点，分析其储层形成过程及特征，并对比其他类型盆地认识，综合论述有利于深层–超深层碎屑岩储层发育的动力环境和分布机制。

7.1 克拉通深层–超深层碎屑岩储层动力演化特征

7.1.1 克拉通深层–超深层储层演化类型

在以往文献中"克拉通盆地"的使用并不统一甚至界定比较混乱，究其原因，与该类盆地成因机制认识很弱不无关系（Klein，1995；Allen and Armitage，2012）。本章所指的"克拉通盆地"，其使用范围限制在距伸展大陆边缘或会聚大陆边缘有一定距离的盆地（有时可通过裂谷或衰减裂谷与洋盆连接），不同于大陆伸展历史明确的裂谷，但可以位于各种地壳基底上，如结晶地盾、增生地体、古老褶皱带和裂谷杂岩等（Sloss，1988；Allen and Armitage，2012）。

"克拉通盆地"最重要的含义就是盆地形成演化的岩石圈具有相对稳定的行为，主要包括盆地演化的长期性，且主要是浅水和陆相沉积，地层格架总体呈饼状类型；沉降历史有时表现为一个相对快速沉降的初始阶段，然后是一个沉降率下降的漫长时期（图 7-1）；通常缺乏发育良好的初始裂谷阶段，同沉积断裂作用、异常热事件不发育。

单纯的克拉通盆地沉积一般不可能形成深层–超深层埋藏；但古老的克拉通往往呈现多期、多类型复合的特点，这类被称为复合或叠合的盆地在我国尤其发育，且富含油气（朱夏，1983；金之钧和王清晨，2007）。有鉴于此，我们采用"克拉通深层储层"定义现位于克拉通构造单元的深层–超深层储层，其沉积时为克拉通盆地背景，而其埋藏成岩期上覆地层的形成环境可能延续克拉通盆地构造属性，也可能转换为其他类型的盆地。

对此，从盆地（叠合）动力学角度考察克拉通深层储层成因演化，主要依据盆地深埋路径和热流、构造应变过程、时间等变量，将其划分为四种基本类型（表 7-1，参见图 2-1）。

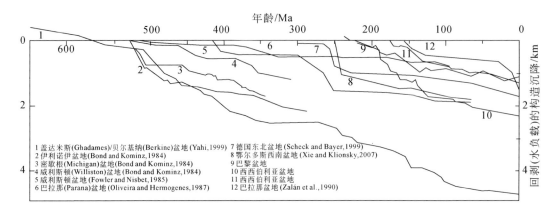

图 7-1　典型克拉通盆地埋藏历史［据 Allen 和 Armitage（2012）修订］

表 7-1　克拉通深层储层演化的原型盆地构造–热埋藏类型

构造层	稳定热流深埋型	低热流深埋型	中高热流深埋型	高热流深埋型
上	克拉通	陆内挠曲	陆内挠曲/裂陷	裂陷/边缘海
中	克拉通	克拉通/挠曲	克拉通/挠曲	弱伸展/弱挠曲
下	克拉通	克拉通	克拉通	克拉通
特征与典型实例	持续低热流、慢速沉降，深层成储–成藏有利；威利斯顿盆地、西西伯利亚盆地	持续低热流，晚期快速沉降深埋，深层成储–成藏最有利；塔里木台盆区	早中期渐进深埋，中期高热流，晚期弱沉降或抬升，深层气藏为主；鄂尔多斯盆地、四川盆地中部	中晚期高热流并较快沉降深埋，油气成藏不利；渤海湾盆地、南华北盆地

　　以古生界及部分三叠系为例，稳定热流深埋型在我国基本不存在，究其原因可能与我国克拉通较小，其与相邻块体相互作用中易于发生构造变革，很难保持克拉通盆地属性。而在低热流深埋型、中高热流深埋型、高热流深埋型中，比较有利于深层–超深层成储–成藏的是前两类，尤其是低热流深埋型。究其原因，最重要的就是这类稳定构造环境的沉积受中后期活动构造的明显驱动，这不仅导致沉积体超深埋藏，而且适于生排烃向深层–超深层延续，同时规模储层得以匹配保持。而晚期高热流和深埋藏的匹配叠加，则非常不利于早期克拉通碎屑岩储层在深层–超深层的规模保持，如渤海湾盆地、南华北盆地深层石炭系—二叠系等。

　　总体看，克拉通深层–超深层不仅孕育了碳酸盐岩规模储层和油气富集（见第 2 章～第 5 章），而且也是部分碎屑岩储层发育的良好场所，但其详细过程、机制与分布规律认识不足。

7.1.2　克拉通深层–超深层储层成因关键问题

　　中晚期构造活动趋于活跃，这是我国三个克拉通（塔里木、扬子、华北）构造演化的共性（涉及中–上构造层），但其活动属性、构造–热流匹配过程又各具特色（表7-1）。因此，探索相关盆地深埋热流、构造应变过程下的流体–岩石作用差异与成储效应，就成为认识克拉通深层–超深层储层成因的关键问题。

砂岩储层物性一般会在持续深埋（温压不断增大）的过程中不断降低。然而，越来越多的勘探实践表明，深层条件下仍有部分砂岩保留有较高的物性，这类优质储层无疑将成为深层油气的勘探有利区。显然，砂岩流体–岩石相互作用的化学过程（即溶解–沉淀反应）及岩石物理应变过程（包括压实作用与裂缝的发育），其机制是重要切入点。

对于构造应变总体较弱的克拉通深层–超深层储层，以往主要关注溶解–沉淀反应，认为胶结物的抑制和次生孔隙的形成有利于深层优质储层的形成。相关主流认识如下。

（1）低热成熟度的储层由于地层水温度较低，可以抑制石英等胶结物的形成，进而保存孔隙（Taylor et al.，2010）。

（2）成岩早期颗粒薄膜的发育有利于抑制石英胶结物的形成，而使孔隙得以保存。其中绿泥石薄膜（Ehrenberg，1993；Hillier，1994；Ajdukiewicz and Lander，2010）和微晶石英薄膜（Aase and Walderhaug，2005；Lander et al.，2008）最为常见。

（3）早期油气侵位会抑制石英胶结物的形成，进而保存储层孔隙（Worden and Morad，2000；Heasley et al.，2000）。

（4）次生孔隙广泛发育于含油气储层，也被认为是深层优质储层的重要成因机制（Schmidt and McDonald，1979）。但也有研究认为，目前缺乏深部流体大规模运移的地球化学机制，由于只有很少量的固体能够溶解在孔隙水中（Bjørlykke and Jahren，2012），而矿物溶解物质将在其他地方沉淀下来，从而抵消了次生孔隙的增孔效应（Taylor et al.，2010；Bjørlykke，2011，2014）。

此外，流体超压发育可以有效抑制压实作用，从而有利于储层孔隙的保存，数值模拟也获得类似结果（Lander and Walderhaug，1999；Walderhaug，2000），但这方面实证极少，机理争议极大。值得关注的是，上述储层微观机制在区域或盆地尺度的分布效应，一直是认识上的薄弱点。换句话说，基于盆地动力环境演化，充分考察深层储层形成分布本身是非常重要的，而对于储集空间结构相对单一的孔隙性碎屑岩储层来说，这一思路的研究也是可行的。

为此，本章针对我国深层勘探发现实例，论述克拉通深层–超深层碎屑岩规模储层形成过程；在此基础上，将这类总体弱构造应变盆地与前述强构造应变盆地综合对比，讨论深层优质储层的主要控制因素与形成分布模式。

7.2　塔里木克拉通深层碎屑岩储层
形成分布（低热流深埋型）

塔里木块体内部古–中生代内克拉通地区具有相对稳定的大地构造背景，构造和岩浆活动较弱，具有相对稳定的热流值和地温场；持续低热流、晚期快速沉降，使得该区深层成储–成藏有利。本节以塔里木盆地塔北–塔中地区志留系、上泥盆统—下石炭统砂岩储层为例，论述低热流深埋型深层–超深层碎屑岩储层形成分布。

7.2.1 盆地沉积物质基础

志留系—石炭系海相砂岩广泛分布于塔北、塔中等地区，层位上志留系和石炭系砂岩储层岩性变化较小，主体为细砂岩和中细砂岩。砂岩的结构成熟度高，分选好，泥杂基含量小于1.5%，尤其在塔北地区。

1. 志留系

塔里木盆地台盆区北部（英买力井区）志留系柯坪塔格组发育海陆交互相三角洲、海相无障壁滨岸沉积（图7-2、图7-3），后者主要亚相为临滨和前滨；塔中柯坪塔格组则潮控滨岸沉积相对发育［图7-3（c）、（d）］。志留系砂岩的岩石类型为（岩屑）石英砂岩、岩屑砂岩两类，纵向上呈互层式分布，平面上分布相对稳定。现今已知钻井的砂岩埋深多在4500～6500m。

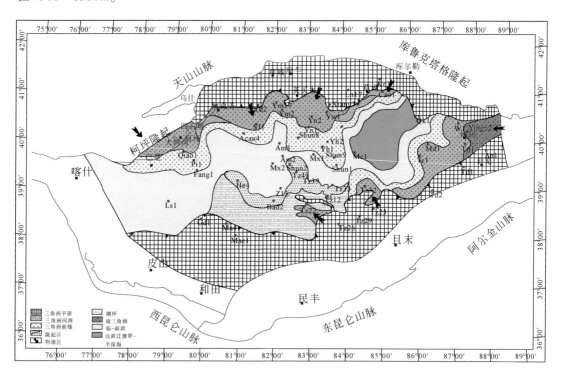

图7-2　塔里木盆地志留系柯坪塔格组沉积古地理图

台盆区北部岩屑砂岩中岩屑含量为25%～50%，以变质岩岩屑和岩浆岩岩屑为主，长石含量为10.0%～32.0%。石英砂岩中石英含量为75.0%～90.0%，平均为85.0%；长石含量多小于3.5%，平均为1.2%；岩屑含量为3.0%～27.0%，平均为15.9%。

砂岩填隙物总体以二氧化硅和高岭石胶结物为主，两者含量为1.5%～6.5%，多小于3%。二氧化硅主要呈石英碎屑颗粒的次生加大形式，高岭石则充填于粒间；含少量方解石和黄铁矿，局部方解石含量为5%～10%。胶结物的分布特点是碳酸盐含量大于5.0%的

(a)　　　　　　　　　　　　　　　(b)

(c)　　　　　　　　　　　　　　　(d)

图 7-3　塔里木盆地志留系柯坪塔格组三角洲水道和潮控滨岸沉积

（a）大型水道沉积，发育同沉积变形构造，大湾沟剖面；（b）大型交错层理水道沉积，大湾沟剖面；
（c）潮间坪波状层理，Yn2 井，6311.51~6320.91m；（d）含泥砾潮道和滨岸沉积，Ha1 井，6304.6~6322.7m

砂岩多分布于岩屑砂岩中，二氧化硅含量大于 4.0% 的砂岩则多分布于石英砂岩中。

2. 上泥盆统—下石炭统东河塘组

研究区东河塘组（东河砂岩）是泥盆纪晚期至石炭纪早期持续海侵基础上发育起来的一套穿时的陆源碎屑沉积体。东河塘组可划分为一个三级层序，由 5~6 个四级层序构成，主要发育滨岸相沉积体系，在塔中、塔北隆起局部靠近物源区发育河口湾及三角洲沉积体系（图 7-4）。

滨岸体系以发育从远滨、临滨到前滨逐渐变粗的垂向层序为特征。海滩砂坝沉积砂体主要由成分和结构成熟度较高的石英砂岩组成，发育交错层理［图 7-5（a）］；临滨带沉积一般由中细粒石英砂岩组成，发育低角度交错层理［图 7-5（b）］；下临滨至远滨以粉砂岩和砂质泥岩沉积为主，多见生物扰动构造。

对于浪控的河流三角洲或浪控的辫状河三角洲体系，岩石类型以结构成熟度较高的长石石英砂岩和石英砂岩为主。测井相上可识别多套向上进积的准层序叠置样式；沿西北向的盆地边缘的地震剖面上可见塔北隆起北部东河塘附近出现相对深的沉降和厚的沉积充填，东河塘组砂岩厚度大于 200m，高位域见大型前积结构。

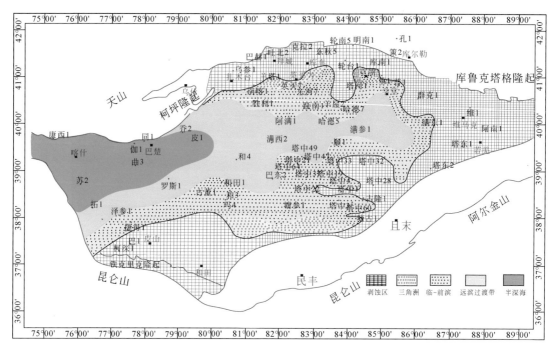

图 7-4　塔里木盆地上泥盆统—下石炭统东河塘组高位体系域沉积古地理图

图 7-5　巴楚小海子露头剖面东河塘组滨岸砂坝（a）和平行纹层砂岩（b）

7.2.2　储集物性及空间表征

　　台盆区从志留系至石炭系深层、超深层发育孔隙度 13%～25% 的砂岩储层，其中石英砂岩的孔隙度和渗透率要高于岩屑砂岩。但不同地区的砂岩孔隙度和渗透率也有明显变化。总体上，台盆区从志留系至石炭系砂岩的孔隙类型主要为原生孔（图 7-6）；原生孔占比大于 70% 者约占 46.3%，占比 50%～70% 者约占 35.4%，占比小于 50% 者约占 18.3%（主要分布于塔北东部地区）。因此台盆区海相砂岩储层的原生孔保持机制分析是重要的。

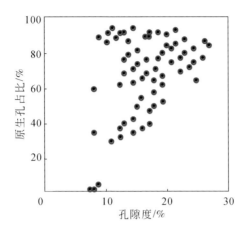

图7-6　塔里木盆地台盆区志留系和石炭系砂岩储层原生孔占比

志留系中–上部岩屑砂岩和石英砂岩均以原生孔为主，原生孔占 77.3% ~ 95.6%，塔北局部地区（如羊屋 1 井、跃南 1 井）硅酸盐颗粒溶蚀孔可占 4.4% ~ 22.7%。其中，岩屑砂岩的孔隙度平均为 10.0%，渗透率一般小于 $5.0 \times 10^{-3} \mu m^2$；中–细粒砂岩的孔隙度多为 12% ~ 20%（图 7-7），渗透率可达 $50.0 \times 10^{-3} ~ 500.0 \times 10^{-3} \mu m^2$，如塔中 31 井区今埋深大于 5000m 的石英砂岩的最高渗透率达 $500.0 \times 10^{-3} ~ 1655.0 \times 10^{-3} \mu m^2$；英买 2 井 5145.1m 细粒岩屑石英砂岩孔隙度为 19.8%，渗透率为 $359 \times 10^{-3} \mu m^2$。志留系下部砂岩压实作用相对强烈，平均孔隙度为 9.7%，渗透率小于 $1.0 \times 10^{-3} \mu m^2$。砂岩的孔隙类型仍以原生孔为主，平均约占 85.6%，溶孔约占 14.4%。

(a)　　　　　　　　　　　　　　　　(b)

图7-7　塔里木盆地台盆区志留系典型深层中–细粒砂岩储层铸体薄片单偏光显微组构特征
（a）原生粒间孔为主，塔中 47 井，4982.3m；（b）粒间孔为主，粒间溶孔及颗粒溶孔发育，塔中 111 井，4489.93m

东河塘组砂岩储层埋深达 5000 ~ 6000m，但依然具有较好的储层物性。统计表明，塔中地区物性最好，以塔中 4 井为例，孔隙度最大达 24.14%，最小为 1.09%，平均为 15.5%；渗透率最大为 $952.45 \times 10^{-3} \mu m^2$，最小为 $0.01 \times 10^{-3} \mu m^2$，平均为 $152.5 \times 10^{-3} \mu m^2$。塔北地区东河塘组砂岩渗透率较低，乡 3 井孔隙度最大达 24.12%，最小为 1.46%，平均为 9.66%；渗透率最大为 $129 \times 10^{-3} \mu m^2$，最小为 $0.04 \times 10^{-3} \mu m^2$，平均为 $6.45 \times 10^{-3} \mu m^2$。

东河塘组砂岩储层孔隙类型以原生粒间孔、粒间溶孔为主，还包括粒内溶孔、铸模孔和微孔隙（图7-8）。其中原生粒间孔和粒间溶孔是构成东河砂岩的主要储集空间，以塔北哈拉哈塘地区 H7-9 井、哈得 2 井统计为例，原生粒间孔占比为 58%~81%，粒间溶孔占比可达 20% 以上。

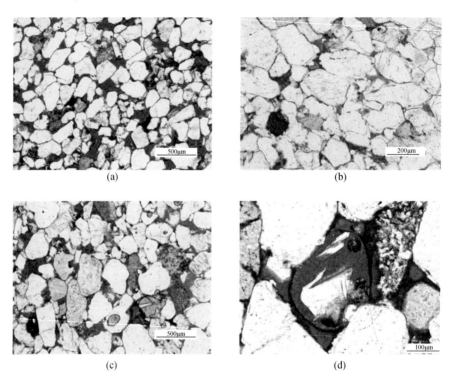

图 7-8　深层东河塘组砂岩铸体薄片显微组构特征

（a）粒间残留孔（红色铸体），H7-9 井，6205.85m；（b）原生粒间孔及粒间溶孔（蓝色铸体），
H7-9 井，6196.79m；（c）粒间残留孔及粒间溶孔（红色铸体），H7-9 井，6203.35m；
（d）长石溶蚀形成的铸模孔（蓝色铸体），H7-9 井，6221.8m

7.2.3　深层–超深层砂岩的主要成岩类型及序列

研究区志留系、上泥盆统—下石炭统砂岩均已进入深层–超深层埋藏环境；但碎屑颗粒总体上呈点或点–线接触，压实较弱或中等。根据自生矿物的类型、产出形式建立的综合成岩序列如图7-9所示，由早到晚主要表现为早期方解石胶结、石英次生加大/长石及岩屑溶蚀、早期碳酸盐胶结物溶蚀/石英颗粒溶解、油气侵位、晚期碳酸盐胶结。优质储层总体以成熟度较高的石英砂岩、岩屑石英砂岩为主，且以压实较弱，早期碳酸盐胶结较弱，原生孔隙及其（长石颗粒）溶蚀扩大孔发育为特征。

1. 关于压实作用

台盆区砂岩孔隙演化的主要演变参数见表 7-2，原始孔隙度据粒度分选系数求得

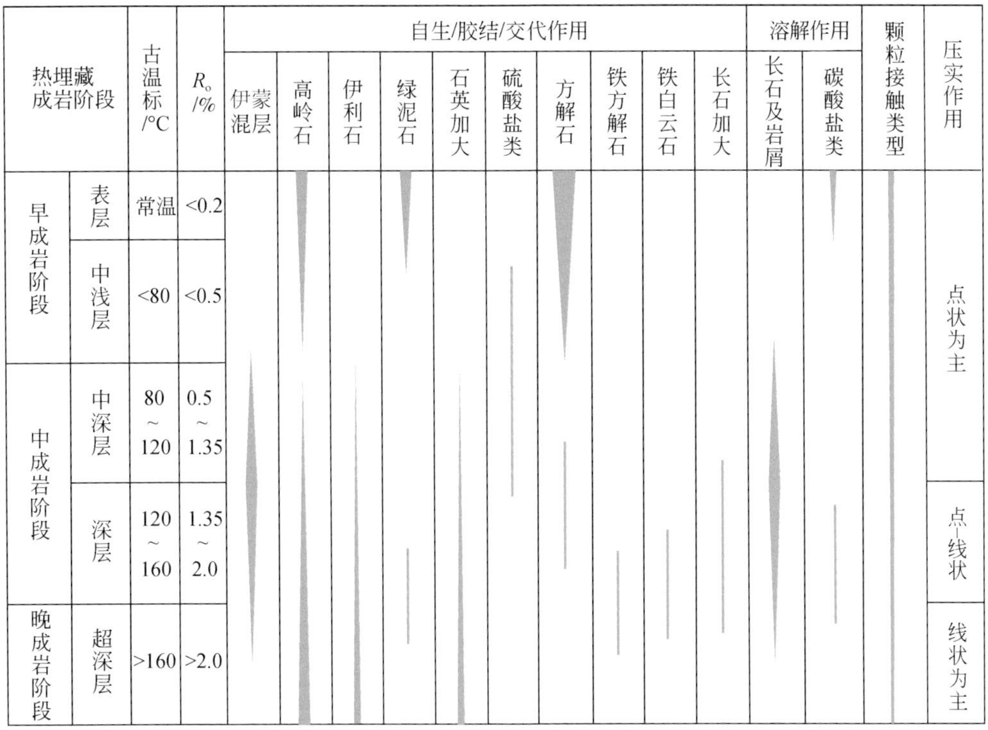

热埋藏成岩阶段		古温标/°C	R_o/%	自生/胶结/交代作用										溶解作用		颗粒接触类型	压实作用
				伊蒙混层	高岭石	伊利石	绿泥石	石英加大	硫酸盐类	方解石	铁方解石	铁白云石	长石加大	长石及岩屑	碳酸盐类		
早成岩阶段	表层	常温	<0.2													点状为主	
	中浅层	<80	<0.5														
中成岩阶段	中深层	80~120	0.5~1.35													点~线状	
	深层	120~160	1.35~2.0														
晚成岩阶段	超深层	>160	>2.0													线状为主	

图 7-9　研究区志留系、上泥盆统—下石炭统低热流深埋型砂岩综合成岩序列（粗细示意强弱）

（Beard and Weyl，1973），胶结减孔量（面孔率）在 1.0%~6.0%，其中 3 口井小于 2%；溶蚀增孔量（面孔率）多小于 2%，少数可达 6%。由此推算的压实量介于 15%~25%，显然压实进程是孔隙体积演变的主要驱动因素。不同层位的砂岩压实量见表 7-3，从石炭系至志留系，砂岩的平均压实量逐渐增加，反映了埋藏深度对砂岩压实效应的宏观变化趋势；另外，泥盆系砂岩压实量占总减孔量的比例较高，这与其结构成熟度较低相关。

同一地区（钻井）的深层–超深层，无论岩屑砂岩还是石英砂岩，其压实量随埋深增加的迹象也非常明显（表 7-4）。结合前述统计数据，这至少说明两点：其一，既然进入深层–超深层后砂岩仍有超过 10%~20% 的压实量变化，那么砂岩在进入深层前的压实较弱，粒间孔隙保有量非常可观；其二，岩屑砂岩的压实量明显大于石英砂岩，说明原始岩相和相关结构成熟度对深层–超深层储层成岩非均质性仍有影响。

表 7-2　塔北、塔中和满加尔地区砂岩孔隙演化参数

井位	层位	孔隙演化的成岩参数				
		原始孔隙度/%	现今孔隙度/%	胶结减孔量/%	压实量/%	溶蚀增孔量/%
塔中 1 井	D_3—C	38	22.03	1.0	16.03	1.06
塔中 4 井	D_3—C	38	22.29	1.89	15.35	1.53
轮南 21 井	D_3—C	38	13.43	6.0	24.6	6.03
满参 1 井	D	38	13.82	5.71	19.92	1.45

续表

井位	层位	孔隙演化的成岩参数				
		原始孔隙度/%	现今孔隙度/%	胶结减孔量/%	压实量/%	溶蚀增孔量/%
哈1井	S	38	11.59	1.0	25.41	0
英买2井	S	38	18.41	5.33	15.81	1.55

表7-3　塔里木盆地台盆区志留系—石炭系各层位砂岩平均压实量及占比

层位	压实量/%	压实量占总减孔量的比例/%
石炭系	19.7	80
泥盆系	21.0	89
志留系	23.5	78

表7-4　塔里木盆地台盆区志留系—石炭系典型井砂岩埋深与对应压实量

井位	埋深/m	压实量/%	
		岩屑砂岩	石英砂岩
英买2井	5145	18.2	
英买2井	5500	22.3	
英买2井	5750	22.9	18.5
东河1井	5819		17.3
哈1井	5900	27.1	25.5
满参1井	6050	28.4	26.7
跃南1井	6312		24.5

2. 关于胶结与溶蚀作用

如表7-2所示，与压实作用相比，胶结、溶蚀作用对深层–超深层砂岩孔隙演化的影响总体有限；但不可否认的是，局部胶结、溶蚀作用的影响仍然不可忽略，如轮南21井东河砂岩、满参1井泥盆系砂岩。

研究区砂岩孔隙水类型包括海水及大气水与海水混合，在该沉积背景下形成的方解石胶结物一般镁比较富集，由于海水蒸发和 CO_2 的流失，前滨砂体广泛地被富镁方解石或文石胶结。早期碳酸盐胶结致密的砂岩，孔隙空间被充填，阻止了石英颗粒次生加大边的发育；而在碳酸盐胶结较弱的砂岩中，常见石英次生加大边，与成烃–排烃有关的长石及岩屑的有机酸溶解也局部发育。

以乡3井东河塘组为例，每个五级层序厚度3~5m，代表一次海退的向上变粗的五级层序，在其底界面附近砂岩中碳酸盐胶结强烈［图7-10（a）、（e）］，向上碳酸盐胶结逐渐减弱，在顶界面附近油浸细砂岩发育［图7-10（b）、（f）］。而缘于海侵形成的向上变细沉积序列，岩心上表现为碳酸盐胶结程度逐渐增强的趋势，底部碳酸盐胶结呈层状，厚度为 5~7cm［图 7-10（c）］，向上层状碳酸盐胶结加厚，可达 12~15cm［图 7-10（d）］。

　　薄片观测也表明，层序底界附近砂岩中碳酸盐胶结多呈孔隙–基底式，碳酸盐含量达 15% 以上［图 7-11（e）、（f）］，层序内部砂岩物性好，碳酸盐胶结含量小于 2%［图 7-11（a）］，整体呈现由下到上逐渐降低的趋势；碳酸盐胶结向上过渡为斑块状或孔隙式胶结［图 7-11（b）~（d）］。

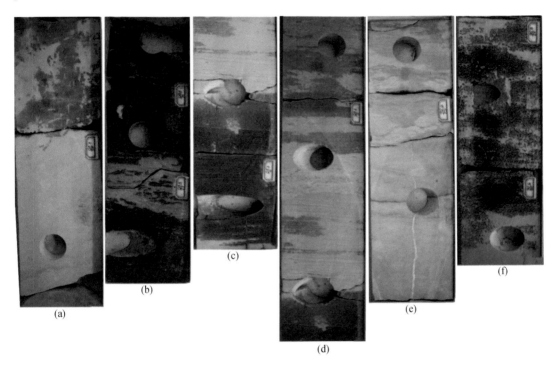

(a)　(b)　(c)　(d)　(e)　(f)

图 7-10　塔里木盆地乡 3 井岩心上碳酸盐胶结物特征

（a）乡 3 井，5687.3m，粉砂岩，块状碳酸盐胶结；（b）乡 3 井，5685.8m，油浸细砂岩，条带状碳酸盐胶结；（c）乡 3 井，5684.5m，层状碳酸盐胶结；（d）乡 3 井，5682.7m，粉砂岩，块状碳酸盐胶结；（e）乡 3 井，5681.7m，灰质砂岩，见灰质团块，碳酸盐含量高；（f）乡 3 井，5678.7m，斑状碳酸盐胶结

(a)　(b)　(c)

图 7-11　东河砂岩碳酸盐胶结–交代现象

（a）H7-9 井，6121.5m，油气侵位抑制碳酸盐胶结，正交偏光；（b）乡 3 井，5680.5m，星点式胶结，茜素红和铁氰化钾混合试剂染色薄片，单偏光；（c）乡 3 井，5680.55m，斑块式胶结，正交偏光；（d）乡 3 井，5679.7m，孔隙式胶结，染色薄片，单偏光；（e）乡 3 井，5682m，基底式胶结，染色薄片，单偏光；（f）H7-9 井，5661.1m，基底式胶结，正交偏光

7.2.4　深层–超深层砂岩储层形成分布的主控机制

1. 原始岩相控制

研究区志留系—石炭系砂岩是一套在海侵–海退背景下沉积的砂体，主要发育滨岸和浪控三角洲沉积体系，主要沉积相带包括浪控三角洲前缘、临滨和前滨，其中浪控三角洲前缘砂体受波浪作用改造为临滨砂坝沿着海岸线展布。相关砂岩储集砂体广泛分布，四级层序尖灭带附近为有利的储集区带。有利岩相主要为滨岸滩坝和三角洲砂体，古隆起周缘斜坡区控制的滨岸砂质沉积受到较强的波浪改造。其中进入洼陷的三角洲前缘相带也是有利储层发育区；介于洼陷带和古隆起边缘之间的沉积缓坡是临滨砂坝长期发育的地带，局部砂体较厚地带有较好的储集物性。

另外，海平面的升降变化控制着海水、大气水、混合水及孔隙中含盐水区域的位置和其动力学特征，以及砂岩碎屑组分中盆内碎屑和盆外碎屑的类型、数量及空间分布。孔隙水化学成分的变化会引发各种成岩反应。在某一特定孔隙水带内成岩反应的强度依赖于相对海平面升降旋回的持续时间。典型的成岩反应与三级或四级海平面升降旋回相对应。在海侵期和高位期海水淹没陆架，碳酸盐的产率达到最大值，在深水部位的碳酸盐沉积物沉积在陆架上可形成纯的灰岩，或者形成富含碳酸盐的混合沉积。因此海侵体系域和高位体系域早期沉积物易于形成碳酸盐胶结。而在低位体系域和高位体系域晚期，由于海平面下降，陆架暴露，碳酸盐产率达到最低值，以化学风化为主，进入盆地内主要为硅质碎屑，不容易形成碳酸盐胶结。

结合碳酸盐胶结与高精度层序地层单元之间的关系，可以构建高精度层序暨岩相格架内优质砂岩储层及其碳酸盐胶结分布模式（图 7-12）。低位体系域尤其是下切谷中存在优先胶结形成的隔夹层。而与之相比，海侵体系域和高位体系域早期沉积的滨岸、浅海砂岩，碳酸盐胶结更强，其成因可能与碳酸盐内碎屑丰富有关（Morad and Ketzer, 2000）。

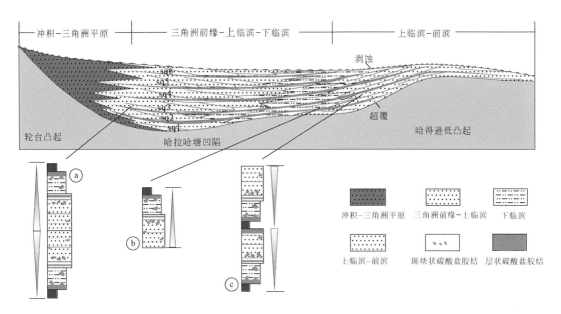

图 7-12　准层序（Sq1～Sq6）格架内碳酸盐胶结分布模式

2. 热埋藏史控制

1）砂岩组分与压实量或孔隙度的关系

研究区发育石英砂岩和岩屑砂岩两类砂岩，其抗压实能力不同造成埋藏成岩过程中压实量和孔隙度的差异。针对志留系—石炭系的大部分砂岩储层，即细粒至中粒、泥杂基含量小于 2.0%、胶结物（包括碳酸盐和二氧化硅）含量小于 3.0%、原生孔占比大于 70% 的特征，统计分析其孔隙度与时间–温度指数的关系，发现具有以下函数关系。

石英砂岩：

$$\varphi = 28.791 - 6.39 \log TTI, \quad TTI < 600$$

岩屑砂岩：

$$\varphi = 25.391 - 6.498 \log TTI, \quad TTI < 600$$

式中：φ 为砂岩孔隙度，%；TTI 为时间–温度指数。若换算为压实量 P_c，则有以下近似关系式。

石英砂岩：

$$P_c = 6.21 + 6.39 \log TTI, \quad TTI < 600$$

岩屑砂岩：

$$P_c = 9.61 + 6.498 \log TTI, \quad TTI < 600$$

可以看出，石英砂岩和岩屑砂岩压实均随时间–温增指数的增大而增大，或其孔隙度均随时间–温度指数的增大而减小。热埋藏成岩过程中，石英砂岩与岩屑砂岩的孔隙度演化差异为

$$\Delta\varphi = 3.4 + 0.1 \log TTI$$

式中：$\Delta\varphi$ 为一定热成熟度下石英砂岩与岩屑砂岩间的孔隙度差值，%。如换算为压实量，

则有以下近似关系式：

$$\Delta P_c = - (3.4 + 0.1\log TTI)$$

式中：ΔP_c 为一定热成熟度下石英砂岩与岩屑砂岩间的压实量差值，% 。

从 $\Delta\varphi$、ΔP_c 两个关系式可知，砂岩的碎屑组分对压实作用或孔隙演化的影响较大，如埋藏成岩至 TTI 为 10 时（对应现今埋深 2700～3800m），石英砂岩的孔隙度比岩屑砂岩大 3.5%；埋藏成岩至 TTI 为 500 时（对应现今埋深 6500～7300m），孔隙度相差 3.7%。

2）热埋藏演化方式和轨迹与压实量或孔隙度的关系

热埋藏演化方式和轨迹对砂岩压实作用的制约显而易见（Bjørkum et al.，1998）。塔里木克拉通台盆区虽总体属于冷盆，但深层砂岩经历的埋藏史或热演化方式变化较大，以沉积速率 V 为主要依据（V_{S-E} 代表志留纪-古近纪，V_{N-Q} 代表新近纪—第四纪），一般可进一步划分为早期深埋型（Ⅰ）、渐进深埋型（Ⅱ）和晚期深埋型（Ⅲ）三种端元类型（图 7-13）：

Ⅰ 类为 $V_{S-E} > 8.0$m/Ma，Ⅱ 类为 8.0m/Ma$> V_{S-E} > 5.0$m/Ma，Ⅲ 类为 $V_{S-E} < 5.0$m/Ma。

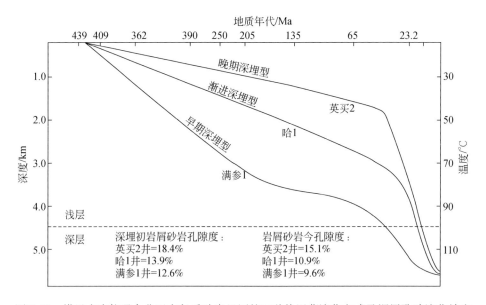

图 7-13 塔里木克拉通台盆区志留系砂岩经历的三种热埋藏演化方式及深层孔隙演化效应

具体到研究区的实际数据（表 7-5），可见：

Ⅰ 类 V_{S-E} 介于 8.3～10.2m/Ma，V_{N-Q} 介于 47.9～84.3m/Ma；

Ⅱ 类 V_{S-E} 介于 5.0～7.7m/Ma，V_{N-Q} 介于 49.7～127.6m/Ma；按 V_{N-Q} 的不同可将 Ⅱ 类进一步分为两个亚类：Ⅱ₁ 亚类 V_{N-Q} 介于 49.7～52.9m/Ma，Ⅱ₂ 亚类 V_{N-Q} 介于 72.8～127.6m/Ma；

Ⅲ 类 V_{S-E} 为 3.6m/Ma，V_{N-Q} 为 108.6m/Ma。

表7-5 塔中、塔北、满加尔地区的埋藏速率统计表

井位	V_{S-E}	V_{N-Q}	埋藏方式	井位	V_{S-E}	V_{N-Q}	埋藏方式
MC-1	10.2	57.1	Ⅰ	XC-1	8.3	47.9	Ⅰ
TZ-10	7.7	52.8	Ⅱ	C-1	6.3	75.4	Ⅱ
YN–1	8.4	84.3	Ⅰ	C-2	6.4	99.2	Ⅱ
YW–1	7.1	72.8	Ⅱ	DH-1	5.0	127.6	Ⅱ
HA-1	7.1	101	Ⅱ	TA-11	6.5	52.3	Ⅱ
SL-1	6.2	108.6	Ⅱ	TZ-12	6.6	50.3	Ⅱ
TZ-4	5.0	52.9	Ⅱ	TZ-20	7.5	50	Ⅱ
YM-2	3.6	108.6	Ⅲ	TZ-30	6.3	49.7	Ⅱ

以塔里木克拉通台盆区不同地区的英买2井、满参1井和哈1井志留系砂岩为例，这3口井志留系砂岩的今埋藏深度和地层温度基本一致（图7-13），其储层岩石类型均为岩屑细砂岩、岩屑细中砂岩夹石英细砂岩和岩屑石英中细砂岩，胶结物含量小于3.0%，泥杂基含量小于1.5%，分选较好，砂岩原生孔隙的相对比例在68%~75%。然而，受差异埋藏热演化方式的控制，3口井目标层位的现今孔隙度差异明显；而与岩屑砂岩相比（图7-13），石英砂岩的差异热压实效应更为显著，英买2井石英砂岩现今孔隙度为15.1%，哈1井为10.9%，即晚期深埋型与渐进深埋型之间的孔隙度差值达4.2%。

与中浅层相比，深埋成岩期热埋藏演化方式对孔隙演化（孔隙度随深度变化率）的影响变弱，这是成岩演化的趋同化效应所致。如表7-6所示，深层–超深层岩屑石英砂岩孔隙度随深度减小的变化率（%/100m）总体不足中浅层的1/2。换句话说，持续低热流深埋型盆地中深层–超深层储层是否发育，取决于进入深层埋藏前孔隙度的保有量。在三种端元类型中，晚期深埋型埋藏热演化方式（Ⅲ型）最有利于深层–超深层储层孔隙保存。

表7-6 塔里木克拉通台盆区典型井深层与中浅层岩屑石英砂岩孔隙演化对比

井位	埋藏方式	原始孔隙度/%	现今孔隙度/%	孔隙度随深度减小的变化率/（%/100m）	
				中浅层	深层–超深层
满参1井	早期深埋型（Ⅰ）	38	9.6	0.61	0.33
哈1井	渐进深埋型（Ⅱ）	38	10.9	0.58	0.21
英买2井	晚期深埋型（Ⅲ）	38	15.1	0.48	0.20

综上，可以依据TTI量化预测塔里木克拉通台盆区志留系至石炭系深层–超深层砂岩的孔隙度分布（图7-14）。Ⅰ型主要分布于满加尔拗陷，代表井有满参1井等；Ⅱ₁型主要分布在塔中低隆和塔中北斜坡，如塔中4井等；Ⅱ₂型主要分布于塔北隆起及其南斜坡、草湖地区以及哈拉哈塘次凹，如哈1井等；Ⅲ型见于英买力地区，如英买2井等。综上，已知某一地区的热埋藏历史，就可以依据前述公式或相应图版大致确定不同深度砂岩的孔隙度范围，或不同砂岩储层孔隙度对应的目标深度范围。对于塔里木克拉通区符合前述组构取值条件的细–中细砂岩，假设地温梯度均取值2.0℃/100m，若以12.0%和15.0%分

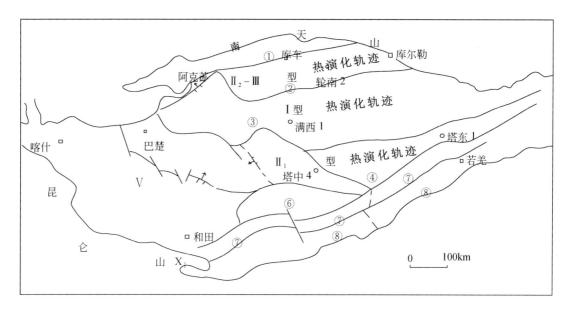

图 7-14　塔里木克拉通志留系—石炭系深层–超深层砂岩储层热埋藏演化有利区（Ⅱ₂–Ⅲ型区）

①库车拗陷；②塔北隆起；③北部拗陷；④西南拗陷；⑥塘古孜巴斯拗陷；⑦塔南隆起；⑧东南拗陷

别定义石英砂岩与岩屑砂岩优质储层的孔隙度下限，则可以根据上述计算方法获得如表 7-7 所示的埋藏深度下限。

表 7-7　塔里木克拉通符合组构取值条件的细–中细砂岩优质储层的最大埋深（m）

埋藏史	东河塘组石英砂岩	志留系石英砂岩	志留系岩屑砂岩
早期深埋型（Ⅰ）	5850	4500	3750
渐进深埋型（Ⅱ）	6200	5050	4300
晚期深埋型（Ⅲ）	6500	5400	4600

以石炭系东河塘组石英砂岩为例（表 7-7），由于研究区砂岩深埋历史是以低温背景下长期浅埋、晚期短暂快速深埋为特征。自志留纪末直至古近纪末这一漫长地质时期（380Ma），东河塘组砂岩一直处于埋深小于 3000m，地温低于 85℃ 的低温成岩环境。这一时期压实作用较弱，一直处于早成岩阶段，主要形成碳酸盐胶结物、石英次生加大边、高岭石等黏土矿物以及少量长石、岩屑颗粒的溶解，因此相当部分的砂岩原生孔隙得以保存并进入深埋阶段。而新近纪以来进入短暂的快速深埋阶段，成岩作用进入中成岩阶段，早期碳酸盐胶结物溶解，伊利石和绿泥石黏土矿物形成，晚期含铁碳酸盐矿物形成。总体上区内砂岩热蠕变效应较弱，以弱–中等机械压实作用为主，因此，无论何种埋藏方式，东河塘组砂岩深层优质储层均可规模发育，而在晚期深埋型（Ⅲ）区域则可在约 6500m 的超深层大量保存优质储层。

7.3　华北克拉通深层碎屑岩储层
形成分布（中高热流深埋型）

与长期维持低热流环境的塔里木盆地不同，晚中生代—新生代华北克拉通经历了两次显著的高热流过程，而同期埋藏深度华北西部（鄂尔多斯盆地）与东部（渤海湾盆地）又迥然有异（参见图 2-1），因此前晚中生代碎屑岩的深埋演化各具特色。本节以隶属华北克拉通，具有油气勘探显示度的鄂尔多斯盆地下二叠统、上三叠统碎屑岩为例，论述深层储层形成机制及分布规律。应该说明，研究区上三叠统碎屑岩并未埋藏至深层–超深层（大于 3000m，参见表 1-1），这里主要对比论述，说明深埋过程中高热流对储层深埋保持的不利条件，以及早期异常超压对高热流背景下深层碎屑岩储层发育的重要性。

7.3.1　盆地沉积物质基础

石炭纪—二叠纪，华北克拉通盖层沉积整体发育陆表海及海陆交互环境；进入三叠纪，陆表海逐渐萎缩并与广海基本隔绝，中晚三叠世已演化成内陆淡水湖盆（大鄂尔多斯盆地）。以下主要针对鄂尔多斯盆地中部及中西部（图 7-15）物性保存相对好的，或具有

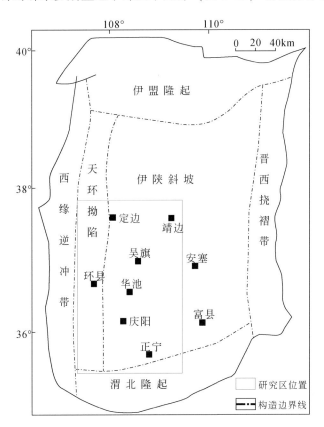

图 7-15　鄂尔多斯盆地研究区构造位置图

工业油气勘探开发价值的下二叠统下石盒子组（P_1x）第 8 段（盒 8 段）、山西组（P_1s）第 2 段（山 2 段）和上三叠统延长组（T_3y）开展论述（表 7-8）。

表 7-8　鄂尔多斯盆地上古生界地层和岩石组成

地层			岩性
三叠系	上统	延长组	河湖相中细砂岩、泥岩
	中统	二马营组 （铜川组/纸坊组）	河湖相杂色砂泥岩夹煤线
	下统	和尚沟组	河流相红色砂泥岩
		刘家沟组	河流相杂色砂泥岩
二叠系	上统	石千峰组	河流相红色砂泥岩
		上石盒子组	河流相砂泥岩
	下统	下石盒子组	河流–三角洲相岩屑石英砂岩、泥岩
		山西组	海陆交互相砂岩、碳质泥岩、煤层
		太原组	浅海–海陆交互相砂泥岩夹煤层及碳酸盐岩
石炭系	上统	本溪组	灰色、杂色泥岩夹碳酸盐岩

1. 二叠系

研究表明，研究区山 2 段、盒 8 段为三角洲沉积体系，主要发育三角洲前缘亚相（包括曲流河和辫状河三角洲前缘亚相），缺乏三角洲平原亚相，局部地区存在少量浅湖相沉积。其中山西组主要发育曲流河三角洲前缘沉积，分流河道砂体最厚处达到 18m；下石盒子组主要发育辫状河三角洲前缘沉积，分流河道砂体最厚可达 30m 以上，反映该期物源供应丰富。

研究区山 2 段为一套成分成熟度较高的石英砂岩及少量岩屑石英砂岩（图 7-16）。碎屑组分中石英及石英质颗粒含量为 87% ~ 100%（平均达 96.3%）；岩屑含量为 0 ~ 13%（平均 3.7%），主要为中酸性火山岩屑，浅变质岩屑含量极低。山 2 段储层粒度粗，以粗砂岩、巨粒砂岩、含砾砂岩、砾状砂岩及砂砾岩为主，粗砂以上粒级储层占 81%（其中巨粒砂岩及砾岩 65%，粗砂岩 16%），粗中砂以下粒级储层占 19%（其中粗中砂岩及中砂岩 13%，细砂岩 6%）。该段储层分选性中–好，颗粒磨圆度以次圆–圆为主，泥杂基含量低，一般小于 1.5%，结构成熟度总体较高。

盒 8 段成分成熟度变化较大，岩性主要为岩屑石英砂岩、岩屑砂岩，含少量长石岩屑砂岩，纯石英砂岩极少（图 7-16）。与盒 8 下亚段相比，盒 8 上亚段储层整体粒级变细；盒 8 下亚段以粗砂岩、巨粒砂岩、含砾砂岩、砾状砂岩及砂砾岩为主，粗砂以上粒级储层占 79%，而上亚段仅占 51%。该段储层结构成熟度总体也较高，颗粒分选性中–好，磨圆以次圆–圆为主，部分为次棱–次圆状，储层泥杂基含量多小于 2%。储层中常见颗粒发育绿泥石薄膜，其中盒 8 上亚段储层绿泥石薄膜发育频率明显高于下亚段；扩展研究表明，在盒 8 段以上的盒 7 段、盒 6 段、盒 5 段储层中绿泥石薄膜更加发育。

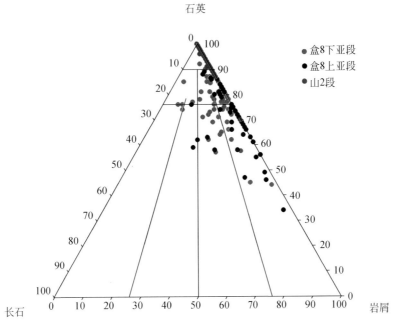

图 7-16　研究区山 2 段及盒 8 段砂岩成分三角图

2. 上三叠统延长组

上三叠统延长组是鄂尔多斯盆地重要低渗碎屑岩油气储层。中晚三叠世，该盆地逐渐演化成稳定的内陆淡水湖盆。上三叠统延长组为湖盆–三角洲沉积体系，根据湖盆和沉积演化，自上而下可划分为十个油层组（长 1—长 10）。长 10—长 8 段沉积时期，是湖盆的扩张期。长 7 段沉积时期，是湖盆的最大湖侵期。到了之后的长 6—长 4 段沉积时期，湖盆逐渐收缩，湖盆周缘的三角洲砂体不断向湖盆中央推进。直至晚三叠世末期（长 3—长 1 段沉积期），湖盆抬升并最终消亡。

研究区长 6—长 7 段砂体按成因可划分为重力流砂体和三角洲前缘砂体两大类型（图 7-17）。在平面上，湖盆中部的重力流砂体和湖盆边缘的三角洲前缘砂体多期叠置，形成了大面积展布的厚层砂体（图 7-18）。三角洲前缘砂体主要为细砂岩，夹少量中砂及粉砂，可识别出水下分流河道、分流间湾、河口坝和远砂坝等沉积微相。

值得一提的是，延长组沉积时期主要为淡水–半咸水湖盆，这为颗粒薄膜的发育提供了良好的物质基础，此外，延长组含有相当数量的火山夹层，该区广泛发育的绿泥石薄膜也可能与火山物质的转化有关。

7.3.2　储集物性及空间表征

1. 二叠系

据孔渗资料分析，研究区二叠系砂岩储层的物性总体较差。山 2 段储层以低孔–低渗、特低孔–特低渗为主，仅少量为中低孔–中低渗储层。统计表明（图 7-19），储层孔隙度一

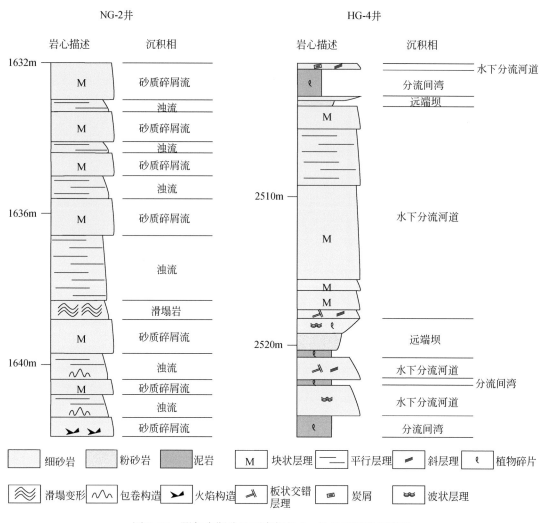

图 7-17 鄂尔多斯盆地西南部长 6—长 7 段沉积相序列

般均小于 12% ，其中孔隙度小于 6% 者占 62.1% ，6%~9% 者占 31.3% ，9%~12% 者仅占 6.4% 。储层渗透率多小于 $1\times10^{-3}\ \mu m^2$ （占 62%），其中渗透率在 $0.05\times10^{-3}\sim0.2\times10^{-3}\ \mu m^2$ 者占 23.7% ，$0.2\times10^{-3}\sim1\times10^{-3}\ \mu m^2$ 者占 38.3% ，$1\times10^{-3}\sim10\times10^{-3}\ \mu m^2$ 者占 20.6% ，大于 $10\times10^{-3}\ \mu m^2$ 者仅占 17.5% 。平面上，位于研究区东北部及东南部的储层物性较好，储层孔隙度可达 9%~12% ，渗透率可达 $n\cdot10\times10^{-3}\ \mu m^2$ 。

盒 8 下亚段砂岩储层也以低孔–低渗、特低孔–特低渗为主，仅少量为中低孔–低渗储层。统计表明（图 7-20），储层孔隙度绝大多数小于 9% （约占 86.7% ），其中孔隙度小于 6% 者占 48.5% ，6%~9% 者占 38.3% ，9%~12% 者占 8.5% ，大于 12% 者仅占 4.8% （图 7-20）。储层渗透率绝大多数小于 $0.5\times10^{-3}\ \mu m^2$ （占 84%），其中渗透率在 $0.05\times10^{-3}\sim0.2\times10^{-3}\ \mu m^2$ 者占 56% ，$0.2\times10^{-3}\sim0.5\times10^{-3}\ \mu m^2$ 者占 28.1% ，大于 $0.5\times10^{-3}\ \mu m^2$ 者仅占 16% 。盒 8 上亚段储层物性分布与盒 8 下亚段基本相似（图 7-21）。平面上，研究区东南地区储层物性较好。

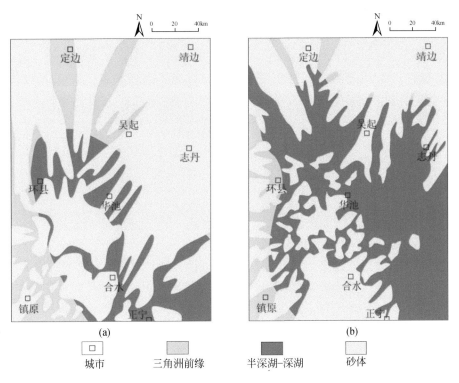

图 7-18　鄂尔多斯盆地西南部长 6 段（a）和长 7 段（b）沉积相展布

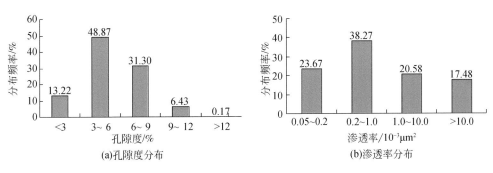

图 7-19　研究区山 2 段储层孔渗分布直方图

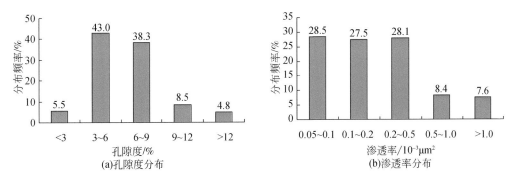

图 7-20　研究区盒 8 下亚段储层孔渗分布直方图

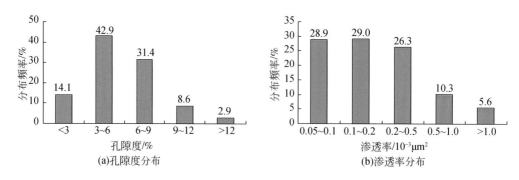

图 7-21　研究区盒 8 上亚段储层孔渗分布直方图

　　根据薄片观测统计，研究区山 2 段、盒 8 段深层储层的孔隙类型总体以微孔隙为主，原生粒间（残留）孔和溶蚀孔次之（图 7-22）。微孔隙的孔径小于 0.5μm，主要包括压实残留微孔、黏土矿物晶间孔等［图 7-23（a）、（b）］；此外局部见微裂缝，多分布于刚性碎屑含量高、粒级粗、泥杂基少的储层中。原生粒间（残留）孔的孔径一般在 50~300μm［图 7-23（b）、（c）］，研究区山 2 段储层以此类孔隙为主，绝对含量最高可达 5.2%。研究区溶蚀（残留）孔或溶蚀扩大孔的孔径介于 10~300μm，主要包括岩屑（以熔岩、凝灰岩为主）和长石溶孔、铸模孔、高岭化碎屑溶孔［图 7-23（c）、（d）］，盒 8 段储层以这类孔隙为主，但绝对含量一般小于 0.9%，盒 8 下亚段偶达 2%~5%。

　　不同层位统计表明（图 7-22），山 2 段以原生粒间残留孔为主，微孔次之，溶孔微量；盒 8 下亚段以残留微孔为主，溶孔次之；盒 8 上亚段以残留微孔为主。

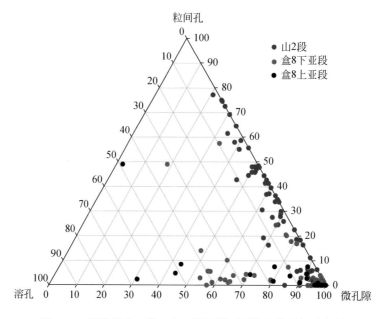

图 7-22　研究区山 2 段、盒 8 段储层不同孔隙类型相对含量

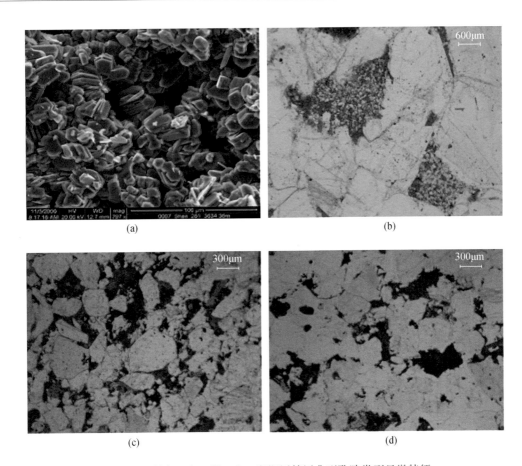

图 7-23　研究区山 2 段、盒 8 段深层储层典型孔隙类型显微特征

（a）孔隙中充填高岭石，晶间孔较发育，陕 281 井，3634.36m，山 2 段，扫描电镜；（b）中粗巨粒长石石英砂岩，长石高岭石化及其溶孔、晶间孔发育，陕 295 井，2952.28m，山 2 段，红色铸体；（c）巨粗粒长石石英砂岩，长石溶孔和粒间孔较发育，陕 99 井，3367.98m，盒 8 下亚段，紫红色铸体；（d）含砾粗巨粒岩屑石英砂岩，长石、凝灰岩溶孔和粒间残留孔发育，陕 299 井，3439.70m，盒 8 下亚段，紫红色铸体

根据储层压汞分析结果（图 7-24），结合储层岩性、孔隙组合、物性、天然气产能等，研究区储层孔隙结构可分为四类。

I 类孔隙结构：岩性为粗粒以上粒级的石英砂岩，储层渗透率大于 $1 \times 10^{-3} \mu m^2$，孔隙组合为粒间孔或溶孔–粒间孔型，孔喉偏粗歪度，大孔径（$>50 \mu m$），较大喉道半径中值（$0.1 \sim 1.0 \mu m$），低排驱压力（$0.03 \sim 0.5 MPa$），具有中高以上天然气产能。

II 类孔隙结构：岩性为粗粒以上粒级的石英砂岩、岩屑石英砂岩，储层渗透率大致为 $0.2 \times 10^{-3} \sim 1 \times 10^{-3} \mu m^2$，孔隙组合为粒间孔或粒间孔–溶孔型，孔喉偏细歪度，中等孔径（$5 \sim 50 \mu m$），中等喉道半径中值（$0.05 \sim 0.5 \mu m$），中等–较高排驱压力（$0.5 \sim 2.0 MPa$），具中等天然气产能。

III 类孔隙结构：岩性为中粗粒、粗中粒岩屑石英砂岩、岩屑砂岩，储层渗透率大致为 $0.05 \times 10^{-3} \sim 0.2 \times 10^{-3} \mu m^2$，孔隙组合为溶孔或微孔型，细歪度孔喉，小–中等孔径（$0.5 \sim 20 \mu m$），细喉道半径中值（$0.01 \sim 0.05 \mu m$），中等–较高排驱压力（$0.5 \sim 2.0 MPa$），可具低的天然气产能。

Ⅳ类孔隙结构：岩性为中粒、细粒岩屑砂岩，储层渗透率极低（$<0.05\times10^{-3}\,\mu m^2$），孔隙组合为微孔型，细歪度孔喉，小孔径（$<0.5\mu m$），极细喉道半径中值（$<0.01\mu m$），高排驱压力（$1.0\sim3.0$MPa），仅具极低的天然气产能。

相对较好的Ⅰ-Ⅱ类孔隙结构主要分布于山2段和盒8下亚段，并以分流河道微相、粗粒以上的石英砂岩和（或）岩屑石英砂岩为主。

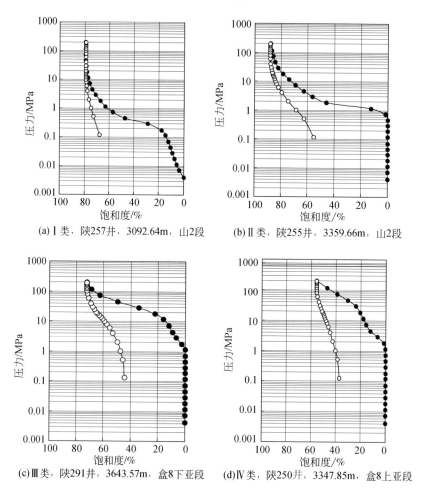

(a) Ⅰ类，陕257井，3092.64m，山2段　　　(b) Ⅱ类，陕255井，3359.66m，山2段

(c) Ⅲ类，陕291井，3643.57m，盒8下亚段　　(d) Ⅳ类，陕250井，3347.85m，盒8上亚段

图 7-24　研究区山2段和盒8段储层不同类型孔隙结构典型压汞曲线

2. 上三叠统延长组

研究区上三叠统延长组砂岩面孔率在 $0\sim6.73\%$，均值为 3.4%。孔隙存在 5 种类型，分别是组分内孔隙、粒间孔、铸模孔、超大孔和开放裂缝。采用薄片点记法统计表明（图7-25），粒间孔是最重要的孔隙类型，平均占 53.1%，其中扩大孔隙是最主要的粒间孔，平均占 34.1%。粒内孔平均占 34.3%，其通常是由长石颗粒（平均占 19.4%）或者岩屑颗粒（平均占 14.9%）的内部溶蚀形成。铸模孔平均占 10.5%，在绿泥石膜发育的砂岩中尤为发育，因为绿泥石膜的存在能有效地保留溶蚀前颗粒的边缘形态。超大孔在研究区

并不发育, 仅见于少量经历了强烈溶蚀的样品中, 它们平均仅占 2.3%。开放裂缝则更为罕见, 平均只占 0.1%。此外, 有些孔隙中残留有碳酸盐溶蚀残余, 这些孔隙平均占 15.2%。

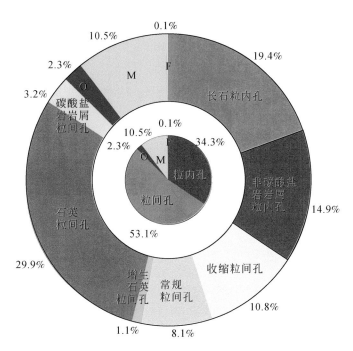

图 7-25 鄂尔多斯盆地西南部长 6—长 7 段致密砂岩孔隙类型及相对比例
F. 开放裂缝; M. 铸膜孔; O. 超大孔; 由于数值修约, 各比例加和不为 100%

研究区砂岩岩心实测孔隙度介于 2%~12%, 储层孔隙度为 7%~12%。若将自生黏土矿物作为胶结物进行统计, 并假设其内部含有 50% 的晶间微孔隙 (Hurst and Nadeau, 1995)。即便如此, 点记法统计的面孔率整体上仍低于实测的岩心孔隙度, 这可能说明微孔隙占比仍然被低估了 (图 7-26)。

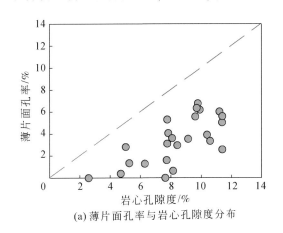

(a) 薄片面孔率与岩心孔隙度分布

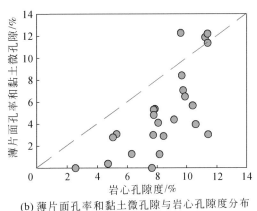

(b) 薄片面孔率和黏土微孔隙与岩心孔隙度分布

图 7-26 鄂尔多斯盆地西南部长 6—长 7 段致密砂岩面孔率与岩心孔隙度关系图

7.3.3　深层-超深层砂岩储层成岩类型及序列

1. 二叠系

研究区二叠系山 2 段、盒 8 段深层储层总体以压实（压溶）作用极强，硅质和高岭石胶结/蚀变作用发育，长石矿物和岩屑组分的局部溶蚀较强为基本特征。

山 2 段、盒 8 段储层现埋深达到 3000~4000m，且热演化程度高。据长庆油田研究院资料，本区山西组底部镜质组反射率 R_o 可达 1.75%~3.0%，相应热-压实作用效应显著，粒间凹凸接触总体普遍发育 [图 7-27（a）、（b）]。储层的碎屑成分、粒度以及碎屑颗粒黏土膜的发育对储层的压实-压溶作用强度具有重要影响，同等深度砂岩压实作用山西组弱于下石盒子组。

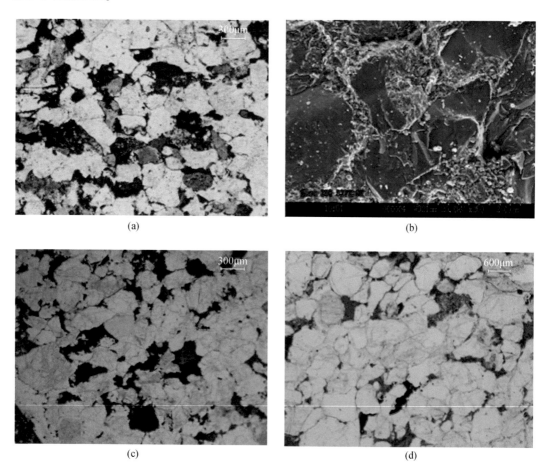

（a）　　　　　　　　　　　　　　　　　（b）

（c）　　　　　　　　　　　　　　　　　（d）

图 7-27　研究区深层储层主要成岩作用类型显微特征

（a）中粗粒岩屑砂岩，变形的凝灰岩屑，压实-压溶作用强，陕 273 井，3267.38m，盒 8 下亚段；（b）石英和浅变岩屑压实嵌合，石英贝壳状断口，陕 230 井，3272.92m，盒 8 下亚段；（c）含砾巨粗粒岩屑砂岩，岩屑以凝灰岩屑为主，压实-压溶作用强，高岭化，并微溶，陕 299 井，3438.72m，盒 8 下亚段；（d）不等粒石英砂岩，局部石英加大发育，粒间孔局部保持，偶见铁白云石胶结，陕 295 井，2951.06m，山 2 段研究区山 2 段、盒 8 段储层中以硅质和充填型新生高岭石胶结为主，局部分布少量铁方解石、铁白云石、菱铁矿、重晶石等。硅质胶结物主要以自生加大形式充填孔隙 [图 7-27 (c)、(d)]，新生高岭石以斑点状集合体全充填或半充填粒间 [图 7-23 (b)]。铁白云石仅在山 2 段储层中分布，呈分散状充填孔隙，部分交代颗粒。纵向上，受硅质胶结主导的储层胶结作用强度为山 2 段最强，盒 8 下亚段次之，盒 8 上亚段相对稍弱 (图 7-28)；此外，受半干旱暴露气候影响盒 8 段砂岩常见早期菱铁矿胶结残留。

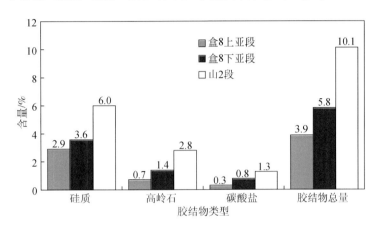

图 7-28　研究区山 2 段、盒 8 段储层胶结物平均含量

薄片观察等表明，研究区山 2 段为高成分成熟度的石英砂岩，缺少易溶组分，溶蚀弱；盒 8 段储层主要为岩屑石英砂岩、岩屑砂岩，分布一定量的火山岩屑 (熔岩、凝灰岩) 和极少的长石颗粒，这些易溶组分往往溶蚀强烈 (图 7-23)，对盒 8 段储层的性质有重要影响。

储层中常见的蚀变 (交代) 作用有火山岩 (熔岩、凝灰岩) 屑、长石颗粒的泥化、高岭石化、伊利石化、铁方解石化、硅化，以及泥杂基的高岭石化、铁方解石化和硅化等 (图 7-23、图 7-27)。火山岩屑、长石颗粒在上述交代蚀变作用过程中可以析出大量二氧化硅 (储层硅质胶结的来源之一)，同时也能产生一定量的溶孔。

据长庆油田常规分析资料统计，研究区砂岩黏土矿物热演化程度总体较高，一般不含蒙皂石，高岭石含量为 14.8%~55.7%；伊利石含量为 14.9%~56.7%；绿泥石含量一般为 10.7%~25.5%；伊蒙混层矿物含量一般为 1.2%~10.0%。区内太原组煤层的 R_o 可达 1.75%~3.0%，山西组泥岩和煤层的 R_o 折合为 1.55%~2.8%，下石盒子组 (盒 8 段) 泥岩的 R_o 为 1.50%~1.81%。区域上，R_o 具有自北向南增高的变化规律，总体均已进入有机质高–过成熟阶段，多数砂岩成岩阶段也已进入晚成岩期 (图 7-29)，如铁方解石的包裹体均一温度达 151~172℃，粒间多呈线–凹凸状接触，压实–压溶极强；仅少数甜点储层仍然具有部分原生粒间孔和成岩中期形成的扩大溶孔保存。

2. 上三叠统延长组

1) 成岩相类型

根据铸体薄片及岩心分析，识别出上三叠统延长组 5 种砂岩成岩相类型 (图 7-30)。

热埋藏成岩阶段		古温标/°C	R_o/%	自生/胶结/交代作用										溶解作用		压实作用	颗粒接触类型
				伊蒙混层	高岭石	伊利石	绿泥石	石英加大	硫酸盐类	方解石	铁方解石	铁白云石	长石加大	长石及岩屑	碳酸盐类		
早成岩阶段	表层	常温	<0.2														点-短线
	中浅层	<80	<0.5														
中成岩阶段	中深层	80~120	0.5~1.35														长线-弯线
	深层	120~160	1.35~2.0														弯线-凹凸
晚成岩阶段	超深层	>160	>2.0														凹凸为主

图7-29　研究区山2段、盒8段中高热流深埋砂岩储层成岩作用序列（粗细示意强弱）

　　粗粒绿泥石胶结相（A类）：砂岩具有丰富的绿泥石环边、少量石英胶结物和粒间孔隙发育特征；绿泥石环边通常呈等厚状，且多发育在中粗粒砂岩中（图7-31）。

　　溶蚀相（B类）：砂岩溶蚀孔隙发育，胶结及压实作用中等，仍保存有一定量的孔隙。

　　碳酸盐胶结相（C类）：以碳酸盐胶结作用强烈为显著特征，压实作用中等，碳酸盐胶结是砂岩储层物性的决定性因素，部分可见少量孔隙保持。

　　石英胶结相（D类）：砂岩塑性组分含量较高（20%~30%），压实作用较强烈，但存在一定量的长石溶蚀改造，局部可见孔隙保存。

　　细粒压实致密相（E类）：砂岩塑性组分含量最高（大于30%），压实作用最为强烈，孔隙度极低。

(a)粗粒绿泥石胶结相　　　　　　(b)溶蚀相　　　　　　(c)碳酸盐胶结相

(d)石英胶结相　　　　　　(e)细粒压实致密相

图 7-30　鄂尔多斯盆地西南部延长组致密砂岩成岩相类型

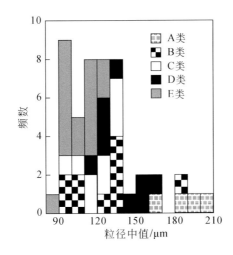

图 7-31　鄂尔多斯盆地西南部长延长组致密砂岩不同成岩相类型砂岩的粒径分布

2）油气充注与储层演化

鄂尔多斯盆地现今地温梯度平均为 2.8℃/100m，与中国其他盆地地温梯度相比，鄂尔多斯盆地总体上属于中温型地温场，现今地层压力绝大部分低于静水压力，负压现象显著（刘震等，2012）。然而，在早白垩世（140~100Ma）鄂尔多斯盆地发生了显著的构造热事件，地温梯度高达 4.5℃/100m（任战利等，2007）；热事件加速了沉积岩的热成熟演化（图 7-32）。随后盆地经受了持续的缓慢抬升与剥蚀，直至第四纪才开始接受少量黄土沉积。

通过流体包裹体岩石学特征和微束荧光光谱分析，鄂尔多斯盆地长 7 段致密储层记录了三期烃类包裹体及五期盐水包裹体。基于盐水包裹体的均一温度和鄂尔多斯盆地西南部的埋藏史，将盐水包裹体的均一温度投射到埋藏史上，确定了原油充注时间主要在早白垩世（图 7-32）。第一、二期盐水包裹体均一温度较低，没有烃类包裹体与之共生。在第三、四、五期盐水包裹体形成时，有机质进入"生油窗"，生成大量烃类。因此，根据第三、四、五期盐水包裹体的均一温度，可以划分出三个峰值（图 7-32）。第一个峰值区间是 85~90℃，第二个峰值区间是 110~120℃，第三个峰值区间是 130~140℃，分别对应三期原油充注。

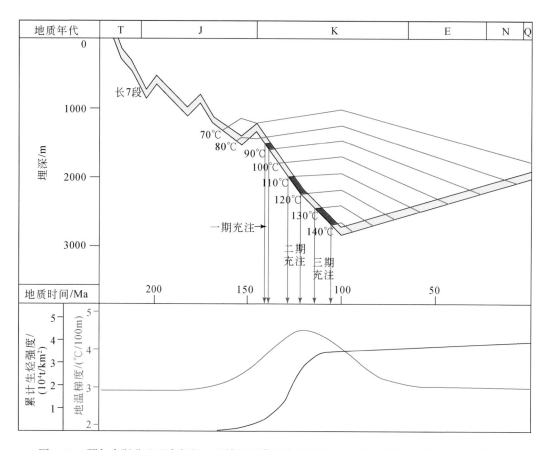

图 7-32　鄂尔多斯盆地西南部长 7 段储层埋藏历史及油气充注时间［据 Xu 等（2017）修订］

　　基于 Xu 等（2017）的方法，计算了长 7 段油层油包裹体的捕获压力（图 7-33）。通过模拟得到长 7 段油层不同充注期油包裹体的 22 个捕获压力。第一期油包裹体的捕获压力相对较低，约为 20MPa；但第二、三期的捕获压力较高，均大于 25MPa。换言之，早期较高热成熟演化引发的油气充注致使储层在埋深 2000m 后就形成了流体超压，这可能直接

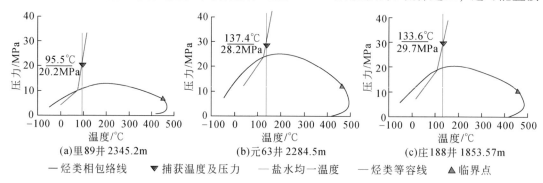

图 7-33　鄂尔多斯盆地长 7 段储层三期流体包裹体捕获压力相图
"盐水均一温度"表示"油包裹体捕获温度"

抑制了在后续埋藏过程中储层孔隙的快速衰减，是有利于深层规模储层保持不可忽视的重要机制。

结合铸体薄片观察、岩心含油饱和度分析，识别出研究区砂岩的不同成岩–成储演化路径（图 7-34、图 7-35）。A 类成岩相砂岩总体上经受了中等程度的压实作用和中等程度的溶蚀作用，后续的胶结物沉淀受到了绿泥石环边的抑制，从而保留了较多的孔隙，易于油气充注。B 类成岩相砂岩在早成岩期经受了中等程度的压实作用和中等程度的溶蚀作用，从而导致较多的可容空间接受后期的胶结物沉淀。紧接着，在经历了中等程度的胶结作用后，该类砂岩仍保留有一定量的孔隙，也易于油气充注。

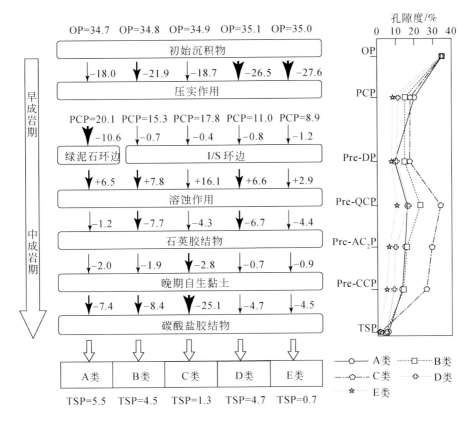

图 7-34　鄂尔多斯盆地西南部长 6—长 7 段致密砂岩成岩演化路径及其孔隙度演化模型

黑色实心箭头代表成岩作用强弱，箭头旁边的数字对应孔隙变化量。OP. 原始孔隙度；PCP. 胶结前孔隙度；Pre-DP. 溶蚀前孔隙度；Pre-QCP. 石英胶结前孔隙度；Pre-AC$_2$P. 晚期黏土胶结前孔隙度；Pre-CCP. 碳酸盐胶结前孔隙度；TSP. 铸体薄片面孔率

C 类成岩相砂岩通常经历了强烈的碳酸盐胶结作用，压实作用并不十分显著。这类砂岩可以细分为两类：其一是在后期碳酸盐胶结物沉淀后仍保留有一定数量的孔隙，易于油气充注；其二是孔隙空间几乎被碳酸盐胶结物完全占据，无油气充注。D 类成岩相砂岩由于中等程度的溶蚀和少量的碳酸盐胶结物使得孔隙得以保存，是研究区的储层类型之一，含油气性一般。E 类成岩相砂岩塑性组分含量很高，因而经历了最为强烈的压实作用。碎屑颗粒往往呈线–凹凸接触，压实作用损失了大量孔隙，随后的溶蚀作用也十分有限，晚

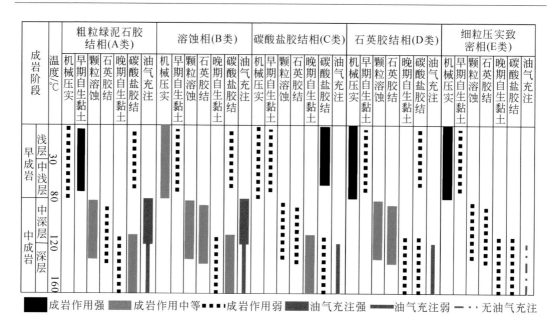

图 7-35　鄂尔多斯盆地西南部延长组中高热流深埋砂岩成岩相及其特征序列（粗细示意强弱）

期的胶结作用使这类砂岩完全致密，孔隙度极低，油气无法充注。

7.3.4　克拉通盆地深层−超深层砂岩成储机制

1. 砂岩沉积岩相与组构控制

对鄂尔多斯盆地的研究表明，制约砂岩储层的沉积物质基础要素包括单砂层厚度、砂岩组构（以刚性/塑性成分、粒度为主）、黏土膜发育程度等。

对鄂尔多斯盆地二叠系的统计表明，砂体厚度大对储层的孔隙保存较有利，储层的物性整体较好。若以渗透率 $0.2×10^{-3} \mu m^2$ 为储层有效物性下限，山 2 段有效储层的砂体厚度下限约为 6.4m，盒 8 段有效储层的砂体厚度下限约为 11m。

统计数据趋势反映：储层中刚性颗粒（以石英、长石为主）含量越高，储层物性越好；而塑性颗粒（浅变质岩岩屑等）含量与储层物性关系则相反（图 7-36、图 7-37），浅变质岩岩屑含量大于 10% 者面孔率均小于 0.5%。

储层的粒径大小对储层性质的影响主要反映在以下两个方面。一是粒级越细，碎屑组分中浅变质岩等塑性岩屑、泥质杂基含量往往越高（图 7-38），因而细粒级储层在埋藏过程中更易于被压实，不利于孔隙保存，导致储层性质变差；二是在相同压实条件下，粗粒级储层的孔隙和喉道往往比细粒级储层大，因而粗粒级储层的储集性往往明显优于细粒级储层（图 7-39、图 7-40），以山 2 段为例，渗透率相差达两个数量级。

成岩早期形成的绿泥石膜不仅能抑止石英加大的强度，而且能抑止石英的压溶。薄片统计结果表明，山 2 段、盒 8 段绿泥石膜发育的砂岩中石英增生明显减弱，平均含量相差分别约 4%、1.9%，是甜点储层原生孔隙保持不可忽视的因素。

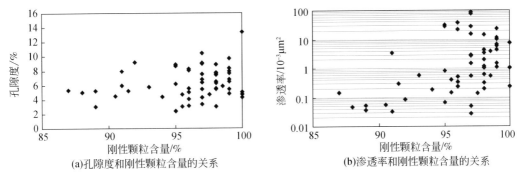

图 7-36　研究区山 2 段储层物性与储层刚性颗粒含量的关系图

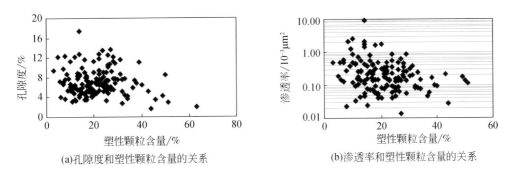

图 7-37　研究区盒 8 段储层物性与储层塑性颗粒含量的关系图

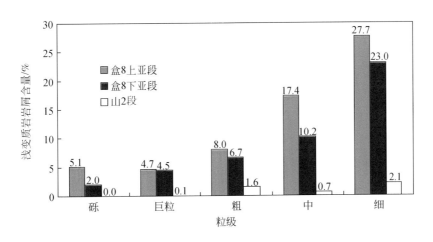

图 7-38　研究区山 2 段、盒 8 段不同粒级储层浅变质岩岩屑含量对比

粒级范围：砾（>2mm），巨粒（1~2mm），粗（0.5~1mm），中（0.25~0.5mm），细（0.1~0.25mm）

　　类似机制在上三叠统延长组也得到验证。如前所述，延长组 A、D 类成岩相砂岩通常粒度较粗，B、C 类粒度次之，而 E 类主要发育在细粒砂岩中。因此，延长组砂岩储层塑性碎屑组分总体含量偏高，其中主要包括杂基、云母以及一些变质岩岩屑（如千枚岩、板岩和片岩等），这些塑性组分的存在，使得砂岩的抗压性减弱，深埋过程中致密化更为快速。

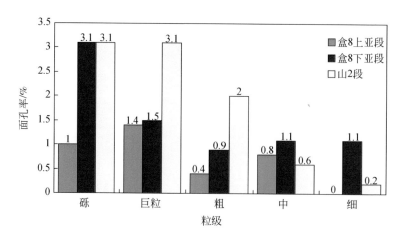

图 7-39 山 2 段、盒 8 段不同粒级储层面孔率对比（粒级范围同图 7-38）

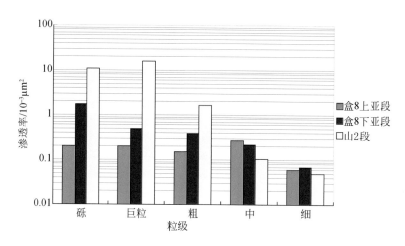

图 7-40 山 2 段、盒 8 段不同粒级储层渗透率对比（粒级范围同图 7-38）

2. 中高热埋藏演化控制

受晚中生代异常热事件影响，区内二叠系岩石的 R_o 均超过 1.50%，现埋深虽然仅到 3000 ~ 4000m，但已处于高热演化的晚成岩阶段。这是山 2 段、盒 8 段砂岩整体压实作用极强、储层原生孔隙大量减少的根本因素。根据本章第二节的计算方法，山 2 段、盒 8 段砂岩的压实减孔量一般高达 20% ~ 35%。其中，山 2 段高成分成熟度粗粒石英砂岩类储层压实减孔量较低；而盒 8 上亚段相对低成分成熟度岩屑砂岩类储层压实减孔量较高。

同样受中高热流环境叠加影响，上三叠统延长组虽然大多未埋至深层（<3000m），但类似上述的热蠕变效应显著。加之延长组砂岩较细，组构成熟度有限，多数原生孔隙在成岩早期就因压实作用消耗。

成岩过程中的有机–无机作用无不受控于温度，即温度效应将综合反映在压实、溶蚀和胶结作用上。为此我们针对构造应变弱、晚中生代以来进入深–超深埋藏，且在此期间地温梯度达到最大的长石石英砂岩和岩屑石英砂岩储层实例数据，绘制了平均最高地温梯度与砂岩孔隙度深埋演化 ［图 7-41 （a）］、主要成岩类型深度分布 ［图 7-41 （b）］ 的关系。不难看出，古地温梯度或热流对储层孔隙度演化有显著的控制作用，古地温梯度越大，储层越容易致密化。反之，深层–超深层规模砂岩储层的发育一般需要有低地温梯度或低热流为先决条件。

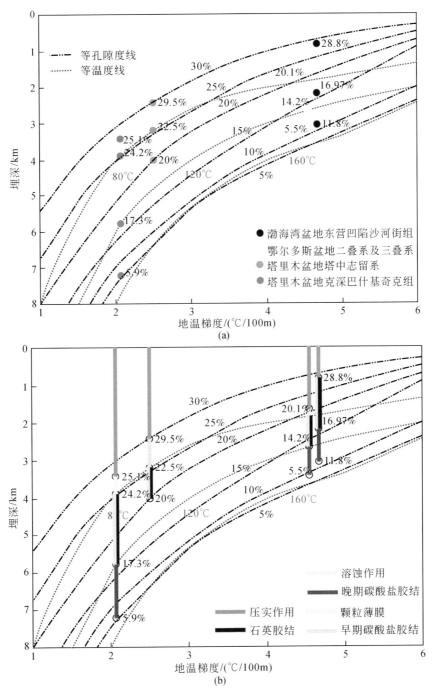

图 7-41　弱构造应变盆地砂岩储层平均最高地温梯度与砂岩孔隙度
深埋演化 （a）、主要成岩类型深度分布 （b） 的关系

3. 硅质胶结和硅酸盐矿物溶蚀分别制约孔隙保持和新生

二叠系砂岩中硅质胶结作用普遍发育，是储层原生孔隙减少的重要原因。但山2段、盒8下亚段、盒8上亚段由硅质胶结损失的平均孔隙量分别为6.0%、3.6%、2.9%，局部高达10%。研究区硅质胶结发育主要与含煤岩系（酸性）成岩环境、丰富的硅质来源因素有关。而含煤岩系组构、丰度的不同，可能是导致山2段、盒8下亚段、盒8上亚段分层硅质胶结差异的主要机制。观测认为本区硅质来源有三：储层内的火山岩屑和长石的溶蚀蚀变、石英碎屑压溶、伊蒙混层黏土矿物转化。相关反应类型前人已有诸多成果说明（Boles and Franks，1979；Crossey et al.，1984；Surdam et al.，1989；Cuadros，2006），不再赘述。

硅酸盐矿物溶蚀是埋藏期砂岩孔隙新生的主要类型。研究区盒8段储层溶蚀作用常见，溶孔量平均为0.6%~0.8%，局部可达2%~5%，被溶物质主要为长石和岩屑（以熔岩、凝灰岩为主）。深埋前新生孔隙（尽管是有限的）对于后续储层在深层–超深层环境的物性保持至关重要。

4. 中浅层超压与深层高孔砂岩保持关系

地层流体超压成因、流体超压与储层物性演化的关系，前人论述很多，但争议很大（Osborne and Swarbrick，1997；Dugan and Sheahan，2012；赵靖舟等，2017）。究其原因，主要与古流体压力演化史难于准确定量恢复有关。

运用Lander和Walderhaug（1999）提出的有效应力压实模型，可以定量模拟压实演化曲线。计算公式如下：

$$IGV = IGV_f + (\Phi_0 + m_0 + IGV_f) e^{-\beta\sigma_{es}} \tag{7-1}$$

式中：IGV为粒间体积；IGV_f为颗粒稳定排列时的粒间体积；Φ_0为沉积时原始孔隙度；m_0为杂基含量；β为粒间体积随有效应力降低的指数率；σ_{es}为有效应力。

首先，统计各成岩相的IGV_f，计算初始孔隙度，统计杂基含量，求出各成岩相砂岩的IGV压实演化曲线，并用薄片统计的结果进行标定。之后，将流体包裹体求取的砂岩储层流体超压量考虑到式（7-1）中，计算出在没有超压的情况下IGV的压实演化曲线。两条曲线在同一埋深时的差值即该时刻储层超压引起的孔隙保存量。利用该方法可以定量求取超压孔隙保存量的演化曲线和最终的超压孔隙保存量。

利用上述方法，对比不同盆地的砂岩储层实例。研究表明，对于克拉通盆地，早期中浅层超压普遍发育［图7-42（a）］，造成相应的孔隙保存量为1.8%~3.6%，有显著的深层孔隙保存效应（图7-43）。与此类似，典型的新生代被动陆缘盆地，如墨西哥湾，由于储层快速埋深且地温梯度较高，造成早期油气充注，欠压实和油气充注成因的早期超压均十分发育，由此造成了高达4.5%的超压保存量。而对于山前挠曲盆地，如库车拗陷克深地区，尽管现今的地层超压仍十分发育，压力系数可达1.7，但由于超压发育时间较晚［图7-42（b）］，因此造成超压孔隙保存量很少，最大也仅为0.8%，平均小于0.5%，对深层储层的保持作用或可忽略不计。

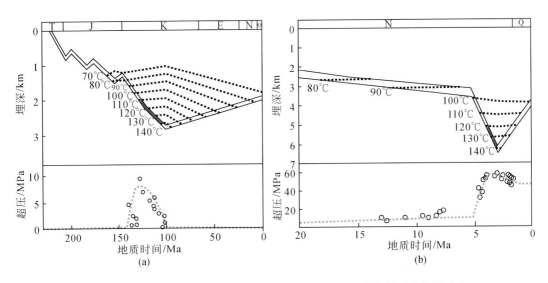

图 7-42 早期中浅层超压（a）和晚期深层超压（b）发育的两个实例对比

（a）鄂尔多斯盆地西南部延长组；（b）库车拗陷克深地区白垩系

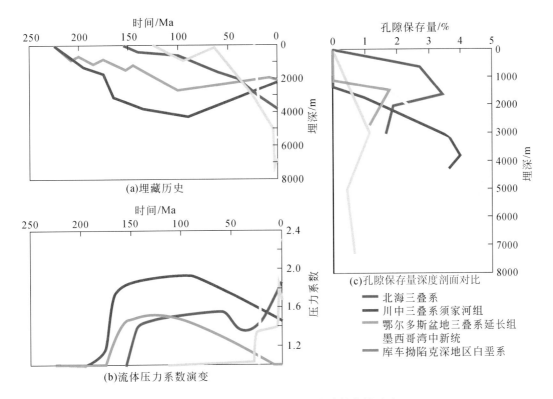

图 7-43 典型盆地超压演化及孔隙保存量对比

北海、墨西哥湾原始资料据 Lander 和 Walderhaug（1999）

7.3.5 深层–超深层碎屑岩储层发育模式分类依据

尽管机制复杂、因地而异，但沉积岩相/岩矿组构（物质基础）、埋藏温压历史最为重要，而中深层有机–无机成岩组合类型（成岩系统）、构造应变效应也是决定深层–超深层碎屑岩储层形成分布的基本因素，深层–超深层碎屑岩储层分类模式可据此线索归纳总结。

其一，基于沉积物质基础的深层碎屑岩储层发育模式。主要考虑两方面：一方面，砂岩骨架组构控制体系，地层水控制体系。对于砂岩骨架组构而言，有利于深层–超深层碎屑岩储层发育的主要有石英砂岩体系、长石/岩屑石英砂岩体系、富颗粒薄膜砂岩体系。另一方面，地层水化学体系对深埋成岩类型和序列具有决定性作用（Galloway，1984）。据此可以在盆地构造、地层格架、同生水介质基础上认识成岩序列的分类（李忠和孙永传，1993；Li and Sun，1997），如弱酸性、碱性、中性–弱碱性同生水等典型成岩类型的总结（孙永传等，1996）。对于深层–超深层储层而言，一般弱酸性同生水介质发育的环境，不利于深层–超深层砂岩储层规模发育，因为这类环境下长石类矿物骨架颗粒容易在中浅层就遭遇破坏，早期硅质增生–胶结往往较强且后期难于溶蚀，而抑制压实的可溶性胶结作用却很不发育，因此在埋藏进入中深层前（油气生成并充注前）这类砂岩大多已发生致密化。

其二，基于埋藏–热演化的深层碎屑岩储层发育模式。如前实例分析和讨论，就克拉通深层而言可划分为稳定热流深埋型、低热流深埋型、中高热流深埋型、高热流深埋型等，比较有利于克拉通深层–超深层成储–成藏的是前两类，尤其是低热流深埋型。而对于其他盆地类型则必须综合考虑埋藏–热演化轨迹暨热成熟度效应（如 TTI）和地层压力演化历史（特别是流体异常高压）等。总体上，深埋前低 TTI 和异常高压有利于碎屑岩储层在深层–超深层保持发育。

其三，基于中深层有机–无机成岩组合类型（成岩系统）的深层碎屑岩储层发育模式。前人对中浅层有机–无机成岩作用和砂岩储层演化已有很好总结（Surdam et al.，1989，1993；孙永传等，1996）。对于深层–超深层碎屑岩储层发育模式而言，有机–无机成岩必须具备的条件包括：①越来越多的研究指出，油气充注机制是储层早期超压普遍发育的重要机制，这对于抑制砂岩储集性深埋衰减具有重要意义；②实验表明，盆地深层–超深层内、外源有机酸生成量可观，是砂岩胶结作用减缓、储集性深埋保持不容忽视的因素；③在浅层有机–无机成岩的匹配基础上，接续与中深层高成熟有机演化相关的成岩组合，特别是砂岩的溶蚀作用（尽管有限）对于深层–超深层储层保持显然具有积极意义。

其四，基于构造应变的深层碎屑岩储层发育模式。盆地构造应变对深层碎屑岩储层发育的影响具有两面性。就单一构造应变而言，深层–超深层背斜构造中和面之上部位、向斜构造中和面之下部位易发育张裂缝及高角度剪切裂缝，是高孔渗砂岩保持或扩溶发育的有利区；然而，多期应变及其关联的构造–流体–成岩作用过程、机制和效应则比较复杂。第 6 章基于裂缝、应变样式和古构造应力的认识成果可作为基于构造应变的深层碎屑岩储层发育模式的典型案例。

第8章 深层–超深层油气储层分析技术及应用

技术进步是推动科学研究的重要手段。与以往中浅层储层研究相比，深层–超深层油气储层研究面临诸多技术瓶颈，如多介质孔洞缝或孔缝强非均质体系发育、连续岩心极少、大样品难以获取、直接探测难以实施、常规处理效果失真等。因此，在研究过程中，我们不仅结合实际吸纳了许多新的技术手段，而且独立开展了新的储层分析技术研发和实践，在原位–高精度测试、多尺度表征和大数据处理、多物理场数值模拟、地质–地球物理综合刻画等方面取得了可喜进展。本章从中选择有特色的技术予以介绍，不仅涉及矿物、岩石、地球化学分析，也涉及地球物理探测、实验和数值模拟。

8.1 深层储层古流体环境分析技术及应用

深层储层经历了漫长的多期次流体–岩石相互作用，因此，古流体环境分析技术的提高至关重要。本节选择团簇同位素、原位硫同位素、镁同位素、原位拉曼光谱以及油田水分析方面的新技术予以介绍。

8.1.1 团簇同位素分析及应用

1. 研究背景

基于碳酸根中 ^{13}C—^{18}O 键的相对丰度与温度的关系，碳酸盐团簇同位素（Δ_{47}）具有独特的温度指示特征，而且不受碳酸盐沉淀时流体的化学和同位素组成的影响，是成岩流体研究中很好的温度指标。应用该指标可以更好地解决与温度相关的成岩流体来源及演化的问题，因此在国际上引起了广泛关注。

近十几年来随着质谱技术的发展，碳酸盐的多种同位素体系得到更精准的测量。团簇同位素在近 10 年来逐渐成为一种新型代用指标，因其具有独特指示温度的特性而在碳酸盐的研究中占有重要地位（Eiler，2011）。团簇同位素是指自然出现的、包含两个或多个重同位素（稀有同位素）的同位素体（Eiler，2006）。团簇同位素体的相对丰度非常低，但是具有非常独特的物理和化学性质。比如碳酸盐矿物中 $^{13}C^{18}O^{16}O$ 的丰度对温度具有敏感性，而与矿物的全岩同位素以及矿物形成时期的流体性质无关，因此可以通过对碳酸盐晶格离子团中 ^{13}C 和 ^{18}O 相互成键程度的测量来获得矿物形成时的温度信息（Ghosh et al.，2006；Schauble et al.，2006；Eiler，2007），再利用矿物的氧同位素（$\delta^{18}O_{carb}$），根据传统的氧同位素温度计原理，可以进一步获得矿物的生长流体的氧同位素（$\delta^{18}O_w$）。

团簇同位素主要应用在古气候（温度）重建（Eiler，2011；Evans et al.，2018；

Henkes et al.，2018）、古高度恢复（Quade et al.，2013；熊中玉等，2019）、碳酸盐岩的成岩作用（Bristow et al.，2011；Huntington et al.，2011；Ferry et al.，2011；Loyd et al.，2014；Sena et al.，2014；Swart，2015；）以及甲烷的成因分析（Stolper and Eiler，2015）等。在成岩作用研究方面，主要集中在两个方向：一是基于这些温度和流体信息进行成岩环境分析（Bristow et al.，2011；Huntington et al.，2011；Ferry et al.，2011；Loyd et al.，2014；Sena et al.，2014；Swart et al.，2016）；二是利用团簇同位素进行热历史恢复（Gallagher et al.，2017；Mangenot et al.，2018a）。

碳酸盐团簇同位素温度计的度量参数 Δ_{47} 定义为碳酸盐酸解生成的 CO_2 分子中质量数为 47 的分子丰度相对于随机状态下该分子丰度的差异程度（Eiler，2007）。T（Δ_{47}）是指由质量数 $^{47}CO_2$ 得出的 Δ_{47} 值所获取的温度。通过测量矿物的 Δ_{47} 值获得矿物的成岩温度和古流体的氧同位素值，既弥补了传统的包裹体测温的缺陷，即随着地层到深层–超深层，包裹体易发生泄漏或再平衡，所测温度不能真实反映捕获温度，又克服了传统氧同位素温度计受生长流体的 $\delta^{18}O_w$ 制约的局限性，为进行碳酸盐岩成岩环境分析提供了新的证据支持。且前人研究表明，团簇同位素可以应用到古老样品分析中，如 Bristow 等（2011）通过对陡山沱组盖帽白云岩团簇同位素分析认为，同位素异常为热流体成因的结果，而非之前认为的甲烷氧化的产物。

由于国内目前可以进行团簇同位素测试的实验室并不多，团簇同位素技术研究和地质应用工作在国内开展得较少。目前研究集中在对该技术的方法介绍和理论研究、碳酸盐 CO_2 的提取方法、团簇同位素的测试方法、团簇同位素平衡的理论计算研究，而将其应用到地质实例的研究较少。

2. 实验方法与结果

以塔中地区鹰山组碳酸盐岩为例，团簇同位素分析在美国迈阿密大学海洋与地球科学学院稳定同位素实验室完成。针对基质（孔隙发育）、孔洞内充填方解石和裂缝内充填方解石，所有分析样品均为微钻取样仪在薄片下钻取的粉末。为了获得纯净的 CO_2 用于团簇同位素分析，将样品（10～15mg）溶解在 104% 磷酸中，反应时间约 30min。所得气体通过液氮和 -90℃ 酒精在真空管线中通过一系列 CO_2/H_2O 分离，并使气体通过 PORAPAK™ 过滤器转移以减少有机质污染，最终将获得纯净的 CO_2 气体冷冻到转移容器中，将气体导入 MAT-253 质谱仪中进行测试分析。具体提取流程参考 Murray 等（2016）文献。

每个样品前处理约 2h，上机测试时间为 3h。团簇同位素测试过程中需要的标样包括方解石和气体 CO_2。气体 CO_2 标样包括常温 25℃ 下在密封容器内制备的水平衡气体与加热至 1000℃ 的 CO_2 气体。方解石标样为 ETH-1、ETH-2、ETH-3、ETH-4。标准样品主要用来构建 Δ_{47} 数据的绝对参考系（ARF）（Dennis et al.，2011；Murray and Swart，2017），从而进行 MAT-253 质谱仪的非线性校正。

针孔大量发育的藻灰岩全岩的 Δ_{47} 为 0.553，温度为 88℃，$\delta^{13}C_{carb}$ 为 0.44‰VPDB，碳酸盐岩 $\delta^{18}O_{carb}$ 为 -6.68‰VPDB，流体 $\delta^{18}O_w$ 范围为 6.18‰SMOW；孔洞内充填的碳酸盐岩的 Δ_{47} 为 0.441‰～0.574‰，温度为 75～180℃，$\delta^{13}C_{carb}$ 为 0.14‰～2.12‰VPDB，碳酸盐岩 $\delta^{18}O_{carb}$ 为 -9.20‰～ -6.52‰VPDB，流体 $\delta^{18}O_w$ 为 4.09‰～13.96‰SMOW；裂缝内充填的

碳酸盐岩的 Δ_{47} 为 0.484‰~0.519‰，温度为 109~137℃，$\delta^{13}C_{carb}$ 为 –1.98‰~0.01‰ VPDB，碳酸盐岩 $\delta^{18}O_{carb}$ 为 –10.56‰~ –7.91‰VPDB，流体 $\delta^{18}O_w$ 为 7.78‰~9.28‰SMOW。

分析结果详见图 8-1，其中 Δ_{47} 结果转换为温度（Staudigel et al.，2018）；$\delta^{18}O_w$ 根据 Kim 和 O'Neill（1997）建立的公式，利用碳酸盐岩的形成温度和 $\delta^{18}O_{carb}$，得到灰岩的 $\delta^{18}O_w$。

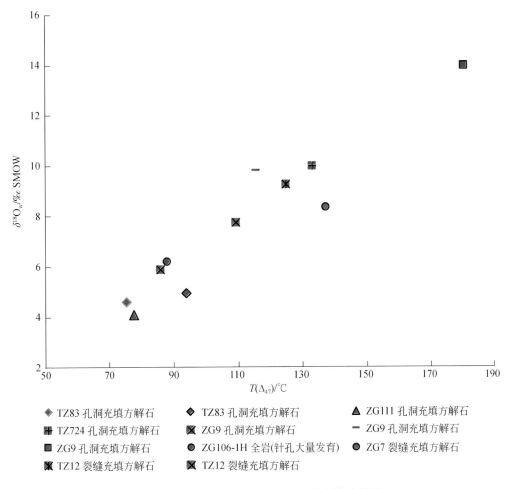

图 8-1 塔中地区鹰山组碳酸盐岩团簇同位素结果

3. 团簇同位素对成岩流体演化的启示

1）样品重排

对于古老碳酸盐岩样品，碳酸盐岩矿物在后期高温过程中，$^{13}C—^{18}O$ 键可能发生固态重排，从而导致根据 Δ_{47} 获得的温度和沉淀流体的 $\delta^{18}O_w$ 不能代表矿物原始生长时期的信息，制约了经历深埋藏演化的碳酸盐岩早期成岩流体恢复（Dennis and Schrag，2010；Henkes et al.，2013）。前人研究表明，对于温度小于 300℃ 的白云岩样品能够抵抗固态键的重排（Bonifacie et al.，2013）。方解石抵抗重排的温度为 100℃（Henkes et al.，2013）。

判断其是否重排有两个指标：一是看样品随着深度变化温度是否增加；二是样品团簇温度和其他地球化学参数（矿物碳氧、微量元素等）有无相关性。本次团簇同位素测试的方解石样品并未呈现温度随深度增加而增加的趋势。且团簇温度和矿物碳氧同位素之间存在一定相关性，说明方解石数据没有受到重排影响，因此其数据记录可以代表当时成岩流体信息。

2）流体性质及演化

Veizer 等（1999）通过统计全球的实验数据认为早奥陶世海相碳酸盐岩的 $\delta^{18}O_{carb}$ 为 $-8‰\sim-6‰$VPDB，$\delta^{13}C_{carb}$ 为 $-2‰\sim0‰$VPDB。Henkes 等（2018）通过团簇同位素恢复的早奥陶世全球海水的 $\delta^{18}O_{seawater}$ 为 $-2‰\sim2‰$SMOW。碳酸盐岩氧同位素组成既受碳酸盐岩沉淀时水体氧同位素组成的影响，又受温度的控制（Kim and O'Neil，1997），这使得基于矿物的 $\delta^{18}O_{carb}$ 分析流体性质时具有多解性。而团簇同位素既可以给出矿物沉淀温度又可以知道流体性质，具有其独特的技术优势。本次针对塔中地区鹰山组孔洞内充填方解石和裂缝内充填方解石的团簇同位素测试分析结果揭示了三期流体活动。

第一期流体的 T（Δ_{47}）分布范围为 $75\sim88$℃，流体氧同位素 $\delta^{18}O_w$ 分布范围为 $4.09‰\sim5.09‰$SMOW，形成在低–中等温度，其 $\delta^{18}O_w$ 总体高于当时海水 $\delta^{18}O_w$，反映为浅–中埋藏环境下改造的海水。

第二期流体的 T（Δ_{47}）为 $94\sim125$℃，$\delta^{18}O_w$ 分布范围为 $4.98‰\sim9.82‰$SMOW。与第一期流体相比，第二期流体展示了更高的温度和更富集的 $\delta^{18}O_w$。从第一期流体的中低温、低 $\delta^{18}O_w$ 到第二期流体升高的温度和高 $\delta^{18}O_w$，很可能反映了深埋过程中矿物的重结晶作用。这些埋藏环境表现特征为随着低的水岩比，由于水岩相互作用流体的 $\delta^{18}O_w$ 增加。有机质成岩过程中释放的有机酸是一种重要的溶蚀性流体，因此伴随生排烃的有机酸可能是溶孔形成的一种流体来源，对深埋储层的改善具有促进作用。

第三期流体（裂缝内和孔洞内充填方解石）的 T（Δ_{47}）为 $133\sim180$℃，$\delta^{18}O_w$ 分布范围为 $9.99‰\sim13.96‰$SMOW，为高温热卤水。测试分析的 TZ724 井和 ZG9 井位于志留纪—泥盆纪 NE 向走滑断裂带附近，根据埋藏史曲线，这期断裂活动时地层温度约为 120℃，而断裂内充填物的团簇同位素温度大于 130℃。根据热流体定义，形成的流体温度明显高于环境流体温度（至少>5℃）的外部流体（Machel and Lonnee，2002），因此推测该期流体活动受到了热流体活动的影响。该期流体活动沿着断裂发育，且 ZG9 井灰岩中间发育的白云岩段发现有鞍状白云石发育。前人研究表明，鞍状白云石多形成于温度高的热流体环境，被普遍认为是热流体作用的标型矿物。研究区热流体发育井多在 NE 向断裂带附近。

通过拟合，我们恢复了鹰山组沉积时期地表温度（约为 25℃）时的流体性质（图 8-2），其流体性质（$\delta^{18}O_w$）分布在 $-2‰\sim0‰$SMOW，指示其可能为大气水和海水的混合水。总之，团簇同位素揭示塔中地区鹰山组孤立型台地岩溶储层孔洞内充填物以封存的卤水和混合水为主，有少量的热流体活动；裂缝内充填物局部有热流体活动。

8.1.2 原位硫同位素分析及应用

黄铁矿是碳酸盐岩储层中主要的硫化物，它的硫同位素组成是准确分析成矿矿物和流

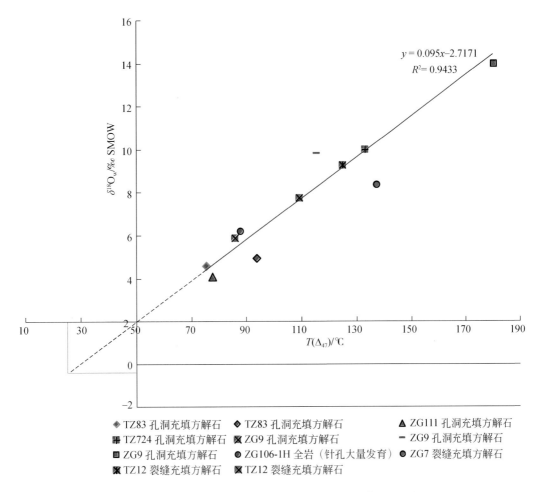

图 8-2　塔中地区鹰山组碳酸盐岩团簇同位素流体性质分析

体来源及理解成因机理的重要内容。深埋背景下，黄铁矿的成因主要有热流体事件成因和 TSR 成因。经历复杂成矿过程的岩石中黄铁矿所记录的地质现象也必然是复杂的，不仅表现为不同产状的颗粒，而且在同一颗粒中也可能具有不同成因的核部和边缘。传统的黄铁矿硫同位素分析主要采用常规的色谱-质谱在线分析方法。虽然这种方法可以给出非常高的测试精度，但是不能将多成因混合的黄铁矿区分出来，给出的信号也多是混合后的结果。利用原位分析技术（Cameca NanoSIMS 50L 型二次离子探针质谱仪）对黄铁矿颗粒进行原位硫同位素分析测试。这种分析技术有助于刻画混合成因的黄铁矿，有助于理解其形成机制和流体。最终，为储层成因提供新的认识。

在原位硫同位素测试过程中，1nA 的离子束先对 $20 \times 20 \mu m^2$ 的薄片区域溅射，进行面扫描。扫描的元素包括 ^{34}S、$^{56}Fe^{32}S$、$^{59}Co^{32}S$、$^{75}As^{32}S$、^{197}Au 和 $^{208}Pb^{32}S$。随后，在 $20 \times 20 \mu m^2$ 面扫描区域内，利用 $2 \times 2 \mu m^2$ 大小的束斑，对黄铁矿进行硫同位素测试。测试结果以 V-CDT 形式给出。黄铁矿标样（PY- 1117）的测试平均值是 0.1‰（$n = 8$），标准偏差是 0.2‰~2.4‰。

原位分析技术应用如下。

应用1：确定黄铁矿是微生物硫酸盐还原还是 TSR 成因。四川盆地灯影组束状–慢型白云石胶结物内部可见黄铁矿颗粒。黄铁矿颗粒截面的原位硫同位素具有"U"形分布特征（图8-3、图8-4），即边缘硫同位素高（$\delta^{34}S = 24.7‰ ± 5.6‰$，$n = 13$），而核部的硫同位素较低（$\delta^{34}S = 15.1‰ ± 2.9‰$，$n = 15$）。黄铁矿颗粒截面具有"U"形的硫同位素分布特征，这与封闭环境下硫酸盐还原作用的动力学分馏有关（Coleman and Raiswell，1981）。在此体系下，SO_4^{2-} 被还原，优先形成 $H^{32}S^-$，进而早期形成的黄铁矿核部相对富集 ^{32}S。残余的硫酸盐相对富集 ^{34}S，这导致后期形成的黄铁矿区域也相对富集 ^{34}S。黄铁矿的硫同位素（$\delta^{34}S$ 平均值为 19.6‰）和同期的碳酸盐岩内硫酸盐的硫同位素（平均值为 27.4‰）差异较小。这明显小于现今海水沉积物内的硫同位素分馏范围（16‰ ~ 42‰）（Habicht and Canfield，1997）。同期的斜坡相沉积物也发育早成岩黄铁矿，且同样具有高的硫同位素范围（36.0‰ ± 2.9‰）（Fan et al.，2018）。震旦纪末期古海水的硫酸盐浓度（5 ~ 10mM[①]）明显低于现今海水值（大约 28.9mM）（Algeo et al.，2015）。因此，较小的硫同位素分馏指示该分馏过程受硫酸盐浓度的控制。

而灯影组晚期成岩或第二期黄铁矿为 TSR 成因。原位硫同位素分析测试显示这期黄铁矿颗粒具有均一的硫同位素数值（$\delta^{34}S$ 范围是 24.8‰ ~ 33.3‰）。

应用2：古海水 SO_4^{2-} 含量问题。Xiao 等（2010）利用原位分析技术测试陡山沱组黄铁矿的硫同位素分布特征，探讨震旦纪古海水的硫酸盐浓度。整体而言，黄铁矿的硫同位素值较高，分布范围为 15.2‰ ~ 39.8‰，且黄铁矿与硫酸盐的硫同位素的差值小于 22‰，说明当时硫酸盐还原为 H_2S 的过程中，没有发生明显的硫同位素分馏效应，这是低硫酸盐海水或孔隙水的特征（Habicht and Canfield，1997；Habicht et al.，2002）。扩散–沉淀慢型中，微生物硫酸盐还原作用提供 H_2S，随后与周围的 Fe^{2+} 结合。早成岩的黄铁矿与周围的硅质结核可能是共生。硫同位素分布特征显示当时海水和孔隙水具有低浓度的硫酸盐、高的 Fe^{2+} 浓度以及缺氧的环境。

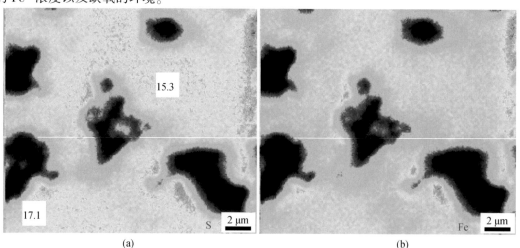

(a)   (b)

---

① $1M = 1mol/dm^3$

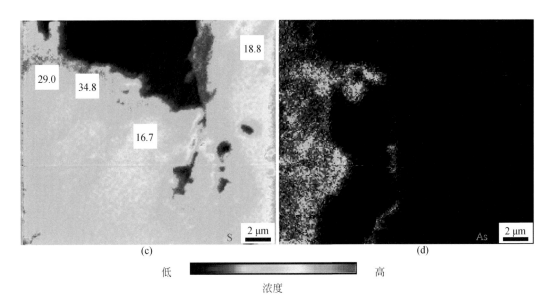

图 8-3 黄铁矿的薄片、SEM 和 NanoSIMS 元素扫描图，高科 1 井，深度 5443.0m

（a）和（b）是黄铁矿核部的元素扫描图及原位的硫同位素数据。图（a）是硫元素，图（b）是铁元素。（c）和（d）是黄铁矿边缘的元素扫描图及原位的硫同位素数据。图（c）是硫元素，图（d）是砷元素

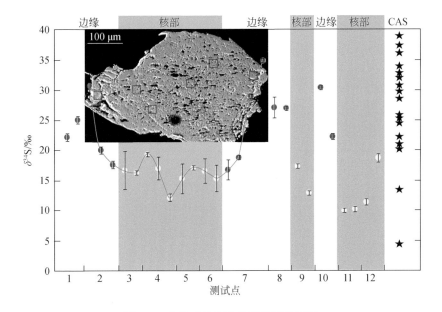

图 8-4 黄铁矿的原位硫同位素数据图

蓝色方框代表 $20 \times 20 \ \mu m^2$ 的面扫描位置，而硫同位素束斑大小是 $2 \times 2 \ \mu m^2$。误差棒代表标准偏差（σ）。灯影组碳酸盐岩内的硫酸盐（CAS）数据来自张同钢等（2004）

8.1.3　镁同位素分析及应用

近年来，镁同位素地球化学领域越来越受到重视，因为镁元素不仅是白云岩的主要组成元素，而且还是海洋中第四富集的元素，对于其同位素的研究有助于揭示古海洋特征、白云石化 Mg^{2+} 来源等重大科学问题（Galy et al.，2002；Li et al.，2010；Huang et al.，2015；Peng et al.，2016）。自然界中镁仅有三个同位素 ^{24}Mg、^{25}Mg 和 ^{26}Mg，其相对丰度分别占 78.99%、10% 和 11.01%。镁同位素研究的标准物质为 DSM3，所有数据均需与标准物质比较。

现今镁同位素的分析测试主要基于 MC-ICP-MS 手段，并在测试的时候采用"标样–样品交叉法"分析模式，Immenhauser 等（2010）曾详细介绍了镁同位素制备和分析手段：①将 1～5mg 的样品溶解至 6M 的盐酸中，将溶液烘干并加入 250μL 的 HNO_3：H_2O（65%：31%）混合溶液，再次经历蒸发烘干后，溶解至 1.25M 的盐酸中。此外，在溶样的过程中，测试溶液（IAPSO 海水）同样经历了以上地球化学实验流程。②镁分馏过程应用 BioRad 离子交换柱方法，所得溶液经烘干再溶解于 3.5% 的硝酸中，制成 500μg/L 的镁溶液，并进行上机测试（MC-ICP-MS），在测试过程中应用空白样品标定背景值。

与其他同位素类似，镁在自然界中存在不同的储库类型（图 8-5），其中上地幔（橄榄岩、玄武岩等）与球粒陨石具有一致的镁同位素组成，$\delta^{26}Mg$ 的均值为 $-0.25‰$（Teng et al.，2010）；与火成岩相比，其风化产物（岩石风化壳等）的镁同位素总体上富集重的镁同位素（Liu et al.，2010）。现代海水的镁同位素均一，均值为 $-0.81‰$。碳酸盐岩整体上富集轻的镁同位素，其中白云岩的镁同位素要比灰岩的稍重（Galy et al.，2002；Immenhauser et al.，2010；Azmy et al.，2013）。河水的镁同位素值变化较大，主要与流经区域的原岩组成、风化程度相关，主要河流镁同位素均值为 $-1.09‰±0.05‰$（Tipper et al.，2006）。生物体（如腕足类、贝壳类）整体富集轻的镁同位素且变化范围大，其 $\delta^{26}Mg$ 可低至 $-5.6‰$（Chang et al.，2004）。

在碳酸盐岩沉淀过程中镁同位素会发生一定的分馏（Immenhauser et al.，2010；Li et al.，2012），其分馏程度受多种因素影响：①矿物的生长速度（Mavromatis et al.，2013）；②矿物沉淀时的温度；③水中 Mg^{2+} 的存在形式（Schott et al.，2016）；④生物作用过程（Hippler et al.，2009）；⑤形成的碳酸盐岩矿物类型（Wang et al.，2013）。

前人针对现代大洋沉积物中的白云岩（Higgins and Schrag，2010；Mavromatis et al.，2014；Fantle and Higgins，2014）、现代萨布哈环境中的白云岩（Azmy et al.，2013）进行研究，认为沉淀白云岩普遍比孔隙水 $\delta^{26}Mg$ 低 $2‰～2.7‰$，并且随着埋深的增加、孔隙流体封闭性增加，孔隙水中越加富集 ^{26}Mg（Higgins and Schrag，2010），并且在现代蒸发萨布哈环境中，萨布哈白云岩 $\delta^{26}Mg_{dol}$ 均值为 $-1.03‰$，比同期海水（$\delta^{26}Mg = -0.81‰$）轻了 $0.22‰$，证明了蒸发作用对镁分馏有限，镁同位素值或受原始海水镁同位素组成差异或者微生物活动分馏的影响（Azmy et al.，2013）。

基于古代白云岩的镁同位素在研究风化程度以及成岩作用方面具有一定的应用。Gao 等（2016）研究认为在弱风化带，白云岩的镁同位素组成随着风化作用的进行逐渐变轻，

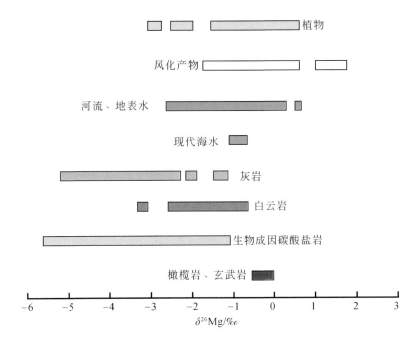

图 8-5　自然界中镁同位素在不同储库分布［修改自董爱国和朱祥坤（2016）］

其原因是方解石再沉淀是优先吸收了偏轻的^{24}Mg，而在强风化带，白云岩镁同位素的组成随着风化作用的进行而逐渐变重，其原因是轻的^{24}Mg 优先流失。在成岩方面，主要探讨温度、成岩流体性质对镁同位素组成的影响（Geske et al.，2012；Azmy et al.，2013；Lavoie et al.，2014）。研究发现，对于不同类型的白云岩，热流体白云岩 δ^{26}Mg 变化范围较大（−1.44‰±1.33‰），蒸发白云岩 δ^{26}Mg 值最低（−2.11‰±0.54‰），混合水白云岩 δ^{26}Mg 为−1.41‰±0.64‰，湖相白云岩 δ^{26}Mg 为−1.25‰±0.86‰。基于热流体白云石的包裹体均一温度与镁同位素值无相关性，推测温度对热流体白云岩镁同位素的分馏影响并不大，这个结论与 Geske 等（2012）基于泥晶白云岩的不同成岩或变质程度观察到的温度引起镁同位素分馏不明显的结果相一致。Lavoie 等（2014）认为成岩过程中不同矿物的镁同位素值受不同的 Mg^{2+}来源影响，系统地分析研究层位以及相关可能 Mg^{2+}来源（如泥页岩、岩浆岩基底或者临层碳酸盐岩等 Mg^{2+}来源）可系统地还原成岩流体演化过程。总体来看，成岩过程中，温度对白云岩镁同位素影响不大，后期不同 Mg^{2+}来源的成岩流体改造是影响白云岩镁同位素组成的重要因素。碳酸盐岩中 δ^{26}Mg 值的两种应用实例如下。

　　实例一，应用镁同位素解释厚层白云岩成因（Ning et al.，2020）。基于详细的沉积学、地球化学（镁同位素）解释上扬子地台中寒武统覃家庙组厚层白云岩储层成因。覃家庙组由多套向上变浅的沉积旋回组成，每个沉积旋回厚度从几分米到十几米不等。研究发现覃家庙组镁同位素值变化与沉积旋回拟合较好，在白云石化过程中轻的镁同位素优先进入晶格中。白云石化事件可以发生于向上变浅的旋回的顶部，并且单独的白云石化流体活动可以匹配单个旋回中的灰岩白云石化事件［图 8-6（a）、（b）］。另外，准同生阶段白云石化可以发生于沉积旋回中，但终止于沉积旋回的顶部［图 8-6（c）］。综上，三种白云

石化模式可以根据 $\delta^{26}Mg_{dol}$ 分布建立（图8-6），支持了多种白云石化过程叠加形成现今的厚层白云岩。

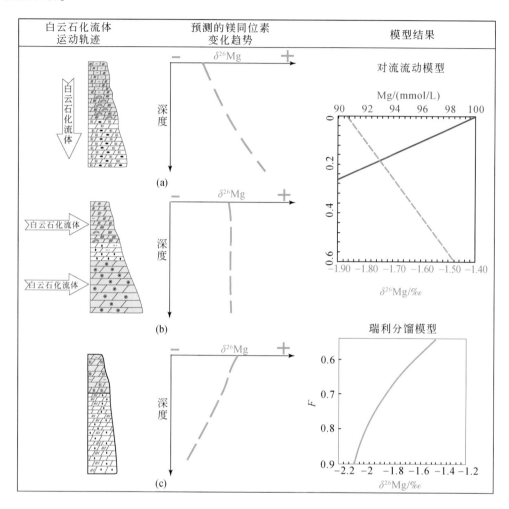

图8-6　不同白云石化过程中的 $\delta^{26}Mg$ 变化模式［修改自 Ning 等（2020）］

（a）向下增加的 $\delta^{26}Mg$ 值指示白云石化流体来源于垂向上的海平面；（b）不变的 $\delta^{26}Mg$ 值指示水平流动的白云石化流体；（c）在半封闭的体系中，向上增加的 $\delta^{26}Mg$ 值指示流体中逐渐富集 ^{26}Mg，指示准同生阶段的白云石化；F 为瑞利分馏进程的比例

实例二，基于镁同位素值表征沉积后的成岩过程以及地温指示剂意义（Hu et al.，2017）。研究下扬子地台中三叠统 Geshan 剖面，以及剖面中的白云岩、灰岩以及过渡岩相，该剖面有很好的埋藏史约束。研究发现，基质的镁同位素值介于高 $\delta^{26}Mg$ 值的白云岩端以及低 $\delta^{26}Mg$ 值的灰岩端。内部经历同一埋藏史的纯白云石与方解石之间存在 0.72‰的镁同位素分馏，这个结果与实验模拟的 150～190℃的镁同位素分馏值一致且符合实际的埋藏史地温（图8-7）。这个结果支持了镁同位素值作为地温指示剂的应用，并证明了埋藏增温过程中镁同位素值会在早期白云石化之后达到一个平衡。

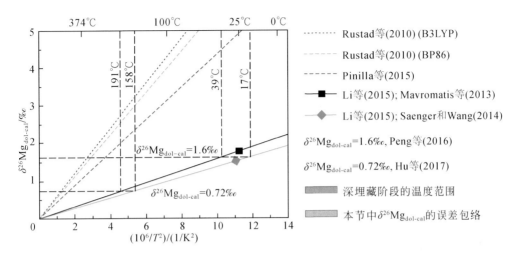

图 8-7 温度因素对于镁同位素值在方解石和白云石中的分馏影响［修改自 Hu 等（2017）］

8.1.4 原位拉曼光谱分析及应用

拉曼光谱是一种散射光谱分析技术，为分子振动光谱，是物质分子成分及结构分析的有效非破坏性分析技术。显微共聚焦激光拉曼光谱具有微观、原位、分辨率高等特点。在油气勘探中，拉曼光谱分析可以应用在流体包裹体成分分析、固体有机质热演化程度和温度、压力恢复等研究中。本节介绍基于原位拉曼光谱分析白云石有序度的探索工作。

白云石有序度的概念主要描述白云石中 Ca^{2+} 和 Mg^{2+} 的排列情况，探讨在不同的成岩作用下和不同的白云石化模式中白云石在分子结构上发生的变化。白云石有序度的主要控制因素如下：①结晶程度。自形程度好、晶体较大（如细-中晶）的白云石有序度好于泥晶或微晶白云石。②与 $CaCO_3$ 摩尔分数有关。$CaCO_3$ 摩尔分数越低，白云石越接近理想组成，白云石有序度越好。③与白云石化程度有关。白云石化越彻底，白云石有序度越高。④结晶温度最为重要。相对较高温度条件下形成的白云石有序度好于相对低温条件下形成的白云石。因此对于白云石化的机理而言，与渗透回流、蒸发泵等准同生白云石化有关的白云石有序度较差，而与埋藏白云石化作用有关的白云石有序度较好，与大气水/海水的混合水白云石化作用有关的白云石有序度可能在这二者之间。因此，在白云岩成因机理、流体演化等地质问题研究中，白云石有序度是比较通用的研究方法。目前获取白云石有序度的常规方法是利用 X 射线衍射法，但 X 射线衍射测试法得到的是全岩混样的数据，由于在实际地质样品中白云石有序度非均质性强且常常在镜下微观尺度白云石晶粒的变化范围较大，因此往往会影响样品的精细评价。

白云石具有六个典型拉曼特征峰，对应不同的振动模式（图 8-8）。拉曼位移 174 ~ 176cm^{-1} 和 297 ~ 300cm^{-1} 对应晶格振动，723 ~ 726cm^{-1} 对应面内弯曲振动 V4，1096 ~ 1099cm^{-1} 为对称伸缩振动 V1，1440 ~ 1450cm^{-1} 对应非对称伸缩振动 V3，1750 ~ 1758cm^{-1} 为面外弯曲振动 V2（=V1+V4）。

拉曼峰的形态和半宽可以揭示白云石结构中原子和分子的振动信息与样品有序度的关系。通过大量的白云石拉曼光谱和同一位置的电子探针分析结果表明，299cm^{-1} 峰位的半宽对有序度的变化反映最好，有序度越高，该峰位的半宽越小（图 8-9），规律性明显。1097cm^{-1} 峰位的半宽对白云石有序度的变化规律恰恰相反，有序度越高，半宽越大。因此白云石的拉曼光谱分析中的半宽参数，可以作为表征样品有序度程度的分子级指标，在白云石成因研究中有广泛应用前景。

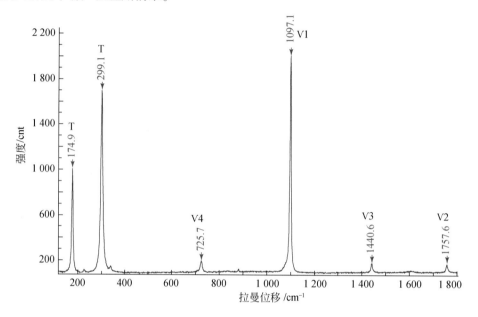

图 8-8　白云石典型拉曼光谱图特征

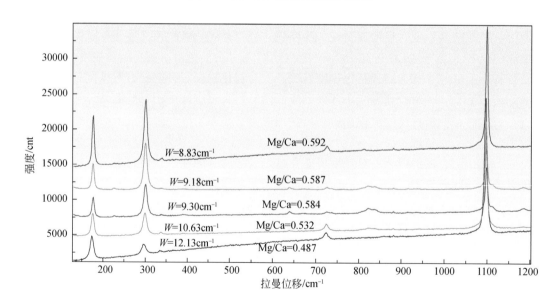

图 8-9　白云石拉曼谱峰半宽值 W 和电子探针数据 Mg/Ca 的对应关系

将此方法初步应用到塔中地区奥陶系鹰山组、蓬莱坝组和寒武系下丘里塔格组白云岩储层勘探研究中，结果显示奥陶系白云石有序度分布范围比较广，从低值到高值均有。而寒武系白云石有序度明显高于奥陶系白云石，且数据集中（图 8-10），这与寒武系目前观察到有更多的有效白云石晶间孔比较吻合。此方法提供了一种有效的、具有可操作性的基于拉曼光谱技术获得白云石有序度的方法，提高了白云岩成因机理、地质流体演化分析的有效性，同时也解决了传统的白云石有序度无法原位微区测定的难题。

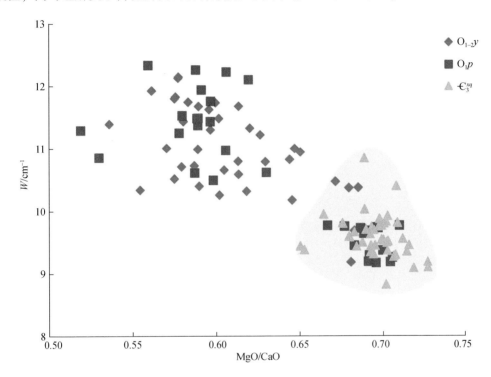

图 8-10　塔中奥陶系鹰山组、蓬莱坝组和寒武系下丘里塔格组白云石有序度

与传统的 X 射线衍射相比，拉曼技术优势：制样简单，样品要求低，普通薄片即可以直接测试；高精度的原位微区分析，要求的样品少，非破坏性且快速；可视化操作，还可以对透明矿物内部的微小矿物进行分析测试。该技术已获得国家发明授权，专利信息：刘嘉庆、李忠．一种基于激光拉曼测定白云石有序度的方法，中国．ZL201310745432.0，2014.07.16。

8.1.5　油田水碘离子和 ^{129}I 定年分析技术及应用

油田水与油气藏关系密切，因而一直受到地质学家的重视（Carothers and Kharaka，1978；Clayton et al.，1966；Collins，1975）。研究结果显示，油田水中碘离子是油气来源方向的有效示踪物质。碘离子具有较大的离子半径（133pm），很难加入到矿物的晶格中，所以一般认为它具有亲水特性，在水中富集。同时，它也具有亲生物特性，相对于海水（0.05mg/L），海相有机质常常富集百倍以上的碘元素（4.8～490mg/kg）（Muramatsu and

Wedepohl，1998；Muramatsu et al.，2004）。在油气藏中，原油的碘含量很低（0.01～26.9mg/kg）（Ellrich et al.，1985；Filby，1994），而油田水的碘含量较高（可高达1400mg/L）（Worden，1996）（图8-11）。因此，学者普遍认为，随着烃源岩热演化过程，干酪根中键合的碘会断裂下来，并被释放到孔隙水中。在随后的排烃和成藏过程中，油气会携带富碘孔隙水一起运移到储层中。所以，油田水中碘的富集程度可用于指示油气的来源方向和充注位置。

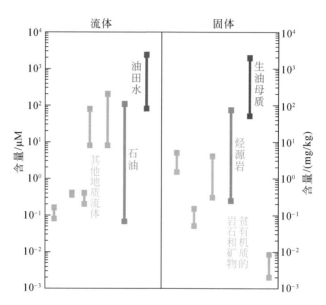

图8-11 地质体中碘的含量分布图［修改自Ellrich等（1985）；Fehn（2012）；
Filby（1994）；Muramatsu和Wedepohl（1998）］

碘元素只有一个稳定同位素^{127}I和唯一的长寿命放射性核素^{129}I（$t_{1/2}=15.7$Ma）。研究认为^{129}I有三种来源：①宇宙射线成因的^{129}I，它是由大气中宇宙射线和氙元素反应产生的；②裂变成因的^{129}I，它是由地壳岩石中^{238}U自发裂变产生的；③人类核活动产生的^{129}I，它是20世纪50年代以来核试验和核电站运行排放到环境中的，已广泛存在于地表的大气圈、水圈和生物圈中（Fehn，2012）（图8-12）。只要严格按标准采集和分析油田水，就可以避免混入现代大气水，即避免人类核活动带来的^{129}I污染。因此，只有前两种模式是油田水示踪所需要考虑的。

宇宙射线成因的^{129}I用以下的衰变方程计算：

$$R=R_i e^{-\lambda_{129} t} \tag{8-1}$$

式中：R为样品的^{129}I/I值；R_i为地表水的初始^{129}I/I值，1500×10^{-15}（Fehn et al.，2007）；λ_{129}为^{129}I的衰变常数，4.41×10^{-8}a^{-1}；t为时间。当流体（大气水或海水）离开地表时，衰变开始。在大约90Ma之后，宇宙射线来源的^{129}I/I会衰变至极小以致高分辨率加速器质谱仪都难以检测出来。但是在流体被埋深的过程中，另一个来源——岩石铀裂变成因的^{129}I会变得越来越重要。铀裂变成因的^{129}I用Fabryka-Martin等（1989）定义的另一个公式计算：

$$N_{129} = N_{238} Y_{129} \rho (1 - e^{-\lambda_{129}t}) / \lambda_{129} \cdot (E/P) \tag{8-2}$$

式中：N_{129} 和 N_{238} 为 ^{129}I 和 ^{238}U 的原子数；λ_{129} 为 ^{129}I 的自发裂变常数，$4.41 \times 10^{-8} a^{-1}$；$Y_{129}$ 为裂变过程中 129 质量的产生速率，0.0003；ρ 为岩石密度；E 为 ^{129}I 从岩石中被释放到水中的比例；P 为有效孔隙度；t 为流体与岩石接触的时间。当流体与岩石接触 90Ma 之后，铀裂变生成的 ^{129}I 含量在流体中将达到一稳定水平，称为 N_{sq}，即长期平衡时的 ^{129}I 含量。盆地内流体 ^{129}I 含量的解释，这两种来源都要被考虑。

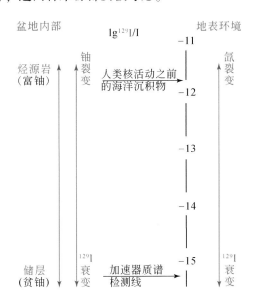

图 8-12　^{129}I 的来源模式图 [改自 Fehn（2012）]

由于 ^{129}I 具有衰变特性，且盆地内不同层位铀含量差异大，因此 90Ma 内的流体活动都可以被 ^{129}I 精确示踪并定年。结合碘离子示踪油气来源的特性，^{129}I 定年技术特别适合与油气相关的流体示踪并获得油气成藏的年龄信息。早期的研究主要关注天然气水合物的来源和成藏年龄。对布莱克海岭（Blake Ridge）和 Nankai 地区天然气水合物孔隙水的研究认为，这些富碘孔隙水的年龄（55Ma，24～48Ma）远远大于储层年龄（1.8～6.0Ma，<2Ma），所以富碘孔隙水和相关的甲烷应该分别来自深部、古老的海相（Fehn et al.，2000）或陆相的地层（Fehn et al.，2003）。

近 20 年来，尽管利用 ^{129}I 限定油气成藏年龄的研究已有很多，但大多数研究都集中在油气来源单一、成藏史简单的油气藏中，在多期次充注后期改造频繁的油气藏中应用很少，而我国西部盆地深层油气勘探面临的实际情况往往是后者。基于第 3 章的研究成果，现提出一套适合复杂油气藏中 ^{129}I 定年的应用方法。该方法将近期侵入古老油藏（90Ma 之前成藏）的流体分成四种：大气水、天然气和两种原油。不同的侵入流体带来了具有不同碘离子和 ^{129}I 特征的孔隙水。大气水碘含量为 0.01mg/L，^{129}I 为 0.07atom/μL（Zhang L Y et al.，2011）。其他端元水体参数依据经验设置如下：天然气携带孔隙水的碘含量为 0.0001mg/L，^{129}I 为 2000atom/μL；两种原油分别携带高碘（140mg/L）和低碘（35mg/L）的孔隙水，^{129}I 都为 2000atom/μL；古老油藏原孔隙水碘含量为 0～70mg/L，^{129}I 为

39atom/μL。

后期流体侵入后，油田水中^{129}I含量作为原孔隙水比例（X）和后期流体进入时间（t）的函数，包含三个主要的部分：原孔隙水部分获得的铀在长期平衡时裂变生成的^{129}I，后期流体部分中正在衰变的^{129}I和储层铀裂变释放到后期流体部分中的^{129}I。式（8-3）和（8-4）用来计算混合后^{129}I（N_{129}）和碘含量（C_{127}）随时间的演化：

$$N_{129} = N_{sq}X + e^{-\lambda_{129}t}N_{LF}(1-X) + N_{sq}(1-e^{-\lambda_{129}t})(1-X) \tag{8-3}$$

$$C_{127} = C_0X + C_{LF}(1-X) \tag{8-4}$$

式中：N_{sq}为铀长期平衡时裂变生成的^{129}I含量，39atom/μL；N_{LF}为后期流体中^{129}I含量；C_{LF}为后期流体中的碘含量；C_0为油藏原孔隙水中的碘含量，以70mg/L计；t为后期流体进入到储层的时间；其他参数和式（8-1）和式（8-2）中相同。

图8-13展示了该方法的计算结果。明显地，不同后期流体侵入呈现不同的碘含量与^{129}I分布和演化趋势。以不同比例混合大气水后，油田水的碘含量和^{129}I含量都会显著降低；天然气侵入后，油田水的碘含量会降低，而^{129}I含量会增加。当携带富碘孔隙水的原油侵入时，碘含量和^{129}I含量会升高；而携带贫碘孔隙水的原油侵入时，碘含量会降低，而^{129}I含量会升高。根据此图可以判断油气藏中是否存在不同的后期流体侵入事件，获得后期流体来源方向、混合程度和侵入年龄等信息。该方法在我国西部地区深埋油气藏勘探和开发中具有良好的应用前景。

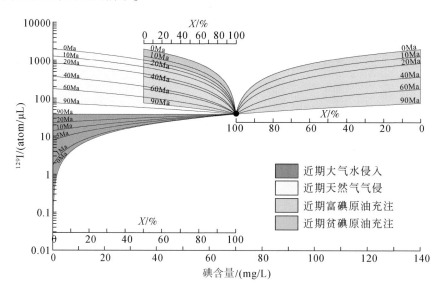

图8-13　复杂油气藏中碘离子示踪和^{129}I定年的应用示意图

X为储层原孔隙水在混合事件发生后油田水中的比例

8.2　深层储层数字岩心分析技术及应用

针对深层–超深层多介质孔洞缝或孔缝强非均质体系发育，连续岩心极少，大样品难以获取等问题，迫切需要开展无损岩心分析和基于数字岩心的多尺度连续性储层建模分析。

8.2.1　深层储层微孔–缝体系表征及渗流模拟技术方法

1. 微孔–缝体系表征方法

1）微裂缝网络提取

CT 扫描具有真三维成像和无损特征的优势，X 射线微米级 CT 是利用锥形 X 射线穿透物体，通过不同倍数的物镜放大图像，由 360° 旋转所得到的大量 X 射线衰减图像重构出三维的立体模型。利用微米级 CT 进行岩心扫描的特点在于，在不破坏样品的条件下，能够通过大量的图像数据对很小的特征面进行全面展示。通过 CT 扫描获取代表性的三维微裂缝灰度图像，通过分水岭算法对灰度图像进行二值分割，将图像分为微裂缝相和颗粒相，在此基础上通过最大球法进行微裂缝网络提取（Dong and Blunt，2009；Silin and Patzek，2006；Dong，2007；Li et al.，2017；Jiang et al.，2017）。

a. 最大球的定义

该算法假设在整个孔隙空间快速地遍布最大球，然后根据它们之间的连通关系，先得到一系列最大球的链路结构，在这个结构里，一些空间上局部最大的最大球成为孔隙体，然后不断膨胀孔隙体占据的空间，直到它和另外一些最大球的链路结构相交，于是相交的那个最大球被定义为喉道的中心。

R_{upper}^2 是从球心 p_0（x_0，y_0，z_0）到最近的一个固体点 p_g（x_g，y_g，z_g）的距离。

$$R_{\text{upper}}^2 = \text{dist}^2(p_0, p_g) = (x_g - x_0)^2 + (y_g - y_0)^2 + (z_g - z_0)^2$$

R_{low}^2 定义了一个在 R_{upper}^2 半径范围内，距离球心 p_0（x_0，y_0，z_0）最远的一个孔隙空间点 p_v（x_v，y_v，z_v）的距离。

一般情况下：$R_{\text{upper}}^2 - R_{\text{low}}^2 \leq 2$。

对于半径较大的球可以忽略，但对于半径小的球，不可以忽略。一个最大球由三个参数确定：

$$B_R(p_0) = B(p_0, R_{\text{low}}^2, R_{\text{upper}}^2) = B(p_0, R^2, \text{Limit})$$

式中：B_R 为最大球半径；B 为在离散情况下，球心为 p_0，半径为 R 的球，为所有 dist（p，p_0）$\leq R$ 点的集合；Limit 为 R_{upper}^2 替代值，是从球心 p_0 到最近一个固体点 p_g 的距离。

b. 最大球的搜索

不管用什么方法得到了多孔介质的三维图像，在提取网络结构的时候，只将这个图像看成由 0 或 1 组成的一个三维数组。在孔隙空间的每一点都找到一个最大球，然后一些被别的最大球包含的球从最大球集合中删除。

对于图像中的每一个体素，它都有一个唯一确定的最大球。在以下计算中，定义单位长度为体素的边长。首先算法确定了所有体素决定的最大球半径。以指定的体素为球心，半径从 0 开始（此时即体素本身）逐渐变大，直到碰到固体边界。设孔隙空间边长为 n，最大球半径为 $R_{\max}$，则算法的复杂度为 $O\ (n^3R_{\max}^3)$。随着图像的分辨率增加，算法的复杂度迅速上升。为了加速搜索过程用一个两步的搜索算法。为了避免从球心一个一个体素向外搜索，先用一个膨胀搜索的过程确定可能的搜索空间，然后再用一个收缩搜索的过程找到一个合理的球半径。

第一步，确定搜索空间；第二步，确定由搜索空间决定的最大球。

c. 最大球的优化

当孔隙空间中所有的最大球都被搜索出来以后，其中有一部分球是其他球的子集，当然上述图形只会在离散的情况下才会出现。被包含的球所代表的孔隙空间的信息已经被其他球所包含了，算法需要将这一部分球删除掉。首先按照体素所对应的最大球的半径平方的大小，将体素排成一个链表。这样当处理到 $R^2 = 0$ 时，算法就可以停止了。为了加快算法的处理速度，引入一个参考表。表中的项 $(x，y，z)$ 是一个指向球心在 $(x，y，z)$ 上的最大球，如果没有这样的最大球，则为空指针。这样对于一个球心在 $p_0 = (x_0，y_0，z_0)$，半径为 R_0 的最大球，只需要在参考表中搜索满足条件 $\text{dist}^2\ (p，p_0)\ <R_0^2$ 的体素 p 对应的最大球，判断是否和指定的球存在包含关系。如果找到一个包含的最大球，则将它从链表中删除，同时将它在参考表中的指针置为空指针。最后在链表中留下的就是没有被其他球所包含的最大球。

$$included(p_1,p_2) = \frac{(R+r-d)^2(d^2+2d(R+r)-3\ (R-r)^2)}{16dr^3}$$

式中：included 为包含度；p_1、p_2 为球心；R 为 p_1 球心的球半径；r 为 p_2 球心的球半径；d 为两球心之间的距离。

d. 最大球的单层聚合

在将被包含的球删除以后得到了一个布满孔隙空间的最大球集合，即原始三维图像上的体素点被一个或多个转换后的最大球所包含。

最大球集合建立之后，最大球不仅填充了孔隙空间的主体部分，实际上还包括孔隙空间中的边缘地带。为了把握孔隙空间的主体结构，通过最大球之间的连接关系，形成一些最大球之间的聚合结构以使孔隙空间结构简单化。连接过程是最大球不断吸收周围比它小的球，并根据吸收球的等级差异，可以形成单层聚合结构和多层聚合结构。

在单层聚合结构中，一个中心的最大球吸收了它周围所有和它邻接的最大球。为了找到邻接的最大球，对于一个半径为 R 的中心最大球，在半径为 $2R$ 的球形范围内搜索所有半径不大于 R 的最大球。因此，把找到的最大球中与中心最大球相交的那部分球定义为中心最大球的邻接最大球。为了减少离散体素带来的不连接情况，这里用两个球的半径上限Limit 来判断两个球是否相交。

所有邻接最大球的等级都比中心最大球的等级小 1。借用树的概念，中心最大球是树的根，邻接最大球是叶子。邻接最大球都记录了自己的上一级最大球。而这是划分孔隙体和喉道的数据基础之一（图 8-14、图 8-15）。

图 8-14　最大球算法提取的裂缝模型（克深 2-2-1 井，6609.75m，K_1bs^2）

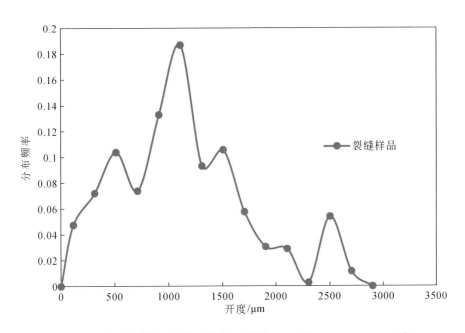

图 8-15　样品微裂缝开度分布曲线（克深 2-2-1 井，6609.75m，K_1bs^2）

e. 最大球的多层聚合和链路生成

通过最大球进一步向外扩张可以把单层聚合结构扩展到多层聚合结构。对于任意一个处于中心的最大球（祖先），其邻接的最大球（父节点）可以继续吸收周围比它小的最大球（子节点）。通过不断吸收下一代的最大球，形成多层聚合结构。在多层聚合结构中每一个最大球使用和单层聚合结构同样的规则去搜索自己周围 $2R$ 范围的邻接最大球。在连接的过程中，每一个低等级的节点都记住了自己的父节点，这样每一个节点都可以找到自己的祖先。

在本算法中，用来代表孔隙空间的最大球集合被转换成相互连接的聚合结构。每一个聚合结构中的祖先节点定义了孔隙空间中的一个孔隙体。不同聚合结构相连的那个节点定义了孔隙空间中的一个喉道。当找到一个喉道的时候，同时也得到了两条喉道到孔隙体的链路。链路由喉道节点和它在某个聚合结构里的所有父节点组成。这些链路实际上也构成了整个孔隙网络模型的骨架，从而得到整体裂缝的开度分布曲线。

2）基岩孔隙网络模型建立

孔隙网络模型建立，是指通过某种特定的算法，从二值化的三维岩心图像中提取出结构化的孔隙和喉道模型，同时该孔隙结构模型保持了原三维岩心图像的孔隙分布特征以及连通性特征。采用最大球法进行孔隙网络结构的提取与建模，既提高了网络提取的速度，也保证了孔隙分布特征与连通特征的准确性（图8-16、图8-17）。

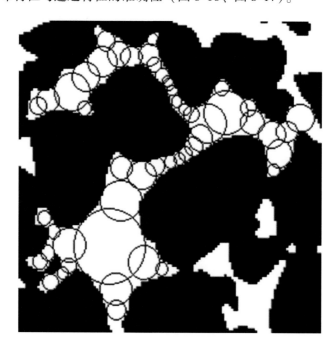

图 8-16　最大球法计算孔隙示意图

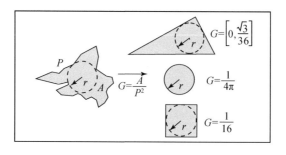

图 8-17　形状系数 G

最大球法是把一系列不同尺寸的球体填充到三维岩心图像的孔隙空间中，各尺寸填充球之间按照半径从大到小存在着连接关系。整个岩心内部孔隙结构将通过相互交叠及包含的球串来表征。孔隙网络结构中的"孔隙"和"喉道"的确立是通过在球串中寻找局部最大球与两个最大球之间的最小球，从而形成"孔隙-喉道-孔隙"的配对关系。最终整个球串结构简化成为以"孔隙"和"喉道"为单元的孔隙网络结构模型。"喉道"是连接两个"孔隙"的单元，而每个"孔隙"所连接的"喉道"数目，称为配位数。

在用最大球法提取孔隙网络结构的过程中，形状不规则的真实孔隙和喉道被规则的球形填充，进而简化成为孔隙网络模型中形状规则的孔隙和喉道。在这一过程中，我们利用形状因子 G 来存储不规则孔隙和喉道的形状特征。形状因子的定义为 $G = A/P^2$，其中 A 为孔隙横截面积，P 为孔隙横截面周长。在孔隙网络模型中，利用等截面的柱状体来代替岩心中的真实孔隙和喉道，截面的形状为三角形、圆形或正方形等规则几何体。在用规则几何体来代表岩心中的真实孔隙和喉道时，要求规则几何体的形状因子与孔隙和喉道的形状因子相等。尽管规则几何体在直观上与真实孔隙空间差异较大，但他们具备了孔隙空间的几何特征。此外，三角形和正方形截面都具有边角结构，可以有效地模拟两相流中残余水或者残余油，与两相流在真实岩心中的渗流情景非常贴近（图 8-18）。

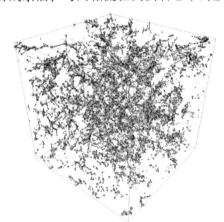

图 8-18　三维孔隙网络示意图

2. 储层孔-缝网络流动模拟分析技术

基于几何尺寸相同的微裂缝数字岩心和砂岩基岩数字岩心，通过叠加法构建微裂缝-基岩数字岩心，叠加法是建立在叠加原理基础上的一种分析方法（图 8-19）。

$$I_s = I_A \cup I_B$$

式中：I_A 为微裂缝数字岩心的孔隙系统；I_B 为砂岩基岩数字岩心的孔隙和基质系统。基于微裂缝-基岩数字岩心体系，提取相应的孔-缝网络模型。

在孔-缝网络模型的基础上定义流体流动模拟规则，可模拟流体在孔-缝网络中的渗流特征。目前，拟静态流动模拟模型被广泛用于模拟孔-缝网络的渗流。拟静态流动模型假设流动完全由毛细管力控制，模型中由黏滞力所造成的压降同毛细管力相比，可以忽略；流体是不可压缩的牛顿流体，且多相流体间不混相；根据侵入-逾渗理论，流体从一个孔隙流动到另一个孔隙是瞬时的，不考虑孔喉中的流动过程。

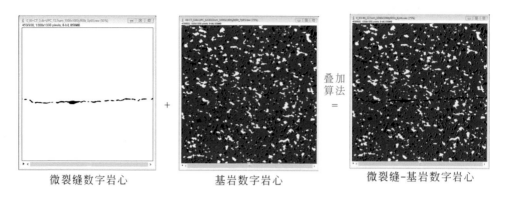

微裂缝数字岩心　　　　　　基岩数字岩心　　　　　　微裂缝-基岩数字岩心

图 8-19　微裂缝-基岩孔隙网络融合

1) 渗流模拟基本过程

孔-缝网络模型油水两相渗流模拟的基本过程如下:首先将孔-缝网络模型充满水,此时网络模型由于饱和水具有强亲水性;然后进行油驱水吸吮过程至束缚水饱和度,油驱过程会导致网络模型的润湿性发生变化;最后进行水驱油驱替过程模拟油田开发过程中的水驱采油过程。在油驱水和水驱油过程中可计算油水驱替相对渗透率曲线和吸吮相对渗透率曲线。

a. 油驱水过程

孔-缝网络模型起初充满水,网络具有强亲水性。油驱水过程开始之前,孔-缝网络模型入口端与油相相连。在进行油驱水的过程中,保持孔-缝网络模型中的水相压力不变,逐步增大油相压力,油相以类似活塞推进方式进行驱替。原油进入孔-缝网络中的孔隙喉道单元体时需要克服毛细管力 P_c。对于截面形状为圆形的网络单元体,P_c 可由 Young-Laplace 方程直接进行计算:

$$P_c = \frac{2\sigma\cos\theta_r}{r} \tag{8-5}$$

式中:r 为孔喉单元体截面半径;σ 为油水界面张力;θ_r 为油水后退接触角。

对于截面形状为多边形的孔隙喉道单元体,毛细管力 P_c 的求解公式如下:

$$P_c = \frac{\sigma\cos\theta_r(1+2\sqrt{\pi G})}{r}F_d(\theta_r, G, \beta) \tag{8-6}$$

式中:G 为孔喉单元体的形状因子;F_d 为无因次修正因子,是后退接触角 θ_r、形状因子 G 和相应的多边形内角半角 β 的函数。

当驱替前缘的油相压力大于相连孔喉单元体的毛细管入口压力时,油相将该单元体内的水驱走,驱替前缘不断前进,当油相压力降低至无法向前推进为止;此时,继续增大入口端油相压力继续驱替;当孔-缝网络模型中含水饱和度达到束缚水饱和度时,油驱水过程结束。

b. 水驱油过程

油驱水过程结束后,油相作为非润湿相占据网络单元体的中央部位,水相作为润湿相占据角落位置。与非润湿相油相直接接触的单元体壁面,可通过改变油水接触角改变其润湿性。润湿性的改变使得水驱油过程中发生以下三种驱替方式。

第一种驱替方式是活塞式驱替。润湿滞后的存在使得前进接触角 θ_a 大于后退接触角 θ_r，油水界面压力差降低导致曲率半径增大，在接触角达到 θ_a 之前，油水界面不能移动，此时接触角为 θ_h。活塞式驱替过程中，毛细管入口压力可通过相界面间力的平衡进行直接计算。

第二种驱替方式是孔隙体充填。驱替水相通过喉道进入孔隙单元体时会发生孔隙体充填。对于配位数为 Z 的孔隙，如果该孔隙的相邻喉道中只有一个充满油，则其驱替过程与活塞式驱替类似，毛细管入口压力的计算同前面所述。对于相邻喉道中充满油的喉道数目大于 1 的情况，毛细管入口压力通常采用参数模型进行计算：

$$P_c = \frac{2\sigma\cos\theta_a}{r} - \sigma \sum_{i=1}^{n} A_i x_i \tag{8-7}$$

式中：n 为与孔隙相连的喉道中充满驱替相的喉道数；A_i 为参数；x_i 为 0 ~ 1 之间的随机数。假定 A 与渗透率 k 满足如下关系：

$$A_2 - A_n = \frac{0.03}{\sqrt{k}} \tag{8-8}$$

第三种驱替方式是卡断。卡断是由于角落处的水在膨胀之后与相邻其他角落的水相遇，直接导致整个单元体被水充满。通常存在两种情形，一是两油水界面同时向孔隙中央运动，在界面相碰时发生卡断，此时的毛细管入口压力可通过式（8-9）进行计算：

$$P_c = \frac{\gamma_{ow}}{r} \left(\frac{\cos\theta_a\cot\beta_1 - \sin\theta_a + \cos\theta_{h_3} - \sin\theta_{h_3}}{\cot\beta_1 + \cot\beta_3} \right) \tag{8-9}$$

二是最小角处的油水界面移动到最大角处发生卡断，此时的毛细管入口压力可通过式（8-10）进行计算：

$$P_c = \frac{\sigma}{r} \left(\frac{\cos\theta_a\cot\beta_1 - \sin\theta_a + \cos\theta_{h_3}\cot\beta_3 - \sin\theta_{h_3}}{\cot\beta_1 + \cot\beta_2} \right) \tag{8-10}$$

式中：θ_{h_3} 为在三角形最大内角处的油水接触角。

2）渗流模拟参数计算

利用孔-缝网络模型可以模拟渗流的驱替和吸吮过程。将模型饱和一种流体，给模型施加一个驱动压力（$P_1 - P_0$），统计流体流量，则模型的绝对渗透率由达西公式进行求解：

$$k = \frac{\mu_i Q_i L}{A(P_1 - P_0)} \tag{8-11}$$

式中：k 为绝对渗透率，μm^2；μ_i 为 i 相流体的黏度，$mPa \cdot s$；Q_i 为模型完全饱和 i 相流体时在模型所加压差下的流量，cm^3/s；A 为模型截面积，cm^2；L 为模型长度；$P_1 - P_0$ 为驱动压力。油进入充满水的单元时所需要克服的毛细管入口压力，可通过 Young-Laplace 方程进行计算。当孔隙的形状和油水界面的接触角确定后，就可以计算出相应的毛细管力。模型是用规则的几何形状来表征孔隙空间，所以具体到每一个孔隙孔喉中的油水分布可以定量地利用初等几何进行求解。计算出每一孔隙孔喉中的油水量后，整个模型的含水饱和度 S_w 就可以计算：

$$S_w = \frac{\sum\limits_{i=1}^{n} V_{iw}}{\sum\limits_{i=1}^{n} V_i} \tag{8-12}$$

式中：n 为孔隙和孔喉的总数；V_i 为孔隙或孔喉的体积，cm^3；V_{iw} 为对应的孔隙孔喉中含水的体积，cm^3。由于模型入口端面的孔隙通过孔喉与油藏相连，某一油藏压力下也就对应着网络模型的一个毛细管压力，由式（8-12）求出饱和度后就可以画出整个模型的毛细管压力曲线了（图 8-20）。

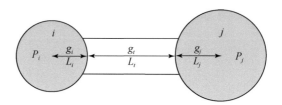

图 8-20　相邻孔隙之间的传导率计算

对于模型中的每一个孔隙，由入口孔喉进入的流体量应该等于由出口孔喉流出的量，即由流量守恒可以得到：

$$\sum_{j=1}^{Z_i} q_{ij} = 0 \tag{8-13}$$

式中：Z_i 为与 i 孔隙相连的孔喉数，即配位数。设 P_i、P_j 分别为由喉道相连的两孔隙中的压力，则两孔隙之间的流量 q_{ij} 为

$$q_{ij} = \frac{g_{ij}}{L_{ij}}(P_i - P_j) \tag{8-14}$$

式中：L_{ij} 为两孔隙间的距离，cm；g_{ij} 为两孔隙间的总传导率，它是两孔隙和孔隙间孔喉的传导系数的调和平均。传导率 g_{ij} 可通过式（8-15）进行计算：

$$g_{ij} = \frac{L_{ij}}{\dfrac{L_i}{g_i} + \dfrac{L_t}{g_t} + \dfrac{L_j}{g_j}} \tag{8-15}$$

式中：g_{ij} 为 i、j 两孔隙间的总传导率，$cm^4/$（MPa·s）；L_{ij} 为孔隙 i 和孔隙 j 间的距离，cm；L_i、L_j、L_t 分别为孔隙 i、孔隙 j 和喉道 t 的长度，cm；g_i、g_j、g_t 分别为孔隙 i、孔隙 j 和喉道 t 的传导率，$cm^4/$（MPa·s）。

将上述方程应用到所有孔隙可以得到一组线性方程组，求解即可得到每一孔隙的压力，进而求出给定模型两端压差下的总流量。油水两相同时流动时，压力场的求解与单相时的方法相同，只需将传导系数变为相应流体相的传导系数。求出每一相的流量后，则可以计算相对渗透率 k_{rp}：

$$k_{rp} = \frac{Q_{tmp}}{Q_{tsp}} \tag{8-16}$$

式中：Q_{tmp} 为多相流时 p 相的流量；Q_{tsp} 为整个模型为 p 相单相流的总流量，cm^3/s。

在孔–缝网络模型的油水渗流模拟过程中，不断增加网络两端的压差并计算出每一压差下油水的饱和度和相应的渗透率，进而得到相应的相对渗透率曲线。

3. 深层储层裂缝渗流能力定量刻画及评价

库车拗陷北部构造带侏罗系阿合组埋深超过 4500m。按照目前的评价标准，针对阿合组储层的应力敏评价均为强–中等偏强，近乎一致的评价结果既无法揭示不同区块（段）应力敏效应的差异特征，又制约了强应力敏效应的致敏机理分析，因此有关强应力敏效应背景下的差异表征是值得深入探究的议题。本节从以渗透率变化率为核心的应力敏实测曲线着手，表征测试曲线变化规律的差异特征，并借助微米级 CT 扫描和微观孔喉分析，讨论储层孔喉类型对于强应力敏效应背景下的控制机理。

为了使测试样品尽量具有不同的矿物组成及孔喉结构特征，取样井主要选自库车拗陷北部构造带 10 口井，所取得 13 块代表性的样品均隶属于侏罗系阿合组。为了避免孔渗特征对于储层流动性测试的影响，主要选择中砂岩且无肉眼可见裂缝发育的岩心段部分进行取样（图 8-21）。

图 8-21　研究层段储集空间微米级 CT 扫描孔喉重建最大球模拟过程

（1）在取样过程中，采用钻头直径为 2.54cm 的钻机沿着岩心直径方向直接钻穿岩心，并取得规则岩柱。

（2）从该岩柱中间切取长度在 4.0cm 的规则岩塞，用以进行储层应力敏感性评价测试，针对不同的围压大小，测定各样品的即时渗透率参数，并绘制渗透率变化曲线。

（3）切除岩柱的两侧部分，选择有代表性的样品，钻取直径 8mm、长度 20mm 的样品，利用特制夹持器对样品持续施加不断递增的围压，并选取 2MPa、5MPa 及 15MPa 三个围压条件，进行微米级 CT 的原位扫描以及孔喉重构，其中孔喉重建采用最大球法，测定微裂缝开度以及微孔隙半径（图 8-22）。

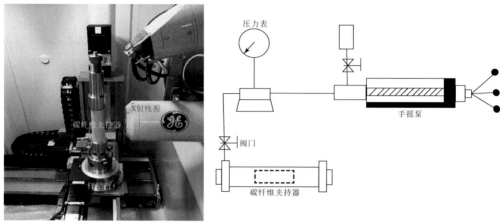

(a)微米级CT原位扫描内部结构图　　　　　(b)微米级CT原位扫描流程图

图 8-22　微米级 CT 原位扫描实验

（4）切除岩柱的其余部分进行铸体薄片观察。

通常情况下，随着围压的增加，测试样品的渗透率逐渐降低，达到临界压力之后，样品渗透率的变化趋缓，此时的渗透率与初始渗透率之间的变化率（%）称为应力敏损害率；而当围压逐渐降低时，测试样品的渗透率将发生一定程度的回升，直至围压降低为初始值（一般为 0MPa）时，此时的渗透率与初始渗透率之间的变化率（%）称为应力敏不可逆损害率。

不同样品所测得的应力敏损害率，其数值在 53.0%~94.7%，均值为 85.3%。整体上，研究层段所表现出的应力敏效应均为强–中等偏强；而针对测得的应力敏不可逆损害率，数值分布在 15.2%~79.2%，均值为 37.4%，应力敏不可逆损害率数据分布差异非常明显（表 8-1），且应力敏损害率与应力敏不可逆损害率两者无明显的相关关系（图 8-23）。

表 8-1　研究层段应力敏测试评价数据表

井号	样品深度/m	样品层段	临界压力/MPa	应力敏损害率/%	应力敏不可逆损害率/%	变化速率1	变化速率2
迪探 1	2259.81	J_1a^3	6.6	92.13	25.07	0.344	0.053
依西 1	409.80	J_1a^3	6.2	94.20	24.20	0.32	0.091
克孜 1	4357.00	J_1a^3	13.6	76.10	43.10	0.154	0.03
依深 4	3990.10	J_1a^1	9.46	94.50	34.20	0.215	0.061
依南 4	4000.00	J_1a^1	8.79	53.00	16.70	0.203	0.045
依南 4	4006.50	J_1a^1	8.2	91.19	15.15	0.224	0.063
依深 4	4046.10	J_1a^2	8.1	85.57	37.69	0.18	0.045
依南 2C	4758.72	J_1a^1	19.88	81.90	20.00	0.079	0.05

续表

井号	样品深度 /m	样品层段	临界压力 /MPa	应力敏 损害率/%	应力敏不可逆 损害率/%	变化 速率1	变化 速率2
迪北 102	5095.06	J_1a^2	5.4	88.79	57.29	0.247	0.078
迪北 102	5145.54	J_1a^3	10.7	94.04	56.80	0.183	0.103
吐孜 2	4348.20	J_1a^3	9.6	92.71	48.60	0.196	0.077
吐孜 4	4206.70	J_1a^2	8.6	90.54	79.16	0.195	0.072
吐东 2	4136.30	J_1a^1	9.1	72.84	52.85	0.13	0.027

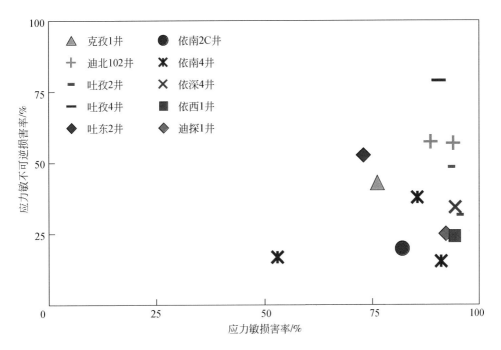

图 8-23   研究层段样品应力敏损害率与应力敏不可逆损害率相关关系

虽然从实测数据上看，各样品所表现出的应力敏效应较为一致（均为强-中等偏强），但通过应力敏测试曲线形态的对比，不同的样品测试曲线差异较为明显。

基于应力敏测试曲线形态的差异，本次研究引入了变化速率参数对不同测试曲线进行表征。随着围压持续增加，按照样品渗透率的变化速率（测试曲线斜率的绝对值）的差异大致分为两段，即变化速率 1 和变化速率 2。

数据表明，各样品测试曲线中变化速率 1 的差异最为明显，按照数值大小可大致分为快速变化（变化速率≥0.3）、中速变化（0.10≤变化速率<0.3）和慢速变化（变化速率<0.10）三类。其中，迪探 1 井和依西 1 井的样品表现出快速变化特征，其余单井的大部分样品则表现出中速变化特征。

前已述及，测试所得出的样品应力敏不可逆损害率差异明显，因此本次研究按照应力敏不可逆损害率的大小大致分为三种类型，即强不可逆损害率（≥40%）、中等不可逆损害率（25%~40%）和弱不可逆损害率（≤25%）。其中，迪北102井、吐孜2井、吐孜4井及吐东2井的样品表现出较强程度的不可逆损害，迪探1井的样品表现出较弱程度的不可逆损害，其余单井的样品表现出中等程度的不可逆损害。

通过针对测试曲线的解析，上述样品的应力敏感性类型可大致分为三种类型：快速应力敏变化-弱不可逆损害（以迪探1井为主）；中速应力敏变化-强不可逆损害（以克孜、迪北、吐孜及吐东井为主）；中速应力敏变化-中等不可逆损害（以依深和依南井为主）。针对微裂缝及微孔隙对于围压变化的应力敏效应，以下给出简要讨论。

1）围压增加过程

微米级CT扫描且孔喉构建的结果表明，在针对样品的围压施加过程中（从2MPa到5MPa），样品内的微裂缝发生迅速闭合，微裂缝开度急剧降低，其微裂缝体积明显收缩（图8-24）；而随着围压增加至15MPa，微裂缝闭合速率逐渐趋缓，微裂缝开度降低幅度不明显，其微裂缝体积无明显变化。而在宏观层面上，随着围压的增加，样品渗透率也呈现出由初始急剧变化而转变为后期缓慢变化的规律（图8-25）。

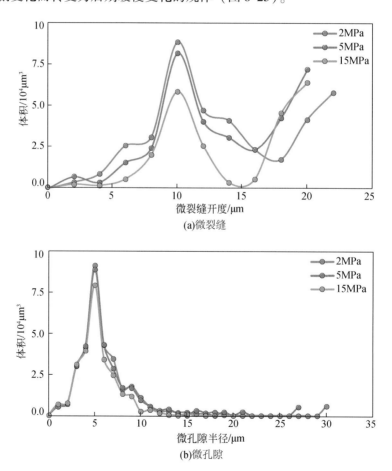

图 8-24　研究层段不同孔隙类型在围压增加条件下的体积变化规律

与微裂缝不同的是，微孔隙的发育使得其所在颗粒或者填隙物的刚性结构遭受破坏，

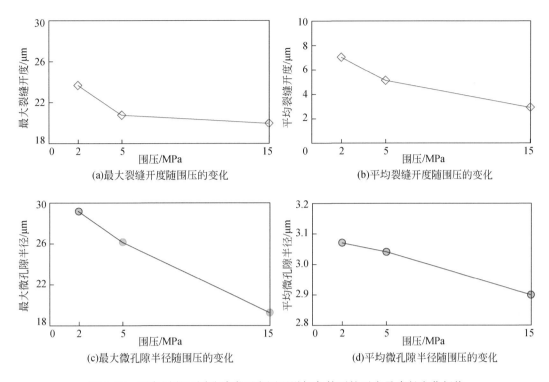

图 8-25　研究层段不同孔隙类型在围压增加条件下的开度及半径变化规律

从而呈现明显的塑性特性。在施加围压的过程中（从 2MPa 到 5MPa），颗粒或填隙物内的微孔隙受到挤压而使得孔隙半径不断减小，与此同时微孔隙体积不断收缩；而随着围压的持续增加，微孔隙体积缓慢收缩的趋势并未停滞，微孔隙体积仍未停止收缩。而在宏观层面上，随着围压的增加，样品渗透率呈现出持续慢速降低的变化规律。

2）围压衰减过程

在围压衰减过程中，初始受到应力而发生闭合的微裂缝，会因为弹性形变而发生一定程度的开启，之前降低的渗透率得到较大程度地恢复，从而表现出较弱的不可逆损害率；而针对微孔隙，初始受到挤压的微孔隙由于塑性作用难以恢复，使得样品之前渗透率的损害不易逆转，表现出较强的不可逆损害率。

上述两类储集空间均能明显制约样品应力敏效应，但是其致敏机理却大相径庭。针对应力敏测试曲线，微孔隙倾向于中速应力敏损害和强不可逆损害，而微裂缝则倾向于快速应力敏损害和弱不可逆损害。而针对测试样品，其表现出的应力敏效应则是上述两种不同机理之间相互博弈而呈现出来的宏观结果。

8.2.2　深层储层跨尺度数字井筒连续性建模

1. 技术背景与研发思路

多尺度现象是客观世界所固有的普遍现象，在各门学科中都有涉及（康毅力等，

2007）。但多尺度科学正式提出的时间却并不长（Wu et al.，1998；柴立和，2005），是目前科学研究的热点和难点之一。

储层在空间上具有强烈的尺度性。在长度尺度上有微米至毫米级的孔隙和岩石颗粒、微米级的微裂缝、厘米至米级的宏观裂缝等。这种多尺度结构将对油气在储层空间中的分布和流动起控制作用（康毅力等，2007）。在空间上存在着不同的研究尺度，包括孔隙尺度、岩石尺度、岩体尺度和地质尺度等（陈颙和黄庭芳，2001）。

岩心孔隙尺寸的跨度范围大，可以从纳米级到毫米级甚至厘米级。而单一分辨率CT扫描获得的数字岩心，只能识别大于扫描分辨率尺寸以上的孔隙（Wu et al.，2011）。通过多分辨率扫描建立多尺度数字岩心模型，可以实现岩心全尺度孔隙结构的刻画与表征。但是，无论单一尺度或多尺度数字岩心，其尺度的上限只能到全直径岩心。与测井、地震、油藏相比，仍属于小尺度。将数字岩心向更大的尺度进行扩展，首选是与测井相对应的井筒尺度。

目前，针对大尺度数字井筒的研究较少，国外仅有斯伦贝谢道尔研究中心Zhang与Hurley的团队通过融合微米分辨率的岩心CT数据和毫米分辨率的电成像数据（Zhang et al.，2009；Hurley et al.，2012），初步提出了类似"数字井筒"的概念，形成了较为完整的数值模拟伪岩石（numerical pseudocores）构建方法流程，并进行了渗流特性模拟，得到大尺度岩石的剩余油空间分布、渗透率和相对渗透率。该方法成功地将数字岩心孔隙特征结合电成像的约束扩展为井筒尺度，并将岩石组分分为三相：骨架相、溶洞相和导电相，对于每种相，赋予了相同的孔隙度、渗透率参数，但组分划分方法较为粗略。

本次研究在多尺度多组分数字岩心构建研究的基础上，提出构建测井尺度的三维数字井筒建模方法。建模流程如图8-26所示。

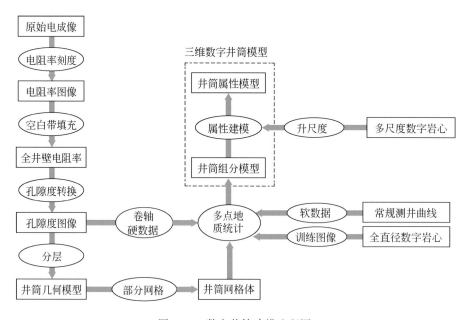

图8-26　数字井筒建模流程图

该方法以多尺度数字岩心模型和测井数据为基础，首先将获得的原始电成像数据进行预处理，通过浅侧向电阻率曲线刻度为电阻率图像，经过空白条带填充之后形成完整的全井壁电阻率图像。然后将电阻率图像转换为孔隙度图像，并结合井径大小将孔隙度图像卷为井筒状的柱面，作为三维数字井筒组分建模的硬数据。同时，根据孔隙度图像，并结合测井解释分层结论，将目标井进行分层，从而构建井筒几何模型；确定井筒几何模型的横向分辨率和纵向分辨率，进行网格剖分，形成井筒网格体；在井筒网格体中，以全直径数字岩心作为训练图像，以孔隙度柱面图像作为硬数据，以一种或多种常规测井曲线作为软数据，利用多点地质统计算法构建三维数字井筒组分模型。组分模型包括孔隙模型和已知的矿物成分模型。在组分模型的基础上，可以再开展一系列的数值模拟。

换言之，就是在多尺度多组分数字岩心构建研究的基础上，提出构建测井尺度的三维数字井筒建模方法。通过反映井下三维信息的电成像数据、常规测井解释数据和多尺度数字岩心模型的结合，利用多点地质统计算法进行井筒地层的反演。首先建立三维数字井筒孔隙度模型，然后根据孔隙度模型，结合多尺度数字岩心建模过程中构建的岩心组分比例关系和 ECS 测井解释结论，构建岩心矿物模型，从而形成完整的三维数字井筒组分模型。通过数字井筒模型与数字岩心模型结合，可以在纵向上和不同尺度上，对不同深度的储层结构变化进行表征。

2. 数字井筒建模

1）孔隙度建模

利用多点地质统计 Filtersim 算法进行三维数字井筒孔隙度模型建模，流程如下。

（1）数据准备：获取所有建模需要的数据，包括全直径岩心对应的大尺度数字岩心模型、经过刻度转换后的电成像孔隙度图像、完成剖分的网格体、测井孔隙度曲线等。

（2）数据转换：建模过程按照地层分层，逐层进行建模，因此，需要将每一层段所需的训练图像、硬数据、软数据转换到对应的分层上。其中，训练图像，即全直径岩心对应的大尺度数字岩心，仅需保留孔隙度数据。硬数据，即电成像孔隙度图像，以当前层的网格体纵向轴线作为中心轴，按照对应的分辨率，确定圆柱半径，将二维图像归位到对应的三维圆柱面位置。软数据，在与测井孔隙度相对应的每一个横截面上，为每一个网格点赋值对应的孔隙度。

（3）模型构建：按照 Filtersim 算法的原理，通过对训练图像按照模板进行模式搜索，对训练图像按"得分"进行分类，寻找最合适的图案进行"粘贴"。利用序贯模拟方法，依次遍历所有网格体格点，完成当前分层的孔隙度模型构建。

（4）对不同分层逐个进行模型构建，最终完成整体的三维数字井筒孔隙度建模。

在建模过程中，通常较难获得全井段的全直径岩心数据，无法做到所有层段都有对应的全直径岩心作为训练图像。因此，对于缺少训练图像的层段，利用邻近的相似层段或者同一岩相的全直径岩心作为训练图像，用本层段的软数据进行约束，得到合理的孔隙度分布模型。下面以塔里木盆地克深地区白垩系超深层碎屑岩储层为例介绍。

图 8-27 是克深 902 井 7814～7819m 层段数字井筒孔隙度建模所用数据和构建结果。其中，全直径岩心孔隙度数据在多尺度数字岩心建模中通过标定与刻度得到；电成像孔隙度图像需要经过几何变换卷为三维柱面并归位到网格体的对应位置；测井孔隙度曲线作为

约束条件，为网格体中每一层每一网格赋予一定的孔隙度。

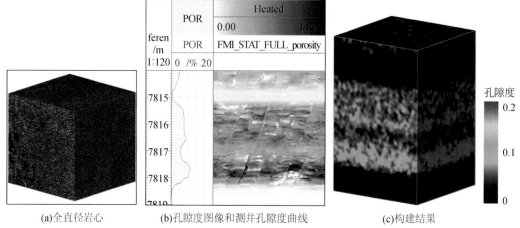

图 8-27　克深 902 井 7814～7819m 层段三维数字井筒孔隙度建模所用数据和构建结果

最终构建得到的三维数字井筒孔隙度模型，每一层切片对应于测井曲线中的一个深度点，通过计算每一层所有网格点的孔隙度可以得到平均总孔隙度，进而得到一条三维数字井筒的计算孔隙度曲线。通过对比，数字井筒计算孔隙度曲线与测井孔隙度曲线吻合较好。在此基础上，可以扩大建模的深度范围。图 8-28 是对克深 902 井 7814～8040m 深度范围内，进行了数字井筒孔隙度模型的建模。为了缩减计算量，对模型网格进行了粗化，总网格数为 4521×150×150。图 8-28 中右侧展示的是该深度范围内数字井筒孔隙度模型的纵切面图。

　　2）岩心组分建模

多尺度数字岩心模型中，每一格点包括孔隙度和其他矿物组分各自所占的比例。三维数字井筒模型，相当于更大尺度的数字岩心模型，同样需要为其赋值合适的矿物组分比例。

在多尺度数字岩心的建模过程中，得到了包括毫米柱塞、厘米柱塞和全直径岩心等不同分辨率的岩心 CT 图像的灰度值与岩心组分比例的关系曲线。因此，可以将岩心组分比例曲线应用到大尺度的三维数字井筒中。对于同一岩相，根据已知的孔隙度，结合岩心组分比例曲线，确定其他矿物的占比。

但是，通常情况下，取心数据有限，而地层分层又较多，所以已知的岩心组分比例曲线明显不能适用于全部层段。因此，对于有 ECS 测井的层段，可以利用已知的 ECS 测井解释出矿物含量，如图 8-29 所示。对已确定矿物占比的层段进行验证，若矿物含量不符，通过调整每一格点中矿物的比例，使得最终的矿物含量与 ECS 解释结果相吻合。图 8-30 为克深 501 井 6370m 深度的数字井筒孔隙、石英、碳酸盐、重矿物的三维分布图。由于石英含量最大，为了便于对比，四种组分颜色采用了不同的比例尺。

图 8-31 是克深 501 井 6365～6375m 层段的完整的数字井筒组分模型的纵向剖面图。确定数字井筒模型中每一格点的各组分比例后，经过统计平均得到一条数字井筒计算组分

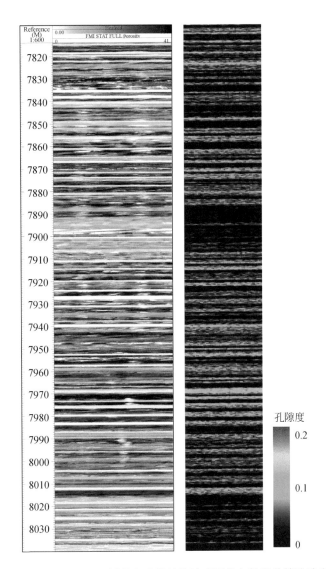

图 8-28　克深 902 井 7814 ~ 8040m 层段电成像转孔隙度图像与数字井筒孔隙度模型纵切面图

分布曲线。如图 8-32 所示，将数字井筒组分分布曲线与 ECS 测井组分曲线进行对比，两者吻合的较好，说明构建的三维数字井筒组分模型是与地层实际相符合的。

3. 数字井筒与数字岩心联合表征

通过构建沿井周的三维数字井筒模型，可以实现地层纵向及横向的连续表征。受图像分辨率限制，为了实现某一深度完整尺度的储层结构、孔隙特征变化，需要将数字井筒模型与多尺度数字岩心模型进行联合对比，来定性、定量表征其特征、结构的变化规律。

以克深 208 井为例，图 8-33 为 6600 ~ 6620m 层段内的数字井筒模型结果，分别给出了全井壁填充之后的电成像图像和经过转换刻度之后的孔隙度图像，以及测井孔隙度曲线、数字井筒孔隙度模型的侧视图。另外将该深度段内微米 CT 扫描样品按不同孔隙特征

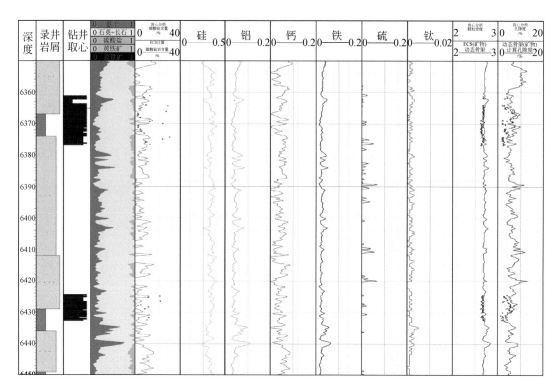

图 8-29　克深 501 井 ECS 解释结果

| 0 | 0.05 | 0.1 | | 0 | 0.5 | 1 | | 0 | 0.15 | 0.3 | | 0 | 0.1 | 0.2 |

(a)孔隙分布　　　　　(b)石英分布　　　　　(c)碳酸盐矿物分布　　　　(d)重矿物分布

图 8-30　克深 501 井 6370m 深度三维数字井筒组分模型示意图

分成五组，并将结果投射到其对应深度上。五组特征岩心涵盖了岩性差异及孔隙特征差异。通过对比，五组岩心的数字岩心孔隙度与测井孔隙度存在一定的差异，但是整体的变化趋势与测井结果相一致。数字岩心孔隙度均低于测井孔隙度，一方面可能与岩心取心位置的非均质性有关，另一方面可能与岩心扫描分辨率有关，小于分辨率的微孔隙无法从图像中识别，会造成岩心孔隙度的丢失。对于第二种情况，可以通过结合压汞核磁等实验手段，确定丢失的微孔隙的范围，通过压汞+核磁+CT，确定建模与随机建模相结合的方式来将丢失的微孔隙补全，进而构建真全尺度的数字岩心模型。

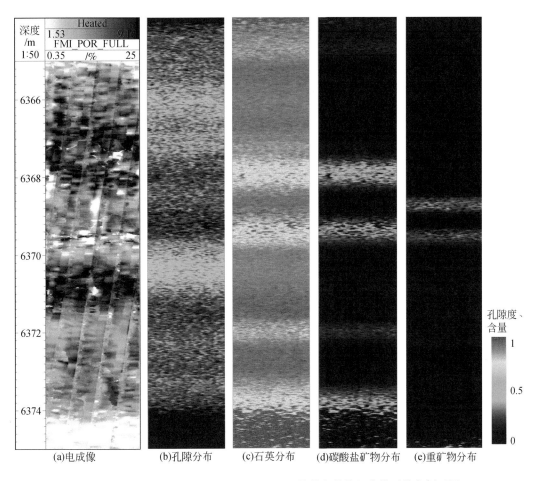

图 8-31　克深 501 井 6365~6375m 层段三维数字井筒组分模型纵向剖面图

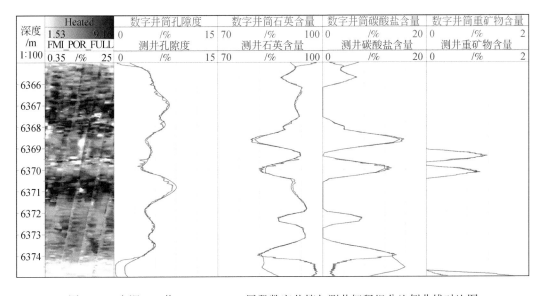

图 8-32　克深 501 井 6365~6375m 层段数字井筒与测井解释组分比例曲线对比图

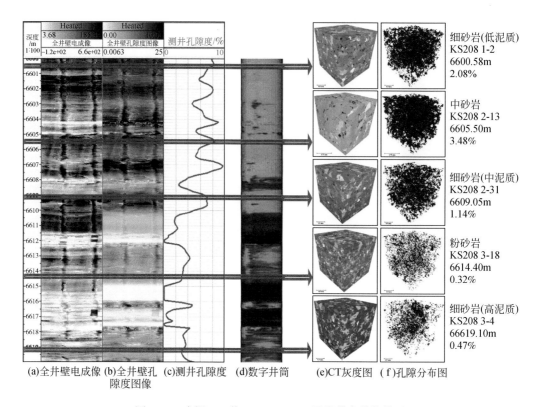

图 8-33　克深 208 井 6600～6620m 层段数字井筒模型

8.3　深层储层流体活动数值模拟技术及应用

对于地质过程，除地质记录的直接观测研究外，模拟研究历来是重要补充。而且，随着对深层-超深层储层演变记录实施直接观测的机会减少，模拟研究就变得更加重要。

8.3.1　孔隙尺度流体改造机制数值模拟技术及方法验证

近年来，实验表征技术和数值计算能力的突破与发展极大地拓展了地球环境科学领域关注的时空尺度，也在一定程度上转变了复杂地质过程中行为特征及内在机制的研究范式（Gualda et al.，2010；Steefel et al.，2015）。随着基础研究的深化与工程应用的深入，人们逐步认识到传统渗流力学"黑箱"的宏观研究体系无法揭示岩石微细观层次上孔隙与流体间的物理化学过程及作用机理。因而难以精确预测多场耦合作用下的局部非线性行为及反馈机制（Vandecasteele et al.，2015），也无法解答工程应用难题。因此，揭示微观孔隙尺度的流体流动特征及流固间的相互作用，解析微观非均质性对多场耦合过程的影响机制及对表观行为的控制机理，成为研究热点与重点。

1. 孔隙尺度流体改造机制数值模拟技术

1) 数学模型

为降低孔隙尺度反应溶质运移数值模拟的计算成本并更灵活地刻画深部地层结构孔隙结构演化过程，拟采用 Darcy-Brinkman-Stokes 方程（简称 DBS 方程）来构建数值模型。有别于孔隙尺度模型中对流固界面的显式刻画，基于 DBS 方程的微观连续模型可利用参数变化对不同流动特征的多域流动系统视为单域进行求解，极大程度降低了求解难度。此外，基于 DBS 方程的微观连续模型，通过控制体积体概念和体积平均法（method of volume averaging，MVA）构建孔隙结构与矿物分布（图8-34），进而刻画多孔介质结构特征演化及其对宏观渗流特征的影响。因此，该方法也可视为一种孔隙尺度向岩心尺度的尺度升级策略（Steefel et al.，2015）。

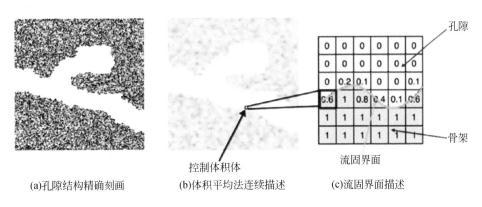

图8-34　体积平均法对孔隙结构特征的描述方法示意图［修改自 Soulaine 和 Tchelepi（2016）］

此外，基于 DBS 方程的微观连续模型采用体积平均法，将微观物理量与宏观物理量相互联系，将微观孔隙尺度流动数学模型进行连续化表达。对平均流速（$\bar{u}_f$）采用表面平均定义，即 $\bar{u}_f = \dfrac{1}{V}\int_{V_f} u_f \mathrm{d}V$，此与达西流速的定义方式一致。而对平均压力（$\bar{p}_f$）和浓度（$\bar{C}_f$）采用本征相平均定义，即 $\bar{p}_f = \dfrac{1}{V_f}\int_{V_f} p_f \mathrm{d}V$ 和 $\bar{C}_f = \dfrac{1}{V}\int_{V_f} C_f \mathrm{d}V$。基于体积平均理论，可实现单一连续模型对自由流动区域和多孔介质区域的统一描述。对于不可压缩流，DBS 方程的平均化形式表达如下：

$$\frac{1}{\varepsilon_f}\left[\rho_f\frac{\partial \bar{u}_f}{\partial t}+\rho_f\bar{u}_f\cdot\nabla\left(\frac{\bar{u}_f}{\varepsilon_f}\right)\right]=-\nabla\bar{p}_f+\frac{\mu_f}{\varepsilon_f}\nabla^2\bar{u}_f-\frac{\mu_f}{k}\bar{u}_f+\rho_f g-\frac{Q_{br}}{\varepsilon_f^2}\bar{u}_f \tag{8-17}$$

式中：ε_f 为流体体积分数；ρ_f 为流体密度；μ_f 为流体动力学黏度；k 为渗透率张量；g 为重力加速度；Q_{br} 为源汇项。式（8-17）左侧分别为瞬时项和惯性项，当区域内流速较慢或雷诺数（Reynolds，Re）远小于 1 时，惯性项可忽略（二阶非线性项）。式（8-17）右侧分别为压力梯度项、扩散黏性项、动量项、重力项及源汇项。其中，达西阻力项 $\dfrac{\mu_f}{k}\bar{u}_f$ 为多孔介质的主控项，在自由流动区域趋于 0。通过流体体积分数可划分不同的流动区域，实现复杂几何结构的平滑表达及过渡，并明确不同的变量赋值区域及其流动状态。

多组分反应溶质运移过程则基于质量守恒定律与连续性方程建立，对于多矿物体系中可反应矿物 m，不同组分 i 的总浓度（ψ_i）由对流–扩散–反应方程进行描述。而 ψ_i 则源于主要组分 i 和次要组分 j 的贡献，其中次要组分浓度由式（8-20）进行计算。方程组表达如下：

$$\frac{\partial(\varepsilon_t \psi_i)}{\partial t} = -\nabla \cdot (\boldsymbol{u}_f \varepsilon_f \psi_i) + \nabla \cdot (\varepsilon_t D_i \nabla \psi_i) - \sum_m \upsilon_{i,m} R_m \tag{8-18}$$

$$\psi_i = C_i + \sum_j \upsilon_{j,i} C_j \tag{8-19}$$

$$C_j = \gamma_j^{-1} K_{eq,j}^{-1} \prod_i (\gamma_i C_i)^{\upsilon_{j,i}} \tag{8-20}$$

式中：D 为分子扩散系数；υ 为化学计量系数；γ 为热力学活度系数；K_{eq} 为平衡常数；R 为反应速度；其余参数同前。由于流固界面作为模型的内部界面，反应项以源汇项的形式表达，可以统一描述溶解–沉淀、吸附–解吸、离子交换等化学作用。通常，（近）平衡态或可逆的化学反应过程受热力学控制，可由饱和指数判断其状态及趋势，而对于慢速或不可逆反应，则需要基于动力学理论开展研究。以矿物溶解–沉淀过程为例，在实际求解中主要以过渡态理论（transition state theory，TST）为基础进行描述，其表达了反应物与产物之间存在一个能级较高状态，其势垒高度控制着反应速率，矿物 m 的反应速率表达如下：

$$R_m = -A_m \left\{ \sum_{l=1} k_l \left(\prod_{j=1} a_j^{p_{jl}} \right) \right\} \left[1 - \left(\frac{Q_m}{K_{eq,m}} \right)^M \right]^L \tag{8-21}$$

式中：A 为反应比表面积；k_l 为第 l 个平行反应在远离平衡态时的反应速率常数；$\prod_{j=1} a_j^{p_{jl}}$ 为不同离子对平行反应 l 反应速率的影响；Q 为离子活度积；M 和 L 为经验参数，通常取 1。式（8-21）中，$\left[1 - \left(\frac{Q_m}{K_{eq,m}} \right)^M \right]^L$ 决定了反应方向，而 A 与 k_l 很大程度上控制了反应速率。

2）数值方法

不同数值模拟方法及求解平台的耦合能够很大程度上整合已有的模拟计算资源，以拓宽应用领域并提升预测能力。本研究构建 COMSOL–CrunchFlow 多场耦合数值模拟框架，将 COMSOL 对于多研究背景下流体力学物理过程的求解能力与 CrunchFlow 包含的化学作用机制相结合，以解析微观非均质特征控制下的多尺度行为规律。

COMSOL 是一款以有限单元法为基础的高级数值仿真软件，具有完备的模块架构及强大的后处理功能。该软件通过对偏微分方程组的求解来实现对多物理场耦合的仿真模拟，已经广泛应用于流体力学、结构力学、热传递等多个领域的科学研究及工程开发。反应溶质运移中质量守恒方程的求解主要依托劳伦斯伯克利国家实验室开发的 CrunchFlow 地球化学反应及运移计算软件。该软件考虑了不同温压条件下多相的相互作用，几乎涵盖了所有平衡热力学和化学动力学问题，包括水相络合、吸附–解吸、离子交换、溶解–沉淀、氧化还原等化学反应作用。同时，还拥有丰富的地球化学反应库与拓展接口，可以应对不同物理化学条件下的复杂机制，但目前软件中的流动模块仅包含达西流求解，故而限定于宏观尺度数值模拟。

通过将 MATLAB 作为控制终端，进行软件调用、数据处理、文件传输等操作，本研究构建了多物理场–化学反应数值模拟平台，可以实现 COMSOL 与 CrunchFlow 的共同运行与耦合求解。在实际计算过程中，首先根据概化模型的几何信息、初始条件、边界条件分别在 COMSOL 和 CrunchFlow 中建立初始模型框架。在首个迭代步长中，将 COMSOL 计算的初始流场信息导入 CrunchFlow 中进行反应溶质运移过程计算，获取浓度场分布及结构演化信息，并将相应结果处理后传输至 COMSOL，以更新下一迭代步长计算所需的模型信息，进行后续的流动模型计算。通过设定步长的不断迭代计算，对模型设定研究时长内的运移反应过程进行耦合计算，获得不同温压条件下的反应过程对于储层结构构造孔隙度、渗透率等参数的影响作用，从而分析化学反应过程对于储层的改造效应。

2. 孔隙尺度流体改造机制数值模拟方法验证

由于微观连续介质模拟方法衍生于宏观尺度模型，故需要对其微观信息处理及机理表达方式进行验证，以确保该方法对于多尺度问题的研究潜力。本研究选用微观尺度反应溶质运移研究中的经典案例进行模型校正，针对单矿物颗粒溶蚀过程进行模型描述，并与基于 N-S 方程求解的孔隙尺度模型模拟结果进行对比。同时，对于基于 DBS 方程的微观连续模型中流固界面的处理方式及相应的传质描述方法进行详细探讨，旨在明确该数值模拟框架对微观机理的表征能力与对多尺度效应的预测能力。

1）单矿物溶蚀演化数值模型构建

基准模型假定矿物颗粒为规则圆形，并位于所建立的长方形流动通道中心，其受酸性流体作用逐渐溶蚀，形成矿物边界的移动及形貌的改变。模型网格数为 250×125（网格精度为 4μm），其区域尺寸为 $0.1×0.05cm^2$，流体从左侧注入、右侧流出，上下两侧为无滑移、零通量边界。

为了更好验证基于 DBS 方程的微观连续模型对于不同流态影响下微观机制表达及动态行为预测的能力，模型设置了注入流速 v_0 为 1.2cm/s 进行情景模拟（表8-2），以揭示该流态控制下的矿物形貌演化特征。

表 8-2　基准案例初始条件及边界条件

注入流速	初始条件及边界条件
$v_0 = 1.2cm/s$	pH = 5
	$P_{CO_2} = 3.15×10^{-4} bar$
	Ca = 0mol/kg
	Na = $1×10^{-2}$ mol/kg
	Cl = $1.0011×10^{-2}$ mol/kg

注：$1bar = 10^5 Pa$。

由于反应溶质运移过程模型以微观层次解析矿物溶蚀演化过程，故化学溶蚀作用仅发生于流固界面，因而界面附近的对流、扩散及反应作用表征方式是模型求解的关键。模拟区由计算网格单元的流体体积分数进行空间离散及结构表征，其中 $\varepsilon_f = 1$ 为流体区，$\varepsilon_f = 0$ 为矿物颗粒区域，而 $0 < \varepsilon_f < 1$ 时则为流固界面。流体流动仅存在于流体相内，而溶解作用仅存在于流固交界区域。流固界面演化过程中的渗透率变化由 K-C 公式进行描述：

$$k^{-1} = k_0^{-1} \frac{(1-\varepsilon_f)^2}{(1-\varepsilon_0)^2} \left(\frac{\varepsilon_0}{\varepsilon_f}\right)^3 \qquad (8\text{-}22)$$

为确保该公式在全域有效，假定矿物相的孔隙度为极小值，即 $\varepsilon_f = 0 \equiv 0.0001$。研究表明，当 k_0^{-1} 足够小时，可在流固界面形成无滑移边界，而自由流动区域满足 $k^{-1} = 0$。从而，基于 DBS 方程描述模拟区的流动状态，并在不同步长内进行更新以反映矿物形貌演化对局部流场的影响效应。

流固界面的表观反应速率由以下方程描述：

$$A_s = \parallel \nabla \varepsilon_f \parallel \psi \qquad (8\text{-}23)$$

其中，矿物反应比表面积由孔隙度梯度变化及分布进行描述，该公式基于体积平均理论建立。为了有效刻画狭窄的传质界面，扩散界面因子 $\psi = 4\varepsilon_f (1-\varepsilon_f)$ 对反应比表面积取值进行控制，并仅在界面过渡带为非 0 值，表征了界面反应作用。通过参数计算公式，对演化过程的物理化学作用响应进行定量描述，并实现了微观界面反应溶质运移过程的表征。基于 DBS 方程的微观连续模型，流固交界区域作为内部界面进行捕捉并不断移动，从而体现矿物溶蚀过程中的面积减小及形貌改造行为。

2）矿物形貌演化模拟结果对比及验证

复杂的流体流动、溶质运移、矿物反应耦合过程直接控制了单矿物体系的演化行为。常用无量纲佩克莱数 Pe 进行流态描述，以反映对流、扩散特征时间的相对关系，对于特征长度 L 常用公式 $Pe = uL/D$（u 为流速，D 为分子扩散系数）进行计算。当注入流速为 1.2cm/s 时，相应的 Pe 为 2400.0，属于对流主导流态。与 DNS 方程模拟结果对比，证明了本研究所构建的多场耦合数值模拟平台的精准性与可行性，尤其是对于微观尺度反应溶质运移过程刻画的应用潜力。图 8-35 比较了基于 N-S 方程与 DBS 方程模型间初始流场、矿物总体积、矿物总表面积、总表观反应速率的结果及演化过程。可知随着反应进行，矿物的反应比表面积逐步增大，从而表观反应速率相应增大。值得注意的是，本模型的矿物总表面积在演化过程中出现了明显的波动，这与模型选用的参数演化公式中扩散界面系数相关。由于所构建系数项 $\psi = 4\varepsilon_f (1-\varepsilon_f)$ 为非单调形式，若隐去扩散界面系数，总表面积呈线性减小，但使得固液界面过渡区域过宽，且高估有效反应速率。

综上所述，本研究搭建的 COMSOL-CrunchFlow 多尺度反应数值模拟平台借助 DBS 方程及参数演化公式，能够准确捕捉微观尺度矿物界面演化过程。此外，借助基准案例验证了微观连续模型对微观机理的解析能力，其不但精确性高且比常规孔隙尺度数值模型具有更低的计算成本。对于孔隙空间复杂、时空结构演化的相关数值研究，COMSOL-CrunchFlow 数值模拟平台具有一定的方法优势与应用潜力。

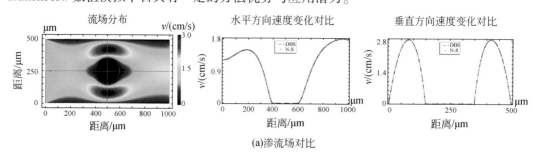

(a)渗流场对比

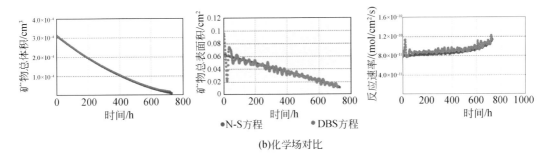

(b)化学场对比

图 8-35 基于 N-S 方程与 DBS 方程的模拟结果对比

8.3.2 宏观尺度流体改造机制数值模拟技术及方法验证

深层碳酸盐岩储层的形成和改造受地质环境演化影响，并涉及温度场、应力场、流动场及化学场主控下的多物理化学作用机制。例如，组构的非均质性控制着介质中的流场、浓度场，以及化学反应发生的空间位置与程度，由此引起的流体改造效应会改变介质结构与水力特性，从而影响后续演化进程。同时，环境温压条件会不同程度地影响反应溶质运移过程。对于温度，其变化不仅会影响反应速率和离子-矿物的平衡状态，同时会对流体和岩土体介质施加温度载荷而发生热膨胀或收缩。对于应力，随着构造运动和埋深的不断变化，流体和岩土体直接承受的上覆地层自重载荷和构造应力附加载荷引起骨架变形，进而影响孔隙度和渗透率。针对碳酸盐岩中断裂-裂隙-孔隙共存的复杂介质及伴随的多流态反应溶质运移问题，本研究在岩心尺度建立了适用于多孔介质和裂隙面的多物理场耦合数值模拟方法，在断裂尺度建立了考虑断裂-暗河等自由流与多孔介质达西流耦合的模拟方法。

1. 宏观尺度碳酸盐岩溶蚀改造多物理场数值模拟方法

针对储层的流体改造作用，本研究建立了孔隙度与化学溶蚀/沉淀、应力、温度效应的相关关系，实现 THMC 的多物理化学场耦合过程。同时，该方法还考虑了断裂-裂隙-孔隙复合介质中的反馈效应，拓展了该数值模拟方法的应用背景与领域。

1）水流运动方程

断裂带中流体运动满足 Brinkman 方程：

$$\begin{cases} \nabla U = 0 \\ -\nabla P + \mu \nabla^2 U = \dfrac{\mu U}{k} \end{cases} \tag{8-24}$$

式中：U 为断面流速，m/s；P 为压力，Pa；μ 为流体的动力黏滞系数，Pa·s；k 为渗透率，m^2。

流体在多孔介质中的渗流过程服从达西定律，其运动规律可表述为

$$v = \frac{K}{\varphi} \nabla H \tag{8-25}$$

式中：v 为平均孔隙流速，m/s；φ 为饱和介质孔隙度（无量纲）；K 为渗透系数，m/s；H 为压力水头，m。

地下水的连续性方程可表述为

$$\varphi \frac{\partial \rho_w}{\partial P}\frac{\partial P}{\partial t} = \nabla \left[\frac{\rho_w k}{\mu}(\nabla P - \rho_w g) \right] + q\rho_w \tag{8-26}$$

式中：ρ_w 为流体密度，kg/m³。在固定温压条件下，流体密度 ρ_w 可视作常数，结合 $H = \frac{P}{\rho g} + z$，则对承压含水层，有

$$S_s \frac{\partial H}{\partial t} = \nabla \cdot K \nabla H + q \tag{8-27}$$

式中：S_s 为储水系数，m⁻¹；q 为水力传导系数，s⁻¹；ρ 为流体密度，kg·m³；g 为重力加速度，m·s⁻²；z 为流体 z 方向坐标，m。

在断裂带自由流与多孔介质达西流的交界面处，水流流速和压力均需满足连续性，即

$$\begin{cases} u_f = u_d \\ P_f = P_d \end{cases} \tag{8-28}$$

式中：u_f 和 P_f 分别为流体在断裂带自由流动区域的流速和压力；u_d 和 P_d 分别为流体在多孔介质达西流区域的流速和压力。

裂隙流采用达西公式的变形形式进行描述：

$$q_f = -\frac{k_f}{\mu} d_f(\nabla_T P) \tag{8-29}$$

式中：q_f 为单位裂隙长度上的单宽流量，m/s；k_f 为裂隙的渗透率，m²；d_f 为裂隙隙宽，m；$\nabla_T P$ 为压力沿裂隙面延伸方向的压力梯度。

根据地下水流连续性方程，可获得裂隙流的控制方程：

$$d_f \frac{\partial}{\partial t}(\varphi_f \rho_w) + \nabla_T(d_f \rho v) = d_f Q_m \tag{8-30}$$

式中：Q_m 为源汇项，kg/m³/s。由于裂隙不同位置的隙宽可以视作变量，在求取沿裂隙延伸方向的梯度时无法作为常数直接消去，因此在水流控制方程的等式两侧均出现有 d_f。

在基质与裂隙交界处发生物质交换，其质量守恒方程为

$$\rho_w S_f d_f \frac{\partial P}{\partial t} + \nabla_T(\rho_w q_f) = 0 \tag{8-31}$$

式中：S_f 为裂隙的贮水系数，1/Pa。

在流态描述中，孔隙度演化及其与渗透率的相关关系刻画至关重要。岩土体总体积 V 由固体骨架所占据的体积空间 V_s 和孔隙体积 V_p 共同组成，即满足：$\phi = \frac{V_p}{V}$。因此，孔隙随时间变化的微分形式可表述为（Tao et al.，2019）

$$d\phi = d\left(\frac{V_p}{V}\right) = d\left(\frac{V - V_s}{V}\right) = (1 - \phi)\frac{dV}{V} - (1 - \phi)\frac{dV_s}{V} \tag{8-32}$$

其中：$\dfrac{\mathrm{d}V}{V}=\mathrm{d}\varepsilon_\mathrm{V}$；$\dfrac{\mathrm{d}V_\mathrm{S}}{V_\mathrm{S}}=-\dfrac{1}{K_\mathrm{S}}\mathrm{d}P+\alpha_T\mathrm{d}T+\varepsilon_\mathrm{C}$。

第一项为流体压力变化导致的体应变，第二项为温度变化导致的体应变，第三项为矿物溶解–沉淀等化学反应导致的体应变项：

$$\varepsilon_\mathrm{C}=\frac{\sum V_i^t}{\sum V_i^{t=0}}-1 \tag{8-33}$$

式中：V_i^t 为 t 时刻第 i 种固体矿物的剩余体积；$V_i^{t=0}$ 为初始时刻第 i 种固体矿物的体积。

因此对孔隙度的微分形式在等式两边同时进行积分运算，即可得到孔隙度的公式：

$$\phi=1-\left(1-\phi_0\right)\exp\left(\varepsilon_\mathrm{C}-\varepsilon_\mathrm{V}+\beta_T\left(T-T_0\right)-\frac{p-p_0}{k_\mathrm{S}}\right) \tag{8-34}$$

式中：ϕ 为孔隙度；ε_C、ε_V 为应变；β_T 为系数；p_0、p 为压力；k_S 为渗透率。

根据孔隙度与渗透率之间满足立方定律，通过孔隙度求取渗透率：

$$k=k_0\left(\frac{\phi}{\phi_0}\right)^n\left(\frac{1-\phi_0}{1-\phi}\right)^2 \tag{8-35}$$

式中：k 和 k_0 分别为多孔介质在 t 时刻和初始时刻的渗透率，m^2；n 为指数常数，取值为 3 或 5，用以凸显渗透性的差异对矿物溶解沉淀产生的影响。

2）溶质运移方程

溶质在基质中的运移过程仍旧采用对流–弥散方程进行描述：

$$\frac{\partial(\phi C)}{\partial t}+\nabla\left(-D\,\nabla C+vC\right)=R \tag{8-36}$$

式中：C 为溶质浓度，$\mathrm{mol/L}$；v 为流速，$\mathrm{m/s}$，在本书中指 Ca^{2+} 浓度；水动力弥散系数 D（m^2/s）由分子扩散系数 D_disp 和机械弥散系数 D_diff 之和求得，即 $D=D_\mathrm{disp}+D_\mathrm{diff}$；$R$ 为化学反应项引起的溶质的量的变化，$\mathrm{mol/L/s}$。

溶质在裂隙中的运移为

$$d_\mathrm{f}\left[\frac{\partial(\phi C)}{\partial t}+\nabla\left(-D\,\nabla C+vC\right)\right]=d_\mathrm{f}R_\mathrm{r}+n_0 \tag{8-37}$$

与裂隙中的水流方程类似，裂隙不同位置处隙宽可能不同，因此裂隙中溶质运移的控制方程的等号两侧也都存在 d_f 项，但溶质运移过程一般不考虑 n_0 项，溶质在裂隙中的运移控制方程与基质中的方程保持一致，但水动力弥散系数、孔隙度和渗流速度不同，尤其是对于裂隙扩溶过程而言，裂隙不断增大的隙宽和渗透率使得裂隙中的流速与基质中差异显著，从而导致溶质浓度在裂隙和基质中的差异性分布，进而影响化学反应和溶蚀过程。

3）水岩反应

Steefel 等（2013）基于化学热力学和过渡态理论得出矿物溶解反应速率方程，可通写为

$$\mathrm{Rate}_i=r_i\,\frac{A_0}{V}\left(\frac{m_t}{m_{i0}}\right)^n \tag{8-38}$$

$$r_i=k_i\left[1-\left(\frac{\mathrm{IAP}}{K_\mathrm{eq}}\right)^\sigma\right] \tag{8-39}$$

式中：Rate_i 为矿物的溶蚀/沉淀量，mol；r_i 为反应速率，$\mathrm{mol\cdot s\cdot m^{-2}}$；$A_0$ 为矿物表面积，

m^2；V 为矿物体积，m^3；m_{i0} 为矿物初始摩尔数，mol；m_t 为 t 时刻矿物摩尔数，mol；n 为面积变化系数；k_i 为化学反应速率常数，$\text{mol} \cdot \text{s} \cdot \text{m}^{-2}$；IAP 为离子积；$K_{eq}$ 为化学平衡常数，当 $\dfrac{\text{IAP}}{K_{eq}} < 1$ 时，矿物被溶蚀；反之溶液中有矿物沉淀析出。

化学平衡常数（K_{eq}）和化学反应速率常数（k_i）受温度影响：

$$\lg K_{eq} = a_1 + a_2 T + a_3 T^{-1} + a_4 \lg T + a_5 T^{-2} \tag{8-40}$$

$$k_i = k_{i0} \exp\left[-\frac{E_a}{R}\left(\frac{1}{T} - \frac{1}{T_0}\right)\right] \tag{8-41}$$

式中：$a_1 \sim a_5$ 为常数；k_{i0} 为温度等于 T_0 时的化学反应速率常数，$T_0 = 298.15\text{K}$；E_a 为矿物反应的活化能，kJ/mol；R 为气体常数，$8.314\text{J}/(\text{mol} \cdot \text{K})$。

但是，这种方法计算 IAP 需要考虑所有可能影响 CO_3^{2-} 的化学反应过程和水化学离子运移过程，这种考虑多组分全动力耦合化学反应过程会导致数值模拟更加复杂，无论初始条件、边界条件都需要明确的各项水化学离子组分的浓度，而在开展古老碳酸盐岩流体改造模拟中这几乎不可能实现。因此，通过将碳酸盐岩溶解过程中涉及的化学反应做适当简化，可以利用 Ca^{2+} 浓度来计算矿物的溶解速率和溶蚀量。王云（2011）通过前人实验观测总结出碳酸盐岩溶蚀速率与 Ca_a^{2+} 浓度欠饱和度之间的经验关系（White，1977），结合扩散边界层理论模型，提出了修正后的碳酸钙溶蚀速率公式：

$$R_{diss} = K_c \left(C_{eq} - C\right)^n \tag{8-42}$$

式中：R_{diss} 为溶蚀速率，$\text{mol/cm}^2/\text{s}$；K_c 为溶蚀速率常数，$\text{mol/cm}^2/\text{s}$；C 为溶液中离子浓度；C_{eq} 为溶液中离子平衡浓度（不考虑其量纲）；n 为常数，一般取值为 2。

时间 $\text{d}t$、单位面积上矿物的溶解量 M_d（g/cm^2）满足关系式：

$$\frac{\text{d}M_d}{\text{d}t} = R_{diss} \times M = K_c M \left(C_{eq} - C\right)^2 \tag{8-43}$$

式中：M 为被溶解矿物的摩尔质量，g/mol。

Plummer 和 Groves 等将碳酸钙溶解过程概化为可溶组分从矿物固体表面溶解和溶质从固液界面扩散运移至流体中两个过程，矿物表面的溶蚀过程概化为表面反应模型，溶蚀速率与相对饱和度有关，相应的数学模型如下（Plummer and Busenberg，1982；Plummer et al.，1978；Groves and Howard，1994；霍吉祥等，2014）：

$$R_r = \begin{cases} k_1 \left(1 - \dfrac{C}{C_{eq}}\right)^{n_1}, & C \leq C_C \\[3mm] k_2 \left(1 - \dfrac{C}{C_{eq}}\right)^{n_2}, & C > C_C \end{cases} \tag{8-44}$$

式中：R_r 为矿物溶解速率，$\text{mol/cm}^2/\text{s}$；k_1 和 k_2 为化学反应速率常数，$\text{mol/cm}^2/\text{s}$；n_1 和 n_2 为指数，通常 $n_1 = 1$，$n_2 = 3 \sim 6$；C_{eq} 为离子平衡浓度，mol/L；C_C 为拐点浓度，mol/L，一般为 $0.7C_{eq} \sim 0.9C_{eq}$（Wolfgang and Gabrovsek，2003）。

可溶组分从矿物表面进入溶液的迁移速率由扩散迁移控制，一般采用"薄膜"模型描述该过程。该模型假定固液边界存在一薄膜边界层，该薄膜内溶质浓度与饱和（平衡浓度）一致，而流体中溶质浓度往往未达到饱和浓度，二者之间存在浓度差。因此，固体表面溶解的物质经边界层向流体中扩散过程可用菲克定律进行描述：

$$R_r = D_m \frac{C_{eq}-C}{\varepsilon} \tag{8-45}$$

式中：D_m 为扩散系数，m^2/s；ε 为薄膜厚度，mm。

考虑扩散层的影响时，则表述为

$$R_r = Sh_d \cdot D_m \frac{C_{eq}-C}{\varepsilon} \tag{8-46}$$

式中：Sh_d 为舍伍德数，对于地下水流而言，一般取值 8.24（霍吉祥等，2014，2015）。

对于矿物溶蚀过程，表面反应与扩散迁移两个过程同步进行，矿物的溶蚀速率主要受限于速度较慢者，即两个过程计算所得 R_r 的较小值。

流体对基质最终的溶蚀量（R_{rm}，mol/s），除了与溶蚀速率相关外，还与矿物的反应比表面积 $A_s(1/m)$ 相关：

$$R_{rm} = R_r A_s \tag{8-47}$$

对于方解石和白云石而言，矿物的溶解量与化学反应导致的 Ca^{2+} 浓度增加量相同，因此 R_{rm} 可用于反应溶质运移方程中溶质源汇项的计算。

随着水岩反应的不断进行，矿物的反应表面积也在发生动态变化（杨冰，2015）：

$$A_n = \frac{(1-\phi)}{\phi} \frac{3}{r} \tag{8-48}$$

式中：ϕ 为孔隙度；r 为特定孔隙介质的粒子半径。

4）应力场

针对基质-裂隙组成的岩土体结构在应力场作用下发生变形和位移的情况，本节未单独考虑裂隙面存在对岩土体破坏形式和位移变化的影响，而是将整个模型范围内的基质和裂隙作为一个整体，无论是裂隙还是基质所在位置的单元格，均具有相同的力学参数。此外，本节也不考虑外应力导致介质体发生破坏变形的情况。因此，针对应力场的数学表达，可简化为等效多孔介质的应力应变方程。

对于多孔介质而言，其应变-位移除了与外加载荷有关外，还受到温度和水压力的影响。当温度变化时，多孔介质固体骨架也会发生"热胀冷缩"，即产生与温度相关的附加应变项；同样地，当流体压力发生突变而岩土体整体所处的压力保持原状时，岩土体骨架会发生相应的位移和形变。因此，当考虑温度、应力和地下水流的多物理场过程时，弹性多孔介质的应力-应变关系满足以下关系式：

$$\varepsilon_{i,j} = \frac{1}{2G}\delta_{i,j} - \left(\frac{1}{6G}-\frac{1}{9K}\right)\sigma_{kk}\delta_{i,j} + \frac{\alpha}{3K}\Delta P\delta_{i,j} + \frac{\alpha_T \Delta T}{3}\delta_{i,j}A \tag{8-49}$$

式中：G 为剪切弹性模量，GPa；K 为体积弹性模量，GPa；$\delta_{i,j}$ 为克罗内克符号，$i,j=x,y,z$，当 $i=j$ 时，$\delta_{i,j}=1$，否则 $\delta_{i,j}=0$；α 为 Biot 系数，也叫有效应力系数，$\alpha=1-\dfrac{K}{K_S}$，K_S 是矿物颗粒的体积弹性模量，GPa；P 为流体压力，Pa；σ_{kk} 为应力项，GPa；α_T 为固体的热膨胀系数，$1/K$；T 为温度，K；A 为表面积。

根据弹性介质力学的相关理论，应变与位移的几何方程关系式可总结为

$$\varepsilon_{i,j} = \frac{1}{2}(u_{i,j} + u_{j,i}), \quad i=1,2,3; \quad j=1,2,3 \tag{8-50}$$

式中：$\varepsilon_{i,j}$ 为研究对象的应变张量（无量纲）；$u_{i,j}$ 为研究对象在 i，j 方向上的位移分量，mm。

当忽略表面效应时，岩土体受到外载荷作用下，体积力（f_i）与其所承受的应力间（$\sigma_{i,j}$）的关系可表述为

$$\sigma_{i,j} + f_i = 0 \tag{8-51}$$

式中：f_i 是体积力在 i 方向的分量。

因此，将渗流压力和温度产生的应变量代入多孔介质应力-应变的物理方程和几何方程，即可用 Navier 形式的方程式表征弹性多孔介质的变形和位移：

$$Gu_{i,kk} = \frac{G}{2v}u_{i,kk} + \left(\frac{G}{1-2v}\right)u_{k,ki} - \alpha p_i - \alpha_T KT_i + f_i = 0 \tag{8-52}$$

式中：v 为速度。

5）温度场

多孔介质温度场的演化通过多孔介质传热模块进行描述，在忽略流体和固体间温度场达到平衡状态所需时间时，可假设流固间很快达到局部热平衡，则系统内的温度场可用数学方程表达为

$$(\rho C_P)_{\text{eff}}\frac{\partial T}{\partial x} + \nabla(\rho_f C_{Pf} v_f T) + \nabla[k_{\text{eff}}\nabla T] = Q_T \tag{8-53}$$

式中：$(\rho C_P)_{\text{eff}}$ 为有效体积热容；v_f 为流体速度；T 为温度；C_{Pf} 为流体比热容；ρ_f 为流体密度；k_{eff} 为有效导热率；Q_T 为热量源汇项。

在这里，流体和固体组成一个整体，其热力学特性也由两种介质的有效组合来表征，有效体积热容 $(\rho C_P)_{\text{eff}}$ 为

$$(\rho C_P)_{\text{eff}} = \theta_S \rho_S C_{PS} + \theta_l \rho_l C_{Pl} \tag{8-54}$$

式中：下标 S 和 l 分别表示固体和液体；C_P 为比热容，J/kg/K；ρ 为密度，kg/m³；θ 为体积分数，对于饱和多孔介质而言，$\theta_S + \theta_l = 1$，$\theta_l = \phi$。

而有效导热率 k_{eff} 有三种计算方法，可分别取固体和液体导热率系数的体积平均值、倒数平均值和幂平均值，本节采用体积平均值求取有效导热率 k_{eff}：

$$k_{\text{eff}} = \theta_S k_S + \theta_l k_l \tag{8-55}$$

式中：k_S 和 k_l 分别为固体和流体的导热率系数，W/m/K。

Q_T 为热量源汇项（W/m³），由固体和液体的源汇项（Q_{TS} 和 Q_{Tl}）按照体积平均值求得

$$Q_T = \theta_S Q_{TS} + \theta_l Q_{Tl} \tag{8-56}$$

温度场在裂隙含水岩土体中的传递方式主要包括热传导、热对流和热辐射等形式，本节主要考虑热对流和热传导引起的裂隙面不同位置流体温度的变化过程，相应的热平衡方程可描述为

$$C_W \frac{\partial T}{\partial t} = \nabla(\phi \lambda_W \nabla T - C_W Tv) \tag{8-57}$$

式中：T 为流体的温度，K；C_W 为水的比热容，kJ/m³/K；λ_W 为热动力弥散系数，W/m³/K；

t 为时间；v 为速度；其余符号的意义与前文相同。公式中左侧表示流体热量随时间的变化量，右侧两项分别为热传导和热对流引起的热量变化。在本节中，温度场主要通过影响矿物的平衡浓度和压溶作用的溶蚀量两个过程间接对裂隙隙宽的演化产生影响。

2. 宏观尺度流体改造机制数值模拟方法验证

为了验证本节所采用的反应溶质运移和溶蚀过程的数学描述的有效性，通过建立数值模型对侵蚀性（酸性）流体注入岩心后对碳酸盐岩的溶蚀过程进行模拟，并将模拟结果与Panga 等（2005）、Liu 等（2017）对溶蚀模式的研究结果进行对比。本节所采用的模型参数与前人基本相同，区别在于前人的研究利用酸的浓度反应溶蚀过程，本节则采用钙离子的平衡浓度。

孔隙度和渗透率非均质场参考 Liu 等（2017）的方法生成，首先在 $[-0.15, 0.15]$ 范围内生成一个随机分布的均匀分布函数 $\hat{f}$，然后将其叠加在平均孔隙度 0.2 之上，再根据所生成的孔隙度非均质分布离散点，利用 Krigin 插值方法求得每个计算网格的孔隙度。本节所采用的孔隙度非均质场分布如图 8-36 所示。

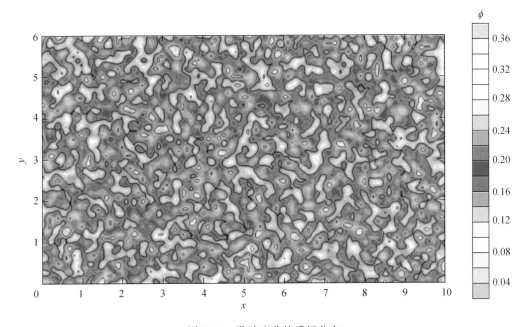

图 8-36　孔隙度非均质场分布

图 8-37 展示了不同注入流速下碳酸盐岩溶蚀模式的差异性，从图中可以看出，随着流速的变化，碳酸盐岩的孔隙演化呈现出不同溶蚀模式和效果。当注入流速较低时，溶蚀近似于"面状推进"的过程，侵蚀性流体先将靠近注入端的碳酸盐岩溶蚀完全后，再向前推进。增大注入流速后，孔渗非均质性的影响凸显出来，侵蚀性流体在基质中能够找到相对低阻的"快速通道"，此时靠近注入端的基质溶蚀较少，但蚓孔的形成可以将侵蚀性流体快速向前传递。随着流速的进一步增大，溶蚀模式以多条蚓孔状快速渗流通道同时发育，当蚓孔数量足够多时可以保证侵蚀性流体在整个岩石不同位置的快速传输和溶蚀，从而形成均匀溶蚀模式，此时碳酸盐岩的溶蚀过程则受限于反应速率的快慢。

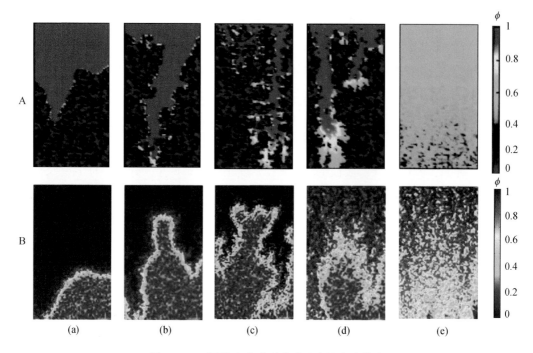

图 8-37　不同注入流速时碳酸盐岩的溶蚀模式

（a）面状溶蚀，注入流速 $v_0 = 10^{-6}$ cm/s；（b）锥形溶蚀，注入流速 $v_0 = 5\times10^{-6}$ cm/s；（c）蚓孔状溶蚀，注入流速 $v_0 = 5\times 10^{-5}$ cm/s；（d）分枝状蚓孔溶蚀，注入流速 $v_0 = 10^{-4}$ cm/s；（e）均匀溶蚀，注入流速 $v_0 = 5\times10^{-4}$ cm/s。A 行是 Panga 等（2005）的模拟结果，B 行是本节数值方法的模拟结果

本节基于 COMSOL 数值模拟软件进行了方法拓展，实现了 THMC 多物理场数值模拟，并在宏观尺度流体改造效应研究方面开展了方法验证。该方法有效规避了常规化学热力学水岩反应数值模拟方法必须考虑多组分溶质运移和化学反应过程的复杂步骤，利用地层水 Ca^{2+} 浓度与平衡浓度的差异来表征矿物的溶蚀/沉淀过程，无须明确具体的各水化学离子的浓度，更加适用于开展古老碳酸盐岩流体改造模拟。通过对侵蚀性（酸性）流体注入岩心后碳酸盐岩的不同溶蚀模式进行模拟分析，并与前人研究结果做对比，验证了方法的可靠性。

8.4　深层缝洞型碳酸盐岩储层测井表征技术及应用

近年来电成像测井逐渐普及，相比于岩心和常规测井，它具有高分辨率、高覆盖率、高直观性的优点，是深层–超深层非均质性较强的岩溶体系精细表征的理想资料。

基于电成像测井资料，对岩溶要素、单井岩溶结构进行了新的刻画研究。以塔中地区鹰山组为例，在岩心标定下，结合常规测井和工程异常等各方面资料，建立了多种岩溶要素的测井识别标准。据其产状可分为以下三种：①面状要素，如暴露面、扩溶构造缝、不规则风化裂隙、层间缝等；②体状要素，如洞穴、土壤层、充填泥岩等；③斑状要素，如溶蚀孔洞、岩溶角砾等。该表征技术已经得到诸多实例应用和验证。

8.4.1　测井数据与处理

目前微电阻率扫描成像测井仪器有斯伦贝谢公司的全井眼微电阻率扫描成像测井仪（FMS/FMI）、哈里伯顿公司的井眼微电阻率扫描成像测井仪（EMI）、阿特拉斯公司的井眼微电阻率扫描成像测井仪（STAR-Ⅱ），本次电成像测井所涉及的仪器也分别来自这三大公司。三种仪器其测量原理基本相同，只是电极个数有差异，对井眼的覆盖率有所不同。

以 FMI 为例，其由四臂八极板组成，其中四个主极板，四个副极板。每个极板有两排 24 个圆形电极，八个极板共计 192 个电极，测量过程中八个极板推靠至井壁，192 个电极同时测量，每个电极可测得所在井壁视电阻率。用这 192 个点的视电阻率数据调节色标，这样就可获得井眼极板覆盖处微电阻率扫描图像。随着仪器上提可测得全井段的数据，经过一系列处理，即可获得测量井段纵向上井壁的微电阻率扫描图像。深度采样间隔为 0.25cm，探测深度为 2.5~5cm，仪器在测量深度方向和径向的分辨率均为 5mm，对于 21.5cm 井眼，井壁覆盖率为 80%。

电成像测井资料的处理过程较为复杂，在此不赘述，本次研究处理软件为中国石油集团有限公司研究的 CIFLOG 测井一体化解释平台。下文简要介绍图像解释方法。

首先需注意的是，电成像测井提供的彩色图像，不是井下地层的真实图像，而是地层的视电阻率或声波反射强度通过一系列复杂的变化后经过色级刻度的图像，反映的是地层组分在某一物理量（电阻率或声波反射强度）上的变化。

图像的显示方式有两种：静态图像和动态图像。前者是对整个测量井段统一作归一化处理，可以为岩性解释提供绝对的灰度参考；后者则是小范围应用图像动态增强算法作归一化处理，其目的是突出地层的微细特征。根据本次研究经验，在岩溶储层表征中静态图像对岩溶现象的响应比动态图像对比度高，主要是因为风化壳中扩溶缝\洞穴较为发育，无论其被泥质或方解石充填，还是未充填，电阻率都表现出与基岩较大的差异。泥质表现为极低电阻率（极暗），方解石表现为极高电阻率（极亮），而未充填者通过井径测井或工程异常即可识别，如果采用分段配色的动态图像计算方法，这些特征会与细微的沉积特征混作一团，不能一目了然。所以文中对图像类型如果没有说明，则默认是指静态图像，在用到动态图像时会专门指出。

8.4.2　碳酸盐岩储层面状要素识别

1. 暴露面

暴露面是岩溶作用的关键识别标志，它的判别可从以下两方面综合考虑：①通过沉积间断面的识别间接验证暴露面的存在；②通过寻找岩溶作用迹象直接证明。对塔中地区下奥陶统鹰山组与上奥陶统良里塔格组之间的暴露面，利用电成像测井结合常规测井可以从以上两方面精确识别。

图 8-38 以中古 44 井为例。一方面，岩性突变明显。在 5695.35m 存在岩性突变面，

上为良里塔格组泥质条带灰岩，下为鹰山组纯灰岩，前者在电成像测井上表现为规则明暗相间条带状，说明沉积岩层存在矿物成分差异，同时 GR 值较高（基线＝29API）、电阻率较低（基线＝4100Ω·m），表明泥质含量高，鹰山组在电成像测井上表现为单一亮色块状，说明岩石成分均一并且电阻率较高，同时 GR 值较低（基线＝8API）、电阻率较高（基线＝9490Ω·m），综合表明岩性为纯灰岩。这种岩性突变反映了沉积环境的重大变迁，可能由于暴露间断引起。另一方面，同样以 5695.35m 为界，上下部地层后期岩溶改造强度不同。上部为规则明暗相间条带状，表明地层沉积结构完整，没有受到后期成岩作用的改造；下部为整体亮块背景下的锯齿状正弦线，说明缝壁凹凸不平，裂缝受到了扩溶。这是暴露面直接识别证据。

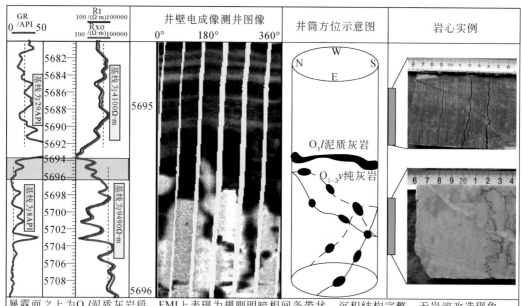

暴露面之上为 O₃l 泥质灰岩段，FMI 上表现为规则明暗相间条带状，沉积结构完整，无岩溶改造现象；之下为 O₁₋₂y 纯灰岩段，FMI 上表现为亮色块状，其中裂缝被扩溶，呈不规则正弦线。二者呈明暗截切状接触。常规测井亦有响应

图 8-38　暴露面，中古 44 井，5695.35m

但并非所有钻井的暴露面都存在以上两方面证据，如中古 7 井，以 5744.1m 为界，岩性突变响应特征与中古 44 井几乎完全一致，但暴露面之下岩溶不发育，说明在暴露地表期间，降落此处的雨水没有直接渗入地下，这可能与其所处岩溶地貌背景、裂缝发育程度等有关。

值得一提的是，区内暴露面之上古土壤几乎不存在，目前仅在东部潜山带的塔中 724 井中发现有厚约 30cm 的土壤层，这说明岩溶地质体后期重新被海水覆盖后土壤层很难保存。

2. 扩溶构造缝

岩体暴露于地表时其中开启的裂缝在充当流体输导通道的同时，自身也被扩溶，常有两种表现形式：缝壁凹凸不平，在电成像测井上表现为锯齿状正弦线（图 8-39）；或者沿

缝形成串珠状孔洞，电成像测井上表现为正弦线形成的组合暗斑（图 8-40）。扩溶构造缝的充填物类型可以用电成像测井和常规测井综合识别，当充填物为泥质时，电成像测井上表现为暗线，GR 为高值；当充填物为方解石、白云石等化学胶结物时，电成像测井上表现为亮线，GR 值与基岩相同。区内扩溶缝全充填与半充填比例大约为 6 : 4，而且呈现出地势越高保存越好的特点。半充填的扩溶缝是重要的储集空间类型之一。

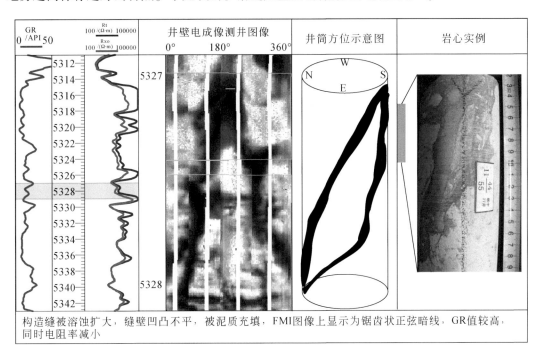

构造缝被溶蚀扩大，缝壁凹凸不平，被泥质充填，FMI 图像上显示为锯齿状正弦暗线，GR 值较高，同时电阻率减小

图 8-39　锯齿状扩溶构造缝，中古 46 井，5327m

3. 后期构造缝

后期构造缝是指相对于扩溶构造缝较晚形成，没有受到溶蚀作用的裂缝。开启缝在电成像测井上表现为规则暗色正弦线（图 8-41），并且往往呈组出现，可看到深浅电阻率分离的现象；完全被化学充填（如方解石、白云石等）的裂缝由于其电阻率较基岩高，常表现为亮色正弦线（图 8-42）。开启的构造缝不仅是有效储集空间，更重要的是可以为低渗储层提供油气输导通道，提高油气井产能。

4. 不规则风化裂隙

相比于扩溶构造缝，风化裂隙迂回曲折，显得极不规则，通常呈纵向延伸，在电成像测井上表现为不规则的纵向组合暗线，呈树枝状（图 8-43），且常被泥质充填，它形成于岩体暴露至地表时的风化剥蚀作用，因此多见于表层岩溶带中。

5. 层间缝

层间缝指完全固结成岩的地层在构造作用下发生抬升，由于上覆地层被抬升剥蚀而导致压力释放，岩石沿原先沉积薄弱面破裂，英文中称其为 "bedding plane parting"。近年来越来越多的岩溶学家和水文地质学家注意到它在地表岩溶体系中的重要性。调查表明，

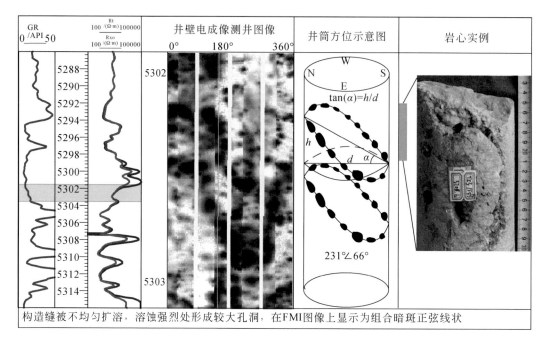

构造缝被不均匀扩溶，溶蚀强烈处形成较大孔洞，在FMI图像上显示为组合暗斑正弦线状

图 8-40　串珠状扩溶构造缝，中古 46 井，5302m

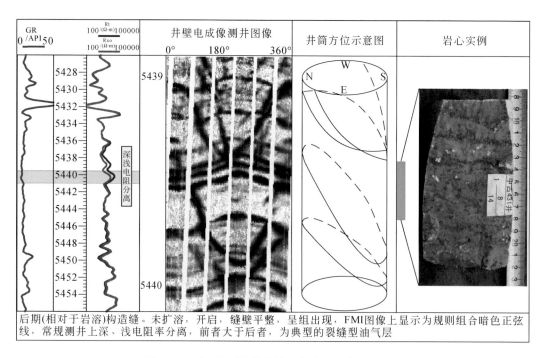

后期(相对于岩溶)构造缝。未扩溶，开启，缝壁平整，呈组出现，FMI图像上显示为规则组合暗色正弦线，常规测井上深、浅电阻率分离，前者大于后者，为典型的裂缝型油气层

图 8-41　开启的后期构造缝，中古 431 井，5439m

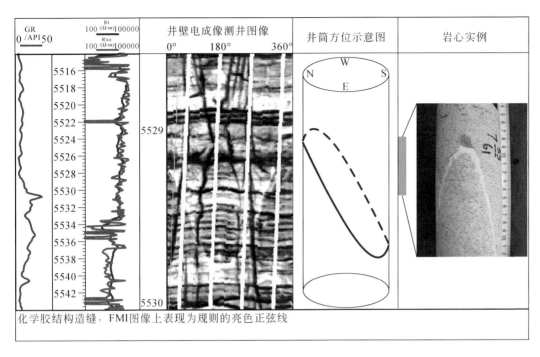

化学胶结构造缝，FMI图像上表现为规则的亮色正弦线

图 8-42　方解石充填的后期构造缝，塔中 724 井，5529m

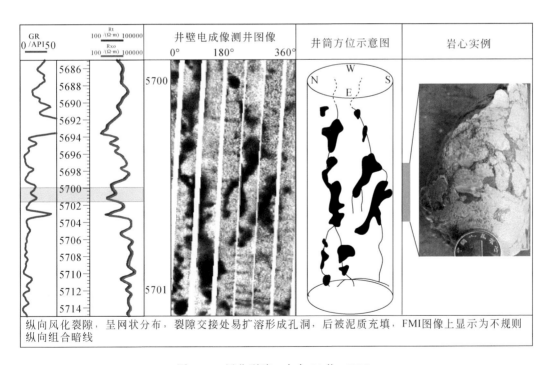

纵向风化裂隙，呈网状分布，裂隙交接处易扩溶形成孔洞，后被泥质充填，FMI图像上显示为不规则纵向组合暗线

图 8-43　风化裂隙，中古 44 井，5700m

世界上许多著名的溶洞体系都是沿着层间缝扩溶而成（Michalski and Britton，1997；Marco and Pierre-Yves，2008）。相比于构造缝，层间缝发育广泛且规律（与地层平行），在单条纵向裂缝延伸不远的情况下，层间缝担当着水流转换通道的角色，将多条纵向裂缝连接为统一的裂缝体系（图8-44），为水流的下渗提供通道。

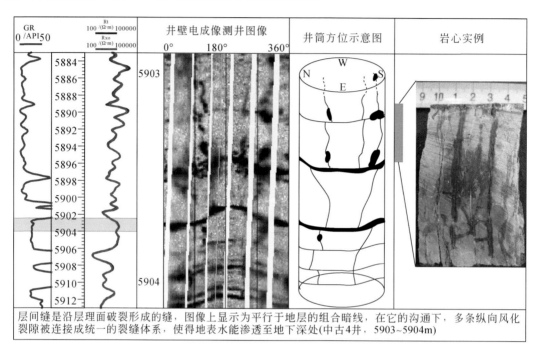

图 8-44　层间缝，中古 4 井，5903m

8.4.3　碳酸盐岩体状要素识别

洞穴：未充填洞穴容易识别，在钻井过程中会发生放空、泥浆漏失等，在电成像测井上则表现为各极板颜色均一（因为纽扣电极所测均为泥浆电阻率），无地层结构，井径扩大（图8-45）。

充填洞穴则可以利用电成像测井结合 GR 曲线很好地识别：①泥质充填由于电阻低而表现为暗色块状（图8-46），且具有极高 GR 值，这也是区内洞穴的主要充填物类型；②化学充填物（如钟乳石、石笋等）通常晶形完好，因此电阻率很高，在电成像测井上表现为电阻最高的色彩——白色，而且化学充填物一般从洞穴的上部开始生长，因此位于洞穴顶部，相反泥质充填物是流水成因，所以一般位于洞穴底部（图8-46）。

研究区洞穴体系比较发育，但只有极少数得以保存，绝大多数被泥质充填，仅中古43井可见些许岩溶角砾，而且岩溶角砾被泥岩所包裹，这与塔河油田奥陶系风化壳中大规模发育后期坍塌角砾不同，说明洞穴的充填破坏早在暴露期就已经完成。洞穴成因对理解岩溶系统的形成与分布有重要意义。现代岩溶学研究表明，自然界中几乎所有的洞穴都是由裂缝扩溶形成，主要为构造缝和层间缝。Palmer（1991）对世界各地共 500 余处洞穴进行

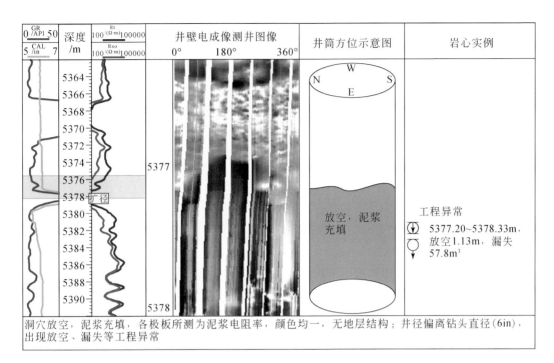

洞穴放空，泥浆充填，各极板所测为泥浆电阻率，颜色均一，无地层结构；井径偏离钻头直径(6in)，出现放空、漏失等工程异常

图 8-45　放空洞穴，中古 49 井，5377m

1in＝2.54cm

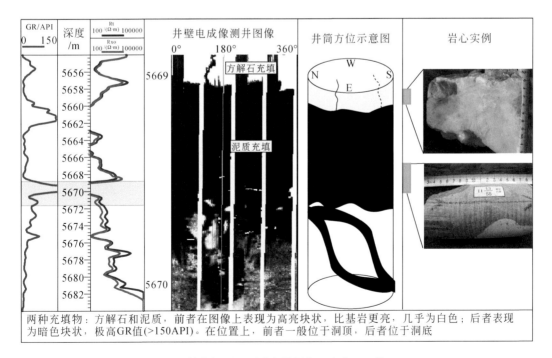

两种充填物：方解石和泥质，前者在图像上表现为高亮块状，比基岩更亮，几乎为白色；后者表现为暗色块状，极高GR值(>150API)。在位置上，前者一般位于洞顶，后者位于洞底

图 8-46　巨晶方解石和泥质充填洞穴，中古 433 井，5669m

了精细测量。结果表明，57% 的洞穴由层间缝发育而来，42% 由构造缝发育而来，仅 1% 由粒间孔发育而来，而且层间缝形成的洞穴在平面上连贯性好，很少有闭合的回路，因此常常形成延伸较远的地下河；相反，构造缝形成的洞穴多孤立出现。现代岩溶学通过描绘洞穴的空间展布形态来判断其是沿层间缝还是构造缝扩溶形成。

现代岩溶学进一步研究表明，层间缝主要发育于沉积环境突变面，尤其是层序界面。在层序地层格架建立的基础上讨论洞穴发育特征，结果表明洞穴基本上发育于三、四级层序边界，且主要发育于 SQ1（鹰四段）、SQ3（鹰二段）内，其中 SQ1 的第六个四级层序边界洞穴发育数最多（见第 4 章单井岩溶结构）。

8.4.4 碳酸盐岩斑状要素识别

塔中地区鹰山组的斑状要素根据产出形态可分为两种。

（1）层状孔洞，它们明显组成与地层一致的产状（图 8-47），在电成像测井上表现为平行于地层、规则的组合暗斑。岩溶野外调查中常见，一般认为是层间缝的上壁在大气水的不均匀溶蚀作用下形成的，是层间缝发育为洞穴的初始阶段。

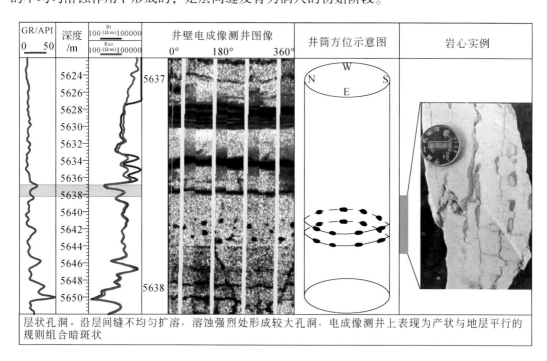

图 8-47　层状孔洞，中古 432 井，5637.8m

（2）杂乱孔洞，与层状孔洞相区别，在电成像测井上表现为杂乱分布斑状。孔洞的充填特征可以利用电成像测井结合常规测井有如下判断：未充填或被泥质充填孔洞在电成像测井上由于电阻率均较低，表现为暗色斑状（图 8-48），无法分辨；但前者在孔隙度测井中会显示高值特征，GR 显示低值，后者相反。充填方解石的孔洞由于其电阻率与基岩差别没前者大，因此辨识度没有上述两种孔洞类型高。

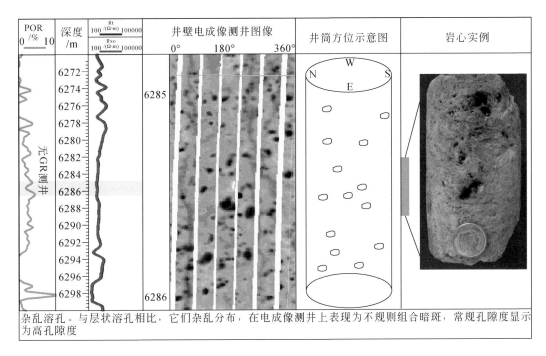

图 8-48　未充填孔洞，中古 601 井，6285m

8.5　深层储层地震分析技术及应用

地震探测是刻画、认识地下储层的重要手段，基于大量叠前地震数据体，我们针对深层–超深层储层特征要素，在实践中研发了一些行之有效的地质–地球物理综合刻画方法。

8.5.1　基于柱面拟合三维地震数据体的深层断裂检测方法

断裂、裂缝作为流体渗流通道，在缝洞型储层形成发育中的作用不言而喻。就叠后地震数据体而言，地震相干体技术（Bahorich and Farmer，1995；Marfurt et al.，1998，1999；Gersztenkorn and Marfurt，1999；Cohen and Coifman，2002；Lu et al.，2005）以及地震曲率属性（Lisle，1994；Roberts，2001；Sigismondi and Soldo，2003；Al-Dossary and Marfurt，2006；Blumentritt et al.，2006；Chopra and Marfurt，2007a，2010）多年来一直被用作断裂刻画及预测的关键技术。相干体与曲率属性从不同的侧面表征断裂，相干体通过波形的相似程度找出界面的不连续性，进而识别断层，而曲率则直接通过断开界面的几何形状刻画断层。经过几代的发展，它们在低信噪比资料的适应性上以及方法的适用范围上都有所提高。对于浅层的地震资料以及断距较大的断裂，它们一般是适用的，但是对于当前深层–超深层勘探开发而言，特别是深层–超深层的小断距断裂，它们的检测能力就显得不足。

如图 8-49 所示，（a）、（b）为同一比例尺下同一条地震剖面的深层和浅层。图 8-49（a）中黄色虚线框对应于 800～1100m 深度范围，图 8-49（b）中对应于 4600～5100m 深

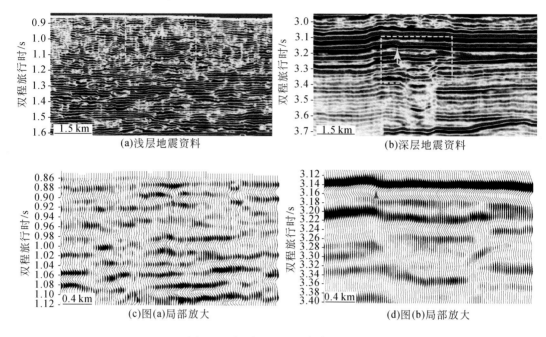

图 8-49　深浅层地震反射资料对比

度范围。图 8-49（c）、（d）为图 8-49（a）、（b）虚线框内对应剖面的地震道显示。对比图 8-49（a）、（c）与图 8-49（b）、（d）可见，地震反射波同相轴到了深层明显加粗，意味着地震分辨率显著降低。从它们的地震道剖面［图 8-49（c）、（d）］可以看出，这种由浅到深的地震资料品质变化相当于一个低通滤波过程，使得地震反射波横向上的变化减弱，这在一定程度上影响了传统的相干体技术、曲率属性对断裂表征的精度。

本节在对断裂模型分析的基础上，提出了一种能够适应深层地震资料的小断距断裂表征方法。

1. 断裂模型分析

首先，分析几种常见的断裂模型，包括正断层［图 8-50（a）、（b）］、逆断层［图 8-50（c）、（d）］和走滑断层［图 8-50（e）、（f）］。一般而言，它们的断层面是一个曲面［图 8-50（a）、（c）、（e）］。如果用两个垂直于 y 轴的平面横切这三种断层模型，将产生三个次级模型［图 8-50（b）、（d）、（f）］，当图 8-50（a）、（c）、（e）中两个平行平面逐渐靠近时，图 8-50（b）、（d）、（f）中的断层面趋向于一个平面。这样断层面同两侧被断开的界面组合为一个柱面［图 8-50（b）、（d）、（f）中阴影部分］。

图 8-50（g）这个柱面具有分段函数的特征，增加了计算的复杂程度。为了便于计算表达，可以用一个柱面 r 对其进行拟合，该柱面满足以下方程：

$$r=a(u)+vl \tag{8-58}$$

式中：$a(u)$ 为柱面的准线；vl 为柱面的直母线，平行于断层走向。

如图 8-50（g）所示，$a(u)$ 至少存在一个拐点，在该拐点处，曲线的曲率为零。因此 $a(u)$ 近似于一个三次或更高次曲线，为了简单起见，可以用一个三次曲线近似地表示

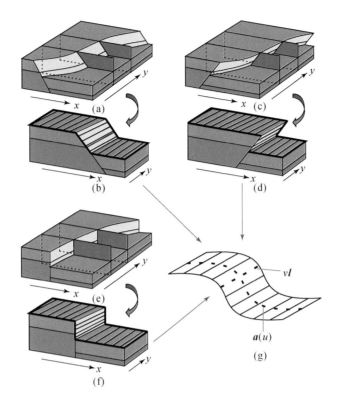

图 8-50　断层模型及拟合示意图

(a)、(b) 正断层及子模型；(c)、(d) 逆断层及子模型；(e)、(f) 走滑断层及子模型；(g) 拟合柱面

$\boldsymbol{a}(u)$。如果 $\boldsymbol{a}(u)$ 完全位于一个平面内，可以认为它满足以下三次曲线的一般方程：

$$z(x) = ax^3 + bx^2 + cx + d \tag{8-59}$$

式中：a、b、c、d 为方程待拟合系数。

曲线 $z(x)$ 的曲率 κ 为

$$\kappa = \frac{z''(x)}{\left[1 + z'(x)^2\right]^{3/2}} \tag{8-60}$$

那么我们可以定义曲率的变化率 κ' 为曲率对曲线弧长的求导，具体如下：

$$\kappa' = \frac{\mathrm{d}\kappa}{\mathrm{d}s} = \frac{\mathrm{d}\kappa}{\mathrm{d}x}\frac{\mathrm{d}x}{\mathrm{d}s} = \frac{z'''(x)\left[1 + z'(x)^2\right] - 3z''(x)^2 z'(x)}{\left[1 + z'(x)^2\right]^3} \tag{8-61}$$

其中 $\mathrm{d}s = \sqrt{\mathrm{d}x^2 + \mathrm{d}z^2}$，可知

$$\frac{\mathrm{d}x}{\mathrm{d}s} = \frac{1}{\sqrt{1 + z'(x)^2}} \tag{8-62}$$

下面用一个简单的例子来考察曲率及曲率变化率刻画断层的能力。由于柱面准线为三次曲线，不妨假设其恰好满足以下方程：

$$z(x) = x^3 \tag{8-63}$$

也就是说此时式 (8-59) 中的 a 等于 1，b、c 和 d 等于零。

如图 8-51 所示，拟合曲线的拐点正好对应于断层面的中心位置，其曲率具有一个最

大值及一个最小值, 且关于拐点对称。而曲率变化率只有一个极值, 由其幅度可以明显看出, 其对断层更加的敏感, 且明确指示断层面中心位置, 因此曲率变化率在刻画小断距断层时十分有效。

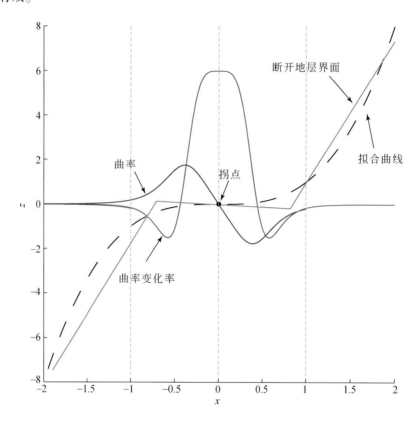

图 8-51   三次曲线曲率及曲率变化率对比图

2. 柱面拟合方法

通过断裂模型分析可知, 沿走向在一定距离内, 断层面同两侧被断开的地层界面组合, 近似于一个以三次曲线为准线的柱面。以往曲率属性基本上是通过该准线的曲率来反映断层。既然准线是一个三次曲线, 具体表现为上凸和下凹并且存在一个曲率为零的拐点, 就可以首先拟合出柱面, 继而通过准线曲率变化率来表征断层。柱面拟合通过两步完成, 首先拟合柱面直母线, 继而拟合柱面准线。

1) 柱面直母线拟合

因为直母线 l 平行于断层走向 [图 8-50 (g)], 我们可以利用四组采样点来完全表征所有可能的断层走向, 如图 8-52 所示。如果断层走向介于 y 轴加减 45° 范围 [如图 8-52 (a)、(b) 左上角插图所指示], 就可以用图 8-52 (a)、(b) 中的样点来表征走向。同样地, 如果断层走向在 x 轴加减 45° 范围, 则可用图 8-52 (c)、(d) 来表征。

对于各组样点, 可以用同样的方法来拟合直母线 l。下面以图 8-52 (a) 为例来说明。样点编号如图 8-53 (a) 所示, 其在地震数据体中的分布如图 8-53 (b) 所示, 其最中间

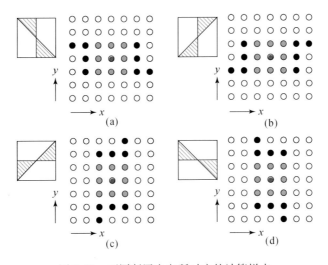

图 8-52　不同断层走向所对应的计算样点

（a）断裂走向同 y 轴夹角 45°；（b）断裂走向同 y 轴夹角 –45°；

（c）断裂走向同 x 轴夹角 45°；（d）断裂走向同 x 轴夹角 –45°

的 9 个样点放大图如图 8-53（c）所示。

我们首先建立如图 8-53（b）所示的坐标系。x、y 轴分别平行于地震测线及道的方向，z 轴垂直于 xy 平面，坐标原点位于中心点（红色样点）正下方，可以看作是红色样点在 xy 平面的投影。不妨设相邻样点水平间距等于 1，那么过中心点（红色样点）的坐标为 β_0（0，0）Z_{β_0}，过该点的直母线 l 与平面 $y=1$ 相交于点（p，1，$Z_{\beta_0}+q$），那么它一定与 $y=-1$ 相交于（$-p$，-1，$Z_{\beta_0}-q$）。其中有 $-1 \leqslant p \leqslant 1$，否则断层走向将介于图 8-52（c）、（d）中所示方向。

如图 8-53（c）所示，我们对 β_{-1}（-1，0，$Z_{\beta_{-1}}$）、β_0（0，0，Z_{β_0}）和 β_1（1，0，Z_{β_1}）三点进行二次插值，插值函数如下：

$$\begin{cases} z_0(x) = ax^2+bx+c \\ y=0 \end{cases} \tag{8-64}$$

式中，a，b，c 为系数。通过插值，可得

$$\begin{cases} a = \dfrac{Z_{\beta_{-1}}+Z_{\beta_1}}{2}-Z_{\beta_0} \\[2mm] b = \dfrac{Z_{\beta_1}-Z_{\beta_{-1}}}{2} \\[2mm] c = Z_{\beta_0} \end{cases} \tag{8-65}$$

然后，根据柱面的自身性质，曲线 $z_0(x)$ 沿着母线平行移动，将与平面 $y=1$ 相交于

$$\begin{cases} z_1(x) = a(x-p)^2+b(x-p)+c+q \\ y=1 \end{cases} \tag{8-66}$$

同样地，与平面 $y=-1$ 相交于

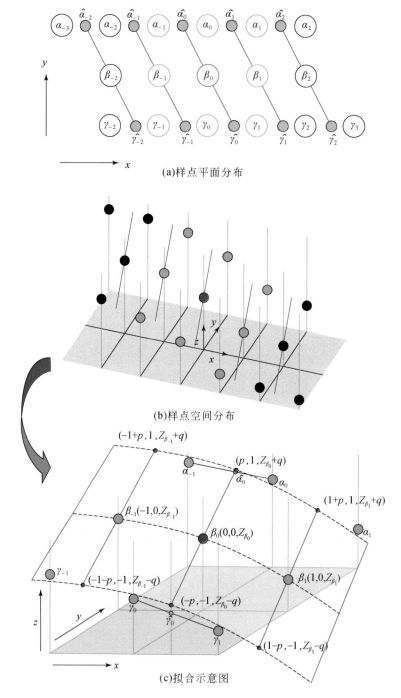

(a)样点平面分布

(b)样点空间分布

(c)拟合示意图

图8-53　计算样点及直母线拟合示意图

$$\begin{cases} z_{-1}(x) = a(x+p)^2 + b(x+p) + c - q \\ y = -1 \end{cases} \tag{8-67}$$

接下来，通过最小二乘法分别用平面曲线 $z_1(x)$ 与 $z_{-1}(x)$ 拟合样点 α_{-1}–α_1 与 γ_{-1}–γ_1。令 φ_a 为

$$\varphi_a = \sum_{i=1}^{1} \left\{ [z_1(x_i) - Z_{\alpha_i}]^2 + [z_{-1}(x_i) - Z_{\gamma_i}]^2 \right\} \tag{8-68}$$

将式（8-65）~式（8-67）代入式（8-68），当 φ_a 取得最小值时有

$$\frac{\partial \varphi_a}{\partial p} = \frac{\partial \varphi_a}{\partial q} = 0 \tag{8-69}$$

将式（8-68）代入式（8-69），重新整理，并合并同类项可得

$$6ap^3 + p\left[12a + 6c - \sum_{i=-1}^{1}(Z_{\alpha_i} + Z_{\gamma_i}) \right] + (Z_{\alpha_{-1}} - Z_{\alpha_1} + Z_{\gamma_1} + Z_{\gamma_{-1}}) = 0 \tag{8-70}$$

$$q = \frac{\displaystyle\sum_{i=-1}^{1} Z_{\alpha_i} - \sum_{i=-1}^{1} Z_{\gamma_i} - 6bp}{6} \tag{8-71}$$

用牛顿迭代法求解方程（8-70）。令 $f(p)=0$ 表示方程（8-70），$f'(p)$ 表示 $f(p)$ 对 p 的求导，$\hat{p}$ 代表方程（8-70）位于区间（-1，1）的近似根，那么牛顿迭代法如式（8-72）所示：

$$\hat{p}_{n+1} = \hat{p}_n - f(\hat{p}_n)/f'(\hat{p}_n) \tag{8-72}$$

当达到一定的精度，便可停止迭代，继而确定 p 值，再利用式（8-71），可以得到 q 值。

对于图 8-52（b）、（c）、（d）中样点组，我们同样定义 φ_b、φ_c、φ_d，用来确定 p 和 q 值，显然，$\varphi_a = \varphi_b$，$\varphi_c = \varphi_d$，最后 φ_a 与 φ_c 中较小的一个就代表了较好的拟合，同时也确定了 p 和 q 的最终值。

2）柱面准线拟合

我们已经拟合了柱面的直母线，接下来利用样点 $\hat{\alpha}_i$、$\hat{\beta}_i$ 和 γ_i（$i=-2$，-1，0，1，2）拟合柱面的准线 $a(u)$。一般来讲，$a(u)$ 是一个空间曲线，但在本次研究中，它完全位于一个平面内，因此是一个平面曲线。在平面 $y=0$ 上，可以用平面曲线：

$$z_0(x) = ax^3 + bx^2 + cx + d \tag{8-73}$$

来拟合样点 β_{-2}–β_2，根据柱面的性质，在平面 $y=1$ 与 $y=-1$，我们有

$$z_1(x) = a(x-p)^3 + b(x-p)^2 + c(x-p) + d + q \tag{8-74}$$

$$z_{-1}(x) = a(x+p)^3 + b(x+p)^2 + c(x+p) + d - q \tag{8-75}$$

将 $s = x-p$ 与 $t = x+p$ 分别代入式（8-74）、式（8-75），有

$$z_1(s) = as^3 + bs^2 + cs + d + q \tag{8-76}$$

$$z_{-1}(s) = at^3 + bt^2 + ct + d - q \tag{8-77}$$

如图 8-53（c）所示，显然有

$$Z_{\hat{\alpha}_i} = p(Z_{\alpha_i} - Z_{\alpha_{i+1}}) + Z_{\alpha_{i+1}} \quad i = -2, -1, 0, 1, 2 \tag{8-78}$$

$$Z_{\hat{\gamma}_i} = p(Z_{\gamma_{i+1}} - Z_{\gamma_i}) + Z_{\gamma_i} \quad i = -2, -1, 0, 1, 2 \tag{8-79}$$

那么根据最小二乘法，有

$$\varphi_z = \sum_{i=-2}^{2} \left\{ \left[z(s_i) - Z_{\hat{\alpha}_i} \right]^2 + \left[z(x_i) - Z_{\beta_i} \right]^2 + \left[z(t_i) - Z_{\hat{\gamma}_i} \right]^2 \right\} \tag{8-80}$$

为了确定 a、b、c、d 参数值，可令 φ_z 取得最小值，那么有

$$\frac{\partial \varphi_z}{\partial a} = \frac{\partial \varphi_z}{\partial b} = \frac{\partial \varphi_z}{\partial c} = \frac{\partial \varphi_z}{\partial d} = 0 \tag{8-81}$$

不妨设相邻样点水平间距为1，那么有 $s_{-2} = x_{-2} = t_{-2} = -2$，$s_{-1} = x_{-1} = t_{-1} = -1$，$s_0 = x_0 = t_0 = 0$，$s_1 = x_1 = t_1 = 1$，$s_2 = x_2 = t_2 = 2$，解式（8-80）、式（8-81），有

$$\begin{cases} a = \dfrac{-Z_{-2} + 2Z_{-1} - 2Z_1 + Z_2}{36} \\[3mm] b = \dfrac{2Z_{-2} - Z_{-1} - 2Z_0 - Z_1 + 2Z_2}{42} \\[3mm] c = \dfrac{Z_{-2} - 8Z_{-1} + 8Z_1 - Z_2}{36} \\[3mm] d = \dfrac{-3Z_{-2} + 12Z_{-1} + 17Z_0 + 12Z_1 - 3Z_2}{105} \end{cases} \tag{8-82}$$

其中：

$$Z_i = Z_{\hat{\alpha}_i} + Z_{\beta_i} + Z_{\hat{\gamma}_i} \quad i = -2, -1, 0, 1, 2 \tag{8-83}$$

这样，就拟合出了柱面的直母线 l 与准线 $a(u)$，也就得到了柱面 r。一般而言，r 是一个斜柱面。更进一步，可以沿着断层倾向拟合 $a(u)$。如图 8-54 所示，除绿色圆圈之外，其他均与图 8-53（a）中样点相同，按图中箭头所示，沿着柱面直母线移动样点得到一组新的样点。由图 8-54 中相似三角形，很容易得到新样点的水平间距变为 $1/\sqrt{1+p^2}$，第 i 点的垂向移动距离为 $ipq/(1+p^2)$（$i = -2, -1, 0, 1, 2$）。在这种情况下，可以求得

$$\begin{cases} a = \dfrac{(-\hat{Z}_{-2} + 2\hat{Z}_{-1} - 2\hat{Z}_1 + \hat{Z}_2)(1+p^2)^3}{36} \\[3mm] b = \dfrac{(2\hat{Z}_{-2} - \hat{Z}_{-1} - 2\hat{Z}_0 - \hat{Z}_1 + 2\hat{Z}_2)(1+p^2)^2}{42} \\[3mm] c = \dfrac{(\hat{Z}_{-2} - 8\hat{Z}_{-1} + 8\hat{Z}_1 - \hat{Z}_2)(1+p^2)^2}{36} \\[3mm] d = \dfrac{(-3\hat{Z}_{-2} + 12\hat{Z}_{-1} + 17\hat{Z}_0 + 12\hat{Z}_1 - 3\hat{Z}_2)(1+p^2)}{105} \end{cases} \tag{8-84}$$

其中：

$$\hat{Z}_i = Z_i + \frac{3ipq}{1+p^2}, \quad i = -2, -1, 0, 1, 2 \tag{8-85}$$

式（8-73）~式（8-85）是依据图 8-52（a）中样点组推导的。对于其他几种情况 [图 8-52（b）、（c）、（d）]，我们可以用同样的方法推导出，这里不再赘述。

由式（8-61），我们得到曲率变化率为

$$\kappa' = \frac{6a + 6ac^2 - 12b^2c}{(1+c^2)^3} \tag{8-86}$$

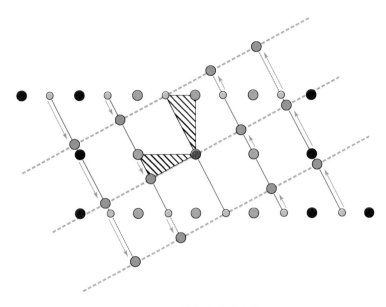

图 8-54　样点移动示意图

　　曲率变化率同曲率一样，都对地震数据信噪比比较敏感。因此在计算曲率变化率之前，如果数据信噪比较低，需要先对其进行平滑滤波。理论上，曲率变化率能完全消除具二次曲面特征的地质构造，如褶皱转折端及穹窿构造顶部等对断裂表征的影响。但实际地质情况很少有理想的二次曲面，因此诸如上述构造往往不能完全消除，而是对其不同程度的压制。

　　3. 效果对比

　　本节用塔中地区北斜坡西部平台区地震数据进行方法的效果测试。如图 8-55 所示，5条剖面对应于同一条断层的不同部分。粉线标识的地震反射轴对应于该区奥陶系良里塔格组的顶。由于良里塔格组上覆地层为碎屑岩，较大的波阻抗差使得该界面反射清晰，易于识别，因此沿该反射层提取地震属性，能够更好地进行对比。

　　由于原始地震数据信噪比不高，因此我们首先利用构造约束滤波（Fehmers and Höcker，2003）提高数据的信噪比。原始地震数据及滤波后数据分别如图 8-55（a）、（b）所示。首先利用常用的相干体技术来刻画断层，如图 8-56（a）、（b）所示，它们分别对应于滤波前及滤波后的计算结果。由图 8-56 可以看出，滤波后计算结果信噪比较高，但是部分断层的刻画一定程度上受到了滤波的影响。

　　为了证明曲率变化率刻画断层的优越性，首先将其与曲率属性进行对比。曲率及曲率变化率的沿层切片如图 8-57 所示。对于滤波前数据体，两个属性都表现为低信噪比［图 8-57（a）、（c）］，因此它们对原始数据的信噪比要求都较高，特别是对属性变化率而言。相反，在进行构造约束滤波之后，这两个属性信噪比都比较高［图 8-57（b）、（d）］。从图 8-57 中箭头所指示来看，同一条断裂在不同段垂向断距不尽相同。AA'、CC' 和 DD' 表现为较大断距，而 BB' 和 EE' 断距较小。曲率和曲率变化率都能很好地刻画较大的断距，但是断距较小时，可以看到只有曲率变化率能够清晰地表征断层［图 8-57（b）、（d）］。

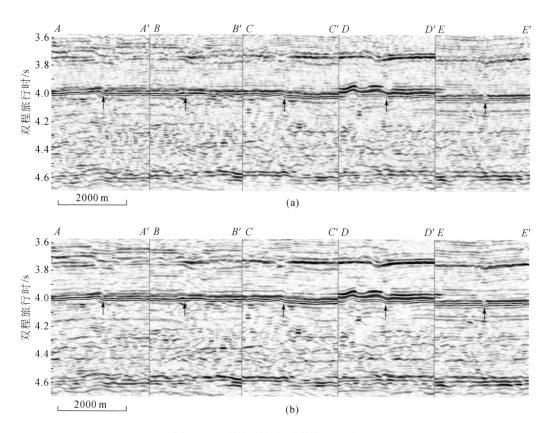

图 8-55　过同一断层不同段的地震剖面

（a）过同一走滑断层不同段地震剖面；（b）图（a）中剖面构造约束滤波结果

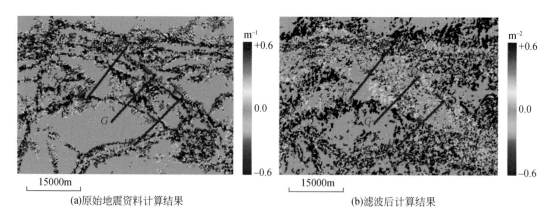

图 8-56　相干体沿层切片

也就是说，曲率变化率能够刻画出断距更小的断层。

　　其次，沿断层倾向提取曲率变化率如图 8-57（e）、（f）所示。对比图 8-57（d）与（e），可以看出，尽管沿断层倾向提取曲率变化率并没有揭示出更多的断层，但是获得了

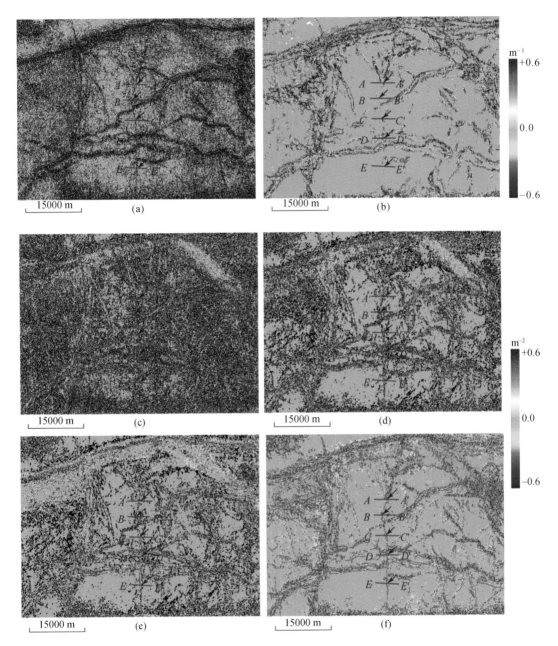

图 8-57　曲率及曲率变化率沿层切片对比图

（a）原始地震资料；（b）滤波后地震资料曲率计算结果；（c）原始地震资料；（d）滤波后地震资料曲率变化率计算；
（e）沿断裂倾向；（f）沿断裂倾向单道地震曲率变化率计算结果

较高的信噪比。当仅选择一道数据作计算时［图 8-57（f）］，能够获得最高的信噪比，但是损失了一些断层细节。

　　如图 8-57（d）、（e）、（f）所示，不同的颜色（红、蓝）表征断层上、下盘相互运动关系。当采样点从下降盘到上升盘时，曲率变化率为正值，相反负值代表从上升盘到下降盘。这个信息能够帮助我们从一个复杂的断裂体系中识别出断层活动性质。

最后，来看另一个例子。由地震剖面（图 8-58）可见，该区构造特征为由逆断层引起的牵引褶皱，蓝色箭头指示了褶皱的转折端。可见这个转折端在曲率属性上清晰可辨［图 8-59（a）］，但是在曲率变化率上变模糊了［图 8-59（b）］，这就说明曲率变化率能在一定程度上压制具二次曲面特征的地质界面，从而突出断层细节。

综上所述，柱面拟合下的曲率变化率是对以往断层刻画方法的补充与改进，对断裂表征更具有针对性，且能刻画更低级别的小断距断裂。

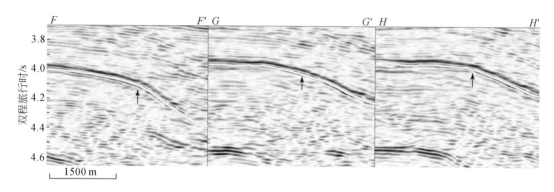

图 8-58　过同一断层相关褶皱不同段的地震剖面（剖面位置见图 8-59）

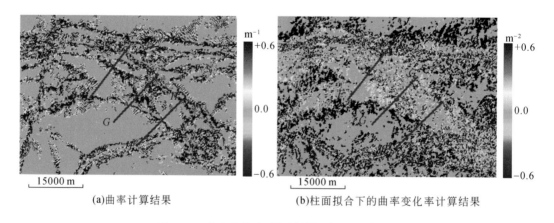

(a)曲率计算结果　　　　　　　　　　　(b)柱面拟合下的曲率变化率计算结果

图 8-59　曲率变化率对褶皱转折端的压制作用

8.5.2　基于等时窗特征反射的深层岩溶洞穴精细刻画技术

由于深层洞穴埋深大，其横向尺度远小于第一菲涅尔带，因此在原始地震记录上，岩溶洞穴均表现为一系列绕射波。地震记录经偏移处理后，绕射波收敛，表现为一系列串珠状反射能量团。以往常利用其较强的振幅对其表征识别，如均方根振幅属性。实际上，岩溶洞穴常发育在暴露面附近，暴露面处往往形成强界面反射。在这种背景下，强界面反射对岩溶洞穴的表征形成很大的干扰。为此，本节提出一种基于等时窗，并且利用洞穴反射的波形特征来识别该类储层的方法。

　　由洞穴反射 [图 8-60（a）] 与地层界面反射 [图 8-60（b）] 波形可知，洞穴反射存在几个较大的波峰与波谷，而单个界面反射仅存在一个极大波峰或波谷。利用这种波形特征，如图 8-60 所示，设定一个大于背景噪声的门槛值 A，在相同长度时窗内，统计大于门槛值的采样点所占时窗的比例（图 8-60 中红色线段所占时窗的比值），即可对洞穴反射进行较好的表征，并且与单界面反射相区分。这样就避免了常规振幅属性中，洞穴反射与单界面强发射相混淆的情况。利用该方法，对塔里木盆地塔中地区鹰山组岩溶洞穴刻画，如图 8-61 所示。由剖面 AB 可见，该方法能比较好地反映出岩溶洞穴，并在一定程度上压制界面反射。

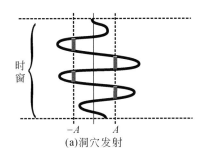
(a)洞穴发射

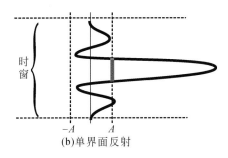
(b)单界面反射

图 8-60　岩溶洞穴地震表征算法示意图

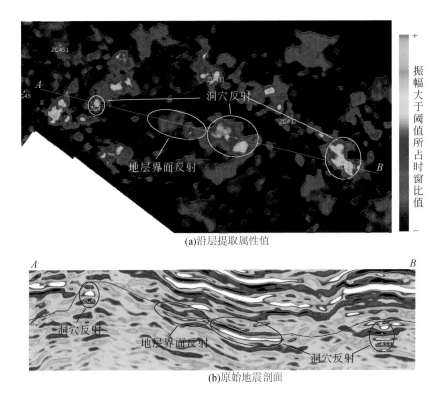

(a)沿层提取属性值

(b)原始地震剖面

图 8-61　岩溶洞穴地震刻画结果

通过与常规振幅属性的对比（图8-62），可见，常规振幅属性（图中为均方根振幅属性）难以区分洞穴与界面反射，均表现为亮白色。而本节提出的新方法能够有效地区分开界面与洞穴的反射。

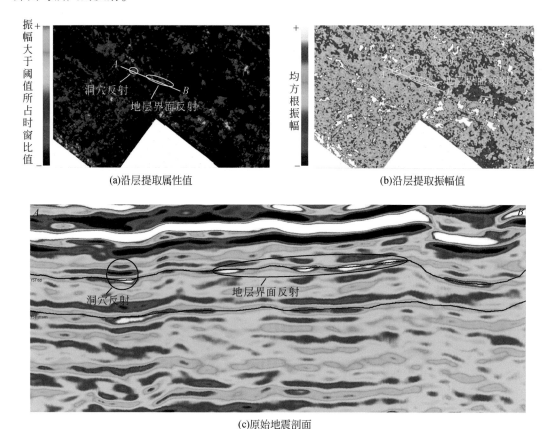

图 8-62　新方法同常规振幅属性的对比

8.5.3　深层碎屑岩孔隙型储层地震刻画技术集成及应用

对于孔隙型储层表征，钻井约束下的地震反演是一种比较有效的方法。具体可采用波阻抗反演与统计反演两种方法。二者各有所长，波阻抗反演在准确圈定砂体方面有一定优势，而统计反演具有更高的分辨率。在反演之前，首先要检查研究区砂、泥波阻抗是否能够区分。基于声波、密度测井曲线，可以计算出钻井处的地层波阻抗曲线。为了便于井间对比，往往需要对波阻抗曲线进行标准化计算。具体包括以下三个基本步骤：①选择用于校正的标准层，实际操作时选择反演的目的层段。目的层段应包含砂岩、泥岩等各类地层单元。②校正过程中，保证各个井的波阻抗分布范围合理，不出现大的偏差，以避免由于施工引起的较大误差。③保证校正之后，各井砂岩、泥岩峰值基本一致，这符合基本的地质规律。

以塔里木盆地塔北某地震工区 8 口井为例，如图 8-63 所示，可见校正后各井砂岩、泥岩两个端元波阻抗峰值基本一致，且能够明显地区分开，砂岩波阻抗峰值明显小于泥岩。因此，对于该工区而言，波阻抗反演能够有效地识别区内砂岩分布。

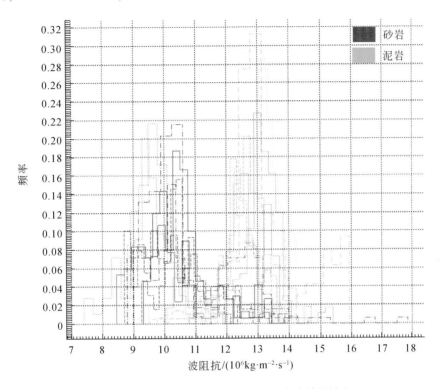

图 8-63　研究区测井曲线标准化及反演有效性检查

地震记录以中频信息为主。为了使反演结果更贴近实际地层，需要利用测井结果生成低频约束模型，以弥补地震记录中低频信息的不足。利用校正后的波阻抗曲线，并选择测井记录较全、合成记录匹配较好的钻井进行井间插值，生成反演的测井低频约束模型。

接下来，需要进行井震标定及制作合成记录。这是一个相互验证、反复调整的过程。井震标定的准确性，影响到合成记录的精度，反过来，合成记录又能检验并约束井震标定过程。如图 8-64 所示，在利用声波测井曲线进行时深转换，并不断精调之后，合成记录同原始地震记录的匹配度大于 85%。底砂岩段顶面由于负的波阻抗差对应于地震记录的波谷处（图 8-64 中 T_{23}），而底砂岩段顶面具有正的波阻抗差，因此对应于地震记录的波峰处（图 8-64 中 T_{24}）。通过对合成记录制作时各井提取的子波做平均，来生成反演所用的子波。由于通常情况下地震子波在数据处理阶段调整为零相位子波，据此剔除提取的异常子波，其他接近零相位的进行平均，得到所需平均地震子波。如图 8-65 所示，由各井点处提取的地震子波可获取地震的主频率范围为 20 ~ 40Hz，峰值频率为 25Hz。平均子波有效频率范围内接近零相位，保证反演子波的合理性。黄色虚线代表了计算所得子波及其振幅、相位谱。

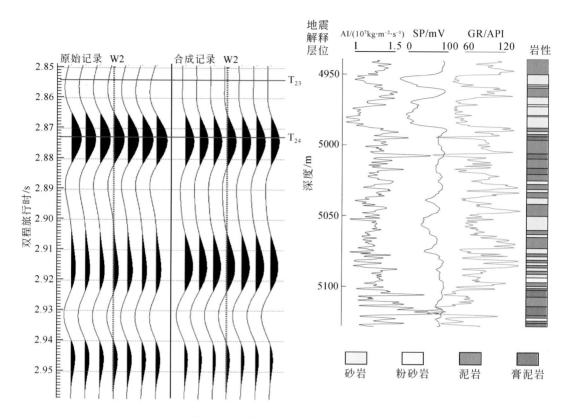

图 8-64　研究区井震标定及合成记录
左侧为合成记录与原始地震记录对比图，右侧为基于波阻抗（AI，声波与密度测井相乘得到）、
自然电位（SP）、自然伽马（GR）曲线划分地层结果

　　在低频模型的约束下，通过稀疏脉冲法反演得到工区内砂岩储层空间展布。其中一条剖面的反演结果如图 8-66 所示。图 8-66 中显示了过 W1、W2、W3、W4 井的 EW 向地震反射波及波阻抗剖面。受地震分辨率的限制，从地震反射剖面可以看出，目的层砂岩段对应的地震记录不超过一个同相轴范围，介于 T_{23} ~ T_{24} 之间。因而从反射剖面上很难看出沉积体系横向上的变化。波阻抗剖面显示了波阻抗的空间变化，研究区砂体波阻抗范围为 7.5×10^6 ~ $1.15 \times 10^7 \mathrm{kg \cdot m^{-2} \cdot s^{-1}}$（图 8-63）。如图 8-66 所示，图中红色、黄色部分指示了砂体分布范围。图 8-66 中间 W2—W3 部分具有波阻抗的最低值，指示了砂岩层物性最好的层段。另外可见砂岩层由西到东不间断分布，这同测井表征结果一致。另外一条 SN 向剖面如图 8-67 所示，可见砂岩层主要分布在南部，由南向北，砂岩层逐渐减薄、尖灭。

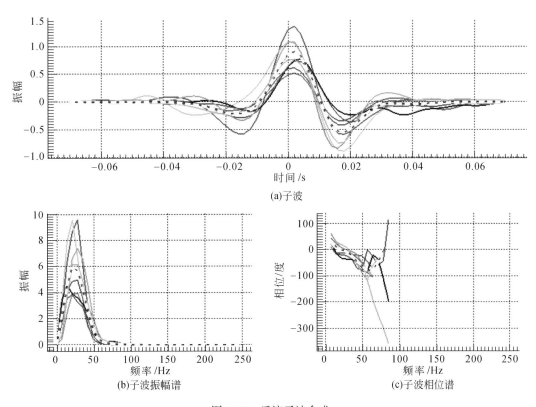

(a)子波

(b)子波振幅谱

(c)子波相位谱

图 8-65　反演子波合成

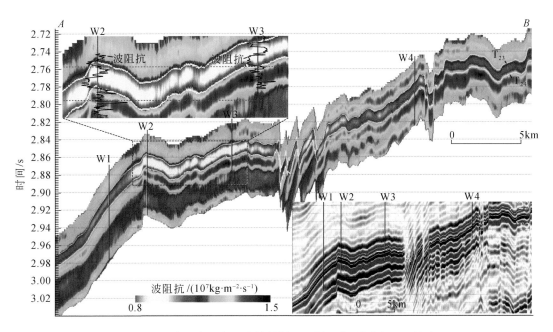

图 8-66　研究区东西向反演结果剖面（剖面位置如图 8-68 所示）

右下角为相应的原始地震剖面

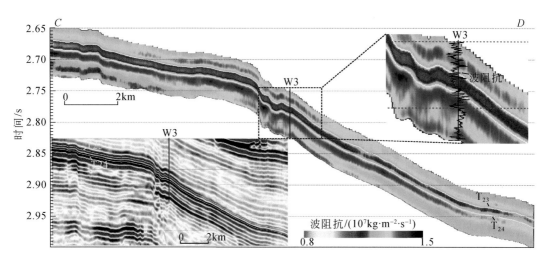

图 8-67　研究区南北向反演结果剖面（剖面位置如图 8-68 所示）

左下角为相应的原始地震剖面

　　提取目的层砂岩段波阻抗的均方根振幅（RMS），得到波阻抗的平面分布如图 8-68 所示。截取砂岩对应的波阻抗范围 $7.5 \times 10^6 \sim 1.15 \times 10^7 \, \mathrm{kg \cdot m^{-2} \cdot s^{-1}}$，并提取其厚度，可得到研究区砂体厚度分布图（图 8-69）。可见砂体分布整体上表现为东南厚，向西北逐渐减薄的特征。同时其厚度分布明显受到横穿研究区一条大断裂的控制，其断裂南北两侧砂体厚度差异显著。

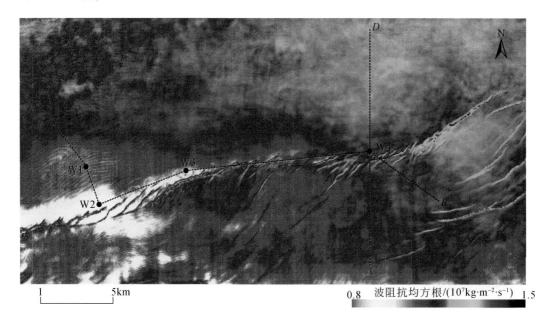

图 8-68　研究区目的层底砂岩段波阻抗均方根

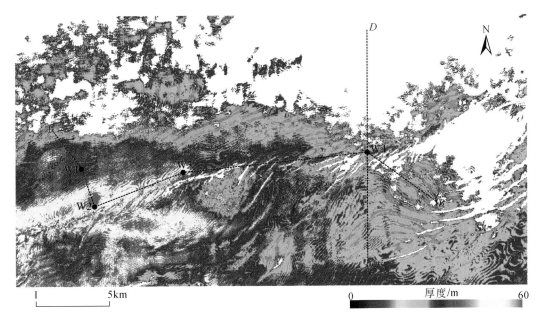

图 8-69　研究区目的层底砂岩段砂岩厚度分布

　　以上通过确定性反演（波阻抗反演）表征了研究区的砂体分布。波阻抗反演通常能够有效分辨的砂体厚度为 10~20m，而统计性反演能够区分的砂体厚度为 2~6m，在确保井震一致的情况下，给出砂体空间分布的概率体。通过井震对比（图 8-70），发现受波阻抗反演数据体分辨率的限制，反演结果并不能有效地区分目的层上、下两套砂体，因此使用分辨率更高的统计性反演进行刻画。反演的结果如图 8-71 所示，井震对比显示目的层上、下两套砂体能够被区分开。平面上，其上、下两套砂岩段的波阻抗分布图如图 8-72、图 8-73 所示，与图 8-68 相比，明显地突出了砂体分布的更多细节（图中黄色、红色部分）。

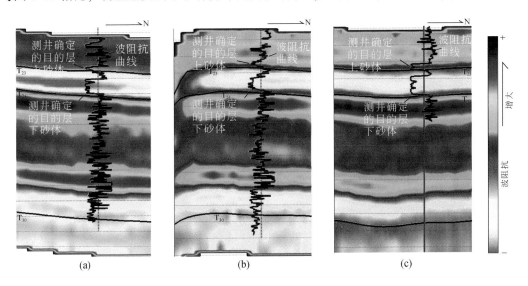

图 8-70　过井 W2（a）、W3（b）、W4（c）地震波阻抗反演剖面同井波阻抗曲线的对比

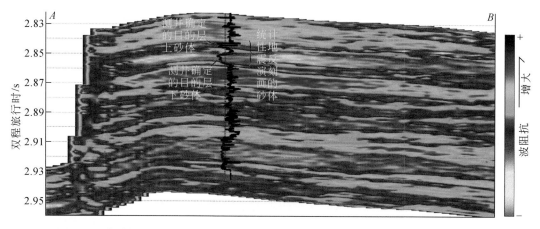

图 8-71　统计性地震反演剖面同井波阻抗曲线的对比（剖面位置见图 8-72 线段 *AB*）

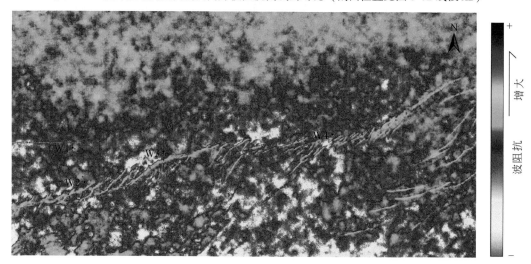

图 8-72　目的层上砂岩段波阻抗分布

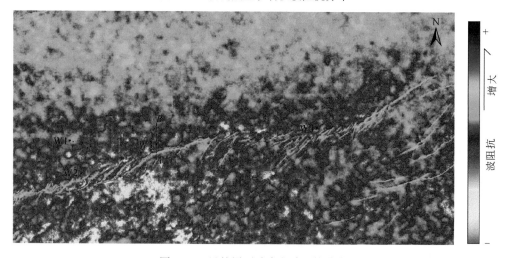

图 8-73　目的层下砂岩段波阻抗分布

第9章 结 束 语

本书重点开展了深层–超深层储层发育的构造–流体动力环境研究，解析了深层–超深层碳酸盐岩、碎屑岩储层的改造和保存过程，探讨了深层专属性成储规律及主控因素。

重视理论探索及技术研发是本书的着眼点和基石，与此同时，在研究过程中也关注了研究成果与勘探实践的结合，在实践中集成有效预测方法。综合研究成果可以概括如下。

（1）定量认识深层–超深层储层发育的规模流体活动属性及演变条件，为深层成储–成藏提供了重要理论基础（参见第2章、第3章）。基于应力–流体–岩石作用数值模拟、源–储有机酸生成实验模拟研究，提出深层高温高压环境流体运动黏滞系数减小，渗透系数增大，因此深层–超深层存在大规模流体活动与有效烃类–有机酸混合充注条件，具备显著的深层专属性成岩和储层物性改造/保持机制（图9-1）。

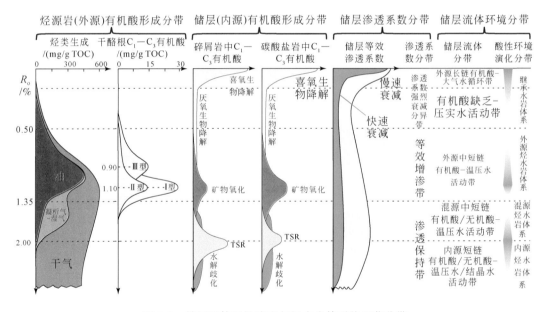

图9-1 储层流体属性演变与烃水岩体系热埋藏分带

据此认为，深层–超深层可与中浅层类比的优质储层的物性指标显著降低，其中渗透率为1～10mD（量级），孔隙度为3%～7%（或5%量级），这为深层–超深层储层评价提供了可以借鉴的定量参数。鉴于深层–超深层存在混源中短链有机酸/无机酸–温压水活动带，据此认为，有利于深层–超深层储层发育的酸性保持环境的温度可达200～250℃，扩展了深层–超深层储层的勘探范围。

（2）认识深层–超深层碳酸盐岩规模储层的建设性改造/保持机制及分布规律，为油气勘探提供了预测模型（参见第4章、第5章）。在以往认识的层控、相控等继承性因素基础上，提出深层–超深层持续、多期次压扭–张扭构造转换、深埋浅抬、含烃热流体上涌交换，是深层–超深层碳酸盐岩储层建设性规模改造和保持发育的重要条件（图9-2）；含膏盐碳酸盐岩层系在深层具有明显的 TSR 差异溶蚀–沉淀改造机制。深层–超深层碳酸盐岩规模储层形成分布，是有利岩相–岩溶分带（基础）与上述机制叠加改造的结果。

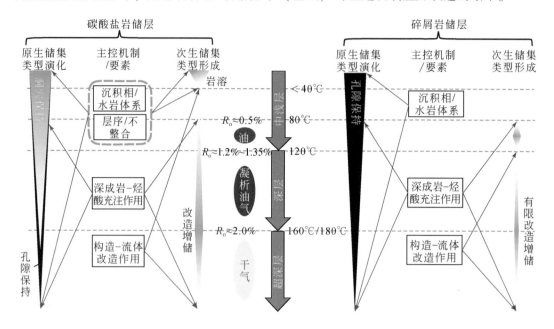

图9-2　中浅层–深层–超深层碳酸盐岩、碎屑岩储层空间类型演变分带与主控机制

由此构建了新的深层–超深层碳酸盐岩储层地质–地球化学及地球物理预测模型，可以概括为：层控优先，断溶显著，烃储共生，保改并重。相关成果在四川盆地蓬探1井灯二段，塔里木盆地轮探1井、柯探1井寒武系吾松格尔组，满深1井、YM6–YM5–YM2井奥陶系一间房组等取得了良好的验证及应用效果，可以有效地指导深层–超深层油气勘探。

（3）认识了深层–超深层碎屑岩储层的复合保持机制及分布规律，构建了规模储层预测模型（参见第6章、第7章）。提出了偏刚性（长石质）组构的碎屑岩岩相、早中期浅埋–晚期低地温快速深埋、中深埋藏期持续发育与油气充注有关的异常高压，是深层–超深层碎屑岩储层规模保持和发育的先决条件（图9-2）。山前挠曲盆地（冲断带）侧向构造应变使得张性段–过渡段–压性段穿层演变，显著改变了深层碎屑岩储层的沉积非均质性框架，即有利岩相带、背斜张性应变与裂缝快速充填强机械稳定性自生矿物（石英、白云石）支撑控制规模储层的时空发育。

深层–超深层碎屑岩储层相关预测模型可以概括为：相控优先，断裂增渗，低温快埋，复合保持。对于圈定克拉通、山前冲断带深层–超深层碎屑岩储层发育层位、分带范围、有效厚度分布，该相关预测模型具有重要指导意义，并预示了对塔里木盆地台盆区古–中生界、库车拗陷侏罗系—白垩系、鄂尔多斯—渤海湾古–中生界等新区储层勘探的延伸指导作用。

（4）针对深层–超深层储层探测瓶颈，研发了新的技术方法（参见第8章）。主要包括：基于柱面拟合三维地震数据体的断裂检测、储层跨尺度数字井筒连续性建模、储层流体活动数值模拟等专利技术；储层微孔–缝体系数字表征、碳酸盐岩储层孔–缝–洞多尺度表征集成方法；拓展了储层古流体环境分析的团簇同位素、原位硫同位素、镁同位素、原位拉曼光谱、油田水碘离子和 ^{129}I 定年分析应用技术。这些技术方法极大支撑了深层–超深层储层的深化研究及共识效性。

本书的核心目标或者说初衷，就是探索深层–超深层油气储层演变的专属性机制。对比显示，我们在深层流体活动属性及相态问题、深层岩石物理属性演变问题、流体–岩石作用类型与效应问题等方面都取得了不同程度的进展。然而，对照本书第 1 章提出的前沿问题，作者也清醒地认识到，对于深层–超深层储层演变的专属性机制研究，本书的研究工作只是一个良好的起步；与其说本书是研究成果介绍，不如说是展示了更多的科学技术问题及其细节。例如，流体作用贯穿于成储–成藏全过程，但深层条件下的流体相态、多尺度行为及其宏观效应，深层–超深层有机–无机相互作用的匹配机制细节，深层高温高压与封闭/半封闭体系下储层物性/润湿性及活动性如何控制油气储集效率等问题，我们仍然知之甚少。

此外，还值得提及的是地质时代或绝对时间要素。在本书涉及的温压流环境、成岩作用和物性深埋藏演化中，无论是数值计算和模拟，还是地质推理，我们始终没有放弃关注时间对深层–超深层储层（尤其是碎屑岩储层）形成演化的显著效应；但坦率地说，面对不同时代的深层–超深层油气储层形成分布的地质事实，我们获取的理论和分布认识的说服力还比较有限。

"山就在那里"！对于盆地深层–超深层领域的研究，我们看到了科技险峰，仍任重道远！通过研究实践，我们更看到了新的希望，并坚定了深化研究、认识自然规律、服务资源勘查的信心。

参 考 文 献

蔡春芳，梅博文，马亭，等.1997.塔里木盆地流体–岩石相互作用研究.北京：地质出版社.

柴立和.2005.多尺度科学的研究进展.化学进展，17（2）：186-191.

陈楚铭，卢华复，贾东，等.1999.塔里木盆地北缘库车再生前陆褶皱逆冲带中丘里塔格前锋带的构造与油气.地质论评，45（4）：423-433.

陈景山，李忠，王振宇，等.2007.塔里木盆地奥陶系碳酸盐岩古岩溶作用与储层分布.沉积学报，25（6）：858-868.

陈颙，黄庭芳.2001.岩石物理学.北京：北京大学出版社.

陈永权，严威，韩长伟，等.2015.塔里木盆地寒武纪—早奥陶世构造古地理与岩相古地理格局再厘定—基于地震证据的新认识.天然气地球科学，26（10）：1831-1843.

陈元千.1987.确定气井绝对无阻流量的简单方法.天然气工业，7（1）：59-63.

崔振昂，鲍征宇，张天付，等.2007.埋藏条件下碳酸盐岩溶解动力学实验研究.石油天然气学报：29（3）：204-207.

董爱国，朱祥坤.2016.表生环境中镁同位素的地球化学循环.地球科学进展，31（1）：43-58.

杜金虎，张宝民，王泽成，等.2016.四川盆地下寒武统龙王庙组碳酸盐岩缓坡双颗粒滩沉积模式及储层成因.地质勘探，36（6）：1-10.

方大钧，沈忠悦.2001.塔里木地块各时代视磁极及板块漂移.浙江大学学报（理学版），28（1）：100-106.

高志前，樊太亮，杨伟红，等.2012.塔里木盆地下古生界碳酸盐岩台缘结构特征及其演化.吉林大学学报（地球科学版），42（3）：657-665.

高志勇，张水昌，李建军，等.2011.塔里木盆地东部中—上奥陶统却尔却克组海相碎屑岩中的有效烃源岩.石油学报，32（1）：32-40.

高志勇，李建军，张宝民，等.2012.塔里木盆地阿满过渡带中—上奥陶统海相烃源岩的识别及其意义.地质勘探，32（5）：5-10.

管树巍，李本亮，何登发，等.2007.晚新生代以来天山南、北麓冲断作用的定量分析.地质学报，81（6）：725-744.

韩振华，张路青，周剑，等.2019.矿物粒径对花岗岩单轴压缩特性影响的试验与模拟研究.工程地质学报，27：497-504.

何登发，周新源，杨海军，等.2009.库车拗陷的地质结构及其对大油气田的控制作用.大地构造与成矿学，33（1）：19-32.

侯贵廷，孙帅，郑淳方，等.2019.克拉苏构造带克深区段盐下构造样式.新疆石油地质，40（1）：21-26.

黄荣樽.1981.水力压裂裂缝的起裂和扩展.石油勘探与开发，5：65-77.

霍吉祥，宋汉周.2015.去耦合方法求解非均质地区地下水中多组分反应–运移模型.岩土力学，36：57-63.

霍吉祥，宋汉周，杜京浓，等.2015.表面反应和扩散迁移联合控制的粗糙单裂隙渗流–溶解耦合模型.岩石力学与工程学报，34（5）：1013-1021.

霍吉祥，宋汉周，管清晨．2014．基于表面反应和扩散迁移控制的灰岩单裂隙渗流–溶解模型及其数值模拟．四川大学学报（工程科学版），46：42-48．

贾承造．1997．中国塔里木盆地构造特征与油气．北京：石油工业出版社．

贾承造．1999．塔里木盆地构造特征与油气聚集规律．新疆石油地质，20（3）：177-183．

贾承造，庞雄奇．2015．深层油气地质理论研究进展与主要发展方向．石油学报，36（12）：1457-1469．

贾存善，马旭杰，饶丹，等．2007．塔河油田奥陶系油田水同位素特征及地质意义．石油实验地质，29（3）：292-297．

蒋小琼，王恕一，范明，等．2008．埋藏成岩环境碳酸盐岩溶蚀作用模拟实验研究．石油实验地质，30：643-646．

金民东，许浒，罗冰，等．2017．四川盆地高石梯–磨溪地区灯四段岩溶古地貌恢复及地质意义．石油勘探与开发，44（1）：58-68．

金之钧，王清晨．2007．中国典型叠合盆地油气形成富集与分布预测．北京：科学出版社．

金之钧，朱东亚，胡文瑄，等．2006．塔里木盆地热液活动地质地球化学特征及其对储层影响．地质学报，80（2）：245-253．

康毅力，李前贵，张箭，等．2007．多尺度科学及其在油气田开发中的应用研究．西南石油大学学报（自然科学版），29（5）：177-180．

康玉柱．1981．塔里木盆地石油地质特征．石油与天然气地质，4：329-340．

孔金平，刘效曾．1998．塔里木盆地塔中5井下奥陶统隐藻类生物礁．新疆石油地质，19（3）：221-224．

雷刚林，谢会文，张敬洲，等．2007．库车坳陷克拉苏构造带构造特征及天然气勘探．石油与天然气地质，28（6）：816-820．

李阳，薛兆杰，程喆，等．2020．中国深层油气勘探开发进展与发展方向．中国石油勘探，25（1）：45-57．

李英强，何登发，文竹．2013．四川盆地及邻区晚震旦世古地理与构造-沉积环境演化．古地理学报，15（2）：231-246．

李勇，漆家福，师俊，等．2017．塔里木盆地库车坳陷中生代盆地性状及成因分析．大地构造与成矿学，41（5）：829-842．

李忠．2013．中国的盆地动力学——21世纪开初十年的主要研究进展及前沿．矿物岩石地球化学通报，32（3）：290-300．

李忠．2016．盆地深层流体-岩石作用与油气形成研究前沿．矿物岩石地球化学通报，35（5）：807-816．

李忠，孙永传．1993．含油气盆地类型与成岩作用研究//中国博士后科学基金会编，中国博士后论文集（下册）．北京：国防工业出版社：1971-1976．

李忠，刘嘉庆．2009．沉积盆地成岩作用的动力机制与时空分布研究若干问题及趋向．沉积学报，27（5）：837-848．

李忠，彭守涛．2013．天山南北麓中–新生界碎屑锆石U-Pb年代学记录、物源体系分析与陆内盆山演化．岩石学报，29（3）：739-755．

李忠，费卫红，寿建峰，等．2003．华北东濮凹陷异常高压与流体活动及其对储集砂岩成岩作用的制约．地质学报，77（1）：126-134．

李忠，陈景山，关平．2006a．含油气盆地成岩作用的科学问题及研究前沿．岩石学报，8：2113-2122．

李忠，韩登林，寿建峰．2006b．沉积盆地成岩作用系统及其时空属性．岩石学报，22（8）：2151-2164．

李忠，张丽娟，寿建峰，等．2009．构造应变与砂岩成岩的构造非均质性——以塔里木盆地库车坳陷研究为例．岩石学报，25（10）：12-22．

李忠，黄思静，刘嘉庆，等．2010．塔里木盆地塔河奥陶系碳酸盐岩储层埋藏成岩和构造–热流体作用及其有效性. 沉积学报, 28 (5): 969-979.

李忠, 徐建强, 高剑, 等. 2013. 盆山系统沉积学——兼论华北和塔里木地区研究实例. 沉积学报, 31 (5): 757-772.

李忠, 李佳蔚, 张平童, 等. 2016. 深层碳酸盐岩关键构造–流体演变与成岩–成储——以塔中奥陶系鹰山组为例. 矿物岩石地球化学通报, 35 (5): 827-838.

李忠, 罗威, 曾冰艳, 等. 2018. 盆地多尺度构造驱动的流体-岩石作用及成储效应. 地球科学, 43 (10): 3498-3510.

刘存革, 李国蓉, 朱传玲, 等. 2008. 塔河油田中下奥陶统岩溶缝洞方解石碳、氧、锶同位素地球化学特征. 地球科学, 33 (3): 377-386.

刘和甫, 汪泽成, 熊保贤, 等. 2000. 中国中西部中、新生代前陆盆地与挤压造山带耦合分析. 地学前缘, 7 (3): 55-72.

刘树根, 宋金民, 赵异华, 等. 2014. 四川盆地龙王庙组优质储层形成与分布的主控因素. 成都理工大学学报 (自然科学版), 41 (6): 657-670.

刘玉梅, 李雪梅, 白林. 2018. 考虑压溶作用的 THCM 耦合模型研究//2018 年全国工程地质学术年会论文集: 601-606.

刘震, 黄艳辉, 潘高峰, 等. 2012. 低孔渗砂岩储层临界物性确定及其石油地质意义. 地质学报, 86 (11): 1815-1825.

刘志宏, 卢华复, 李西建, 等. 2000. 库车再生前陆盆地的构造演化. 地质科学, 35 (4): 482-492.

刘志宏, 卢华复, 贾承造, 等. 2001. 库车再生前陆盆地的构造与油气. 石油与天然气地质, 22 (4): 297-303.

刘忠宝. 2006. 塔里木盆地塔中地区奥陶系碳酸盐岩储层形成机理与分布预测. 北京: 中国地质大学.

卢华复, 贾东, 陈楚铭, 等. 1999. 库车新生代构造性质变形和变形时间. 地学前缘, 6 (4): 215-221.

吕修祥, 杨宁, 周新源, 等. 2008. 塔里木盆地断裂活动对奥陶系碳酸盐岩储层的影响. 中国科学 (D 辑), 38 (增刊 I): 48-54.

马永生, 蔡勋育, 赵培荣. 2011. 深层、超深层碳酸盐岩油气储层形成机理研究综述. 地学前缘, 18 (4): 181-192.

马永生, 黎茂稳, 蔡勋育, 等. 2020. 中国海相深层油气富集机理与勘探开发: 研究现状、关键技术瓶颈与基础科学问题. 石油与天然气地质, 41: 655-672, 683.

倪新峰, 张丽娟, 沈安江, 等. 2010. 塔里木盆地英买力–哈拉哈塘地区奥陶系岩溶储集层成岩作用及孔隙演化. 古地理学报, 12 (4): 467-479.

倪新锋, 黄理力, 陈永权, 等. 2017. 塔中地区深层寒武系盐下白云岩储层特及主控因素. 石油与天然气地质, 38 (3): 489-498.

漆立新, 云露. 2010. 塔河油田奥陶系碳酸盐岩岩溶发育特征与主控因素. 石油与天然气地质, 31 (1): 1-12.

秦胜飞, 戴金星. 2006. 库车拗陷煤成油、气的分布及控制因素. 天然气工业, 26 (3): 16-18.

邱楠生, 刘雯, 徐秋晨, 等. 2018. 深层–古老海相层系温压场与油气成藏. 地球科学, 43: 3511-3525.

任战利, 张盛, 高胜利, 等. 2007. 鄂尔多斯盆地构造热演化史及其成藏成矿意义. 中国科学, (S1): 23-32.

任战利, 祁凯, 杨桂林, 等. 2020. 沉积盆地深层热演化历史与油气关系研究现状及存在问题. 非常规油气, 7 (3): 1-7, 15.

单秀琴, 张宝民, 张静, 等. 2015. 古流体恢复及在储集层形成机理研究中的应用——以塔里木盆地奥陶系为例. 石油勘探与开发, 42 (3): 274-282.

佘敏，朱吟，沈安江．2012．塔中北斜坡鹰山组碳酸盐岩溶蚀的模拟实验研究．中国岩溶，31（3）：234-239.

沈安江，寿建峰，张宝民，等．2016．中国海相碳酸盐岩储层特征成因和分布．北京：石油工业出版社.

寿建峰，朱国华，张惠良．2003．构造侧向挤压与砂岩成岩压实作用——以塔里木盆地为例．沉积学报，21（1）：90-95.

寿建峰，张惠良，沈扬，等．2006．中国油气盆地砂岩储层的成岩压实机制分析．岩石学报，22（8）：2165-2170.

寿建峰，张惠良，沈扬．2007．库车前陆地区吐格尔明背斜下侏罗统砂岩成岩作用及孔隙发育的控制因素分析．沉积学报，25（6）：869-875.

帅燕华，张水昌，胡国艺，等．2019．四川盆地高石梯–磨溪地区震旦系—寒武系天然气TSR效应及气源启示．地质学报，93（7）：1754-1766.

宋光永，刘树根，黄文明，等．2009．川东南丁山–林滩场构造灯影组热液白云岩特征．成都理工大学学报（自然科学版），36（6）：706-715.

宋金民，刘树根，李智武，等．2017．四川盆地上震旦统灯影组微生物碳酸盐岩储层特征与主控因素．石油与天然气地质，38（4）：741-752.

孙龙德，方朝亮，李峰，等．2010．中国沉积盆地油气勘探开发实践与沉积学研究进展．石油勘探与开发，37（4）：385-396.

孙龙德，邹才能，朱如凯，等．2013．中国深层油气形成、分布与潜力分析．石油勘探与开发，40（6）：641-649.

孙永传，李忠，李惠生，等．1996．中国东部含油气断陷盆地的成岩作用．北京：科学出版社.

田晓丹，姜晓桢2015．岩体单裂隙流固热化学耦合作用数值模拟研究．人民长江，46：84-90.

田兴旺，彭瀚霖，王云龙，等．2020．川中安岳气田震旦系灯影组四段台缘–台内区储层差异及控制因素．天然气地球科学，31（9）：1225-1238.

童少青．2018．页岩基质微观孔隙结构特征和渗透特性研究．北京：中国科学院地质与地球物理研究所.

万旸璐，顾忆，傅强，等．2017．塔里木盆地顺南–古隆地区深层奥陶系地温–地压特征与油气分布关系．矿物岩石，37：74-83.

汪新，贾承造，杨树锋．2002．南天山库车褶皱冲断带构造几何学和运动学．地质科学，37（3）：372-384.

汪新，王招明，谢会文，等．2010．塔里木库车拗陷新生代盐构造解析及其变形模拟．中国科学：地球科学，40（12）：1655-1668.

王国芝，刘树根，李娜，等．2014．四川盆地北缘灯影组深埋白云岩优质储层形成与保存机制．岩石学报，30（3）：667-678.

王凯，王贵文，徐渤，等．2015．克深2井区裂缝分类及构造裂缝期次研究．地球物理学进展，30（3）：1251-1256.

王珂，张惠良，张荣虎，等．2016．超深层致密砂岩储层构造裂缝特征及影响因素——以塔里木盆地克深2气田为例．石油学报，37（6）：715-727.

王珂，张荣虎，戴俊生，等．2017．塔里木盆地克深2气田储层构造裂缝成因与演化．中南大学学报（自然科学版），48（5）：1242-1251.

王良书，李成，刘绍文，等．2005．库车前陆盆地大地热流分布特征．石油勘探与开发，4：79-83.

王清晨，李忠．2007．库车–天山盆山系统与油气．北京：科学出版社.

王云．2011．鄂尔多斯盆地下古生界古岩溶表生期演化模拟与油气储层形成．北京：中国地质大学.

蔚远江，杨涛，郭彬程，等．2019．中国前陆冲断带油气勘探、理论与技术主要进展和展望．地质学报，

93 (3)：545-564.

魏国齐，杜金虎，徐春春，等 . 2015. 四川盆地高石梯—磨溪地区震旦系—寒武系大型气藏特征与聚集模式 . 石油学报，36 (1)：1-12.

魏国齐，王志宏，李剑，等 . 2017. 四川盆地震旦系、寒武系烃源岩特征、资源潜力与勘探方向 . 天然气地球科学，28 (1)：1-13.

吴茂炳，王毅，郑孟林，等 . 2007. 塔中地区奥陶纪碳酸盐岩热液岩溶及其对储层的影响 . 中国科学 (D辑)，37 (增刊 I)：83-92.

武亚遵，林云，万军伟，等 . 2016. 碳酸盐岩单裂隙渗流–溶蚀耦合模型及其参数敏感性分析 . 中国岩溶，35：81-86.

熊中玉，丁林，谢静 . 2019. 碳酸盐耦合同位素 (Δ_{47}) 温度计及其在古高度重建中的应用 . 科学通报，64 (16)：1722-1737.

徐勇 . 2014. 基于非均质模型的多场耦合理论及其数值模拟方法 . 徐州：中国矿业大学 .

徐振平，谢会文，李勇，等 . 2012. 库车坳陷克拉苏构造带盐下差异构造变形特征及控制因素 . 天然气地质学，6：1034-1038.

许效松，杜佰伟 . 2005. 碳酸盐岩地区古风化壳岩溶储层 . 沉积与特提斯地质，25 (3)：1-7.

薛亮，于青春 . 2009. 岩溶水系统演化中河间地块分水岭消失过程的数值模拟分析 . 水文地质工程地质，2：7-12.

杨冰，许天福，李凤昱，等 . 2019. 水–岩作用对储层渗透性影响的数值模拟研究——以鄂尔多斯盆地东北部上古生界砂岩储层为例 . 吉林大学学报 (地球科学版)，49：526-538.

杨海军，庞雄奇 . 2016. 塔里木盆地油气藏形成与分布 . 北京：地质出版社 .

杨海军，韩剑发，陈利新，等 . 2007. 塔中古隆起下古生界碳酸盐岩油气复式成藏特征及模式 . 石油与天然气地质，28 (6)：784-790.

杨海军，邓兴梁，张银涛，等 . 2020. 塔里木盆地满深 1 井奥陶系超深断控碳酸盐岩油气藏勘探重大发现及意义 . 中国石油勘探，25：13-23.

杨俊杰，黄思静，张文正，等 . 1995. 表生和埋藏成岩作用的温压条件下不同组成碳酸盐岩溶蚀成岩过程的实验模拟 . 沉积学报，13 (4)：49-54.

杨威，魏国齐，谢武仁，等 . 2020. 四川盆地绵竹–长宁克拉通内裂陷东侧震旦系灯影组四段台缘丘滩体成藏特征与勘探前景 . 石油勘探与开发，47：1-11.

杨雪飞，王兴志，杨跃明，等 . 2015a. 川中地区下寒武统龙王庙组白云岩储层成岩作用 . 地质科技情报，34 (1)：35-41.

杨雪飞，王兴志，唐浩，等 . 2015b. 四川盆地中部磨溪地区龙王庙组沉积微相研究 . 沉积学报，33 (5)：972-982.

姚根顺，周进高，邹伟宏，等 . 2013. 四川盆地下寒武统龙王庙组颗粒滩特征及分布规律 . 海相油气地质，18 (4)：1-8.

尤东华，韩俊，胡文瑄，等 . 2018. 塔里木盆地顺南 501 井鹰山组白云岩储层特征与成因 . 沉积学报，36：1206-1217.

于炳松，赖兴运 . 2006. 成岩作用中的地下水碳酸体系与方解石溶解度 . 沉积学报，24：627-635.

于子望 . 2013. 多相多组分 THCM 耦合过程机理研究及其应用 . 长春：吉林大学 .

曾庆鲁，莫涛，赵继龙，等 . 2020. 7000m 以深优质砂岩储层的特征、成因机制及油气勘探意义——以库车坳陷下白垩统巴什基奇克组为例 . 天然气工业，40 (1)：38-47.

张宝民，刘静江 . 2009. 中国岩溶储集层分类与特征及相关的理论问题 . 石油勘探与开发：36 (1)：12-29.

张帅.2013. 川中高石梯构造灯影组优质储层形成机制研究. 成都：成都理工大学.28-48.

张水昌，梁狄刚，陈建平，等.2017. 中国海相油气形成与分布. 北京：科学出版社.

张涛，蔡希源.2007. 塔河地区加里东中期古岩溶作用及分布模式. 地质学报，81（8）：1125-1134.

张同钢，储雪蕾，张启锐，等.2004. 扬子地台灯影组碳酸盐岩中的硫和碳同位素记录. 岩石学报，20（3）：717-724.

张兴阳，顾家裕，罗平，等.2006. 塔里木盆地奥陶系萤石成因及其油气地质意义. 岩石学报，22（8）：2220-2228.

张仲培，王清晨，王毅，等.2006. 库车拗陷脆性构造序列及其对构造古应力的指示. 地球科学，31（3）：309-316.

赵闯，于炳松，张聪，等.2012. 塔中地区与热液有关白云岩的形成机理探讨. 岩石矿物学杂志，31：164-172.

赵靖舟，李军，徐泽阳.2017. 沉积盆地超压成因研究进展. 石油学报，38（9）：973-998.

赵文智，沈安江，潘文庆，等.2013. 碳酸盐岩岩溶储层类型研究及对勘探的指导意义——以塔里木盆地岩溶储层为例. 岩石学报，29（9）：3213-3222.

赵文智，胡素云，刘伟，等.2014. 再论中国陆上深层海相碳酸盐岩油气地质特征与勘探前景. 天然气工业，34（4）：1-9.

郑剑，王振宇，杨海军，等.2015. 塔中地区奥陶系鹰山组埋藏岩溶期次及其对储层的贡献. 现代地质，29：665-674.

周剑，张路青，戴福初，等.2013. 基于黏结颗粒模型某滑坡土石混合体直剪试验数值模拟. 岩石力学与工程学报，32：2650-2659.

周进高，张建勇，邓红婴，等.2017. 四川盆地震旦系灯影组岩相古地理与沉积模式. 天然气工业，37（1）：24-31.

朱夏.1983. 中国中新生代盆地构造和演化. 北京：科学出版社.

邹才能，朱如凯，吴松涛，等.2012. 常规与非常规油气聚集类型、特征、机理及展望：以中国致密油和致密气为例. 石油学报，33（2）：173-187.

邹才能，杜金虎，徐春春，等.2014. 四川盆地震旦—寒武系特大型气田形成分布、资源潜力及勘探发现. 石油勘探与开发，41（3）：278-293.

Aase N E，Walderhaug O. 2005. The effect of hydrocarbons on quartz cementation：diagenesis in the Upper Jurassic sandstones of the Miller Field，North Sea，revisited. Petroleum Geoscience，11（3）：215-223.

Abarca E，Idiart A，Grandia F，et al. 2019. 3D reactive transport modeling of porosity evolution in a carbonate reservoir through dolomitization. Chemical Geology，513：184-199.

Aguilera R. 1980. Naturally Fractured Reservoirs. Tulsa：Penn Well Books.

Aitken C M，Jones D M，Larter S R. 2004. Anaerobic hydrocarbon biodegradation in deep subsurface oil reservoirs. Nature，431（7006）：291-294.

Ajdukiewicz J M，Lander R H. 2010. Sandstone reservoir quality prediction：the state of the art. AAPG Bulletin，94（8）：1083-1091.

Ajdukiewicz J M，Larese R E. 2012. How clay grain coats inhibit quartz cement and preserve porosity in deeply buried sandstones：observations and experiments. AAPG Bulletin，96（11）：2091-2119.

Alexandrov E N，Kuznetsov N M，Brusova G P，et al. 2011. Supercritical fluid state of hydrocarbon-water fluids in a porous medium and optimization of fluid release from pores. Russian Journal of Physical Chemistry B，5（8）：1240-1244.

Algeo T J，Luo G M，Song H Y，et al. 2015. Reconstruction of secular variation in seawater sulfate concentrations. Biogeosciences, 12 (7): 2131-2151.

Allan J R, Matthews R K. 1982. Isotope signatures associated with early meteoric diagenesis. Sedimentology, 29: 797-817.

Allen P A, Allen J R. 2013. Basin Analysis: Principles and Application to Petroleum Play Assessment. New York: John Wiley & Sons.

Allen P A, Armitage J J. 2012. Cratonic basins. //Busby C J, Azor A. Tectonics of Sedimentary Basins: Recent Advances. Oxford: Wiley-Blackwell: 602-620.

Al-Dossary S, Marfurt K J. 2006. 3D volumetric multispectral estimates of reflector curvature and rotation. Geophysics, 71: 41-51.

Amthor J E, Friedman G M. 1991. Dolomite-rock textures and secondary porosity development in Ellenburger Group carbonates (Lower Ordovician), west Texas and southeastern New Mexico. Sedimentology, 38: 343-362.

Amthor J E, Friedman G M. 1992. Early-to late-diagenetic dolomitization of platform carbonates: Lower Ordovician Ellenburger Group, Permian Basin, West Texas. Extractive Metallurgy of Nickel Cobalt & Platinum Group Metals, 75 (3): 67-83.

Amthor J E, Ramseyer, K Faulkner T, et al. 2005. Stratigraphy and sedimentology of a chert reservoir at the Precambrian-Cambrian Boundary: the Al Shomou Silicilyte, South Oman Salt Basin. GeoArabia. Middle East Petroleum Gepscoence, 10 (2): 89-122.

Andresen B, Throndsen T, Barth T, et al. 1994. Thermal generation of carbon dioxide and organic acids from different source rocks. Organic Geochemistry, 21 (12): 1229-1242.

Andreychouk V, Dublyansky Y, Ezhou Y, et al. 2009. Karst in the Earth's crust: its distribution and Principal types. Katowice: University of Silesia-Department of Earth's Sciences, Ukrainian Academy of Sciences & Tavrichesky National University-Ukrainian Institute of Speleology and Karstology.

Aydin A. 1978. Small faults formed as deformation bands in sandstone. Pure and Applied Geophysics, 116: 913-930.

Aydin A, Johnson A M. 1978. Development of faults as zones of deformation bands and as slip surfaces in sandstones. Pure and Applied Geophysics, 116: 931-942.

Azmy K, LavoieD, Wang Z R, et al. 2013. Magnesium-isotope and REE compositions of Lower Ordovician carbonates from eastern Laurentia: implications for the origin of dolomites and limestones. Chemical Geology, 356: 64-75.

Baceta J I, Wright V P, Beavington-Penney S J, et al. 2007. Palaeohydrogeological control of palaeokarst macroporosity genesis during a major sea-level lowstand: Danian of the Urbasa-Andia Plateau, Navarra, North Spain. Sedimentary Geology, 199 (3-4): 141-169.

Bachu S. 1997. Flow of formation waters, aquifer characteristics, and their relation to hydrocarbon accumulations, northern Alberta Basin. AAPG Bulletin, 81 (5): 712-733.

Bachu S. 2015. Review of CO_2 storage efficiency in deep saline aquifers. International Journal of Greenhouse Gas Control, 40: 188-202.

Bahorich M, Farmer S. 1995. 3-D seismic discontinuity for faults and stratigraphic features: the coherence cube. The Leading Edge, 14: 1053-1058.

Balitsky V S, Pironon J, Penteley S V, et al. 2011. Phase states of water-hydrocarbon fluid systems at elevated and high temperatures and pressures: evidence from experimental data. Doklady Earth Sciences, 437 (1): 383-386.

Banner J L. 1995. Application of the trace element and isotope geochemistry of strontium to studies of carbonate diagenesis. Sedimentology, 42: 805-824.

Barth T, Borgund A E, Hopland A L. 1989. Generation of organic compounds by hydrous pyrolysis of Kimmeridge oil shale-bulk results and activation energy calculations. Organic Geochemistry, 14 (1): 69-76.

Barth T, Riis M. 1992. Interactions between organic acids anions in formation waters and reservoir mineral phases. Organic Geochemistry, 19 (4): 455-482.

Beard D C, Weyl P K. 1973. Influence of texture on porosity and permeability of unconsolidated sand. AAPG Bulletin, 57 (2): 349-369.

Bell J L, Palmer D A. 1994. Experimental studies of organic acid decomposition//Pittman E D, Lewan M D. Organic Acids in Geological Processes. Berlin: Springer-Verlag: 226-269.

Biehl B C, Reuning L, Schoenherr J, et al. 2016. Impacts of hydrothermal dolomitization and thermochemical sulfate reduction on secondary porosity creation in deeply buried carbonates: a case study from the Lower Saxony Basin, northwest Germany. AAPG Bulletin, 100 (4): 597-621.

Bisdom K, Bertotti G, Nick H M. 2016. A geometrically based methodfor predicting stress-inducedfracture aperture and flow indiscrete fracture networks. AAPG Bulletin, 100 (7): 1075-1097.

Bjørkum P A, Oelkers E H, Nadeau P H, et al. 1998. Porosity prediction in quartzose sandstones as a function of time, temperature, depth, stylolite frequency, and hydrocarbon saturation. AAPG Bulletin, 82 (4): 637-647.

Bjørlykke K. 1984. Formation of secondary porosity: how important is it? AAPG Special Volumes, 59: 277-286.

Bjørlykke K. 2011. Open-system chemical behaviour of Wilcox Group mudstones. how is large scale mass transfer at greatburial depth in sedimentary basins possible? A discussion. Marine and Petroleum Geology, 28 (7): 1381-1382.

Bjørlykke K. 2014. Relationships between depositional environments, burial history and rock properties. Some principal aspects of diagenetic process in sedimentary basins. Sedimentary Geology, 301 (3): 1-14.

Bjørlykke K, Jahren J. 2012. Open closed geochemical systems during diagensis in sedimentary basins: constraints on mass transfer during diagenesis and the prediction of porosity in sandstone and carbonate reservoirs. AAPG Bulletin, 96 (12): 2193-2214.

Bjørlykke K, Mo A, Palm E. 1988. Modelling of thermal convection in sedimentary basins and its relevance to diagenetic reactions. Marine and Petroleum Geology, 5 (4): 338-351.

Blake R E, Walter L M. 1996. Effects of organic acids on the dissolution of orthoclase at 80℃ and pH 6. Chemical Geology, 132 (1-4): 91-102.

Bloch S, Lander R H, Bonnell I. 2002. Anom alously high porosity and permeability in deeply buried sandstone reservoirs: origin and predictability. AAPG Bulletin, 86 (2): 301-328.

Blumentritt C H, Marfurt K J, Sullivan E C. 2006. Volume-based curvature computations illuminate fracture orientations — Early to mid-Paleozoic, Central Basin Platform, west Texas. Geophysics, 71: B159-B166.

Bodnar R J. 1993. Revised equation and table for determining the freezing point depression of H_2O-NaCl solutions. Geochimica et Cosmochimica Acta, 57: 683-684.

Boles J R, Franks S G. 1979. Clay diagenesis in Wilcox sandstones of southwest Texas: implications of smectite diagenesis on sandstone cementation. Journal of Sedimentary Petrology, 49: 55-70.

Boles J R, Eichhubl P, Garven G, et al. 2004. Evolution of a hydrocarbon migration pathway along basin-bounding faults: evidence from fault cement. AAPG Bulletin, 88 (7): 947-970.

Bond G C, Kominz M A. 1984. Construction of tectonic subsidence curves for the early Paleozoic miogeocline, southern Canadian Rocky Mountains: Implications for subsidence mechanisms, age of breakup, and crustal thinning. Geological Society of America Bulletin, 95 (2): 155-173.

Bonifacie M, Calmels D, Eiler J. 2013. Clumped isotope thermometry of marbles as an indicator of the closure temperatures of calcite and dolomite with respect to solid-state reordering of C—O bonds. Mineralogical Magazine, 77 (5): 735.

Borgund A E, Barth T. 1994. Generation of short-chain organic-acids from crude oil by hydrous pyrolysis. Organic Geochemistry, 21 (8-9): 943-952.

Bristow T F, Bonifacie M, Derkowski A, et al. 2011. Hydrothermal origin for isotopically anomalous cap dolostone cements from south China. Nature, 474 (7349): 68-71.

Budd D A, Gaswirth S B, Oliver W L. 2002. Quantification of macroscopic subaerial exposure features in carbonate rocks. Journal of Sedimentary Research, 72 (6): 917-928.

Buschaert S, Fourcade S, Cathelineau M, et al. 2004. Widespread cementation induced by inflow of continental water in the eastern part of the Paris Basin: O and C isotopic study of carbonate cements. Applied Geochemistry, 19: 1201-1215.

Cai C F, Franks S G, Aagaard P. 2001a. Origin and migration of brines from Paleozoic strata in central Tarim, China: constraints from $^{87}Sr/^{86}Sr$, δD, $\delta^{18}O$ and water chemistry. Applied Geochemistry, 16 (9-10): 1269-1284.

Cai C F, Hu W S, Worden R H. 2001b. Thermochemical sulphate reducation in Cambro-Ordovician carbonates in Central Tarim. Marine and Petroleum Geology, 18 (6): 729-741.

Cai C F, Zhang C M, Cai L L, et al. 2009. Origins of Palaeozoic oils in the Tarim Basin: evidence from sulfur isotopes and biomarkers. Chemical Geology, 268: 197-210.

Cai C F, He W X, Jiang L, et al. 2014. Petrological and geochemical constraints on porosity difference between Lower Triassic sour-and sweet-gas carbonate reservoirs in the Sichuan Basin. Marine and Petroleum Geology, 56: 34-50.

Cai C F, Hu G Y, Li H X, et al. 2015a. Origins and fates of H_2S in the Cambrian and Ordovician in Tazhong area: evidence from sulfur isotopes, fluid inclusions and production data. Marine and Petroleum Geology, 67: 408-418.

Cai C F, Zhang C M, Worden R H, et al. 2015b. Application of sulfur and carbon isotopes to oil-source rock correlation: a case study from the Tazhong area, Tarim Basin, China. Organic Geochemistry, 83: 140-152.

Cai C F, Amrani A, Worden R H, et al. 2016. Sulfur isotopic compositions of individual organosulfur compounds and their genetic links in the Lower Paleozoic petroleum pools of the Tarim Basin, NW China. Geochimica et Cosmochimica Acta, 182: 88-108.

Cama J, Ganor J. 2006. The effects of organic acids on the dissolution of silicate minerals: a case study of oxalate catalysis of kaolinite dissolution. Geochimica et Cosmochimica Acta, 70 (9): 2191-2209.

Cantrell D L, Swart P, Hagerty R M. 2004. Genesis and characterization of dolomite, Arab-D Reservoir, Ghawar Field, Saudi Arabia. GeoArabia, 9: 11-36.

Carothers W W, Kharaka Y K. 1978. Aliphatic acid anions in oil-field waters: implications for origin of natural gas. AAPG Bulletin, 62 (12): 2441-2453.

Chan M, Parry W T, Bowman J R. 2000. Diagenetic hematite and manganese oxides and fault-related fluid flow in Jurassic sandstones, southeastern Utah. AAPG Bulletin, 84 (9): 1281-1310.

Chang V T C, Williams R, Makishima A, et al. 2004. Mg and Ca isotope fractionation during $CaCO_3$ biomineralisation. Biochemical and Biophysical Research Communications, 323 (1): 79-85.

Chen D, Wang J, Qing H, et al. 2009. Hydrothermal venting activities in the Early Cambrian, South China:

petrological, geochronological and stable isotopic constraints. Chemical Geology, 258 (3-4): 168-181.

Chen W, Ghaith A, Ortoleva P. 1990. Diagenesis through coupled processes: modeling approach, self-organization, and implication for exploration//Meshri I, Ortoleva P. Prediction of reservoir quality through chemical modeling. AAPG Memoir 49. Tulsa: AAPG: 103-130.

Chopra S, Marfurt K J. 2007a. Volumetric curvature attributes add value to 3D seismic data interpretation. The Leading Edge, 26: 856-867.

Chopra S, Marfurt K J. 2007b. Volumetric curvature attributes for fault/fracture characterization. First Break, 25: 19-30.

Chopra S. Marfurt K J. 2010. Integration of coherence and volumetric curvature images. The Leading Edge, 29: 1092-1107.

Clayton R N, Friedman I, Graf D L, et al. 1966. The origin of saline formation waters 1. isotopic composition. Journal of Geophysical Research, 71 (16): 3869-3882.

Cohen I, Coifman R R. 2002. Local discontinuity measures for 3-D seismic data. Geophysics, 67: 1933-1945.

Coleman M L, Raiswell R. 1981. Oxygen and sulphur isotope variations in concretions from the Upper Lias of N. E. England. Geochimica et Cosmochimica Acta, 45 (3): 329-340.

Collins A G. 1975. Geochemistry of Oilfield Waters. New York: Elsevier.

Connolly C A, Walter L M, Baadsgaard H, et al. 1990. Origin and evolution of formation waters, Alberta Basin, Western Canada Sedimentary Basin. 1. chemistry. Applied Geochemistry, 5 (4): 375-395.

Connolly J A D, Podladchikov Y Y. 2000. Temperature-dependent viscoelastic compaction and compartmentalization in sedimentary basins. Tectonophysics, 324: 137-168.

Cooles G P, Mackenzie A S, Parkes R J. 1987. Non-hydrocarbons of significance in petroleum exploration volatile fatty acids and non-hydrocarbon gases. Mineralogical Magazine, 51 (362): 483-493.

Crossey L J, Frost B R, Surdam R C. 1984. Secondary porosity in laumontite-bearing sandstones: Part 2. aspects of porosity modification. AAPG Bulletin, 59: 225-237.

Cuadros J. 2006. Modeling of smectite illitization in burial diagenesis environments. Geochimica et Cosmochimica Acta, 70 (16): 4181-4195.

Davies G R, Smith L B. 2006. Structurally controlled hydrothermal dolomite reservoir facies: an overview. AAPG Bulletin, 90 (11): 1641-1690.

Dennis K J, Schrag D P. 2010. Clumped isotope thermometry of carbonatites as an indicator of diagenetic alteration. Geochimica et Cosmochimica Acta, 74 (14): 4110-4122.

Dennis K J, Affek H P, Passey B H, et al. 2011. Defining an absolute reference frame for "clumped" isotope studies of CO_2. Geochimica et Cosmochimica Acta, 75 (22): 7117-7131.

Di H, Gao D. 2015. Efficient volumetric extraction of most positive/negative curvature and flexure for fracture characterization from 3D seismic data. Geophysical Prospecting, 64 (6): 1454-1468.

Dias R F, Freeman K H, Lewan M D, et al. 2002. $\delta^{13}C$ of low-molecular-weight organic acids generated by the hydrous pyrolysis of oil-prone source rocks. Geochimica et Cosmochimica Acta, 66 (15): 2755-2769.

Dickey P A, Fajardo I, Collins A G. 1972. Chemical composition of deep formation waters in southwestern Louisiana. AAPG Bulletin, 56 (8): 1530-1533.

Dong H. 2007. Micro CT imaging and pore network extraction. London: Imperial College.

Dong H, Blunt M J. 2009. Pore-network extraction from micro-computerized-tomography images. Physical Review E, 80 (3): 036307.

Dreybrodt W. 1999. Chemical kinetics, speleothem growth and climate. Boreas, 28 (3): 347-356.

Dreybrodt W, Buhmann D. 1991. A mass transfer model for dissolution and precipitation of calcite from solutions in turbulent motion. Chemical Geology, 90 (1): 107-122.

Dugan B, Sheahan T. 2012. Offshore sediment overpressures of passive margins: mechanisms, measurement, and models. Reviews of Geophysics, 50 (3): 3001-3008.

Dutton S P, Loucks R G, Day-Stirrat R J. 2012. Impact of regional variation in detrital mineral composition on reservoir quality in deep to ultradeep lower Miocene sandstones, western Gulf of Mexico. Marine and Petroleum Geology, 35 (1): 139-153.

Eglinton T I, Curtis C D, Rowland S J. 1987. Generation of water-soluble organic acids from kerogen during hydrous pyrolysis: implications for porosity development. Mineralogical Magazine, 51: 495-503.

Ehrenberg S N. 1993. Preservation of anomalously high porosity in deeply buried sandstones by grain-coating chlorite: examples from the Norwegian continental shelf. AAPG Bulletin, 77 (7): 1260-1286.

Ehrenberg S N, Nadeau P H. 2005. Sandstone vs. carbonate petroleum reservoirs: a global perspective on porosity-depth and porosity-permeability relationships. AAPG Bulletin, 89 (4): 435-445.

Ehrenberg S N, Eberli G P, Keramati M. 2006. Porosity-permeability relationships in interlayered limestone-dolostone reservoirs. AAPG Bulletin, 90 (1): 91-114.

Ehrenberg S N, Nadeau P H, Steen Ø. 2009. Petroleum reservoir porosity versus depth: Influence of geological age. AAPG Bulletin, 93 (10): 1281-1296.

Ehrenberg S N, Walderhaug O, Bjorlykke K. 2012. Carbonate porosity creation by mesogenetic dissolution: reality or illusion. AAPG Bulletin, 96 (2): 217-233.

Eiler J M. 2006. "Clumped" isotope geochemistry. Geochimica et Cosmochimica Acta, 70 (18): A156.

Eiler J M. 2007. "Clumped-isotope" geochemistry-The study of naturally-occurring, multiply-substituted isotopologues. Earth and Planetary Science Letters, 262 (3-4): 309-327.

Eiler J M. 2011. Paleoclimate reconstruction using carbonate clumped isotope thermometry. Quaternary Science Reviews, 30 (25-26): 3575-3588.

Ellrich J, Hirner A, Stark H. 1985. Distribution of trace elements in crude oils from southern Germany. Chemcial Geology, 48: 313-323.

Enos P, Sawatsky L H. 1981. Pore Networks in Holocene Carbonate Sediments. Journal of Sedimentary Petrology, 51 (3): 961-985.

Escorcia L C, Gomez-Rivas E, Daniele L, et al. 2013. Dedolomitization and reservoir quality: insights from reactive transport modelling. Geofluids, 13 (2): 221-231.

Evans D, Sagoo N, Renema W, et al. 2018. Eocene greenhouse climate revealed by coupled clumped isotope-Mg/Ca thermometry. Proceedings of the National Academy of Sciences of the United States of America, 115 (6): 1174-1179.

Evenick J C. 2021. Glimpses into Earth's history using a revised global sedimentary basin map. Earth-Science Reviews, 215: 103564.

Fabryka-Martin J T, Davis S N, Elmore D, et al. 1989. In situ production and migration of [129]I in the stripa granite, Sweden. Geochimica et Cosmochimica Acta, 53 (8): 1817-1823.

Fan H, Wen H, Han T, et al. 2018. Oceanic redox condition during the late Ediacaran (551-541Ma), South China. Geochimica et Cosmochimica Acta, 238: 343-356.

Fantle M S, Higgins J. 2014. The effects of diagenesis and dolomitization on Ca and Mg isotopes in marine platform carbonates: implications for the geochemical cycles of Ca and Mg. Geochimica et Cosmochimica Acta, 142: 458-481.

Feazel C T, Schatzinger R A. 1983. Prevention of carbonate cementation in petroleum reservoirs. Proceedings of the National Academy of Sciences of the United States of America, 85 (1): 257-260.

Feazel C T, Schatzinger R A. 1985. Prevention of carbonate cementation in petroleum reservoirs//Schneidermann N, Harris P M Carbonate Cements: SEPM Special Publication, 36: 97-106.

Fehmers G C, Höcker C F W. 2003. Fast structural interpretation with structure-oriented filtering. Geophysics, 68 (4): 1286-1293.

Fehn U. 2012. Tracing crustal fluids: applications of natural ^{129}I and ^{36}Cl. Annual Review of Earth and Planetary Sciences, 40 (1): 45-67.

Fehn U, Snyder G T. 2005. Residence times and source ages of deep crustal fluids: interpretation of ^{129}I and ^{36}Cl results from the KTB-VB drill site, Germany. Geofluids, 5 (1): 42-51.

Fehn U, Snyder G, Egeberg P K. 2000. Dating of pore waters with ^{129}I: relevance for the origin of marine gas hydrates. Science, 289 (5488): 2332-2335.

Fehn U, Snyder G T, Matsumoto R, et al. 2003. Iodine dating of pore waters associated with gas hydrates in the Nankai area, Japan. Geology, 31 (6): 521-524.

Fehn U, Snyder G T, Muramatsu Y. 2007. Iodine as a tracer of organic material: ^{129}I results from gas hydrate systems and fore arc fluids. Journal of Geochemical Exploration, 95 (1-3): 66-80.

Feng M, Wu P, Qiang Z, et al. 2017. Hydrothermal dolomite reservoir in the Precambrian Dengying Formation of central Sichuan Basin, Southwestern China. Marine & Petroleum Geology, 82: 206-219.

Ferry J M, Passey B H, Vasconcelos C, et al. 2011. Formation of dolomite at 40-80℃ in the Latemar carbonate buildup, Dolomites, Italy, from clumped isotope thermometry. Geology, 39 (6): 571-574.

Filby R H. 1994. Origin and nature of trace element species in crude oils, bitumens and kerogens: implications for correlation and other geochemical studies//Parnell J. Geofluids: Origin, Migration and Evolution of Fluids in Sedimentary Basins. London: The Geological Society: 203-219.

Fisher J B. 1987. Distribution and occurrence of aliphatic acid anions in deep subsurface waters. Geochimica et Cosmochimica Acta, 51 (9): 2459-2468.

Fisher J B, Boles J R. 1990. Water-rock interaction in Tertiary sandstones, San Joaquin Basin, California, USA: diagenetic controls on water composition. Chemical Geology, 82: 83-101.

Fossen H, Bale A. 2007. Deformation bands and their influence on fluid flow. AAPG Bulletin, 91 (12): 1685-1700.

Fossen H, Schultz R A, Shipton Z K, et al. 2007. Deformation bands in sandstone: a review. Journal of the Geological Society, 164: 755-769.

Fowler C M R, Nisbet E G. 1985. The subsidence of the Williston basin. Canadian Journal of Earth Sciences, 22 (3): 408-415.

Frolov S V, Akhmanov G G, Bakay E A, et al. 2015. Meso-Neoproterozoic petroleum systems of the Eastern Siberian sedimentary basins. Precambrian Research, 259: 95-113.

Gabitov R I, Gagnon A C, Guan Y, et al. 2013. Accurate Mg/Ca, Sr/Ca, and Ba/Ca ratio measurements in carbonates by SIMS and NanoSIMS and an assessment of heterogeneity in common calcium carbonate standards. Chemical Geology, 356: 94-108.

Gabrovšek F, Dreybrodt W. 2010. Karstification in unconfined limestone aquifers by mixing of phreatic water with surface water from a local input: a model. Journal of Hydrology, 386: 130-141.

Gale J F W, Laubach S E, Olson J E, et al. 2014. Natural fractures in shale: a review and new observations. AAPG Bulletin, 98 (11): 2165-2216.

Gallagher T M, Sheldon N D, Mauk J L, et al. 2017. Constraining the thermal history of the North American Mid-continent Rift System using carbonate clumped isotopes and organic thermal maturity indices. Precambrian Research, 294: 53-66.

Galloway W E. 1984. Hydrogeologic Regimes of Sandstone Diagenesis//McDonald D A, Surdam R C. Clastic Diagenesis. Tulsa: AAPG: 3-13.

Galy A, Bar-Matthews M, Halicz L, et al. 2002. Mg isotopic composition of carbonate: insight from speleothem formation. Earth and Planetary Science Letters, 201 (1): 105-115.

Gao D. 2013. Integrating 3D seismic curvature and curvature gradient attributes for fracture characterization: methodologies and interpretational implications. Geophysics, 78: O21-O31.

Gao D, Di H. 2015. Extreme curvature and extreme flexure analysis for fracture characterization from 3D seismic data: new analytical algorithms and geologic implications. Geophysics, 80: IM11-IM20.

Gao T, Ke S, Teng F Z, et al. 2016. Magnesium isotope fractionation during dolostone weathering. Chemical Geology, 445: 14-23.

Garven G. 1995. Continental-scale groundwater flow and geologic processes. Annual Review of Earth and Planetary Sciences, 23 (1): 89-118.

Gersztenkorn A, Marfurt K J. 1999. Eigenstructure-based coherence computations as an aid to 3-D structural and stratigraphic mapping. Geophysics, 64: 1468-1479.

Geske A, Zorlu J, Richter D K, et al. 2012. Impact of diagenesis and low grade metamorphism on isotope (δ^{26}Mg, δ^{13}C, δ^{18}O and ^{87}Sr/^{86}Sr) and elemental (Ca, Mg, Mn, Fe and Sr) signatures of Triassic sabkha dolomites. Chemical Geology, 332: 45-64.

Ghabezloo S, Sulem J, Guédon S, et al. 2009. Effective stress law for the permeability of a limestone. International Journal of Rock Mechanics and Mining Sciences, 46: 297-306.

Ghosh P, Adkins J, Affek H, et al. 2006. ^{13}C-^{18}O bonds in carbonate minerals: a new kind of paleothermometer. Geochimica et Cosmochimica Acta, 70 (6): 1439-1456.

Gibson R G. 1998. Physical character and fluid-flow properties of sandstone-derived fault zones. Geological Society London Special Publications, 127 (1): 83-97.

Goldstein R H. 2001. Fluid inclusions in sedimentary and diagenetic systems. Lithos, 55 (1): 159-193.

Goldstein R H, Reynolds T J. 1994. Systematics of fluid inclusions in diagenetic minerals. SEPM Short Course, 31: 199.

Gomez-Rivas E, Corbella M, Martín-Martín J D, et al. 2014. Reactivity of dolomitizing fluids and Mg source evaluation of fault-controlled dolomitization at the Benicàssim outcrop analogue (Maestrat Basin, E Spain). Marine and Petroleum Geology, 55: 26-42.

Goncalvesn J, Violetten S, Guillocheauw F, et al. 2004. Contribution of a Three-Dimensional regional scale basin model to the study of the past fluid flow evolution and the present hydrology of the Paris Basin, France. Basin Research, 16: 569-586.

Graham S A, Hendrix M S, Wang L B, et al. 1993. Collisional successor basins of western China: impact of tectonic inheritance on sand composition. Geological Society of America Bulletin, 105 (3): 323-344.

Gratier J P, Dysthe D K, Renard F. 2013. The role of pressure solution creep in theductility of the Earth's upper crust//Dmowska R. Advances in Geophysics. New York: Academic Press Inc.: 47-179.

Gregg J M, Shelton K L. 1989. Minor- and trace-element distributions in the Bonneterre Dolomite (Cambrian), southeast Missouri: evidence for possible multiple-basin fluid sources and pathways during lead-zinc mineralization. Geological Society of America Bulletin, 101 (2): 221-230.

Gregg J M, Laudon P R, Woody R E, et al. 1993. Porosity evolution of the Cambrian Bonneterre dolomite, south-eastern Missouri, USA. Sedimentology, 40 (6): 1153-1169.

Grotzinger J, Al-Rawahi Z. 2014. Depositional facies and platform architecture of microbialite-dominated carbonate reservoirs, Ediacaran-Cambrian Ara Group, Sultante of Oman. AAPG Bulletin, 98 (8): 1453-1494.

Groves C G, Howard A D. 1994. Early development of karst systems: 1. Preferential flow path enlargement under laminar flow. Water Resources Research, 30: 2837-2846.

Gualda G A, Baker D R, Polacci M J G. 2010. Introduction: advances in 3D imaging and analysis of geomaterials. Geosphere, 6 (5): 468-469.

Haas J, Budai T, Györi O, et al. 2014. Multiphase partial and selective dolomitization of Carnian reef limestone (Transdanubian Range, Hungary). Sedimentology, 61: 836-859.

Habicht K S, Canfield D E. 1997. Sulfur isotope fractionation during bacterial sulfate reduction in organic-rich sediments. Geochimica et Cosmochimica Acta, 61 (24): 5351-5361.

Habicht K S, Gade M, Thamdrup B, et al. 2002. Calibration of sulfate levels in the Archean ocean. Science, 298 (5602): 2372-2374.

Halley R B, Schmoker J W. 1983. High-porosity Cenozoic carbonate rocks of south Florida: progressive loss of porosity with depth. AAPG Bulletin, 67 (2): 191-200.

Hanor J S, Workman A L. 1986. Distribution of dissolved volatile fatty acids in some Louisiana oil field brines. Applied Geochemistry, 1 (1): 37-46.

Hao F, Zhang X F, Wang C W, et al. 2015. The fate of CO_2 derived from thermochemical sulfate reduction (TSR) and effect of TSR on carbonate porosity and permeability, Sichuan Basin, China. Earth-Science Review, 141: 154-177.

Heasley E C, Worden R H, Hendry J P. 2000. Cement distribution in a carbonate reservoir: recognition of a palaeo oil-water contact and its relationship to reservoir quality in the Humbley Grove field, Onshore, UK. Marineand Petroleum Geology, 17 (5): 639-654.

Hendrix M S, Dumitru T A, Graham S A. 1994. Late Oligocene-early Miocene unroofing in the Chinese Tian Shan: an early effect of the India-Asia collision. Geology, 22 (6): 487-490.

Henkes G A, Passey B H, Wanamaker A D, et al. 2013. Carbonate clumped isotope compositions of modern marine mollusk and brachiopod shells. Geochimica et Cosmochimica Acta, 106: 307-325.

Henkes G A, Passey B H, Grossman E L, et al. 2018. Temperature evolution and the oxygen isotope composition of Phanerozoic oceans from carbonate clumped isotope thermometry. Earth and Planetary Science Letters, 490: 40-50.

Heredia D J. 2017. Improvement of the numerical capacities of simulation tools for reactive transport modeling in porous media. Rennes: University of Rennes 1.

Heydari E. 1997. Hydrotectonic models of burial diagenesis in platform carbonates based on formation water geochemistry in North American sedimentary basins//Montañez I P, Gregg J M, Shelton K L. Basin-Wide Diagenetic Patterns: Integrated Petrologic, Geochemical and Hydrologic Considerations: SEPM Special Publication, 57: 53-79.

Heynekamp M R, Goodwin L B, Mozley P S, et al. 1999. Controls on fault-zone architecture in poorly lithified sediments, Rio Grande Rift, New Mexico: implications for fault-zone permeability and fluid flow//Haneberg W C, Mozley P S, Moore J C. Faults and subsurface fluid flow in the shallow crust. Geophysical Monograph Series, 113: 27-49.

Higgins J A, Schrag D P. 2010. Constraining magnesium cycling in marine sediments using magnesium isotopes. Geochimica et Cosmochimica Acta, 74 (17): 5039-5053.

Hillier S. 1994. Pore-lining chlorites in siliciclastic reservoir sandstones: electron microprobe, SEM and XRD data, and implications for their origin. Clay Minerals, 29 (4): 665-680.

Hippler D, Buhl D, Witbaard R, et al. 2009. Towards a better understanding of magnesium-isotope ratios from marine skeletal carbonates. Geochimica et Cosmochimica Acta, 73 (20): 6134-6146.

Hollis C. 2011. Diagenetic controls on reservoir properties of carbonate successions within the Albian-Turonian of the Arabian Plate. Petroleum Geoscience, 17 (3): 223-241.

Hu Z, Hu W, Wang X, et al. 2017. Resetting of Mg isotopes between calcite and dolomite during burial metamorphism: outlook of Mg isotopes as geothermometer and seawater proxy. Geochimica et Cosmochimica Acta, 208: 24-40.

Huang K J, Shen B, Lang X G, et al. 2015. Magnesium isotopic compositions of the Mesoproterozoic dolostones: implications for Mg isotopic systematics of marine carbonates. Geochimica et Cosmochimica Acta, 164: 333-351.

Huang S, Huang K, Tong H, et al. 2010. Origin of CO_2 in natural gas from the Triassic Feixianguan Formation of northeast Sichuan Basin. Science China Earth Sciences, 53 (5): 642-648.

Huang T, Pang Z, Li Z, et al. 2020. A framework to determine sensitive inorganic monitoring indicators for tracing groundwater contamination by produced formation water from shale gas development in the Fuling Gasfield, SW China. Journal of Hydrology, 581: 124-403.

Huntington K W, Budd D A, Wernicke B P, et al. 2011. Use of clumped-isotope thermometry to constrain the crystallization temperature of diagenetic calcite. Journal of Sedimentary Research, 81 (9): 656-669.

Hurley N F, Zhao W, Zhang T. 2012. Multiscale workflow for Reservoir Simulation. SPWLA 53rd Annual Logging Symposium, Cartagena, Colombia, June 2012.

Hurst A, Nadeau P H. 1995. Clay microporosity in reservoir sandstones: an application of quantitative electron microscopy in petrophysical evaluation. AAPG bulletin, 79 (4): 563-573.

Husinec A, Basch D, Rose B, et al. 2008. FISCHERPLOTS: an excel spreadsheet for computing Fischer plots of accommodation change in cyclic carbonate successions in both the time and depth domains. Computers Geosciences Journal, 34 (3): 269-277.

Hutcheon I, Krouse H R, Abercrombie H J. 1995. Controls on the origin and distribution of elemental sulfur, H_2S, and CO_2 in Paleozoic hydrocarbon reservoirs in Western Canada//Vairavamurthy M A, Schoonen M A A. Geochemical transformations of Sedimentary sulfur. Washington, DC: American Chemical Society Symposium Series, 612: 426-438.

Immenhauser A, Buhl D, Richter D, et al. 2010. Magnesium-isotope fractionation during low-Mg calcite precipitation in a limestone cave: field study and experiments. Geochimica et Cosmochimica Acta, 74 (15): 4346-4364.

James N P, Choquette P W. 1988. Paleokarst. New York: Springer-Verlag.

Jamison W R. 2016. Fracture system evolution within theCardium sandstone, central Alberta Foothills folds. AAPG Bulletin, 100 (7): 1099-1134.

Jia W, Xiao Z, Yu C, et al. 2010. Molecular and isotopic compositions of bitumens in Silurian tar sands from the Tarim Basin, NW China: characterizing biodegradation and hydrocarbon charging in an old composite basin. Marine and Petroleum Geology, 27 (1): 13-25.

Jiang L, Worden R H, Cai C F, et al. 2014. Dolomitization of gas reservoirs: the upper permian Changxing and Lower Triassic Feixianguan Formations, northeast Sichuan Basin, China. Journal of Sedimentary Research, 84

（10）：792-815.

Jiang L, Worden R H, Yang C B. 2018. Thermochemical sulphate reduction can improve carbonate petroleum reservoir quality. Geochimica et Cosmochimica Acta, 223：127-140.

Jiang Z, Dijke M I J V, Geiger S, et al. 2017. Pore network extraction for fractured porous media. Advances in Water Resources, 107：280-289.

Jones F, Owens W. 1980. A laboratory study of low-permeability gas sands. Journal of Petroleum Technology, 32 （9）：1631-1640.

Kallweit R S, Wood L C. 1982. The limits of resolution of zero-phase wavelets. Geophysics, 47 （7）：1035-1046.

Kaminskaite I, Fisher Q J, Michie E A H. 2019. Microstructure and petrophysical properties of deformation bands in highporosity carbonates. Journal of Structural Geology 119：61-80.

Kaufmann G, Braun J. 2000. Karst Aquifer evolution in fractured, porous rocks. Water Resources Research, 36：1381-1391.

Kaufmann G. 2003. A model comparison of karst aquifer evolution for different matrix-flow formulations. Journal of Hydrology, 283：281-289.

Kaufmann G. 2009. Modelling karst geomorphology on different time scales. Geomorphology, 106：62-77.

Kaufmann G, Romanov D, Hiller T. 2010. Modeling three-dimensional karst aquifer evolution using different matrix-flow contributions. Journal of Hydrology, 388：241-250.

Kendrick M A, Burgess R, Pattrick R A D, et al. 2002. Hydrothermal fluid origins in Mississippi Valley-type ore districts：combined noble gas （He, Ar, Kr） and halogen （Cl, Br, I） analysis of fluid inclusions from the illinois-kentucky fluorspar district, viburnum trend, and tri-state districts, midcontinent U. Economic Geology, 97 （3）：453-469.

Kharaka Y K, Thordsen J J. 1992. Stable isotope geochemistry and origin of waters in sedimentary basins//Clauer N, Chaudhuri S. Isotopic Signatures and Sedimentary Records. Berlin：Springer-Verlag：411-466.

Kharaka Y K, Hanor J S. 2003. Deep fluids in the continents：I. sedimentary basins//Holland H D, Turekian K K. Treatise on Geochemistry. New York：Elsevier：499-540.

Kharaka Y K, Law L M, Carothers W W. et al. 1986. Role of organic species dissolved in formation waters from sedimentary basins in mineral diagenesis//Gautier D L. Roles of Organic Matter in Sedimentary Diagenesis. O-klahoma：SEPM Special Publication：111-122.

Kharaka Y K, Maest A S, Carothers W W, et al. 1987. Geochemistry of metal-rich brines from central Mississippi Salt Dome basin, U S A. Applied Geochemistry, 2 （5）：543-561.

Kim S-T, O'Neil J R. 1997. Equilibrium and nonequilibrium oxygen isotope effects in synthetic carbonates. Geochimica et Cosmochimica Acta, 61 （16）：3461-3475.

Klein G D. 1995. Intracratonic basins//Ingersoll R V, Busby C J. Tectonics of Sedimentary Basins. Oxford：Blackwell Science：459-478.

Klimchouk A. 2009. Morphogenesis of hypogenic caves. Geomorphology, 106 （1-2）：100-117.

Klinge S, Hackl K, Renner J. 2015. A mechanical model for dissolution-precipitationcreep based on the minimum principle of the dissipation potential. Proceedings of the Royal Society A, 471：20140994.

Knauss K G, Copenhaver S A, Braun R L, et al. 1997. Hydrous pyrolysis of new Albany and Phosphoria shales：production kinetics of carboxylic acids and light hydrocarbons and interactions between the inorganic and organic chemical systems. Organic Geochemistry, 27 （7-8）：477-496.

Krouse H R, Viau C A, Eliuk L S. 1988. Chemical and isotopic evidence of ther-mochemical sulfate reduction by light hydrocarbon gases in deep carbonate reservoirs. Nature, 333：415-419.

Lai J, Wang G, Chai Y, et al. 2017, Deep burial diagenesis and reservoir quality evolution of high-temperature, high-pressure sandstones: examples from Lower Cretaceous Bashijiqike Formation in Keshen area, Kuqa depression, Tarim Basin of China. AAPG Bulletin, 101 (6): 829-862.

Lander R H, Walderhaug O. 1999. Porosity prediction through simulation of sandstone compaction and quartz cementation. AAPG Bulletin, 83: 433-449.

Lander R H, Laubach S E. 2015. Insights into rates of fracture growth and sealing from a model for quartz cementation in fractured sandstones. Geological Society of America Bulletin, 127 (3-4): 516-538.

Lander R H, Larese R E, Bonnell L M. 2008. Toward more accurate quartz cement models: the importance of euhedral versus noneuhedral growth rates. AAPG Bulletin, 92 (11): 1537-1563.

Laubach S E, Eichhubl P, Hilgers C, et al. 2010. Structural diagenesis. Journal of Structural Geology, 32 (12): 1866-1872.

Lavoie D, Morin C. 2004. Hydrothermal dolomitization in the Lower Silurian Sayabec Formation in northern Gaspé-Matapédia (Québec): constraint on timing of porosity and regional significance for hydrocarbon reservoirs. Bulletin of Canadian Petroleum Geology, 52 (3): 256-269.

Lavoie D, Jackson S, and Girard I. 2014. Magnesium isotopes in high-temperature saddle dolomite cements in the lower Paleozoic of Canada. Sedimentary Geology, 305: 58-68.

Lewan M D, Fisher J B. 1994. Organic acids from petroleum source rocks//Pittman E D, Lewan M D. Organic Acids in Geological Processes. Berlin: Springer-Verlag: 70-114.

Li J, Jiang H, Wang C, et al. 2017. Pore-scale investigation of microscopic remaining oil variation characteristics in water-wet sandstone using CT scanning. Journal of Natural Gas Science and Engineering, 48: 36-45.

Li W Q, Chakraborty S, Beard B L, et al. 2012. Magnesium isotope fractionation during precipitation of inorganic calcite under laboratory conditions. Earth Planetary Science Letters, 333-334 (6): 304-316.

Li W Y, Teng F Z, Ke S, et al. 2010. Heterogeneous magnesium isotopic composition of the upper continental crust. Geochimica et Cosmochimica Acta, 74 (23): 6867-6884.

Li W, Beard B L, Li C, et al. 2015. Experimental calibration of Mg isotope fractionation between dolomite and aqueous solution and its geological implications. Geochimica et Cosmochimica Acta, 157: 164-181.

Li Y, Lu W, Xiao H, et al. 2006. Dip-scanning coherence algorithm using eigenstructure analysis and supertrace technique. Geophysics, 71: V61-V66.

Li Y, Hou G T, Hari K R, et al. 2018. The model of fracture development in the faulted folds: the role of folding and faulting. Marine and Petroleum Geology, 89 (2): 243-251.

Li Z, Sun Y. 1997. Reservoir diagenesis sequences and framework in intracontinent rift basin, East China. Journal of China University of Geosciences, 8 (1): 68-71.

Li Z, Peng S T. 2010. Detrital zircon geochronology and its provenance implications: responses to Jurassic through Neogene basin-range interactions along northern margin of the Tarim Basin, northwest China. Basin Research, 22 (1): 126-138.

Lin C, Yang H, Liu J, et al. 2012. Distribution and erosion of the Paleozoic tectonic unconformities in the Tarim Basin, northwest China: Significance for the evolution of paleo-uplifts and tectonic geography during deformation. Journal of Asian Earth Sciences, 46 (6): 1-19.

Lisle R J. 1994. Detection of zones of abnormal strains in structures using Gaussian curvature analysis. AAPG Bulletin, 78: 1811-1819.

Liu P, Yao J, Couples G D, et al. 2017. Numerical modelling and analysis of reactive flow and wormhole formation in fractured carbonate rocks. Chemical Engineering Science, 172: 143-157.

Liu Q, Zhu D, Jin Z, et al. 2016. Coupled alteration of hydrothermal fluids and thermal sulfate reduction (TSR) in ancient dolomite reservoirs- An example from Sinian Dengying Formation in Sichuan Basin, southern China. Precambrian Research, 285: 39-57.

Liu S A, Teng F Z, He Y, et al. 2010. Investigation of Magnesium isotope fractionation during granite differentiation: implication for Mg isotopic composition of the continental crust. Earth and Planetary Science Letters, 297 (3/4): 646-654.

Liu Y F, Qiu N S, Xie Z Y, et al. 2016. Overpressure compartments in the central paleo-uplift, Sichuan Basin, southwest China. AAPG Bulletin, 100 (5): 867-888.

Lohmann K C. 1988. Geochemical patterns of meteoric diagenetic systems and their application to studies of paleokarst//James N P, Choquette P W. Paleokarst. New York: Springer: 58-80.

Lorens R B. 1981. Sr, Cd, Mn and Co distribution coefficients in calcite as a function of calcite precipitation rate. Geochimica et Cosmochimica Acta, 45: 553-561.

Lorenzo F D, Burgos-Cara A, Ruiz-Agudo E, et al. 2007. Effect of ferrous iron on the nucleation and growth of $CaCO_3$ in slightly basic aqueous solutions. Cryst Eng Comm, 19: 1-14.

Lothe A, Gabrielsen R H, Hagen N B, et al. 2002. An experimental study of the texture of deformation bands: effects on the porosity and permeability of sandstones. Petroleum Geoscience, 8 (3): 195-207.

Loucks R G. 1999. Paleocave carbonate reservoirs: origins, burial-depth modifications, spatial complexity, and reservoir implications. AAPG Bulletin, 83 (11): 1795-1834.

Loucks R G. 2003. Origin of Lower Ordovician Ellenburger Group brecciated and fractured reservoirs in west Texas: Paleocave, thermobaric, tectonic, or all of the above. AAPG Search Discovery Article, 90013: 11-14.

Loucks R G. 2007. A review of coalesced, collapsed-paleocave systems and associated suprastratal deformation. Acta Carsologica, 36 (1): 121-132.

Loucks R G, Mescher P K, McMechan G A. 2004. Three-dimensional architecture of a coalesced, collapsed-paleocave system in the Lower Ordovician Ellenburger Group, central Texas. AAPG Bulletin, 88 (5): 545-564.

Loyd S J, Dickson J, Boles J R, et al. 2014. Clumped-isotope constraints on cement paragenesis in septarian concretions. Journal of Sedimentary Research, 84 (12): 1170-1184.

Lu W, Li Y, Zhang S, et al. 2005. Higher-order-statistics and supertrace-based coherence-estimation algorithm. Geophysics, 70 (3): 13-18.

Lucia F J, Major R P. 1994. Porosity evolution through hypersaline reflux dolomitization//Purser B, Tucker M, Zenger D. Dolomites. International Association of Sedimentologists Special Publication, 21: 345-360.

Lundegard P D, Kharaka Y K. 1990. Geochemistry of organic-acids in subsurface waters-field data, experimental data, and models//Melchior D C, Bassett R L. Chemical Modeling of Aqueous Systems II. Washington, DC: American Chemical Society: 169-189.

Lundegard P D, Land L S, Galloway W E. 1984. Problem of secondary porosity: Frio Formation (Oligocene), Texas Gulf Coast. Geology, 12 (12): 399.

Macente A, Vanorio T, Miller K J, et al. 2019. Dynamic evolution of permeability in response to chemo-mechanical compaction. Journal of Geophysical Research: Solid Earth, 124: 11, 204-11, 217.

Machel H G, Lonnee J. 2002. Hydrothermal dolomite- a product of poor definition and imagination. Sedimentary Geology, 152 (3-4): 163-171.

Machel H G, Krouse H R, Sassen R. 1995. Products and distinguishing criteria of bacterial and thermochemical sulfate reduction. Applied Geochemistry, 10 (4): 373-389.

Maliva R G, Dickson J A D. 1992. Microfacies and diagenetic controls of porosity in Cretaceous/Tertiary Chalks, Eldfisk Field, Norwegian North Sea. AAPG Bulletin, 76 (11): 1825-1838.

Mancini E A, Li P, Goddard D A, et al. 2008. Mesozoic (Upper Jurassic-Lower Cretaceous) deep gas reservoir play, central and eastern Gulf coastal plain. AAPG Bulletin, 92 (3): 283-308.

Mangenot X, Gasparrini M, Rouchon V, et al. 2018a. Basin-scale thermal and fluid flow histories revealed by carbonate clumped isotopes (Δ47) - Middle Jurassic carbonates of the Paris Basin depocentre. Sedimentology, 65 (1): 123-150.

Mangenot X, Gasparrini M, Gerdes A, et al. 2018b. An emerging thermochronometer for carbonate-bearing rocks: Δ_{47}/(U-Pb). Geology, 46 (12): 1067-1070.

Manzocchi T, Childs C, Walsh J J. 2010. Faults and fault properties in hydrocarbon flow models. Geofluids, 10 (1-2): 94-113.

Marco F, Pierre-Yves J, 2008. What makes a bedding plane favourable to karstification? The role of the primary rock permeability. Proceeding of 4th European Speleological Congress-Vercors. Citeseer. 32.

Marfurt K J. 2006. Robust estimates of 3D reflector dip and azimuth. Geophysics, 71: 29-40.

Marfurt K J, Kirlinz R L, Farmer S L, et al. 1998. 3-D seismic attributes using a semblance-based coherency algorithm. Geophysics, 63: 1150-1165.

Marfurt K J, Sudhakerz V, Gersztenkorn A, et al. 1999. Coherency calculations in the presence of structural dip. Geophysics, 64: 104-111.

Martín-Martín J D, Travé A, Gomez-Rivas E, et al. 2015. Fault-controlled and stratabound dolostones in the Late Aptian-earliest Albian Benassal Formation (Maestrat Basin, E Spain): petrology and geochemistry constrains. Marine and Petroleum Geology, 65: 83-102.

Mavromatis V, Gautier Q, Bosc O, et al. 2013. Kinetics of Mg partition and Mg stable isotope fractionation during its incorporation in calcite. Geochimica et Cosmochimica Acta, 114: 188-203.

Mavromatis V, Meister P, Oelkers E H. 2014. Using stable Mg isotopes to distinguish dolomite formation mechanisms: a case study from the Peru Margin. Chemical Geology, 385: 84-91.

Mazzullo S J. 1994. Lithification and Porosity Evolution in Permian Periplatform Limestones, Midland Basin, Texas. Carbonates and Evaporites, 9 (2): 151-171.

Mazzullo S J. 2004. Overview of porosity evolution in carbonate reservoirs. Kansas Geological Society Bulletin, 79 (1-2): 22-29.

Mazzullo S J, Harris P M. 1992. Mesogenetic dissolution: its role in porosity development in carbonate reservoirs. AAPG Bulletin, 76 (5): 607-620.

McDonnell A, Loucks R G, Galloway W E. 2008. Paleocene to Eocene deep-water slope canyons, western Gulf of Mexico: further insight for the provenance of deep-water offshore Wilcox Group plays. AAPG Bulletin, 92 (9): 1169-1189.

Means J L, Hubbard N. 1987. Short-chain aliphatic acid anions in deep subsurface brines- a review of their origin, occurrence, properties, and importance and new data on their distribution and geochemical implications in the Palo Duro Basin, Texas. Organic Geochemistry, 11 (3): 177-191.

Melezhik V A, Gorokhov M, Fallick A E, et al. 2002. Isotopic stratigraphy suggests Neoproterozoic ages and Laurentian ancestry for high-grade marbles from the north-central Norwegian Caledonides. Geological Magazine, 139: 375-393.

Menzies C D, Teagle D A H, Niedermann S, et al. 2016. The fluid budget of a continental plate boundary fault: quantification from the Alpine Fault, New Zealand. Earth and Planetary Science Letters, 445: 125-135.

Meyer D, Zarra L, Rains D, et al. 2005. Emergence of the Lower Tertiary Wilcox trend in the deepwater Gulf of Mexico. World Oil, 226 (5): 72-77.

Michalski A, Britton R. 1997. The role of bedding fractures in the hydrogeology of sedimentary bedrock-evidence from the Newark Basin, New Jersey. Groundwater, 35 (2): 318-327.

Miller Q R S, Kaszuba J P, Schaef H T, et al. 2014. Experimental study of organic ligand transport in supercritical CO_2 fluids and impacts to silicate reactivity. Energy Procedia, 63: 3225-3233.

Mitchell T M, Faulkner D R. 2012. Towards quantifying the matrix permeability of fault damage zones in low porosity rocks. Earth and Planetary Science Letters, 339-340: 24-31.

Montanez I P, David A O, Banner J L. 2000. Evolution of the Sr and C isotope composition of Cambrian Oceans. GSA Today, 10: 1-7.

Moore C H. 2001. Carbonate Reservoirs Porosity Evolution and Diagenesis in a Sequence Stratigraphic Framework. New York: Elsevier.

Moore C H, Wade W J. 2013. Carbonate reservoirs: porosity and diagenesis in a sequence stratigraphic framework. Newnes: Elsevier.

Morad D, Nader F H, Morad S, et al. 2018. Impact of stylolitization on fluid flow and diagenesis in foreland basins: evidence from an upper jurassic carbonate gas reservoir, Abu Dhabi, United Arab Emirates. Journal of Sedimentary Research, 88: 1345-1361.

Morad S, Ketzer J M, Ros L F D. 2000. Spatial and temporal distribution of diagenetic alterations in siliciclastic rocks: implications for mass transfer in sedimentary basins. Sedimentology, 47 (S1): 95-120.

Morad S, Al-Ramadan K, Ketzer J M, et al. 2010. The impact of diagenesis on the heterogeneity of sandstone reservoirs: a review of the role of depositional facies and sequence stratigraphy. AAPG Bulletin, 94 (8): 1267-1309.

Moran J E, Fehn U, Hanor J S. 1995. Determination of source ages and migration patterns of brines from the U. S. Gulf Coast basin using [129]I. Geochimica et Cosmochimica Acta, 59 (24): 5055-5069.

Moretti I, Labaume P, Sheppard S M F, et al. 2002. Compartmentalization of fluid migration pathways in the sub-Andean Zone, Bolivia. Tectonophysics, 348: 5-24.

Morse J W, Mackenzie F T. 1990. Geochemistry of Sedimentary Carbonates. Newnes: Elsevier.

Muramatsu Y, Wedepohl K H. 1998. The distribution of iodine in the earth's crust. Chemical Geology, 147 (3-4): 201-216.

Muramatsu Y, Yoshida S, Fehn U, et al. 2004. Studies with natural and anthropogenic iodine isotopes: iodine distribution and cycling in the global environment. Journal of Environmental Radioactivity, 74 (1-3): 221-232.

Murray S T, Swart P K. 2017. Evaluating formation fluid models and calibrations using clumped isotope paleothermometry on Bahamian dolomites. Geochimica et Cosmochimica Acta, 206: 73-93.

Murray S T, Arienzo M M, Swart P K. 2016. Determining the Δ_{47} acid fractionation in dolomites. Geochimica et Cosmochimica Acta, 174: 42-53.

Mylroie J E, Carew J L. 1995. Karst development on carbonate islands//Budd D A, Saller A H, Harris P M. Unconformities and Porosity in Carbonate Strata. American Association of Petroleum Geologists, Memoir 63: 55-76.

Nardi A, Idiart A, Trinchero P, et al. 2014. Interface COMSOL-PHREEQC (iCP), an efficient numerical framework for the solution of coupled multiphysics and geochemistry. Computers & Geosciences, 69: 10-21.

Ning M, Lang X, Huang K, et al. 2020. Towards understanding the origin of massive dolostones. Earth and

Planetary Science Letters, 545: 116-403.

Ogata S, Yasuhara H, Kinoshita N, et al. 2020. Coupled thermal- hydraulic- mechanical- chemical modeling for permeability evolution of rocks through fracture generation and subsequent sealing. Computational Geosciences, 24 (5): 1845-1864.

Oliveira P S, Hermogenes F L-F. 1987. Extrafloral nectaries: their taxonomic distribution and abundance in the woody flora of cerrado vegetation in southeast Brazil. Biotropica, 2: 140-148.

Olson J E, Laubach S E, Lander R H. 2009. Natural fracture characterization in tight gas sandstones: integrating mechanics and diagenesis. AAPG Bulletin, 93: 1535-1549.

Oomori T, Kaneshima H, Maezato Y, et al. 1987. Distribution coefficient of Mg^{2+} ions between calcite and solution at 10-50°C. Marine Chemistry, 20: 327-336.

Ortega O J, Gale J F W, Marrett R. 2010. Quantifying diagenetic and stratigraphic controls on fracture intensity in platform carbonates: an example from the Sierra Madre Oriental, northeast Mexico. Journal of Structural Geology, 32 (12): 1943-1959.

Osborne M J, Swarbrick R E. 1997. Mechanisms for generating overpressure in sedimentary basins: a reevaluation. AAPG Bulletin, 81 (6): 1023-1041.

Palmer A N. 1991. Origin and morphology of limestone caves. Geological Society of America Bulletin, 103 (1): 1-21.

Palmer A N. 2011. Distinction between epigenic and hypogenic maze caves. Geomorphology, 134 (1-2): 9-22.

Pan P, Wu Z, Feng X, et al. 2016. Geomechanical modeling of CO_2 geological storage: a review. Journal of Rock Mechanics and Geotechnical Engineering, 8: 936-947.

Panga M K R, Ziauddin M, Balakotaiah V. 2005. Two- scale continuum model for simulation of wormholes in carbonate acidization. AIChE Journal, 51: 3231-3248.

Partyka G, Gridley J, Lopez J. 1999. Interpretational applications of spectral decomposition in reservoir characterization. The Leading Edge, 18 (3): 353-360.

Peng Y, Shen B, Lang X G, et al. 2016. Constraining dolomitization by Mg isotopes: a case study from partially dolomitized limestones of the Middle Cambrian Xuzhuang Formation, north China. Geochemistry, Geophysics, Geosystems, 17 (3): 1109-1129.

Pinilla C, Blanchard M, Balan E, et al. 2015. Equilibrium magnesium isotope fractionation between aqueous Mg^{2+} and carbonate minerals: insights from path integral molecular dynamics. Geochimica et Cosmochimica Acta, 163: 126-139.

Plummer L N, Busenberg E. 1982. The solubilities of calcite, aragonite and vaterite in CO_2-H_2O solutions between 0 and 90° C, and an evaluation of the aqueous model for the system $CaCO_3$- CO_2- H_2O. Geochimica et Cosmochimica Acta, 46: 1011-1040.

Plummer L N, Wigley T M L, Parkhurst D L. 1978. The kinetics of calcite dissolution in CO_2- water systems at 5℃ to 60℃ and 0. 0 to 1. 0 atm CO_2. American Journal of Science, 278: 179-216.

Purser B H, Tucker M E, Zenger D H. 1994. Dolomites. Oxford: Blackwell.

Qing H, Mountjoy E. 1992. Large-scale fluid flow in the Middle Devonian Presqu'ile barrier, Western Canada Sedimentary Basin. Geology, 20 (10): 903-906.

Quade J, Eiler J, Daëron M, et al. 2013. The clumped isotope geothermometer in soil and paleosol carbonate. Geochimica et Cosmochimica Acta, 105: 92-107.

Rameil N. 2008. Early diagenetic dolomitization and dedolomitization of Late Jurassic and earliest Cretaceous platform carbonates: a case study from the Jura Mountains (NW Switzerland, E France). Sedimentary

Geology, 212 (1-4): 70-85.

Reber J E, Pec M. 2018. Comparison of brittle- and viscous creep in quartzites: implications for semibrittleflow of rocks. Journal of Structural Geology, 113: 90-99.

Reichow M K, Saunders A D, White R V, et al. 2005. Geochemistry and petrogenesis of basalts from the West Siberian Basin: an extension of the Permo-Triassic Siberian Traps, Russia. Lithos, 79 (3-4): 425-452.

Rezende M F, Tonietto S N, Pope M C. 2013. Three-dimensional pore connectivity evaluation in a Holocene and Jurassic microbialite buildup. AAPG Bulletin, 97 (11): 2085-2101.

Roberts A. 2001. Curvature attributes and their application to 3D interpreted horizons. First Break, 19: 85-100.

Rochelle C A, Czernichowski-Lauriol I, Milodoeski A E. 2004. The impact of chemical reactions on CO_2 storage in geological formation: a brief review. Geological Society London Special Publications, 233 (1): 87-106.

Ronchi P, Ortenzi A, Borromeo O, et al. 2010. Depositional setting and diagenetic processes and their impact on the reservoir quality in the late Visean-Bashkirian Kashagan carbonate platform (Pre-Caspian Basin, Kazakhstan). AAPG Bulletin, 94 (9): 1313-1348.

Rusciadelli G, Di Simone S. 2007. Differential compaction as a control on depositional architectures across the Maiella carbonate platform margin (central Apennines, Italy). Sedimentary Geology, 196 (1-4): 133-155.

Rustad J R, Casey W H, Yin Q-Z, et al. 2010. Isotopic fractionation of $Mg^{2+}_{(aq)}$, $Ca^{2+}_{(aq)}$, and $Fe^{2+}_{(aq)}$ with carbonate minerals. Geochimica et Cosmochimica Acta, 74: 6301-6323.

Saenger C, Wang Z. 2014. Magnesium isotope fractionation in biogenic and abiogenic carbonates: implications for paleoenvironmental proxies. Quaternay Science Reviews, 90: 1-21.

Saller A H. 2004. Palaeozoic dolomite reservoirs in the Permian Basin, SW USA: stratigraphic distribution, porosity, permeability and production. Geological Society London Special Publications, 235: 309-323.

Saller A H, Henderson N. 1998. Distribution of porosity and permeability in platform dolomites: insight from the Permian of west Texas. AAPG Bulletin, 82 (8): 1528-1550.

Saller A H, Vijaya S. 2002. Depositional and diagenetic history of the Kerendan carbonate platform, oligocene, Central Kalimantan, Indonesia. Journal of Petroleum Geology, 25 (2): 123-149.

Saller A H, Budd D A, Harris P M. 1994. Unconformities and porosity development in carbonate strata: ideas from a Hedberg conference. AAPG Bulletin, 78 (6): 857-872.

Sample J C, Woods S, Bender E, et al. 2006. Relationship between deformation bands and petroleum migration in an exhumed reservoir rock, Los Angeles Basin, California, USA. Geofluids, 6 (2): 105-112.

Sassen R, Moore C H. 1988. Framework of hydrocarbon generation and destruction in eastern Smackover trend. AAPG Bulletin, 72 (6): 649-663.

Schauble E A, Ghosh P, Eiler J M. 2006. Preferential formation of ^{13}C-^{18}O bonds in carbonate minerals, estimated using first-principles lattice dynamics. Geochimica et Cosmochimica Acta, 70 (10): 2510-2529.

Scheck M, Bayer U. 1999. Evolution of the northeast German Basin—inferences from a 3D structural model and subsidence analysis. Tectonophysics, 313 (1-2): 145-169.

Schmidt V, McDonald D A. 1979. The role of secondary porosity in the course of sandstone diagenesis//The Society of Economic Paleontologists and Mineralogists (SEPM). Aspects of diagenesis: based on symposia sponsored by the Eastern and by the Rocky Mountain Sections, The Society of Economic Paleontologists and Mineralogists. Tulsa, OK: The Society of Economic Paleontologists and Mineralogists (SEPM): 175-205.

Schmoker J W, Halley R B. 1982. Carbonate porosity versus depth: a predictable relation for south Florida. AAPG Bulletin, 66 (12): 2561-2570.

Scholle P A, Halley R B. 1985. Burial diagenesis: out of sight, out of mind! //Schneiderman N, Harris

M. Carbonate Cements. Tulsa：SPEM Special Publication，36：309-334.

Schott J，Mavromatis V，Fujii T，et al. 2016. The control of carbonate mineral Mg isotope composition by aqueous speciation：theoretical and experimental modeling. Chemical Geology，445：120-134.

Schultz R A，Fossen H. 2008. Terminology for structural discontinuities. AAPG Bulletin，92（7）：853-867.

Seewald J S. 2001a. Aqueous geochemistry of low molecular weight hydrocarbons at elevated temperatures and pressures：constraints from mineral buffered laboratory experiments. Geochimica et Cosmochimica Acta，65（10）：1641-1664.

Seewald J S. 2001b. Model for the origin of carboxylic acids in basinal brines. Geochimica et Cosmochimica Acta，65（21）：3779-3789.

Seewald J S. 2003. Organic- inorganic interactions in petroleum producing sedimentary basins. Nature，426（6964）：327-333.

Seiver R. 1979. Plate tectonic controls on diagenesis. Journal of Geology，87（2）：127-155.

Sena C M，John C M，Jourdan A- L，et al. 2014. Dolomitization of Lower Cretaceous Peritidal carbonates by modified seawater：constraints from clumped isotopic paleothermometry，elemental chemistry，and strontium isotopes. Journal of Sedimentary Research，84（7）：552-566.

Shanley K W，Cluff R M. 2015. The evolution of pore- scale fluid- saturation in low permeability sandstone reservoirs. AAPG Bulletin，99（10）：1957-1990.

Sheriff R. 1985. Aspects of seismic resolution//Berg O R，Woolverton D G. Seismic Stratigraphy Ⅱ：An Integrated Approach to Hydrocarbon Exploration. AAPG Memoir，39：1-10.

Sigismondi M E，Soldo J C. 2003. Curvature attributes and seismic interpretation：case studies from Argentina Basins. The Leading Edge，22：1122-1126.

Silin D，Patzek T. 2006. Pore space morphology analysis using maximal inscribed spheres. Physica A：Statistical and Theoretical Physics，371（2）：336-360.

Simon M F，Sheppard H P S. 1970. Fractionation of carbon and oxygen isotopes and magnesium between coexisting metamorphic calcite and dolomite. Contributions to Mineralogy and Petrology，26：161-198.

Sloss L L. 1988. Introduction//Sloss L L. Sedimentary cover：North American craton. Geological Society of America，the Geology of North America，D-2：1-3.

Smith L B. 2006. Origin and reservoir characteristics of Upper Ordovician Trenton-Black River hydrothermal dolomite reservoirs in New York. AAPG Bulletin，90（11）：1691-1718.

Soulaine C，Tchelepi H A. 2016. Micro-continuum approach for pore-scale simulation of subsurface processes. Transport in Porous Media，113（3）：431-456.

Staude S，Bons P D，Markl G. 2009. Hydrothermal vein formation by extension- driven dewatering of the middle crust：an example from SW Germany. Earth and Planetary Science Letters，286：387-395.

Staudigel P T，Murray S，Dunham D P，et al. 2018. Cryogenic brines as diagenetic fluids：reconstructing the diagenetic history of the Victoria Land Basin using clumped isotopes. Geochimica et Cosmochimica Acta，224：154-170.

Steefel C I，Molins S，Trebotich D J R I M，et al. 2013. Pore scale processes associated with subsurface CO_2 injection and sequestration. Reviews in Mineralogy and Geochemistry，77：259-303.

Steefel C，Appelo C，Arora B，et al. 2015. Reactive transport codes for subsurface environmental simulation. Computational Geosciences，19：445-478.

Stolper D A，Eiler J M. 2015. The kinetics of solid-state isotope-exchange reactions for clumped isotopes：a study of inorganic calcites and apatites from natural and experimental samples. American Journal of Science，315

(5): 363-411.

Sumner D Y, Grotzinger J P. 1996. Were kinetics of Archean calcium carbonate precipitation related to oxygen concentration? Geology, 24: 119-122.

Suppe J. 2014. Fluid overpressures and strength of the sedimentary upper crust. Journal of Structural Geology, 69: 481-492.

Surdam R C, Boese S W, Crossey L J. 1984. The chemistry of secondary porosity//McDonald D A, Surdam R C. AAPG Memoir 37: Clastic Diagenesis. Tulsa: American Association of Petroleum Geologists: 127-149.

Surdam R C, Crossey L J, Hagen E S, et al. 1989. Organic-inorganic interactions and Sandstone diagenesis. AAPG Bulletin, 73 (1): 1-23.

Surdam R C, Jiao Z S, Macgowan D B. 1993. Redox reactions involving hydrocarbons and mineral oxidants: a mechanism for significant porosity enhancement in sandstones. AAPG Bulletin, 77 (9): 1509-1518.

Swart P K. 2015. The geochemistry of carbonate diagenesis: the past, present and future. Sedimentology, 62 (5): 1233-1304.

Swart P K, Cantrell D L, Arienzo M M, et al. 2016. Evidence for high temperature and ^{18}O-enriched fluids in the Arab-D of the Ghawar Field, Saudi Arabia. Sedimentology, 63 (6): 1739-1752.

Sánchez-Román M, McKenzie J A, Wagener A L R, et al. 2011. Experimentally determined biomediated Sr partition coefficient for dolomite: significance and implication for natural dolomite. Geochimica et Cosmochimica Acta, 75 (3): 887-904.

Taghavi A A, Mørk A, Emadi M A. 2006. Sequence stratigraphically controlled diagenesis governs reservoir quality in the carbonate Dehluran Field, southwest Iran. Petroleum Geoscience, 12: 115-126.

Tahata M, Ueno Y, Ishikawa T, et al. 2013. Carbon and oxygen isotope chemostratigraphies of the Yangtze platform, south China: decoding temperature and environmental changes through the Ediacaran. Gondwana Research, 23: 333-353.

Tang Y, Yang R, Bian X. 2014. A review of CO_2 sequestration projects and application in China. Scientific World Journal, 2014 (6): 381854.

Tao J, Wu Y, Elsworth D, et al. 2019. Coupled thermo-hydro-mechanical-chemical modeling of permeability evolution in a CO_2-circulated geothermal reservoir. Geofluids, 2019 (5): 1-15.

Taylor K C, Mehta S. 2006. Anomalous acid reaction rates in carbonate reservoir rocks. SPE Journal, 11 (4): 488-496.

Taylor T R, Giles M R, Hathon L A, et al. 2010. Sandstone diagenesis and reservoir quality prediction: models, myths, and reality. AAPG Bulletin, 94 (8): 1093-1132.

Taylor W L, Pollard D D. 2000. Estimation of in situ permeability of deformation bands in porous sandstone, Valley of Fire, Nevada. Water Resources Research, 36 (9): 2595-2606.

Teng F Z, Li W Y, Ke S, et al. 2010. Magnesium isotopic composition of the Earth and chondrites. Geochimica et Cosmochimica Acta, 74 (14): 4150-4166.

Tigert V, Al-Shaieb Z. 1990. Pressure seals: their diagenetic banding patterns. Earth-Science Reviews, 29 (1-4): 227-240.

Tipper E T, Galy A, Bickle M J. 2006. Riverine evidence for a fractionated reservoir of Ca and Mg on the continents: implications for the oceanic Ca cycle. Earth Planetary Science Letters, 247 (3-4): 267-279.

Tissot B P, Welte D H. 1984. Petroleum Formation and Occurrence. New York: Springer-Verlag: 69-73.

Trevisan L, Cihan A, Fagerlund F, et al. 2014. Investigation of mechanisms of supercritical CO_2 trapping in deep saline reservoirs using surrogate fluids at ambient laboratory conditions. International Journal of Greenhouse Gas

Control, 29: 35-49.

Vandecasteele I, Rivero I M, Sala S, et al. 2015. Impact of shale gas development on water resources: a case study in northern Poland. Environmental Management, 55: 1285-1299.

Vandeginste V, Swennen R, Allaeys M, et al. 2012. Challenges of structural diagenesis in foreland fold- and-thrust belts: a case study on paleofluid flow in the Canadian Rocky Mountains West of Calgary. Marine and Petroleum Geology, 35: 235-251.

Vavra C L, Kaldi J G, Sneider R M. 1992. Geological applications of capillary-pressure- a review. AAPG Bulletin, 76 (6): 840-850.

Veizer J. 1983. Chemical diagenesis of carbonates: theory and application of trace element technique. Stable isotopes in sedimentary petrology. Society of Economic Paleontologists and Mineralogists. No. 10: 3-1-3-100.

Veizer J, Ala D, Azmy K, et al. 1999. ^{87}Sr/^{86}Sr, δ^{13}C and δ^{18}O evolution of Phanerozoic seawater. Chemical Geology, 161 (1-3): 59-88.

Vincent B, Emmanuel L, Houel P, et al. 2007. Geodynamic control on carbonate diagenesis: petrographic and isotopic investigation of the Upper Jurassic formations of the Paris Basin (France). Sedimentary Geology, 197 (3-4): 267-289.

Walderhaug O. 1994. Precipitation rates of quartz cement in sandstone determined by fluid-inclusion microthermometry and temperature-history modelling. Journal of Sedimentary Research A: Sedimentary Petrology & Processes, 64 (2a): 324-333.

Walderhaug O. 1996. Kinetic modeling of quartz cementation and porosity loss in deeply buried sandstone reservoirs. AAPG Bulletin, 80: 731-745.

Walderhaug O. 2000. Modeling quartz cementation and porosity in Middle Jurassic Brent Group sandstones of the Kvitebjorn field, northern North Sea. AAPG Bulletin, 84 (9): 1325-1339.

Wang B Q, Al-Aasm I S. 2002. Karst- controlled diagenesis and reservoir development: example from the Ordovician mainreservoir carbonate rocks on the eastern margin of the Ordos Basin, China. AAPG Bulletin, 86 (9): 1639-1658.

Wang Z R, Hu P, Gaetani G, et al. 2013. Experimental calibration of Mg isotope fractionation between aragonite and seawater. Geochimica et Cosmochimica Acta, 102: 113-123.

Wassenburg J A, Scholz D, Jochum K P, et al. 2016. Determination of aragonite trace element distribution coefficients from speleothem calcite- aragonite transitions. Geochimica et Cosmochimica Acta, 190: 347-367.

Wei W, Algeo T J. 2020. Secular variation in the elemental composition of marine shales since 840Ma: tectonic and seawater influences. Geochimica et Cosmochimica Acta, 287: 367-390.

Weisheit A, Bons P D, Elburg M A. 2013. Long-lived crustal-scale fluid flow: the hydrothermal mega-breccia of Hidden Valley, Mt. Painter Inlier, south Australia. International Journal of Earth Sciences, 102: 1219-1236.

Weyl P K. 1960. Porosity through dolomitization: conservation-of-mass requirements. Journal of Sedimentary Petrology, 30: 85-90.

White W B 1977. Role of solution kinetics in the development of karst aquifers//Tolson J S, Doyle F L. Karst Hydrogeology: International Association of Hydrogeologists, Memoir, 12: 176-187.

Widess M. 1973. How thin is a thin bed? Geophysics, 38 (6): 1176-1180.

Wierzbicki R, Dravis J J, Al-Aasm I, et al. 2006. Burial dolomitization and dissolution of Upper Jurassic Abenaki platform carbonates, Deep Panuke reservoir, Nova Scotia, Canada. AAPG Bulletin, 90 (11): 1843-1861.

Wilkinson M, Haszeldine R S, Fallick A E. 2006. Hydrocarbon filling and leakage history of a deep geopressured sandstone, Fulmar Formation, United Kingdom North Sea. AAPG Bulletin, 90 (12): 1945-1961.

Wolfgang D, Gabrovsek F. 2003. Basic processes and mechanisms governing the evolution of karst. Speleogenesis and Evolution of Karst Aquifers, 1: 115-154.

Worden R H. 1996. Controls on halogen concentrations in sedimentary formation waters. Mineralogical Magazine, 60 (399): 259-274.

Worden R H, Morad S. 2000. Quartz cementation in oil field sandstones: a reviewof the key controversies//Worden R H, Morad S. Quartz cementation in sandstones. International Association of Sedimentologists Special Publication, 29: 1-20.

Worden R H, Smalley P C, Oxtoby N H. 1996. The effects of thermochemical sulfate reduction upon formation water salinity and oxygen isotopes in carbonate gas reservoirs. Geochimica et Cosmochimica Acta, 60: 3925-3931.

Worden R H, Smalley P C, Cross M M. 2000. The influence of rock fabric and mineralogy on thermochemical sulfate reduction: Khuff Formation, Abu Dhabi. Journal of Sedimentary Research, 70 (5): 1210-1221.

Worden R H, Benshatwan M S, Potts G J, et al. 2016. Basin-scale fluid movement patterns revealed by veins: Wessex Basin, UK. Geofluids, 16 (1): 149-174.

Wu J, Huang S, Sharp D, et al. 1998. Multiscale science, a challenge for the twenty-first century. Advances in Mechanics, 28 (4): 545-551.

Wu K, Jiang Z, Ma J, et al. 2011. Multiscale pore system reconstruction and integration//International Symposium of the Society of Core Analysts, Austin, TX, Sept: 18-21.

Xia X Y, Ellis G S, Ma Q S, et al. 2014. Compositional and stable carbon isotopic fractionation during non-auto-catalytic thermochemical sulfate reduction by gaseous hydrocarbons. Geochimica et Cosmochimica Acta, 139: 472-486.

Xiao S H, Schiffbauer J D, McFadden K A, et al. 2010. Petrographic and SIMS pyrite sulfur isotope analyses of Ediacaran chert nodules: implications for microbial processes in pyrite rim formation, silicification, and exceptional fossil preservation. Earth and Planetary Science Letters, 297 (3-4): 481-495.

Xiao Y, Jones G D, Whitaker F F, et al. 2013. Fundamental approaches to dolomitization and carbonate diagenesis in different hydrogeological systems and the impact on reservoir quality distribution//The Sixth International Petroleum Technology Conference. Beijing, China: SPE paper 16579.

Xiao Y, Whitaker F F, Xu T, et al. 2018. Reactive Transport Modeling: Applications in Subsurface Energy and Environmental Problems. New York: John Wiley & Sons, Inc.

Xie Z, Klionsky D J. 2007. Autophagosome formation: core machinery and adaptations. Nature Cell Biology, 9 (10): 1102-1109.

Xu Z, Liu L, Wang T, et al. 2007. Characteristics and controlling factors of lacustrine tight oil reservoirs of the Triassic Yanchang Formation Chang 7 in the Ordos Basin, China. Marine and Petroleum Geology, 82: 265-296.

Yahi N. 1999. Petroleum generation and migration in the Berkine (Ghadames) Basin, eastern Algeria: an organic geochemical and basin modelling study. Berichte-Forschungszentrum Julich Jul, 1: 3677.

Yang L, Xu T, Wei M, et al. 2015. Dissolution of arkose in dilute acetic acid solution under conditions relevant to burial diagenesis. Applied Geochemistry, 54: 65-73.

Yasuhara H. 2004. Evolution of permeability in a natural fracture: significant role of pressure solution. Journal of Geophysical Research: Solid Earth, 109: B03204.

Yu J. 2014. Using cylindrical surface-based curvature change rate to detect faults and fractures. Geophysics, 79 (5): 1-9.

Yu J, Li Z. 2017a. An improved cylindrical surface fitting-related method for fault characterization. Geophysics, 82 (1): 1-10.

Yu J, Li Z. 2017b. Arctangent function-based third derivative attribute for characterisation of faults. Geophysical Prospecting, 65: 913-925.

Yu J, Li Z, Yang L. 2016. Fault system impact on paleokarst distribution in the Ordovician Yingshan Formation in the central Tarim Basin, northwest China. Marine and Petroleum Geology, 71: 105-118.

Zalán P V, Wolff S, Astolfi M A M, et al. 1990. The Parana Basin, Brazil: Chapter 33: Part II. Selected analog interior cratonic basins: analog basins. M51: Interior Cratonic Basins: 681-708.

Zhang L Y, Zhou W J, Hou X L, et al. 2011. Level and source of ^{129}I of environmental samples in Xi'an region, China. Science of the Total Environment, 409: 3780-3788.

Zhang P, Liu G, Cai C, et al. 2019. Alteration of solid bitumen by hydrothermal heating and thermochemical sulfate reduction in the Ediacaran and Cambrian dolomite reservoirs in the Central Sichuan Basin, SW China. Precambrian Research, 321: 277-302.

Zhang S C, Shuai Y H, Zhu G Y. 2008. TSR promotes the formation of oil-cracking gases: evidence from simulation experiments. Science in China, 51 (3): 451-455.

Zhang S C, Zhang B M, Li B L, et al. 2011. History of hydrocarbon accumulations spanning important tectonic phases in marine sedimentary basins of China: taking the Tarim Basin as an example. Petroleum Exploration and Development, 38 (1): 1-15.

Zhang S C, He K, Hu G Y, et al. 2018. Unique chemical and isotopic characteristics and origins of natural gases in the Paleozoic marine formations in the Sichuan Basin, SW China: isotope fractionation of deep and high mature carbonate reservoir gases. Marine and Petroleum Geology, 89: 68-82.

Zhang T, Amrani A, Ellis G S, et al. 2008. Experimental investigation on thermochemical sulfate reduction by H_2S initiation. Geochimica et Cosmochimica Acta, 72: 3518-3530.

Zhang T, Hurley N F, Zhao W. 2009. Numerical Modeling of Heterogeneous Carbonates and Multi-Scale Dynamics//SPWLA 50th Annual Logging Symposium. June 21-24.

Zhang Y, Zhang S, Xu M, et al. 2015. Geochronology, geochemistry, and Hf isotopes of the Jiudinggou molybdenum deposit, Central China, and their geological significance. Geochemical Journal, 49 (4): 321-342.

Zhao P, He J, Deng C, et al. 2021. Early Neoproterozoic (870-820 Ma) amalgamation of the Tarim craton (northwestern China) and the final assembly of Rodinia. Geology, 49 (11): 1277-1282.

Zhou X, Zeng Z, Liu H. 2011. Stress-dependent permeability of carbonate rock and its implication to CO_2 sequestration. 45th US Rock Mechanics / Geomechanics Symposium.

Zhu D Y, Meng Q Q, Jin Z J, et al. 2015. Formation mechanism of deep Cambrian dolomite reservoirs in the Tarim Basin, northwestern China. Marine and Petroleum Geology, 59: 232-244.

Zhu G Y, Wang T S, Xie Z Y, et al. 2015. Giant gas discovery in the Precambrian deeply buried reservoirs in the Sichuan Basin, China: implications for gas exploration in old cratonic basins. Precambrian Research, 262: 45-66.

Zhu G Y, Milkov A V, Chen F R, et al. 2018. Non-cracked oil in ultra-deep high-temperature reservoirs in the Tarim Basin, China. Marine and Petroleum Geology, 89: 252-262.

Zhu G Y, Milkov AV, Zhang Z Y, et al. 2019. Formation and preservation of a giant petroleum accumulation in superdeep carbonate reservoirs in the southern Halahatang oil field area, Tarim Basin, China. AAPG Bulletin, 103 (7): 1703-1743.

Zhu M Y, Zhang J M, Yang A H. 2007. Integrated Ediacaran (Sinian) chronostratigraphy of south China. Palaeogeography, Palaeoclimatology, Palaeoecology, 254: 7-61.

Максимов С П, Дикенштейн Г Х, Лоджевская М И. 1984. 深层油气藏的形成与分布. 胡征钦, 译. 北京: 石油工业出版社.

Sedimentary Diagenesis and Formation Distribution of Oil- Gas Reservoirs in Deeply to Ultra Deeply Buried Basins, China (Abstract)

Aiming at deep to ultra-deep Sinian-Ordovician carbonate rocks and Paleozoic-Mesozoic clastic rocks in China's major oil-gas-bearing sedimentary basins, this book focuses on the structural-fluid-diagenetic dynamic environment for reservoir development, discusses the modification and preservation processes of carbonate and clastic reservoirs based on the understanding of sedimentation and petrological fabric, and creates the evolution model of deep to ultra-deep reservoirs. On this basis, combined with the comparison of commonalities of oil and gas basins at home and abroad, this book discusses the specificity and characteristic mechanism of deep to ultra-deep reservoir evolution, and puts forward prediction basis and exploration suggestions for deep to ultra-deep key horizons in critical sedimentary basins such as Tarim and Sichuan Basins. The main research results of this book are as follows:

(1) Quantitatively understand the large-scale fluid activity properties and evolution conditions of deep to ultra-deep reservoirs, which provides an important theoretical basis for their formation. Based on the numerical simulation of stress-fluid-rock interaction and the experimental simulation of source-reservoir organic acid generation, it is proposed that the viscosity coefficient of fluid motion in high-temperature and high-pressure deep environment decreases and the permeability coefficient increases. Therefore, large-scale fluid activities and effective hydrocarbon-organic acid mixing and charging conditions occur in deep to ultra-deep strata, with prominent deep specific diagenesis and reservoir physical property modification/preservation mechanisms. Accordingly, the physical properties of deep to ultra-deep high-quality reservoirs that can be compared with shallow to medium-depth ones decrease significantly, which provides referential quantitative parameters in deep to ultra-deep reservoir evaluation. Considering the occurrence of source-mixed and short-chain organic acid/inorganic acid-thermo-pressure water active zone in deep to ultra-deep reservoirs, it is believed that the acid-retaining environment favorable temperature for deep to ultra-deep reservoir development can reach $200-250℃$, thus expanding the exploration scope of deep to ultra-deep reservoirs.

(2) Understand constructive modification/preservation mechanisms and spatial distribution of deep to ultra-deep carbonate reservoirs, which provides a predictive model for oil and gas exploration. Based on previous understanding of strata-bound, facies-control and other inherited factors, the study proposes that deep to ultra-deep persistence, multi-stage transpression/ transtension structural transformation, deep burial and shallow uplift, and upwelling exchange of hydrocarbon-bearing hydrothermal fluids are important conditions for constructive large-scale modification and preservation of deep carbonate reservoirs; and TSR differential dissolution-precipitation modification mechanism is obvious in deep gypsum-bearing carbonate layers. The formation and distribution of deep to ultra-deep carbonate reservoirs are the results of the superimposed modification of favorable lithofacies-karst zoning (basis) and the above-mentioned mechanisms. Therefore, a new deep to ultra-deep carbonate reservoir geological-geochemical and geophysical prediction model is established and summarized as follows: strata-bound and bedding-plane are prioritized, fault-controlled dissolution is prominent, hydrocarbon-generation and reservoir-formation are co-existent, and preservation and modification are equally important. The related results are well verified and applied in the Sinian of the Sichuan Basin and the Cambrian-Ordovician of the Tarim Basin, indicating that it is an effective guidance for deep to ultra-deep oil and gas exploration.

(3) The composite preservation mechanism and distribution of deep to ultra-deep clastic rock reservoirs are recognized, and a large-scale reservoir prediction model is constructed. The study proposes that the clastic rock lithofacies with a rigid (feldspar) fabric, shallow burial in the early and middle stages, rapid deep burial with low geothermal temperature in the late stage, and abnormal high pressure related to oil and gas charging are prerequisites for the preservation and developement of deep to ultra deep large-scale clastic reservoirs. The lateral tectonic strain of the piedmont flexural basin (thrust belt) enables the extensional-transitional-compressive section to evolve through layers, which significantly changes the depositional heterogeneity framework of deep clastic reservoirs, namely favorable lithofacies zone, anticline tensional strain and fast filling of authigenic minerals (quartz, dolomite) with strong mechanical stability in fractures control the spatio-temporal development of large-scale reservoirs. The correlated prediction model of deep to ultra-deep clastic rock reservoirs can be summarized as: facies-control is prioritized, fractures enhance permeability, fast deep-burial occurs in low temperature, and preservation develops with composite conditions. The model is significant for delineating the development horizon, zoning range, and effective thickness distribution of deep to ultra-deep clastic rock reservoirs in craton and piedmont thrust belts, and it predicts the development of Paleo-Mesozoic in the platform basin area of the Tarim Basin, Jurassic-Cretaceous of the Kuqa Depression, Paleo-Mesozoic of the Ordos-Bohai Bay and other new areas of reservoir exploration extension guidance.

(4) New technical methods are developed aiming at the exploration bottlenecks of deep to ultra-deep reservoirs. The newly developed techinical methods mainly include: fracture detection based on cylindrical fitting of 3D seismic data volume, reservoir cross-scale digital wellbore continuity modeling, reservoir fluid activity numerical simulation and other patented technologies; digital characterization of reservoir micropore-fracture system, multi-scale characterization of

carbonate reservoir pore-fracture-cavity; extended clumped isotopes, in-situ sulfur isotope, in-situ Raman spectroscopy for reservoir paleofluid environment analysis, oilfield water iodide ion and iodine 129 dating analysis application. These technical methods greatly support the in-depth study and effectiveness of deep to ultra-deep reservoirs.